BAHNBESTIMMUNG DER PLANETEN UND KOMETEN

VON

PROF. DR. G. STRACKE
OBSERVATOR AM ASTRONOMISCHEN RECHEN-INSTITUT
ZU BERLIN-DAHLEM

MIT 21 ABBILDUNGEN

Springer-Verlag Berlin Heidelberg GmbH
1929

ISBN 978-3-662-39283-6 ISBN 978-3-662-40316-7 (eBook)
DOI 10.1007/978-3-662-40316-7

Ursprünglich erschienen bei Julius Springer in Berlin 1929
Softcover reprint of the hardcover 1st edition 1929

Vorwort.

Das vorliegende Werk steht an Umfang zwischen dem „Grundriß der theoretischen Astronomie" von J. FRISCHAUF (3. Aufl. 1922) und den umfangreichen Werken „Lehrbuch zur Bahnbestimmung der Kometen und Planeten" von TH. v. OPPOLZER (Bd. I, 2. Aufl. 1882; Bd. II 1880), „Theoretical Astronomy" von J. C. WATSON (ed. 1896), „Theoretische Astronomie" von W. KLINKERFUES (H. BUCHHOLZ, 3. Ausg. 1912), „Die Bahnbestimmung der Himmelskörper" von J. BAUSCHINGER (2. Aufl. 1928). Es wendet sich an die Studierenden der Astronomie, denen es eine Einführung in die Bahnbestimmung geben, an die Fachastronomen, denen es mit der Zusammenstellung erprobter brauchbarer Methoden dienen will, und an den Kreis der Nichtfachastronomen, die in letzter Zeit in steigendem Maße ihr Interesse durch erfolgreiche Mitarbeit an den rechnerischen Aufgaben bekundet haben.

Da die Bahnbestimmung ein Problem des praktischen Rechnens ist, so habe ich auf die praktische Behandlung der Materie durch Formelzusammenstellungen und Beigabe zahlreicher Beispiele besonderen Wert gelegt. Aber auch dem Gesichtspunkt mathematischer Durchsichtigkeit hoffe ich in ausreichendem Maße Rechnung getragen zu haben.

Aus der Fülle der bekannt gewordenen Methoden der Bahnbestimmung mußte eine Auswahl getroffen werden. Jede Auswahl ist mehr oder weniger subjektiv beeinflußt. Denn ein Urteil über die Brauchbarkeit von Methoden erlangt man nur durch öftere praktische Anwendung. Bei der großen Zahl der vorgeschlagenen Methoden dürfte es aber kaum einen Astronomen geben, der auf Grund seiner eigenen Erfahrung in der praktischen Anwendung aller Methoden ein objektives Urteil abgeben könnte.

Abweichend von den genannten Werken sind hier neben neueren Methoden der ersten Bahnbestimmung, Ephemeridenrechnung und Störungsrechnung erstmalig einer Forderung der Zeit entsprechend Methoden in einer für die Rechenmaschine geeigneten Form aufgenommen. Da die Methoden in dieser Form den Vorteil größerer Durchsichtigkeit haben als in der für die logarithmische Rechnung geeigneten Form, so habe ich jene an erster Stelle dargelegt. Bis vor wenigen Jahren wurden die Bahnrechnungen aus Mangel an geeigneten Rechenmaschinen fast ausschließlich logarithmisch ausgeführt. Auch in absehbarer Zeit wird die Maschine schon wegen der hohen Anschaffungskosten die Logarithmentafel kaum ganz verdrängen können.

Daß auch die seit etwa 15 Jahren bei den Planeten zur Anwendung gelangten Methoden der genäherten Störungsrechnung und Bahnverbesserung Aufnahme gefunden haben, ist wohl gerechtfertigt.

Bezüglich der Bezeichnungen habe ich versucht, so weit als möglich Einheitlichkeit zu erzielen. Bei der großen Zahl der erforderlichen Zeichen ging das nicht immer ohne Bruch mit bisher üblichen Zeichen ab.

Die Formeln sind in jedem Abschnitt durchnumeriert. Bei dem Hinweis auf eine Formel eines anderen Abschnitts ist dessen Nummer als erste Zahl vorangesetzt.

Mit den im Anhang gegebenen Hilfstafeln dürfte man in Verbindung mit den Jahrbüchern meist auskommen. Im übrigen sei auf die „Tafeln zur theoretischen Astronomie“ von J. BAUSCHINGER (Neuaufl. in Vorbereitung) verwiesen.

Den Schluß bildet ein Verzeichnis von Tafeln und ein Verzeichnis der neueren Literatur, das fast alle seit 1900 bekannt gewordenen Arbeiten auf dem hier behandelten Gebiete enthält.

Es ist mir ein Bedürfnis, den Mitarbeitern, Herrn Dr. J. DICK für eine Durchsicht des größten Teiles des Manuskriptes und manche Verbesserungsvorschläge, Herrn R. HILLER für die Anfertigung der Zeichnungen, Herrn Dr. A. KAHRSTEDT für eine Revision der Beispiele herzlichen Dank zu sagen. Dank gebührt auch dem Verlage für die gute Ausstattung des Buches.

Berlin-Dahlem, März 1929.

G. STRACKE.

Inhaltsverzeichnis.

Erster Teil.

Die heliozentrische und die geozentrische Bewegung.

Zweiter Teil.

Die Ausgangsdaten der Bahnbestimmung.

Dritter Teil.

Methoden der ersten Bahnbestimmung.

Vierter Teil.

Die Berechnung einer geozentrischen Ephemeride.

Fünfter Teil.

Methoden der speziellen Störungsrechnung.

Erster Teil.

Die heliozentrische und die geozentrische Bewegung.

I. Abschnitt.

Die heliozentrische Bewegung eines Körpers.

Die klassische Himmelsmechanik behandelt die Gesamtheit der Probleme, die sich bei Anwendung des Newtonschen Gravitationsgesetzes auf die Bestimmung der Gestalt und Bewegung der Himmelskörper darbieten.

Nach den bisherigen Erfahrungen hat sich das Gesetz selbst bei den genauesten Untersuchungen durchaus bewährt. Zwar ist in der Bewegung mehrerer großer Planeten des Sonnensystems eine gewisse Abweichung zwischen Theorie und Beobachtung seit langem bekannt. Indessen würde die Revision des Gesetzes, wie sie z. B. die Relativitätstheorie fordert, in den folgenden Untersuchungen wegen der zahlenmäßigen Geringfügigkeit der Abweichungen ohne oder doch von untergeordneter Bedeutung sein. Jedenfalls kann das Problem der Bahnbestimmung davon ausgehen, die Gesetze abzuleiten, welche sich für die Bewegung der Himmelskörper aus dem Newtonschen Gravitationsgesetz ergeben.

Die Bahnbestimmung der Planeten und Kometen ist ein Problem des Sonnensystems. Bei der Untersuchung der allgemeinen Bewegung, die sich aus Rotation und Translation zusammensetzt, würde man auf unüberwindliche Schwierigkeiten stoßen, wenn nicht die Verteilung und Anordnung der Massen wesentliche Vereinfachungen zuließen. Die Körper des Sonnensystems können zwar nicht streng, aber doch sehr nahe als aus homogenen konzentrischen sphärischen Schalen gebildet betrachtet werden. Die rotatorische Bewegung so geschichteter Körper kann vollkommen getrennt behandelt werden von der translatorischen Bahnbewegung, die hier allein Gegenstand der Untersuchung ist. Diese Bewegung der Himmelskörper um die Sonne als Zentralkörper geht so vor sich, als wenn ihre Massen in ihren Schwerpunkten — bei Körpern mit Monden, Satelliten in deren gemeinsamen Schwerpunkt — konzentriert wären. Zudem sind die Entfernungen zwischen den Körpern im Vergleich zu ihren Durchmessern sehr groß. So darf man, ohne merkliche Vernachlässigungen zu begehen, die Körper des Sonnensystems im Sinne der Mechanik als materielle Punkte behandeln. Ohne jeden meßbaren Einfluß auf die Bewegung der Körper dieses Systems sind wegen ihrer äußerst großen Entfernungen die Fixsterne.

§ 1. Die Bewegungsgleichungen.

Es ist Aufgabe der Bahnbestimmung, aus den durch mehrere Beobachtungen bekannt gewordenen scheinbaren Bahnen die wahren, d. h. die Bahnen in bezug auf die Sonne als Zentralkörper, zu ermitteln. Um diese relative Bewegung zu untersuchen, liegt es nahe, den Nullpunkt des festen Koordinatensystems, das im übrigen noch beliebig orientiert werden kann, in den Mittelpunkt der Sonne zu legen.

Es seien x, y, z, r die rechtwinkligen Koordinaten und der Radiusvektor des Körpers P. m sei seine Masse in Einheiten der Sonnenmasse, die gleich der Einheit gesetzt sei. Für einen zweiten Körper P_1 seien die entsprechenden Größen x_1, y_1, z_1, r_1, m_1. Die Differentialgleichungen der relativen Bewegung des unter der Einwirkung der Sonne und des Körpers P_1 stehenden Körpers P sind dann

$$\begin{aligned}
\frac{d^2 x}{dt^2} + k^2 (1 + m) \frac{x}{r^3} &= k^2 m_1 \left(\frac{x_1 - x}{\Delta_1^3} - \frac{x_1}{r_1^3} \right) \\
\frac{d^2 y}{dt^2} + k^2 (1 + m) \frac{y}{r^3} &= k^2 m_1 \left(\frac{y_1 - y}{\Delta_1^3} - \frac{y_1}{r_1^3} \right) \\
\frac{d^2 z}{dt^2} + k^2 (1 + m) \frac{z}{r^3} &= k^2 m_1 \left(\frac{z_1 - z}{\Delta_1^3} - \frac{z_1}{r_1^3} \right).
\end{aligned} \tag{1}$$

Hierin ist Δ_1 der Abstand der Körper P und P_1 voneinander, k die Intensität der Anziehungskraft für die Einheit der Zeit, der Länge und der Masse. Zwischen den Entfernungen und Koordinaten bestehen die Beziehungen

$$\begin{aligned}
r^2 = x^2 + y^2 + z^2 \qquad r_1^2 = x_1^2 + y_1^2 + z_1^2 \\
\Delta_1^2 = (x_1 - x)^2 + (y_1 - y)^2 + (z_1 - z)^2.
\end{aligned} \tag{2}$$

In den Gl. (1) ist nur die Einwirkung des Körpers P_1 berücksichtigt. Für jeden weiteren einwirkenden Körper tritt ein der rechten Seite dieser Gleichungen analoges Glied hinzu.

Die Differentialgleichungen der relativen Bewegung des Körpers P_1 erhält man, wenn man in den Gl. (1) die mit und ohne den Index 1 bezeichneten Größen miteinander vertauscht.

Zur vollständigen Bestimmung der relativen Bewegung der Körper P und P_1 aus den obigen 3 Differentialgleichungen 2. Ordnung sind 12 Integrationen auszuführen. Von diesen können 4 Integrale, 3 Flächenintegrale und das Integral der lebendigen Kraft, gefunden werden. H. Bruns hat den Beweis erbracht, daß es aber (in diesem Koordinatensystem) nicht möglich ist, die weiteren Integrale in algebraischer Form darzustellen.

Um trotzdem zu einer Lösung des Problems, die Koordinaten als Funktionen der Zeit zu bestimmen, zu gelangen, greift man zu Näherungsverfahren. Im Sonnensystem wird die Lösung einmal dadurch wesentlich vereinfacht, daß die Körper (große und kleine Planeten, Kometen usw.) im Verhältnis zur Sonne sehr kleine Massen haben. Demgemäß ist die Anziehungskraft der Sonne im allgemeinen weit größer als die aller übrigen Körper. Sodann kommen bei der Untersuchung der Bewegung der kleinen Planeten und Kometen außer der Sonne nur die großen Planeten als einwirkende Körper in Betracht. Die Massen der kleinen Planeten, Kometen usw. sind so klein, daß sowohl ihre gegenseitige Einwirkung wie die auf die großen Planeten bis jetzt unmerklich geblieben ist. Man darf also bei der Berechnung der Wirkung, die die großen Planeten auf die kleinen und die Kometen ausüben, die Lage der erstgenannnten Körper in jedem Augenblick als bekannt voraussetzen.

Man nennt die großen Planeten, deren Repräsentant in Gl. (1) der Körper P_1 ist, die störenden Körper, die kleinen Planeten und Kometen, deren Repräsentant der Körper P ist, die gestörten Körper.

Der störende Einfluß der großen Planeten ist sehr klein. Man kann ihn in erster Näherung vernachlässigen. Das geschieht, indem man in Gl. (1) die Masse des störenden Körpers P_1 gleich Null setzt. Dann lauten die Bewegungsgleichungen

$$\begin{aligned} \frac{d^2x}{dt^2} + K^2 \frac{x}{r^3} &= 0 \\ \frac{d^2y}{dt^2} + K^2 \frac{y}{r^3} &= 0 \\ \frac{d^2z}{dt^2} + K^2 \frac{z}{r^3} &= 0, \end{aligned} \tag{3}$$

wenn man zur Abkürzung der folgenden Entwicklungen setzt

$$k^2(1+m) = K^2. \tag{4}$$

Diese 3 streng integrierbaren Differentialgleichungen 2. Ordnung stellen die Bewegung von P, der nur unter dem Einfluß der Sonne steht, dar (Zweikörperproblem).

Die vernachlässigten Ausdrücke der rechten Seiten der Gl. (1) nennt man die Störungen. Sie werden sich im allgemeinen um so mehr der Null nähern, je kleiner die Massen der störenden Körper sind. Die Störungen können aber selbst bei kleinen Massen bedeutende Werte erlangen, wenn der Nenner Δ_1 sehr klein wird. (Der Fall sehr kleiner Werte von r_1 hat im Sonnensystem keine Bedeutung.) Tatsächlich gibt es Beispiele, in denen Bahnen des Sonnensystems infolge der kleinen Entfernungen zwischen störendem und gestörtem Körper durch die Störungen seitens des ersteren vollständig geändert wurden. Unter Umständen können infolge dieses kleinen Abstandes die Differentialgleichungen der ungestörten Bewegung, Gl. (3), nicht einmal eine Näherung abgeben. Indessen gehören diese Fälle zu den Seltenheiten. Im allgemeinen ist man durchaus berechtigt, in erster Näherung die Störungen durch die großen Planeten zu vernachlässigen.

§ 2. Die Integration der Bewegungsgleichungen.

Die Integration der 3 Differentialgleichungen Gl. (3) wird auf 6 Integrationskonstanten führen, die aus den Beobachtungen ermittelt werden müssen. Die Integration kann in folgender Weise vor sich gehen.

Durch Verbindung der Gl. (3) mit den Faktorgruppen

$$\begin{matrix} -y & +z & 0 \\ +x & 0 & -z \\ 0 & -x & +y \end{matrix}$$

ergeben sich vollständige Differentiale und durch ihre Integration die Flächenintegrale

$$x\frac{dy}{dt} - y\frac{dx}{dt} = C_1, \quad z\frac{dx}{dt} - x\frac{dz}{dt} = C_2, \quad y\frac{dz}{dt} - z\frac{dy}{dt} = C_3. \tag{5}$$

C_1, C_2, C_3 sind Integrationskonstanten. Multipliziert man die Gl. (5) der Reihe nach mit z, y, x und addiert, so erhält man

$$C_1 z + C_2 y + C_3 x = 0, \tag{6}$$

d. h.: Die Bewegung eines Himmelskörpers um die Sonne als Zentralkörper geschieht in derselben Ebene, in der zugleich der Mittelpunkt der Sonne liegt.

Man kann Gl. (6) auch schreiben

$$z + k_1 y + k_2 x = 0, \tag{7}$$

so daß zur Festlegung der Bahnebene 2 Konstanten $k_1 = C_2 : C_1$ und $k_2 = C_3 : C_1$ genügen. Legt man jetzt auf Grund der Gl. (7) die xy-Ebene in die Bahnebene, setzt also z nebst Ableitungen gleich Null, dann reduzieren sich die 3 Gl. (3) auf die beiden Gleichungen

$$\frac{d^2x}{dt^2} + K^2\frac{x}{r^3} = 0, \qquad \frac{d^2y}{dt^2} + K^2\frac{y}{r^3} = 0. \tag{8}$$

Ihre Integration wird auf 4 Integrationskonstanten führen. Behandelt man die Gl. (8) ähnlich wie die Gl. (3), so ergibt sich

$$x\frac{dy}{dt} - y\frac{dx}{dt} = k_3. \tag{9}$$

Die Konstante k_3 entspricht der Konstanten $\sqrt{C_1^2 + C_2^2 + C_3^2}$ der Gl. (5) bis (7).

Bezeichnet man die Polarkoordinaten des Körpers P mit r und v, den von den Radienvektoren r und $r + dr$ eingeschlossenen Winkel mit dv und das zugehörige Sektordifferential mit dS, so ist dieses in Polarkoordinaten bzw. in rechtwinkligen Koordinaten ausgedrückt

$$dS = \tfrac{1}{2} r^2 dv = \tfrac{1}{2}(x\,dy - y\,dx). \tag{10}$$

Somit wird

$$2\,dS = r^2 dv = k_3 dt\,, \tag{11}$$

und die Integration ergibt für die doppelte Sektorfläche den Wert

$$2\,S = k_3 t + k_4\,, \tag{12}$$

d. h.: Der Radiusvektor eines Himmelskörpers beschreibt in gleichen Zeiten gleiche Flächenräume (2. Keplersches Gesetz).

Der Ausdruck

$$\frac{dS}{dt} = \frac{1}{2} r^2 \frac{dv}{dt} \tag{13}$$

stellt die konstante Flächengeschwindigkeit dar. Die willkürliche Integrationskonstante k_4 kann man als die doppelte Sektorfläche ansehen, die von einer in der xy-Ebene zu wählenden festen Richtungslinie ξ und dem der Zeit $t = 0$ entsprechenden Radiusvektor eingeschlossen wird (Abb. 1).

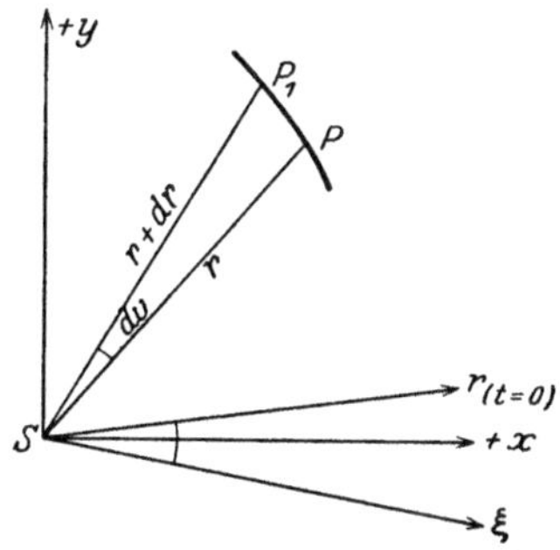

Abb. 1.

Die beiden noch fehlenden Integrationen werden folgendermaßen ausgeführt. Man multipliziert die Gl. (8) mit $2\frac{dx}{dt}$ bzw. mit $2\frac{dy}{dt}$ und addiert. Dann setzt man in die Summengleichung die aus $r^2 = x^2 + y^2$ durch Differentiation gewonnene Gleichung

$$x\frac{dx}{dt} + y\frac{dy}{dt} = r\frac{dr}{dt} \tag{14}$$

ein, integriert und erhält

$$\left(\frac{dx}{dt}\right)^2 + \left(\frac{dy}{dt}\right)^2 = k_5 + \frac{2K^2}{r}. \tag{15}$$

k_5 ist die 5. Integrationskonstante. Der Ausdruck auf der linken Seite der Gl. (15) ist das Quadrat der Geschwindigkeit V, also

$$V^2 = k_5 + \frac{2K^2}{r}. \tag{16}$$

(Von dieser Gl. (16) wird später noch eine wichtige Anwendung zu machen sein.) Zwecks Eliminierung von V^2 quadriert und addiert man die Gl. (9) und (14) und setzt $x^2 + y^2 = r^2$ ein. Dann folgt

$$V^2 = \frac{k_3^2}{r^2} + \left(\frac{dr}{dt}\right)^2 \tag{17}$$

und damit

$$\left(\frac{dr}{dt}\right)^2 = \frac{1}{r^2}\left(k_5 r^2 + 2K^2 r - k_3^2\right). \tag{18}$$

Um durch die 6. Integration die Gestalt der Bahnkurve des Körpers P zu erhalten, wird man dv als Funktion von r und dr darzustellen haben. Nach Einsetzen der quadrierten Gl. (11) ergibt sich

$$dv^2 = \frac{k_3^2\,dr^2}{r^2\left(k_5 r^2 + 2K^2 r - k_3^2\right)}\,. \tag{19}$$

Zur Erleichterung der Integration ersetzt man die Konstanten k_3 und k_5 durch andere Konstanten

$$k_3^2 = K^2 a(1 - e^2) \quad \text{und} \quad k_5 = -\frac{K^2}{a}, \tag{20}$$

setzt diese in Gl. (19) ein, multipliziert Zähler und Nenner des Resultats mit $\frac{1-e^2}{(e\,r)^2}$ und erhält

$$dv = \frac{\frac{a(1-e^2)}{e\,r^2}\,dr}{\sqrt{1 - \left[\frac{a(1-e^2)}{e\,r} - \frac{1}{e}\right]^2}}. \tag{21}$$

Die Integration ergibt

$$v = \arccos\left[\frac{a(1-e^2)}{e\,r} - \frac{1}{e}\right] - k_6 \tag{22}$$

oder

$$\cos(v + k_6) = \frac{1}{e}\left[\frac{a(1-e^2)}{r} - 1\right]$$

oder nach r aufgelöst

$$r = \frac{a(1-e^2)}{1 + e\cos(v + k_6)}. \tag{23}$$

Das ist die allgemeine Gleichung der Kegelschnitte in Polarkoordinaten, deren Nullpunkt in einem Brennpunkt, dem Sonnenmittelpunkt, liegt; d. h.: Die Bahnen der Himmelskörper sind Kegelschnitte, in deren einem Brennpunkt sich die Sonne befindet. (1. verallgemeinertes Keplersches Gesetz.)

Die Integration der Gl. (3) ist damit ausgeführt. Die 6 Integrationskonstanten k_1 bis k_6 müssen aus den Beobachtungen bestimmt werden. Indessen sind die obigen Resultate noch in eine Form zu bringen, die den Anforderungen der Praxis besser entspricht. Diese Entwicklungen sollen für die einzelnen Kegelschnitte getrennt durchgeführt werden.

§ 3. Die Bewegung in der Ellipse.

Aus Gl. (21) ergeben sich leicht Minimum und Maximum r_p bzw. r_a des Radiusvektors

$$r_p = a(1 - e), \qquad r_a = a(1 + e). \tag{24}$$

Die entsprechenden Punkte der Bahnkurve nennt man Perihel und Aphel, ihre Verbindungslinie die Apsidenlinie. Ihre Länge ist

$$2a = r_p + r_a = \frac{2p}{1 - e^2}. \tag{25}$$

a ist die große Halbachse. Die durch Gl. (25) definierte Größe p nennt man den Parameter des Kegelschnitts.

Aus Gl. (23) geht hervor, daß, wenn $e < 1$ ist, sich für jeden Wert von $v + k_6$ ein endlicher Wert von r ergibt. Die Kurve ist also geschlossen, eine Ellipse. Der Winkel $v + k_6$ ist der Winkel am Brennpunkt (Pol) zwischen dem Radiusvektor r und einer in der Bahnebene gelegenen festen Richtungslinie ☊, die den konstanten Winkel k_6 mit der Apsidenlinie bildet. Denn ist $v + k_6 = 0°$, so wird $r = r_p = a\,(1 - e)$ der kürzeste Radiusvektor (Perihel). Ist $v + k_6 = 90°$, so wird $r = p$, d. h. der Parameter p ist gleich dem auf der Apsidenlinie senkrecht stehenden Radiusverkehr. Ist $v + k_6 = 180°$, so wird $r = r_a = a\,(1 + e)$ der längste Radiusvektor (Aphel). a ist der mittlere Wert des Radiusvektors r.

Der Abstand des Mittelpunkts der Apsidenlinie vom Brennpunkt ist gleich ae. Die Exzentrizität e ist also das Verhältnis des genannten Abstandes zur großen Halbachse. Man stellt die Exzentrizität auch durch den Exzentrizitätswinkel $\sin\varphi = e$ dar.

Zählt man den Winkel $v + k_6$ nicht von der festen Richtungslinie ☊ sondern vom Perihel aus, so ist $k_6 = 0°$, und es wird

$$\boxed{r = \frac{p}{1 + e\cos v}}\,. \tag{26}$$

Man nennt v die wahre Anomalie und zählt sie vom Perihel aus in der Richtung der Bewegung von 0° bis 360°.

Die im Mittelpunkt auf der Apsidenlinie senkrecht stehende kleine Halbachse sei mit b bezeichnet. Dann besteht zwischen a, b, e, p die Beziehung

$$b = a\sqrt{1 - e^2} = \sqrt{a p}\,. \tag{27}$$

Die Bedeutung der aufgeführten Größen wird auch aus Abb. 2 ersichtlich. Es ist $r = PS$, $v = \sphericalangle \Pi S P$, $a = O\Pi = ON$, $r_p = S\Pi$, $r_a = SA$, $b = OQ$, $\varphi = \sphericalangle OQS$, $ae = OS$, $v + k_6 = \sphericalangle PS☊$, $k_6 = \sphericalangle \Pi S ☊$.

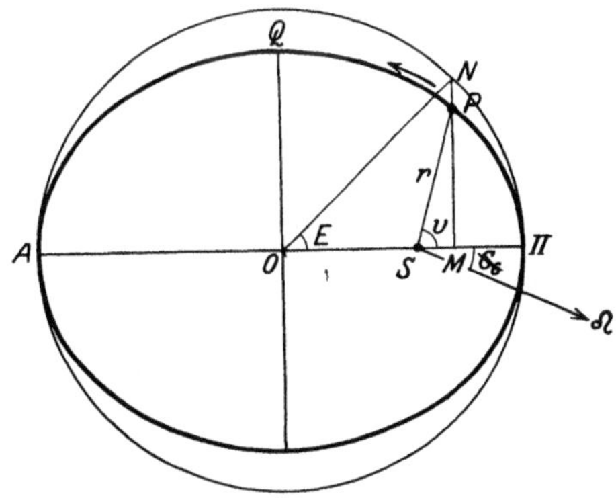

Abb. 2.

Nun sollen die oben angedeuteten Entwicklungen durchgeführt werden. Ersetzt man in Gl. (11) die Konstante k_3 durch den in Gl. (20) gegebenen Ausdruck, so wird

$$\tfrac{1}{2} r^2\,dv = dS = \tfrac{1}{2} K \sqrt{a\,(1 - e^2)}\,dt. \tag{28}$$

Diese Gleichung soll in der Annahme der elliptischen Bewegung über die Zeit eines Umlaufs T_u integriert werden. Dann ergibt sich auf der einen Seite die ganze Ellipsenfläche, auf der anderen T_u

$$a\,b\,\pi = \tfrac{1}{2} K \sqrt{a\,(1 - e^2)}\,T_u\,, \tag{29}$$

und mit Berücksichtigung der Gl. (27)

$$\frac{a^3}{T_u^2} = \frac{K^2}{4\pi^2}\,. \tag{30}$$

Da man im Sonnensystem die Massen m in $K^2 = k^2 (1 + m)$ gegen die Sonnenmasse als sehr klein betrachten darf, so ist die Größe $K^2 : 4\pi^2$ sehr nahe eine Konstante. Setzt man sie streng gleich einer Konstanten, so besagt Gl. (30): In der elliptischen Bewegung verhalten sich die 3. Potenzen der großen Halbachsen wie die Quadrate der Umlaufszeiten (3. Keplersches Gesetz).

Will man die Angabe des Gestirnsortes P in der Ellipse für eine beliebige Zeit erhalten, so muß man die Gl. (28) über beliebige Zeiträume integrieren. Führt man statt der Umlaufszeit T_u den durch

$$\mu = \frac{2\pi}{T_u}$$

definierten Winkel μ ein, so wird

$$\mu = \frac{K}{a^{\frac{3}{2}}}. \tag{31}$$

Aus der Verbindung der Gl. (18), (20) und (31) erhält man

$$\frac{r^2}{\mu^2 a^2}\left(\frac{dr}{dt}\right)^2 = a^2 e^2 - (a - r)^2.$$

Um diese Gleichung integrierbar zu machen, führt man einen Hilfswinkel E als neue Variable ein durch

$$a - r = a e \cos E. \tag{32}$$

Durch Differentiation und Quadrierung ergibt sich

$$\frac{dr}{dt} = a e \sin E \frac{dE}{dt} \tag{33}$$

und

$$(a - r)^2 = a^2 e^2 - a^2 e^2 \sin E^2, \tag{34}$$

und nach Einsetzen dieser beiden Gleichungen

$$\frac{r}{\mu a} \frac{dE}{dt} = 1 \tag{35}$$

oder

$$(1 - e \cos E)\, dE = \mu\, dt. \tag{36}$$

Die Integration liefert endlich

$$\boxed{E - e \sin E = \mu t + M_0,} \tag{37}$$

worin M_0 eine Integrationskonstante ist, die gewissermaßen die Konstante k_4 in Gl. (12) ersetzt. Die in E transzendente Gl. (37) nennt man die Keplersche Gleichung, ihre rechte Seite die mittlere Anomalie M

$$M = M_0 + \mu t. \tag{38}$$

Zählt man die Zeit von einer Ausgangsepoche t_0 ab, und ist M_0 die mittlere Anomalie für diese Epoche, so ist

$$E - e \sin E = M_0 + \mu (t - t_0) = M. \tag{39}$$

μ ist die mittlere Bewegung in der Zeiteinheit, die durch Gl. (31) mit der großen Halbachse a verbunden ist.

Es fehlen noch die Beziehungen zwischen der sog. exzentrischen Anomalie E und der wahren Anomalie v. Man erhält sie durch Verbindung der Gl. (25), (26) und (32)

$$\left| \begin{aligned} r \cos v &= a (\cos E - e) \\ r \sin v &= a \sqrt{1 - e^2} \sin E \,. \end{aligned} \right. \tag{40}$$

Sind die Integrationskonstanten M_0, a (also auch μ) und e bekannt, so kann nach Gl. (39) E und nach Gl. (40) r und v ermittelt werden.

Führt man, um die Bedeutung der mittleren Anomalie kennen zu lernen, einen fingierten Körper ein, der sich mit konstanter Winkelgeschwindigkeit um die Sonne bewegt, so ist die mittlere Anomalie der von diesem Körper in der Zeit $t - t_0$ beschriebene Winkel. Die geometrische Bedeutung der exzentrischen Anomalie ist folgende. Verlängert man das von P auf die Apsidenlinie gefällte Lot PM nach der anderen Seite, bis es den über der großen Achse als Durchmesser geschlagenen Kreis in N schneidet, so ist $\sphericalangle NO\Pi = E$. Denn es ist $MS = OM - OS$ oder $r \cos v = a \cos E - ae$ entsprechend der ersten der Gl. (40).

§ 4. Die Bewegung in Kreis und Parabel.

a) Die Bewegung im Kreise. Setzt man in der Gleichung des Kegelschnitts, Gl. (26), $e = 0$, so ist $r = p = a$. Der Körper bewegt sich mit gleichförmiger Geschwindigkeit im Kreise (Abb. 3). Bezeichnet man die Anomalien für die Zeiten t und t_0 mit u und u_0, so ist der Ort in der Bahn bestimmt durch

$$u = u_0 + \mu (t - t_0)\,, \tag{41}$$

worin μ durch Gl. (31) definiert ist.

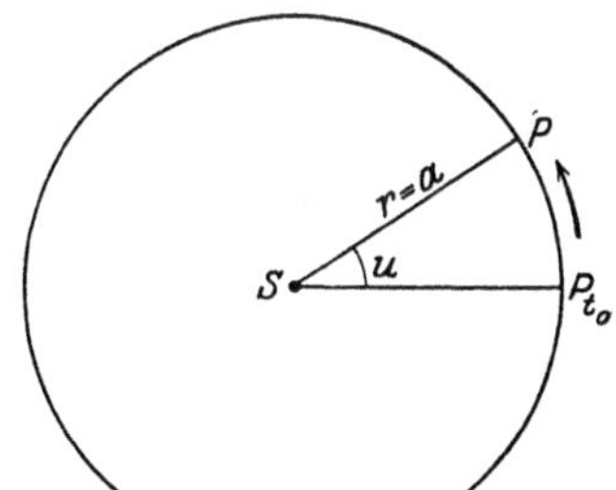

Abb. 3.

b) Die Bewegung in der Parabel. Setzt man in Gl. (26) $e = 1$, so ergibt sich für $v = 0°$ $r_p = \frac{1}{2} p$, d. h. im Perihel ist der Abstand der Sonne von diesem gleich dem halben Parameter. Für $v = 180°$ erhält man $r_a = \infty$. Das Aphel liegt also im Unendlichen. Nennt man r_p die Periheldistanz q, so wird $p = 2q$ und die Gleichung der Bahnkurve

$$r = \frac{p}{1 + \cos v} = q \sec \tfrac{1}{2} v^2\,. \tag{42}$$

Die Kurve ist eine Parabel.

Will man die Bewegung in der Parabel kennen lernen, so ist unter der Voraussetzung der durch Gl. (42) gegebenen Beziehung zwischen den Polarkoordinaten r und v die Gl. (28)

$$r^2 \frac{dv}{dt} = K \sqrt{a(1 - e^2)} = K \sqrt{p}$$

zu integrieren. Durch Einsetzen von Gl. (42) erhält man

$$q^2 \sec \tfrac{1}{2} v^4 \, dv = K \sqrt{2q} \, dt$$

und das Integral

$$2q^2 (\operatorname{tg} \tfrac{1}{2} v + \tfrac{1}{3} \operatorname{tg} \tfrac{1}{2} v^3) = K \sqrt{2q} \, t + k'_4 . \tag{43}$$

Bezeichnet man mit T den Moment des Periheldurchgangs des Körpers P, so ist $t = T$ und $v = 0°$ zu setzen, und es wird

$$k'_4 = - K \sqrt{2q} \, T.$$

Damit erhält man

$$\frac{\sqrt{2}}{K} (\operatorname{tg} \tfrac{1}{2} v + \tfrac{1}{3} \operatorname{tg} \tfrac{1}{2} v^3) = \frac{t - T}{q^{\frac{3}{2}}}, \tag{44}$$

d. i. der Ausdruck für die Beziehung zwischen der wahren Anomalie v und der seit dem Periheldurchgang verflossenen Zeit $t - T$. Setzt man die rechte Seite gleich M, so erhält man die Gleichung

$$\frac{\sqrt{2}}{K} (\operatorname{tg} \tfrac{1}{2} v + \tfrac{1}{3} \operatorname{tg} \tfrac{1}{2} v^3) = M, \tag{45}$$

die der Keplerschen Gleichung in der Ellipse entspricht.

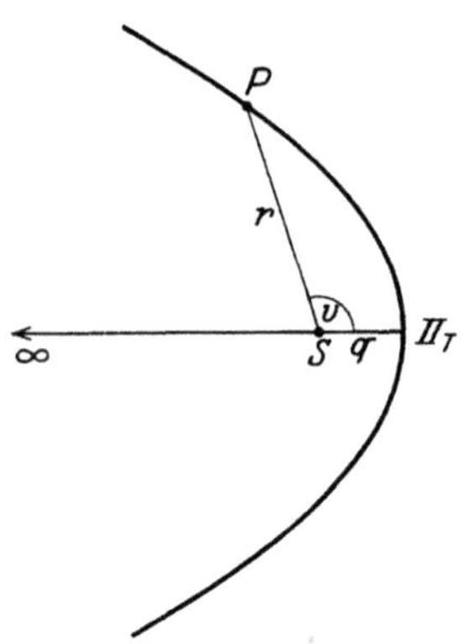

Abb. 4.

Die Gestalt der parabolischen Bahn wird bestimmt durch die Periheldistanz q, der Ort in der Bahn durch die seit dem Periheldurchgang verflossene Zeit $t - T$. Diese beiden parabolischen Bahnelemente treten an Stelle der großen Halbachse a ($a = \infty$), der Exzentrizität e ($e = 1$), und der mittleren Anomalie M_0 für die Ausgangsepoche t_0 bei der Ellipse. In der Abb. 4 ist $PS = r$, $S\Pi = q$, $\sphericalangle PS\Pi = v$.

§ 5. Die Bewegung in der Hyperbel.

Ist $e > 1$, so wird — anziehende Kräfte vorausgesetzt — wegen $p = a(1 - e^2)$ a negativ, gleich a_n. Die Kurve ist eine Hyperbel. Um in den folgenden Entwicklungen das Auftreten imaginärer Größen zu vermeiden, führt GAUSS für die Exzentrizität e eine neue Hilfsgröße ein, die definiert ist durch $\cos \psi = e^{-1}$. Dann läßt sich die Gl. (26) schreiben

$$r = \frac{p \cos \psi}{2 \cos \frac{1}{2}(v + \psi) \cos \frac{1}{2}(v - \psi)}. \tag{46}$$

Man erkennt, daß, wenn v zwischen $0°$ und $180° - \psi$ liegt, der Radiusvektor r stets positive Werte hat; daß für $v = 180° - \psi$ $r = \infty$ wird; daß, wenn v zwischen $180° - \psi$ und $180° + \psi$ liegt, r stets negative Werte annimmt; daß für $v = 180° + \psi$ $r = \infty$ wird; daß, wenn v zwischen $180° + \psi$ und $360°$ liegt, r wieder positive Werte hat. Hier kommen nur positive Radienvektoren, d. h. der Kurvenzweig, der zu Werten von v zwischen $180° + \psi$ und $180° - \psi$ gehört, in Betracht. Für $v = 0°$ werden die beiden Faktoren $\cos \frac{1}{2}(v + \psi)$ und $\cos \frac{1}{2}(v - \psi)$ einander gleich. Setzt man

$$\frac{\cos \frac{1}{2}(v - \psi)}{\cos \frac{1}{2}(v + \psi)} = \sigma, \tag{47}$$

so ist für $v = 0°$ $\sigma = 1$. Zu gleichen Werten von v mit entgegengesetztem Vorzeichen gehören reziproke Werte von σ. Bewegt sich v zwischen $180° + \psi$ und $180° - \psi$, so bewegt sich σ zwischen 0 und $+\infty$.

Der elliptische Hilfswinkel E würde hier imaginär werden; es sei eine entsprechende Hilfsgröße H eingeführt durch

$$\operatorname{tg} \tfrac{1}{2} H = \operatorname{tg} \tfrac{1}{2} v \sqrt{\frac{e-1}{e+1}}. \tag{48}$$

Die geometrische Bedeutung der Hyperbelgrößen ist aus Abb. 5 ersichtlich. Es ist $PS = r$, $\sphericalangle PSO = v$, $SO = ae$, $O\Pi = a_n$. Fällt man von P auf die Richtung der großen Achse $2a_n$ ein Lot und zieht von dessen Endpunkt die Tangente an den um die große Achse $2a_n$ als Durchmesser geschlagenen Kreis, so ist $\sphericalangle MON = H$. Denn es ist $MS = OS - OM$, oder $r \cos v = ae - a \sec H$ entsprechend der Gl. (54).

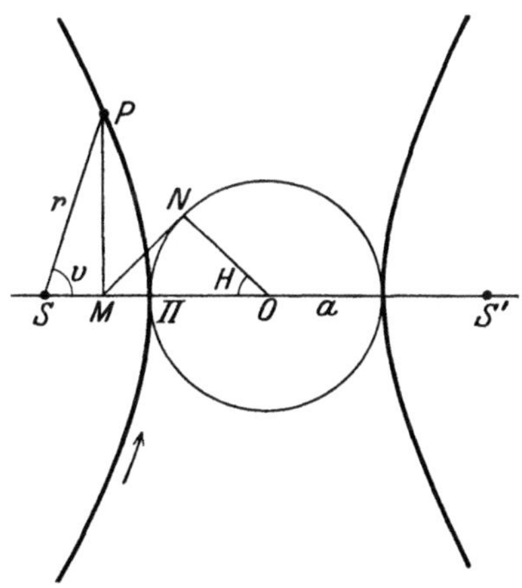

Abb. 5.

Zwischen den neuen Hilfsgrößen können folgende Beziehungen aufgestellt werden. Es ist

$$\frac{e-1}{e+1} = \frac{1 - \cos\psi}{1 + \cos\psi} = \operatorname{tg} \tfrac{1}{2} \psi^2,$$

und folglich

$$\operatorname{tg} \tfrac{1}{2} H = \operatorname{tg} \tfrac{1}{2} v \operatorname{tg} \tfrac{1}{2} \psi. \tag{49}$$

Also ist

$$\sigma = \frac{1 + \operatorname{tg} \frac{1}{2} H}{1 - \operatorname{tg} \frac{1}{2} H} = \operatorname{tg}(45° + \tfrac{1}{2} H) \quad \text{und} \quad \operatorname{tg} \tfrac{1}{2} H = \frac{\sigma - 1}{\sigma + 1}.$$

Da

$$\operatorname{tg} H = \frac{2 \operatorname{tg} \frac{1}{2} H}{1 - \operatorname{tg} \frac{1}{2} H^2}$$

ist, so wird

$$\operatorname{tg} H = \tfrac{1}{2}\left(\sigma - \frac{1}{\sigma}\right).$$

Durch Quadrieren, beiderseitiges Addieren von 1 und Radizieren wird erhalten

$$\sec H = \tfrac{1}{2}\left(\sigma + \frac{1}{\sigma}\right),$$

und nach Einführung von σ aus Gl. (47)

$$\sec H = \frac{\cos\frac{1}{2}(v+\psi)^2 + \cos\frac{1}{2}(v-\psi)^2}{2\cos\frac{1}{2}(v+\psi)\cos\frac{1}{2}(v-\psi)} = \frac{(e+\cos v)\cos\psi}{2\cos\frac{1}{2}(v+\psi)\cos\frac{1}{2}(v-\psi)}$$

oder

$$\sec H = \frac{r(e+\cos v)}{p}, \tag{50}$$

wo $p = a_n(e^2 - 1)$ ist.

Addiert man beiderseits ∓ 1, so erhält man

$$\frac{1 \mp \cos H}{\cos H} = \frac{r(e \mp 1)(1 \mp \cos v)}{p}.$$

Andrerseits ist

$$\frac{1 \mp \cos H}{\cos H} = \frac{1}{2}\frac{(\sigma \mp 1)^2}{\sigma},$$

also

$$\sqrt{r}\sin\tfrac{1}{2}v = \sqrt{\frac{a_n(e+1)}{\cos H}}\sin\tfrac{1}{2}H = \tfrac{1}{2}\sqrt{\frac{a_n(e+1)}{\sigma}}(\sigma - 1) \tag{51}$$

$$\sqrt{r}\cos\tfrac{1}{2}v = \sqrt{\frac{a_n(e-1)}{\cos H}}\cos\tfrac{1}{2}H = \tfrac{1}{2}\sqrt{\frac{a_n(e-1)}{\sigma}}(\sigma + 1). \tag{52}$$

Multipliziert man beide Gleichungen miteinander und setzt ein

$$e^2 - 1 = \operatorname{tg}\psi^2,$$

so wird

$$r\sin v = a_n \operatorname{tg}\psi \operatorname{tg} H = \tfrac{1}{2} a_n \operatorname{tg}\psi\left(\sigma - \frac{1}{\sigma}\right). \tag{53}$$

Nun ist aber

$$r\cos v = \frac{p\cos v}{1 + e\cos v} = a_n e - \frac{a_n r(e+\cos v)}{p}.$$

Setzt man hierin Gl. (50) ein, so erhält man

$$r\cos v = a_n(e - \sec H) = \tfrac{1}{2}a_n\left(2e - \sigma - \frac{1}{\sigma}\right). \tag{54}$$

Quadriert man die Ausdrücke für $r\sin v$ und $r\cos v$, addiert und radiziert, so ergibt sich

$$r = a_n(e\sec H - 1) = \tfrac{1}{2}a_n\left[e\left(\sigma + \frac{1}{\sigma}\right) - 2\right]. \tag{55}$$

Nachdem so die Beziehungen zwischen r und v einerseits und den hyperbolischen Elementen andrerseits aufgestellt sind, soll jetzt die Integration der Gl. (28) für die Hyperbel ausgeführt werden.

Die Differentiation der Gl. (47) ergibt, wenn ψ als konstant angesehen wird,

$$d\sigma = \frac{\sin\psi}{2\cos\frac{1}{2}(v+\psi)^2}dv.$$

Dividiert man durch Gl. (47), so wird

$$\frac{d\sigma}{\sigma} = \frac{\sin\psi}{2\cos\frac{1}{2}(v+\psi)\cos\frac{1}{2}(v-\psi)}\,dv\,,$$

also nach Einsetzen von Gl. (46)

$$\frac{d\sigma}{\sigma} = \frac{r}{p}\,\mathrm{tg}\,\psi\,dv$$

und damit

$$r^2\,dv = \frac{p\,r}{\sigma\,\mathrm{tg}\,\psi}\,d\sigma = K\sqrt{p}\,dt\,.$$

Setzt man hierin den Ausdruck für r nach Gl. (55) und für p den Wert $a_n\,\mathrm{tg}\,\psi^2$ ein, so erhält man

$$K\sqrt{p}\,dt = a_n^2\,\mathrm{tg}\,\psi\left[\tfrac{1}{2}e\left(1+\frac{1}{\sigma^2}\right)-\frac{1}{\sigma}\right]d\sigma\,. \qquad (56)$$

Die Integration dieses Ausdrucks liefert

$$\tfrac{1}{2}e\left(\sigma-\frac{1}{\sigma}\right)-\mathrm{lg\,nat}\,\sigma = \frac{K\sqrt{p}}{a_n^2\,\mathrm{tg}\,\psi}\,t + k_4''\,. \qquad (57)$$

Im Perihel ist $\sigma = 1$, also die linke Seite der Gleichung gleich Null. Bezeichnet man die Durchgangszeit durchs Perihel mit T und setzt $p = a_n\,\mathrm{tg}\,\psi^2$ ein, so wird

$$k_4'' = -\frac{K}{a_n^{\frac{3}{2}}}\,T\,.$$

Setzt man $\frac{K}{a_n^{\frac{3}{2}}} = \mu$, so wird

$$\tfrac{1}{2}e\left(\sigma-\frac{1}{\sigma}\right)-\mathrm{lg\,nat}\,\sigma = \mu\,(t-T)\,.$$

Multipliziert man diese Gleichung mit dem Modul der Briggschen Logarithmen, so erhält man

$$\tfrac{1}{2}e\,\mathrm{Mod}\left(\sigma-\frac{1}{\sigma}\right)-\mathrm{lg}\,\sigma = \mathrm{Mod}\,\mu\,(t-T)\,,$$

und nach Einführung von H an Stelle von σ

$$e\,\mathrm{Mod\,tg}\,H - \mathrm{lg\,tg}\,(45^\circ+\tfrac{1}{2}H) = \mathrm{Mod}\,\mu\,(t-T)\,. \qquad (58)$$

Der Vergleich mit dem entsprechenden Ausdruck in der elliptischen Bewegung, Gl. (39), läßt die Ähnlichkeit dieser Gleichung mit jener erkennen. H kann aus Gl. (58) bestimmt werden, wenn die Konstanten e, a_n und die seit dem Periheldurchgang verflossene Zeit $t-T$ bekannt sind. Dann können mit bekanntem H, z. B. nach Gl. (53) und (54), auch r und v ermittelt werden.

Nach erlangter Kenntnis der Bewegung in den Kegelschnitten mag jetzt ein einfaches Kriterium für die Art der Bahn Platz finden. Setzt man in Gl. (16) den Wert für die Konstante k_5 nach Gl. (20) ein, so erhält man für das Quadrat der Geschwindigkeit V den Ausdruck

$$V^2 = K^2\left(\frac{2}{r} - \frac{1}{a}\right). \tag{59}$$

Daraus ergibt sich, daß

a positiv und endlich	(Ellipse)	ist,	wenn	$V^2 < \frac{2K^2}{r}$
$a = r$	(Kreis)	„	„	$V^2 = \frac{K^2}{r}$
$a = \infty$	(Parabel)	„	„	$V^2 = \frac{2K^2}{r}$
a negativ und endlich	(Hyperbel)	„	„	$V^2 > \frac{2K^2}{r}$ ist.

Die Art der Bahn hängt also allein von der Geschwindigkeit in der Sonnenentfernung r ab.

§ 6. Die Bahn im Raum.

Nachdem die Untersuchungen über die Art der Bewegung des Körpers P in der Bahnebene abgeschlossen sind, muß jetzt noch die Lage der Ebene im Raume und die der Bahnkurve in der Ebene festgelegt werden.

Führt man die Integration der Gl. (3) in einer der Integration der Gl. (8) analogen Weise durch, so sind die 3 Integrationskonstanten C_1, C_2, C_3 in Gl. (5) die Projektionen der Flächengeschwindigkeit $\frac{dS}{dt} = \frac{1}{2} K \sqrt{p}$ auf die 3 Koordinatenebenen des Systems $x\,y\,z$. Das Koordinatensystem (für ein bestimmtes Äquinoktium) sei folgendermaßen orientiert. Die xy-Ebene sei die Ebene der Ekliptik mit dem Sonnenmittelpunkt als Koordinatennullpunkt. Die $+x$-Achse sei nach dem Frühlingspunkt, die $+y$-Achse (im Sinne der Richtung der Erdbewegung) senkrecht dazu, die $+z$-Achse nach dem nördlichen Pol der Ekliptik gerichtet.

Die Schnittlinie der Bahnebene mit der Ekliptik nennt man die Knotenlinie, ihre Durchschnittspunkte an der Sphäre die Knoten. Man bezeichnet den Knoten, durch den der Körper sich von der südlichen nach der nördlichen Seite der Ekliptik bewegt, als den aufsteigenden, ☊, den anderen als den absteigenden Knoten, ☋. Die Länge des aufsteigenden Knotens vom Frühlingspunkt in der Richtung der Bewegung von 0° bis 360° gezählt, sei mit ☊ bezeichnet.

Der Neigungswinkel, den die Ekliptik mit der Bahnebene bildet, sei i. Man mißt ihn als den Winkel, der zwischen denjenigen Zweigen der größten Kreise an der Sphäre liegt, die im Sinne der Bewegungsrichtung vom aufsteigenden Knoten wegführen und zählt ihn von 0° bis 180°. Ist $i < 90°$, so bewegt sich P von der Sonne gesehen in gleicher Richtung mit der Erde. Man nennt diese Bewegung rechtläufig. Ist $i > 90°$, so ist die Bewegung eine der Erdbewegung entgegengesetzte, rückläufige.

In Abb. 6 ist $\sphericalangle \Upsilon S \Omega = \Omega$, $\sphericalangle P \Omega Q = i$.

Nach der Einführung dieser Bezeichnungen wird $C_1 = 2\frac{dS}{dt}\cos i$. Die Projektion von $2\frac{dS}{dt}$ auf eine Ebene, die durch die Knotenlinie geht und auf der Ekliptik senkrecht steht, ist $2\frac{dS}{dt}\sin i$, also die Projektion auf die xz-Ebene $C_2 = -2\frac{dS}{dt}\sin i \cos \Omega$ und die auf die yz-Ebene

$$C_3 = 2\frac{dS}{dt}\sin i \sin \Omega .$$

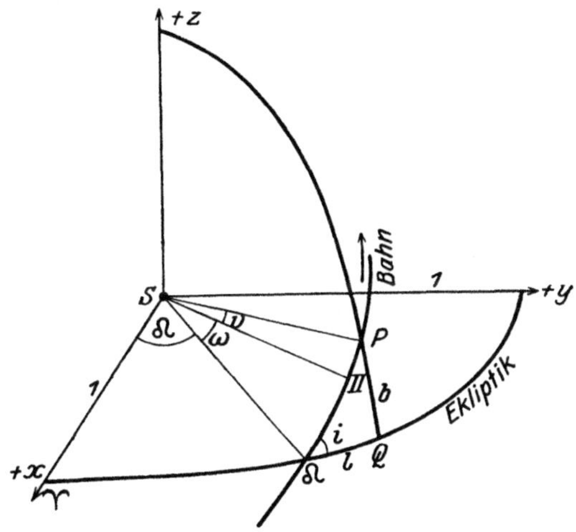

Abb. 6.

Setzt man diese Werte von C_1, C_2, C_3 in Gl. (6) ein, so wird

$$z \cos i - y \cos \Omega \sin i + x \sin \Omega \sin i = 0 \tag{60}$$

oder in der Form der Gl. (7)

$$z - y \cos \Omega \operatorname{tg} i + x \sin \Omega \operatorname{tg} i = 0 .$$

Es wird demnach

$$\left.\begin{aligned} k_1 &= \frac{C_2}{C_1} = -\cos \Omega \operatorname{tg} i \\ k_2 &= \frac{C_3}{C_1} = \sin \Omega \operatorname{tg} i . \end{aligned}\right\} \tag{61}$$

Der Neigungswinkel i und die Knotenlänge Ω legen die Bahnebene im Raume fest.

Für die Flächenintegrale ergibt sich nach Gl. (5)

$$\begin{aligned} x\frac{dy}{dt} - y\frac{dx}{dt} &= K\sqrt{p}\cos i \\ z\frac{dx}{dt} - x\frac{dz}{dt} &= -K\sqrt{p}\cos \Omega \sin i \\ y\frac{dz}{dt} - z\frac{dy}{dt} &= K\sqrt{p}\sin \Omega \sin i , \end{aligned} \tag{62}$$

also eine Beziehung zwischen den Koordinaten x, y, z und den Geschwindigkeiten $\frac{dx}{dt}$, $\frac{dy}{dt}$, $\frac{dz}{dt}$ einerseits, den Konstanten K, p und i, Ω andrerseits, von der unten noch Gebrauch gemacht wird.

Endlich ist noch die Lage der Bahn in ihrer Ebene festzulegen. Es war k_6 als der konstante Winkel zwischen einer in der Bahnebene gelegenen festen Richtungslinie Ω mit der Apsidenlinie definiert. Man nennt den Winkel zwischen den Richtungen nach dem Perihel Π und dem Knoten ☊, in der Bewegungsrichtung vom aufsteigenden Knoten ab von 0° bis 360° gezählt, den Abstand des Perihels vom Knoten und bezeichnet ihn mit ω ($=k_6$). Die Summe der Winkel ☊ und ω nennt man die Länge des Perihels π, so daß $\pi = ☊ + \omega$ einen gebrochenen Winkel darstellt, dessen Teile in 2 Ebenen liegen. Die Summe der in der Bahnebene gelegenen Winkel ω und v nennt man das Argument der Breite, so daß

$$u = v + \omega\,. \tag{63}$$

In Abb. 6 ist $\sphericalangle$ ☊ $S\,\Pi = \omega$, $\sphericalangle$ ♈ $S\,\Pi = \pi$, $\sphericalangle$ ☊ $S P = u$.

Es bleibt nun noch die Aufgabe, die heliozentrischen Koordinaten x, y, z selbst durch die Integrationskonstanten auszudrücken. Das kann auf folgende Weise geschehen. Läßt man in der xy-Ebene die Richtung der x-Achse in die Richtung nach dem aufsteigenden Knoten fallen, so wird im neuen System $\bar{x}, \bar{y}, \bar{z}$

$$\begin{aligned} \bar{x} &= r\cos u \\ \bar{y} &= r\sin u\cos i \\ \bar{z} &= r\sin u\sin i \end{aligned} \tag{64}$$

Dreht man nun das System um die z-Achse in die frühere Lage zurück, so ist

$$\begin{aligned} x &= \bar{x}\cos ☊ - \bar{y}\sin ☊ \\ y &= \bar{x}\sin ☊ + \bar{y}\cos ☊ \\ z &= \bar{z} \end{aligned} \tag{65}$$

Nach Einsetzen dieser Werte in Gl. (64) erhält man

$$\begin{aligned} x &= r\,(\cos u\cos ☊ - \sin u\sin ☊\cos i) \\ y &= r\,(\cos u\sin ☊ + \sin u\cos ☊\cos i) \\ z &= r\sin u\sin i \end{aligned} \tag{66}$$

Damit sind die Koordinaten x, y, z als Funktionen der Zeit und der 6 Integrationskonstanten bestimmt, und die Lösung des Problems der Integration der Gl. (3), der Bewegungsgleichungen eines Körpers P mit gegebener Masse m, ist erreicht.

Bei den Körpern, die hier in Betracht kommen, kann die Masse m in $K^2 = k^2\,(1+m)$ vernachlässigt werden. Beachtet man dies, so lauten die vollständigen Integrale für die 4 Kegelschnitte:

1. Ellipse.

$$\mu = \frac{k}{a^{\frac{3}{2}}}$$

$$E - e\sin E = M = M_0 + \mu\,(t - t_0)$$

$$r\cos v = a\,(\cos E - e)$$

$$r\sin v = a\sqrt{1-e^2}\,\sin E$$

$$u = v + \omega$$

2. Kreis.

$$\mu = \frac{k}{a^{\frac{3}{2}}}$$

$$u = u_0 + \mu (t - t_0)$$

3. Parabel.

$$\frac{\sqrt{2}}{k} \operatorname{tg} \tfrac{1}{2} v + \frac{\sqrt{2}}{k} \tfrac{1}{3} \operatorname{tg} \tfrac{1}{2} v^3 = M = \frac{t - T}{q^{\frac{3}{2}}}$$

$$r = q \sec \tfrac{1}{2} v^2$$

$$u = v + \omega$$

4. Hyperbel.

$$\mu = \frac{k}{a_n^{\frac{3}{2}}}$$

$$e \operatorname{Mod} \operatorname{tg} H - \lg \operatorname{tg} (45^\circ + \tfrac{1}{2} H) = \operatorname{Mod} \mu (t - T)$$

$$r \cos v = a_n (e - \sec H)$$

$$r \sin v = a_n \sqrt{e^2 - 1} \operatorname{tg} H$$

$$u = v + \omega$$

$$\left\| \begin{aligned} x &= r (\cos u \cos \Omega - \sin u \sin \Omega \cos i) \\ y &= r (\cos u \sin \Omega + \sin u \cos \Omega \cos i) \\ z &= r \sin u \sin i \end{aligned} \right.$$

§ 7. Die Gaußsche Konstante des Sonnensystems.

Nach den Gl. (4) und (30) ist

$$k = \frac{2 \pi a^{\frac{3}{2}}}{T_u \sqrt{1 + m}}.$$

Aus dieser Gleichung erhält man die in den bisherigen Entwicklungen auftretende Attraktionskonstante des Sonnensystems k, wenn man sie auf eine bereits bekannte Bahn, z. B. die Erdbahn, anwendet.

Als Einheit der Masse war die Sonnenmasse festgesetzt. Die Umlaufszeit T_u für die Ellipse drückt man in Einheiten des mittleren Sonnentages aus (Einheit der Zeit). Setzt man die halbe große Achse der Erdbahn gleich der Einheit (Einheit der Länge), so wird

$$k = \frac{2 \pi}{T_u \sqrt{1 + m}}.$$

Nach dieser Formel hat Gauss in der Theoria motus für die nach ihm benannte Konstante in der Annahme 1 siderisches Jahr $= T_u = 365.2563835$ mittlere Sonnentage, Masse $m_{♁+☾} = 1:354710$ den Wert

$$k = 0.01720209895 \quad \text{oder} \quad k'' = 3548''.18761$$

gefunden.

Seit GAUSS' Zeiten hat man eine genauere Kenntnis der Erdbewegung erlangt. So ist nach NEWCOMB die Masse $m_{♁+☾} = 1:329390$ und die Länge des siderischen Jahres (für 1900) $T_u = 365.25636042$ mittlere Sonnentage.

Bei einer Neubestimmung der Konstanten k mit den besseren Erdkonstanten würde man einen gegen den Gaußschen geänderten Wert erhalten. Um aber keine Verwirrung anzurichten, ist man übereingekommen, den Gaußschen Wert von k unverändert beizubehalten und dafür die Längeneinheit zu ändern. Sie ist festgelegt durch

$$|a| = \sqrt[3]{\frac{k^2(1+m)}{4\pi^2} T_u^2}.$$

Auf Grund der Newcombschen Zahlenwerte erhält man dann für die halbe große Achse der Erdbahn den Wert $\lg a = 0.000000013$.

2. Abschnitt.

Beziehungen zwischen mehreren Orten in der heliozentrischen Bahn.

Um in der Darlegung der Methoden der ersten Bahnbestimmung keine Unterbrechungen eintreten zu lassen, sollen in diesem Abschnitt Beziehungen abgeleitet werden, die dort gebraucht werden.

§ 8. Die Dreiecksflächen als Funktionen der Zeit.

In der Gauß-Enckeschen Bahnbestimmung treten die Verhältnisse der von den Radienvektoren und den zugehörigen Sehnen gebildeten Dreiecksflächen als Funktionen der Zwischenzeiten auf. Sie sollen hier in Reihen, fortschreitend nach den Potenzen der Zwischenzeiten, entwickelt werden.

Die xy-Ebene sei die Bahnebene mit dem Sonnenmittelpunkt als Koordinatennullpunkt. Die rechtwinkligen Koordinaten von 3 Orten in der Bahn seien mit x_i, y_i, die Radienvektoren mit r_i, die zugehörigen Zeiten mit t_i bezeichnet ($i = 1, 2, 3$).

Entwickelt man die Koordinaten x_1, y_1 und x_3, y_3 als Funktionen der Koordinaten x_2, y_2 in Reihen, so kann man schreiben

$$\begin{aligned} x_1 &= x_2 - \frac{dx_2}{dt}(t_2 - t_1) + \frac{1}{1\cdot 2}\frac{d^2x_2}{dt^2}(t_2 - t_1)^2 - \frac{1}{1\cdot 2\cdot 3}\frac{d^3x_2}{dt^3}(t_2 - t_1)^3 \ldots \\ x_3 &= x_2 + \frac{dx_2}{dt}(t_3 - t_2) + \frac{1}{1\cdot 2}\frac{d^2x_2}{dt^2}(t_3 - t_2)^2 + \frac{1}{1\cdot 2\cdot 3}\frac{d^3x_2}{dt^3}(t_3 - t_2)^3 \ldots \end{aligned} \tag{1}$$

Entsprechende Ausdrücke lassen sich für y_1, y_3 aufstellen.

Vernachlässigt man in den Bewegungsgleichungen (1.3) die Masse m, so lauten sie für den mittleren Ort zur Zeit t_2

$$\frac{d^2x_2}{dt^2} + k^2\frac{x_2}{r_2^3} = 0, \qquad \frac{d^2y_2}{dt^2} + k^2\frac{y_2}{r_2^3} = 0.$$

Differenziert man die Gleichungen, so erhält man für die x_2-Koordinate

$$\frac{d^3 x_2}{dt^3} = \frac{3k^2 x_2}{r_2^4}\frac{dr_2}{dt} - \frac{k^2}{r_2^3}\frac{dx_2}{dt}$$
$$\frac{d^4 x_2}{dt^4} = x_2\left[\frac{k^4}{r_2^6} - \frac{12k^2}{r_2^5}\left(\frac{dr_2}{dt}\right)^2 + \frac{3k^2}{r_2^4}\frac{d^2 r_2}{dt^2}\right] + \frac{6k^2}{r_2^4}\frac{dr_2}{dt}\frac{dx_2}{dt} \text{ usw.} \tag{2}$$

Führt man diese Ausdrücke wie die entsprechenden für die y_2-Koordinate in Gl. (1) ein, und setzt zur Abkürzung

$$k(t_2 - t_1) = \tau_3, \quad k(t_3 - t_2) = \tau_1, \quad k(t_3 - t_1) = \tau_2, \quad k\,dt = d\tau,$$

und

$$\alpha_1 = 1 - \frac{1}{2}\frac{\tau_3^2}{r_2^3} - \frac{1}{2}\frac{\tau_3^3}{r_2^4}\frac{dr_2}{d\tau} + \frac{1}{24}\left[\frac{1}{r_2^6} - \frac{12}{r_2^5}\left(\frac{dr_2}{d\tau}\right)^2 + \frac{3}{r_2^4}\frac{d^2 r_2}{d\tau^2}\right]\tau_3^4 \ldots$$
$$\beta_1 = \tau_3 - \frac{1}{6}\frac{\tau_3^3}{r_2^3} - \frac{1}{4}\frac{\tau_3^4}{r_2^4}\frac{dr_2}{d\tau}\ldots$$
$$\alpha_3 = 1 - \frac{1}{2}\frac{\tau_1^2}{r_2^3} + \frac{1}{2}\frac{\tau_1^3}{r_2^4}\frac{dr_2}{d\tau} + \frac{1}{24}\left[\frac{1}{r_2^6} - \frac{12}{r_2^5}\left(\frac{dr_2}{d\tau}\right)^2 + \frac{3}{r_2^4}\frac{d^2 r_2}{d\tau^2}\right]\tau_1^4 \ldots \tag{3}$$
$$\beta_3 = \tau_1 - \frac{1}{6}\frac{\tau_1^3}{r_2^3} + \frac{1}{4}\frac{\tau_1^4}{r_2^4}\frac{dr_2}{d\tau}\ldots$$

so wird

$$\begin{array}{l|l|l|l} x_1 = \alpha_1 x_2 - \beta_1 \dfrac{dx_2}{d\tau} & \cdot + y_2, \quad x_3 = \alpha_3 x_2 + \beta_3 \dfrac{dx_2}{d\tau} & \cdot - y_2 & \cdot - y_1 \\ y_1 = \alpha_1 y_2 - \beta_1 \dfrac{dy_2}{d\tau} & \cdot - x_2, \quad y_3 = \alpha_3 y_2 + \beta_3 \dfrac{dy_2}{d\tau} & \cdot + x_2 & \cdot + x_1 \end{array} \tag{4}$$

Durch Multiplikation mit den neben den Gleichungen stehenden Faktoren, Addition und Einsetzen der Werte von x_1, y_1 nach Gl. (4) in die dritte der entstehenden Gleichungen erhält man

$$y_2 x_1 - x_2 y_1 = \beta_1\left(x_2 \frac{dy_2}{d\tau} - y_2 \frac{dx_2}{d\tau}\right)$$
$$y_3 x_2 - x_3 y_2 = \beta_3\left(x_2 \frac{dy_2}{d\tau} - y_2 \frac{dx_2}{d\tau}\right)$$
$$y_3 x_1 - x_3 y_1 = (\alpha_1 \beta_3 + \beta_1 \alpha_3)\left(x_2 \frac{dy_2}{d\tau} - y_2 \frac{dx_2}{d\tau}\right).$$

Die linken Seiten der so erhaltenen 3 Gleichungen sind die doppelten Flächen der von den Radienvektoren und den Sehnen gebildeten Dreiecke. Diese doppelten Dreiecksflächen seien mit den Symbolen $[r_1 r_2]$, $[r_2 r_3]$, $[r_1 r_3]$ bezeichnet. Dann ist

$$y_2 x_1 - x_2 y_1 = [r_1 r_2], \quad y_3 x_2 - x_3 y_2 = [r_2 r_3], \quad y_3 x_1 - x_3 y_1 = [r_1 r_3]. \tag{5}$$

Die Klammerausdrücke auf den rechten Seiten sind gleich der doppelten Flächengeschwindigkeit in der Zeiteinheit $d\tau = k\,dt$, also $\sqrt{p}$.

Führt man diese Beziehungen in die 3 Gleichungen ein, so lauten sie

$$[r_1 r_2] = \beta_1 \sqrt{p}, \qquad [r_2 r_3] = \beta_3 \sqrt{p}, \qquad [r_1 r_3] = (\alpha_1 \beta_3 + \beta_1 \alpha_3)\sqrt{p}.$$

Ersetzt man die $\alpha_1, \beta_1, \alpha_3, \beta_3$ durch ihre Ausdrücke nach Gl. (3) und beachtet, daß $\tau_2 = \tau_1 + \tau_3$ ist, so wird

$$
\begin{aligned}
[r_1 r_2] &= \tau_3 \sqrt{p}\left(1 - \frac{1}{6}\frac{\tau_3^2}{r_2^3} - \frac{1}{4}\frac{\tau_3^3}{r_2^4}\frac{dr_2}{d\tau}\cdots\right)\\
[r_2 r_3] &= \tau_1 \sqrt{p}\left(1 - \frac{1}{6}\frac{\tau_1^2}{r_2^3} + \frac{1}{4}\frac{\tau_1^3}{r_2^4}\frac{dr_2}{d\tau}\cdots\right) \qquad (6)\\
[r_1 r_3] &= \tau_2 \sqrt{p}\left(1 - \frac{1}{6}\frac{\tau_2^2}{r_2^3} + \frac{1}{4}\frac{\tau_2^2(\tau_1 - \tau_3)}{r_2^4}\frac{dr_2}{d\tau}\cdots\right).
\end{aligned}
$$

Bildet man die Verhältnisse der beiden dem mittleren Radiusvektor anliegenden Dreiecke zu dem großen Dreieck und bezeichnet die Quotienten mit n_1, n_3, so erhält man für diese Verhältnisse der Dreiecksflächen die Ausdrücke

$$
\begin{aligned}
n_1 &= \frac{[r_2 r_3]}{[r_1 r_3]} = \frac{\tau_1}{\tau_2}\left(1 + \frac{1}{6}\frac{\tau_3(\tau_2 + \tau_1)}{r_2^3} + \frac{1}{4}\frac{\tau_3(\tau_3^2 + \tau_1\tau_3 - \tau_1^2)}{r_2^4}\frac{dr_2}{d\tau}\cdots\right)\\
n_3 &= \frac{[r_1 r_2]}{[r_1 r_3]} = \frac{\tau_3}{\tau_2}\left(1 + \frac{1}{6}\frac{\tau_1(\tau_2 + \tau_3)}{r_2^3} - \frac{1}{4}\frac{\tau_1(\tau_1^2 + \tau_1\tau_3 - \tau_3^2)}{r_2^4}\frac{dr_2}{d\tau}\cdots\right),
\end{aligned} \qquad (7)
$$

in denen auf den rechten Seiten außer den Zwischenzeiten nur der mittlere Radiusvektor und seine Differentialquotienten nach der Zeit auftreten. Dieses Resultat ist für die Bahnbestimmung von großer Bedeutung.

Bildet man aus den Gl. (6) den Ausdruck

$$
[r_1 r_2] + [r_2 r_3] - [r_1 r_3] = \sqrt{p}\,\frac{\tau_1\tau_2\tau_3}{2 r_2^3}\left(1 + \frac{\tau_3 - \tau_1}{r_2}\frac{dr_2}{d\tau}\cdots\right), \qquad (8)
$$

so ist dieser der doppelte Flächeninhalt des kleinen Dreiecks, dessen Endpunkte die 3 Punkte der Bahn sind. Er ist in bezug auf die Zwischenzeiten von der 3. Ordnung. Würde der Flächeninhalt gleich Null werden, d. h. würden in den Gl. (6) die Glieder 3. Ordnung vernachlässigt, so würde sich der Körper in geradliniger Bahn bewegen. Demnach müssen bei Anwendung der Gl. (6) auf die Bahnbestimmung in bezug auf die Zwischenzeiten mindestens die Glieder 3. Ordnung, oder in Gl. (7) mindestens die Glieder 2. Ordnung berücksichtigt werden.

In die Gl. (7) sollen nun noch statt des Radiusvektors r_2 die beiden Radienvektoren r_1 und r_3 eingeführt werden. Das gelingt in folgender Weise.

Aus den Reihenentwicklungen

$$
\begin{aligned}
r_1 &= r_2 - \tau_3\frac{dr_2}{d\tau} + \frac{1}{2}\tau_3^2\frac{d^2 r_2}{d\tau^2} - \cdots\\
r_3 &= r_2 + \tau_1\frac{dr_2}{d\tau} + \frac{1}{2}\tau_1^2\frac{d^2 r_2}{d\tau^2} + \cdots
\end{aligned}
$$

erhält man

$$
r_2 = \frac{1}{2}(r_1 + r_3) + \frac{1}{2}(\tau_3 - \tau_1)\frac{dr_2}{d\tau} + \cdots
$$

und

$$
\frac{dr_2}{d\tau} = \frac{r_3 - r_1}{\tau_2} + \cdots,
$$

mithin

$$r_2 = \tfrac{1}{2}(r_1 + r_3) + \tfrac{1}{2}\frac{\tau_3 - \tau_1}{\tau_2}(r_3 - r_1) + \cdots .$$

Setzt man diesen Ausdruck in Gl. (7) ein, so ergibt sich

$$\begin{aligned} n_1 &= \frac{\tau_1}{\tau_2}\left[1 + \tfrac{4}{3}\frac{\tau_2^2 - \tau_1^2}{(r_1 + r_3)^3} + 4\frac{\tau_1^2 \tau_3}{\tau_2}\frac{r_3 - r_1}{(r_1 + r_3)^4} + \cdots\right] \\ n_3 &= \frac{\tau_3}{\tau_2}\left[1 + \tfrac{4}{3}\frac{\tau_2^2 - \tau_3^2}{(r_1 + r_3)^3} - 4\frac{\tau_1 \tau_3^2}{\tau_2}\frac{r_3 - r_1}{(r_1 + r_3)^4} + \cdots\right]. \end{aligned} \tag{9}$$

Hervorgehoben sei, daß diese Ergebnisse ihrer Ableitung nach für alle Kegelschnitte mit der Sonne als Zentralkörper gelten.

§ 9. Das Verhältnis von Sektor zu Dreieck in der Ellipse.

In der Gauß-Enckeschen Bahnbestimmung ist die Aufgabe zu lösen, aus zwei Radienvektoren, dem von ihnen eingeschlossenen Winkel und der Zwischenzeit den Parameter zu bestimmen. GAUSS bedient sich dabei des Verhältnisses der Sektorfläche zur Dreiecksfläche als einer zweckmäßigen Arbeitsunbekannten.

Bezeichnet man die genannten Größen mit r_1, r_3, $2f_2 = v_3 - v_1 = u_3 - u_1$, $t_3 - t_1$ und p, und führt man für die doppelte Fläche des von den Radienvektoren und der Sehne gebildeten Dreiecks wieder das Symbol $[r_1 r_3]$, für die von den Radienvektoren und der Bahnkurve gebildete doppelte Sektorfläche das Symbol $(r_1 r_3)$ ein, so ist

$$[r_1 r_3] = r_1 r_3 \sin 2f_2 \tag{10}$$

und nach Gl. (1. 28) bei Vernachlässigung der Masse m

$$(r_1 r_3) = k\sqrt{p}\,(t_3 - t_1)\,. \tag{11}$$

Mithin wird das Verhältnis von Sektor zu Dreieck $\bar{y}_2$

$$\bar{y}_2 = \frac{(r_1 r_3)}{[r_1 r_3]} = \frac{k\sqrt{p}\,(t_3 - t_1)}{r_1 r_3 \sin 2f_2} \tag{12}$$

Hieraus kann p bestimmt werden, wenn $\bar{y}_2$ bekannt ist.

a) Hilfsformeln. Zunächst seien einige Beziehungen aufgestellt, die in den folgenden Entwicklungen Anwendung finden.

Aus den Gl. (1. 32) und (1. 40) erhält man

$$\cos v = \frac{\cos E - e}{1 - e\cos E}$$

$$1 + \cos v = 2\cos\tfrac{1}{2}v^2 = \frac{(1 - e)\,2\cos\tfrac{1}{2}E^2}{1 - e\cos E}$$

$$1 - \cos v = 2\sin\tfrac{1}{2}v^2 = \frac{(1 + e)\,2\sin\tfrac{1}{2}E^2}{1 - e\cos E}$$

$$\sin\tfrac{1}{2}v = \frac{\sqrt{1 + e}}{\sqrt{1 - e\cos E}}\sin\tfrac{1}{2}E, \qquad \cos\tfrac{1}{2}v = \frac{\sqrt{1 - e}}{\sqrt{1 - e\cos E}}\cos\tfrac{1}{2}E$$

und

$$\left.\begin{aligned}\sqrt{r_1}\cos\tfrac{1}{2}v_1 &= \sqrt{a(1-e)}\cos\tfrac{1}{2}E_1\\ \sqrt{r_1}\sin\tfrac{1}{2}v_1 &= \sqrt{a(1+e)}\sin\tfrac{1}{2}E_1\end{aligned}\right\}\text{ für die Zeit } t_1$$
$$\left.\begin{aligned}\sqrt{r_3}\cos\tfrac{1}{2}v_3 &= \sqrt{a(1-e)}\cos\tfrac{1}{2}E_3\\ \sqrt{r_3}\sin\tfrac{1}{2}v_3 &= \sqrt{a(1+e)}\sin\tfrac{1}{2}E_3\end{aligned}\right\}\text{ für die Zeit } t_3\,. \tag{13}$$

Multipliziert man die erste und dritte, dann die zweite und vierte der Gl. (13) miteinander und addiert die Produkte, so findet man

$$\sqrt{r_1 r_3}\cos\tfrac{1}{2}(v_3 - v_1) = a\cos\tfrac{1}{2}(E_3 - E_1) - a\,e\cos\tfrac{1}{2}(E_3 + E_1)\,.$$

Setzt man zur Abkürzung

$$v_3 - v_1 = 2\,f_2\,,\quad v_3 + v_1 = 2\,F_2\,,\quad E_3 - E_1 = 2\,g_2\,,\quad E_3 + E_1 = 2\,G_2\,,$$

so lautet die Gleichung

$$\sqrt{r_1 r_3}\cos f_2 = a\cos g_2 - a\,e\cos G_2\,. \tag{14}$$

Entsprechend erhält man durch Subtraktion der Produkte und Multiplikation mit e

$$e\sqrt{r_1 r_3}\cos F_2 = a\,e\cos G_2 - a\,e^2\cos g_2\,.$$

Durch Addition der beiden Gleichungen und Einsetzen von $a\,(1 - e^2) = p$ wird

$$\sqrt{r_1 r_3}\cos f_2 + e\sqrt{r_1 r_3}\cos F_2 = p\cos g_2$$

oder

$$e\cos F_2 = \frac{p}{\sqrt{r_1 r_3}}\cos g_2 - \cos f_2\,, \tag{15}$$

und entsprechend

$$e\cos G_2 = \cos g_2 - \frac{\sqrt{r_1 r_3}}{a}\cos f_2\,. \tag{16}$$

Durch Addition der für die Zeiten t_1 und t_3 aufgestellten Gl. (1. 32) erhält man

$$r_1 + r_3 = 2\,a - 2\,a\,e\cos g_2\cos G_2\,, \tag{17}$$

und nach Einsetzen des Wertes für $e\cos G_2$ nach Gl. (16)

$$r_1 + r_3 - 2\sqrt{r_1 r_3}\cos f_2\cos g_2 = 2\,a\sin g_2^2\,. \tag{18}$$

Durch Subtraktion der für die Zeiten t_1 und t_3 aufgestellten Keplerschen Gleichungen erhält man, wenn man die Masse m vernachlässigt und $k\,(t_3 - t_1) = \tau_2$ setzt,

$$\frac{\tau_2}{a^{\frac{3}{2}}} = 2\,g_2 - 2\,e\sin g_2\cos G_2\,, \tag{19}$$

und nach Einsetzen des Wertes für $e\cos G_2$ nach Gl. (16)

$$\frac{\tau_2}{a^{\frac{3}{2}}} = 2\,g_2 - \sin 2\,g_2 + \frac{2\sqrt{r_1 r_3}}{a}\sin g_2\cos f_2\,. \tag{20}$$

b) Das Verfahren von Gauss-Tietjen. In der Gl. (12) treten die als bekannt vorauszusetzenden Größen $k(t_3 - t_1) = \tau_2$, r_1, r_3 und $2f_2$ sowie die Unbekannten $\bar{y}_2$ und p auf. Wie man aus den folgenden analytischen Entwicklungen erkennen kann, bietet sich das Verhältnis von Sektor zu Dreieck $\bar{y}_2$ als eine zweckmäßigere Arbeitsunbekannte dar als der Parameter p. Man wird also versuchen, p als Funktion der hier als bekannt vorausgesetzten Größen auszudrücken. Das gelingt Gauss durch Einführung einer neuen Unbekannten, der Differenz der exzentrischen Anomalien $E_3 - E_1 = 2g_2$, einer Größe, deren enger Zusammenhang mit dem Verhältnis $\bar{y}_2$ noch offenbar wird.

Durch Addition der für die Zeiten t_1 und t_3 aufgestellten reziproken Gl. (1. 26) ergibt sich nach Einführung der Bezeichnungen f_2, g_2, G_2 und des Ausdrucks für $e \cos F_2$ nach Gl. (15)

$$\frac{p(r_1 + r_3)}{2 r_1 r_3} = 1 + e \cos f_2 \cos F_2 = 1 - \cos f_2^2 + \frac{p}{\sqrt{r_1 r_3}} \cos f_2 \cos g_2$$

und nach p aufgelöst

$$p = \frac{2 \sin f_2^2 \, r_1 r_3}{r_1 + r_3 - 2\sqrt{r_1 r_3} \cos f_2 \cos g_2}. \tag{21}$$

Setzt man diesen Ausdruck in die quadrierte Gl. (12) ein, so wird

$$\bar{y}_2^2 = \frac{\tau_2^2}{2 r_1 r_3 \cos f_2^2 \, (r_1 + r_3 - 2\sqrt{r_1 r_3} \cos f_2 \cos g_2)}. \tag{22}$$

Führt man zur Abkürzung ein

$$\frac{\tau_2^2}{(2 \cos f_2 \sqrt{r_1 r_3})^3} = m_2 \tag{23}$$

$$\frac{r_1 + r_3}{4 \cos f_2 \sqrt{r_1 r_3}} - \frac{1}{2} = l_2, \tag{24}$$

so nimmt die Gl. (22) die Form an

$$\bar{y}_2^2 = \frac{m_2}{l_2 + \sin \tfrac{1}{2} g_2^2}, \tag{25}$$

d. i. eine Gleichung zwischen den Unbekannten $\bar{y}_2$ und g_2. Zu ihrer Bestimmung ist noch eine zweite Gleichung zwischen diesen Größen erforderlich.

Sie wird in folgender Weise erhalten. Die Verbindung der Gl. (18) und (22) liefert

$$\frac{1}{a} = \left(\frac{2 \cos f_2 \sqrt{r_1 r_3} \sin g_2 \, \bar{y}_2}{\tau_2}\right)^2 \tag{26}$$

und die dieser Gleichung mit Gl. (20)

$$\frac{2g_2 - \sin 2g_2}{\sin g_2^3} = \frac{(2 \cos f_2 \sqrt{r_1 r_3})^3}{\tau_2^2} (\bar{y}_2^3 - \bar{y}_2^2). \tag{27}$$

Nach Einführung des Ausdrucks für m_2 erhält man

$$\bar{y}_2^3 - \bar{y}_2^2 = m_2 \frac{2g_2 - \sin 2g_2}{\sin g_2^3}. \tag{28}$$

Die beiden Gl. (25) und (28) lösen das Problem. Sie enthalten als Unbekannte nur g_2 und $\bar{y}_2$.

Man könnte daran denken, $\bar{y}_2$ mit den Argumenten m_2 und l_2 zu tabulieren. Doch hat sich die Trennung in die beiden Fälle der großen und kleinen Bogen g_2 als sehr ratsam erwiesen.

Ist g_2 ein großer Bogen, so kann man $\bar{y}_2$ durch das Versuchsverfahren der regula falsi bestimmen. Im allgemeinen wird bei großen Bogen eine erste Bahnbestimmung vorangegangen sein, die bereits einen guten Näherungswert für $\bar{y}_2$ liefert und damit das Verfahren abkürzt. Setzt man

$$\frac{2\,g_2 - \sin 2\,g_2}{\sin g_2^3} = W_2 \tag{29}$$

und

$$\sin \tfrac{1}{2}\,g_2^2 = w_2\,, \tag{30}$$

so ermöglicht eine Tabulierung von W_2 mit dem Argument w_2 die Anwendung des von dem bekannten Näherungswert von g_2 ausgehenden Versuchsverfahrens auf die Gleichungen

$$(\bar{y}_2 - 1) = (l_2 + w_2)\,W_2 \quad \text{und} \quad l_2 + w_2 = \frac{m_2}{\bar{y}_2^2}\,.$$

In der Praxis treten bei ersten Bahnbestimmungen die Fälle kleiner Bogen g_2 fast ausnahmslos auf. Hier ist g_2 selten $> 10°$. Bei kleinen Bogen gestattet ein rasch konvergierendes Näherungsverfahren, das die Kleinheit des Bogens ausnutzt, ein in keinem Verhältnis zu der Länge der analytischen Entwicklung stehende sehr bequeme Berechnung von $\bar{y}_2$. Statt der zunächst als notwendig erscheinenden Tabulierung mit zwei Argumenten berechnet Gauss 2 Tafeln mit je einem Argument, mit deren Benutzung das Problem auch im Falle kleiner Bogen g_2 sehr rasch gelöst wird.

Gauss entwickelt den Ausdruck für W_2 nach Potenzen der kleinen Größe w_2. Die Koeffizienten der Reihenentwicklungen erhält er durch Differentiation des Ausdrucks für W_2. Es ist

$$3\,W_2 \cos g_2 \sin g_2^2 + \sin g_2^3\,\frac{d\,W_2}{d\,g_2} = 4 \sin g_2^2\,.$$

Da $\dfrac{d\,w_2}{d\,g_2} = \frac{1}{2} \sin g_2$ ist, so wird

$$\frac{d\,W_2}{d\,w_2} = \frac{8 - 6\,W_2 \cos g_2}{\sin g_2^2} = \frac{4 - 3\,W_2\,(1 - 2\,w_2)}{2\,w_2\,(1 - w_2)} = \frac{4 - (3 - 6\,w_2)\,W_2}{2\,w_2 - 2\,w_2^2}\,.$$

Setzt man das Integral dieser Differentialgleichung als Potenzreihe an

$$W_2 = \tfrac{4}{3}\,(1 + \alpha\,w_2 + \beta\,w_2^2 + \gamma\,w_2^3 + \cdots)$$

differenziert und setzt die beiden Ausdrücke für $\dfrac{d\,W_2}{d\,w_2}$ einander gleich, so erhält man die in w_2 identische Gleichung

$$\tfrac{8}{3}\,[\alpha\,w_2 + (2\,\beta - \alpha)\,w_2^2 + (3\,\gamma - 2\,\beta)\,w_2^3 + \cdots]$$
$$= (8 - 4\,\alpha)\,w_2 + (8\,\alpha - 4\,\beta)\,w_2^2 + (8\,\beta - 4\,\gamma)\,w_2^3 + \cdots,$$

mithin die Koeffizienten

$$\alpha = \tfrac{6}{5}, \quad \beta = \tfrac{8}{7}\alpha, \quad \gamma = \tfrac{10}{9}\beta, \quad \ldots.$$

Es wird also

$$W_2 = \tfrac{4}{3}\left(1 + \tfrac{6}{5}w_2 + \tfrac{6}{5}\cdot\tfrac{8}{7}w_2^2 + \cdots\right), \tag{31}$$

eine Gleichung, die man

$$W_2 = \frac{4}{3}\,\frac{1}{1 - \frac{6}{5}(w_2 - \xi_2)} = \tfrac{4}{3}\left[1 + \tfrac{6}{5}(w_2 - \xi_2) + \tfrac{6}{5}\cdot\tfrac{6}{5}(w_2 - \xi_2)^2 + \cdots\right] \tag{32}$$

schreiben kann. Durch Vergleich der Entwicklungen

$$\frac{1}{W_2} = \tfrac{3}{4}\left[1 - \left(\tfrac{6}{5}w_2 + \tfrac{6}{5}\cdot\tfrac{8}{7}w_2^2 + \cdots\right) + \left(\tfrac{6}{5}w_2 + \cdots\right)^2 - \cdots\right]$$

und

$$\frac{1}{W_2} = \tfrac{3}{4}\left[1 - \tfrac{6}{5}(w_2 - \xi_2) + \cdots\right]$$

findet man, daß

$$\xi_2 = \tfrac{2}{35}w_2^2 + \cdots.$$

Bezeichnet man g_2 als von der 1. Ordnung, so ist w_2 von der 2. und ξ_2 von der 4. Ordnung. Auf der Kleinheit dieser Größe, die GAUSS mit dem Argument w_2 tabuliert, wird das Näherungsverfahren aufgebaut. Bei den üblichen Verhältnissen reicht aber die Annahme $\xi_2 = 0$ völlig aus.

Nach Einführung der Ausdrücke für W_2 und w_2 nach den Gl. (29) und (30) kann man die Gl. (25) und (28) schreiben

$$w_2 = \frac{m_2}{\bar{y}_2^2} - l_2 \tag{33}$$

und

$$\bar{y}_2 = \frac{m_2}{\bar{y}_2^2} W_2 + 1. \tag{34}$$

Setzt man den Ausdruck für w_2 nach Gl. (33) in Gl. (32) ein, so wird

$$W_2 = \frac{4}{3}\,\frac{1}{1 - \frac{6}{5}\frac{m_2}{\bar{y}_2^2} + \frac{6}{5}l_2 + \frac{6}{5}\xi_2} = \frac{10}{9}\,\frac{1}{\frac{5}{6} + l_2 + \xi_2 - \frac{m_2}{\bar{y}_2^2}},$$

oder

$$\frac{m_2}{\bar{y}_2^2} W_2 = \frac{10}{9}\,\frac{1}{\bar{y}_2^2\,\frac{\frac{5}{6} + l_2 + \xi_2}{m_2} - 1} = \frac{10}{9}\,\frac{h_2}{\bar{y}_2^2 - h_2},$$

worin gesetzt ist

$$h_2 = \frac{m_2}{\frac{5}{6} + l_2 + \xi_2}. \tag{35}$$

Aus Gl. (34) wird dann

$$\bar{y}_2 = 1 + \frac{10}{9}\,\frac{h_2}{\bar{y}_2^2 - h_2}$$

oder

$$\bar{y}_2^3 - \bar{y}_2^2 - h_2\bar{y}_2 - \tfrac{1}{9}h_2 = 0. \tag{36}$$

Bei der Auflösung dieser Gleichung fällt auch die Entscheidung über die Art des Kegelschnitts. Die Bahnkurve stellt eine Ellipse, Parabel oder Hyperbel dar, je nachdem w_2 positiv, Null oder negativ ist, da $w_2 = \sin\frac{1}{2} g_2^2 = \sin\frac{1}{4}(E_3 - E_1)^2$ und die E_3 und E_1 für die Ellipse reell, für die Parabel gleich Null, und für die Hyperbel imaginär sind.

Die Gl. (36) hat nur eine positive Wurzel, da in der Voraussetzung, daß $2 f_2 < 180°$ ist — diese Voraussetzung wird stets gemacht — m_2 und l_2, also auch h_2 positiv ist.

Gauss erleichtert die Auflösung der Gleichung, indem er $\bar{y}_2^2$ mit dem Argument h_2 tabuliert. Das Näherungsverfahren wird eingeleitet, indem man in dem Ausdruck für h_2 nach Gl. (35) zunächst $\xi_2 = 0$ setzt.

Wegen des beträchtlichen Umfangs der Gaußschen Tafeln muß hier von der Wiedergabe des Gaußschen Verfahrens abgesehen werden. Statt dessen soll das Tietjensche Platz finden, da sich dieses einer wesentlich kleineren Tafel bedient und kaum größeren Arbeitsaufwand erfordert als das Gaußsche Verfahren (siehe Tafel 5a, b).

Tietjen löst die Gl. (36) nach h_2 auf und setzt $\bar{y}_2 = 1 + \iota_2$, wo ι_2 eine kleine stets positive Größe ist, da $\bar{y}_2$ bei kleinen Bogen die Einheit nur wenig übersteigt. Die Gl. (36) geht dann über in

$$\frac{\iota_2(1+\iota_2)^2}{\iota_2 + \frac{10}{9}} = h_2 \quad \text{oder} \quad \frac{\iota_2(1+\iota_2)^2}{1 + \frac{9}{10}\iota_2} = \frac{10}{9} h_2 . \tag{37}$$

Nun ist

$$(1+\iota_2)^2 = (1 + \tfrac{9}{10}\iota_2)(1 + \tfrac{11}{10}\iota_2) + \tfrac{1}{100}\iota_2^2 ,$$

mithin

$$\iota_2(1 + \tfrac{11}{10}\iota_2) + \frac{1}{100}\,\frac{\iota_2^3}{1 + \frac{9}{10}\iota_2} = \frac{10}{9} h_2 . \tag{38}$$

Wird $\frac{11}{10}\iota_2 = \iota_2'$ gesetzt, so schreibt sich diese Gleichung

$$\iota_2'(1 + \iota_2') = \frac{11}{9} h_2 - \frac{\iota_2'^3}{121\,(1 + \frac{9}{11}\iota_2')} . \tag{39}$$

Die Auflösung führt Tietjen im Näherungsverfahren unter Zuhilfenahme trigonometrischer Funktionen durch. Er setzt

$$\operatorname{tg} 2\chi_2 = 2\sqrt{\tfrac{11}{9}}\sqrt{h_2} . \tag{40}$$

Bezeichnet man den Näherungswert für ι_2', den man bei der Vernachlässigung des $\iota_2'^3$-Bruches aus Gl. (39) erhalten würde, mit ι_2'', so wird

$$\iota_2'' = \sqrt{\tfrac{11}{9}}\sqrt{h_2}\operatorname{tg}\chi_2 ,$$

und man kann den strengen Wert ι_2' durch ι_2'' folgendermaßen ausdrücken

$$\iota_2' = \iota_2^0\,\iota_2'' = \iota_2^0\sqrt{\tfrac{11}{9}}\sqrt{h_2}\operatorname{tg}\chi_2 .$$

Hierin wird ι_2^0 ein veränderlicher von der Einheit wenig verschiedener Wert sein. Für ι_2 ergibt sich so

$$\iota_2 = \iota_2^0\sqrt{\tfrac{100}{99}}\sqrt{h_2}\operatorname{tg}\chi_2 ,$$

und für y_2

$$\bar{y}_2 = 1 + \iota_2^0\sqrt{\tfrac{100}{99}}\sqrt{h_2}\operatorname{tg}\chi_2 . \tag{41}$$

Tietjen hat $\lg\left(\iota_2^0 \sqrt{\frac{100}{99}}\right) = \lg c$ mit dem Argument h_2 tabuliert (siehe Tafel 5a). Bei der Auflösung der Gl. (41) wird in h_2 die Kenntnis von ξ_2 vorausgesetzt. In 1. Näherung setzt man $\xi_2 = 0$, d. h. für h_2 den Ausdruck

$$h_2 = \frac{m_2}{\frac{5}{6} + l_2} \tag{42}$$

an. Damit wird χ_2 nach Gl. (40) und $\bar{y}_2$ nach Gl. (41) berechnet. Dann wird w_2 nach Gl. (33) und ξ_2 aus $\xi_2 = d w_2^2$ ermittelt. $\lg d$ ist mit dem Argument w_2 tabuliert (siehe Tafel 5b). Das Näherungsverfahren wird so lange fortgesetzt, bis Anfangs- und Endwert von h_2 übereinstimmen. Zur bequemeren Berechnung von l_2 bedient sich Tietjen nach Gauss der für die logarithmische Rechnung geeigneteren Gleichungen

$$2 \operatorname{tg} A_2 = \sqrt[4]{\frac{r_3}{r_1}} - \sqrt[4]{\frac{r_1}{r_3}}, \quad \operatorname{tg} B_2 = \frac{\operatorname{tg} A_2}{\sin \frac{1}{2} f_2}, \quad l_2 = (\sin \tfrac{1}{2} f_2 \sec B_2)^2 \sec f_2. \tag{43}$$

c) Das Verfahren von Hansen. Aus Gl. (38) kann man einen rasch konvergierenden und in der numerischen Anwendung bequemen Kettenbruch ableiten. Da m_2 und damit h_2 von der 2. Ordnung ist, so ist auch ι_2 von der 2., das ι_2^3-Glied also von der 6. Ordnung. Dieses kann bei kleinen Bögen gleich Null gesetzt werden. Die so reduzierte Gl. (38) kann man schreiben

$$\iota_2 = \frac{\frac{10}{9} h_2}{1 + \frac{10}{11} \iota_2} = \cfrac{\frac{10}{9} h_2}{1 + \cfrac{\frac{11}{9} h_2}{1 + \cfrac{\frac{11}{9} h_2}{\cdots\cdots}}}$$

und $\bar{y}_2$ selbst

$$\bar{y}_2 = 1 + \frac{10}{11} \cfrac{\frac{11}{9} h_2}{1 + \cfrac{\frac{11}{9} h_2}{1 + \cfrac{\frac{11}{9} h_2}{\cdots\cdots}}} \tag{44}$$

Für h_2 setzt man den Wert nach Gl. (42) ein, setzt also $\xi_2 = 0$.

Oppolzer berechnet den Fehler, den man bei Anwendung der Näherung begeht, zu

1 Einheit der 7. Stelle im Logarithmus für $2 f_2 < 18{,}^\circ 4$
1 „ „ 6. „ „ „ „ $2 f_2 < 27{,}^\circ 0$
1 „ „ 5. „ „ „ „ $2 f_2 < 39{,}^\circ 7$

Für erste Bahnbestimmungen ist also der Kettenbruch im allgemeinen vollkommen ausreichend.

d) Das Verfahren von Encke. Für die logarithmische Rechnung hat Encke ein in der Anwendung außerordentlich bequemes Näherungsverfahren für nicht zu große Exzentrizitäten gegeben. Er entwickelt $\lg \bar{y}_2$ nach Potenzen der einfacheren Größe

$$\eta_2 = \frac{(t_3 - t_1)^2}{(r_1 + r_3)^3}. \tag{45}$$

Führt man den Wert für w_2 aus Gl. (33) in Gl. (31) und den so gewonnenen Wert für W_2 in Gl. (34) ein, so wird

$$\bar{y}_2 = 1 + \frac{m_2}{\bar{y}_2^2}\left[\frac{4}{3} + \frac{4}{3}\cdot\frac{6}{5}\left(\frac{m_2}{\bar{y}_2^2} - l_2\right) + \frac{4}{3}\cdot\frac{6}{5}\cdot\frac{8}{7}\left(\frac{m_2}{\bar{y}_2^2} - l_2\right)^2 + \cdots\right].$$

Setzt man nun

$$\frac{r_1 + r_3}{2\cos f_2 \sqrt{r_1 r_3}} = \sec \gamma_2\,,$$

also

$$l_2 = \tfrac{1}{2}(\sec\gamma_2 - 1) = \sin\tfrac{1}{2}\gamma_2^2 \sec\gamma_2\,,$$

so ist

$$m_2 = \frac{\tau_2^2}{(r_1 + r_3)^3 \cos\gamma_2^3} = k^2\,\eta_2 \sec\gamma_2^3\,,$$

und es wird

$$\bar{y}_2 = 1 + \frac{k^2\eta_2\sec\gamma_2^3}{\bar{y}_2^2}\left[\frac{4}{3} + \frac{4}{3}\cdot\frac{6}{5}\left(\frac{k^2\eta_2}{\bar{y}_2^2}\sec\gamma_2^3 - \sin\tfrac{1}{2}\gamma_2^2\sec\gamma_2\right) + \cdots\right]. \tag{46}$$

ENCKE leitet zunächst eine Reihe für lg nat $\bar{y}_2$ ab. Setzt man

$$\lg\text{nat}\,\bar{y}_2 = a\,\eta_2 + b\,\eta_2^2 + c\,\eta_2^3 \ldots, \tag{47}$$

worin die $a, b, c\ldots$ die nach der Methode der unbestimmten Koeffizienten zu bestimmenden Zahlenfaktoren darstellen, so ist

$$\bar{y}_2 = e^{a\eta_2 + b\eta_2^2 + \cdots} = 1 + (a\,\eta_2 + b\,\eta_2^2 + \cdots) + \frac{1}{1\cdot 2}(a\,\eta_2 + b\,\eta_2^2 + \cdots)^2 + \cdots$$

und

$$\frac{1}{\bar{y}_2} = 1 - (a\,\eta_2 + b\,\eta_2^2 + \cdots) + \frac{1}{1\cdot 2}(a\,\eta_2 + b\,\eta_2^2 + \cdots)^2 \cdots$$

$$\frac{1}{\bar{y}_2^2} = [1 - (a\,\eta_2 + b\,\eta_2^2 \cdots) + \frac{1}{1\cdot 2}(a\,\eta_2 + b\,\eta_2^2 + \cdots)^2 - \cdots]^2$$
$$= 1 - 2a\,\eta_2 - 2(b - a^2)\,\eta_2^2 + \cdots$$

. . . .

Weiter ist

$$\sec\gamma_2 = (1 - 2\sin\tfrac{1}{2}\gamma_2^2)^{-1} = 1 + 2\sin\tfrac{1}{2}\gamma_2^2 + \cdots$$
$$\sec\gamma_2^3 = 1 + 6\sin\tfrac{1}{2}\gamma_2^2 + \cdots$$

. . . .

Setzt man alle diese Reihen, von denen hier nur die Anfangsglieder hingeschrieben sind, in Gl. (46) ein, so erhält man links und rechts nach Potenzen von η_2 fortlaufende Reihen, in denen die Koeffizienten gleicher Potenzen übereinstimmen müssen. Führt man die Berechnung der einzelnen Koeffizienten $a, b, c, \ldots$ durch und setzt ihre Werte in Gl. (47) ein, so erhält man schließlich

$$\begin{aligned} \lg\text{nat}\,y_2 &= \tfrac{4}{3}k^2\eta_2 + \tfrac{32}{5}(\sin\tfrac{1}{2}\gamma_2^2 - \tfrac{4}{9}k^2\eta_2)\,k^2\eta_2 \\ &+ \tfrac{736}{35}(\sin\tfrac{1}{2}\gamma_2^4 - \tfrac{89}{69}\sin\tfrac{1}{2}\gamma_2^2\,k^2\eta_2 + \tfrac{799}{1863}k^4\eta_2^2)\,k^2\eta_2 + \cdots. \end{aligned} \tag{48}$$

Für den Briggschen Logarithmus läßt sich die Reihe schreiben

$$\begin{aligned} \lg\bar{y}_2 = \;& a'\,\eta_2 && \text{2. Ordnung} \\ & + a''\,\eta_2 - b''\,\eta_2^2 && \text{4. ”} \\ & + a'''\,\eta_2 - b'''\,\eta_2^2 + c'''\,\eta_2^3 && \text{6. ”} \end{aligned} \tag{49}$$

Hierin sind die Koeffizienten a', b'', c''' Größen, die von den Beobachtungsgrößen unabhängig sind, während die a'', a''', b''' noch die Größe

$$\Gamma_2 = \lg \frac{1}{2 \sin \frac{1}{2} \gamma_2^2}$$

enthalten. Die Zahlenwerte der Koeffizienten a', a'', b'', a''', b''', c''' sind in der Formelzusammenstellung S. 31 gegeben.

ENCKE hat diese Form der Entwicklung gewählt, weil sie in der Anwendung äußerst bequem ist, und weil man bei der Rechnung sogleich übersieht, welchen Einfluß die höheren Glieder haben. Endlich kann man die Größe Γ_2 mit dem Argument $\lg \sec \gamma_2$ unmittelbar den Zechschen Tafeln der Subtraktionslogarithmen entnehmen. Diese geben nämlich mit dem Argument $\lg x$ den Wert $\lg x\,(x-1)^{-1}$. Ist also $x = \sec \gamma_2$, so erhält man aus den Zechschen Tafeln durch einmaliges Eingehen mit dem Argument $\lg \sec \gamma_2$

$$\lg \frac{\sec \gamma_2}{\sec \gamma_2 - 1} = \lg \frac{1}{1 - \cos \gamma_2} = \lg \frac{1}{2 \sin \frac{1}{2} \gamma_2^2} = \Gamma_2 . \tag{50}$$

Die Erfahrung lehrt, daß man im allgemeinen bei Zwischenzeiten bis zu 30 Tagen und 6stelliger Rechnung mit dem 1. Gliede ausreicht. Man braucht dann den Winkel $2 f_2$ gar nicht zu berechnen. Nimmt man außer diesem Gliede 2. Ordnung noch das von der 4. Ordnung hinzu, so daß $\lg \bar{y}_2 = a' \eta_2 + (a'' \eta_2 - b'' \eta_2^2)$, dann ist dieser Ausdruck in den allermeisten Fällen bis zu Zwischenzeiten von 60 Tagen, d. h. bei der übergroßen Mehrzahl aller Bahnbestimmungen ausreichend. Konvergiert der Ausdruck nicht genügend, so wird man noch die Glieder 6. Ordnung berücksichtigen. Sind auch diese nicht ausreichend, so wird man nach dem strengen Gauß-Tietjenschen Verfahren rechnen. Doch tritt dieser Fall sehr selten ein.

In der Bahnbestimmung werden auch die Entwicklungen für die $\bar{y}_1$, $\bar{y}_3$ gebraucht. Ihre Ausdrücke erhält man ohne weiteres aus den obigen Entwicklungen durch entsprechendes Vertauschen der Indizes.

e) Formelzusammenstellungen und Beispiele.

1. Das Verfahren von GAUSS-TIETJEN.

$$\tau_2 = k\,(t_3 - t_1) \qquad \lg k = 8.2355814_{-10} \qquad f_2 = \tfrac{1}{2}(u_3 - u_1)$$

$$m_2 = \frac{\tau_2^2}{\left(2 \cos f_2 \sqrt{r_1 r_3}\right)^3}$$

$$2 \operatorname{tg} A_2 = \sqrt[4]{\frac{r_3}{r_1}} - \sqrt[4]{\frac{r_1}{r_3}} \qquad \operatorname{tg} B_2 = \frac{\operatorname{tg} A_2}{\sin \frac{1}{2} f_2} \qquad l_2 = (\sin \tfrac{1}{2} f_2 \sec B_2)^2 \sec f_2$$

$$h_2 = \frac{m_2}{\frac{5}{6} + l_2 + \xi_2}$$

$$\operatorname{tg} 2\chi_2 = 2 \sqrt{\tfrac{11}{9}} \sqrt{h_2}$$

$$\bar{y}_2 = 1 + c \sqrt{h_2} \operatorname{tg} \chi_2$$

$$w_2 = \frac{m_2}{\bar{y}_2^2} - l_2 \qquad \xi_2 = d\, w_2^2$$

In der 1. Näherung setzt man $\xi_2 = 0$.

$$\tfrac{5}{6} = 0.8333333 \qquad \lg \tfrac{5}{6} = 9.9208188_{-10}$$

$$\lg 2\sqrt{\tfrac{11}{9}} = 0.3446051$$

$\lg c$ mit dem Argument h_2 aus Tafel 5a

$\lg d$,, ,, ,, w_2 ,, ,, 5b

Gegeben seien die Daten: $t_3 - t_1 = 103^{\mathrm{d}}.99244$

$f_2 = \frac{1}{2}(u_3 - u_1) = 29^\circ\, 52'\, 29.''2 \qquad \lg r_1 = 0.111016 \qquad \lg r_3 = 0.277788$

			1. Nähg.	2. Nähg.
$\frac{1}{2} f_2$	$14^\circ\, 56'\, 14.''6$	$l_2 + \frac{5}{6}$	0.920619	0.920619
$r_3 : r_1$	0.166772	ξ_2	0	0.000056
$\sqrt[4]{r_3 : r_1}$	0.041693	$\frac{5}{6} + l_2 + \xi_2$	0.920619	0.920675
Add.	9.325671	m_2	9.204639	9.204639
$-\sqrt[4]{r_1 : r_3}$	9.958307 *n*	$\frac{5}{6} + l_2 + \xi_2$	9.964080	9.964106
$2 \operatorname{tg} A_2$	9.283978	h_2	9.240559	9.240533
2	0.301030	$2\sqrt{\frac{11}{9}}$	0.344605	0.344605
$\operatorname{tg} A_2$	8.982948	$\sqrt{h_2}$	9.620280	9.620266
$\sin \frac{1}{2} f_2$	9.411221	$\operatorname{tg} 2\chi_2$	9.964885	9.964871
$\operatorname{tg} B_2$	9.571727	$2\chi_2$	$42^\circ\, 41'\, 10.''2$	$42^\circ\, 41'\, 6.''9$
$\sec B_2$	0.028289	χ_2	21 20 35.1	21 20 33.4
$\sin \frac{1}{2} f_2 \sec B_2$	9.439510	h_2	0.17400	0.17399
$(\sin \frac{1}{2} f_2 \sec B_2)^2$	8.879020	c	0.002108	0.002108
$\sec f_2$	0.061923	$\sqrt{h_2}$	9.620280	9.620266
l_2 {	8.940943	$\operatorname{tg} \chi_2$	9.591900	9.591889
	0.087286	$c\sqrt{h_2} \operatorname{tg} \chi_2$	9.214288	9.214263
$\frac{5}{6}$	0.833333	$\bar{y}_2$	0.065874	0.065871
$t_3 - t_1$	2.017002	$\bar{y}_2^2$	0.131748	0.131742
k	8.235581	$m_2 : \bar{y}_2^2$	9.072891	9.072897
τ_2	0.252583	Add.	9.550262	9.550285
$r_1 r_3$	0.388804	$-l_2$	8.940943 *n*	8.940943 *n*
$\sqrt{r_1 r_3}$	0.194402	w_2 {	8.491205	8.491228
2	0.301030		0.030989	0.030990
$\cos f_2$	9.938077	w_2^2	6.98241	6.98246
$2 \cos f_2 \sqrt{r_1 r_3}$	0.433509	d	8.76484	8.76484
τ_2^2	0.505166	ξ_2	5.74725	5.74730
$(2 \cos f_2 \sqrt{r_1 r_3})^3$	1.300527			
m_2	9.204639			

Endwert: $\lg \bar{y}_2 = 0.065871$

2. Der Hansensche Kettenbruch.

α) Für maschinelles Rechnen. Hier verwendet man zweckmäßig rechtwinklige Koordinaten. Sie seien mit $x_1, x_3, y_1, y_3, z_1, z_3$ bezeichnet. Es ist $r_1 r_3 \cos 2 f_2 = x_1 x_3 + y_1 y_3 + z_1 z_3$, also $2 r_1 r_3 \cos f_2^2 = \varkappa_2^2 = r_1 r_3 + x_1 x_3 + y_1 y_3 + z_1 z_3$, folglich

$$\tfrac{2}{3}\sqrt{2} = 0.9428090$$

$$\tfrac{11}{9} = 1.2222222$$

$$\tfrac{10}{11} = 0.9090909$$

$$h_2 = \frac{\tau_2^2}{\varkappa_2^2\left(\frac{2}{3}\sqrt{2}\,\varkappa_2 + r_1 + r_3\right)}$$

$$\bar{y}_2 = 1 + \frac{10}{11}\,\cfrac{\frac{11}{9} h_2}{1 + \cfrac{\frac{11}{9} h_2}{1 + \cfrac{\frac{11}{9} h_2}{\cdots\cdots}}}$$

Gegeben sei $\frac{11}{9} h_2 = 0.0017175$. Ein Beispiel zur Berechnung von $\frac{11}{9} h_2$ ist im Beispiel zur Bahnbestimmung in Abschnitt 6 enthalten.

Man wählt hier zweckmäßig dasjenige Divisionsverfahren, bei dem man den Dividenden durch Multiplikation des Divisors mit dem Quotienten in das Resultatwerk bringt.

Man stellt zunächst den Divisor $1 + \frac{11}{9} h_2 = 1.0017175$ in das Einstellwerk und dividiert in der angegebenen Weise. Man erhält dann im Resultatwerk den Dividenden $\frac{11}{9} h_2 = 0.0017175$, im Zählwerk den Quotienten $\frac{11}{9} h_2 : (1 + \frac{11}{9} h_2) = 0.0017146$. Dann stellt man den Divisor 1.0017146 in das Einstellwerk ein, indem man nur die letzten Ziffern des stehengebliebenen Divisors korrigiert. Führt man die 2. Division aus, so zeigt sich, daß das Verfahren bereits steht. Er ergibt sich also $\bar{y}_2 = 1 + \frac{10}{11} \cdot 0.0017146 = 1.0015587$.

β) Für logarithmisches Rechnen. Die Berechnung von m_2 und l_2 erfolgt wie im Verfahren von GAUSS-TIETJEN.

$$h_2 = \frac{m_2}{\frac{5}{6} + l_2} \qquad \bar{y}_2 = 1 + \frac{10}{11} \cfrac{\frac{11}{9} h_2}{1 + \cfrac{\frac{11}{9} h_2}{1 + \cfrac{\frac{11}{9} h_2}{\cdots\cdots}}}$$

$$\frac{5}{6} = 0.8333333 \qquad \lg \frac{11}{9} = 0.0871502$$
$$\lg \frac{5}{6} = 9.9208188_{-10} \qquad \lg \frac{10}{11} = 9.9586073_{-10}$$

Bei logarithmischer Rechnung wird man wohl stets das bequemere Enckesche Verfahren vorziehen.

3. Das Enckesche Verfahren.

$$\cos \gamma_2 = \frac{2\sqrt{r_1 r_3}}{r_1 + r_3} \cos \tfrac{1}{2}(u_3 - u_1), \qquad \Gamma_2 = \lg \frac{1}{2 \sin \frac{1}{2} \gamma_2^2} = \lg \frac{\sec \gamma_2}{\sec \gamma_2 - 1}.$$

Γ_2 kann man auch unmittelbar mit dem Argument $\lg \sec \gamma_2$ aus den Zechschen Tafeln der Subtraktionslogarithmen entnehmen.

$$\eta_2 = \frac{(t_3 - t_1)^2}{(r_1 + r_3)^3}$$
$$\lg \bar{y}_2 = a' \eta_2 + (a'' \eta_2 - b'' \eta_2^2),$$

wobei in Einheiten der 6. Stelle

$$\lg a' = 2.2338859$$
$$\lg a'' = 2.614097 - \Gamma_2$$
$$\lg b'' = 9.034108_{-10}.$$

Bei Zwischenzeiten bis zu etwa 60 Tagen sind diese Werte ausreichend. Bei größeren Zwischenzeiten fügt man obigem Ausdruck für $\lg \bar{y}_2$ entweder die Glieder

$$+ a''' \eta_2 - b''' \eta_2^2 + c''' \eta_2^3$$

hinzu, wo ebenfalls in Einheiten der 6. Stelle

$$\lg a''' = 2.82970 - 2\Gamma_2$$
$$\lg b''' = 9.71243_{-10} - \Gamma_2$$
$$\lg c''' = 6.00642_{-10}\,,$$

oder man bedient sich des Gauß-Tietjenschen Verfahrens.

Ein Beispiel findet sich in dem Beispiel zur Bahnbestimmung des Abschnitts 7.

§ 10. Das Verhältnis von Sektor zu Dreieck in den übrigen Kegelschnitten.

Im Kreise wird $p = a$, so daß die Bestimmung der $\bar{y}_i$ überflüssig wird.

Für die Parabel läßt sich für das Verhältnis eine elegante geschlossene Formel aufstellen, die aus den Entwicklungen für die Ellipse rasch abgeleitet werden kann. Hier wird $g_2 = w_2 = 0$, und W_2 nimmt seinen Grenzwert 4/3 an. Dann wird nach Gl. (33) und (34)

$$\frac{m_2}{\bar{y}_2^2} = l_2 \quad \text{und} \quad \bar{y}_2 = l_2\, W_2 + 1 = \tfrac{4}{3}\, l_2 + 1\,,$$

also

$$\bar{y}_2 = \tfrac{1}{3}\,(2 \sec \gamma_2 + 1)\,. \tag{51}$$

Encke hat $\bar{y}_2$ mit dem Argument μ_2 tabuliert, wo $\mu_2 = \dfrac{2\,\tau_2}{(r_1 + r_3)^{\frac{3}{2}}}$ ist. Siehe Tafel 5c.

In der Praxis der parabolischen Bahnbestimmung hat das Verhältnis von Sektor zu Dreieck nicht die große Bedeutung erlangt, die es für die elliptische Bahnbestimmung gewonnen hat.

Für die Hyperbel läßt sich das Verhältnis in ähnlicher Weise wie für die Ellipse ableiten. Hier wird die Größe $w_2 = \dfrac{m_2}{\bar{y}_2^2} - l_2$ negativ. Von der Darlegung dieser Entwicklungen soll hier abgesehen werden, da in der Praxis kaum die Notwendigkeit einer hyperbolischen ersten Bahnbestimmung auftreten wird.

Die Exzentrizitäten aller bekannten hyperbolischen Bahnen sind von der Einheit so wenig verschieden, daß der Spezialfall der Parabel bei diesen sog. parabelnahen Bahnen in allen Fällen eine sehr gute Näherung darstellt. Die Abweichungen der hyperbolischen von den parabolischen Bahnen sind so gering, daß sie erst aus einer längeren Beobachtungsreihe mit Sicherheit erkennbar sind. Die Ableitung parabelnaher hyperbolischer — wie auch elliptischer — Bahnen ist eine Aufgabe der Bahnverbesserung.

§ 11. Das Lambertsche Theorem.

a) Die Ableitung des Theorems. Die Zeit, die ein in einem Kegelschnitt um die Sonne sich bewegender Körper braucht, um von einem

Ort der Bahn zur Zeit t_1 zu einem anderen zur Zeit t_3 zu gelangen, hängt nur von der großen Halbachse a, der Sehne s_2 zwischen den beiden Orten und der Summe $r_1 + r_3$ der beiden zugehörigen Radienvektoren ab.

In dem von den Radienvektoren und der Sehne gebildeten Dreieck ist

$$s_2^2 = r_1^2 + r_3^2 - 2 r_1 r_3 \cos 2 f_2 = (r_1 + r_3)^2 - 4 r_1 r_3 \cos f_2^2$$

oder

$$\left(\frac{s_2}{a}\right)^2 = \left(\frac{r_1 + r_3}{a}\right)^2 - 4\left(\frac{\sqrt{r_1 r_3}}{a} \cos f_2\right)^2.$$

Die Verbindung mit den Gl. (14) und (17) liefert

$$\begin{aligned}\left(\frac{s_2}{a}\right)^2 &= 4(1 - e \cos g_2 \cos G_2)^2 - 4(\cos g_2 - e \cos G_2)^2 \\ &= 4 \sin g_2^2 (1 - e^2 \cos G_2^2).\end{aligned} \tag{52}$$

Führt man in die Gl. (19), (17) und (52) den Winkel O_2 ein durch $\cos O_2 = e \cos G_2$, wo $0° < O_2 < 180°$, also $\sin O_2$ positiv sein soll, und beachtet man, daß bei Beschränkung auf einen Umlauf $0° < g_2 < 180°$ ist, so kann man den 3 Gleichungen die Form geben

$$\frac{\tau_2}{a^{\frac{3}{2}}} = 2 g_2 - 2 \sin g_2 \cos O_2, \quad \frac{r_1 + r_3}{a} = 2(1 - \cos g_2 \cos O_2), \quad \frac{s_2}{a} = 2 \sin g_2 \sin O_2.$$

Setzt man ferner

$$O_2 + g_2 = \varepsilon_2, \qquad O_2 - g_2 = \delta_2, \qquad 2 g_2 = \varepsilon_2 - \delta_2,$$

so wird

$$\begin{aligned}\frac{\tau_2}{a^{\frac{3}{2}}} &= 2 g_2 - \sin(O_2 + g_2) + \sin(O_2 - g_2) = (\varepsilon_2 - \sin \varepsilon_2) - (\delta_2 - \sin \delta_2) \\ \frac{r_1 + r_3 + s_2}{a} &= 2[1 - \cos(O_2 + g_2)] = 4 \sin \tfrac{1}{2} \varepsilon_2^2 \\ \frac{r_1 + r_3 - s_2}{a} &= 2[1 - \cos(O_2 - g_2)] = 4 \sin \tfrac{1}{2} \delta_2^2.\end{aligned} \tag{53}$$

Die Gl. (53) lösen das Problem implizite. Da $\sin \frac{1}{2} \varepsilon_2$ und $\sin \frac{1}{2} \delta_2$ in quadratischer Form auftreten, so ist scheinbar eine vierfache Lösung möglich. Nun ist aber der Festsetzung $0° < O_2 < 180°$, $0° < g_2 < 180°$ zufolge $\varepsilon_2 < 360°$, also $\sin \frac{1}{2} \varepsilon_2$ positiv zu nehmen. Bei $\sin \frac{1}{2} \delta_2$ sind hingegen 2 Vorzeichen möglich, wie sich aus folgender Überlegung ergibt. Bei Beschränkung auf einen Umlauf ist $0° < G_2 < 360°$. Die Gl. (16) kann geschrieben werden

$$\frac{\sqrt{r_1 r_3}}{a} \cos \tfrac{1}{2}(v_3 - v_1) = \cos g_2 - \cos O_2 = 2 \sin \tfrac{1}{2} \varepsilon_2 \sin \tfrac{1}{2} \delta_2.$$

Ist a positiv (Ellipse), so muß $\sin \frac{1}{2} \delta_2$ stets dasselbe Vorzeichen wie $\cos \frac{1}{2}(v_3 - v_1)$ haben. Es ist also $\sin \frac{1}{2} \delta_2 \pm$, wenn $(v_3 - v_1) \lesseqgtr 180°$ ist, und es ist zu setzen

$$+\sqrt{\frac{r_1 + r_3 + s_2}{4a}} = \sin \tfrac{1}{2} \varepsilon_2, \qquad \pm\sqrt{\frac{r_1 + r_3 - s_2}{4a}} = \sin \tfrac{1}{2} \delta_2. \tag{54}$$

Die Bestimmung der auf der rechten Seite der ersten der Gl. (53) stehenden Differenz stößt auf Schwierigkeiten, wenn, wie es bei der ersten Bahnbestimmung im allgemeinen der Fall ist, ε_2 und δ_2 mäßige oder gar kleine Bogen sind.

Zur expliziten Lösung des Problems soll die erste der Gl. (53) durch Reihenentwicklungen zugänglicher gemacht werden. Es ist

$$\sin\varepsilon_2 = 2\sin\tfrac{1}{2}\varepsilon_2\sqrt{1-\sin\tfrac{1}{2}\varepsilon_2^2}$$
$$= 2\sin\tfrac{1}{2}\varepsilon_2\left(1-\tfrac{1}{2}\frac{\sin\frac{1}{2}\varepsilon_2^2}{1}-\tfrac{1}{2}\cdot\tfrac{3}{4}\frac{\sin\frac{1}{2}\varepsilon_2^4}{3}-\cdots\right)$$

und

$$\varepsilon_2 = 2\left(\sin\tfrac{1}{2}\varepsilon_2+\tfrac{1}{3}\cdot\tfrac{1}{2}\sin\tfrac{1}{2}\varepsilon_2^3+\tfrac{1}{5}\cdot\tfrac{1\cdot 3}{2\cdot 4}\sin\tfrac{1}{2}\varepsilon_2^5+\cdots\right)$$

also

$$\varepsilon_2-\sin\varepsilon_2 = 4\left(\tfrac{1}{3}\sin\tfrac{1}{2}\varepsilon_2^3+\tfrac{1}{10}\sin\tfrac{1}{2}\varepsilon_2^5+\cdots\right). \qquad (55)$$

Eine entsprechende Reihe läßt sich für $\delta_2-\sin\delta_2$ aufstellen. Bei Anwendung dieser Reihenentwicklungen und der Gl. (54) erhält man aus der 1. Gleichung von Gl. (53)

$$6\tau_2 = (r_1+r_3+s_2)^{\frac{3}{2}} \mp (r_1+r_3-s_2)^{\frac{3}{2}}$$
$$+\frac{3}{40a}\left[(r_1+r_3+s_2)^{\frac{5}{2}} \mp (r_1+r_3-s_2)^{\frac{5}{2}}\right]\cdots \qquad (56)$$

Diese Gleichung drückt den Lambertschen Satz aus, der für die parabolische Bahnbestimmung von großer Bedeutung ist. Brauchbar ist der Satz auch bei den parabelnahen Bahnen, wenig brauchbar infolge der geringen Konvergenz bei den mäßig oder schwach exzentrischen elliptischen Bahnen. Bei letzteren findet er infolgedessen keine Anwendung.

In der Parabel ist $a=\infty$, so daß Gl. (56) übergeht in den geschlossenen Ausdruck

$$\underline{6\tau_2 = (r_1+r_3+s_2)^{\frac{3}{2}} \mp (r_1+r_3-s_2)^{\frac{3}{2}}} \qquad (\mp \text{ für } v_3-v_1 \lesseqgtr 180^\circ). \qquad (57)$$

Diese Gleichung ist unter dem Namen der Eulerschen Gleichung bekannt.

b) Enckes Umformung der Eulerschen Gleichung. Da die rechte Seite dieser Gleichung aus der Differenz von 2 nahe gleich großen Werten besteht, so ist sie für die Anwendung auf die erste Bahnbestimmung, in welcher s_2 notwendig eine kleine Größe ist, wenig geeignet. ENCKE hat eine Umformung vorgenommen, die diese Schwierigkeit beseitigt.

Die Eulersche Gleichung läßt sich, wenn man das obere Vorzeichen (für $v_3-v_1<180^\circ$), das in der Praxis fast ausschließlich in Frage kommt, beachtet, in folgende Reihe entwickeln

$$\frac{2\tau_2}{(r_1+r_3)^{\frac{3}{2}}} = \frac{s_2}{r_1+r_3}-\frac{1}{4\cdot 6}\left(\frac{s_2}{r_1+r_3}\right)^3-\frac{1\cdot 3\cdot 5}{4\cdot 6\cdot 8\cdot 10}\left(\frac{s_2}{r_1+r_3}\right)^5-\cdots.$$

Setzt man

$$\frac{2\,\tau_2}{(r_1 + r_3)^{\frac{3}{2}}} = \mu_2\,, \tag{58}$$

dann lautet die Umkehrung der Reihe

$$\frac{s_2}{r_1 + r_3} = \mu_2 + \tfrac{1}{24}\mu_2^3 + \tfrac{5}{384}\mu_2^5 + \cdots$$

oder nach ENCKE

$$s_2 = \frac{2\,\tau_2}{\sqrt{r_1 + r_3}}\left(1 + \tfrac{1}{24}\mu_2^2 + \tfrac{5}{384}\mu_2^4 + \cdots\right). \tag{59}$$

Setzt man

$$1 + \tfrac{1}{24}\mu_2^2 + \tfrac{5}{384}\mu_2^4 + \cdots = \zeta_2\,, \tag{60}$$

so wird

$$s_2 = \frac{2\,\tau_2}{\sqrt{r_1 + r_3}}\,\zeta_2\,. \tag{61}$$

Betrachtet man die Zwischenzeiten als kleine Größen der 1. Ordnung, so wird μ_2 von derselben Ordnung und infolgedessen ζ_2 von der Einheit nur um Größen von der 2. und höheren Ordnung verschieden sein. Daher läßt sich ζ_2 mit dem Argument μ_2 bequem in Tafeln bringen. Für ζ_2 läßt sich aber auch ein geschlossener Ausdruck finden. Da $s_2 < r_1 + r_3$ ist, so kann gesetzt werden

$$\frac{s_2}{r_1 + r_3} = \sin\gamma_2\,, \tag{62}$$

wo

$$0^\circ < \gamma < 90^\circ$$

sein soll.

Damit kann die Eulersche Gleichung geschrieben werden

$$\frac{6\,\tau_2}{(r_1 + r_3)^{\frac{3}{2}}} = (1 + \sin\gamma_2)^{\frac{3}{2}} \mp (1 - \sin\gamma_2)^{\frac{3}{2}}\,.$$

Nun ist

$$1 \pm \sin\gamma_2 = (\cos\tfrac{1}{2}\gamma_2 \pm \sin\tfrac{1}{2}\gamma_2)^2\,,$$

also

$$\frac{6\,\tau_2}{(r_1 + r_3)^{\frac{3}{2}}} = (\cos\tfrac{1}{2}\gamma_2 + \sin\tfrac{1}{2}\gamma_2)^3 \mp (\cos\tfrac{1}{2}\gamma_2 - \sin\tfrac{1}{2}\gamma_2)^3\,. \tag{63}$$

Hieraus kann γ_2 bestimmt werden, sobald $r_1 + r_3$ gegeben ist. s_2 erhält man dann aus Gl. (62). Zur Auflösung der Gl. (63) führt ENCKE folgende Umformung aus.

Nimmt man zunächst das obere Vorzeichen an und entwickelt, so wird

$$\frac{6\,\tau_2}{(r_1 + r_3)^{\frac{3}{2}}} = 6\cos\tfrac{1}{2}\gamma_2^2\sin\tfrac{1}{2}\gamma_2 + 2\sin\tfrac{1}{2}\gamma_2^3 = 6\sin\tfrac{1}{2}\gamma_2 - 4\sin\tfrac{1}{2}\gamma_2^3$$

oder

$$3\left(\frac{\sin\frac{1}{2}\gamma_2}{\sqrt{2}}\right) - 4\left(\frac{\sin\frac{1}{2}\gamma_2}{\sqrt{2}}\right)^3 = \frac{6\,\tau_2}{2^{\frac{3}{2}}\,(r_1 + r_3)^{\frac{3}{2}}}. \tag{64}$$

Da wegen $0° < \gamma_2 < 90°$ die linke Seite kleiner als die Einheit ist, so ist $6\,\tau_2 < 2^{\frac{3}{2}}(r_1 + r_3)^{\frac{3}{2}}$. Man darf also (in beiden Zeichenfällen) setzen

$$\frac{6\,\tau_2}{2^{\frac{3}{2}}\,(r_1 + r_3)^{\frac{3}{2}}} = \sin\Theta_2 \tag{65}$$

und es wird

$$\sin\tfrac{1}{2}\gamma_2 = \sqrt{2}\,\sin\tfrac{1}{3}\Theta_2. \tag{66}$$

Von den 3 Wurzeln der Gl. (64) erfüllt nur eine die Bedingung, daß $0° < \sin\frac{1}{2}\gamma_2 < \sin 45° < \frac{1}{2}\sqrt{2}$ und zwar diejenige, für welche $0° < \Theta_2 < 90°$ genommen ist.

Für das untere Zeichen in Gl. (63) erhält man entsprechend

$$3\left(\frac{\cos\frac{1}{2}\gamma_2}{\sqrt{2}}\right) - 4\left(\frac{\cos\frac{1}{2}\gamma_2}{\sqrt{2}}\right)^3 = \frac{6\,\tau_2}{2^{\frac{3}{2}}\,(r_1 + r_3)^{\frac{3}{2}}}, \tag{67}$$

also

$$\cos\tfrac{1}{2}\gamma_2 = \sqrt{2}\,\sin\tfrac{1}{3}\Theta_2.$$

Hier muß $\cos\frac{1}{2}\gamma_2 > \frac{1}{2}\sqrt{2}$ und $\sin\frac{1}{3}\Theta_2 < \frac{1}{2}\sqrt{2}$ sein, d. h. Θ_2 muß zwischen $90°$ und $135°$ liegen. Wenn also die Gl. (65) für Θ_2 einen Wert $< 45°$ gibt, dann hat man nur eine Lösung, die dem ersten Fall $(v_3 - v_1) < 180°$ entspricht. Ist aber $\Theta_2 > 45°$, dann gibt es 2 Lösungen, Θ_2 und $180° - \Theta_2$, von denen die letztere für $v_3 - v_1 > 180°$ gilt.

Für $\sin\Theta_2$ kann man schreiben

$$\sin\Theta_2 = \frac{3\,\mu_2}{\sqrt{8}}, \tag{68}$$

und da sowohl aus dem Wert für $\sin\frac{1}{2}\gamma_2$ wie aus dem für $\cos\frac{1}{2}\gamma_2$ folgt

$$\sin\gamma_2 = 2^{\frac{3}{2}}\sin\tfrac{1}{3}\Theta_2\,\sqrt{\cos\tfrac{2}{3}\Theta_2},$$

so erhält man die für beide Fälle gültige Gleichung

$$s_2 = \frac{2\,\tau_2}{\sqrt{r_1 + r_3}}\,\zeta_2 = (r_1 + r_3)\,\mu_2\,\zeta_2, \tag{69}$$

wo

$$\zeta_2 = 3\sin\tfrac{1}{3}\Theta_2\,\sqrt{\cos\tfrac{2}{3}\Theta_2}\,\operatorname{cosec}\Theta_2. \tag{70}$$

Die praktische Durchrechnung der Enckeschen Lösung, die in den Gl. (58), (68), (70), (69) gegeben ist, wird durch ENCKEs Tabulierung von $\lg\zeta_2$ wesentlich erleichtert für die Werte von μ_2 von 0 bis $\frac{1}{3}\sqrt{8}$ (siehe Tafel 6). Reicht die Tafel nicht aus, so berechnet man s_2 nach den genannten 4 Gleichungen.

Tritt der seltene Fall $v_3 - v_1 > 180°$ ein, so bereitet die Lösung der Eulerschen Gleichung in der Ausgangsform wegen der dann bestehenden Verschiedenheit der beiden Glieder keine Schwierigkeit.

c) Formelzusammenstellung.

α) Für Werte von $\mu > 0.80$, ohne Anwendung einer Tafel.

$$\mu_2 = \frac{2\tau_2}{(r_1 + r_3)^{\frac{3}{2}}} \qquad \tau_2 = k\,(t_3 - t_1)$$

$$\lg 2k = 8.5366114_{-10}$$

$$\sin\Theta_2 = \frac{3\mu_2}{\sqrt{8}}$$

$$\zeta_2 = 3 \sin\tfrac{1}{3}\Theta_2 \sqrt{\cos\tfrac{2}{3}\Theta_2}\,\operatorname{cosec}\Theta_2$$

$$s_2 = \frac{2\tau_2}{\sqrt{r_1 + r_3}}\,\zeta_2$$

β) Für Werte von $\mu < 0.80$, bei Anwendung von Tafel 6.

$$\mu_2 = \frac{2\tau_2}{(r_1 + r_3)^{\frac{3}{2}}}$$

$$s_2 = (r_1 + r_3)\,\mu_2\,\zeta_2$$

$\lg \zeta_2$ mit dem Argument μ_2 aus Tafel 6. Ein Beispiel zur Berechnung von s_2 ist in dem Beispiel zur Bahnbestimmung in Abschnitt 13 enthalten.

3. Abschnitt.

Die geozentrische Bewegung eines Körpers.

Die geozentrische Bewegung der Planeten und Kometen resultiert aus der Bewegung dieser Körper um die Sonne und der fortschreitenden Bewegung der Erde in ihrer Bahn um die Sonne. Die Bewegung der Sonne einschließlich des ganzen Sonnensystems kann außer Betracht gelassen werden, da hier nur die relative Bewegung der Körper um die Sonne untersucht wird.

Die Aufstellung einer allgemeinen Theorie der geozentrischen Bewegung, die naturgemäß wesentlich komplizierter als die der heliozentrischen sein würde, ist bei der Bestimmung der heliozentrischen Bahn nicht erforderlich, wenn man nur die Beziehungen kennen lernt, die zwischen beiden Arten von Bewegung bestehen. Die reduzierten Beobachtungen (siehe Abschnitt 5) liefern für bestimmte Zeitpunkte die auf die Sphäre projizierten geozentrischen Örter. Ihre Beziehungen zu den heliozentrischen Örtern sollen zunächst aufgestellt werden.

§ 12. Beziehungen zwischen heliozentrischen und geozentrischen Koordinaten.

a) Beziehungen im ekliptikalen System. Die Orientierung des ekliptikalen Koordinatensystems sei die S. 14 festgelegte. Der heliozentrische Ort eines Körpers P kann außer durch die rechtwinkligen

Koordinaten x, y, z auch durch die Polarkoordinaten Radiusvektor r, die heliozentrische Länge l, gezählt von der $+x$-Achse gegen die $+y$-Achse von $0°$ bis $360°$, und die heliozentrische Breite b gegeben werden, letztere gezählt von $0°$ bis $\pm 90°$, $\pm$ je nachdem P auf der Seite der $+z$-Achse oder der $-z$-Achse liegt.

Zwischen den Koordinaten x, y, z und den r, l, b bestehen die Beziehungen

$$\begin{aligned} x &= r \cos b \cos l \\ y &= r \cos b \sin l \\ z &= r \sin b . \end{aligned} \tag{1}$$

Bezeichnet man die entsprechenden Koordinaten der Erde mit X, Y, Z und R, L, B, so ist analog

$$\begin{aligned} X &= R \cos B \cos L \\ Y &= R \cos B \sin L \\ Z &= R \sin B . \end{aligned} \tag{2}$$

Denkt man sich durch den Erdmittelpunkt ein dem vorigen paralleles Achsensystem gelegt, und nennt man die rechtwinkligen geozentrischen Koordinaten von P ξ, η, ζ, so ist

$$\begin{aligned} \xi &= x - X & \quad & & x &= \xi + X \\ \eta &= y - Y & \quad & \text{oder} & y &= \eta + Y \\ \zeta &= z - Z & & & z &= \zeta + Z . \end{aligned} \tag{3}$$

Bezeichnet man die geozentrischen Polarkoordinaten von P mit Δ, λ, β (Zählweise von λ, β entsprechend der von l, b), so ist

$$\begin{aligned} \xi &= \Delta \cos \beta \cos \lambda \\ \eta &= \Delta \cos \beta \sin \lambda \\ \zeta &= \Delta \sin \beta , \end{aligned} \tag{4}$$

mithin

$$\begin{aligned} x &= r \cos b \cos l = \Delta \cos \beta \cos \lambda + R \cos B \cos L \\ y &= r \cos b \sin l = \Delta \cos \beta \sin \lambda + R \cos B \sin L \\ z &= r \sin b = \Delta \sin \beta + R \sin B . \end{aligned} \tag{5}$$

Zählt man die Längen von einem Punkte aus, dessen Länge gleich L ist, so lauten die Gl. (5)

$$\begin{aligned} r \cos b \cos (l - L) &= \Delta \cos \beta \cos (\lambda - L) + R \cos B \\ r \cos b \sin (l - L) &= \Delta \cos \beta \sin (\lambda - L) \\ r \sin b &= \Delta \sin \beta + R \sin B . \end{aligned} \tag{6}$$

Zählt man die Längen von einem Punkt aus, dessen Länge gleich ☊ ist, so wird

$$\begin{aligned} r \cos b \cos (l - ☊) &= \Delta \cos \beta \cos (\lambda - ☊) + R \cos B \cos (L - ☊) \\ r \cos b \sin (l - ☊) &= \Delta \cos \beta \sin (\lambda - ☊) + R \cos B \sin (L - ☊) \\ r \sin b &= \Delta \sin \beta + R \sin B . \end{aligned} \tag{7}$$

Dann ist nach Gl. (1.64)

$$\begin{aligned} r \cos b \cos (l - \Omega) &= r \cos u \\ r \cos b \sin (l - \Omega) &= r \sin u \cos i \\ r \sin b &= r \sin u \sin i \end{aligned} \tag{8}$$

also

$$\begin{aligned} \Delta \cos \beta \cos (\lambda - \Omega) &= r \cos u - R \cos B \cos (L - \Omega) \\ \Delta \cos \beta \sin (\lambda - \Omega) &= r \sin u \cos i - R \cos B \sin (L - \Omega) \\ \Delta \sin \beta &= r \sin u \sin i - R \sin B . \end{aligned} \tag{9}$$

Vernachlässigt man die heliozentrische Erdbreite B, die den Betrag von etwa 1″ nicht übersteigt, so gehen die Gl. (6) und (9) über in

$$\begin{aligned} r \cos b \cos (l - L) &= \Delta \cos \beta \cos (\lambda - L) + R \\ r \cos b \sin (l - L) &= \Delta \cos \beta \sin (\lambda - L) \\ r \sin b &= \Delta \sin \beta \end{aligned} \tag{10}$$

und

$$\begin{aligned} \Delta \cos \beta \cos (\lambda - \Omega) &= r \cos u - R \cos (L - \Omega) \\ \Delta \cos \beta \sin (\lambda - \Omega) &= r \sin u \cos i - R \sin (L - \Omega) \\ \Delta \sin \beta &= r \sin u \sin i . \end{aligned} \tag{11}$$

b) Beziehungen im äquatorialen System. Die Orientierung des äquatorialen Koordinatensystems x', y', z' sei die folgende. Der Koordinatennullpunkt sei der Sonnenmittelpunkt. Die Äquatorebene sei die $x'y'$-Ebene, die $+x'$-Achse sei nach dem Frühlingspunkt, die $+y'$-Achse senkrecht zu dieser im Sinne wachsender Längen, die $+z'$-Achse nach dem nördlichen Pol des Äquators gerichtet.

Denkt man sich durch den Erdmittelpunkt ein dem vorigen paralleles Achsensystem gelegt, und bezeichnet man die heliozentrischen Koordinaten des Erdmittelpunktes mit X', Y', Z', die heliozentrischen Koordinaten des Punktes P mit x', y', z', seine geozentrischen mit ξ', η', ζ', so ist

$$\begin{aligned} \xi' &= x' - X' \\ \eta' &= y' - Y' \\ \zeta' &= z' - Z' . \end{aligned} \tag{12}$$

Durch die Beobachtung erhalten werden die äquatorialen geozentrischen Polarkoordinaten Rektaszension α und Deklination δ. Man zählt α vom Frühlingspunkt aus im Sinne wachsender Längen von 0^h bis 24^h, oder von $0°$ bis $360°$, δ vom Äquator aus von $0°$ bis $\pm 90°$, $\pm$ je nachdem P nördlich oder südlich des Äquators liegt.

Zwischen den geozentrischen Koordinaten ξ', η', ζ' und Δ, α, δ bestehen die Beziehungen

$$\begin{aligned} \xi' &= \Delta \cos \delta \cos \alpha \\ \eta' &= \Delta \cos \delta \sin \alpha \\ \zeta' &= \Delta \sin \delta . \end{aligned} \tag{13}$$

Setzt man diese Ausdrücke in die Gl. (12) ein und führt statt der heliozentrischen Erdkoordinaten X', Y', Z' die geozentrischen Sonnenkoordinaten $X'_\odot$, $Y'_\odot$, $Z'_\odot$ ein, so erhält man

$$\begin{aligned} \xi' &= x' + X'_\odot = \Delta \cos\delta \cos\alpha \\ \eta' &= y' + Y'_\odot = \Delta \cos\delta \sin\alpha \\ \zeta' &= z' + Z'_\odot = \Delta \sin\delta . \end{aligned} \tag{14}$$

c) Beziehungen zwischen den Koordinaten beider Systeme. Bezeichnet man die Neigung der Ekliptik gegen den Äquator, die Schiefe der Ekliptik, mit ε, so bestehen zwischen den ekliptikalen Koordinaten x, y, z und den äquatorialen Koordinaten x', y', z' die Beziehungen

$$\begin{aligned} x' &= x \\ y' &= y \cos \varepsilon - z \sin \varepsilon \\ z' &= y \sin \varepsilon + z \cos \varepsilon . \end{aligned} \tag{15}$$

Durch Verbindung dieser Gleichungen mit den Gl. (1.66) ergibt sich

$$\begin{aligned} x' &= r \cos u \cos \Omega - r \sin u \cos i \sin \Omega \\ y' &= r \cos u \sin \Omega \cos \varepsilon + r \sin u (\cos i \cos \Omega \cos \varepsilon - \sin i \sin \varepsilon) \\ z' &= r \cos u \sin \Omega \sin \varepsilon + r \sin u (\cos i \cos \Omega \sin \varepsilon + \sin i \cos \varepsilon) . \end{aligned} \tag{16}$$

Setzt man

$$\begin{aligned} \cos \Omega &= \sin a' \sin A' \\ -\cos i \sin \Omega &= \sin a' \cos A' \\ \sin \Omega \cos \varepsilon &= \sin b' \sin B' \\ \cos i \cos \Omega \cos \varepsilon - \sin i \sin \varepsilon &= \sin b' \cos B' \\ \sin \Omega \sin \varepsilon &= \sin c' \sin C' \\ \cos i \cos \Omega \sin \varepsilon + \sin i \cos \varepsilon &= \sin c' \cos C' , \end{aligned} \tag{17}$$

dann erhalten die Gl. (16) die Form

$$\begin{aligned} x' &= r \sin a' \sin (A' + u) \\ y' &= r \sin b' \sin (B' + u) \\ z' &= r \sin c' \sin (C' + u) . \end{aligned} \tag{18}$$

Man nennt die Konstanten die Gaußschen Konstanten.

Ganz entsprechende Gleichungen kann man auch für die Ekliptik aufstellen. Die ekliptikalen Konstanten ergeben sich ohne weiteres aus den Gl. (17), indem man $\varepsilon = 0$ setzt.

Durch Verbindung der Gl. (14) und (18) erhält man die Gleichungen

$$\begin{aligned} r \sin a' \sin (A' + u) + X'_\odot &= \Delta \cos\delta \cos\alpha \\ r \sin b' \sin (B' + u) + Y'_\odot &= \Delta \cos\delta \sin\alpha \\ r \sin c' \sin (C' + u) + Z'_\odot &= \Delta \sin\delta . \end{aligned} \tag{19}$$

Für das maschinelle Rechnen geeignetere Gleichungen erhält man in folgender Weise. Die Gl. (18) lassen sich schreiben

$$\begin{aligned} x' &= \sin a' \sin (A' + \omega) \cdot r \cos v + \sin a' \cos (A' + \omega) \cdot r \sin v \\ y' &= \sin b' \sin (B' + \omega) \cdot r \cos v + \sin b' \cos (B' + \omega) \cdot r \sin v \\ z' &= \sin c' \sin (C' + \omega) \cdot r \cos v + \sin c' \cos (C' + \omega) \cdot r \sin v \end{aligned} \tag{20}$$

oder

$$\begin{aligned} x' &= P'_x \cdot r \cos v + Q'_x \cdot r \sin v \\ y' &= P'_y \cdot r \cos v + Q'_y \cdot r \sin v \\ z' &= P'_z \cdot r \cos v + Q'_z \cdot r \sin v\,, \end{aligned} \tag{21}$$

wo

$$\begin{aligned} P'_x &= \sin a' \sin (A' + \omega) = \cos\omega \cos\Omega - \sin\omega \cos i \sin\Omega \\ P'_y &= \sin b' \sin (B' + \omega) = (\sin\omega \cos i \cos\Omega + \cos\omega \sin\Omega) \cos\varepsilon \\ &\qquad - \sin\omega \sin i \sin\varepsilon \\ P'_z &= \sin c' \sin (C' + \omega) = \sin\omega \sin i \cos\varepsilon + (\sin\omega \cos i \cos\Omega \\ &\qquad + \cos\omega \sin\Omega) \sin\varepsilon \\ Q'_x &= \sin a' \cos (A' + \omega) = -(\sin\omega \cos\Omega + \cos\omega \cos i \sin\Omega) \\ Q'_y &= \sin b' \cos (B' + \omega) = (\cos\omega \cos i \cos\Omega - \sin\omega \sin\Omega) \cos\varepsilon \\ &\qquad - \cos\omega \sin i \sin\varepsilon \\ Q'_z &= \sin c' \cos (C' + \omega) = \cos\omega \sin i \cos\varepsilon + (\cos\omega \cos i \cos\Omega \\ &\qquad - \sin\omega \sin\Omega) \sin\varepsilon\,. \end{aligned} \tag{22}$$

In der elliptischen Bewegung ist nun nach Gl. (1.40)

$$\begin{aligned} r \cos v &= a (\cos E - e) \\ r \sin v &= a \cos\varphi \sin E\,, \end{aligned}$$

so daß man Gl. (21) schreiben kann

$$\begin{aligned} x' &= a\, P'_x (\cos E - e) + a \cos\varphi\, Q'_x \sin E \\ y' &= a\, P'_y (\cos E - e) + a \cos\varphi\, Q'_y \sin E \\ z' &= a\, P'_z (\cos E - e) + a \cos\varphi\, Q'_z \sin E \end{aligned} \tag{23}$$

und Gl. (14)

$$\begin{aligned} a\, P'_x (\cos E - e) + a \cos\varphi\, Q'_x \sin E + X'_\odot &= \Delta \cos\delta \cos\alpha \\ a\, P'_y (\cos E - e) + a \cos\varphi\, Q'_y \sin E + Y'_\odot &= \Delta \cos\delta \sin\alpha \\ a\, P'_z (\cos E - e) + a \cos\varphi\, Q'_z \sin E + Z'_\odot &= \Delta \sin\delta\,. \end{aligned} \tag{24}$$

In der parabolischen Bewegung ist nach Gl. (1.42)

$$r = q \sec^2 \tfrac{1}{2} v\,,$$

so daß man Gl. (21) schreiben kann

$$\begin{aligned} x' &= q\, P'_x (1 - \operatorname{tg}^2 \tfrac{1}{2} v) + 2 q\, Q'_x \operatorname{tg} \tfrac{1}{2} v \\ y' &= q\, P'_y (1 - \operatorname{tg}^2 \tfrac{1}{2} v) + 2 q\, Q'_y \operatorname{tg} \tfrac{1}{2} v \\ z' &= q\, P'_z (1 - \operatorname{tg}^2 \tfrac{1}{2} v) + 2 q\, Q'_z \operatorname{tg} \tfrac{1}{2} v \end{aligned} \tag{25}$$

und Gl. (14)

$$\begin{aligned} q\, P'_x (1 - \operatorname{tg}^2 \tfrac{1}{2} v) + 2 q\, Q'_x \operatorname{tg} \tfrac{1}{2} v + X'_\odot &= \Delta \cos\delta \cos\alpha \\ q\, P'_y (1 - \operatorname{tg}^2 \tfrac{1}{2} v) + 2 q\, Q'_y \operatorname{tg} \tfrac{1}{2} v + Y'_\odot &= \Delta \cos\delta \sin\alpha \\ q\, P'_z (1 - \operatorname{tg}^2 \tfrac{1}{2} v) + 2 q\, Q'_z \operatorname{tg} \tfrac{1}{2} v + Z'_\odot &= \Delta \sin\delta\,. \end{aligned} \tag{26}$$

Auf eine andere Bestimmung der Konstanten $P'_x, P'_y, P'_z, Q'_x, Q'_y, Q'_z$ wird in Abschnitt 6 und 13 noch zurückzukommen sein.

§ 13. Beziehungen zwischen geozentrischen ekliptikalen und äquatorialen Koordinaten.

a) Aufstellung der Beziehungen. Zwischen den rechtwinkligen ekliptikalen und äquatorialen Koordinaten ξ, η, ζ und ξ', η', ζ' des Körpers P bestehen die Beziehungen

$$\begin{aligned} \xi &= \xi' \\ \eta &= \eta' \cos\varepsilon + \zeta' \sin\varepsilon \\ \zeta &= \zeta' \cos\varepsilon - \eta' \sin\varepsilon \,. \end{aligned} \tag{27}$$

Setzt man für sie die Werte nach Gl. (4) und Gl. (13) ein, so erhält man die Gleichungen

$$\begin{aligned} \cos\beta \cos\lambda &= \cos\delta \cos\alpha \\ \cos\beta \sin\lambda &= \cos\delta \sin\alpha \cos\varepsilon + \sin\delta \sin\varepsilon \\ \sin\beta &= -\cos\delta \sin\alpha \sin\varepsilon + \sin\delta \cos\varepsilon \,, \end{aligned} \tag{28}$$

die man in eine für die logarithmische Rechnung bequemere Form bringen kann, wenn man die Hilfswinkel M und m einführt durch

$$\begin{aligned} m \sin M &= \sin\delta \\ m \cos M &= \cos\delta \sin\alpha \,. \end{aligned}$$

Dann wird

$$\begin{aligned} \cos\beta \cos\lambda &= \cos\delta \cos\alpha \\ \cos\beta \sin\lambda &= m \cos(M - \varepsilon) \\ \sin\beta &= m \sin(M - \varepsilon) \,. \end{aligned} \tag{29}$$

Diese Gleichungen dienen zur Umwandlung der α, δ in λ, β.

Die umgekehrte Aufgabe löst man mit Hilfe der durch Verbindung der Gl. (4), (13), (15) gewonnenen Gleichungen

$$\begin{aligned} \cos\delta \cos\alpha &= \cos\beta \cos\lambda \\ \cos\delta \sin\alpha &= \cos\beta \sin\lambda \cos\varepsilon - \sin\beta \sin\varepsilon \\ \sin\delta &= \cos\beta \sin\lambda \sin\varepsilon + \sin\beta \cos\varepsilon \,. \end{aligned} \tag{30}$$

Durch Einführung der Hilfswinkel N und n durch

$$\begin{aligned} n \sin N &= \sin\beta \\ n \cos N &= \cos\beta \sin\lambda \end{aligned}$$

erhält man

$$\begin{aligned} \cos\delta \cos\alpha &= \cos\beta \cos\lambda \\ \cos\delta \sin\alpha &= n \cos(N + \varepsilon) \\ \sin\delta &= n \sin(N + \varepsilon) \,. \end{aligned} \tag{31}$$

Ein Zweifel, in welchem Quadranten die Winkel in den Gl. (29) und (31) zu nehmen sind, kann nicht bestehen, da $\cos\delta$ und $\cos\beta$ stets positiv sind.

Formeln zur völlig unabhängigen Kontrolle siehe unter b).

Bei Beschränkung auf eine geringere Stellenzahl kann man bei konstant gehaltenem ε die Umwandlung der einen in die anderen Koordinaten mit Hilfe von Tafeln wesentlich erleichtern[1].

[1] Brendel, M.: Mitt. der Univ.-Sternwarte Frankfurt a. M. Erstes Stück.

b) Formelzusammenstellung und Beispiel zur Umwandlung von α, δ in λ, β.

$$\begin{aligned} m \sin M &= \sin\delta \\ m \cos M &= \cos\delta \sin\alpha \\ \cos\beta\cos\lambda &= \cos\delta\cos\alpha \qquad \varepsilon \text{ aus Tafel 2} \\ \cos\beta\sin\lambda &= m\cos(M-\varepsilon) \\ \sin\beta &= m\sin(M-\varepsilon) \end{aligned}$$

Kontrolle:

$$\begin{aligned} \sin(\lambda-\alpha) &= 2\cos\alpha\sec\beta\, m\sin\tfrac{1}{2}\varepsilon\sin(M-\tfrac{1}{2}\varepsilon) \\ \sin\tfrac{1}{2}(\delta-\beta) &= \sec\tfrac{1}{2}(\delta+\beta)\, m\sin\tfrac{1}{2}\varepsilon\cos(M-\tfrac{1}{2}\varepsilon) \end{aligned}$$

Gegeben sei die Beobachtung des Planeten 931 Whittemora:

	1920 Apr. 6	Kontrolle:	
α	$11^h 9^m 26^s.52$	$\delta+\beta$	$32°40'3''.4$
α	$167°21'37''.8$	$\frac{1}{2}(\delta+\beta)$	16 20 1.7
δ	+19 36 42.6	$M-\frac{1}{2}\varepsilon$	46 43 15.1
ε	23 26 58.9	$\sin(M-\frac{1}{2}\varepsilon)$	9.862145
$\cos\alpha$	9.989346n	$m\sin\frac{1}{2}\varepsilon$	8.903317
$\cos\delta$	9.974045	$\cos(M-\frac{1}{2}\varepsilon)$	9.836041
$\sin\alpha$	9.340079	$m\sin\frac{1}{2}\varepsilon\sin(M-\frac{1}{2}\varepsilon)$	8.765462
$\sin\delta = m\sin M$	9.525881	$2\cos\alpha$	0.290376n
$\sin M$	9.930513	$\sin(\lambda-\alpha)\cos\beta$	9.055838n
$m\cos M$	9.314124	$\sec\beta$	0.011374
$\operatorname{tg} M$	0.211757	$\sin(\lambda-\alpha)$	9.067212n
M	$58°26'44''.5$	$\lambda-\alpha$	$-6°42'14''.0$
$M-\varepsilon$	34 59 45.6	λ	160 39 23.8
$\sin(M-\varepsilon)$	9.758548	$m\sin\frac{1}{2}\varepsilon\cos(M-\frac{1}{2}\varepsilon)$	8.739358
m	9.595368	$\sec\frac{1}{2}(\delta+\beta)$	0.017892
$\cos(M-\varepsilon)$	9.913386	$\sin\frac{1}{2}(\delta-\beta)$	8.757250
$\cos\beta\sin\lambda$	9.508754	$\frac{1}{2}(\delta-\beta)$	$+\ 3°16'40''.8$
$\cos\lambda$	9.974765n	$\delta-\beta$	+ 6 33 21.6
$\cos\beta\cos\lambda$	9.963391n	β	+13 3 21.0
$\operatorname{tg}\lambda$	9.545363n		
λ	$160°39'23''.9$		
$\sin\beta$	9.353916		
$\cos\beta$	9.988626		
$\operatorname{tg}\beta$	9.365290		
β	$+13°3'20''.8$		

§ 14. Die scheinbare Bahn.

Zwar ist, wie schon erwähnt, die Aufstellung einer allgemeinen Theorie der geozentrischen Bahn für die Bahnbestimmung nicht erforderlich. Für mehrere Probleme ist aber die Kenntnis der wesentlichsten Eigenschaften der scheinbaren Bahn von Nutzen.

a) Opposition, Konjunktion, Sichtbarkeitsverhältnisse der Planeten und Kometen. Die Phase, in der die geozentrische Länge des Gestirns um 180° von der der Sonne verschieden ist, nennt man seine Opposition in Länge. Die Phase, in der ein Körper dieselbe geozentrische Länge wie die Sonne hat, bezeichnet man als seine Konjunktion in Länge. Man unterscheidet zwischen unterer und oberer Konjunktion, je nachdem das Gestirn diesseits oder jenseits der Sonne steht. Von allen Planeten können nur Merkur und Venus auch in untere Konjunktion gelangen.

Häufigere Anwendung findet in der Praxis der Begriff der Opposition in Rektaszension, d. i. der Zeitpunkt, in dem die Rektaszensionen von Sonne und Gestirn um $180° = 12^h$ verschieden sind.

Für die kleinen Planeten ist die Oppositionszeit die günstigste Zeit für die Sichtbarkeit. Sie kulminieren dann um Mitternacht und sind hier im allgemeinen der Erde am nächsten und am hellsten. Das Maximum an Helligkeit erreichen sie, wenn Opposition und Perihel zusammenfallen. Beobachtbar sind sie, mit Ausnahme vereinzelter Objekte, deren Bahnen stark exzentrisch sind, aber auch in den übrigen Oppositionen einschließlich der Aphelopposition. Da die bekannten Planeten lichtschwache teleskopische Objekte sind, so werden sie naturgemäß fast ausschließlich in der Nähe der Opposition, und zwar meist in der Perihelopposition, entdeckt. Ihre Verfolgung gelingt gegenwärtig selbst in günstigen Fällen selten länger als 2 bis 3 Monate hindurch. Überwiegend sind jetzt Beobachtungszeiträume von weniger als 1 Monat.

Ganz anders liegen die Sichtbarkeitsverhältnisse bei den Kometen. Die Perihele der bekannten Kometen liegen überwiegend innerhalb oder doch nur wenig außerhalb der Erdbahn. Beträchtlich außerhalb dieser gelegene Perihele sind nicht viele bekannt, wenn sie auch neuerdings öfter vorkommen. Bei den sehr großen Exzentrizitäten der Kometenbahnen sind weit außerhalb der Perihele nur helle Objekte sichtbar. Für die Kometen ist also die günstigste Entdeckungszeit die Zeit kurz vor Sonnenaufgang oder kurz nach Sonnenuntergang. Die Dauer der Sichtbarkeit ist meist auf einen kleinen in der Perihelnähe gelegenen Teil der Bahn beschränkt. Durchschnittlich gelingt die Verfolgung der Kometen mehrere Monate, in günstigen Fällen aber sogar einige Jahre hindurch.

Während die kleinen Planeten je nach Größe der mittleren Bewegung und der Exzentrizität nach etwa 1 bis $2\frac{1}{2}$ Jahren in einer neuen Erscheinung der Beobachtung wieder zugänglich werden, war bisher bei den Kometen eine Beobachtung in späteren Erscheinungen außer bei den kurzperiodischen Objekten nur bei vereinzelten Kometen möglich, und auch bei diesen nur in den Perihelerscheinungen. Allein der Enckesche Komet ist auch in den Aphelerscheinungen beobachtbar. Bei der überwiegenden Zahl der Kometen bleibt die Beobachtung auf die Entdeckungserscheinung beschränkt.

b) Besondere Eigenschaften der scheinbaren Bahn. Eine wichtige Eigenschaft ist in dem Lambertschen Satz von der Krümmung der geozentrischen Bahn ausgesprochen (ein analytischer Beweis folgt in Abschnitt 8). Der Satz lautet: Die Kurve des geozentrischen Laufes eines Planeten oder Kometen ist gegen den Ort der Sonne auf der Sphäre konvex, solange die Entfernung des Gestirns von der Sonne die der Erde von der Sonne übertrifft, im anderen Falle hingegen konkav. So kehren

z. B. Merkur und Venus der Sonne stets die konkave Seite, alle übrigen Planeten stets die konvexe Seite zu. Bei den Kometen geht die Konvexität der Bahnkurve gegen die Sonne in Konkavität über, wenn sie der Sonne näher kommen als die Erde. An der Stelle, an der das Gestirn dieselbe Sonnenentfernung wie die Erde hat, hat also die Kurve einen Wendepunkt.

Weitere Eigenschaften der scheinbaren Bahn sollen zunächst an der einfachsten Kegelschnittsbewegung, der kreisförmigen Bewegung, sodann an den Bahnen für 4 ausgewählte Objekte veranschaulicht werden.

Die Abb. 7a bis 7c, in denen die Sonne mit S, die Erde mit E, das Gestirn mit P bezeichnet ist, stellen der Reihe nach die obere und untere

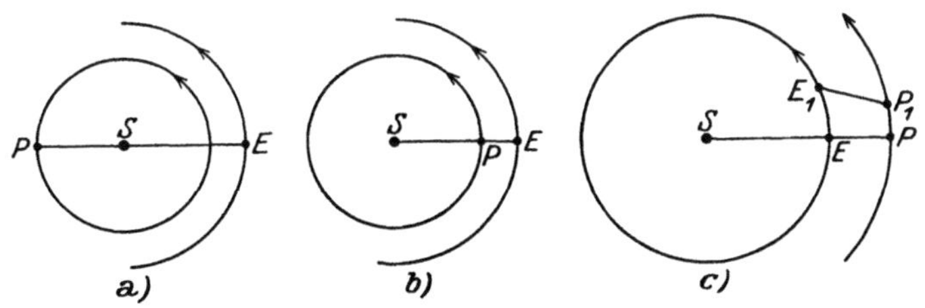

Abb. 7.

Konjunktion und die Opposition von P dar. Die Bewegungsrichtung in den kreisförmig angenommenen Bahnen von E und P ist durch die Pfeile gekennzeichnet.

Nach dem Kriterium S. 14 drückt sich die lineare Bahngeschwindigkeit aus durch $V = k : \sqrt{r}$; d. h. sie ist um so kleiner, je größer der Halbmesser der Bahn ist. In der Opposition ist also die Geschwindigkeit der Erde größer als die des Körpers. Bezeichnet man mit E_1 und P_1 die Orte der Erde und des Gestirns kurz nach der Opposition, mit $E\,P$, $E_1\,P_1$ die Richtungen in Länge in den beiden Momenten, so sieht man, daß zur Zeit der Opposition die geozentrischen Längen abnehmen; d. h. der Körper bewegt sich rückläufig. Das gleiche trifft für die untere Konjunktion zu. Hingegen trägt bei der oberen Konjunktion die Erdbewegung noch zur Vergrößerung der geozentrischen Längen bei. Hier findet ein schnelles Anwachsen statt; d. h. der Körper bewegt sich rasch rechtläufig. Offenbar müssen rückläufige und rechtläufige Bewegung allmählich ineinander übergehen; d. h. es muß vor und nach der Opposition einen Zeitpunkt geben, in dem weder eine Zu- noch eine Abnahme der Längen stattfindet; der Körper ist stationär. Für die Rektaszensionen gilt das Entsprechende.

Welchen Einfluß die Exzentrizität auf diese Eigenschaft hat, veranschaulichen deutlich die Abb. 8 bis 11. Für 4 ausgewählte Objekte, die kleinen Planeten 617 Patroclus, 1000 Piazzia, 1036 Ganymed und den Enckeschen Kometen, wurden im System der Ekliptik während je

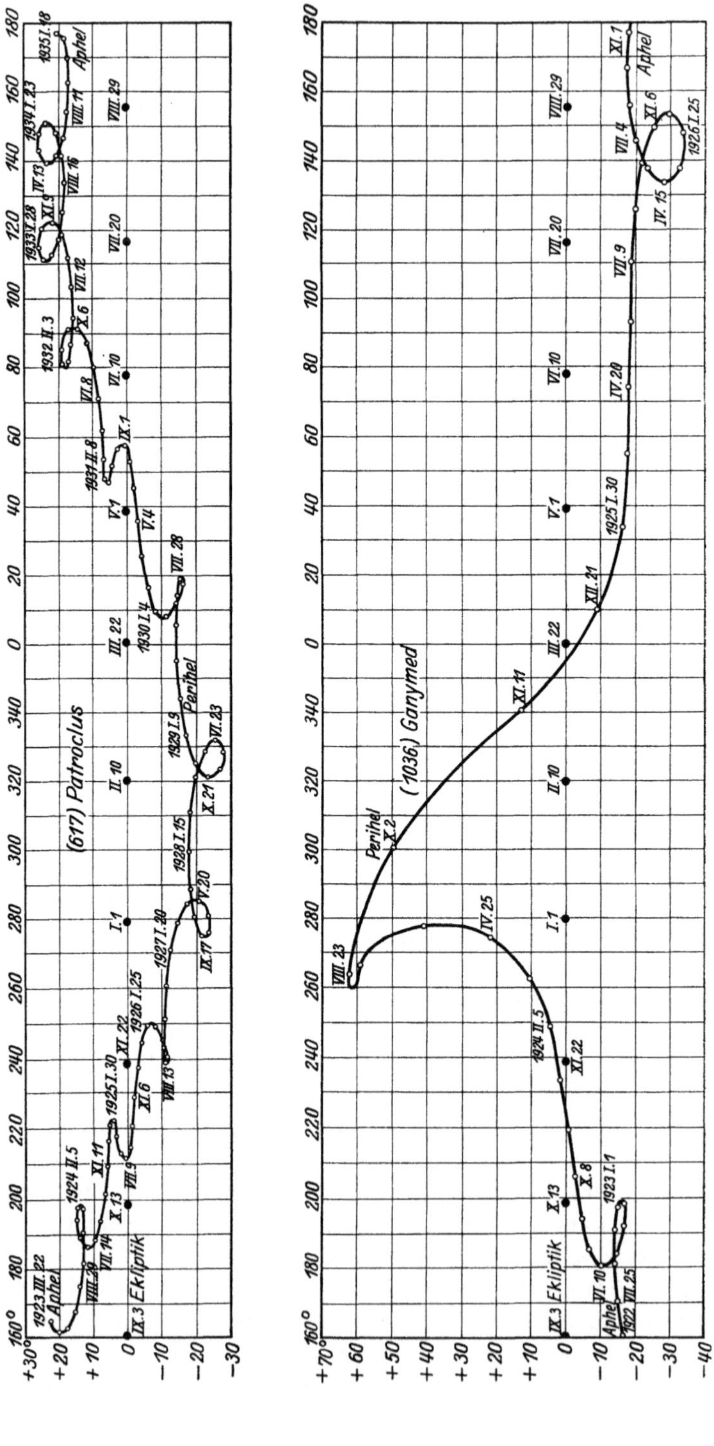

Abb. 8 und 9.

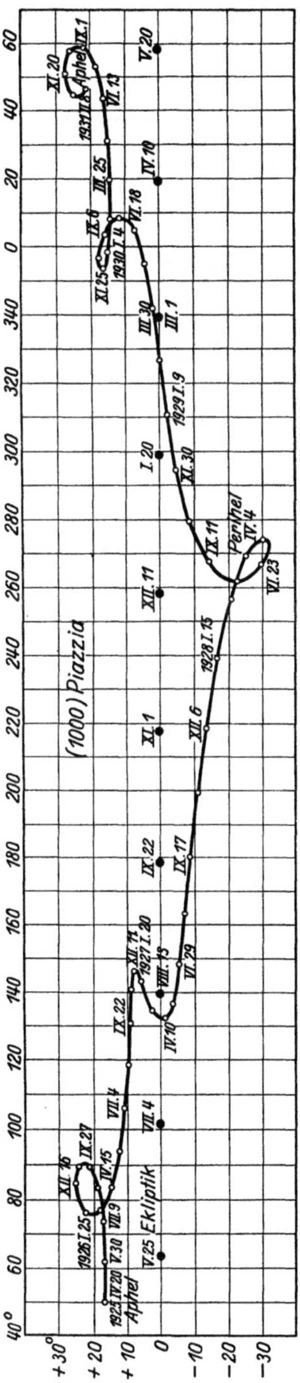
(1000) Piazzia
Ekliptik
Perihel
Aphel

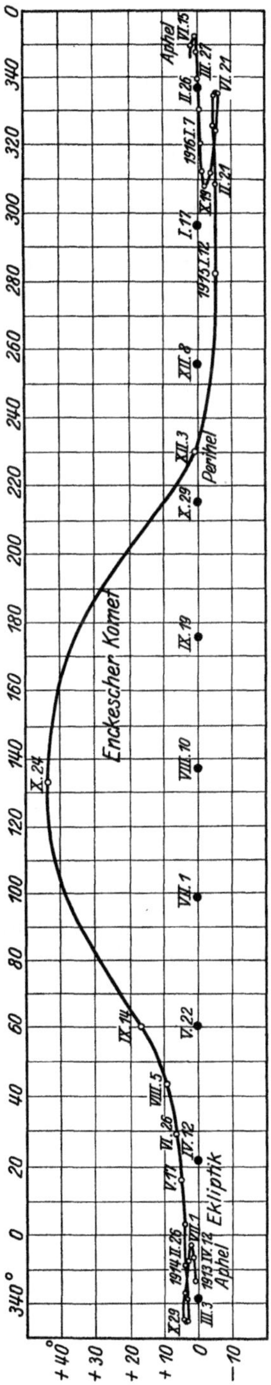
Enckescher Komet
Ekliptik
Perihel
Aphel

Abb. 10 und 11.

eines vollen Umlaufes von Aphel zu Aphel die scheinbaren Bahnen graphisch dargestellt. Die charakteristischen Elemente sind:

Nr.	Name	☊	i	e	μ	a
617	Patroclus	44°	22°	0.14	300″	5.19
1000	Piazzia	327	21	0.26	625	3.18
1036	Ganymed	216	26	0.54	814	2.67
—	Enckescher Komet	335	13	0.85	1076	2.22

In 40tägigem Intervall sind die Örter der Körper und der Sonne eingetragen.

Wie schon erwähnt, ist bei den kleinen Planeten $r > R$; bei dem Enckeschen Kometen ist $r > R$ in der Zeit bis Ende Oktober 1914 und nach Januar 1915. In der Zwischenzeit ist $r < R$. Man findet leicht in allen Phasen den Lambertschen Satz bestätigt.

Den Übergang von der rechtläufigen Bewegung in der oberen Konjunktion durch den stationären Zustand in die rückläufige Bewegung in der Nähe der Opposition veranschaulicht am besten die scheinbare Bewegung von 617. Dieser jupiternahe Planet hat von den 4 Objekten die kleinste mittlere Bewegung und die kleinste Exzentrizität. Man bemerkt die rasche, sehr gleichmäßige Wiederkehr der verschiedenen Phasen. Hier kommt es in der Umgebung der Opposition stets zu einer Schleifenbildung, die meist geschlossen, beim Durchgang durch die Ekliptik in offener Form auftritt. Die Doppelpunkte der Schleifen liegen der Ekliptik näher als die Schleifen selbst. Mit zunehmender Breite werden die Schleifen größer.

Mit wachsender Exzentrizität wird der Übergang in die verschiedenen Phasen unregelmäßiger. Bei 1036 ist zwar in der Opposition (Juni 1924) die Bewegung noch ein wenig rückläufig. Dann setzt aber kurze Zeit nachher vor dem Durchgang durch das Perihel eine sehr starke rechtläufige Bewegung ein. Bei dem Kometen schließlich ist die Rückläufigkeit auf die Aphelnähen beschränkt.

Auch über die Schnelligkeit in den verschiedenen Phasen der Bewegung, vor allem über den Einfluß der Exzentrizität auf die Bewegung im Perihel, geben die Abbildungen Aufschluß.

Zweiter Teil.

Die Ausgangsdaten der Bahnbestimmung.

4. Abschnitt.

Die Auswahl der Beobachtungen und die Stellenzahl der Rechnung.

Unter den Beobachtungen, die der Bahnbestimmung zugrunde gelegt werden sollen, muß der Bahnrechner diejenigen auswählen, von denen er die größte Sicherheit der Bahnbestimmung erwarten darf.

Mathematisch ist zwar durch 3 Beobachtungen eine Bahn völlig bestimmt, wenn man von Ausnahmefällen absieht. Würden keine Beobachtungsfehler existieren, so würden 3 sehr nahe beieinander liegende Beobachtungen, beispielsweise 3 während einer einzigen Nacht angestellte Beobachtungen bei hinreichender Stellenzahl der Rechnung zur sicheren Bahnbestimmung ausreichend sein. Tatsächlich würde aber eine solche Bahnbestimmung infolge der unvermeidlichen Beobachtungsfehler unbrauchbare Resultate ergeben.

Grobe Beobachtungsfehler lassen sich durch Differenzenprüfung ermitteln, sofern einigermaßen günstig verteiltes Beobachtungsmaterial vorliegt. Solche Beobachtungen muß man unter allen Umständen von der Verwendung zur Bahnbestimmung ausschließen. Den schädlichen Einfluß der kleinen Beobachtungsfehler, die durch eine solche Prüfung nicht festgestellt werden können, kann man im allgemeinen durch geeignete Wahl der Beobachtungen mehr oder weniger stark abschwächen.

In engem Zusammenhang mit der Größe der Beobachtungsfehler steht die Stellenzahl der Rechnung, mit der die Bahnbestimmung ausgeführt werden soll.

§ 15. Ausschluß von Beobachtungen mit groben Fehlern.

Die Ermittlung von groben Fehlern kann bei Vorliegen einer größeren Anzahl von einigermaßen gleichmäßig verteilten Beobachtungen in folgender Weise geschehen.

Man bildet zunächst die 1. Differenzen der gegebenen Größen Beobachtungszeit t (auf einen einheitlichen Meridian bezogen), Rektaszension α, Deklination δ. Die Differenzen seien mit f_t^I, f_α^I, f_δ^I bezeichnet. Aus ihnen berechnet man

$$\Delta\alpha = \frac{f_\alpha^I}{f_t^I}, \qquad \Delta\delta = \frac{f_\delta^I}{f_t^I}. \tag{1}$$

Dann ermittelt man die 1. Differenzen der Mittel t_m je zweier benachbarter Zeiten und die der Größen $\varDelta\alpha$, $\varDelta\delta$. Diese Differenzen seien mit $f^I_{t_m}$, $f^I_{\varDelta\alpha}$, $f^I_{\varDelta\delta}$ bezeichnet. Daraus leitet man ab

$$\varDelta\alpha^I = \frac{f^I_{\varDelta\alpha}}{f^I_{t_m}}, \qquad \varDelta\delta^I = \frac{f^I_{\varDelta\delta}}{f^I_{t_m}}. \tag{2}$$

Die so erhaltenen Werte $\varDelta\alpha^I$ und $\varDelta\delta^I$ werden nun durch Differenzen geprüft. Laufen diese, so sind die Beobachtungen frei von gröberen Fehlern. Macht sich aber ein starker Sprung bemerkbar, so kann man sicher sein, daß eine der Beobachtungen grob fehlerhaft ist. Der Fehler läßt sich leicht feststellen.

Die Prüfung sei durch ein Beispiel erläutert, in dem nur die Rechnung für eine Koordinate, die Rektaszension wiedergegeben ist.

Beispiel. 931 Whittemora.

Nr.	1920 März	f^I_t	α	f^I_α	t_m	$f^I_{t_m}$	$\varDelta\alpha$	$f^I_{\varDelta\alpha}$	$\varDelta^I_\alpha$
1	20.37		11h 19m 51s.19						
		+ 1d.02		− 43s.31	20.88		− 42.46		
2	21.39		19 7.88			+ 1.01		+ 0.14	+ 0.14
		+ 1.00		− 42.32	21.89		− 42.32		
3	22.39		18 25.56			+ 1.00		+ 0.51	+ 0.51
		+ 1.01		− 42.23	22.89		− 41.81		
4	23.40		17 43.33			+ 7.51		+ 6.32	+ 0.84
		+ 14.00		− 496.79	30.40		− 35.49		
5	37.40		9 26.54			+ 10.96		+ 10.86	+ 0.99
		+ 7.92		− 195.06	41.36		− 24.63		
6	45.32		6 11.48			+ 7.97		+ 9.18	+ 1.15
		+ 8.02		− 123.87	49.33		− 15.45		
7	53.34		4 7.61			+ 5.07		+ 6.08	+ 1.20
		+ 2.13		− 19.96	54.40		− 9.37		
8	55.47		3 47.65			+ 7.05		+ 8.38	+ 1.19
		+ 11.97		− 11.86	61.45		− 0.99		
9	67.44		3 35.79			+ 20.46		+ 21.54	+ 1.05
		+ 28.94		+ 594.63	81.91		+ 20.55		
10	96.38		13 30.42						

Trotz der wenig günstigen Verteilung der Beobachtungen erkennt man doch leicht, daß diese Beobachtungen frei von gröberen Fehlern sind. Würde man die 7. Beobachtung um + 1s.00 ändern, so ergäben sich statt der Werte der letzten Spalte die Werte: + 0.14, + 0.51, + 0.84, + 0.99, + 1.17, + 1.08, + 1.26, + 1.05. Die fehlerhafte Beobachtung ist unschwer zu ermitteln.

§ 16. Abschwächung des Einflusses der kleinen Beobachtungsfehler durch geeignete Wahl der Beobachtungen.

a) Wahl großer Zwischenzeiten. Um den schädlichen Einfluß dieser Beobachtungsfehler, die gegenwärtig im Mittel bei den kleinen Planeten etwa 2 bis 3″ betragen, bei den Kometen meist noch größer sind, abzuschwächen, wird man die Elemente aus einem großen heliozentrischen Bogen ableiten. Dieser ist wesentlich für die Beurteilung der Güte einer Bahnbestimmung. Um die Konvergenz (siehe Abschnitt 6) braucht man nicht sehr besorgt zu sein, da die längere Verfolgung überhaupt erst durch die Vorausberechnung, also auf Grund einer oder mehrerer provisorischer Bahnen, möglich wird. Diese liefern genügend genaue Hilfsmittel, um das Näherungsverfahren selbst bei großen Bögen stark abzukürzen. Auch bei der Ableitung der provisorischen Bahnen wird man natürlich bestrebt sein, die Bahn aus nicht zu kleinen Bögen zu bestimmen.

Bei gänzlich unbekannten Bahnen ist zwar über die Größe des heliozentrischen Bogens nichts bekannt. Einen ungefähren Anhalt hat man aber an der Größe der Zwischenzeiten. Bei den kleinen Planeten, deren heliozentrische Bewegung im allgemeinen nicht allzu stark verschieden ist, berechnet man eine provisorische Ellipse für die Zwecke der Verfolgung in der allernächsten Zeit tunlichst erst dann, wenn die Zwischenzeit mindestens etwa 6 Tage beträgt. Bei kleineren Zwischenzeiten tut eine Kreisbahnbestimmung im allgemeinen dieselben Dienste. Erfahrungsgemäß sind die Elemente, die aus einem Zeitraum von mehr als 6 bis 8 Wochen abgeleitet sind, ausreichend zur Wiederauffindung in den nächsten Erscheinungen, sofern von den benutzten genügend weit entfernt gelegene Kontrollbeobachtungen befriedigend dargestellt werden. Bei kürzeren Zwischenzeiten bleibt die Wiederauffindung immer ungewiß, wenn sie auch bei guter Darstellung von Kontrollbeobachtungen oft gelingt.

Bei den überwiegend stark exzentrischen Bahnen der Kometen, die meist in der Nähe der Perihele entdeckt werden, ist die Bewegung sehr viel größer. Hier erhält man schon aus etwa 2 Tagen Zwischenzeit eine zur Verfolgung in der allernächsten Zeit ausreichende Vorausberechnung. Bei ihnen ist eine lange Verfolgung während der Entdeckungserscheinung von größter Wichtigkeit. Wegen der bei den Kometen (den kurz- wie langperiodischen) ungünstigen Wiederauffindungsbedingungen in späteren Erscheinungen muß es das Bestreben des Bahnrechners sein, die Kometenbahn soweit als möglich zu sichern.

b) Vermeidung der Nähe eines Ausnahmefalls. Bei der Auswahl der Beobachtungen hat man aber nicht nur auf die Zwischenzeiten, sondern auch auf die geozentrische Bewegung sein Augenmerk zu richten. Die außerordentlich starke Verschiedenheit der scheinbaren Bewegungen bei den verschiedenen Objekten und in den verschiedenen Bahnphasen erkennt man am besten aus den Abb. 8 bis 11.

Durch eine Diskussion der betr. Gleichungen der Bahnbestimmung (siehe die folgenden Abschnitte) läßt sich leicht feststellen, daß es Ausnahmefälle gibt, in denen eine Bahnbestimmung aus 3 Beobachtungen nicht möglich ist.

Bei der Gauß-Enckeschen Methode für logarithmische Rechnung sind mehrere Ausnahmefälle untersucht worden, die man durch Diskussion der der Bestimmung der Entfernungen dienenden Gleichungen leicht feststellen kann. Hier seien kurz folgende genannt: 1. $a^0 = \infty$, $K_2 = L_2$; d. h. die 3 geozentrischen Örter liegen in einem größten Kreise, der durch den mittleren Erdort geht. 2. $\lambda_1 = \lambda_3$, $\beta_1 = \beta_3$; d. h. der 1. und 3. Ort fallen zusammen; das Gestirn hat eine Schleife beschrieben. 3. $\lambda_2 = L_2$,

$\beta_2 = 0$; d. h. zur Zeit der mittleren Beobachtung befindet sich das Gestirn genau in der Opposition.

Bei der Methode von OLBERS der parabolischen Bahnbestimmung liegt ein Ausnahmefall vor, wenn die 3 Örter in einem größten Kreise mit dem mittleren Erdort liegen. Dann ist $M = 0:0$, $m = 1:0$. Hier ist aber, wenn auch auf umständlicherem Wege, eine Bahnbestimmung gleichwohl möglich, da zur Ermittlung der 5 Elemente die gegebenen 6 Koordinaten ausreichen. Aus dem Lambertschen Satz von der Krümmung der Bahnen folgt, daß dieser Ausnahmefall nur eintreten kann, wenn sich der Komet zur Zeit der mittleren Beobachtung nahe in der Entfernung R_2 von der Sonne befindet.

Bei einiger Auswahl unter den Beobachtungen kann man diesen Ausnahmefällen leicht aus dem Wege gehen. Übrigens zeigt sich die Unsicherheit gleich bei Beginn der Rechnung, so daß bei einer etwa notwendig werdenden günstigeren Auswahl nur ein geringer Zeitverlust entsteht.

c) Notwendigkeit der Bahnbestimmung aus 4 Beobachtungen. Ein Ausnahmefall, dem man sich durch andere Auswahl unter den Beobachtungen nicht entziehen kann, ist der Fall, in dem die Bahnebene mit der Ekliptik zusammenfällt. Hier versagt jede Bahnbestimmung aus 3 Beobachtungen. Erfahrungsgemäß tritt zwar dieser Grenzfall — wie auch die unter b) genannten — in der Praxis überhaupt nicht auf. Tritt er aber nur angenähert auf, so kann die Sicherheit der Bahnbestimmung ungünstig beeinflußt oder gar das Ziel der Bahnbestimmung, die spätere Wiederauffindung, ganz in Frage gestellt werden.

Da die Neigung der mittleren Bahnebene der kleinen Planeten gegen die Ekliptik nur gering ist, so tritt bei ihnen der Fall kleiner Breiten nicht selten auf. Sind die Breiten sehr klein (etwa $< 1°$), so muß man notgedrungen eine Bahnbestimmung aus 4 Beobachtungen ausführen, um eine gesicherte Bahn ableiten zu können. Bei größeren Breiten wird man die Bahnbestimmung aus 4 Beobachtungen ohne zwingenden Grund nicht vornehmen, da sie größeren Arbeitsaufwand erfordert als die aus 3 Beobachtungen.

Bei den Kometen, deren Bahnneigung gegen die Ekliptik mit wenigen Ausnahmen groß ist, tritt die Notwendigkeit der Bahnbestimmung aus 4 Beobachtungen kaum auf.

Als allgemeine Richtlinien für die Auswahl der Beobachtungen kann man die aufstellen, daß man bei allen Methoden der Bahnbestimmung einmal auf große Zwischenzeiten und dann auf möglichst verschiedene Ausgangsdaten Wert legen sollte. Im übrigen muß von Fall zu Fall über die zweckmäßigste Auswahl entschieden werden.

§ 17. Die Stellenzahl der Rechnung.

Die Resultate der Beobachtungen werden in genauer Form auf $0^s.01$ in α, auf $0''.1$ in δ gegeben. Wegen der natürlichen Unsicherheit jeder aus kurzen Zwischenzeiten abgeleiteten Bahn sollte es das Bestreben des Bahnrechners sein, die Unsicherheit nicht noch durch Vernachlässigungen in der rechnerischen Genauigkeit zu vergrößern. Dementsprechend wird vielfach die 7-stellige Bahnrechnung empfohlen. Sie ist auch berechtigt, wenn man erwarten darf, daß die Beobachtungen auf wenige Zehntelbogensekunden exakt sind. Es ist aber unökonomische Arbeitsweise, die Genauigkeit der Rechnung auf mehr als etwa $0\overset{''}{.}1$ anzusetzen, wenn — wie es im Durchschnitt der Fall ist — die üblichen Beobachtungsfehler den 10- und mehrfachen Betrag erreichen. Übertriebene Anforderungen an die rechnerische Genauigkeit sind um so weniger gerechtfertigt, als die Keplersche Bewegung ja nur eine erste Näherung an die tatsächliche Bewegung darstellt.

Wegen der durchschnittlich beträchtlichen Beobachtungsfehler kann man sich bei der elliptischen Bahnbestimmung langsam bewegter Planeten mit der 6-stelligen Rechnung (Winkel auf $0\overset{''}{.}1$ bzw. $0\overset{\circ}{.}00001$) begnügen. Geringere Genauigkeit führt zu unsicheren Resultaten. Bei den rascher bewegten Kometen, bei denen die Beobachtungsfehler ohnehin größer sind als bei den Planeten, genügt erfahrungsgemäß bei provisorischen parabolischen Bahnrechnungen häufig die 5-stellige Rechnung (Winkel auf $0\overset{'}{.}01$ bzw. $0\overset{\circ}{.}0001$), bei größeren Ansprüchen an die Genauigkeit die 6-stellige Rechnung.

5. Abschnitt.

Die Reduktion der Ausgangsdaten.

Den Voraussetzungen der früheren Entwicklungen genügen die unmittelbar beobachteten Größen noch nicht. Sie bedürfen erst einer entsprechenden Reduktion, bevor sie als Grundlage für die Bahnbestimmung Verwendung finden können. Die direkten Beobachtungen geben zu gewissen Ortszeitpunkten die topozentrischen sphärischen Koordinaten der Visierrichtungen bezogen auf das fundamentale Koordinatensystem der praktischen Astronomie, das äquatoriale System, das auf der Richtung der Erdachse und der Lage des Frühlingspunktes beruht.

Die Beobachtungszeiten pflegen von den Beobachtern nicht einheitlich gegeben zu werden. Sie bedürfen der Reduktion auf einen einheitlichen Meridian. Sowohl die Visierrichtungen als auch die Koordinatensysteme erfahren Veränderungen, die unter den Begriffen der Refraktion, Parallaxe, Aberration, Nutation und Präzession bekannt sind. Die analytische Behandlung dieser Probleme ist Aufgabe der sphärischen Astronomie und der Himmelsmechanik. Hier sollen neben kurzen Definitionen die Resultate nur soweit gebracht werden, als sie bei der Bahnbestimmung erforderlich sind. Da die Refraktion, d. i. die beim Durchgang eines Lichtstrahles durch die Erdatmosphäre eintretende Abweichung der Tangente an den Lichtweg beim Auftreffen auf das beobachtende Auge (oder die photographische Platte) von der geometrischen Richtung, stets vom Beobachter eliminiert wird, so braucht sie hier nicht erörtert zu werden.

§ 18. Die Beobachtungszeit.

Die Beobachter geben die mittlere Zeit der Beobachtungen bezogen auf den Meridian ihres Beobachtungsortes (mittlere Ortszeit) oder bezogen auf den Nullmeridian von Greenwich. Bis Ende des Jahres 1924 gilt als Beginn des mittleren Tages der Moment der oberen Kulmination der mittleren Sonne, d. i. der mittlere Mittag (Beginn des astronomischen mittleren Tages). Vom Beginn des Jahres 1925 ab wird als Beginn des mittleren Tages nicht die obere Kulmination der mittleren Sonne, sondern die vorangehende untere Kulmination, d. i. die mittlere Mitternacht gewählt (Beginn des bürgerlichen mittleren Tages).

Während der Nautical Almanac trotz der Änderung des Nullpunktes des mittleren Tages auch nach 1925 die frühere Bezeichnung Mean Time[1] beibehalten hat, haben die übrigen Ephemeriden neue Bezeichnungen eingeführt. So nennt das Berliner Astronomische Jahrbuch (Abkürzung B. J.) die neue (auf den Meridian von Greenwich bezogene) Zeit Weltzeit, die American Ephemeris Greenwich Civil Time, die Connaissance des Temps Temps Universel (Abkürzung T. U.). In englischsprachlichen Veröffentlichungen wird vielfach die Bezeichnung Universal Time (Abkürzung U. T.) gebraucht.

Der obigen Definition gemäß ist 1924 Dez. 31, 12^h mittlere Zeit Greenwich (Abkürzung M. Z. Gr.) gleich 1925 Jan. 1, 0^h Weltzeit.

In den genannten Jahrbüchern werden jetzt die Sonnenkoordinaten bezogen auf die Zeit des Nullmeridians von Greenwich gegeben. Man wird also zweckmäßig alle Beobachtungszeiten auf diesen Nullmeridian reduzieren. Das geschieht durch Anbringen der Längendifferenz des Beobachtungsortes gegen Greenwich, da der Unterschied der Ortszeiten zweier Meridiane gleich ihrer Längendifferenz ist. Diese wird vom Nullmeridian aus bis $180^\circ = 12^h$ nach Westen positiv, nach Osten negativ gezählt. (Bis zum Jahrgang 1915 des B. J. war der fundamentale Meridian, auf den alle Angaben bezogen wurden, der Meridian von Berlin.)

Bei der Elimination der Parallaxe wird die Kenntnis der Ortssternzeit Θ_0 vorausgesetzt. Man erhält sie aus der astronomischen mittleren Zeit bzw. der bürgerlichen Zeit, indem man diese in Sternzeit verwandelt und zu der Sternzeit Θ_m für den Beginn des astronomischen mittleren bzw. des bürgerlichen Tages für den Ortsmeridian addiert. In den Jahrbüchern ist Θ_m nur für den Nullmeridian von Greenwich

[1] Um Irrtümer zu vermeiden, wäre es zweckmäßig, die alte Zeit mit Mean Astronomical Time zu bezeichnen.

gegeben. Um Θ_m für den Ortsmeridian zu erhalten, ist die Korrektion der Sternzeit $\Delta\Theta_m$ zu addieren.

In Tafel 1 sind für eine Anzahl von Sternwarten ihre Längendifferenzen gegen Greenwich und die mit $\Delta\Theta_m$ bezeichneten Korrektionen der Sternzeit gegeben. Eine im B. J. gegebene Tafel bietet die Möglichkeit der Verwandlung der mittleren Zeit in Sternzeit.

§ 19. Die Parallaxe.

Das Auge des Beobachters und damit der Koordinatennullpunkt der beobachteten Koordinaten nimmt an der Bewegung des Erdortes teil. Die Ortsveränderung ruft Verschiebungen in den Örtern der Himmelskörper hervor, die man als parallaktische bezeichnet. Um Beobachtungen eines Körpers von verschiedenen Standpunkten aus miteinander vergleichen und verwenden zu können, muß man den parallaktischen Effekt eliminieren.

Die Bewegung des irdischen Beobachters ist die Resultante aus drei Einzelbewegungen, der täglichen (entsprechend der Rotation der Erde um ihre Achse), der jährlichen (entsprechend dem Umlauf der Erde um die Sonne) und der säkularen Bewegung (entsprechend der Bewegung des ganzen Sonnensystems). Man unterscheidet demgemäß zwischen täglicher, jährlicher und säkularer Parallaxe.

Die tägliche Parallaxe ist der Winkel, den die vom Körper nach dem Geozentrum und dem Beobachtungsort gezogenen Linien miteinander bilden. Man berücksichtigt sie durch Übertragung der topozentrischen in geozentrische Koordinaten. Die jährliche Parallaxe ist der Winkel, den die vom Körper nach dem Erd- und Sonnenmittelpunkt gezogenen Linien miteinander bilden. Man berücksichtigt sie durch Überführung der geozentrischen in heliozentrische Koordinaten. Sie braucht hier naturgemäß nicht erörtert zu werden. Die säkulare Bewegung des Sonnensystems, die man innerhalb nicht zu großer Zeiten als eine geradlinige, gleichförmige Bewegung ansehen darf, kommt für die Körper des Sonnensystems nicht in Frage, da sie diese relativ zur Erde in Ruhe läßt.

Die tägliche Parallaxe sei hier kurz mit Parallaxe bezeichnet. Da die Entfernung des Körpers von der Erde im Vergleich zu der Verbindungslinie zweier Punkte auf der Erdoberfläche im allgemeinen sehr groß ist, so kann man von Näherungsformeln Gebrauch machen. Für alle Körper des Sonnensystems, mit Ausnahme des Erdmondes, ist die Parallaxe so klein, daß sie dem Differential gleichgesetzt werden darf.

a) Die Parallaxe in rechtwinkligen äquatorialen Koordinaten. Die Orientierung des äquatorialen Koordinatensystems sei die S. 39 festgelegte. Die rechtwinkligen geozentrischen Koordinaten eines Punktes O der Erdoberfläche in diesem System seien ξ'', η'', ζ''. Der Winkel, den die Meridianebene von O mit der xz-Ebene bildet, d. i. die Ortssternzeit, sei mit Θ_0, die Entfernung von O vom Erdmittelpunkt sei mit ϱ_0, und der Winkel, den ϱ_0 mit seiner Projektion auf die Äquatorebene bildet, d. i. die geozentrische Breite, sei mit φ' bezeichnet. Dann ist

$$\begin{aligned} \xi'' &= \varrho_0 \cos\varphi' \cos\Theta_0 \\ \eta'' &= \varrho_0 \cos\varphi' \sin\Theta_0 \\ \zeta'' &= \varrho_0 \sin\varphi'. \end{aligned}$$

Abweichend von den übrigen Entfernungen, die in der astronomischen Längeneinheit ausgedrückt sind, wird ϱ_0 gewöhnlich in Einheiten des Äquatorhalbmessers der Erde gegeben.

Bezeichnet man die Äquatorialhorizontalparallaxe der Sonne, d. i. der Winkel, unter dem vom Sonnenmittelpunkt aus der Radius des Erdäquators erscheint, wenn sich die Sonne im Horizont eines Punktes des Erdäquators befindet, mit $p_\odot = 8''.80$, so ist der Ausdruck $\varrho_0 \sin p_\odot$ oder genähert $\varrho_0 p_\odot \sin 1''$ die Entfernung von O vom Erdmittelpunkt in astronomischen Einheiten.

Der parallaktische Effekt wird dadurch eliminiert, daß man die ξ'', η'', ζ'' mit umgekehrtem Vorzeichen an die Sonnenkoordinaten $X'_\odot$, $Y'_\odot$, $Z'_\odot$ anbringt. Bezeichnet man die $-\xi''$, $-\eta''$, $-\zeta''$ mit $\Delta X'_\odot$, $\Delta Y'_\odot$, $\Delta Z'_\odot$, so sind die zu den Sonnenkoordinaten zu addierenden Größen in Einheiten der 7. Dezimale

$$\begin{aligned} \Delta X'_\odot &= -10^7 \varrho_0 p_\odot \sin 1'' \cos\varphi' \cos\Theta_0 = C' \cos\Theta_0 \\ \Delta Y'_\odot &= -10^7 \varrho_0 p_\odot \sin 1'' \cos\varphi' \sin\Theta_0 = C' \sin\Theta_0 \\ \Delta Z'_\odot &= -10^7 \varrho_0 p_\odot \sin 1'' \sin\varphi' = C''. \end{aligned} \qquad (1)$$

Für eine Auswahl von Sternwarten sind die Konstanten C' und C'' in Tafel 1 gegeben.

b) Die Parallaxe in Rektaszension und Deklination. Im äquatorialen System seien die Koordinaten eines zur Ortssternzeit Θ_0 von dem Erdoberflächenpunkt O aus beobachteten Körpers α und δ. Bezeichnet man den parallaktischen Effekt, der an diese topozentrischen Beobachtungen α und δ anzubringen ist, um die geozentrischen Werte zu erhalten, mit p_α und p_δ, so bestehen für sie die Näherungsformeln

$$\begin{aligned} p^s_\alpha \cdot \Delta &= \tfrac{1}{15} \varrho_0 p_\odot \cos\varphi' \sin(\Theta_0 - \alpha) \sec\delta \\ p''_\delta \cdot \Delta &= \varrho_0 p_\odot [\cos\delta \sin\varphi' - \sin\delta \cos\varphi' \cos(\Theta_0 - \alpha)] \end{aligned} \qquad (2)$$

oder in einer für die logarithmische Rechnung bequemeren Form

$$\begin{aligned} p^s_\alpha \cdot \Delta &= \tfrac{1}{15} \varrho_0 p_\odot \cos\varphi' \sin(\Theta_0 - \alpha) \sec\delta \\ p''_\delta \cdot \Delta &= \varrho_0 p_\odot \sin\varphi' \sin(\gamma - \delta) \operatorname{cosec}\gamma \end{aligned} \qquad (3)$$

wo

$$\operatorname{tg}\gamma = \operatorname{tg}\varphi' \sec(\Theta_0 - \alpha) \qquad \gamma < 180^\circ.$$

Die für eine Sternwarte konstanten Größen $\lg(\tfrac{1}{15} \varrho_0 p_\odot \cos\varphi')$, $\lg(\varrho_0 p_\odot \sin\varphi')$ und $\lg \operatorname{tg}\varphi'$ sind in Tafel 1 enthalten.

Übrigens werden die $\lg(p_\alpha \Delta)$, $\lg(p_\delta \Delta)$ häufig auch schon vom Beobachter gegeben.

Während nach Gl. (1) die Elimination der Parallaxe ohne Kenntnis der geozentrischen Entfernung Δ erfolgen kann, wird bei Anwendung der Gl. (3) die Kenntnis der Entfernung vorausgesetzt.

Nun ist aber die Entfernung vor Ausführung einer ersten Bahnbestimmung unbekannt. Wählt man bei der Bahnbestimmung den Äquator als Grundebene, so wird man sich zwecks Elimination der Parallaxe ohne weiteres der Formeln (1) bedienen. Man könnte sie auch in entsprechender Weise bei der Wahl des ekliptikalen Systems anwenden. Nun machen aber die auf die Ekliptik aufgebauten Methoden von dem Vorteil des Verschwindens der 3. Koordinate der Sonne ($Z_\odot$ oder $B_\odot$) Gebrauch. Die Sonnenbreite $B_\odot$ wächst im allgemeinen (vgl. S. 64) nicht über 1″ hinaus, und kann bei ersten Bahnbestimmungen unbedenklich vernachlässigt werden. Dieser Vorteil würde bei Anwendung der Gl. (1) auf die Ekliptik verloren gehen. Auf diesen Vorteil wird man aber nicht verzichten, da die Berücksichtigung der 3. Sonnenkoordinate in dem Formelsystem der Bahnbestimmung eine Komplikation und erhöhten Arbeitsaufwand im Gefolge haben würde.

Gauss hat ein Verfahren gegeben, nach welchem man auch bei unbekannter Entfernung die Parallaxe und gleichzeitig die Sonnenbreite vollständig beseitigt. Dieser Weg, der Übergang zum locus fictus (siehe unter d) wird aber in der Praxis nur in Ausnahmefällen (bei besonders nahen Objekten) angewandt, da er recht zeitraubend ist. Statt dessen hilft man sich im allgemeinen in folgender Weise. Bei den kleinen Planeten ist der elliptischen Bahnbestimmung meist eine Kreisbahnbestimmung vorausgegangen, die für die Elimination der Parallaxe genügend genaue Werte der Entfernung liefert. (Bei der mit geringer Genauigkeit ausgeführten Kreisbahnbestimmung braucht die Parallaxe nicht berücksichtigt zu werden.) Sind keine Näherungswerte der Entfernungen bekannt, so kann man die Parallaxe entweder ganz vernachlässigen, oder sie wenigstens genähert eliminieren, indem man aus der geozentrischen Bewegung in der Nähe der Opposition roh geschätzte Entfernungen benutzt.

Bei den Kometen, die in den verschiedensten Stundenwinkeln und häufig in großer Erdnähe beobachtet werden, ist zwar der Einfluß der Parallaxe im allgemeinen größer als bei den Planeten. Doch werden diese Momente durch die erheblich größere Ungenauigkeit der Kometenbeobachtungen ausgeglichen, so daß man auch hier zunächst die Parallaxe unbedenklich vernachlässigen kann.

c) Die Korrektion für Sonnenbreite. Die Beseitigung der Sonnenbreite ist eine der Elimination der Parallaxe ähnliche Aufgabe, so daß sie an dieser Stelle behandelt werden soll.

Während die Sonnenbreite bei ersten Bahnbestimmungen unbeachtet bleiben kann, so lange sie den Betrag von etwa $1''$ nicht erheblich übersteigt (siehe S. 64), muß sie bei exakten Bahnbestimmungen, und namentlich bei sehr kleinen geozentrischen Entfernungen, berücksichtigt werden. Das kann bei bekannten Entfernungen in sehr einfacher Weise geschehen.

Man ändert die beobachtete Breite des Körpers P so, als wenn sie von der heliozentrischen Breite $B = 0$ der Erde aus beobachtet wäre. Bezeichnet man die Entfernung Sonne—Erde mit R, so ist der Abstand der Erde von der Ekliptik $-R \sin B_{\odot}$. Legt man durch den Erdmittelpunkt und den Ort des Körpers P eine zur Ekliptik senkrechte Ebene, bezeichnet die beobachtete Breite mit β, entsprechend die von der Projektion des Erdortes auf die Ekliptik aus gerechnete mit $\beta + d\beta$, die geozentrische Entfernung von P mit Δ, so kann man für die Änderung von ϱ, die infolge der Verschiebung $d\zeta = -R \sin B_{\odot}$ eintritt, die aus der Differentiation der Gl. (3. 4) gewonnene Beziehung

$$d\beta = \frac{\cos\beta}{\Delta}\, d\zeta = -\frac{\cos\beta}{\Delta} R \sin B_{\odot} \tag{4}$$

aufstellen. Meist genügt auch schon die Näherungsformel

$$d\beta = -\frac{\cos\beta}{\Delta} B_{\odot}\,. \tag{5}$$

Bringt man diese Korrektion an die beobachtete Breite β an, so erhält man die von der Ekliptik aus gemessene Breite, und die zugehörige Sonnenbreite kann streng gleich Null gesetzt werden.

d) Der Übergang zum locus fictus. An Stelle des Beobachtungsortes O führt GAUSS einen fingierten Beobachtungsort F, den Durchschnittspunkt der Visierlinie von O nach dem Körper P mit der Ekliptik, ein. F hat danach die Eigenschaft, daß seine Breite gleich 0 ist, und daß von ihm aus die Richtungskoordinaten des Körpers die gleichen sind, wie die vom Beobachtungsorte aus.

Die Orientierung des ekliptikalen Koordinatensystems sei die S. 14 festgelegte. Die den geozentrischen Koordinaten Θ_0, φ', ϱ_0 im äquatorialen System entsprechenden ekliptikalen Koordinaten von O seien λ_0, β_0, ϱ_0. Die λ_0, β_0 erhält man aus den Θ_0, φ' entsprechend den Gl. (3. 28)

$$\begin{aligned}
\cos\beta_0 \cos\lambda_0 &= \cos\varphi' \cos\Theta_0 \\
\cos\beta_0 \sin\lambda_0 &= \cos\varphi' \sin\Theta_0 \cos\varepsilon + \sin\varphi' \sin\varepsilon \\
\sin\beta_0 &= -\cos\varphi' \sin\Theta_0 \sin\varepsilon + \sin\varphi' \cos\varepsilon\,,
\end{aligned}$$

oder nach den für die logarithmische Rechnung bequemeren Formeln der Gl. (3. 29).

$$\begin{aligned}
m \sin M &= \sin\varphi' \\
m \cos M &= \cos\varphi' \sin\Theta_0 \\
\cos\beta_0 \cos\lambda_0 &= \cos\varphi' \cos\Theta_0 \\
\cos\beta_0 \sin\lambda_0 &= m \cos(M - \varepsilon) \\
\sin\beta_0 &= m \sin(M - \varepsilon)\,.
\end{aligned} \tag{6}$$

λ, β, Δ seien die auf den Beobachtungsort bezogenen Koordinaten des Körpers P; L, B, R seien die heliozentrischen Koordinaten des Erdmittelpunktes, $L+dL$, $R+dR$ die entsprechenden Koordinaten des Punktes F. Die Entfernung von O und F sei Δ_0, so daß die von P und F gleich $\Delta+\Delta_0$ ist.

Die rechtwinkligen heliozentrischen Koordinaten x'', y'', z'' von O kann man einmal bestimmen aus dem Übergang von der Sonne zum Punkt F und von diesem zum Beobachtungsort O

$$\begin{aligned} x'' &= (R+dR)\cos(L+dL)+\Delta_0\cos\beta\cos\lambda \\ y'' &= (R+dR)\sin(L+dL)+\Delta_0\cos\beta\sin\lambda \\ z'' &= \Delta_0\sin\beta, \end{aligned}$$

dann auch aus dem Übergang von der Sonne zum Erdmittelpunkt und von diesem zum Beobachtungsort O

$$\begin{aligned} x'' &= R\cos B\cos L + \varrho_0\sin p_\odot\cos\beta_0\cos\lambda_0 \\ y'' &= R\cos B\sin L + \varrho_0\sin p_\odot\cos\beta_0\sin\lambda_0 \\ z'' &= R\sin B \qquad\quad + \varrho_0\sin p_\odot\sin\beta_0 . \end{aligned}$$

Setzt man diese Ausdrücke einander gleich und zählt die Längen von einem Punkte der Eliptik aus, dessen Länge L ist, so erhält man die Gleichungen

$$\begin{aligned} (R+dR)\cos(dL) &= R\cos B + \varrho_0\sin p_\odot\cos\beta_0\cos(\lambda_0-L) \\ &\qquad - \Delta_0\cos\beta\cos(\lambda-L) \\ (R+dR)\sin(dL) &= \varrho_0\sin p_\odot\cos\beta_0\sin(\lambda_0-L)-\Delta_0\cos\beta\sin(\lambda-L) \\ 0 &= R\sin B + \varrho_0\sin p_\odot\sin\beta_0 - \Delta_0\sin\beta . \end{aligned} \tag{7}$$

Aus den beiden ersten Gleichungen kann man dL und dR, aus der letzten Δ_0 bestimmen. Man erkennt, daß die Bestimmung unsicher wird, wenn β sehr klein ist.

Für größere β wird man zweckmäßig Näherungsformeln einführen. Setzt man, was bei den kleinen Winkeln dL und B erlaubt ist, für den Sinus den Arcus, für den Cosinus die Einheit, drückt B und $p_\odot$ in Bogensekunden aus, setzt in der Gleichung zur Bestimmung von dL für den Nenner $R+dR$ den Wert R, was unbedenklich geschehen kann, so folgt aus Gl. (7)

$$\begin{aligned} \Delta_0' &= \Delta_0\cos\beta = (RB + \varrho_0 p_\odot\sin\beta_0)\,\mathrm{ctg}\,\beta \\ dL'' &= [\varrho_0 p_\odot\cos\beta_0\sin(\lambda_0-L) - \Delta_0'\sin(\lambda-L)]\frac{1}{R} \\ dR &= [\varrho_0 p_\odot\cos\beta_0\cos(\lambda_0-L) - \Delta_0'\cos(\lambda-L)]\sin 1'' . \end{aligned} \tag{8}$$

Die Größen dL und dR sind an die Erdkoordinaten L und R anzubringen, um die zum locus fictus gehörigen Erdkoordinaten zu erhalten. Die Beobachtungszeit für den Punkt F ergibt sich, wenn man die Zeit, die das Licht braucht, um die Entfernung Δ_0 zu durchlaufen, zu der Beobachtungszeit für den Ort O addiert.

Da das Licht die mittlere Entfernung Sonne—Erde in $498^s\!.5$ [1], der sog. Lichtzeit, zurücklegt, so durchläuft es die Entfernung Δ_0 in der Zeit

$$dt = 498^s\!.5\ \Delta_0' \sec\beta \sin 1''.$$

Im allgemeinen ist die Zeitkorrektion so gering, daß sie vernachlässigt werden kann.

§ 20. Die Aberration.

Unter dem Namen der Aberration faßt man diejenigen Erscheinungen zusammen, die der endlichen Fortpflanzungsgeschwindigkeit des Lichtes ihre Entstehung verdanken. Sie sind zweierlei Natur.

Infolge der Bewegung der Erde sieht der irdische Beobachter alle Himmelskörper in der Richtung nach dem Zielpunkt der augenblicklichen Bewegung des Beobachters um einen kleinen Winkel, die Fixsternaberration, verschoben.

Infolge seiner eigenen Bewegung befindet sich der lichtaussendende Körper zur Beobachtungszeit nicht mehr an dem Orte, den er zur Zeit der Lichtaussendung einnahm. Den Unterschied beider Zeiten nennt man die Aberrationszeit.

a) Die Fixsternaberration. Den 3 Bewegungsformen entsprechend unterscheidet man zwischen täglicher, jährlicher und säkularer Aberration.

Die im Vergleich zur jährlichen geringfügige tägliche Aberration ist für ein festaufgestelltes Instrument von der Natur eines Instrumentalfehlers. Sie wird bereits vom Beobachter berücksichtigt und braucht hier nicht erörtert zu werden. Der aus der wenig erforschten säkularen Bewegung entspringende Beitrag für die Aberration würde in der Addition eines konstanten Gliedes bestehen. Er kann hier außer Betracht bleiben. Demgemäß soll hier unter Fixsternaberration nur die jährliche Aberration verstanden werden.

Den infolge der Erdbewegung verschobenen allein beobachtbaren Ort des Körpers P nennt man den scheinbaren, den vom Aberrationseffekt befreiten den wahren Ort. Bezeichnet man die scheinbare Rektaszension und Deklination mit α_{app} und δ_{app}, die wahren Werte mit α_{vera} und δ_{vera}, die Sonnenlänge wieder mit $L_\odot$, die Schiefe der Ekliptik mit ε, so lauten die Reduktionsformeln für die Fixsternaberration bei Vernachlässigung der Glieder 2. und höherer Ordnung

$$\begin{aligned} \alpha_{vera} - \alpha_{app} &= 20''\!.47\,(\sin\alpha \sin L_\odot + \cos\alpha \cos L_\odot \cos\varepsilon) \sec\delta \qquad (9)\\ \delta_{vera} - \delta_{app} &= 20.47\,[\cos\alpha \sin L_\odot \sin\delta - (\sin\alpha \sin\delta \cos\varepsilon - \cos\delta \sin\varepsilon) \cos L_\odot]. \end{aligned}$$

Die von der Sonnenlänge unabhängigen, für jeden Fixstern konstanten kleinen Glieder, die in den mittleren Örtern der Fixstern-

---

[1] Das B. J. für 1916 gibt $498^s\!.4$, das Brit. Astr. Assoc. Handbook for 1929 $498^s\!.69$. Die geringen Unterschiede sind hier bedeutungslos.

kataloge bereits enthalten sind, sind hier naturgemäß weggelassen. Setzt man

$$\begin{aligned} -20\overset{''}{.}47 \cos L_{\odot} \cos \varepsilon &= h \sin H \\ -20.47 \sin L_{\odot} \quad &= h \cos H \\ -20.47 \cos L_{\odot} \sin \varepsilon &= i \end{aligned} \tag{10}$$

und dividiert die erste der Gl. (9) durch 15, um Zeitsekunden zu erhalten, so gehen die Gl. (9) über in

$$\begin{aligned} (\alpha_{\text{vera}} - \alpha_{\text{app}})^{s} &= -\tfrac{1}{15} h \sin(H + \alpha) \sec \delta \\ (\delta_{\text{vera}} - \delta_{\text{app}})'' &= - \quad h \cos(H + \alpha) \sin \delta - i \cos \delta . \end{aligned} \tag{11}$$

Die von der Lage des Himmelskörpers unabhängigen, aber mit der Sonnenlänge veränderlichen Größen h, H, i sind in den Jahrbüchern für jeden Tag des Jahres gegeben.

b) Die Fixsternaberration in Verbindung mit der Aberrationszeit. Bei den rasch bewegten Körpern des Sonnensystems muß man noch dem Umstande Rechnung tragen, daß die Beobachtungszeit t sich von der Zeit t^0, zu der sich der Körper an dem beobachteten Ort wirklich befand, um die Aberrationszeit Ab unterscheidet. Bei bekannter geozentrischer Entfernung läßt sie sich berechnen nach

$$t - t^0 = Ab = 498\overset{s}{.}5\, \Delta = 0\overset{d}{.}005770\, \Delta , \tag{12}$$

ausgedrückt in Zeitsekunden bzw. in Bruchteilen des Tages.

Je nachdem die Entfernung Δ bekannt oder unbekannt ist, kann man nach mehreren Methoden vorgehen, um beide Arten von Aberration zu berücksichtigen. Für die Praxis der Bahnbestimmung ist das folgende Verfahren das zweckmäßigste.

Bei neuentdeckten Planeten und Kometen wird die Entfernung und damit die Aberrationszeit erst im Verlaufe der Bahnbestimmung bekannt. Aus dem zur Zeit t gemessenen scheinbaren Ort erhält man den zur Zeit t^0 gehörigen wahren Ort, indem man von dem scheinbaren Ort die Fixsternaberration abzieht, und den zur Zeit t gehörigen Erdort benutzt. Sobald in erster Näherung die Entfernung bekannt geworden ist, zieht man die Aberrationszeit von der Beobachtungszeit t ab, und führt — immer mit dem zur Zeit t gehörigen Erdort — mit der reduzierten Zeit t^0 die Bahnrechnung durch. Damit hat man die unmittelbare Beobachtung von Fixsternaberration und Aberrationszeit gleichzeitig befreit, und man erhält die Bahnelemente unter voller Berücksichtigung der Aberration.

Dieses Verfahren wendet man bei der Bahnbestimmung zweckmäßig auch dann an, wenn die Entfernung durch eine voraufgegangene Bahnbestimmung näherungsweise bekannt geworden ist. Solange die Entfernung nicht vollständig gesichert ist, ist man bei dem beschriebenen Verfahren vor wiederholter Neurechnung der Erdkoordinaten und aller davon abhängigen Größen geschützt.

§ 21. Die Präzession und Nutation.

Erdachse und Ekliptik erleiden im Laufe der Zeit Verlagerungen, die die Lage des Frühlingspunktes und die Schiefe der Ekliptik beeinflussen. Infolgedessen erfahren alle auf das äquatoriale und ekliptikale Koordinatensystem bezogenen Koordinaten der Himmelskörper Veränderungen.

Durch die Anziehung der Planeten und des Mondes erleidet die Ebene der Erdbahn Schwankungen, die teils periodischer, teils säkularer Natur sind. Die nur säkular bewegte mittlere Ebene der Ekliptik, d. h. die von den periodischen Schwankungen befreite Ebene bezeichnet man als die mittlere Ekliptik. Die periodischen Schwankungen der tatsächlichen Erdbahn werden dadurch berücksichtigt, daß man der Sonne die Sonnenbreite, eine kleine Abweichung von der mittleren Ekliptik, zuschreibt. Auf die äquatorialen Koordinaten hat die Bewegung der Ekliptik nur insofern Einfluß, als der Frühlingspunkt, der Ausgangspunkt der Zählung der Rektaszensionen davon betroffen wird (Präzession durch die Planeten).

Die Erdachse und damit der Pol des Äquators, führt unter dem Einfluß von Sonne und Mond die Präzessions- und Nutationsbewegung aus. Die langperiodische Umlaufsbewegung dieses Poles um den Pol der Ekliptik bezeichnet man als Lunisolarpräzession, die kurzperiodischen Schwankungen um die Mittellage als Nutation.

Die Präzession bewirkt eine fortschreitende Bewegung des Frühlingspunktes, die als Präzession der Äquinoktien bezeichnet wird. Die Nutation ruft eine unregelmäßige Schwankung des Frühlingspunktes und der Schiefe der Ekliptik hervor.

Infolge der Verlagerungen der Fundamentalebenen verlangen alle auf sie bezogenen Größen stets die nähere Angabe, auf welchen Zustand des Koordinatensystems, auf welches Äquinoktium sie bezogen sind. Alle zur Bahnbestimmung zu verwendenden Größen müssen auf ein gemeinsames festes Äquinoktium bezogen werden, wenn man aus den zu verschiedenen Zeiten beobachteten auf die momentane Lage der Ebenen bezogenen Koordinaten auf die Bewegung der letzteren schließen will. Als solches ist das von Nutation befreite Äquinoktium der Epoche des Jahresanfangs oder einer Normalepoche geeignet. Zweckmäßig wird man das gleiche Äquinoktium wählen, auf welches in den Jahrbüchern die Sonnenkoordinaten bezogen sind.

a) Definitionen. Mit Rücksicht auf den Einfluß der Präzession und Nutation bedürfen die oben (S. 60) gegebenen Definitionen des scheinbaren und wahren Ortes einer Ergänzung. Der scheinbare Ort ist der durch Aberration beeinflußte Ort eines Gestirns, dessen Koordinaten auf das infolge von Präzession und Nutation bewegte momentane Äquinoktium der Beobachtungsepoche bezogen sind. Der von Aberration befreite scheinbare Ort ist der wahre Ort, bezogen auf das gleiche Äquinoktium. Die von Nutation befreite Lage von Pol und Äquator bezeichnet man als ihre mittlere Lage, den Schnittpunkt des mittleren Äquators und der mittleren Ekliptik als mittleren Frühlingspunkt (mittleres Äquinoktium), ihre Neigung als mittlere Schiefe. Den auf das mittlere Äquinoktium der Beobachtungsepoche bezogenen wahren (von Aberration befreiten) Ort nennt man den mittleren Ort. In der Praxis verbindet man die Befreiung eines wahren Ortes von der Nutation mit der Berücksichtigung des Präzessionsbetrages von der Epoche der Beobachtung bis zu der des Jahresanfangs. Der so gewonnene Ort wird als mittlerer Ort für den Jahresanfang bezeichnet.

Der (astronomische) Jahresanfang ist der Beginn des annus fictus, d. i. der Moment, in dem die Rektaszension der mittleren Sonne, bezogen auf den mittleren Frühlingspunkt $280° = 18^h\,40^m$ beträgt. Das ist ein Moment, der ein von jeder Beziehung zu einem Erdort unabhängiger, absoluter Zeitmoment ist. Die Länge des annus fictus ist gleich $(365.24219879 - 0.00000786\,T)$ mittleren Tagen und damit nahe gleich der Länge des tropischen Jahres, die gleich $(365.24219879 - 0.00000614\,T)$ mittleren Tagen ist. Hierin ist T die seit 1900 Jan. 0.0 M. Z. Gr. verflossene Zeit in Einheiten von 36525 mittleren Tagen. Das gregorianische (bürgerliche) Jahr, dessen Länge gleich 365.2425 mittleren Tagen ist, beginnt nach dem B. J. für 1916 in astronomischer Zählweise im Gemeinjahr (Schaltjahr) Jan. 0 $0^h\,0^m\,0^s$ (Jan. 1 $0^h\,0^m\,0^s$) mittlerer Ortszeit. Die Beziehung des Anfanges des annus fictus zu dem des gregorianischen Jahres für einen bestimmten Meridian vermittelt der dies reductus k, d. h. nach dem B. J. für 1916 die Differenz gregorianischer Jahresanfang — Anfang des annus fictus[1].

Die numerischen Werte der Lagenänderungen und ihres Einflusses auf die Koordinaten der Himmelskörper sollen hier nur soweit gegeben werden, als sie in der Praxis der Bahnbestimmung Verwendung finden.

b) Der Einfluß der Präzession. Die Übertragung der auf das mittlere Äquinoktium der Epoche bezogenen ekliptikalen Koordinaten Länge λ, Breite β, der Bahnelemente ω, Ω, i, oder der äquatorialen Koordinaten Rektaszension α, Deklination δ, der Bahnelemente ω', Ω', i' von der Epoche t_0 auf die Epoche $t_0 + t$ kann nach folgenden Näherungsformeln geschehen, in denen die Koordinaten und die Elemente für die Zeit t_0 durch den Index 0, für die Zeit $t_0 + \frac{1}{2} \cdot t$ durch den Index 1 gekennzeichnet sind.

Für die Ekliptik

$$\begin{aligned} \lambda &= \lambda_0 + [\psi + \pi \operatorname{tg} \beta_1 \cos(\Pi - \lambda_1)] \cdot t \\ \beta &= \beta_0 + \pi \sin(\Pi - \lambda_1) \cdot t \end{aligned} \tag{13}$$

[1] Zu beachten ist, daß mit Einführung der Weltzeit seit 1925 in den Tafeln für den dies reductus die Tafelwerte um $0\overset{d}{.}5$ zu ändern sind.

und

$$\Omega = \Omega_0 + [\psi - \pi \operatorname{ctg} i_1 \sin(\Pi - \Omega_1)] \cdot t$$
$$i = i_0 - \pi \cos(\Pi - \Omega_1) \cdot t \tag{14}$$
$$\omega = \omega_0 + \pi \operatorname{cosec} i_1 \sin(\Pi - \Omega_1) \cdot t \,.$$

Für den Äquator

$$\alpha = \alpha_0 + (m + n \operatorname{tg} \delta_1 \sin \alpha_1) \cdot t$$
$$\delta = \delta_0 + n \cos \alpha_1 \cdot t \tag{15}$$

und

$$\Omega' = \Omega'_0 + (m - n \operatorname{ctg} i'_1 \cos \Omega'_1) \cdot t$$
$$i' = i'_0 - n \sin \Omega'_1 \cdot t \tag{16}$$
$$\omega' = \omega'_0 + n \cos \Omega'_1 \operatorname{cosec} i'_1 \cdot t \,.$$

Die hierin auftretenden Größen m, n, ψ, π, Π sind für die Epochen des betr. Jahresanfangs und für das tropische Jahr als Einheit in Tafel 2 für die Zeit von 1890 bis 1950 gegeben. ψ ist die jährliche Präzession der Äquinoktien (allgemeine Präzession in Länge), π die jährliche Änderung der Neigung der Ekliptik gegen die Ekliptik der Fundamentalepoche 1850.0, Π die Länge des aufsteigenden Knotens der Ekliptik auf der Ekliptik der Fundamentalepoche, gezählt vom Äquinoktium der Beobachtungsepoche, m die jährliche Präzession in Rektaszension, n die jährliche Präzession in Deklination, ε die mittlere Schiefe der Ekliptik. Die Größen m, n, ψ, π, Π müssen mit dem Argument $t_0 + \frac{1}{2} t$ der Tafel 2 entnommen werden. Da die durch den Index 1 gekennzeichneten Größen zunächst unbekannt sind, so ersetzt man sie in erster Näherung durch die Größen mit dem Index 0.

Bei Anwendung ausführlicherer Tabellen der Hilfsgrößen kann die Übertragung wesentlich erleichtert werden.

Die Gl. (13) können natürlich auch zur Übertragung der ekliptikalen Sonnenkoordinaten $L_\odot$ und $B_\odot$ dienen. Bei nicht zu großen Werten von t beschränkt sich die Gleichung für die Längenübertragung wegen der Kleinheit der Sonnenbreite auf $L_\odot = L_{\odot 0} + \psi \cdot t$. Wie schon erwähnt, erreicht die auf das mittlere Äquinoktium des Jahresanfangs bezogene Sonnenbreite $B_\odot$ im Maximum den Betrag von etwa $\pm 1''$. Aus der Gleichung für die Breitenübertragung geht hervor, daß sie ein Vielfaches dieses Betrages erreichen kann, wenn sie auf ein sehr weit entfernt liegendes Äquinoktium übertragen wird. So erreicht z. B. die auf das Normaläquinoktium 1950.0 bezogene Breite für 1929 Jan. 10 den Betrag von $-9''\!.2$, einen Betrag, der bei der Bahnbestimmung nicht vernachlässigt werden darf.

c) Der Einfluß von Präzession + Nutation. Die Übertragung des wahren Ortes der Beobachtungsepoche auf den mittleren Ort für den Jahresanfang kommt hier nur für die Koordinaten Rektaszension und Deklination in Frage. Bezeichnet man mit α_{vera} und δ_{vera} die Koordinaten des wahren Ortes, mit α_{med} und δ_{med} die des mittleren Ortes für den Jahresanfang, so ist die Reduktion (in Zeitsekunden bzw. Bogensekunden) durch die Formeln

$$\begin{aligned} \alpha_{\text{med}} - \alpha_{\text{vera}} &= -f - \tfrac{1}{15} g \sin(G + \alpha) \operatorname{tg} \delta \\ \delta_{\text{med}} - \delta_{\text{vera}} &= -g \cos(G + \alpha) \end{aligned} \qquad (17)$$

gegeben. Die der Präzession und Nutation entstammenden Größen f, g, G sind für jeden Tag des Jahres in den Jahrbüchern gegeben. Dort finden sich auch die analytischen Entwicklungen für diese Größen.

§ 22. Formelzusammenstellung und Beispiel.

a) Die Bezeichnung der veröffentlichten Beobachtungen. Von geringen Ausnahmen abgesehen veröffentlichen die Beobachter die beobachteten Koordinaten Rektaszension und Deklination in Verbindung mit der nicht für Aberrationszeit korrigierten Beobachtungszeit in der Form: 1. als scheinbaren auf das momentane Äquinoktium der Beobachtungsepoche bezogenen Ort (kurz mit α_{app}, δ_{app} bezeichnet und scheinbarer Ort genannt); 2. als wahren (von der Fixsternaberration freien) auf das mittlere Äquinoktium des Jahresanfangs bezogenen Ort (z. B. mit $\alpha_{1920.0}$, $\delta_{1920.0}$ bezeichnet und mittlerer Ort für den Jahresanfang genannt, oder — bei dem ausgemessenen photographischen Ort — astrographischer Ort genannt), 3. als wahren auf das mittlere Äquinoktium einer Normalepoche (Normaläquinoktium) bezogenen Ort (z. B. mit $\alpha_{1950.0}$, $\delta_{1950.0}$ bezeichnet).

Zwischen dem durch die Reduktion einer visuellen Beobachtung erhaltenen mittleren Ort für den Jahresanfang und dem astrographischen Ort besteht kein Unterschied, wenn der Beobachter die gemessene scheinbare Differenz Planet—Stern ($\Delta\alpha$, $\Delta\delta$), die an den auf das mittlere Äquinoktium des Jahresanfangs bezogenen Sternort anzubringen ist, in eine mittlere Differenz verwandelt, d. h. sie außer um den differentiellen Betrag der Refraktion auch um die differentiellen Beträge der Präzession, Nutation und Aberration korrigiert. Indessen liegen diese Beträge bei den üblichen kleinen Differenzen $\Delta\alpha$, $\Delta\delta$ unterhalb der Grenze der unvermeidlichen Beobachtungsfehler, und werden daher häufig nicht angebracht. Diese differentiellen Beträge müssen aber berücksichtigt werden, wenn die Positionen auf ein von der Beobachtungsepoche sehr entfernt liegendes Normaläquinoktium bezogen sind. Die Hilfsmittel dazu werden den Beobachtern neuerdings in den Jahrbüchern geboten.

Die veröffentlichten Beobachtungen sind stets, ohne daß es besonders angegeben wird, topozentrische.

Die Reduktion der Beobachtungen besteht, falls ein topozentrischer mittlerer Ort für den Jahresanfang gegeben wird, in: 1. gegebenenfalls Verwandlung der Beobachtungszeit in M. Z. Gr. bzw. Weltzeit (siehe

S. 54), 2. Befreiung von der für die Beobachtungszeit berechneten Parallaxe (nach einem der S. 55 gegebenen Verfahren), 3. Berücksichtigung der Aberrationszeit nach erlangter Kenntnis der Entfernungen nach Gl. (12) bei Benutzung des zur Zeit t gehörigen Erdortes.

Falls ein topozentrischer scheinbarer Ort gegeben ist, ist außerdem noch nach den Gl. (17) und (11) die Nutation, die Präzession bis zum Jahresanfang und die Fixsternaberration zu berücksichtigen.

Es tritt mitunter der Fall ein, daß die einer Bahnbestimmung zugrunde gelegten Beobachtungen in 2 verschiedenen Jahren liegen und demgemäß auf die mittleren Äquinoktien zweier Jahresanfänge bezogen sind. In diesem Fall sind die Beobachtungen und die Sonnenkoordinaten mit Hilfe der Gl. (15) und (13) auf das gleiche mittlere Äquinoktium des einen Jahresanfangs zu beziehen.

b) Formelzusammenstellung und Beispiel. Beobachtung des Planeten 931 Whittemora

1920	Apr. 6	
M. Z. Algier	$9^h\ 46^m\ 43^s$	
α	$11^h\ 9^m\ 26\overset{s}{.}54$	1920.0 (Topozentrisch)
δ	$+19^\circ\ 36'\ 41\overset{''}{.}5$	

1. Reduktion der Beobachtungszeit.

Die M. Z. Gr. erhält man aus der M. Z. Algier durch Anbringen der Längendifferenz beider Orte. Diese ist in Tafel 1 enthalten. Die Stunden, Minuten, Sekunden werden (mit Hilfe einer im B. J. gegebenen Tafel) in Tagesbruch verwandelt. Man erhält

1920	Apr. 6
M. Z. Gr.	$9^h\ 34^m\ 35^s$
	$0\overset{d}{.}39902$

Über die Berücksichtigung der Aberrationszeit siehe S. 61.

2. Elimination der Parallaxe.

α) Durch Reduktion der Sonnenkoordinaten $X'_\odot$, $Y'_\odot$, $Z'_\odot$. Die Berechnung erfolgt nach

$$\Delta X'_\odot = C' \cos\Theta_0$$
$$\Delta Y'_\odot = C' \sin\Theta_0$$
$$\Delta Z'_\odot = C''.$$

Θ_0 ist die Ortssternzeit, die nach den Angaben auf S. 54 berechnet wird. Die Größen C' und C'' sind in Tafel 1 gegeben.

1920	Apr. 6	Θ_0	$161\overset{\circ}{.}6$	
M. Z. Algier	$9^h\ 46\overset{m}{.}7$	$\cos\Theta_0$	-0.949	
Red. in Sternzeit	$+\ 1.6$	$\sin\Theta_0$	$+0.316$	
Θ_m	$0\ 57.9$	$\Delta X'_\odot$	$+\ 32.5$	Einh. der 6. Dez.
$\Delta\Theta_m$	0.0	$\Delta Y'_\odot$	$-\ 10.8$	
Θ_0	$10\ 46.2$	$\Delta Z'_\odot$	$-\ 25.4$	

Diese Größen sind an die dem B. J. durch Interpolation für die (in M. Z. Gr. verwandelte) Beobachtungszeit entnommenen Sonnenkoordinaten $X'_\odot$, $Y'_\odot$, $Z'_\odot$ anzubringen. Im B. J. sind die (dort mit X, Y, Z bezeichneten) rechtwinkligen, äquatorialen, geozentrischen auf das mittlere Äquinoktium des Jahresanfangs bezogenen Sonnenkoordinaten für 0^h und 12^h M. Z. Gr. bzw. Weltzeit mit ihren ersten Differenzen oder ihren stündlichen Änderungen sowie die Reduktionen auf das Normaläquinoktium gegeben. Zur Erleichterung der Interpolation bei Benutzung der Differenzen kann man sich der Hilfsgrößen in Tafel 3 bedienen.

Die interpolierten auf 6 Dezimalen abgekürzten topozentrischen Werte der Sonnenkoordinaten $X'_\odot$, $Y'_\odot$, $Z'_\odot$ lauten für 1920 Apr. 6. 39902 M. Z. Gr.

$$\left.\begin{array}{ll} X'_\odot & +0.958665 \\ Y'_\odot & +0.265070 \\ Z'_\odot & +0.114958 \end{array}\right\} 1920.0$$

Sie sind in Verbindung mit der topozentrischen auf das mittlere Äquinoktium 1920.0 bezogenen Beobachtung zu verwenden.

β) Durch Reduktion der Beobachtung. Die Berechnung der Reduktion erfolgt nach

$$p^s_\alpha \cdot \Delta = \tfrac{1}{15}\varrho_0\, p_\odot \cos\varphi' \sin(\Theta_0 - \alpha) \sec\delta$$
$$p''_\delta \cdot \Delta = \varrho_0\, p_\odot \sin\varphi' \sin(\gamma - \delta) \operatorname{cosec}\gamma$$
$$\operatorname{tg}\gamma = \operatorname{tg}\varphi' \sec(\Theta_0 - \alpha) \qquad \gamma < 180°.$$

Die Logarithmen der Größen $\frac{1}{15}\varrho_0 p_\odot \cos\varphi'$, $\varrho_0 p_\odot \sin\varphi'$, $\operatorname{tg}\varphi'$ sind in Tafel 1 gegeben. Die Berechnung von Θ_0 erfolgt wie oben.

1920	Apr. 6	$\operatorname{tg}\varphi'$	9.871
Θ_0	$10^h\, 46^m\!.2$	$\cos(\Theta_0-\alpha)$	9.998
α	11 9.4	$\operatorname{tg}\gamma$	9.873
$\Theta_0-\alpha$	−0 23.2	γ	36°.8
	−5°.8	δ	+19.6
$\frac{1}{15}\varrho_0 p_\odot \cos\varphi'$	9.672	$\gamma-\delta$	17.2
$\sin(\Theta_0-\alpha)$	9.005*n*	$\varrho_0 p_\odot \sin\varphi'$	0.720
$\sec\delta$	0.026	$\sin(\gamma-\delta)$	9.471
$p^s_\alpha\cdot\Delta$	8.703*n*	$\operatorname{cosec}\gamma$	0.223
		$p''_\delta\cdot\Delta$	0.414

Um die Parallaxe selbst zu erhalten, sind die Werte $p_\alpha \cdot \Delta$ und $p_\delta \cdot \Delta$ noch durch die geozentrische Entfernung Δ zu dividieren. Es sei dafür der Näherungswert $\lg \Delta = 0.382$ bekannt. Dann ist

$$p_\alpha = -0^s\!.02$$
$$p_\delta = +1''\!.1$$

und die auf das mittlere Äquinoktium des Jahresanfangs 1920.0 bezogene geozentrische Beobachtung lautet

$$\left.\begin{array}{llll} \alpha & 11^h & 9^m & 26^s\!.52 \\ \delta & +19° & 36' & 42''\!.6 \end{array}\right\} 1920.0$$

oder im ekliptikalen System (Umwandlung siehe S. 43)

$$\left.\begin{array}{ll}\lambda & 160^\circ\ 39'\ 23''\!.9 \\ \beta & +\ 13\quad 3\ 20.8\end{array}\right\}\ 1920.0$$

Die geozentrische Länge und Breite wird in den nachfolgenden Methoden der Bahnbestimmung entweder in Verbindung mit den heliozentrischen ekliptikalen Polarkoordinaten L, B, R der Erde oder in Verbindung mit den geozentrischen ekliptikalen rechtwinkligen Koordinaten des Sonne $X_\odot$, $Y_\odot$, $Z_\odot$ verwendet. Im B. J. ist $\lg R$ und die geozentrische Länge und Breite der Sonne $L_\odot$ und $B_\odot$, bezogen auf das mittlere Äquinoktium des Jahresanfangs, für 0^h M. Z. Gr. bzw. 0^h Weltzeit gegeben. Durch Interpolation mit der in M. Z. Gr. bzw. Weltzeit verwandelten Beobachtungszeit entnimmt man $\lg R$ und $L_\odot$, $B_\odot$ und erhält daraus nach

$$L = L_\odot \pm 180^\circ \qquad B = -B_\odot$$

L und B. Die Werte lauten hier

$$\left.\begin{array}{ll}L & 196^\circ\ 46'\ 24''\!.6 \\ B & +0.09\end{array}\right\}\ 1920.0$$
$$\lg R \quad 0.000535$$

Die rechtwinkligen Koordinaten $X_\odot$, $Y_\odot$, $Z_\odot$ sind im B. J. nicht gegeben. Sie können nach Gl. (3. 2) aus den $L_\odot$, $B_\odot$, R abgeleitet werden. Man erhält hier

$$\left.\begin{array}{ll}X_\odot & +0.958632 \\ Y_\odot & +0.288945 \\ Z_\odot & \pm 0.000000\end{array}\right\}\ 1920.0$$

Bei ersten Bahnbestimmungen kann B oder $Z_\odot$ (in diesem Beispiel ist $Z_\odot$ zufällig bereits gleich Null) vernachlässigt werden, so lange diese Größen auf das mittlere Äquinoktium des Jahresanfangs der Beobachtungsepochen bezogen sind. Bei exakten Bestimmungen, namentlich dann, wenn die Entfernung Δ klein ist, wird man Wert darauf legen, B bzw. $Z_\odot$ streng gleich Null zu setzen. Das kann geschehen, wenn man die Breite β nach

$$d\beta = \frac{\cos\beta}{\Delta} R \sin B$$

oder der Näherungsformel

$$d\beta = \frac{\cos\beta}{\Delta} B$$

korrigiert. Mit Benutzung der oben aufgeführten Werte von β, Δ und B ergibt sich bei Anwendung der Näherungsformel

$$\begin{array}{rl}\cos\beta & 9.989 \\ \Delta & 0.382 \\ \cos\beta:\Delta & 9.607\end{array} \qquad \begin{array}{rl}B & 8.954 \\ \delta\beta\left\{\right. & \begin{array}{r}8.561 \\ +0''\!.04\end{array}\end{array}$$

Bringt man diesen Betrag an die Breite β an, so erhält man $\beta_{\text{korr.}} = 13^\circ\ 3'\ 20''\!.8$. Bei Verwendung dieser Koordinate kann man B bzw. $Z_\odot$ gleich Null setzen.

γ) Durch Übergang auf den locus fictus. Er erfolgt nach

$$m \sin M = \sin \varphi'$$
$$m \cos M = \cos \varphi' \sin \Theta_0$$
$$\cos \beta_0 \cos \lambda_0 = \cos \varphi' \cos \Theta_0$$
$$\cos \beta_0 \sin \lambda_0 = m \cos (M - \varepsilon)$$
$$\sin \beta_0 = m \sin (M - \varepsilon)$$
$$\Delta_0' = (R\,B + \varrho_0\, p_\odot \sin \beta_0) \operatorname{ctg} \beta$$
$$d\,L'' = [\varrho_0 p_\odot \cos \beta_0 \sin (\lambda_0 - L) - \Delta_0' \sin (\lambda - L)] \frac{1}{R} = (L_I - L_{II}) \frac{1}{R}$$
$$d\,R = [\varrho_0 p_\odot \cos \beta_0 \cos (\lambda_0 - L) - \Delta_0' \cos (\lambda - L)] \sin 1'' = (R_I - R_{II}) \sin 1''$$
$$d\,t^d = 0.00577\, \Delta_0' \sec \beta \sin 1''.$$

$p_\odot = 8''80$. L, B und R sind oben, ϱ_0 und φ' im B. J., ε in Tafel 2 gegeben. Die Umwandlung der topozentrischen auf das mittlere Äquinoktium des Jahresanfangs 1920.0 bezogenen Koordinaten α, δ in λ, β nach Gl. (3. 29) und die Berechnung der λ_0, β_0 nach obigen Formeln erfolgt wie im Beispiel auf S. 43. Man erhält

1920 Apr. 6.39902 M.Z.Gr. λ 160° 39′ 24″6, β +13 3 20.1

$\sin \beta_0$	9.6493
$\varrho_0 p_\odot$	0.9440
$\cos \beta_0$	9.9519
R	0.0005
B	8.9542
RB	8.9547
Add.	0.0098
$\varrho_0 p_\odot \sin \beta_0$	0.5933
$RB + \varrho_0 p_\odot \sin \beta_0$	0.6031
$\operatorname{ctg} \beta$	0.6347
λ_0	148°29
L	196.77
λ	160.66
$\lambda_0 - L$	311.52
$\lambda - L$	323.89
$\sin (\lambda_0 - L)$	9.8744n
$\varrho_0 p_\odot \cos \beta_0$	0.8959
$\cos (\lambda_0 - L)$	9.8215
$\sin (\lambda - L)$	9.7704n
Δ_0'	1.2378
$\cos (\lambda - L)$	9.9074

L_I	0.7703n
Add.	9.8630
$-L_{II}$	1.0082
$L_I - L_{II}$	0.6333
R	0.0005
$d L''$	0.6328
	+4″29
R_I	0.7174
Add.	9.7970
$-R_{II}$	1.1452n
$R_I - R_{II}$	0.9422n
$10^6 \sin 1''$	0.6856
$10^6 d R$	1.6278n
	−42.4
$\sec \beta$	0.0114
$\Delta_0' \sec \beta$	1.2492
$A\ 10^5 \sin 1''$	7.4468
$10^5 dt$	8.6960
	0.0

Zum locus fictus gehöriger Erdort
1920 Apr. 6. 39902 M. Z. Gr.
L 196° 46′ 28″9 1920.0
lg R 0.000517

3. Reduktion des scheinbaren auf den mittleren Ort für den Jahresanfang.

Ist statt der auf das mittlere Äquinoktium des Jahresanfangs bezogenen Beobachtung der scheinbare Ort gegeben, so ist die Reduktion des scheinbaren auf den mittleren Ort für den Jahresanfang vorzunehmen. Die Berechnung der Präzession, Nutation und Fixsternaberration erfolgt nach den Gl. (5. 11) und (5. 17), die zweckmäßig in eine Formel zusammengezogen werden

$$\begin{aligned}\alpha_{\text{med}} - \alpha_{\text{app}} &= -\left[f + \tfrac{1}{15} g \sin(G+\alpha) \operatorname{tg}\delta + \tfrac{1}{15} h \sin(H+\alpha) \sec\delta\right] \\ &= -\left[f_I + f_{II} + f_{III}\right] \\ \delta_{\text{med}} - \delta_{\text{app}} &= -\left[g \cos(G+\alpha) + h \cos(H+\alpha) \sin\delta + i \cos\delta\right] \\ &= -\left[g_I + g_{II} + g_{III}\right].\end{aligned}$$

f, lg g, G, lg h, H, lg i (oder bei unbequemer Interpolation i) werden für den betr. Tagesbruch in M. Z. Gr. bzw. Weltzeit dem B. J. entnommen.

(Da die Logarithmen der Größen g und h gegeben sind, so wird man die Reduktionsrechnung zweckmäßig logarithmisch ausführen.)

1920	Apr. 6.40	$g \sin(G+\alpha) \operatorname{tg}\delta$	0.0849 n
δ	$+19^\circ\!.61$	f_{II}	8.9088 n
		$h \sin(H+\alpha) \sec\delta$	1.2369
G	$1^h 58^m\!.3$	f_{III}	0.0608
α	11 9.5		
H	16 47.2	f_I	$+1^s\!.562$
$G+\alpha$	13 7.8	f_{II}	-0.081
$H+\alpha$	3 56.7	f_{III}	$+1.150$
		$(\alpha_{\text{med}} - \alpha_{\text{app}})^s$	-2.631
tg δ	9.5518	g_I	1.0491 n
sin $(G+\alpha)$	9.4647 n	g_{II}	0.5125
g	1.0684	g_{III}	0.8661 n
cos $(G+\alpha)$	9.9807 n		
		g_I	$-11''\!.20$
i	0.8920 n	g_{II}	$+3.25$
sec δ	0.0259	g_{III}	-7.35
sin $(H+\alpha)$	9.9339	$(\delta_{\text{med}} - \delta_{\text{app}})''$	$+15.30$
h	1.2771		
cos $(H+\alpha)$	9.7096		
sin δ	9.5258		

Die Reduktionen sind an die α_{app}, δ_{app} anzubringen, um die $\alpha_{1920\cdot0}$, $\delta_{1920\cdot0}$ zu erhalten.

Dritter Teil.

Methoden der ersten Bahnbestimmung.

Das Ziel der Bahnbestimmung bildet die Ermittlung von Größen, deren man bedarf, um den Ort eines Himmelskörpers für jede beliebige Zeit berechnen zu können. Als besonders charakteristische und geeignete zu bestimmende Größen haben sich die in Abschnitt 1 definierten Bahnelemente erwiesen.

Der erste Schritt, der in der Annahme der strengen Gültigkeit der Keplerschen Gesetze getan wird, besteht in der Ableitung einer ersten Bahn, d. h. in der Bestimmung von Elementen aus wenigen Beobachtungen, die über einen kurzen Zeitraum verteilt sind.

Man unterscheidet zwischen allgemeinen Methoden, die erste Bahn eines um die Sonne laufenden Himmelskörpers ohne jede hypothetische Voraussetzung über die Exzentrizität zu ermitteln, und Methoden für Spezialfälle, in denen eine bestimmte Voraussetzung über die Exzentrizität der zu bestimmenden Bahn gemacht wird.

Die unter A und B aufgeführten allgemeinen Methoden werden bei allen Planeten ($0 < e < 0.65$) und den kurzperiodischen Kometen verwandt, wenn mindestens drei vollständige, in gewissen Ausnahmefällen vier Beobachtungen, zur Verfügung stehen. Sie kommen also praktisch nur für die elliptische Bahnbestimmung zur Anwendung.

Unter C und D sind die Methoden für die Spezialfälle der Parabel und des Kreises aufgeführt. Von der parabolischen Hypothese, die für die Rechnung mit erheblicher Arbeitsersparnis verbunden ist, macht man für eine erste Bahn bei allen Kometen Gebrauch, da sich die überwiegende Zahl der bekannten Kometen in dem der Beobachtung zugänglichen Teil der Bahn tatsächlich in praktisch streng parabolischen Bahnen, alle übrigen entweder in stärker exzentrischen oder gar in parabelnahen Bahnen bewegen. Jedenfalls stellt die rein parabolische Bahn bei den Kometen mit verschwindenden Ausnahmen eine brauchbare erste Näherung dar. Wie schon erwähnt, ist die Ableitung einer parabelnahen Bahn kein Problem der ersten Bahnbestimmung. Kreisbahnen sind zwar in der Natur nicht bekannt. Ihre Berechnung ist aber bei den kleinen Planeten in den Fällen von Vorteil, in denen nur 2 Beobachtungen vorliegen.

Der Bahnrechner braucht mithin zur Bestimmung erster Bahnen der Planeten und Kometen Methoden der Bestimmung elliptischer, parabolischer und kreisförmiger Bahnen.

A. Die Bahnbestimmung aus 3 Beobachtungen.

Die erste Bahnbestimmung aus 3 Beobachtungen soll die Aufgabe lösen, auf 3 beobachteten Richtungslinien 3 Punkte so zu bestimmen, daß sie den in Abschnitt 1 abgeleiteten Gesetzen entsprechen. Die in diesen ausgesprochenen Bedingungen werden erfüllt sein, wenn die 3 Punkte in einer Ebene mit der Sonne liegen, wenn sich durch sie ein Kegelschnitt mit der Sonne in dem einen Brennpunkt legen läßt (geometrische Bedingungen), und wenn die Sektoren die Flächeninhalte $(r_1 r_2) = \tau_3 \sqrt{p}$, $(r_1 r_3) = \tau_1 \sqrt{p}$ haben, in denen die Radienvektoren und die wahren Anomalien als Funktionen der Zeit auftreten (dynamische Bedingungen).

Die beiden Arten von Methoden, die für das Problem der ersten Bahnbestimmung vorgeschlagen sind, unterscheiden sich im wesentlichen dadurch, daß bei der einen, der Laplaceschen Methode, der unmittelbare Anschluß an die Differentialgleichungen der Bewegung

$$\frac{d^2 s}{d t^2} = -\frac{s}{r^3} \qquad (s = x, y, z)$$

gesucht wird, bei der anderen nach GAUSS benannten Methode von der Integration dieser Gleichungen ausgegangen wird.

Vor GAUSS hat zwar schon LAGRANGE die Gaußsche erste Näherung in ihrem Kern entwickelt, und vom mathematischen Standpunkt gesehen, die Lösung des Bahnbestimmungsproblems gegeben. Indessen charakterisiert die Gaußsche Methode nicht der Ansatz der ersten Näherung, sondern das Verbesserungsverfahren, das grundsätzlich von dem Lagrangeschen verschieden ist. Zudem war es erst GAUSS vorbehalten, die vollständige Lösung in einer für die praktische Anwendung formvollendeten Weise wirklich zugänglich zu machen.

Die Laplacesche Methode besitzt infolge ihrer analytischen Einfachheit und Durchsichtigkeit einen gewissen Vorteil vor den Methoden der 2. Art. Allein die Bahnbestimmung ist ein Problem des praktischen Rechnens. Nicht die analytische Eleganz einer Methode ist entscheidend für die Beurteilung ihrer Brauchbarkeit in der praktischen Anwendung, sondern die sichere, rasche und bequeme rechnerische Durchführung. Die rein theoretische Behandlung kommt für den Bahnrechner erst in zweiter Linie in Frage.

LAPLACE setzt voraus, daß für einen bestimmten Moment außer den beobachteten Koordinaten α, δ auch ihre 1. und 2. Ableitung aus einem Komplex von Beobachtungen ermittelt sind. Er stellt 2 Gleichungen auf, die außer bekannten Größen nur die heliozentrische und geozentrische Entfernung r und Δ enthalten. Aus ihrer Verbindung ergeben sich r und Δ. Eine weitere Gleichung, die außer bekannten Größen nur Δ und $\frac{d\Delta}{dt}$ enthält, dient zur Bestimmung von $\frac{d\Delta}{dt}$. Damit ist eine vollständige Beobachtung α, δ, Δ nebst den 1. Ableitungen $\frac{d\alpha}{dt}$, $\frac{d\delta}{dt}$, $\frac{d\Delta}{dt}$ bekannt und die Berechnung der Elemente ermöglicht. In der Praxis bereitet die sichere Bestimmung der Ableitungen der beobachteten Koordinaten — es sind dazu weit mehr als 3 Beobachtungen erforderlich — ganz erhebliche Schwierigkeiten. In Verfolg der Oppolzer-Harzerschen Bestrebungen auf eine der Praxis angepaßte Ausgestaltung hat LEUSCHNER die Methode, bei Beschränkung auf 3 Beobachtungen für die 1. Näherung, in eine gebrauchsfähige Form gebracht. Im Verbesserungsverfahren gibt LEUSCHNER, in Erkenntnis der geringen Konvergenz des Laplaceschen Verfahrens, das Problem der ersten Bahnbestimmung ganz auf. Er berechnet mit den Elementen der ersten Näherung die Abweichungen gegen die Beobachtungen und führt auf Grund dieser eine Bahnverbesserung aus.

Bei den Methoden der 2. Art liegt die Schwierigkeit darin, daß namentlich die in den Keplerschen Gesetzen (Konstanz der Flächengeschwindigkeit) enthaltenen dynamischen Bedingungen sich nicht in bequeme Verbindung mit den Beobachtungen bringen lassen. Hier werden zunächst 3 lineare Gleichungen (Ebenenbedingung) aufgestellt, in denen außer den 3 unbekannten geozentrischen Entfernungen Δ_i die Verhältnisse der Dreiecksflächen n_1, n_3 auftreten. Diese sind bei kurzen Zwischenzeiten sehr nahe gleich dem Verhältnis der Zwischenzeiten und ermöglichen damit die Einleitung eines Versuchsverfahrens. Die beiden weiteren dazu erforderlichen Gleichungen für n_1, n_3 werden den dynamischen Bedingungen entnommen. Von hier ab gehen LAGRANGE und GAUSS verschiedene Wege.

LAGRANGE knüpft an die Integrationsform

$$s = a\,s_0 + b\,\frac{d\,s_0}{d\,t}$$

der Bewegungsgleichungen an. Hierin sind s_0, $\frac{d\,s_0}{d\,t}$ $(s_0 = x_0,\ y_0,\ z_0)$ die für einen Nullmoment t_0 gültigen Koordinaten und Geschwindigkeiten, a und b nach Potenzen der Zwischenzeiten fortschreitende Reihen, in deren Koeffizienten nur r_0 und seine 1. und 2. Ableitung auftreten. Er erhält so ein in sich geschlossenes Formelsystem, das die strenge Bestimmung von 3 Arbeitsunbekannten (mittlerer Radiusvektor und seine 1. und 2. Ableitung) durch allmähliche Annäherung gestattet. Die Lagrangesche Methode war den Bedürfnissen der Praxis nicht angepaßt und ist in der ursprünglichen Form für sie ohne Bedeutung geblieben. CHARLIER hat aus ihr eine sehr elegante, rein analytische Lösung abgeleitet. Jedoch stellt die Umständlichkeit der Berechnung der Glieder höherer Ordnung seiner Reihenentwicklungen die Kürze der praktischen Anwendung in Frage.

Abweichend von dem Prinzip, das zur ersten Näherung führt, sucht GAUSS durch zweckmäßige Variation der numerischen Werte der in erster Näherung bekannt gewordenen Verhältnisse der Dreiecksflächen ein geeignetes Formelsystem, das in geschlossener Form die geometrischen und dynamischen Bedingungen des Problems enthält, streng zu erfüllen. Und zwar bedient er sich dabei des Verhältnisses von Sektor zu Dreieck, das auch bei der Ableitung der Elemente benutzt wird. An der Gaußschen Methode sind im Ansatz der ersten Näherung von ENCKE beträchtliche Verbesserungen angebracht worden, die aber das Wesen der Gaußschen Methode unberührt gelassen haben. Für die numerische Rechnung haben VEITHEN und MERTON eine geeignete Umformung der Gauß-Enckeschen Methode gegeben.

Die Zahl der Methoden, die namentlich seit Beginn der Entdeckung der kleinen Planeten im Jahre 1801 für die Lösung des Bahnbestimmungsproblems empfohlen worden sind, ist sehr groß. Doch sind mit wenigen Ausnahmen die prinzipiellen Unterschiede gegen die genannten Methoden gering.

Besondere Erwähnung verdienen die Methoden von HARZER (1901 und 1913), ANDOYER und WILKENS.

In seiner ersten Methode stellt HARZER weit fortgeführte Reihen auf, die den Parameter der Bahn und im Zusammenhang damit die beiden Verhältnisse der Dreiecksflächen n_1, n_3 als Funktionen der Zwischenzeiten und der 3 unbekannten Radienvektoren r_i darstellen. Das Problem wird auf 3 Gleichungen für die r_i zurückgeführt, in denen außer diesen noch die n_1, n_3 auftreten. Die Gleichungen werden durch allmähliche Verbesserung von angenommenen Näherungswerten mit Hilfe besonderer differentieller Verbesserungsgleichungen aufgelöst. In der 2. Arbeit, die sich prinzipiell von der ersten nicht unterscheidet, macht HARZER die Voraussetzungen, daß der heliozentrische Bogen kleiner als 25° bleibe und daß die Zwischenzeiten möglichst gleich seien. Er erhält dann eine geschlossene Näherungsformel für den Parameter, die ihrerseits die entsprechenden Beziehungen für die n_1, n_3 liefert. Die Auflösung der 3 Gleichungen erfolgt dadurch, daß er die Näherungswerte für die r_i nur in die von Fehlern weniger betroffenen n_1, n_3 einsetzt, die verbesserten Werte der r_i aber direkt bestimmt.

ANDOYER leitet aus dem Gaußschen strengen Formelsystem für das Verhältnis von Sektor zu Dreieck einen weitgehenden Näherungsausdruck ab. Diesen benutzt er an Stelle des Gaußschen Verbesserungsverfahrens zur Berechnung der Elemente s_0 und $\frac{d s_0}{d t}$ in Näherungsstufen.

Die Methode von WILKENS gehört zu dem Typus der Lagrangeschen Methoden. Abweichend von LAGRANGE nimmt aber WILKENS die sofortige Elimination der unbekannten Entfernungen Δ_i vor, und berechnet s_0 und $\frac{d s_0}{d t}$ auch aus den durch 3 Beobachtungen gegebenen Größen.

In gewissem Sinne vereinigen diese 3 Methoden analytische Eleganz und praktische Brauchbarkeit. In größerem Maßstabe angewendet worden ist neben der Gauß-Enckeschen Methode nur noch die Methode von LEUSCHNER (für die Parabel).

6. Abschnitt.

Die Methode von VEITHEN-MERTON (GAUSS-ENCKE).

§ 23. Die Fundamentalgleichungen.

Bei dem Mangel an geeigneten Hilfsmitteln zur numerischen Rechnung ist die Gauß-Enckesche Methode seinerzeit vollkommen auf die logarithmische Rechnung zugeschnitten. Der Aufbau des Formelsystems wird dadurch meist komplizierter, wenn sich auch die praktische Durchrechnung rasch vollzieht. Durchsichtiger ist, namentlich infolge der Verwendung von rechtwinkligen Koordinaten, die besonders für die numerische Rechnung geeignete Umformung der Methode.

Zur Bestimmung der 6 Elemente braucht man 3 vollständige (geozentrische, auf ein festes Äquinoktium bezogene) Beobachtungen α_i, δ_i für die Zeiten t_i $(i = 1, 2, 3)$. Sie sind notwendig und im allgemeinen ausreichend.

Die Lage der 3 Punkte im Raume wäre bekannt und die Bestimmung der Elemente selbst ermöglicht, wenn die dritten Koordinaten, die geozentrischen Entfernungen Δ_i bekannt wären. Durch die Unkenntnis dieser Größen wird der Übergang von den geozentrischen zu den heliozentrischen Koordinaten vereitelt.

Für die Entfernungen Δ_i sind keine Näherungswerte bekannt. Man wird daher versuchen, sie durch solche Unbekannte auszudrücken, für die genäherte Werte vorliegen. Das gelingt, indem man auf die Kenntnis der Zwischenzeiten basiert. Bei kurzen Zwischenzeiten ist nach Gl. (2. 7) das Verhältnis der Zwischenzeiten nahe gleich dem Verhältnis der Dreiecksflächen. Die Kenntnis erster Näherungswerte der Dreiecksflächenverhältnisse n_1, n_3 weist auf diese als geeignete Unbekannte hin.

Das Moment, das die Einleitung eines Näherungsverfahrens zuläßt, ist also die Kürze der Zwischenzeiten. Die Voraussetzung kurzer Zwischenzeiten darf bei ersten Bahnbestimmungen stets gemacht werden. In der Praxis werden lange Zwischenzeiten überhaupt erst durch die Vorausberechnung, d. i. nach Ableitung einer ersten Bahn, ermöglicht.

Die Verhältnisse der Dreiecksflächen lassen sich in folgender Weise in die Ebenengleichung einführen. Die rechtwinkligen äquatorialen Koordinaten x_i', y_i', z_i' können nach Gl. (3. 18) in die Form gebracht werden

$$x_i' = r_i \sin a' \sin (A' + u_i)$$
$$y_i' = r_i \sin b' \sin (B' + u_i)$$
$$z_i' = r_i \sin c' \sin (C' + u_i).$$

Multipliziert man die Gleichung für x'_1 mit $\sin(u_3 - u_2)$, die für x'_2 mit $-\sin(u_3 - u_1)$, die für x'_3 mit $\sin(u_2 - u_1)$ und addiert, so wird

$$\frac{x'_1}{r_1}\sin(u_3 - u_2) - \frac{x'_2}{r_2}\sin(u_3 - u_1) + \frac{x'_3}{r_3}\sin(u_2 - u_1) = 0\,.$$

Entsprechende Gleichungen erhält man für die y- und z-Koordinate. Nach Multiplikation mit $r_1 r_2 r_3$ und Einführung der Symbole für die Dreiecksflächen erhält man die Bedingungsgleichung für die Ebene in den 3 Formen

$$\begin{aligned}
[r_2 r_3]\, x'_1 - [r_1 r_3]\, x'_2 + [r_1 r_2]\, x'_3 &= 0\\
[r_2 r_3]\, y'_1 - [r_1 r_3]\, y'_2 + [r_1 r_2]\, y'_3 &= 0\\
[r_2 r_3]\, z'_1 - [r_1 r_3]\, z'_2 + [r_1 r_2]\, z'_3 &= 0\,,
\end{aligned}$$

oder nach Division durch $[r_1 r_3]$ und Einführung der Symbole der Verhältnisse der Dreiecksflächen

$$\begin{aligned}
n_1 x'_1 - x'_2 + n_3 x'_3 &= 0\\
n_1 y'_1 - y'_2 + n_3 y'_3 &= 0\\
n_1 z'_1 - z'_2 + n_3 z'_3 &= 0\,.
\end{aligned} \tag{1}$$

Diese 3 Gleichungen sind unter sich verschieden, wenn man die Unbekannten neuen von der Ebene verschiedenen Bedingungen unterwirft, d. h. wenn man z. B. die Verhältnisse der Dreiecksflächen durch die Verhältnisse der Zwischenzeiten ausdrücken würde.

Den Übergang von den geozentrischen zu den heliozentrischen Koordinaten vermitteln die Gl. (3. 14). Setzt man hierin

$$\begin{aligned}
\cos\delta_i \cos\alpha_i &= a'_i\\
\cos\delta_i \sin\alpha_i &= b'_i\\
\sin\delta_i &= c'_i
\end{aligned} \tag{2}$$

und führt die Werte x'_i, y'_i, z'_i in die Gl. (1) ein, so erhält man die Fundamentalgleichungen der Bahnbestimmung in äquatorialen Koordinaten

$$\begin{aligned}
a'_1 \cdot n_1 \Delta_1 - a'_2 \cdot \Delta_2 + a'_3 \cdot n_3 \Delta_3 &= n_1 X'_{\odot 1} - X'_{\odot 2} + n_3 X'_{\odot 3}\\
b'_1 \cdot n_1 \Delta_1 - b'_2 \cdot \Delta_2 + b'_3 \cdot n_3 \Delta_3 &= n_1 Y'_{\odot 1} - Y'_{\odot 2} + n_3 Y'_{\odot 3}\\
c'_1 \cdot n_1 \Delta_1 - c'_2 \cdot \Delta_2 + c'_3 \cdot n_3 \Delta_3 &= n_1 Z'_{\odot 1} - Z'_{\odot 2} + n_3 Z'_{\odot 3}\,.
\end{aligned} \tag{3}$$

Hierin sind die a'_i, b'_i, c'_i, $X'_{\odot i}$, $Y'_{\odot i}$, $Z'_{\odot i}$ bekannte Größen. Die a'_i, b'_i, c'_i werden nach Gl. (2) aus den durch die Beobachtung gewonnenen Koordinaten α_i, δ_i abgeleitet. Die Sonnenkoordinaten $X'_{\odot i}$, $Y'_{\odot i}$, $Z'_{\odot i}$, die auf das gleiche mittlere Äquinoktium wie die α_i, δ_i bezogen und wie diese topozentrisch (Reduktion siehe S. 56) sein müssen, werden für die auf den Nullmeridian reduzierten Beobachtungszeiten t_i (siehe S. 54) dem B. J. durch Interpolation entnommen. Unbekannte sind sowohl die 3 Entfernungen Δ_i als auch die n_1, n_3. Wären diese letzteren Größen bekannt, so könnte man aus den 3 Gleichungen die Δ_i bestimmen, und das Problem wäre gelöst.

Die Bestimmung der Unbekannten soll damit begonnen werden, daß man zunächst Δ_2 ermittelt. Man erhält aus Gl. (3)

$$\Delta_2 = \frac{d_1' n_1 - d_2' + d_3' n_3}{D'}, \tag{4}$$

wo

$$\begin{aligned} d_i' &= X_{\odot i}'(b_1' c_3' - b_3' c_1') - Y_{\odot i}'(a_1' c_3' - a_3' c_1') + Z_{\odot i}'(a_1' b_3' - a_3' b_1') \\ D' &= a_1'(b_2' c_3' - b_3' c_2') - a_2'(b_1' c_3' - b_3' c_1') + a_3'(b_1' c_2' - b_2' c_1'). \end{aligned} \tag{5}$$

Die d_i' und D' kann man nach diesen Gleichungen berechnen. Zweckmäßiger führt man die Elimination von $n_1 \Delta_1$ und $n_3 \Delta_3$ numerisch aus.

Damit ist die mittlere Entfernung Δ_2 durch bekannte Größen und die n_1, n_3 ausgedrückt. Zwar sind diese Größen auch unbekannt. Wie sich zeigen wird, können sie aber in 1. Näherung durch eine einzige Unbekannte, den mittleren Radiusvektor r_2, ausgedrückt werden, so daß dann Gl. (4) eine genäherte Beziehung zwischen Δ_2 und r_2 darstellt.

Eine 2. Beziehung zwischen diesen beiden Unbekannten gewinnt man rein geometrisch aus dem zur Zeit t_2 gehörigen ebenen Dreieck Sonne—Erde—Gestirn (siehe Abb. 14, S. 103). Bezeichnet man den äußeren Winkel an der Erde in diesem Dreieck mit ϑ_2, so ist

$$r_2^2 = R_2^2 + 2 R_2 \cos\vartheta_2 \, \Delta_2 + \Delta_2^2, \tag{6}$$

und man erhält R_2^2 und $R_2 \cos\vartheta_2$ aus den Gleichungen

$$\begin{aligned} R_2 \cos\vartheta_2 &= -(a_2' X_{\odot 2}' + b_2' Y_{\odot 2}' + c_2' Z_{\odot 2}') \\ R_2^2 &= X_{\odot 2}'^2 + Y_{\odot 2}'^2 + Z_{\odot 2}'^2. \end{aligned} \tag{7}$$

Wenn es gelingt, die beiden Unbekannten n_1, n_3 in Gl. (4) durch die eine Unbekannte r_2 auszudrücken, so lösen die Gl. (4) und (6) die Aufgabe der Bestimmung von Δ_2 und r_2.

In entsprechender Weise könnte man Δ_1 und Δ_3 berechnen. Das vermeidet man aber, da bei den bei ersten Bahnen üblichen kurzen Bögen der Nenner D' ein numerisch kleiner Wert ist, und durch erneutes Auftreten solcher Größen eine nochmalige Unsicherheit in die Rechnung getragen werden würde. Zweckmäßiger ist es, zur Bestimmung der Δ_1 und Δ_3 den in erster Näherung bekannt werdenden Wert von Δ_2 zu benutzen. Wie man aus den folgenden Entwicklungen erkennen wird, erhält man zudem die Δ_1, Δ_3 so in kürzerer Rechnung, als wenn man die Gl. (3) nach allen 3 Entfernungen auflösen würde.

§ 24. Die erste Näherung.

Für die n_1, n_3 kann man nach den Gl. (2.7) die Reihenentwicklungen

$$\begin{aligned} n_1 &= \frac{\tau_1}{\tau_2} + \frac{1}{6}\tau_1\tau_3 \frac{1 + \frac{\tau_1}{\tau_2}}{r_2^3} + \frac{1}{4}\frac{\tau_1\tau_3}{\tau_2}\frac{\tau_3^2 + \tau_1\tau_3 - \tau_1^2}{r_2^4}\frac{dr_2}{d\tau} \cdots \\ n_3 &= \frac{\tau_3}{\tau_2} + \frac{1}{6}\tau_1\tau_3 \frac{1 + \frac{\tau_3}{\tau_2}}{r_2^3} - \frac{1}{4}\frac{\tau_1\tau_3}{\tau_2}\frac{\tau_1^2 + \tau_1\tau_3 - \tau_3^2}{r_2^4}\frac{dr_2}{d\tau} \cdots \end{aligned} \tag{8}$$

aufstellen. In den hingeschriebenen Gliedern dieser Potenzreihen treten als Unbekannte r_2 und im 3. Gliede $\frac{dr_2}{d\tau}$ auf. Es wird natürlich das Bestreben sein, schon die erste Näherung so weit als möglich zu treiben, um das Verbesserungsverfahren ganz zu vermeiden, oder doch die Zahl der Näherungen zu vermindern. Andrerseits darf aber auch der durch die Mitnahme weiterer Glieder bedingte Arbeitsaufwand nicht größer sein als der zur Wiederholung von Näherungen notwendige. Oft genug reicht schon die erste Näherung aus, um ein für die weitere Verfolgung des Objektes ausreichendes Elementensystem abzuleiten.

Die Mitnahme des 3. Gliedes, das mit $\frac{dr_2}{d\tau}$ multipliziert ist, soll wegen der Unmöglichkeit, diesen Differentialquotienten in der ersten Näherung streng als Funktion von Δ_2 zu bestimmen, unterbleiben. Hingegen bereitet die Bestimmung von r_2 in dem Gliede 2. Ordnung, das aus dem Gliede 3. Ordnung bei den Dreiecksflächen entsteht, als Funktion von Δ_2 keine Schwierigkeit, wie schon gezeigt wurde. In erster Näherung muß man sich mit Gliedern 3. Ordnung in den Dreiecksflächen begnügen. Die Mitnahme dieser Glieder ist aber auch notwendig, wie sich aus folgender Betrachtung ergibt.

Die Bestimmung des Parameters des Kegelschnittes hängt nach Gl. (2. 8) wesentlich von dem Inhalt des von den 3 Bahnörtern gebildeten Dreiecks ab. Für dieses ergab sich der doppelte Inhalt nach Gl. (2. 8). Dieser Ausdruck ist von der 3. Ordnung in bezug auf die Zwischenzeiten. Würde man ihn vernachlässigen, so würde sich für den Parameter ein unendlich großer Wert ergeben, d. h. der Körper würde sich nicht in einem Kegelschnitt, sondern in gerader Linie bewegen.

Wegen der Vernachlässigung der Glieder von höherer als der 3. Ordnung muß die erste Näherung notwendig ein fehlerhaftes Resultat ergeben. Der Fehler ist um so kleiner, je kleiner die Zwischenzeiten, je größer die Radienvektoren, und je kleiner die Exzentrizität des Kegelschnitts ist.

Encke berücksichtigt in der ersten Näherung die beiden ersten Glieder in Gl. (8) vollständig, d. h. er setzt

$$
\begin{aligned}
n_1 &= \frac{\tau_1}{\tau_2} + \frac{1}{6}\,\tau_1\,\tau_3\,\frac{1+\frac{\tau_1}{\tau_2}}{r_2^3} \\
n_3 &= \frac{\tau_3}{\tau_2} + \frac{1}{6}\,\tau_1\,\tau_3\,\frac{1+\frac{\tau_3}{\tau_2}}{r_2^3}\,.
\end{aligned}
\tag{9}
$$

Der Gaußsche Ansatz stimmt mit dem weitergehenden Enckeschen nur dann überein, wenn die Zwischenzeiten τ_1 und τ_3 streng einander gleich sind. Dieser günstigste Fall wird aber in der Praxis selten oder nie eintreffen, wenn man auch bestrebt ist, sich diesem durch geeignete

Auswahl der Beobachtungen möglichst zu nähern. Der Enckesche Ansatz, der bei ungleichen Zwischenzeiten erheblich mehr leistet als der Gaußsche und nur unwesentliche Mehrarbeit erfordert, hat in der Praxis allgemeine Aufnahme gefunden.

Setzt man in Gl. (9)

$$\frac{\tau_1}{\tau_2} = n_1^0, \quad \frac{\tau_3}{\tau_2} = n_3^0, \quad \tfrac{1}{6}\tau_1\tau_3(1+n_1^0) = \nu_1, \quad \tfrac{1}{6}\tau_1\tau_3(1+n_3^0) = \nu_3, \tag{10}$$

so wird

$$n_1 = n_1^0 + \frac{\nu_1}{r_2^3} \qquad n_3 = n_3^0 + \frac{\nu_3}{r_2^3}. \tag{11}$$

Führt man diese Größen in die der Bestimmung von Δ_2 dienende Gl. (4) ein, und setzt

$$\frac{d_1' n_1^0 - d_2' + d_3' n_3^0}{D'} = k^0 \qquad - \frac{d_1' \nu_1 + d_3' \nu_3}{D'} = l^0, \tag{12}$$

so erhält man als erste Gleichung zwischen den beiden Unbekannten Δ_2 und r_2 die dynamische Beziehung

$$\Delta_2 = k^0 - \frac{l^0}{r_2^3}. \tag{13}$$

Die strenge Auflösung der Gl. (6) und (13) nach Δ_2 und r_2 kann auf direkte Weise im Näherungsverfahren geschehen. Ein anderes Verfahren, das ebenfalls sehr schnell zum Ziele führt, ist S. 106 erläutert. Die Frage der mehrfachen Lösungen wird in § 29 behandelt.

Nachdem nun r_2 bekannt geworden ist, erhält man nach Gl. (11) n_1 und n_3. Führt man diese in die Gl. (3) ein, so können daraus auch die beiden anderen geozentrischen Entfernungen Δ_1 und Δ_3 berechnet werden.

Damit steht der Ermittlung erster Näherungswerte der heliozentrischen Koordinaten x_i', y_i', z_i' nach Gl. (3.14)

$$x_i' = a_i'\Delta_i - X_{\odot i}', \quad y_i' = b_i'\Delta_i - Y_{\odot i}', \quad z_i' = c_i'\Delta_i - Z_{\odot i}'$$

und der Radienvektoren r_1, r_3 nach

$$\begin{aligned} r_1^2 &= R_1^2 + 2R_1\cos\vartheta_1\,\Delta_1 + \Delta_1^2 \\ r_3^2 &= R_3^2 + 2R_3\cos\vartheta_3\,\Delta_3 + \Delta_3^2, \end{aligned} \tag{14}$$

wo

$$\begin{aligned} R_1^2 &= X_{\odot 1}'^2 + Y_{\odot 1}'^2 + Z_{\odot 1}'^2 \\ R_3^2 &= X_{\odot 3}'^2 + Y_{\odot 3}'^2 + Z_{\odot 3}'^2 \\ R_1\cos\vartheta_1 &= -(a_1' X_{\odot 1}' + b_1' Y_{\odot 1}' + c_1' Z_{\odot 1}') \\ R_3\cos\vartheta_3 &= -(a_3' X_{\odot 3}' + b_3' Y_{\odot 3}' + c_3' Z_{\odot 3}') \quad \text{ist,} \end{aligned} \tag{15}$$

nichts mehr im Wege.

Nach Bekanntwerden der 3 Entfernungen Δ_i sind jetzt von den 3 Beobachtungszeiten t_i die nach den Gl. (5.12) berechneten Aberrationszeiten $A\Delta_i$ abzuziehen und von nun an die um die Aberrationszeiten korrigierten Beobachtungszeiten t_i^0 und τ_i^0 zu verwenden.

MERTON empfiehlt mit den korrigierten Zeiten eine Neuberechnung der n_1^0, n_3^0, ν_1, ν_3, l^0 nach Gl. (10) u. ff. vorzunehmen. Wenn aber infolge der Vernachlässigung der Aberrationszeiten die bisherigen Resultate merklich verfälscht sein sollten, so wird ohnehin im allgemeinen eine zweite Näherung notwendig und eine sofortige Wiederholung der Rechnung mit Berücksichtigung der Aberrationszeiten wenig zweckmäßig sein.

§ 25. Das Verbesserungsverfahren.

Das Verbesserungsverfahren soll die Möglichkeit bieten, die geozentrischen Entfernungen und somit die Bahnelemente mit beliebiger Genauigkeit zu bestimmen.

Man könnte daran denken, die in den Entwicklungen für n_1, n_3 vernachlässigten Glieder höherer Ordnung mit den Resultaten der ersten Näherung zu berechnen und damit die Ableitung verbesserter Werte der n_1, n_3 zu beginnen. Wegen der Unbequemlichkeit der Berechnung dieser Glieder höherer Ordnung vermeidet GAUSS aber die Verwendung der analytischen Form der Ausdrücke für die n_1, n_3. Er sucht durch Variation der n_1, n_3 die dynamischen Bedingungen streng zu erfüllen durch Verwendung des Verhältnisses von Sektor zu Dreieck. In der Aufstellung dieses Verfahrens, das von praktisch eleganter Durchführbarkeit ist, liegt der bedeutende Fortschritt, den GAUSS seinen Vorgängern LAGRANGE und LAPLACE gegenüber erreicht hat.

Bevor das Verbesserungsverfahren erläutert wird, sei zunächst die Ableitung der Verhältnisse von Sektor zu Dreieck $\bar{y}_i$ mit den Resultaten der ersten Näherung vorgenommen. Sie kann nach einem der S. 29 gegebenen Verfahren erfolgen.

Für das maschinelle Rechnen ist der Hansensche Kettenbruch geeignet. Dieser ist bei 6stelliger Rechnung bis zu heliozentrischen Bögen von 30°, d. h. für erste Bahnbestimmungen fast stets anwendbar. Voraussetzung ist die Kenntnis der Größen m_i, l_i, h_i (siehe S. 29). Diese lassen sich aus den in erster Näherung bekannt gewordenen Koordinaten x_i', y_i', z_i', r_i' in folgender Weise bestimmen. Es ist

$$\begin{aligned} r_2 r_3 \cos(v_3 - v_2) &= x_2' x_3' + y_2' y_3' + z_2' z_3' \\ r_1 r_3 \cos(v_3 - v_1) &= x_1' x_3' + y_1' y_3' + z_1' z_3' \\ r_1 r_2 \cos(v_2 - v_1) &= x_1' x_2' + y_1' y_2' + z_1' z_2' , \end{aligned} \tag{16}$$

also

$$\begin{aligned} 2 r_2 r_3 \cos \tfrac{1}{2} (v_3 - v_2)^2 &= r_2 r_3 + x_2' x_3' + y_2' y_3' + z_2' z_3' = \varkappa_1^2 \\ 2 r_1 r_3 \cos \tfrac{1}{2} (v_3 - v_1)^2 &= r_1 r_3 + x_1' x_3' + y_1' y_3' + z_1' z_3' = \varkappa_2^2 \\ 2 r_1 r_2 \cos \tfrac{1}{2} (v_2 - v_1)^2 &= r_1 r_2 + x_1' x_2' + y_1' y_2' + z_1' z_2' = \varkappa_3^2 . \end{aligned} \tag{17}$$

Bei Einführung des Ausdrucks für $\varkappa_2$ nehmen die im Kettenbruch auftretenden Hilfsgrößen m_2, l_2, h_2 die Form an

$$m_2 = \frac{\tau_2^2}{2\sqrt{2\varkappa_2^3}}, \quad l_2 = \frac{r_1 + r_3}{2\sqrt{2\varkappa_2}} - \frac{1}{2}, \quad h_2 = \frac{m_2}{\frac{5}{6} + l_2} = \frac{\tau_2^2}{\varkappa_2^2\left(\frac{2}{3}\sqrt{2\varkappa_2} + r_1 + r_3\right)}. \tag{18}$$

Entsprechende Gleichungen erhält man für die m_1, l_1, h_1, m_3, l_3, h_3. Konvergiert der Kettenbruch zu langsam, oder ist der Bogen zu groß, so berechnet man die $\bar{y}_i$ nach dem Verfahren von GAUSS-TIETJEN.

Zwischen den Verhältnissen von Sektor zu Dreieck und den Verhältnissen der Dreiecksflächen bestehen nun folgende Beziehungen. Es ist der Definition gemäß

$$\bar{y}_1 = \frac{(r_2 r_3)}{[r_2 r_3]}, \quad \bar{y}_2 = \frac{(r_1 r_3)}{[r_1 r_3]}, \quad \bar{y}_3 = \frac{(r_1 r_2)}{[r_1 r_2]}$$

$$n_1 = \frac{[r_2 r_3]}{[r_1 r_3]}, \quad n_3 = \frac{[r_1 r_2]}{[r_1 r_3]}.$$

Nach dem 2. Keplerschen Gesetz ist

$$\frac{(r_2 r_3)}{(r_1 r_3)} = \frac{\tau_1}{\tau_2}, \quad \frac{(r_1 r_2)}{(r_1 r_3)} = \frac{\tau_3}{\tau_2}.$$

Also gilt die wichtige Beziehung

$$n_1 = \frac{\tau_1}{\tau_2}\frac{\bar{y}_2}{\bar{y}_1} = n_1^0 \frac{\bar{y}_2}{\bar{y}_1}, \quad n_3 = \frac{\tau_3}{\tau_2}\frac{\bar{y}_2}{\bar{y}_3} = n_3^0 \frac{\bar{y}_2}{\bar{y}_3}. \tag{19}$$

Berechnet man die n_1, n_3 bei Verwendung der in der 1. Näherung erhaltenen Werte der $\bar{y}_i$ aus diesen Gleichungen, so werden sie im allgemeinen nicht mit den aus Gl. (11) berechneten Ausgangswerten übereinstimmen.

Die weitere Aufgabe besteht nun darin, die n_1, n_3 solange zu variieren, bis die Gl. (19) streng erfüllt werden. Die Variation erfolgt nicht willkürlich, sondern es wird den aus diesen Gleichungen gewonnenen Werten der n_1, n_3 eine weitere Annäherung mit folgenden Werten entnommen.

Zunächst wird neu berechnet

$$n_1^0 = \frac{\tau_1^0}{\tau_2^0}, \quad n_3^0 = \frac{\tau_3^0}{\tau_2^0}. \tag{20}$$

Nach Gl. (19) ist

$$n_1 = n_1^0 + n_1^0\left(\frac{\bar{y}_2}{\bar{y}_1} - 1\right), \quad n_3 = n_3^0 + n_3^0\left(\frac{\bar{y}_2}{\bar{y}_3} - 1\right).$$

Werden diese Werte in Gl. (4) eingesetzt, so kann man schreiben

$$\Delta_2 = \frac{d'_1 n_1^0 - d'_2 + d'_3 n_3^0}{D'} + \frac{d'_1 n_1^0 r_2^3\left(\frac{\bar{y}_2}{\bar{y}_1} - 1\right) + d'_3 n_3^0 r_2^3\left(\frac{\bar{y}_2}{\bar{y}_3} - 1\right)}{D'}\frac{1}{r_2^3}.$$

Setzt man für die k^0 und l^0 wieder die Werte der Gl. (12), aber in l^0 für die Zwischenunbekannten ν_1 und ν_3 die mit Hilfe der 1. Näherung schon verbesserten Werte

$$\nu_1 = n_1^0 r_2^3\left(\frac{\bar{y}_2}{\bar{y}_1} - 1\right), \quad \nu_3 = n_3^0 r_2^3\left(\frac{\bar{y}_2}{\bar{y}_3} - 1\right) \tag{21}$$

so erhält man die verbesserten Werte

$$n_1 = n_1^0 + \frac{\nu_1}{r_2^3}, \quad n_3 = n_3^0 + \frac{\nu_3}{r_2^3}, \tag{22}$$

und die Gl. (13) bleibt formal unverändert bestehen.

Mit den so gewonnenen verbesserten Werten der n_1, n_3 wird das Formelsystem von Gl. (13) ab erneut durchgerechnet (2. Näherung). Man erhält verbesserte Werte der $\bar{y}_i$, setzt sie in Gl. (19) ein und prüft, ob Anfangs- und Endwerte der n_1, n_3 der 2. Näherung übereinstimmen. Ist das nicht der Fall, so ist das Verfahren in 3. Näherung zu wiederholen. Es ist abgeschlossen, wenn die dynamischen Bedingungen in Gl. (19) streng erfüllt sind. Die Vergleichung der Anfangs- und Endwerte der n_1, n_3 gibt also einen Maßstab für die erreichte Genauigkeit ab.

Herglotz hat durch eine Abschätzung nach Potenzen der Zwischenzeiten gezeigt, daß der Ansatz in Gl. (21) eine weitgehende Annäherung ist, indem er die in der 1. Näherung vernachlässigten Glieder höherer Ordnung in den Entwicklungen für die n_1, n_3 numerisch genähert darstellt. Indessen ist eine solche Abschätzung allein nach Potenzen der Zwischenzeiten nicht umfassend genug, da die Konvergenz auch von anderen Faktoren (Radienvektoren, Exzentrizität) abhängt.

Auch in der Praxis hat sich die rasche Konvergenz des Gaußschen Verbesserungsverfahrens in tausendfacher Anwendung bewährt. Hier kommt man bei den kurzen beobachteten Bögen, wie sie gegenwärtig häufig sind, sehr oft bereits mit der 1. Näherung zum Ziele, wenn auch die Resultate der 1. Näherung häufig ohne Berücksichtigung der Aberrationszeiten ermittelt sind. Indessen ist ihr Einfluß bei so kurzen Zwischenzeiten meist äußerst gering.

Ist eine Verbesserung nicht mehr notwendig, so kann man mit Verwendung der gefundenen Werte der $\bar{y}_i$ sofort den Parameter und das vollständige Elementensystem ableiten. Das Näherungsverfahren wird dann ganz ausgeschlossen, und die Methode ist eine direkte.

Mehr als 2 Näherungen sind bei der der Beobachtungsgenauigkeit angepaßten 6stelligen Rechnung nur selten notwendig. Stets wird bei sehr großen Bögen eine provisorische Bahnrechnung aus kürzeren Bögen vorangegangen sein, die die Hilfsmittel zur Berechnung sehr nahe richtiger Werte der $\bar{y}_i$ liefert. Aus diesem Grunde wird auch der Fall, daß infolge zu großer Bögen oder andrer ungünstiger Umstände die Konvergenz sehr gering oder gar in Frage gestellt ist, in der Praxis gar nicht auftreten. Sollte aber tatsächlich die Notwendigkeit weiterer Näherungsverfahren vorliegen, so wird man zur Abkürzung von der 3. Näherung ab die regula falsi für 2 Unbekannte anwenden, da bei dieser die Fehlerordnung in geometrischer Reihe abnimmt.

§ 26. Die Ableitung der Elemente.

Ist im Verbesserungsverfahren völlige Übereinstimmung der Anfangs- und Endwerte der n_1 und n_3 erzielt, und sind damit die endgültigen Werte der Δ_i ermittelt, so kann man jetzt auch die endgültigen Werte der x_i', y_i', z_i' und daraus die 6 Elemente selbst ableiten.

Die ekliptikalen Bahnlageelemente ω, Ω, i werden nun nicht aus den heliozentrischen Koordinaten selbst, sondern aus den 6 Konstanten P'_x, P'_y, P'_z, Q'_x, Q'_y, Q'_z (siehe S. 41) berechnet. Die Konstanten, die für die Zwecke der Vorausberechnung sehr geeignet sind, werden hier direkt aus den heliozentrischen Koordinaten abgeleitet. Zu ihrer Bestimmung sind die Koordinaten von 2 Orten ausreichend. Zweckmäßig wählt man dazu — wie auch bei der Ableitung der übrigen Elemente — die beiden äußeren Orte, da ihre Verwendung naturgemäß die größte Sicherheit in den Resultaten erwarten läßt.

Wären die v_1, v_3 bekannt, so könnten die 6 Konstanten aus den Gl. (3.21) berechnet werden. Man erhielte hieraus, wenn man zur Abkürzung setzt

$$r_1 r_3 \sin(v_3 - v_1) = r_1 r^0 \tag{23}$$

$$P'_x = x'_1 \frac{r_3 \sin v_3}{r_1 r^0} - x'_3 \frac{r_1 \sin v_1}{r_1 r^0}$$
$$Q'_x = x'_3 \frac{r_1 \cos v_1}{r_1 r^0} - x'_1 \frac{r_3 \cos v_3}{r_1 r^0}. \tag{24}$$

und entsprechende Gleichungen für P'_y, Q'_y, P'_z, Q'_z.

Indessen können diese Konstanten nach diesen Gleichungen nicht mit der erforderlichen Sicherheit bestimmt werden, da bei kleinen Bögen Differenzen von nahe gleich großen Werten auftreten würden. MERTON nimmt daher eine Umformung vor. Ersetzt man in den Gl. (24)

$r_3 \sin v_3$ durch $r_3 \sin(v_3 - v_1)\cos v_1 + r_3 \cos(v_3 - v_1)\sin v_1$

$r_3 \cos v_3$ „ $r_3 \cos(v_3 - v_1)\cos v_1 - r_3 \sin(v_3 - v_1)\sin v_1$

und setzt zur Abkürzung

$$x'_3 - \sigma x'_1 = x^0, \quad \text{wo} \quad \sigma = \frac{r_1 r_3 \cos(v_3 - v_1)}{r_1^2} = \frac{x'_1 x'_3 + y'_1 y'_3 + z'_1 z'_3}{r_1^2}, \tag{25}$$

so erhält man

$$P'_x = x'_1 \frac{\cos v_1}{r_1} - x^0 \frac{\sin v_1}{r^0}$$
$$Q'_x = x'_1 \frac{\sin v_1}{r_1} + x^0 \frac{\cos v_1}{r^0} \tag{26}$$

und entsprechende Gleichungen für die P'_y, P'_z, Q'_y, Q'_z. Ferner ist

$$x^{0\,2} + y^{0\,2} + z^{0\,2} = r^{0\,2}. \tag{27}$$

Zur Berechnung der Konstanten ist die Kenntnis der v_1, v_3 vorausgesetzt. Diese und die Elemente M, φ, μ sollen zunächst bestimmt werden.

Wie schon erwähnt, bedient sich GAUSS bei der Berechnung des Parameters p der gefundenen Werte der $\bar{y}_i$. Nach Gl. (2.12) ist

$$\sqrt{p} = \frac{r_1 r_3 \sin 2 f_2}{k(t_3^0 - t_1^0)} \bar{y}_2 = \frac{r_1 r_3 \sin(v_3 - v_1)}{\tau_2^0} \bar{y}_2 \tag{28}$$

und entsprechend

$$\sqrt{p} = \frac{r_2 r_3 \sin(v_3 - v_2)}{\tau_1^0} \bar{y}_1 = \frac{r_1 r_2 \sin(v_2 - v_1)}{\tau_3^0} \bar{y}_3 .$$

Man erhält somit für den Parameter p 3 Werte, die bei exakter Rechnung übereinstimmen müssen. Sollten infolge von Abrundungsfehlern kleinere

Abweichungen bestehen, so kann man der weiteren Rechnung einen gemittelten Wert zugrunde legen. Dabei wird man zweckmäßig dem zuerst aufgeführten Wert, der aus den Koordinaten der beiden äußeren Orte abgeleitet ist, erhöhtes Gewicht geben. Man kann sich auch damit begnügen, p nur mit Benutzung der Gl. (28) zu bestimmen.

Bei Einführung von r^0 nimmt Gl. (28) die Form an

$$\sqrt{p} = \frac{r_1 r^0}{\tau_2^0} \bar{y}_2 . \tag{29}$$

Die für die beiden äußeren Orte aufgestellten Gl. (1. 26) kann man schreiben

$$\frac{p}{r_1} - 1 = e \cos v_1 = q_1 \tag{30}$$

$$\frac{p}{r_3} - 1 = e \cos v_3 = q_3 . \tag{31}$$

Setzt man $v_3 = v_1 + (v_3 - v_1)$, so wird aus der 2. Gleichung

$$e \cos v_1 \cos (v_3 - v_1) - e \sin v_1 \sin (v_3 - v_1) = q_3$$

oder

$$e \sin v_1 = \frac{q_1 \cos (v_3 - v_1) - q_3}{\sin (v_3 - v_1)} . \tag{32}$$

Aus den Gl. (30) bis (32) erhält man $e = \sin \varphi$ und v_1. $v_3 - v_1$ und damit v_3 wird bestimmt aus

$$r_1 r_3 \sin (v_3 - v_1) = r_1 r^0 .$$

Die mittlere Anomalie erhält man auf dem Wege über die exzentrische Anomalie E. Zunächst ist nach Gl. (2. 13)

$$\operatorname{tg} \tfrac{1}{2} E_1 = \sqrt{\frac{1-e}{1+e}} \operatorname{tg} \tfrac{1}{2} v_1 \qquad \operatorname{tg} \tfrac{1}{2} E_3 = \sqrt{\frac{1-e}{1+e}} \operatorname{tg} \tfrac{1}{2} v_3 , \tag{33}$$

dann nach Gl. (1. 39)

$$M_1 = E_1 - e \sin E_1 \qquad M_3 = E_3 - e \sin E_3 . \tag{34}$$

Die mittlere Bewegung μ findet man aus

$$\mu = \frac{M_3 - M_1}{t_3^0 - t_1^0} , \tag{35}$$

a aus

$$a = \frac{p}{(1-e)(1+e)} .$$

Nachdem die v_1, v_3 bekannt geworden sind, können jetzt die 6 Konstanten P'_x, P'_y, P'_z, Q'_x, Q'_y, Q'_z nach Gl. (26) berechnet werden. Die der Bestimmung der Bahnlageelemente ω, ☊, i dienenden Formeln

$$\left.\begin{aligned} \sin i \sin \omega &= P'_z \cos \varepsilon - P'_y \sin \varepsilon \\ \sin i \cos \omega &= Q'_z \cos \varepsilon - Q'_y \sin \varepsilon \\ \sin ☊ &= (P'_y \cos \omega - Q'_y \sin \omega) \sec \varepsilon \\ \cos ☊ &= P'_x \cos \omega - Q'_x \sin \omega \end{aligned}\right\} \tag{36}$$

erhält man endlich nach den Gl. (3. 22).

Damit sind die gesuchten 6 Elemente M, ω, ☊, i, φ, μ bestimmt.

§ 27. Formelzusammenstellung[1].

Gegeben sind die Beobachtungszeiten t_i und die topozentrischen auf das mittlere Äquinoktium eines Jahresanfangs reduzierten Beobachtungen α_i, δ_i und Sonnenkoordinaten $X'_{\odot i}$, $Y'_{\odot i}$, $Z'_{\odot i}$ ($i = 1, 2, 3$). (Reduktion siehe § 22.)

a) Konstante Hilfsgrößen.

$$\begin{aligned} a_i' &= \cos\delta_i \cos\alpha_i \\ b_i' &= \cos\delta_i \sin\alpha_i \\ c_i' &= \sin\delta_i \end{aligned} \qquad \text{(I)}$$

$$\text{Kontrolle:}\quad a_i'^2 + b_i'^2 + c_i'^2 = 1$$

$$\begin{aligned} 2\,R_i \cos\vartheta_i &= -2\,(a_i' X'_{\odot i} + b_i' Y'_{\odot i} + c_i' Z'_{\odot i}) \\ R_i^2 &= X'^2_{\odot i} + Y'^2_{\odot i} + Z'^2_{\odot i} \end{aligned} \qquad \text{(II)}$$

$$\begin{aligned} a_1' \cdot n_1 \Delta_1 - a_2' \Delta_2 + a_3' \cdot n_3 \Delta_3 &= n_1 X'_{\odot 1} - X'_{\odot 2} + n_3 X'_{\odot 3} \\ b_1' \cdot n_1 \Delta_1 - b_2' \Delta_2 + b_3' \cdot n_3 \Delta_3 &= n_1 Y'_{\odot 1} - Y'_{\odot 2} + n_3 Y'_{\odot 3} \\ c_1' \cdot n_1 \Delta_1 - c_2' \Delta_2 + c_3' \cdot n_3 \Delta_3 &= n_1 Z'_{\odot 1} - Z'_{\odot 2} + n_3 Z'_{\odot 3} \end{aligned} \qquad \text{(III)}$$

Aus diesen Gleichungen werden $n_1\Delta_1$ und $n_3\Delta_3$ eliminiert. Man wählt dazu zweckmäßig diejenigen Gleichungen, deren Richtungskosinusse die größten Änderungen aufweisen. Man erhält eine Gleichung für Δ_2 von der Form

$$\Delta_2 = \frac{d_1' n_1 - d_2' + d_3' n_3}{D'}.$$

b) Die erste Näherung.

$$\tau_1 = k(t_3 - t_2) \quad \tau_2 = k(t_3 - t_1) \quad \tau_3 = k(t_2 - t_1)$$

$$k = 0.0172021$$

$$\text{Kontrolle:}\quad \tau_1 + \tau_3 = \tau_2$$

$$n_1^0 = \frac{\tau_1}{\tau_2} \qquad n_3^0 = \frac{\tau_3}{\tau_2} \qquad \text{(IV)}$$

$$\text{Kontrolle:}\quad n_1^0 + n_3^0 = 1$$

$$\nu_1 = \tfrac{1}{6}\tau_1\tau_3(1 + n_1^0) \qquad \nu_3 = \tfrac{1}{6}\tau_1\tau_3(1 + n_3^0)$$

$$\text{Kontrolle:}\quad \tau_1\tau_3 = 2(\nu_1 + \nu_3)$$

$$k^0 = \frac{d_1' n_1^0 - d_2' + d_3' n_3^0}{D'} \qquad l^0 = -\frac{d_1' \nu_1 + d_3' \nu_3}{D'} \qquad \text{(V)}$$

$$\Delta_2 = k^0 - l^0 \frac{1}{r_2^3} \qquad r_2^2 = R_2^2 + 2R_2 \cos\vartheta_2\, \Delta_2 + \Delta_2^2 \qquad \text{(VI)}$$

---

[1] Es ist anzuraten, den Kontrollen im Verlauf der Bahnrechnung nicht blindlings zu vertrauen. Einerseits besteht die Möglichkeit, daß die Rechnung Fehler enthält, auch wenn eine Kontrolle stimmt. Andrerseits sind bei Auftreten anormaler Größen Abweichungen möglich, ohne daß direkte Rechenfehler vorliegen. Zeigt sich eine Abweichung, so muß in jedem Falle geprüft werden, ob sie plausibel ist und ob die Rechnung frei von Rechenfehlern ist. Vorsichtiges Rechnen und Anwendung der Kontrollen führt am raschesten zum Ziele.

Die Größen k^0, l^0 und damit auch Δ_2 sind im allgemeinen nur auf wenige Dezimalstellen gesichert. Man kann sich damit begnügen, diese Größen mit verminderter Genauigkeit, etwa auf 4 Dezimalstellen, anzusetzen. Bei der unvermeidlichen Unsicherheit der Beobachtungen ist es auch bei Benutzung der Maschine nicht ratsam, die Rechengenauigkeit von vornherein soweit zu treiben, daß auch die unsicher bestimmten Größen in 6stelliger Genauigkeit erhalten werden. Will man andrerseits die erforderliche Darstellung der Beobachtungen innerhalb ihres Genauigkeitsbereiches erzielen — das ist notwendig, um ein Urteil über die erreichte Genauigkeit zu erhalten — so ist es erforderlich, auch die weitere Rechnung von den Entfernungen bis zu den Elementen in der der Beobachtungsgenauigkeit angepaßten rechnerischen Genauigkeit durchzuführen.

Die Bestimmung der Unbekannten r_2 und Δ_2 aus den Gl. (VI) kann entweder mit Hilfe der Gaußschen Gleichung (siehe S. 106) oder für die numerische Rechnung bequemer im Näherungsverfahren erfolgen.

Bei Anwendung des letzteren Verfahrens kann man bei einem kleinen Planeten für $1 : r_2^3$ den Durchschnittswert $1/20$ einsetzen, damit einen Näherungswert von Δ_2 aus der 1. Gleichung bestimmen und das Näherungsverfahren mit runden Werten von Δ_2 beginnen, die den eben gefundenen Näherungswert einschließen. In verminderter Stellenzahl kann man die beiden Gl. (VI) zunächst unter Zuhilfenahme eines Rechenschiebers oder einer Multiplikationstafel, dann in der erhöhten Genauigkeit mit der Maschine durchrechnen.

Bei einem Kometen wird man sich mit ein paar Versuchen rasch einen Näherungswert verschaffen.

Zu beachten ist, namentlich bei Kometen, die Möglichkeit einer doppelten Lösung. Die beiden Lösungen erhält man leicht, indem man sich eine kleine Zeichnung der Kurve $\Delta_2 - \left(k^0 - l^0 \frac{1}{r_2^3}\right) = 0$ für verschiedene Werte von Δ_2 herstellt (siehe § 29).

$$n_1 = n_1^0 + \frac{\nu_1}{r_2^3} \qquad n_3 = n_3^0 + \frac{\nu_3}{r_2^3}. \tag{VII}$$

$n_3 \Delta_3$ erhält man aus einer der Zwischengleichungen im Eliminationsverfahren, $n_1 \Delta_1$ aus einer der 3 Gl. (III), und zwar wählt man diejenigen Gleichungen, in denen die Koeffizienten von $n_3 \Delta_3$ bzw. $n_1 \Delta_1$ am größten sind. (Kontrolle durch Einsetzen der n_1, n_3, $n_1 \Delta_1$, $n_3 \Delta_3$ in die beiden anderen der Gl. (III).)

$$\Delta_1 = \frac{n_1 \Delta_1}{n_1} \qquad \Delta_3 = \frac{n_3 \Delta_3}{n_3}$$

$$r_1^2 = R_1^2 + 2 R_1 \cos \vartheta_1 \Delta_1 + \Delta_1^2 \qquad r_3^2 = R_3^2 + 2 R_3 \cos \vartheta_3 \Delta_3 + \Delta_3^2$$

$$\begin{aligned} x_i' &= a_i' \Delta_i - X_{\odot i}' \\ y_i' &= b_i' \Delta_i - Y_{\odot i}' \\ z_i' &= c_i' \Delta_i - Z_{\odot i}' \end{aligned} \tag{VIII}$$

$$\text{Kontrolle:} \quad x_i'^2 + y_i'^2 + z_i'^2 = r_i^2 .$$

c) **Das Verbesserungsverfahren.**

$$t_1^0 = t_1 - A\Delta_1 \qquad t_2^0 = t_2 - A\Delta_2 \qquad t_3^0 = t_3 - A\Delta_3 \qquad \text{(IVa)}$$

$A = 0.005770$ in Einheiten des mittl. Tages

$$\tau_1^0 = k\,(t_3^0 - t_2^0) \qquad \tau_2^0 = k\,(t_3^0 - t_1^0) \qquad \tau_3^0 = k\,(t_2^0 - t_1^0)$$

$$n_1^0 = \frac{\tau_1^0}{\tau_2^0} \qquad n_3^0 = \frac{\tau_3^0}{\tau_2^0}$$

$$\begin{aligned} \varkappa_1^2 &= r_2 r_3 + x_2' x_3' + y_2' y_3' + z_2' z_3' \\ \varkappa_2^2 &= r_1 r_3 + x_1' x_3' + y_1' y_3 + z_1' z_3' \\ \varkappa_3^2 &= r_1 r_2 + x_1' x_2' + y_1' y_2' + z_1' z_2' \end{aligned} \qquad \text{(IX)}$$

$$\tfrac{11}{9} h_1 = \frac{\tfrac{11}{9}\tau_1^{0\,2}}{\varkappa_1^2\left(\frac{2\sqrt{2}}{3}\varkappa_1 + r_2 + r_3\right)} \qquad \tfrac{11}{9} h_2 = \frac{\tfrac{11}{9}\tau_2^{0\,2}}{\varkappa_2^2\left(\frac{2\sqrt{2}}{3}\varkappa_2 + r_1 + r_3\right)}$$

$$\tfrac{11}{9} h_3 = \frac{\tfrac{11}{9}\tau_3^{0\,2}}{\varkappa_3^2\left(\frac{2\sqrt{2}}{3}\varkappa_3 + r_1 + r_2\right)}$$

$$\bar{y}_i = 1 + \tfrac{10}{11}\,\cfrac{\tfrac{11}{9} h_i}{1 + \cfrac{\tfrac{11}{9} h_i}{1 + \cfrac{\tfrac{11}{9} h_i}{\cdots\cdots}}}$$

$$\tfrac{2\sqrt{2}}{3} = 0.942809, \qquad \tfrac{11}{9} = 1.222222, \qquad \tfrac{10}{11} = 0.909091.$$

Über die Berechnung des Kettenbruchs siehe die Ausführungen auf S. 30. Der Kettenbruch reicht (bei 6stelliger Rechnung) im allgemeinen bis zu Bögen $v_3 - v_1$ von etwa 30° aus. Bei größeren Bögen verwendet man die anderen S. 29ff. gegebenen Verfahren zur Berechnung der $\bar{y}_i$.

$$n_1 = n_1^0 \frac{\bar{y}_2}{\bar{y}_1} \qquad n_3 = n_3^0 \frac{\bar{y}_2}{\bar{y}_3}. \qquad \text{(X)}$$

Stimmen die so erhaltenen Werte der n_1, n_3 mit den aus Gl. (VII) erhaltenen überein, so kann man sofort an die Ableitung der Elemente gehen, sofern man darauf verzichtet, den Aberrationszeiten in der 1. Näherung Rechnung zu tragen. Man kann unbedenklich darauf verzichten, wenn das Ziel der Bahnbestimmung nur in der Berechnung einer Ephemeride besteht, die die weitere Verfolgung des Objektes in derselben Erscheinung ermöglichen soll. Von ungewöhnlichen Bahnverhältnissen abgesehen, ist die durch die Nichtberücksichtigung der Aberrationszeiten in der 1. Näherung entstehende Änderung im geozentrischen Ort äußerst gering. (Vergleiche das Ergebnis der 1. und 2. Näherung im Beispiel.) Tatsächlich reicht in der gegenwärtigen Praxis schon die 2. Näherung sehr häufig aus. Handelt es sich um eine endgültige Bahnbestimmung, die die Auffindung in einer späteren Erscheinung ermöglichen soll, so wird man vorsichtigerweise jede Vernachlässigung vermeiden und mit den Werten

$$n_1^0 = \frac{\tau_1^0}{\tau_2^0}, \quad n_3^0 = \frac{\tau_3^0}{\tau_2^0}, \quad \nu_1 = n_1^0\left(\frac{\bar{y}_2}{\bar{y}_1} - 1\right) r_2^3, \quad \nu_3 = n_3^0\left(\frac{\bar{y}_2}{\bar{y}_3} - 1\right) r_2^3 \quad \text{(XI)}$$

das Formelsystem (V bis XI) erneut durchrechnen.

Ist die Übereinstimmung zwischen den aus den Gl. (VII) und (X) erhaltenen Werten der n_1, n_3 nicht genügend, so wird man die mit dem Formelsystem (XI) beginnende 2. Näherung auf jeden Fall durchrechnen. Das Verbesserungsverfahren ist als abgeschlossen zu betrachten, wenn in den n_1, n_3 keine Änderung mehr eintritt.

Zur Kontrolle kann man die Darstellung der benutzten mittleren Beobachtung nachrechnen nach

$$\begin{aligned} \Delta_2 \cos\delta_2 \cos\alpha_2 &= n_1 x_1' + n_3 x_3' + X'_{\odot 2} \\ \Delta_2 \cos\delta_2 \sin\alpha_2 &= n_1 y_1' + n_3 y_3' + Y'_{\odot 2} \\ \Delta_2 \sin\delta_2 &= n_1 z_1' + n_3 z_3' + Z'_{\odot 2}. \end{aligned} \tag{XII}$$

d) Die Ableitung der Elemente.

$$\begin{aligned} \sigma &= \frac{x_1' x_3' + y_1' y_3' + z_1' z_3'}{r_1^2} \\ x^0 &= x_3' - \sigma x_1' \\ y^0 &= y_3' - \sigma y_1' \\ z^0 &= z_3' - \sigma z_1' \\ r^0 &= \sqrt{x^{02} + y^{02} + z^{02}} \end{aligned} \tag{XIII}$$

Kontrolle: $(r_1 r^0)^2 = (y_1' z_3' - z_1' y_3')^2 + (x_1' z_3' - z_1' x_3')^2 + (x_1' y_3' - y_1' x_3')^2$

$$\begin{aligned} \sin(v_3 - v_1) &= \frac{r_1 r^0}{r_1 r_3} \\ \cos(v_3 - v_1) &= \frac{x_1' x_3' + y_1' y_3' + z_1' z_3'}{r_1 r_3} \\ \sqrt{p} &= \frac{r_1 r^0}{\tau_2^0} \bar{y}_2 \end{aligned} \tag{XIV}$$

Kontrolle: $\sqrt{p} = \frac{r_1 r^0}{\tau_1^0} n_1 \bar{y}_1 = \frac{r_1 r^0}{\tau_3^0} n_3 \bar{y}_3$

$$\begin{aligned} q_1 &= \frac{p}{r_1} - 1 \qquad q_3 = \frac{p}{r_3} - 1 \\ e\cos v_1 &= q_1 \\ e\sin v_1 &= \frac{q_1 \cos(v_3 - v_1) - q_3}{\sin(v_3 - v_1)} \\ v_3 &= v_1 + (v_3 - v_1) \end{aligned} \tag{XV}$$

Kontrolle: $p = r_3 (1 + e\cos v_3)$

$$\begin{aligned} e &= \sin\varphi \qquad a = \frac{p}{(1-e)(1+e)} \\ \operatorname{tg}\tfrac{1}{2}E_1 &= \sqrt{\frac{1-e}{1+e}} \operatorname{tg}\tfrac{1}{2}v_1 \\ \operatorname{tg}\tfrac{1}{2}E_3 &= \sqrt{\frac{1-e}{1+e}} \operatorname{tg}\tfrac{1}{2}v_3 \end{aligned} \tag{XVI}$$

Kontrolle: $a\cos\varphi \sin\frac{1}{2}(E_3 - E_1) = \sqrt{r_1 r_3} \sin\frac{1}{2}(v_3 - v_1)$

$$
\begin{aligned}
e^\circ &= 57.29578 \cdot e \\
M_1 &= E_1 - e^\circ \sin E_1 \\
M_3 &= E_3 - e^\circ \sin E_3 \\
\mu &= \frac{M_3 - M_1}{t_3^0 - t_1^0}
\end{aligned}
\qquad \text{(XVII)}
$$

$$\text{Kontrolle:} \quad \mu = \frac{k^\circ}{a\sqrt{a}}$$

$$k^\circ = 0.985608$$

$$M_1 + \mu(t_0 - t_1^0) = M_0 = M_3 + \mu(t_0 - t_3^0)$$

$$
\begin{aligned}
P'_x &= x'_1 \frac{\cos v_1}{r_1} - x^0 \frac{\sin v_1}{r^0} & \qquad Q'_x &= x'_1 \frac{\sin v_1}{r_1} + x^0 \frac{\cos v_1}{r^0} \\
P'_y &= y'_1 \frac{\cos v_1}{r_1} - y^0 \frac{\sin v_1}{r^0} & \qquad Q'_y &= y'_1 \frac{\sin v_1}{r_1} + y^0 \frac{\cos v_1}{r^0} \\
P'_z &= z'_1 \frac{\cos v_1}{r_1} - z^0 \frac{\sin v_1}{r^0} & \qquad Q'_z &= z'_1 \frac{\sin v_1}{r_1} + z^0 \frac{\cos v_1}{r^0}
\end{aligned}
\qquad \text{(XVIII)}
$$

$$
\begin{aligned}
& P'^2_x + P'^2_y + P'^2_z = 1 \\
\text{Kontrollen:} \quad & Q'^2_x + Q'^2_y + Q'^2_z = 1 \\
& P'_x Q'_x + P'_y Q'_y + P'_z Q'_z = 0
\end{aligned}
$$

$$
\begin{aligned}
\sin i \sin \omega &= P'_z \cos \varepsilon - P'_y \sin \varepsilon \\
\sin i \cos \omega &= Q'_z \cos \varepsilon - Q'_y \sin \varepsilon \\
\sin \Omega &= (P'_y \cos \omega - Q'_y \sin \omega) \sec \varepsilon \\
\cos \Omega &= P'_x \cos \omega - Q'_x \sin \omega
\end{aligned}
\qquad \text{(XIX)}
$$

ε aus Tafel 2

Kontrollen: $\sin \Omega$ und $\cos \Omega$ müssen zu demselben Winkel gehören;

$$P'_x \sin \omega + Q'_x \cos \omega = -\cos i \sin \Omega.$$

Die letzte Kontrolle stellt auch eine Kontrolle für den Quadranten von i dar.

e) Kontrolle durch Nachrechnung von Beobachtungen. Während die völlige Darstellung der benutzten mittleren Beobachtung lediglich für die Korrektheit der Rechnung spricht, erhält man ein Urteil über die Brauchbarkeit der Elemente nur durch Nachrechnung von mindestens einer bei der Bahnrechnung nicht benutzten Beobachtung.

Besteht das nächste Ziel nur darin, auf Grund der Vorausberechnung ein weiteres Verfolgen des Objektes in derselben Erscheinung zu ermöglichen, so wird man sich zweckmäßig damit begnügen, nur eine oder doch nur einzelne Beobachtungen nachzurechnen. Man wählt dazu diejenigen Beobachtungen aus, die von den bei der Bahnbestimmung benutzten möglichst weit entfernt sind, da ein etwaiger Fehler in den benutzten Beobachtungen sich in deren Nähe nur wenig, in größerer zeitlicher Entfernung aber stärker bemerkbar macht. Rechnet man mehrere Beobachtungen nach, so wählt man diese tunlichst in den beiden Zeiträumen (zwischen t_1 und t_2 bzw. t_2 und t_3).

Die Nachrechnung kann nach den Gl. (1.39), (3.24)

$$M = M_0 + \mu\,(t^0 - t_0) \qquad \text{(XX)}$$
$$E - e^\circ \sin E = M$$

$$\Delta \cos\delta \cos\alpha = a\,P'_x\,(\cos E - e) + a\cos\varphi\,Q'_x \sin E + X'_\odot$$
$$\Delta \cos\delta \sin\alpha = a\,P'_y\,(\cos E - e) + a\cos\varphi\,Q'_y \sin E + Y'_\odot \qquad \text{(XXI)}$$
$$\Delta \sin\delta = a\,P'_z\,(\cos E - e) + a\cos\varphi\,Q'_z \sin E + Z'_\odot$$

erfolgen. Die Aberrationszeit kann man mit ausreichender Genauigkeit mit Hilfe der Werte für die benutzten Beobachtungen ermitteln. Über die zweckmäßige Bestimmung der exzentrischen aus der mittleren Anomalie siehe die Ausführungen in § 67. Die Behandlung der Beobachtungen und Sonnenkoordinaten erfolgt in derselben Weise wie bei den der Bahnbestimmung zugrunde gelegten Größen.

Läßt die schlechte Darstellung von Kontrollbeobachtungen darauf schließen, daß so stark fehlerhafte Beobachtungen benutzt sind, daß die weitere Verfolgung auf Grund der Vorausberechnung in Frage gestellt wird, so wird man andere Beobachtungen einer neuen Bahnbestimmung zugrunde legen (siehe § 15).

Ist in der gleichen Erscheinung eine weitere Verfolgung nicht mehr zu erwarten, so wird man möglichst alle vorhandenen Beobachtungen nachrechnen, um einen Überblick zu erhalten, ob die Bahnelemente verbesserungsbedürftig sind und gegebenenfalls zur Bahnverbesserung schreiten (siehe Abschnitt 21—23).

§ 28. Beispiel.

a) Ausgangsdaten und konstante Hilfsgrößen. Gegeben seien die topozentrischen Beobachtungen des Planeten (931) Whittemora:

Ort	1920	M. Z. Algier	α	δ	
Algier	März 20	$9^h\ 5^m\ 52^s$	$11^h\ 19^m\ 51^s.19$	$+18°\ 47'\ 29''.6$	1920.0
,,	Apr. 6	9 46 43	11 9 26.54	+19 36 41.5	
,,	,, 22	8 27 48	11 4 7.61	+19 36 1.5	

Die Reduktion dieser Beobachtungen (Verwandlung der mittleren Ortszeiten in M. Z. Gr.) und die Umwandlung der zugehörigen geozentrischen in topozentrische Sonnenkoordinaten ist S. 66 an einem Beispiel erläutert.

t*	$20^d.37065$	$37^d.39902$	$53^d.34421$
α	169° 57′ 47″.9	167° 21′ 38″.2	166° 1′ 54″.2
δ	+18 47 29.6	+19 36 41.5	+19 36 1.5
sin α	+0.174279	+0.218814	+0.241385
cos δ	+0.946697	+0.941990	+0.942055
cos α	−0.984696	−0.975767	−0.970430

* Mit Rücksicht auf den zur Verfügung stehenden Raum und die größere Übersichtlichkeit ist vor den in einer Zeile stehenden 3 Zahlengrößen der Formelausdruck ohne Angabe von Indizes nur einmal aufgeführt. Die Indizes treten — siehe die Formelzusammenstellung — entweder in der Reihenfolge 1, 2, 3 oder in der der Kombinationen 3 2, 3 1, 2 1 auf.

$X'_{\odot}$	$+0.996424$	$+0.958665$	$+0.849396$	
$Y'_{\odot}$	-0.000764	$+0.265070$	$+0.494107$	
$Z'_{\odot}$	-0.000345	$+0.114958$	$+0.214305$	
a' *	-0.932209	-0.919163	-0.914198	
b'	$+0.164989$	$+0.206121$	$+0.227398$	(I)
$\sin\delta = c'$	$+0.322126$	$+0.335641$	$+0.335458$	
$2R\cos\vartheta$	$+1.858225$	$+1.575897$	$+1.184534$	(II)
R^2	0.992861	1.002516	1.011542	

$$\begin{array}{l} -0.932209\, n_1\Delta_1 + 0.919163\, \Delta_2 - 0.914198\, n_3\Delta_3 = +0.996424\, n_1 - 0.958665 + 0.849396\, n_3 \\ +0.164989 \;,, \quad -0.206121 \;,, \quad +0.227398 \;,, \quad = -0.000764 \;,, \; -0.265070 + 0.494107 \;,, \\ +0.322126 \;,, \quad -0.335641 \;,, \quad +0.335458 \;,, \quad = -0.000345 \;,, \; -0.114958 + 0.214305 \;,, \end{array} \qquad \text{(III)}$$

1\. Elim.-Faktor $-\dfrac{b_1}{a_1} = +0.176987$ 2. Elim.-Faktor $-\dfrac{c_1}{a_1} = +0.345551$

$$\begin{array}{l} -0.164989\, n_1\Delta_1 + 0.162680\, \Delta_2 - 0.161801\, n_3\Delta_3 = +0.176354\, n_1 - 0.169671 + 0.150332\, n_3 \\ -0.322126 \;,, \quad +0.317618 \;,, \quad -0.315902 \;,, \quad = +0.344315 \;,, \; -0.331268 + 0.293510 \;,, \end{array}$$

$$\begin{array}{l} -0.043441\, \Delta_2 + 0.065597\, n_3\Delta_3 = +0.175590\, n_1 - 0.434741 + 0.644439\, n_3 \\ -0.018023 \;,, \quad +0.019556 \;,, \quad = +0.343970 \;,, \; -0.446226 + 0.507815 \;,, \end{array}$$

3\. Elim.-Faktor $-\dfrac{0.019556}{0.065597} = -0.298123$

$$\begin{array}{l} +0.012951\, \Delta_2 - 0.019556\, n_3\Delta_3 = -0.052347\, n_1 + 0.129606 - 0.192122\, n_3 \\ -0.005072\, \Delta_2 \qquad\qquad = +0.291623\, n_1 - 0.316620 + 0.315693\, n_3 \end{array}$$

b) Die erste Näherung.

$t - t$	$+15^{\mathrm{d}}.94519$	$+32^{\mathrm{d}}.97356$	$+17^{\mathrm{d}}.02837$	
τ	$+0.274291$	$+0.567214$	$+0.292924$	
n_1^0	$+0.483576$	n_3^0	$+0.516426$	(IV)
v_1	$+0.019867$	v_3	$+0.020307$	

$$\begin{array}{l} +0.005072\, k^0 = -0.291623\, n_1^0 + 0.316620 - 0.315693\, n_3^0 \\ +0.005072\, l^0 = +0.291623\, v_1 \qquad\qquad + 0.315693\, v_3 \end{array} \qquad \text{(V)}$$

$$\Delta_2 = 2.4775 - 2.4062\,\frac{1}{r_2^3}$$

$$r_2^2 = 1.002516 + 1.575897\,\Delta_2 + \Delta_2^2 \qquad \text{(VI)}$$

Roher Näherungswert für Δ_2 2.4

Beginn der Versuchsrechnung mit

Δ_2	r_2^2	r_2^3	Δ_2
2.00	8.15	23.27	2.374
3.00	14.73	56.53	2.435

Endwerte von r_2 und Δ_2

Δ_2	2.4077	r_2^3	34.48092	
r_2	3.254815	$1:r_2^3$	0.0290015	
$v_1:r_2^3$	0.000576	$v_3:r_2^3$	0.000589	(VII)
n_1	0.484152	n_3	0.517015	
$n_1\Delta_1$	1.097461	$n_3\Delta_3$	1.342269	

* Die Kontrollen — siehe die Formelzusammenstellung — müssen im allgemeinen bis auf einige Einheiten der letzten Stelle stimmen. Von einer Wiedergabe der in der Maschine erscheinenden Resultate der Kontrollrechnungen ist hier abgesehen.

Δ	2.266770	2.407700	2.596190	
r^2	10.34328	10.59382	10.82702	
x'	-3.109527	-3.171734	-3.222828	
y'	$+0.374756$	$+0.231208$	$+0.0962614$	(VIII)
z'	$+0.730531$	$+0.693165$	$+0.656608$	
r	3.216097	3.254815	3.290444	

c) Das Verbesserungsverfahren.

$A\Delta$	$0^d.01308$	$0^d.01389$	$0^d.01498$	
t^0	20.35757	37.38513	53.32923	
$t^0 - t^0$	15.94410	32.97166	17.02756	(IVa)
τ^0	0.274272	0.567182	0.292910	
n_1^0	0.483570	n_3^0	0.516430	

$\varkappa^2$	21.4091	21.1196	20.9234	
$\varkappa$	4.62700	4.59561	4.57421	
$\frac{11}{9}\tau^{0\,2}$	0.0919418	0.393183	0.104862	
$\varkappa^2\left(\frac{2\sqrt{2}}{3}\varkappa + r + r\right)$	233.523	228.922	225.628	(IX)
$\frac{11}{9}h$	0.0003937	0.0017175	0.0004648	
$\bar{y}$	1.0003577	1.0015587	1.0004224	

$\bar{y}_2 : \bar{y}_1$	1.0012006	$\bar{y}_2 : \bar{y}_3$	1.0011358	
n_1	0.484151	n_3	0.517017	
Diff.	-1	Diff.	$+2$	(X)

Würde man die bisherigen Resultate zur Nachrechnung der mittleren Beobachtung nach Gl. (XII) benutzen, so erhielte man für die Abweichungen $d\alpha$ und $d\delta$ im Sinne Beobachtung minus Rechnung die Beträge: $d\alpha = -0''.1$, $d\delta = +0''.1$.

v_1	0.020019	v_3	0.020225	(XI)

$$
\begin{aligned}
+0.005072\,k^0 &= -0.291623\,n_1^0 + 0.316620 - 0.315693\,n_3^0 \\
+0.005072\,l^0 &= +0.291623\,v_1 \qquad\qquad\quad + 0.315693\,v_3
\end{aligned}
\tag{Va}
$$

$$
\begin{aligned}
\Delta_2 &= 2.4777 - 2.4099\,\frac{1}{r_2^3} \\
r_2^2 &= 1.002516 + 1.575897\,\Delta_2 + \Delta_2^2
\end{aligned}
\tag{VIa}
$$

Δ_2	2.4078	r_2^3	34.48405	
r_2	3.254913	$1 : r_2^3$	0.0289989	

$v_1 : r_2^3$	0.000581	$v_3 : r_2^3$	0.000587	
n_1	0.484151	n_3	0.517017	(VIIa)
$n_1\Delta_1$	1.097481	$n_3\Delta_3$	1.342348	

Δ	2.266816	2.407800	2.596332	
r^2	10.34357	10.59446	10.82793	
r	3.216142	3.254913	3.290582	
x'	-3.109570	-3.171826	-3.222958	(VIIIa)
y'	$+0.374764$	$+0.231228$	$+0.0962937$	
z'	$+0.730545$	$+0.693198$	$+0.656655$	

$r_1 r_3$	10.58298
$x_1' x_3' + y_1' y_3' + z_1' z_3'$	10.53782

Eine Wiederholung des Verbesserungsverfahrens würde ergeben, daß in den n_1, n_3 keine Änderung mehr eintritt, wie es angesichts der kleinen Abweichungen im 1. Näherungsverfahren vorauszusehen ist.

Kontrolle durch Nachrechnung der mittleren Beobachtung.

$\Delta_2 \cos\delta_2 \cos\alpha_2$	-2.213161	
$\Delta_2 \cos\delta_2 \sin\alpha_2$	$+0.496298$	
$\mathrm{tg}\,\alpha_2$	-0.224248	
α_2	$167^\circ\ 21'\ 38''.3$	(XII)
$\Delta_2 \cos\delta_2$	$+2.268124$	
$\Delta_2 \sin\delta_2$	$+0.808154$	
$\mathrm{tg}\,\delta_2$	$+0.356309$	
δ_2	$+19^\circ\ 36'\ 41''.2$	

$B - R$: $\cos\delta_2\, d\alpha_2 = -0''.1 \qquad d\delta_2 = +0''.3$

d) Die Ableitung der Elemente.

σ	$+1.018780$	r^{02}	0.0922142	(XIII)
x^0	-0.0549903	r^0	0.303668	
y^0	-0.285508			
z^0	-0.0876096	$r_1 r^0$	0.976639	
$\sin(v_3 - v_1)$	$+0.0922839$	$\mathrm{tg}\,(v_3 - v_1)$	$+0.0926794$	(XIV)
$\cos(v_3 - v_1)$	$+0.995733$	$v_3 - v_1$	$5^\circ.29501$*	
$\sqrt{p}$	1.724598	p	2.974238	
q_1	-0.0752156	q_3	-0.0961362	
$e \sin v_1$	$+0.230176$	v_3	$113^\circ.39108$	
$\mathrm{tg}\,v_1$	-3.060216			
v_1	$108^\circ.09607$	e	0.242154	(XV)
$\sin v_1$	$+0.950537$	$\sqrt{\frac{1-e}{1+e}}$	0.781093	
$\cos v_1$	-0.310611	e^0	$13^\circ.87440$	
$\frac{1}{2} v_1$	$54^\circ.04804$	$\frac{1}{2} v_3$	$56^\circ.69554$	
$\mathrm{tg}\,\frac{1}{2} v_1$	$+1.378812$	$\mathrm{tg}\,\frac{1}{2} v_3$	$+1.522096$	
$\mathrm{tg}\,\frac{1}{2} E_1$	$+1.076980$	$\mathrm{tg}\,\frac{1}{2} E_3$	$+1.188899$	
$\frac{1}{2} E_1$	$47^\circ.12261$	$\frac{1}{2} E_3$	$49^\circ.93233$	(XVI)
E_1	94.24522	E_3	99.86466	
φ	$14^\circ.01371$	$\cos\varphi$	0.970238	
		a	3.159508	
$\sin E_1$	$+0.997256$	$\sin E_3$	$+0.985215$	
M_1	$80^\circ.40889$	M_3	$86^\circ.19539$	
μ	0.1754992	μ''	$631''.797$	(XVII)
t_0	60.0			
M_0	$87^\circ.36611$	M_0	$87^\circ.36610$	
$\cos v_1 : r_1$	-0.0965788	$\sin v_1 : r_1$	$+0.295552$	
$-\sin v_1 : r^0$	-3.130185	$\cos v_1 : r^0$	-1.022864	
P'_x	$+0.472448$	Q'_x	-0.862792	(XVIII)
P'_y	$+0.857499$	Q'_y	$+0.402798$	
P'_z	$+0.203679$	Q'_z	$+0.305527$	

* Zum Schutz gegen die Anhäufung von Abrundungsfehlern empfiehlt es sich, die 5. Dezimale des Grades mitzubestimmen.

$\sin\varepsilon$	$+0.397944$	$\cos\varepsilon$	$+0.917410$	
$\sin i\sin\omega$	-0.154379	$\sin\Omega$	$+0.920288$	
$\sin i\cos\omega$	$+0.120002$	$\cos\Omega$	-0.391249	
$\mathrm{tg}\,\omega$	-1.286470	$\mathrm{tg}\,\Omega$	-2.352180	(XIX)
ω	$307^\circ.85867$	Ω	$113^\circ.03217$	
$\sin\omega$	-0.789527	$\sin i$	$+0.195534$	
$\cos\omega$	$+0.613716$	i	$11^\circ.27592$	

Zusammenstellung der Elemente:

Epoche $t_0 = 1920$ Apr. 29.0 M. Z. Gr.

M_0	$87^\circ.3661$	ω	$307^\circ.8587$	Ekliptik,
φ	14.0137	Ω	113.0322	Mittl. Aequin.
μ	$631''.797$	i	11.2759	1920.0

Konstanten unter (XVIII).

e) Nachrechnung einer nicht benutzten Beobachtung.

t	$45^d.31797$	$X'_\odot$	$+0.912908$
α	$166^\circ\ 32'\ 52''.2$	$Y'_\odot$	$+0.382348$
δ	$+19\ \ 41\ \ 41.9$	$Z'_\odot$	$+0.165837$

α, δ, $X'_\odot$, $Y'_\odot$, $Z'_\odot$ sind topozentrische Koordinaten, bezogen auf das mittlere Äquinoktium des Jahresanfangs 1920.0.

$A\Delta$	$0^d.01440$	$\Delta\cos\delta\cos\alpha$	-2.285171	
t_0	45.30357	$\Delta\cos\delta\sin\alpha$	$+0.546605$	
M	$84^\circ.78689$	$\mathrm{tg}\,\alpha$	-0.239197	
E	98.50859	α	$166^\circ\ 32'\ 52''.0$	(XX)
$\sin E$	$+0.988994$	$\Delta\cos\delta$	$+2.349636$	(XXI)
$\cos E$	-0.147958	$\Delta\sin\delta$	$+0.841067$	
$a\cos\varphi\sin E$	$+3.031736$	$\mathrm{tg}\,\delta$	$+0.357956$	
$a(\cos E - e)$	-1.232562	δ	$+19^\circ\ 41'\ 42''.5$	

$B - R$: $\cos\delta\, d\alpha = +0''.2 \quad d\delta = -0''.6$

Die geringen Abweichungen lassen den Schluß zu, daß außer der Bahnrechnung auch die Beobachtungen frei von gröberen Fehlern sind.

§ 29. Die mehrfachen Lösungen nach Charlier.

Die Lösung des Problems war reduziert auf die Auflösung der beiden Gleichungen

$$r_2^2 = R_2^2 + 2R_2\cos\vartheta_2\,\Delta_2 + \Delta_2^2\,, \tag{37}$$

$$\Delta_2 = k^0 - l^0\frac{1}{r_2^3} \tag{38}$$

nach r_2 und Δ_2. Eliminiert man Δ_2, so erhält man die Gleichung

$$k^0 - l^0\frac{1}{r_2^3} = -R_2\cos\vartheta_2 \pm \sqrt{r_2^2 - (R_2\sin\vartheta_2)^2}$$

zur Bestimmung von r_2. Man kann sie in die Form bringen

$$r_2^8 - [(k^0 + R_2\cos\vartheta_2)^2 + (R_2\sin\vartheta_2)^2]\,r_2^6 + 2\,l^0(k^0 + R_2\cos\vartheta_2)\,r_2^3 - l^{0\,2} = 0\,, \tag{39}$$

und erhält damit eine algebraische Gleichung 8. Grades, die bereits Lagrange aufgestellt hat. Diese Fundamentalgleichung der Bahnbestimmung aus 3 Beobachtungen tritt letzten Endes in allen Methoden der Bahnbestimmung auf.

Eine Wurzel der Gleichung entspricht der Erdbahn; denn $r_2 = R_2$ befriedigt Gl. (39). Dann ist $\Delta_2 = 0$ und

$$k^0 = l^0 \frac{1}{R_2^3}.$$

Setzt man diesen Wert für k^0 in die allgemeine Gl. (38) ein, so tritt an deren Stelle die Gleichung

$$\Delta_2 = l^0 \left(\frac{1}{R_2^3} - \frac{1}{r_2^3} \right). \tag{40}$$

In aller Strenge gilt diese Gleichung nur, wenn die Beobachtungen vom Zentrum des Systems Erde + Mond (Baryzentrum) gemacht sind, da dieses, nicht das Geozentrum, die Ellipse um die Sonne beschreibt.

Setzt man nun — ohne Indizes — zur Abkürzung $\frac{r}{R} = \xi$, $\frac{\Delta}{R} = \eta$, $\frac{l}{R^4} = \zeta$, so kann man die Gl. (37) und (40) schreiben

$$\xi^2 = 1 + \eta^2 + 2\eta \cos\vartheta, \tag{41}$$

$$\eta = \zeta \left(1 - \frac{1}{\xi^3} \right). \tag{42}$$

Führt man den Ausdruck von η in den von ξ^2 ein, so wird

$$\xi^2 = 1 + \zeta^2 \left(1 - \frac{1}{\xi^3} \right)^2 + 2 \cos\vartheta\, \zeta \left(1 - \frac{1}{\xi^3} \right)$$

oder

$$\xi^2 - 1 + \cos\vartheta^2 - \left[\zeta \left(1 - \frac{1}{\xi^3} \right) + \cos\vartheta \right]^2 = 0$$

oder entwickelt

$$f(\xi) \equiv \xi^8 - [1 - \cos\vartheta^2 + (\cos\vartheta + \zeta)^2]\, \xi^6 + 2\zeta (\cos\vartheta + \zeta)\, \xi^3 - \zeta^2 = 0. \tag{43}$$

Dies ist die Charliersche Form der Lagrangeschen Gleichung. Da sie die Wurzel $\xi = 1$ ($r = R$) hat, so geht ihr Grad auf den 7. Grad herab.

Der Ausdruck $\zeta(\cos\vartheta + \zeta)$ ist, wie CHARLIER bewiesen hat, stets positiv. Denn wenn 1. $\zeta > 0$ ist, so ist nach Gl. (42) $\xi > 1$ und $\eta < \zeta$. Ist $\cos\vartheta$ positiv, so ist es auch $\zeta(\cos\vartheta + \zeta)$. Ist $\cos\vartheta$ negativ ($= -\cos\vartheta'$), so folgt aus $\xi^2 = 1 + \eta^2 - 2\cos\vartheta'\eta$, daß, damit $\xi > 1$ bleibt, $\eta > 2\cos\vartheta'$ sein muß. Also ist auch $\zeta > 2\cos\vartheta' > \cos\vartheta'$. Wenn 2. $\zeta < 0$ wäre, so wäre nach Gl. (42) $\xi < 1$, also nach Gl. (41) $\eta^2 + 2\cos\vartheta\eta$ negativ, d. h. $\cos\vartheta$ negativ, oder $\zeta(\cos\vartheta + \zeta)$ positiv.

Wie groß ist nun die Anzahl der reellen Wurzeln der Gl. (43)? Wegen des negativen Vorzeichens von ζ^2 findet ein dreimaliger Zeichenwechsel statt. Nach dem Satz von CARTESIUS über Zeichenwechsel und Zeichenfolgen ist dann die Zahl der Wurzeln höchstens gleich der Anzahl der Zeichenwechsel oder um eine gerade Zahl kleiner. Da außer $\xi = 1$ (Erdbahn) noch die unbekannte Bahn des beobachteten Himmelskörpers existieren muß, so sind notwendig immer 3 positive Wurzeln vorhanden.

Die beiden hier allein in Frage kommenden positiven Wurzeln bedingen deswegen aber nicht auch immer eine Doppellösung. Sie sind vielmehr nur dann beide verwendbar, wenn beide > 1 oder wenn beide < 1 sind. Hingegen existiert keine Doppellösung, wenn eine Wurzel < 1 und die andere > 1 ist, da bei einem Zeichenwechsel von $1 - \frac{1}{\xi^3}$ in Gl. (42) beim Durchgange von ξ durch 1 wegen der Konstanz von ζ für ein bestimmtes Gestirn η nicht mehr stets positiv sein kann. (Lambertscher Satz von der Krümmung der geozentrischen Bahn).

Um die Bedingungen für die Existenz einer doppelten Lösung kennenzulernen, sei zunächst aus Gl. (43) die Wurzel $\xi = 1$ eliminiert. Setzt man

$$f(\xi) = (\xi - 1)\, g(\xi), \tag{44}$$

so hat $g(\xi)$ zwei reelle positive Wurzeln. Durch Differentiation wird

$$\frac{d f(\xi)}{d\xi} = g(\xi) + (\xi - 1)\frac{d g(\xi)}{d\xi}. \tag{45}$$

Aus Gl. (44) und (45) folgt, daß $g(0) = \zeta^2$, also stets positiv, und $g(1) = 2(1 - 3\cos\vartheta\,\zeta)$ ist. Ist $g(1) > 0$, so kann die g-Kurve zwischen den positiven Ordinaten in 0 und 1 nur keinmal oder zweimal durch die Abszissenachse hindurchgegangen sein, d. h. so sind die beiden positiven Wurzeln entweder beide > 1 oder beide < 1 (doppelte Lösung). Ist hingegen $g(1) < 0$, so ist eine Wurzel < 1 und eine > 1.

Also lautet das wichtige Kriterium für das Auftreten einer doppelten Lösung in der ihm zuerst von Oppolzer gegebenen Form

$$1 - 3\cos\vartheta\,\zeta > 0, \tag{46}$$

oder wenn man die Werte für $\cos\vartheta$ und ζ nach Gl. (41) und (42) einsetzt

$$1 > \tfrac{3}{2}(\xi^2 - 1 - \eta^2)\left(1 - \frac{1}{\xi^3}\right)^{-1}. \tag{47}$$

Dieser Ungleichung hat Charlier eine geometrische Deutung gegeben. Ist α) $\xi > 1$, so kann man dafür schreiben

$$\eta^2 > \xi^2 + \tfrac{2}{3}\frac{1}{\xi^3} - \tfrac{5}{3}.$$

β) $\xi < 1$ $\qquad \eta^2 < \xi^2 + \tfrac{2}{3}\frac{1}{\xi^3} - \tfrac{5}{3}.$

Betrachtet man jetzt ξ und η als bipolare Raumkoordinaten eines Punktes bezogen auf die Einheitsstrecke Erde—Sonne als Grundstrecke, so ist die Grenzfläche, die die beiden durch die Ungleichungen α und β gekennzeichneten Gebiete trennt, gegeben durch

$$\eta^2 = \xi^2 + \tfrac{2}{3}\frac{1}{\xi^3} - \tfrac{5}{3}. \tag{48}$$

Sie ist eine Rotationsfläche, deren Symmetrieachse die Gerade Erde—Sonne ist.

Die Untersuchung dieser Fläche kann auf die der Schnittkurve mit irgendeiner Ebene durch die Symmetrieachse beschränkt werden. Gl. (48) stellt dann die Gleichung dieser Meridiankurve in bipolaren Ebenenkoordinaten dar.

Da die Größen ξ, η und 1 ein Dreieck bilden, so ist $\xi + \eta > 1$, $\eta + 1 > \xi$, $\xi + 1 > \eta$, so daß ξ nicht beliebig klein sein kann. Das Minimum erhält man aus

$$(\xi + 1)^2 = \xi^2 + \tfrac{2}{3}\frac{1}{\xi^3} - \tfrac{5}{3}$$

oder aus

$$3\xi + 4 = \frac{1}{\xi^3} \qquad \text{also} \qquad \xi_{\min} = 0.56042566\,.$$

CHARLIER hat die Werte von η für eine Reihe von Werten von ξ gegeben. Indem man ξ alle Werte von $\xi_{\min}$ bis $+\infty$ erteilt, erhält man die Grenzfläche, von der eine Schnittkurve in Abb. 12 gegeben ist. Es ist auch noch ein Schnitt durch die Kugel mit dem Radius $R = 1$ mit der Sonne als Mittelpunkt eingezeichnet, um die Gebiete der Doppellösungen zu trennen. Der Raum bzw. die Schnittebene wird so in 4 Gebiete abgeteilt:

Gebiet	Ungleichung	ξ	Zahl der Lösungen
A	β	< 1	2
B	α	< 1	1
C	α	> 1	2
D	β	> 1	1

In Abb. 12 sind die Gebiete der doppelten Lösung gestrichelt. Bei der Erde hat die Kurve einen Doppelpunkt. Der Winkel, den die Tangenten im Doppelpunkt an die Kurve mit der Rotationsachse bilden, kann folgendermaßen bestimmt werden. Setzt man zum Übergang von ebenen bipolaren in rechtwinklige Koordinaten mit dem Anfangspunkt in der Erde $\eta^2 = x^2 + y^2$, $\xi^2 = (1 - x)^2 + y^2 = 1 - 2x + x^2 + y^2$, so erhält bei Beschränkung auf quadratische Glieder die Gleichung der Kurve in unmittelbarer Nähe des Nullpunktes die Form

$$0 = 4x^2 - y^2 = (2x - y)(2x + y).$$

Aus der Kurve werden hier also zwei Gerade; oder die beiden Tangenten bilden mit der Geraden Erde—Sonne den Winkel

$$\operatorname{arc\,tg} \pm 2 = \pm 63^\circ\!.4.$$

Im Gebiete der Doppellösung existiert eine Rotationsfläche, deren Schnitt CHARLIER die singuläre Linie nennt. Ihre Gleichung in bipolaren Koordinaten ist $\eta^2 = 1 - \frac{5}{3}\xi^2 + \frac{2}{3}\xi^5$. Durch die singuläre Linie sind die Gebiete der doppelten Lösung A und C in je 2 Teilgebiete A_1, A_2 bzw. C_1, C_2 getrennt. Die Linie enthält die Positionen der Punkte, in denen

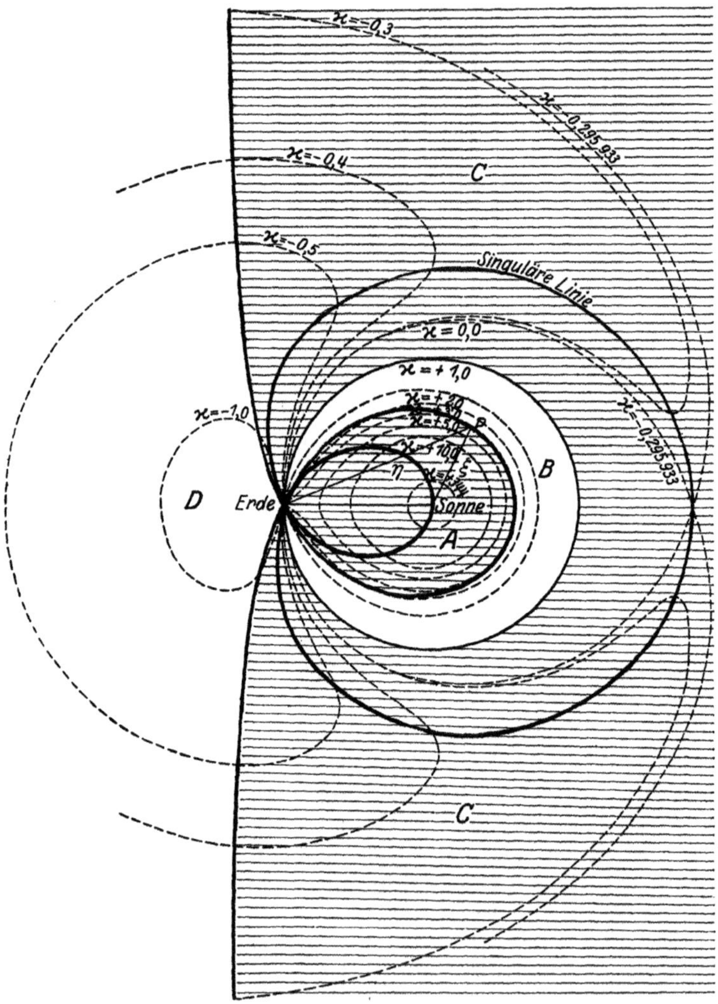

ϰ = −0,3
ϰ = −0,295 933
ϰ = −0,4
C
ϰ = −0,5
Singuläre Linie
ϰ = 0,0
ϰ = +1,0
ϰ = −1,0
B
D
Erde
Sonne
A
η
ϰ = −0,295 933
C

Abb. 12.

die beiden reellen positiven Wurzeln der Lagrangeschen Gleichung koinzidieren. Wenn z. B. der tatsächlich existierende Körper I sich im Gebiete A_1 aufhält, so steht der Pseudokörper II im Gebiete A_2. Bewegt sich I auf der Linie $E\,P$ auf ihren Schnitt mit der singulären Linie zu, so tut es auch II. Im Schnittpunkte koinzidieren die Körper I und II.

Von weiteren Eigenschaften der singulären Linie sei folgende genannt. Die Elemente der unbekannten Bahn können bei nicht zu großen Zwischenzeiten in konvergente Reihen, fortschreitend nach Potenzen der Zwischenzeiten entwickelt werden, bei denen die Koeffizienten bekannte Funktionen der beobachteten geozentrischen Koordinaten sind. Konvergent sind diese Reihen nur, wenn der Körper von der ersten zur dritten Beobachtung nicht die singuläre Linie (Fläche) kreuzt.

Schreibt man Gl. (42) in der Form

$$\eta = \frac{1}{\varkappa}\left(\frac{1}{\xi^3} - 1\right), \tag{49}$$

wo $\varkappa = -\frac{1}{\zeta}$ gesetzt ist, so erhält man für $\varkappa = 0$ den S. 97 erwähnten Einheitskreis; für positive bzw. negative Werte von $\varkappa$ wird $\xi < 1$ bzw. > 1, d. h., es liegt die durch Gl. (49) dargestellte Kurve innerhalb bzw. außerhalb dieses Kreises.

In Abb. 12 sind die Kurven für mehrere Werte von $\varkappa$ eingezeichnet. Von den nach Gl. (49) berechenbaren zusammengehörigen Werten von ξ und η geben nur diejenigen einen reellen Punkt, für welche die Ungleichungen $\xi + \eta > 1$, $\eta + 1 > \xi$, $\xi + 1 > \eta$ erfüllt sind. Die Kurve hat einen Doppelpunkt für $\varkappa = -0.295933$ (Abstand von der Sonne $= 2.785348$); für Werte $-0.295933 < \varkappa < 0$ zerfällt die Kurve in zwei Zweige, deren einer innerhalb, der andere außerhalb dieser speziellen $\varkappa$-Kurve liegt. Mit sich der Null näherndem $\varkappa$ geht der innere Kurvenzweig in den Einheitskreis $\xi = 1$, der äußere in den unendlich großen Kreis $\eta = \infty$ über.

In der Praxis werden die kleinen Planeten fast ausnahmslos in der Nähe der Opposition, d. h. in der näheren Umgebung der Verlängerung der Geraden Sonne—Erde, im Raume D, entdeckt und beobachtet. Doppellösungen treten infolgedessen nur äußerst selten auf.

Unter ganz anderen Umständen werden die Kometen entdeckt und beobachtet. Bei ihnen ist die Möglichkeit des Auftretens von Doppellösungen größer.

Welche der beiden Lösungen die dem beobachteten Körper entsprechende Lösung ist, läßt sich nur durch weitere Beobachtungen entscheiden.

Ist die Bahn des Kometen eine Parabel, so existiert im allgemeinen nur eine Lösung (siehe S. 176).

Auch zur numerischen Berechnung der Wurzeln der Lagrangeschen Gleichung in der Form der Gl. (43) hat CHARLIER Wege gewiesen. So sind für Werte von $\varkappa$ zwischen 0.1 und 10.0 Tafeln gerechnet, die mit dem Argument ξ den Wert von η geben. Für $\varkappa = 1$ sind die Werte in folgender Tabelle enthalten.

$\varkappa = +1.0$

ξ	η	ξ	η
0.0	∞	1.5	− 0.7037
0.1	+ 999.0000	1.6	− 0.7559
0.2	+ 124.0000	1.7	− 0.7965
0.3	+ 36.0000	1.8	− 0.8285
0.4	+ 14.6250	1.9	− 0.8542
0.5	+ 7.0000	2.0	− 0.8750
0.6	+ 3.6296	2.1	− 0.8920
0.7	+ 1.9155	2.2	− 0.9061
0.8	+ 0.9531	2.3	− 0.9178
0.9	+ 0.3717	2.4	− 0.9276
1.0	± 0.0000	2.5	− 0.9360
1.1	− 0.2487	2.6	− 0.9431
1.2	− 0.4213	2.7	− 0.9492
1.3	− 0.5448	2.8	− 0.9544
1.4	− 0.6356	2.9	− 0.9590
1.5	− 0.7037	3.0	− 0.9630

Die negativen Werte von η gehören mit umgekehrtem Vorzeichen zu einem negativen Wert von $\varkappa$. Mit dem aus den Beobachtungen erhaltenen Wert von $\varkappa$

$$\varkappa = -R^4 : l_0 \tag{50}$$

wird die entsprechende Kurve berechnet, was wegen des reziproken Proportionalitätsverhältnisses zwischen η und $\varkappa$ mit Hilfe der Werte für $\varkappa = 1$ leicht geschehen kann. Die Schnittpunkte dieser Kurve mit einer Geraden, die an der Erde den Winkel $180 - \vartheta_2$ mit dem Radius R_2 bildet, geben dann genäherte Werte von r_2 und Δ_2. Sie sind im Näherungsverfahren zu verbessern.

7. Abschnitt.

Die Methode von Gauss-Encke.

Die wesentlichen Merkmale, durch die sich die hier darzulegende Methode von der vorigen unterscheidet, sind die Einführung der ekliptikalen Polarkoordinaten an Stelle der äquatorialen rechtwinkligen Koordinaten und die Art der Ableitung der Elemente. Im übrigen ist der Gedankengang in beiden Methoden der gleiche, und man kann sich hier im allgemeinen mit der Entwicklung des Formelsystems begnügen.

§ 30. Die Fundamentalgleichungen.

Gauss hat als Koordinatensystem das ekliptikale System gewählt, da es einmal den Vorteil der verschwindenden Sonnenbreiten gewährt, und da man die Bahnlageelemente direkt in der üblichen auf die Ekliptik bezogenen Form erhält. Als kleiner Vorteil kommt weiter hinzu, daß die Entnahme von Länge und Radiusvektor der Sonne (Erde) aus den Jahrbüchern bequemer ist als die der 3 rechtwinkligen Äquatorkoordinaten. Ein Nachteil besteht jedoch in der notwendigen Umwandlung der äquatorialen beobachteten Koordinaten α_i, δ_i in die ekliptikalen Größen λ_i, β_i.

Die Bedingungsgleichungen der Ebene kann man in der gleichen Weise ableiten wie die Gl. (6. 1). Sie lauten

$$\begin{aligned} n_1 x_1 - x_2 + n_3 x_3 &= 0 \\ n_1 y_1 - y_2 + n_3 y_3 &= 0 \\ n_1 z_1 - z_2 + n_3 z_3 &= 0\,. \end{aligned} \tag{1}$$

Hierin sind die x_i, y_i, z_i $(i = 1, 2, 3)$ die rechtwinkligen ekliptikalen Koordinaten des Körpers, n_1, n_3 die Verhältnisse der Dreiecksflächen.

Der Übergang auf die geozentrischen Koordinaten erfolgt nach Gl. (3. 5). Setzt man hierin $B = 0$ und zur Abkürzung $\Delta \cos\beta = \varrho$, und führt die geozentrischen Koordinaten in Gl. (1) ein, so erhält man

$$\begin{aligned} n_1 (\varrho_1 \cos\lambda_1 + R_1 \cos L_1) &- (\varrho_2 \cos\lambda_2 + R_2 \cos L_2) \\ &+ n_3 (\varrho_3 \cos\lambda_3 + R_3 \cos L_3) = 0 \\ n_1 (\varrho_1 \sin\lambda_1 + R_1 \sin L_1) &- (\varrho_2 \sin\lambda_2 + R_2 \sin L_2) \\ &+ n_3 (\varrho_3 \sin\lambda_3 + R_3 \sin L_3) = 0 \\ n_1 \varrho_1 \operatorname{tg}\beta_1 &- \varrho_2 \operatorname{tg}\beta_2 + n_3 \varrho_3 \operatorname{tg}\beta_3 = 0\,. \end{aligned} \tag{2}$$

Hierin sind die λ_i, β_i, L_i, R_i, bekannte Größen. Die λ_i, β_i werden nach Gl. (3. 29) aus den beobachteten Koordinaten α_i, δ_i abgeleitet. Die Erdkoordinaten $L_i = L_{\odot i} \pm 180^\circ$ und $\log R_i$ werden für die auf den Nullmeridian reduzierten Beobachtungszeiten t_i (siehe S. 54) den Jahrbüchern durch Interpolation entnommen. Die L_i müssen auf das gleiche mittlere Äquinoktium wie die α_i, δ_i bezogen werden.

Unbekannte Größen sind in den Gl. (2) sowohl die 3 Größen ϱ_i, d. h. die auf die Ekliptik reduzierten Entfernungen Δ_i, als auch die Verhältnisse der Dreiecksflächen n_1, n_3.

a) Die Gleichungen für die mittlere Entfernung. Die weitere Behandlung der 3 Gl. (2) in der im vorigen Abschnitt dargelegten Form ist für die logarithmische Rechnung wenig geeignet. Hier wird zunächst ebenfalls ϱ_2 durch die n_1, n_3 und bekannte Größen ausgedrückt. Dann werden auch für die ϱ_1, ϱ_3 Gleichungen aufgestellt, in denen ϱ_1 und ϱ_3 explizite als Funktionen von ϱ_2, n_1, n_3 und bekannten Größen auftreten. Durch Einführung von Hilfsgrößen werden die Gleichungen für die ϱ_i in eine für die logarithmische Rechnung passende Form gebracht.

Der Eliminationsprozeß kann in folgender Weise vor sich gehen. Um ϱ_1 und ϱ_3 zu eliminieren, sei die erste Gleichung mit $(\operatorname{tg}\beta_1 \sin\lambda_3 - \operatorname{tg}\beta_3 \sin\lambda_1)$, die zweite mit $(\operatorname{tg}\beta_3 \cos\lambda_1 - \operatorname{tg}\beta_1 \cos\lambda_3)$, die dritte mit $-\sin(\lambda_3 - \lambda_1)$ multipliziert. Die Summe der 3 Produkte ergibt die Gleichung

$$\begin{aligned} & n_1 R_1 [\operatorname{tg}\beta_1 \sin(\lambda_3 - L_1) - \operatorname{tg}\beta_3 \sin(\lambda_1 - L_1)] \\ & - R_2 [\operatorname{tg}\beta_1 \sin(\lambda_3 - L_2) - \operatorname{tg}\beta_3 \sin(\lambda_1 - L_2)] \\ & + n_3 R_3 [\operatorname{tg}\beta_1 \sin(\lambda_3 - L_3) - \operatorname{tg}\beta_3 \sin(\lambda_1 - L_3)] \\ & - \varrho_2 [\operatorname{tg}\beta_1 \sin(\lambda_3 - \lambda_2) - \operatorname{tg}\beta_2 \sin(\lambda_3 - \lambda_1) + \operatorname{tg}\beta_3 \sin(\lambda_2 - \lambda_1)] = 0 \,. \end{aligned} \tag{3}$$

Die Koeffizienten dieser Gleichung lassen sich durch Einführung von Hilfsgrößen wesentlich vereinfachen. Legt man durch den ersten und dritten geozentrischen Ort G_1 und G_3 (vgl. Abb. 13) einen größten Kreis, und bezeichnet man die Länge seines aufsteigenden Knotens mit K_2, seine Neigung mit J_2 (J_2 soll $< 90°$ und positiv genommen werden), so ist

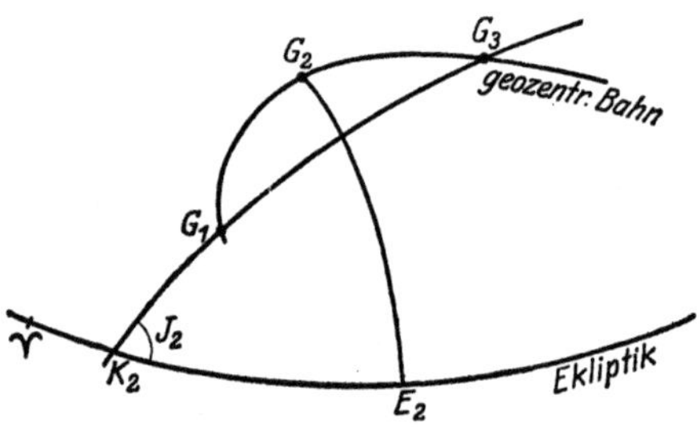

Abb. 13.

$$\begin{aligned} \operatorname{tg} J_2 \sin(\lambda_1 - K_2) &= \operatorname{tg}\beta_1 \\ \operatorname{tg} J_2 \sin(\lambda_3 - K_2) &= \operatorname{tg}\beta_3 \,. \end{aligned} \tag{4}$$

Diese Gleichungen können in folgender Weise nach J_2 und K_2 aufgelöst werden. Schreibt man die zweite Gleichung

$$\operatorname{tg} J_2 \sin(\lambda_1 - K_2 + \lambda_3 - \lambda_1) = \operatorname{tg}\beta_3$$

und entwickelt, so erhält man

$$\operatorname{tg}\beta_1 \cos(\lambda_3 - \lambda_1) + \operatorname{tg} J_2 \cos(\lambda_1 - K_2) \sin(\lambda_3 - \lambda_1) = \operatorname{tg}\beta_3 \,,$$

und damit die zur sicheren Bestimmung von J_2 und K_2 geeigneten Gleichungen

$$\begin{aligned} \operatorname{tg} J_2 \sin(\lambda_1 - K_2) &= \operatorname{tg}\beta_1 \\ \operatorname{tg} J_2 \cos(\lambda_1 - K_2) &= \frac{\operatorname{tg}\beta_3 - \operatorname{tg}\beta_1 \cos(\lambda_3 - \lambda_1)}{\sin(\lambda_3 - \lambda_1)} \,. \end{aligned} \tag{5}$$

Führt man diese Hilfsgrößen in Gl. (3) ein, und beachtet, daß für jeden Winkel w

$$\begin{aligned} \sin(\lambda_1 - K_2) \sin(\lambda_3 - w) - \sin(\lambda_3 - K_2) \sin(\lambda_1 - w) \\ = \sin(\lambda_3 - \lambda_1) \sin(w - K_2) \end{aligned}$$

ist, so wird

$$\begin{aligned} & n_1 R_1 \sin(L_1 - K_2) \operatorname{tg} J_2 - R_2 \sin(L_2 - K_2) \operatorname{tg} J_2 \\ & + n_3 R_3 \sin(L_3 - K_2) \operatorname{tg} J_2 - \varrho_2 [\sin(\lambda_2 - K_2) \operatorname{tg} J_2 - \operatorname{tg}\beta_2] = 0 \,. \end{aligned}$$

Setzt man zur Abkürzung

$$\sin(\lambda_2 - K_2)\,\mathrm{tg}\,J_2 = \mathrm{tg}\,\beta_2^0\,, \tag{6}$$

$$\frac{\mathrm{tg}\,J_2 \sec\beta_2}{\mathrm{tg}\,\beta_2 - \mathrm{tg}\,\beta_2^0} = a^0\,, \tag{7}$$

so erhält man

$$\varrho_2 \sec\beta_2 = \Delta_2 =$$
$$= a^0 R_2 \sin(L_2 - K_2) - a^0 n_1 R_1 \sin(L_1 - K_2) - a^0 n_3 R_3 \sin(L_3 - K_2)\,.$$

Setzt man weiter

$$a^0 R_1 \sin(L_1 - K_2) = c_1\,,\qquad a^0 R_2 \sin(L_2 - K_2) = c_2\,,\qquad a^0 R_3 \sin(L_3 - K_2) = c_3\,, \tag{8}$$

so ergibt sich die Gleichung

$$\varrho_2 \sec\beta_2 = \Delta_2 = c_2 - (n_1 c_1 + n_3 c_3)\,. \tag{9}$$

Die Größe β_2^0 ist die Breite des Durchschnittspunktes G_2^0 des Breitenkreises G_2E_2 des 2. geozentrischen Ortes G_2 mit dem durch die beiden äußeren Orte G_1 und G_3 gelegten größten Kreise. Die in Gl. (7) auftretende Größe $\mathrm{tg}\,\beta_2 - \mathrm{tg}\,\beta_2^0$ hängt von der Krümmung der geozentrischen Bahn zwischen G_1 und G_3 ab und ist daher im allgemeinen eine kleine Größe 2. Ordnung, wenn der Bogen $G_1 G_2 G_3$ eine kleine Größe 1. Ordnung ist.

Man erkennt, daß von der Größe a^0 die Genauigkeit der Ermittlung aller anderen Größen wesentlich abhängt.

Führt man in Gl. (9) die Verhältnisse der Dreiecksflächen in der Erdbewegung ein durch

$$N_1 = \frac{R_2 R_3 \sin(L_3 - L_2)}{R_1 R_3 \sin(L_3 - L_1)}\qquad N_3 = \frac{R_1 R_2 \sin(L_2 - L_1)}{R_1 R_3 \sin(L_3 - L_1)}\,, \tag{10}$$

so erhält man, da offenbar $c_2 = N_1 c_1 + N_3 c_3$ ist, die Gleichung

$$\varrho_2 \sec\beta_2 = \Delta_2 = c_1(N_1 - n_1) + c_3(N_3 - n_3)\,. \tag{11}$$

Hiermit ist Δ_2 durch die n_1, n_3 und bekannte Größen ausgedrückt. Die n_1, n_3 können aber in 1. Näherung durch eine einzige Unbekannte, den mittleren Radiusvektor ausgedrückt werden, so daß dann Gl. (11) eine genäherte Beziehung zwischen den Unbekannten Δ_2 und r_2 darstellt. Eine zweite — streng richtige — Gleichung zwischen diesen Unbekannten erhält man aus dem ebenen Dreieck Sonne—Erde—Gestirn (Abb. 14). Es ist

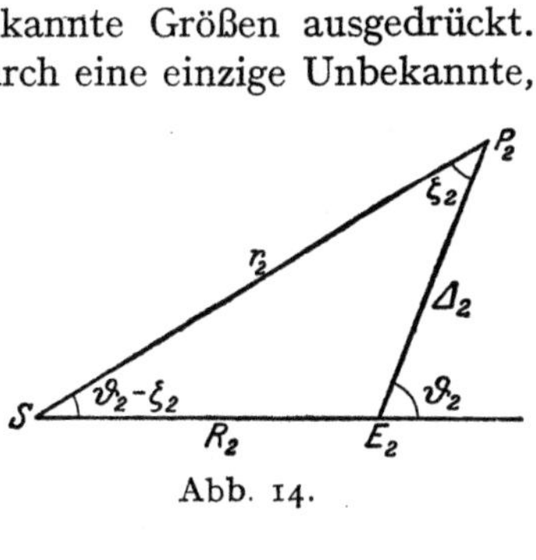

Abb. 14.

$$r_2^2 = R_2^2 + 2 R_2 \cos\vartheta_2\,\Delta_2 + \Delta_2^2\,, \tag{12}$$

wo ϑ_2 der zur Zeit t_2 gehörige äußere Winkel an der Erde in diesem Dreieck ist, der aus den beobachteten Daten in folgender Weise ermittelt werden kann.

Bezeichnet man die Neigung des größten Kreises, der durch den Erd- und Gestirnsort geht, mit w_2, so ist (Abb. 15)

$$\begin{aligned} \sin w_2 \sin \vartheta_2 &= \sin \beta_2 \\ \cos w_2 \sin \vartheta_2 &= \cos \beta_2 \sin (\lambda_2 - L_2)\,, \end{aligned} \tag{13}$$

$$\cos \vartheta_2 = \cos (\lambda_2 - L_2) \cos \beta_2 \tag{14}$$

oder

$$\begin{aligned} \operatorname{tg} w_2 &= \operatorname{tg} \beta_2 \operatorname{cosec} (\lambda_2 - L_2) \\ \operatorname{tg} \vartheta_2 &= \operatorname{tg} (\lambda_2 - L_2) \sec w_2\,. \end{aligned} \tag{15}$$

Diese Gleichungen gestatten die sichere Bestimmung des Winkels ϑ_2, wobei zu beachten ist, daß ϑ_2 als Außenwinkel eines Dreiecks stets $< 180°$ ist und auch die Gl. (14) befriedigen, daher $\cos \vartheta_2$ dasselbe Vorzeichen wie $\cos (\lambda_2 - L_2)$ haben muß.

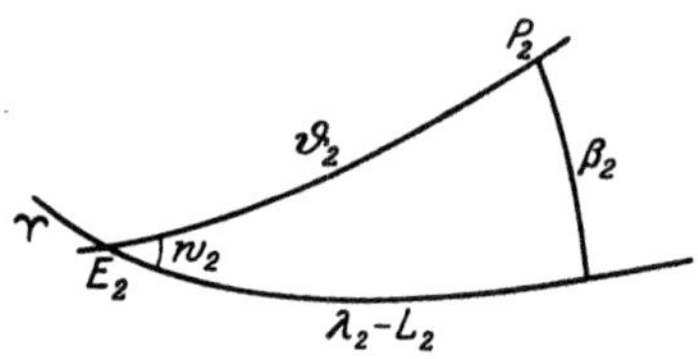

Abb. 15.

Mit Hilfe der beiden Gl. (11) und (12) kann die Aufgabe der Bestimmung von Δ_2 und r_2 gelöst werden, wenn es gelingt, die beiden Unbekannten n_1, n_3 in Gl. (11) durch die eine Unbekannte r_2 auszudrücken.

b) Die Gleichungen für die beiden äußeren Entfernungen. Um die beiden Entfernungen ϱ_1 und ϱ_3 als explizite Funktionen von ϱ_2, n_1, n_3 und bekannten Größen zu erhalten, kann man folgendermaßen verfahren.

Multipliziert man die erste der Gl. (2) mit $\sin L_3 \operatorname{tg} \beta_3$, die zweite mit $-\cos L_3 \operatorname{tg} \beta_3$, die dritte mit $\sin (\lambda_3 - L_3)$, addiert die Produkte und führt den Ausdruck $\varrho_2 \operatorname{tg} \beta_2^0 \sin (\lambda_3 - L_3) - \varrho_2 \operatorname{tg} \beta_2^0 \sin (\lambda_3 - L_3)$ ein, so erhält man die Gleichung

$$\begin{aligned} n_1 \varrho_1 [\operatorname{tg} \beta_1 \sin (\lambda_3 - L_3) - \operatorname{tg} \beta_3 \sin (\lambda_1 - L_3)] + n_1 R_1 \operatorname{tg} \beta_3 \sin (L_3 - L_1) \\ - \varrho_2 [\operatorname{tg} \beta_2^0 \sin (\lambda_3 - L_3) - \operatorname{tg} \beta_3 \sin (\lambda_2 - L_3)] \\ - \varrho_2 \sin (\lambda_3 - L_3) (\operatorname{tg} \beta_2 - \operatorname{tg} \beta_2^0) - R_2 \operatorname{tg} \beta_3 \sin (L_3 - L_2) = 0\,. \end{aligned}$$

Setzt man hierin die Ausdrücke nach den Gl. (4), (6), (7) ein und reduziert, so ergibt sich

$$\begin{aligned} n_1 \varrho_1 \sin (\lambda_3 - \lambda_1) \sin (L_3 - K_2) + n_1 R_1 \sin (L_3 - L_1) \sin (\lambda_3 - K_2) \\ - \varrho_2 \sin (\lambda_3 - \lambda_2) \sin (L_3 - K_2) - \varrho_2 \sec \beta_2 \frac{1}{a^0} \sin (\lambda_3 - L_3) \\ - R_2 \sin (L_3 - L_2) \sin (\lambda_3 - K_2) = 0\,, \end{aligned}$$

und daraus

$$\begin{aligned} \varrho_1 = \frac{\varrho_2}{n_1} \left[\frac{\sin (\lambda_3 - \lambda_2)}{\sin (\lambda_3 - \lambda_1)} + \frac{\sin (\lambda_3 - L_3) \sec \beta_2}{a^0 \sin (\lambda_3 - \lambda_1) \sin (L_3 - K_2)} \right] \\ + \frac{\sin (\lambda_3 - K_2)}{n_1} \cdot \frac{R_2 \sin (L_3 - L_2) - n_1 R_1 \sin (L_3 - L_1)}{\sin (\lambda_3 - \lambda_1) \sin (L_3 - K_2)}\,. \end{aligned} \tag{16}$$

Nun ist aber nach Gl. (10)

$$\frac{R_2}{n_1}\sin(L_3-L_2)=\frac{N_1}{n_1}R_1\sin(L_3-L_1)\,,$$

so daß man Gl. (16) schreiben kann

$$\varrho_1=\frac{\varrho_2}{n_1}\left[\frac{\sin(\lambda_3-\lambda_2)}{\sin(\lambda_3-\lambda_1)}+\frac{\sin(\lambda_3-L_3)\sec\beta_2}{a^0\sin(\lambda_3-\lambda_1)\sin(L_3-K_2)}\right]$$
$$+\left(\frac{N_1}{n_1}-1\right)\frac{R_1\sin(L_3-L_1)\sin(\lambda_3-K_2)}{\sin(\lambda_3-\lambda_1)\sin(L_3-K_2)}\,. \qquad (17)$$

Eine ganz analoge Entwicklung kann man für die Entfernung ϱ_3 durchführen. Es wird nach Komposition von Gl. (2) mit $\sin L_1 \operatorname{tg}\beta_1$, $-\cos L_1 \operatorname{tg}\beta_1$ und $\sin(\lambda_1-L_1)$:

$$\varrho_3=\frac{\varrho_2}{n_3}\left[\frac{\sin(\lambda_2-\lambda_1)}{\sin(\lambda_3-\lambda_1)}-\frac{\sin(\lambda_1-L_1)\sec\beta_2}{a^0\sin(\lambda_3-\lambda_1)\sin(L_1-K_2)}\right]$$
$$+\left(\frac{N_3}{n_3}-1\right)\frac{R_3\sin(L_3-L_1)\sin(\lambda_1-K_2)}{\sin(\lambda_3-\lambda_1)\sin(L_1-K_2)}\,. \qquad (18)$$

Setzt man zur Abkürzung dieser Ausdrücke wieder

$$a^0 R_1\sin(L_1-K_2)=c_1$$
$$a^0 R_3\sin(L_3-K_2)=c_3$$

und

$$\sin(\lambda_3-\lambda_1)\cos\beta_2=f \qquad \frac{\sin(\lambda_3-\lambda_1)}{a^0R_1R_3\sin(L_3-L_1)}=h$$
$$\frac{R_3\sin(\lambda_3-L_3)}{fc_3}=g_1 \qquad \frac{R_1\sin(\lambda_1-L_1)}{fc_1}=g_3$$
$$\frac{\sin(\lambda_3-\lambda_2)}{\sin(\lambda_3-\lambda_1)}+g_1=U_1 \qquad \frac{\sin(\lambda_2-\lambda_1)}{\sin(\lambda_3-\lambda_1)}-g_3=U_3 \qquad (19)$$
$$\frac{\sin(\lambda_3-K_2)}{hc_3}=U_1' \qquad \frac{\sin(\lambda_1-K_2)}{hc_1}=U_3'\,,$$

so erhält man die Gleichungen für ϱ_1 und ϱ_3 in der Form

$$\varrho_1=\frac{\varrho_2}{n_1}U_1+\left(\frac{N_1}{n_1}-1\right)U_1' \qquad \varrho_3=\frac{\varrho_2}{n_3}U_3+\left(\frac{N_3}{n_3}-1\right)U_3'\,. \qquad (20)$$

Die Gl. (11), (12), (20) würden das Problem der Bahnbestimmung lösen, wenn die n_1, n_3 bekannt wären. Für sie werden zunächst Näherungswerte eingeführt.

§ 31. Die erste Näherung.

a) Die Ableitung der Gaußschen Gleichung. Für die Verhältnisse der Dreiecksflächen n_1, n_3 werden auch hier die in den Gl. (6. 9) gegebenen Näherungswerte eingeführt

$$n_1=\frac{\tau_1}{\tau_2}+\tfrac{1}{6}\tau_1\tau_3\frac{1+\frac{\tau_1}{\tau_2}}{r_2^3} \qquad n_3=\frac{\tau_3}{\tau_2}+\tfrac{1}{6}\tau_1\tau_3\frac{1+\frac{\tau_3}{\tau_2}}{r_2^3}\,. \qquad (21)$$

Setzt man wieder

$$\frac{\tau_1}{\tau_2}=n_1^0 \qquad \frac{\tau_3}{\tau_2}=n_3^0 \qquad \tfrac{1}{6}\tau_1\tau_3(1+n_1^0)=\nu_1 \qquad \tfrac{1}{6}\tau_1\tau_3(1+n_3^0)=\nu_3\,, \qquad (22)$$

so wird

$$n_1 = n_1^0 + \frac{\nu_1}{r_2^3} \qquad n_3 = n_3^0 + \frac{\nu_3}{r_2^3}. \tag{23}$$

Die Einführung dieser Werte in die Gl. (11) ergibt die Beziehung zwischen Näherungswerten der beiden Unbekannten Δ_2 und r_2

$$\Delta_2 = k^0 - l^0 \frac{1}{r_2^3}, \tag{24}$$

wo

$$k^0 = c_1 (N_1 - n_1^0) + c_3 (N_3 - n_3^0) \tag{25}$$

und

$$l^0 = c_1 \nu_1 + c_3 \nu_3 \tag{26}$$

ist.

Mit Hilfe der beiden Gl. (12) und (24) können die beiden Unbekannten im Näherungsverfahren direkt ermittelt werden.

Gauss führt die beiden Gleichungen auf eine Gleichung mit einer Unbekannten zurück, die sehr bequem aufzulösen ist. Er führt als neue Unbekannte den Winkel ζ_2 am Gestirn in dem erwähnten Dreieck ein. Hierin ist

$$r_2 = \frac{R_2 \sin \vartheta_2}{\sin \zeta_2} \tag{27}$$

und

$$\Delta_2 = \frac{R_2 \sin (\vartheta_2 - \zeta_2)}{\sin \zeta_2}. \tag{28}$$

Führt man den Ausdruck für Δ_2 in Gl. (24) ein, und setzt

$$\begin{aligned} R_2 \sin \vartheta_2 &= \mu^0 \sin q^0 \\ R_2 \cos \vartheta_2 + k^0 &= \mu^0 \cos q^0, \end{aligned} \tag{29}$$

so erhält man die Gleichung

$$\frac{\mu^0 \sin (\zeta_2 - q^0)}{\sin \zeta_2} = \frac{l^0}{r_2^3}.$$

Trägt man hierin den Wert von r_2 nach Gl. (27) ein und setzt zur Abkürzung

$$\frac{l^0}{\mu^0 (R_2 \sin \vartheta_2)^3} = m^0, \tag{30}$$

so ergibt sich die transzendente Gaußsche Gleichung

$$\sin (\zeta_2 - q^0) = m^0 \sin \zeta_2^4. \tag{31}$$

Bei der Auflösung der Gl. (29) kann man den Quadranten von q^0 immer so wählen, daß μ^0 dasselbe Vorzeichen wie l^0 hat. Dann ist m^0 stets positiv. Da diese Festsetzung Gleichheit des Vorzeichens von $\sin q^0$ mit dem von l^0 bedingt, nach Gl. (6.40) aber $l^0 > 0$ zu $r_2 > R_2$ und $l^0 < 0$ zu $r_2 < R_2$ gehört, so muß bei positivem q^0 $r_2 > R_2$ und bei negativem q^0 entsprechend $r_2 < R_2$ sein.

Aus der geometrischen Bedeutung von ζ_2 folgt, daß von den Wurzeln der Gl. (31) nur diejenigen brauchbar sind, für welche $\sin \zeta_2$ positiv ist, und für welche $\zeta_2 < \vartheta_2$ ist, da nach Gl. (28) sin $(\vartheta_2 - \zeta_2)$ nicht negativ werden darf. Alle negativen, imaginären und alle positiven Wurzeln, für welche $\zeta_2 > \vartheta_2$ ist, scheiden von vornherein aus. Eine Doppellösüng findet statt, wenn die Gl. (31) zwei positive Wurzeln hat, deren jede $< \vartheta_2$ ist.

ENCKE hat eine eingehende Diskussion der Gaußschen Gleichung und ihrer Wurzeln sowie Tafeln gegeben, die den jeweils vorliegenden Fall rasch erkennen lassen. Hier sollen nur kurz die Resultate seiner Diskussion gegeben werden.

Die Gl. (31) kann nur dann eine der Bahn des Körpers entsprechende Wurzel haben, wenn $q^0 < q' = \pm 36°52'.2$ ist, und m^0 zwischen den Grenzen m' und m'' liegt. In Tafel 4 sind die Grenzen der drei allein in Betracht kommenden positiven Wurzeln gegeben. Sie liegen zwischen I und II, zwischen II und III und zwischen III und IV, und man hat das Kriterium

ϑ_2 zwischen	Anzahl der Lösungen	ζ_2 zwischen
I und II	0	—
II „ III	1	I und II
III „ IV	2	I und II, II und III

Von den drei positiven Wurzeln entspricht eine der Erdbahn ($r_2 = R_2$ oder $\zeta_2 = \vartheta_2$) und scheidet aus. Im Falle der doppelten Lösung kann erst durch weitere Beobachtungen entschieden werden, welches die der beobachteten Bahn entsprechende Lösung ist.

Die Anwendung der Tafel sei durch ein Beispiel erläutert. Gegeben sei $\vartheta_2 = 138°30'55''$, $\lg m^0 = 9.90482$, $q^0 = -32°57'11''$. lg m^0 liegt bei $q^0 = -32°57'11''$ innerhalb der durch lg m' und lg m'' bezeichneten Grenzen. Von den drei positiven Wurzeln kann nur die zwischen III und IV gelegene der Erdbahn entsprechen, da für $q^0 = -33^0$ die Wurzeln liegen

zwischen	88°54′	und	106° 6′
„	106 6	„	130 54
„	130 54	„	138 27.

Es findet hier eine doppelte Lösung statt; für die beiden Wurzeln von ζ_2 ergeben sich die Werte $94°34'57''$ bzw. $118°55'45''$.

b) Die Auflösung der Gaußschen Gleichung. Die Auflösung kann leicht durch Versuche erfolgen. Dabei ist vor allem die Beschaffung eines brauchbaren Näherungswertes anzustreben.

Im Falle der Bestimmung einer elliptischen Bahn eines Kometen ist fast stets ein Näherungswert der Unbekannten aus einer vorangegangenen parabolischen Bahnbestimmung bekannt. Ist kein solcher bekannt, so ist bei seiner Wahl zu beachten, daß $\zeta_2 < \vartheta_2$ sein muß. Handelt es sich um einen Asteroiden in der Nähe der Opposition, so ist ζ_2 im allgemeinen klein, also sin ζ_2^4 und damit sin $(\zeta_2 - q^0)$ eine kleine Größe. Jedenfalls darf man q^0 als einen Näherungswert von ζ_2 ansehen.

TIETJEN empfiehlt zur Lösung der Gleichung folgendes rasch zum Ziele führende Verfahren. Ist — bei Weglassung der Indizes — $q + d\zeta$ der genaue Wert von ζ, so muß die Gleichung

$$\sin d\zeta = m \sin (q + d\zeta)^4$$

erfüllt sein. Daraus folgt durch Entwicklung, daß genähert

$$d\zeta = m \sin q^4 + 4\, m \sin q^3 \cos q\, d\zeta$$

oder

$$d\zeta = \sin(\zeta' - q) = \frac{m \sin q^4}{1 - 4\, m \sin q^4 \operatorname{ctg} q} \tag{32}$$

sein muß. Mit dem hieraus sich ergebenden Wert ζ' leitet man den nächsten Näherungswert ζ'' aus $\sin(\zeta'' - q) = m \sin \zeta'^4$ ab. Man kann aber für ζ'' sofort eine verbesserte Näherung ζ''' angeben.

Aus $\sin(\zeta - q) = m \sin \zeta^4$ folgt

$$\lg m + 4 \lg \sin \zeta - \lg \sin(\zeta - q) = 0\,.$$

Setzt man hierin den Näherungswert ζ'' ein und nennt den übrigbleibenden Fehler f, so ist $\lg m + 4 \lg \sin \zeta'' - \lg \sin(\zeta'' - q) = f$. Nennt man d die logarithmische Differenz für $1''$ Änderung von ζ'' in $\sin \zeta''$, D diejenige für $1''$ Änderung in $\sin(\zeta'' - q)$, $d\zeta''$ die Korrektion von ζ'', die f zum Verschwinden bringt, so daß $\zeta'' + d\zeta'' = \zeta'''$ der wahre Wert ist, so ist

$$d\zeta''(4d - D) = -f$$

oder

$$d\zeta'' = \zeta''' - \zeta'' = \frac{f}{D - 4d}\,. \tag{33}$$

Nun ist

$$\begin{aligned} f = \lg m + 4 \lg \sin \zeta'' - \lg m - 4 \lg \sin \zeta' &= 4 \lg \sin \zeta'' - 4 \lg \sin \zeta' \\ &= 4d(\zeta'' - \zeta')\,. \end{aligned}$$

Eingesetzt erhält man

$$\zeta''' = \zeta'' + \frac{4d}{D - 4d}(\zeta'' - \zeta') \tag{34}$$

einen Wert, der selten einer weiteren Verbesserung bedarf.

BANACHIEWICZ löst die Gleichung mit Benutzung einer Tafel auf, die von extremen Fällen abgesehen, mit einem Parameter das Problem in sehr kurzer Zeit auf direkte Weise löst. Die Tafel, die alle Angaben über Formeln und Gebrauch enthält, leistet in der Praxis sehr gute Dienste.

Ist die Unbekannte ζ_2 ermittelt, so kann man nach den Gl. (27) und (28) Näherungswerte von r_2 und Δ_2, nach Gl. (23) Näherungswerte von n_1, n_3 und nach den Gl. (20) endlich die ϱ_1, ϱ_3 und damit die Δ_1, Δ_3 bestimmen. Es ist

$$\Delta_1 = \varrho_1 \sec \beta_1\,, \quad \Delta_3 = \varrho_3 \sec \beta_3\,.$$

Nach Bekanntwerden der Δ_i sind jetzt die Beobachtungszeiten t_i um die Aberrationszeiten zu korrigieren. (Vgl. die Bemerkung S. 80.)

§ 32. Das Verbesserungsverfahren.

Die gefundenen Werte der n_1, n_3 ermöglichen die Einleitung des Versuchsverfahrens, das in der Variation der n_1, n_3 besteht und abgeschlossen ist, wenn die Gleichungen

$$n_1 = \frac{\tau_1}{\tau_2}\frac{\bar{y}_2}{\bar{y}_1}, \qquad n_3 = \frac{\tau_3}{\tau_2}\frac{\bar{y}_2}{\bar{y}_3} \tag{35}$$

streng erfüllt sind. (Siehe die entsprechenden Ausführungen in § 25.)

Um die $\bar{y}_i$ berechnen zu können, müssen zunächst die Radienvektoren r_i und die Differenzen der wahren Anomalien v_i oder der Argumente der Breite u_i berechnet werden. Das geschieht in folgender Weise. Nach den Gl. (3. 10)

$$\begin{aligned} r_i \cos b_i \cos(l_i - L_i) &= \varrho_i \cos(\lambda_i - L_i) + R_i \\ r_i \cos b_i \sin(l_i - L_i) &= \varrho_i \sin(\lambda_i - L_i) \\ r_i \sin b_i &= \varrho_i \operatorname{tg} \beta_i \end{aligned} \tag{36}$$

werden zunächst die r_i und die heliozentrischen Längen und Breiten l_i und b_i abgeleitet.

Aus den heliozentrischen Koordinaten der beiden äußeren Orte können Näherungswerte für die Knotenlänge Ω und die Neigung gegen die Ekliptik i bestimmt werden. Nach Gl. (3. 8) ist

$$\begin{aligned} \operatorname{tg} i \sin(l_1 - \Omega) &= \operatorname{tg} b_1 \\ \operatorname{tg} i \sin(l_3 - \Omega) &= \operatorname{tg} b_3 . \end{aligned}$$

Zwecks Auflösung nach Ω und i nimmt man die schon in Gl. (7.4) benutzte Transformation vor und erhält die Gleichungen

$$\begin{aligned} \operatorname{tg} i \sin(l_1 - \Omega) &= \operatorname{tg} b_1 \\ \operatorname{tg} i \cos(l_1 - \Omega) &= \frac{\operatorname{tg} b_3 - \operatorname{tg} b_1 \cos(l_3 - l_1)}{\sin(l_3 - l_1)} , \end{aligned} \tag{37}$$

die Ω und i mit voller Sicherheit geben.

Die zur Bestimmung der u_i erforderlichen Gleichungen

$$\operatorname{tg} u_i = \operatorname{tg}(l_i - \Omega) \sec i \tag{38}$$

erhält man nach Gl. (3. 8).

Damit ist auch die Möglichkeit der Berechnung der Verhältnisse von Sektor zu Dreieck $\bar{y}_i$ nach einer der in Abschnitt 2 dargelegten Methoden gegeben. Für die logarithmische Rechnung ist in den weitaus meisten Fällen der Praxis das Enckesche Verfahren ausreichend und außerordentlich bequem in der Anwendung. Nur in seltenen Fällen ist man genötigt, zu dem Gauß-Tietjenschen Verfahren überzugehen.

Mit den so gefundenen Werten der $\bar{y}_i$ erhält man nach Gl. (35) neue Werte der n_1, n_3, die im allgemeinen mit den Ausgangswerten nicht übereinstimmen werden. Ist ein weiteres Näherungsverfahren notwendig, so berechnet man neue Werte der ν_1 und ν_3 nach

$$\nu_1 = n_1^0 r_2^3 \left(\frac{\bar{y}_2}{\bar{y}_1} - 1\right), \qquad \nu_3 = n_3^0 r_2^3 \left(\frac{\bar{y}_2}{\bar{y}_3} - 1\right) \tag{39}$$

und damit wieder

$$n_1 = n_1^0 + \frac{\nu_1}{r_2^3}, \qquad n_3 = n_3^0 + \frac{\nu_3}{r_2^3}$$

und wiederholt die Rechnung mit diesen verbesserten Näherungswerten von n_1, n_3. Das Verfahren ist als abgeschlossen zu betrachten, wenn die Ausgangs- und Endwerte dieser Größen übereinstimmen, d. h., wenn die Gl. (35) streng erfüllt sind.

§ 33. Ableitung der Elemente.

Die im letzten Näherungsverfahren erhaltenenen Werte der $\bar{y}_i$ werden nun zur Bestimmung des Parameters p nach Gl. (2.12)

$$\sqrt{p} = \frac{r_2 r_3 \sin(u_3 - u_2)}{\tau_1^0} \bar{y}_1 = \frac{r_1 r_3 \sin(u_3 - u_1)}{\tau_2^0} \bar{y}_2 = \frac{r_1 r_2 \sin(u_2 - u_1)}{\tau_3^0} \bar{y}_3 \qquad (40)$$

verwendet. Bestehen infolge von Abrundungsfehlern kleine Abweichungen zwischen den 3 Werten von $\sqrt{p}$, so gebe man dem mittleren entsprechend dem größeren Bogen erhöhtes Gewicht und benutze den Mittelwert.

Die beiden Elemente ☊ und i hat man schon in der letzten Näherung erhalten. Nun sind die noch fehlenden Elemente M, ω, φ, μ ebenfalls aus den beiden äußeren Orten abzuleiten.

Die für diese Orte aufgestellten Gl. (1.26) kann man schreiben

$$\frac{p}{r_1} - 1 = e\cos v_1 = q_1$$
$$\frac{p}{r_3} - 1 = e\cos v_3 = q_3,$$

aus denen man in bekannter Weise die zur sicheren Bestimmung der Unbekannten $e = \sin\varphi$ und v_1 geeigneten Gleichungen

$$e\cos v_1 = q_1$$
$$e\sin v_1 = \frac{q_1\cos(u_3 - u_1) - q_3}{\sin(u_3 - u_1)} \qquad (41)$$

ableiten kann. Nun ist noch nach Gl. (1. 63) $u_1 = v_1 + \omega$, und man erhält ω aus $\omega = u_1 - v_1$. Die Werte für v_2 und v_3 findet man dann aus

$$v_2 = u_2 - \omega \text{ und } v_3 = u_3 - \omega. \qquad (42)$$

Die mittlere Anomalie M erhält man auf dem Wege über die exzentrische Anomalie E. Durch Verbindung der beiden Gl. (2. 13) mit den Faktorgruppen $-\sin\frac{1}{2}E_1$ und $\cos\frac{1}{2}E_1$ bzw. $-\sin\frac{1}{2}E_3$ und $\cos\frac{1}{2}E_3$ ergibt sich unter Beachtung von Gl. (1. 40)

$$\sin\tfrac{1}{2}(v_1 - E_1) = \sin\tfrac{1}{2}\varphi\sqrt{\frac{a}{r_1}}\sin E_1 = \sin\tfrac{1}{2}\varphi\sqrt{\frac{r_1}{p}}\sin v_1 \qquad (43)$$

und entsprechend

$$\sin\tfrac{1}{2}(v_3 - E_3) = \sin\tfrac{1}{2}\varphi\sqrt{\frac{a}{r_3}}\sin E_3 = \sin\tfrac{1}{2}\varphi\sqrt{\frac{r_3}{p}}\sin v_3,$$

dann nach Gl. (1. 39)

$$M_1 = E_1 - e\sin E_1, \qquad M_3 = E_3 - e\sin E_3. \tag{44}$$

Die mittlere tägliche Bewegung μ findet man nach Gl. (1.31) ($m = 0$) aus

$$\mu = \frac{k}{a^{\frac{3}{2}}}, \qquad \text{wo} \qquad a = p\sec\varphi^2. \tag{45}$$

Damit sind die gesuchten 6 Elemente M, ω, Ω, i, φ, μ bestimmt.

§ 34. Formelzusammenstellung.

Gegeben sind die Beobachtungszeiten t_i, die geozentrischen auf das mittlere Äquinoktium eines Jahresanfangs reduzierten Beobachtungen α_i, δ_i, die nach den Gl. (3. 29) in die ekliptikalen Koordinaten λ_i, β_i verwandelt sind, und die zugehörigen Erdkoordinaten L_i und lg R_i. Die Breiten β_i des Gestirns sind nach den Gl. (5. 5) korrigiert, so daß die B_i streng gleich 0 gesetzt werden können.

a) Konstante Hilfsgrößen.

$$\left.\begin{aligned} \operatorname{tg} J_2 \sin(\lambda_1 - K_2) &= \operatorname{tg}\beta_1 \\ \operatorname{tg} J_2 \cos(\lambda_1 - K_2) &= \frac{\operatorname{tg}\beta_3 - \operatorname{tg}\beta_1\cos(\lambda_3 - \lambda_1)}{\sin(\lambda_3 - \lambda_1)} \\ \text{Kontrolle:}\quad \operatorname{tg} J_2 \sin(\lambda_3 - K_2) &= \operatorname{tg}\beta_3 \\ \operatorname{tg}\beta_2^0 &= \sin(\lambda_2 - K_2)\operatorname{tg} J_2 \\ a^0 &= \frac{\operatorname{tg} J_2 \sec\beta_2}{\operatorname{tg}\beta_2 - \operatorname{tg}\beta_2^0} \end{aligned}\right. \tag{I}$$

$$N_1 = \frac{R_2 R_3 \sin(L_3 - L_2)}{R_1 R_3 \sin(L_3 - L_1)} \qquad N_3 = \frac{R_1 R_2 \sin(L_2 - L_1)}{R_1 R_3 \sin(L_3 - L_1)} \tag{II}$$

$$\begin{aligned} c_1 &= a^0 R_1 \sin(L_1 - K_2) \\ c_2 &= a^0 R_2 \sin(L_2 - K_2) \\ c_3 &= a^0 R_3 \sin(L_3 - K_2) \end{aligned} \tag{III}$$

$$\text{Kontrolle:} \qquad N_1 c_1 + N_3 c_3 = c_2$$

$$\left.\begin{aligned} \operatorname{tg} w_2 &= \operatorname{tg}\beta_2 \operatorname{cosec}(\lambda_2 - L_2) \\ \operatorname{tg}\vartheta_2 &= \operatorname{tg}(\lambda_2 - L_2)\sec w_2 \\ \text{Kontrolle:}\quad \cos\vartheta_2 &= \cos(\lambda_2 - L_2)\cos\beta_2 \end{aligned}\right\} \; 0^\circ < \vartheta_2 < 180^\circ \tag{IV}$$

$$\begin{aligned} f &= \sin(\lambda_3 - \lambda_1)\cos\beta_2 \\ h &= \frac{\sin(\lambda_3 - \lambda_1)}{a^0 R_1 R_3 \sin(L_3 - L_1)} \end{aligned} \tag{V}$$

$$g_1 = \frac{R_3 \sin(\lambda_3 - L_3)}{f c_3} \qquad g_3 = \frac{R_1 \sin(\lambda_1 - L_1)}{f c_1}$$

$$U_1 = \frac{\sin(\lambda_3 - \lambda_2)}{\sin(\lambda_3 - \lambda_1)} + g_1 \qquad U_3 = \frac{\sin(\lambda_2 - \lambda_1)}{\sin(\lambda_3 - \lambda_1)} - g_3$$

$$U_1' = \frac{\sin(\lambda_3 - K_2)}{h c_3} \qquad U_3' = \frac{\sin(\lambda_1 - K_2)}{h c_1}$$

b) Die erste Näherung.

$$n_1^0 = \frac{t_3 - t_2}{t_3 - t_1} \qquad n_3^0 = \frac{t_2 - t_1}{t_3 - t_1} \tag{VI}$$

$$Q = \tfrac{1}{6} k^2 (t_3 - t_2)(t_2 - t_1)$$

$$\lg \tfrac{1}{6} k^2 = 5.693012_{-10}$$

$$\nu_1 = Q(1 + n_1^0) \qquad \nu_3 = Q(1 + n_3^0)$$

$$\begin{aligned} k^0 &= c_1 (N_1 - n_1^0) + c_3 (N_3 - n_3^0) \\ l^0 &= c_1 \nu_1 + c_3 \nu_3 \end{aligned} \tag{VII}$$

Die Ermittlung der Unbekannten geschieht bei logarithmischer Rechnung zweckmäßig mit Hilfe der Gaußschen Gleichung

$$\sin(\zeta_2 - q^0) = m^0 \sin \zeta_2^4. \tag{VIII}$$

q^0 und m^0 erhält man aus den Gleichungen

$$\mu^0 \sin q^0 = R_2 \sin \vartheta_2$$

$$\mu^0 \cos q^0 = R_2 \cos \vartheta_2 + k^0$$

$$m^0 = \frac{l^0}{\mu^0 (R_2 \sin \vartheta_2)^3}.$$

Die Gaußsche Gleichung wird nach TIETJEN in folgender Weise aufgelöst. Als ersten Näherungswert für ζ_2 nimmt man ζ_2' aus

$$\sin(\zeta_2' - q^0) = \frac{m^0 \sin q^{0\,4}}{1 - 4\, m^0 \sin q^{0\,4} \operatorname{ctg} q^0}$$

an und leitet darauf ζ_2'' aus

$$\sin(\zeta_2'' - q^0) = m^0 \sin \zeta_2'^{\,4}$$

ab, notiert dabei die logarithmischen Differenzen d für $1''$ bei $\lg \sin \zeta_2'$ und D für $1''$ bei $\lg \sin(\zeta_2'' - q^0)$. Man erhält dann einen sehr genäherten Wert ζ_2''' für ζ_2 aus

$$\zeta_2''' = \zeta_2'' + \frac{4d}{D - 4d}(\zeta_2'' - \zeta_2'),$$

mit dem die Versuche begonnen werden. Im Näherungsverfahren werden nur die letzten Ziffern geändert, so daß die Lösung praktisch sehr schnell erfolgt.

Noch bequemer kommt man bei Anwendung der Hilfstafel von BANACHIEWICZ zum Ziele.

Zu beachten ist, namentlich bei Kometen, die Möglichkeit einer doppelten Lösung. Das Kriterium für die Zahl der Lösungen lautet (siehe Tafel 4)

ϑ_2 zwischen	Anzahl der Lösungen	ζ_2 zwischen
I und II	0	—
II „ III	1	I und II
III „ IV	2	I und II, II und III

Da die Größe a^0 im allgemeinen unsicher bestimmt ist, so könnte man sich in entsprechender Weise wie im numerischen Beispiel mit verminderter Stellenzahl begnügen. Da aber erfahrungsgemäß verschiedenstellige logarithmische Rechnung im Verlauf einer Rechenoperation nicht im Interesse der Sicherheit der rechnerischen Ausführung liegt und der Vorteil der geringerstelligen Rechnung hier nur unbedeutend ist, so ist die genauere Rechnung vorzuziehen.

$$\Delta_2 = \frac{R_2 \sin(\vartheta_2 - \zeta_2)}{\sin\zeta_2} \qquad \varrho_2 = \Delta_2 \cos\beta_2$$
$$r_2 = \frac{R_2 \sin\vartheta_2}{\sin\zeta_2} \tag{IX}$$

Kontrolle: $\Delta_2 = k^0 - l^0 \frac{1}{r_2^3}$

$$n_1 = n_1^0 + \frac{\nu_1}{r_2^3} \qquad n_3 = n_3^0 + \frac{\nu_3}{r_2^3}$$
$$n_1 \varrho_1 = U_1 \varrho_2 + U_1' (N_1 - n_1) \tag{X}$$
$$n_3 \varrho_3 = U_3 \varrho_2 + U_3' (N_3 - n_3)$$

Kontrolle: $N_1 - n_1 = N_1 - n_1^0 - \frac{\nu_1}{r_2^3}$

$N_3 - n_3 = N_3 - n_3^0 - \frac{\nu_3}{r_2^3}$

Wichtige Kontrolle: $\varrho_2 \operatorname{tg}\beta_2 = n_1 \varrho_1 \operatorname{tg}\beta_1 + n_3 \varrho_3 \operatorname{tg}\beta_3$.

c) Das Verbesserungsverfahren.

$$r_i \cos b_i \cos(l_i - L_i) = \varrho_i \cos(\lambda_i - L_i) + R_i$$
$$r_i \cos b_i \sin(l_i - L_i) = \varrho_i \sin(\lambda_i - L_i) \tag{XI}$$
$$r_i \sin b_i = \varrho_i \operatorname{tg}\beta_i$$

$$\operatorname{tg} i \sin(l_1 - \Omega) = \operatorname{tg} b_1$$
$$\operatorname{tg} i \cos(l_1 - \Omega) = \frac{\operatorname{tg} b_3 - \operatorname{tg} b_1 \cos(l_3 - l_1)}{\sin(l_3 - l_1)} \tag{XII}$$

Kontrollen: $\operatorname{tg} i \sin(l_2 - \Omega) = \operatorname{tg} b_2$

$\operatorname{tg} i \sin(l_3 - \Omega) = \operatorname{tg} b_3$

$$\operatorname{tg} u_i = \operatorname{tg}(l_i - \Omega) \sec i. \tag{XIII}$$

Die u_i liegen in demselben Quadranten wie die $l_i - \Omega$.

Kontrolle: $n_1 = \frac{r_2 r_3 \sin(u_3 - u_2)}{r_1 r_3 \sin(u_3 - u_1)} \qquad n_3 = \frac{r_1 r_2 \sin(u_2 - u_1)}{r_1 r_3 \sin(u_3 - u_1)}$.

Sind die Winkel $u_3 - u_2$, $u_3 - u_1$, $u_2 - u_1$ sehr klein, so wird diese Kontrolle nicht immer exakt stimmen. Bezeichnet man die logarithmische Differenz für 1″ bei $\lg \sin(u_3 - u_2)$ und $\lg \sin(u_2 - u_1)$ mit d_1 und d_3, die aus den Kontrollgleichungen folgenden Werte mit n_1', n_3', so wird man diese mit den früheren in Übereinstimmung bringen, indem man setzt

$$\delta u = \frac{(\lg n_1 - \lg n_1') - (\lg n_3 - \lg n_3')}{2(d_1 + d_3)}$$

und in den Kontrollgleichungen statt der u_i die Werte $u_1 + \delta u$, $u_2 - \delta u$, $u_3 + \delta u$ anwendet, wobei δu den Wert $0''\!.2$ bei 6stelliger Rechnung nicht erheblich übersteigen darf.

$$\Delta_1 = \varrho_1 \sec\beta_1 \qquad \Delta_3 = \varrho_3 \sec\beta_3$$
$$t_1^0 = t_1 - A\,\Delta_1 \qquad t_2^0 = t_2 - A\,\Delta_2 \qquad t_3^0 = t_3 - A\,\Delta_3 \qquad \text{(XIV)}$$
$$\lg A = 7.76118_{-10} \text{ in Einheiten des mittleren Tages}$$

$$\cos\gamma_1 = \frac{2\sqrt{r_2 r_3}}{r_2 + r_3}\cos\tfrac{1}{2}(u_3 - u_2) \qquad \cos\gamma_2 = \frac{2\sqrt{r_1 r_3}}{r_1 + r_3}\cos\tfrac{1}{2}(u_3 - u_1)$$
$$\cos\gamma_3 = \frac{2\sqrt{r_1 r_2}}{r_1 + r_2}\cos\tfrac{1}{2}(u_2 - u_1) \qquad \text{(XV)}$$
$$\Gamma_i = \lg\frac{1}{2\sin\frac{1}{2}\gamma_i^2} = \lg\frac{\sec\gamma_i}{\sec\gamma_i - 1}$$

Die Γ_i kann man auch mit den Argumenten $\lg\sec\gamma_i$ aus den Zechschen Subtraktionstafeln entnehmen.

$$\eta_1 = \frac{(t_3^0 - t_2^0)^2}{(r_2 + r_3)^3} \qquad \eta_2 = \frac{(t_3^0 - t_1^0)^2}{(r_1 + r_3)^3} \qquad \eta_3 = \frac{(t_2^0 - t_1^0)^2}{(r_1 + r_2)^3}$$
$$\lg\bar{y}_i = a'\,\eta_i + a''\,\eta_i - b''\,\eta_i^2,$$

wobei in Einheiten der 6. Stelle

$$\lg a' = 2.233886$$
$$\lg a'' = 2.61410 - \Gamma_i$$
$$\lg b'' = 9.03411_{-10}$$

Bei Bögen bis zu etwa 30° sind diese Werte ausreichend. Bei größeren Bögen fügt man obigem Ausdruck für die $\bar{y}_i$ entweder noch das Glied 6. Ordnung (siehe S. 28) hinzu oder man wendet das Gauß-Tietjensche Verfahren (siehe S. 29) an, das stets anzuwenden ist, wenn obige Glieder nicht ausreichen.

$$n_1 = n_1^0\,\frac{\bar{y}_2}{\bar{y}_1} \qquad n_3 = n_3^0\,\frac{\bar{y}_2}{\bar{y}_3} \qquad \text{(XVI)}$$

Stimmen die so erhaltenen Werte der n_1, n_3 mit den aus den Gl. (X) erhaltenen überein, so kann man sofort an die Ableitung der Elemente gehen. (Siehe die Ausführungen auf S. 81). Andernfalls rechnet man mit den Werten

$$n_1^0 = \frac{t_3^0 - t_2^0}{t_3^0 - t_1^0} \qquad n_3^0 = \frac{t_2^0 - t_1^0}{t_3^0 - t_1^0}$$
$$\nu_1 = n_1^0\,r_2^3\left(\frac{\bar{y}_2}{\bar{y}_1} - 1\right) \qquad \nu_3 = n_3^0\,r_2^3\left(\frac{\bar{y}_2}{\bar{y}_3} - 1\right) \qquad \text{(XVII)}$$

die Formelsysteme (VII) bis (XVI) erneut durch. Das Verbesserungsverfahren ist als abgeschlossen zu betrachten, wenn in den n_1, n_3 keine Änderung mehr eintritt.

d) Die Ableitung der Elemente.

$$\sqrt{p} = \frac{r_2 r_3 \sin(u_3 - u_2)}{k\,(t_3^0 - t_2^0)}\,\bar{y}_1 = \frac{r_1 r_3 \sin(u_3 - u_1)}{k\,(t_3^0 - t_1^0)}\,\bar{y}_2 = \frac{r_1 r_2 \sin(u_2 - u_1)}{k\,(t_2^0 - t_1^0)}\,\bar{y}_3\,. \qquad \text{(XVIII)}$$

Die 3 Werte von $\sqrt{p}$ müssen, bis auf etwaige Abrundungsfehler, übereinstimmen, wenn die u_i korrigiert und das Verbesserungsverfahren abgeschlossen war. Bei nicht genauer Übereinstimmung gebe man dem mittleren Wert, entsprechend dem größeren Bogen, erhöhtes Gewicht und nehme den Mittelwert.

$$q_1 = \frac{p}{r_1} - 1 \qquad q_3 = \frac{p}{r_3} - 1$$

$$\begin{aligned} e\cos v_1 &= q_1 \\ e\sin v_1 &= \frac{q_1\cos(u_3 - u_1) - q_3}{\sin(u_3 - u_1)} \\ \omega &= u_1 - v_1 \\ v_2 &= u_2 - \omega \qquad v_3 = u_3 - \omega \end{aligned} \tag{XIX}$$

Kontrollen: $e\cos v_3 = q_3 \qquad \dfrac{p}{1 + e\cos v_2} = r_2$

$$\sin\varphi = e \qquad a = p\sec\varphi^2$$

$$\begin{aligned} \sin\tfrac{1}{2}(v_1 - E_1) &= \sin\tfrac{1}{2}\varphi\sqrt{\frac{r_1}{p}}\sin v_1 \\ \sin\tfrac{1}{2}(v_3 - E_3) &= \sin\tfrac{1}{2}\varphi\sqrt{\frac{r_3}{p}}\sin v_3 \end{aligned} \tag{XX}$$

Kontrolle: $a\cos\varphi\sin\frac{1}{2}(E_3 - E_1) = \sqrt{r_1 r_3}\sin\frac{1}{2}(v_3 - v_1)$

$$\begin{aligned} M_1 &= E_1 - e''\sin E_1 \\ M_3 &= E_3 - e''\sin E_3 \qquad \lg e'' = \lg e + 5.314425 \\ \mu &= \frac{k''}{a^{\frac{3}{2}}} \qquad \lg k'' = 3.550007 \end{aligned} \tag{XXI}$$

Kontrolle: $$\mu = \frac{M_3 - M_1}{t_3^0 - t_1^0}.$$

Bei größeren Bögen leitet man μ besser aus der letzten Gleichung ab und a aus

$$a = \left(\frac{k''}{\mu}\right)^{\frac{2}{3}}$$

$$M_1 + \mu(t_0 - t_1^0) = M_0 = M_3 + \mu(t_0 - t_3^0).$$

e) Kontrolle durch Nachrechnung von Beobachtungen. Über die Auswahl der Kontrollbeobachtungen siehe die Ausführungen auf S. 89. Zur Nachrechnung von 1 oder 2 Beobachtungen sind die Gl. (1. 39), (1. 40), (3. 11)

$$\begin{aligned} M &= M_0 + \mu(t^0 - t_0) \\ E - e''\sin E &= M \\ r\sin v &= a\sqrt{1 - e^2}\sin E = a\cos\varphi\sin E \\ r\cos v &= a(\cos E - e) \\ u &= v + \omega \end{aligned} \tag{XXII}$$

$$\begin{aligned} \Delta\cos\beta\cos(\lambda - \Omega) &= r\cos u - R\cos(L - \Omega) \\ \Delta\cos\beta\sin(\lambda - \Omega) &= r\sin u\cos i - R\sin(L - \Omega) \\ \Delta\sin\beta &= r\sin u\sin i \end{aligned} \tag{XXIII}$$

geeignet (t^0 ist die um Aberrationszeit korrigierte Zeit). Will man zahlreiche Beobachtungen nachrechnen, so bedient man sich besser der Gl. (3.19) als der obigen Gleichungen. Dabei wird die Kenntnis der Gaußschen Konstanten vorausgesetzt, die nach Gl. (3.17) ermittelt werden können (siehe auch § 70).

Zur Ermittlung der Aberrationszeit, der Parallaxe und der Korrektion für Sonnenbreite kann man die Entfernungen mit genügender Genauigkeit mit Hilfe der Werte für die benutzten Beobachtungen bestimmen. Über die zweckmäßige Berechnung der exzentrischen Anomalie E siehe die Ausführungen in § 67. Die Reduktion der Beobachtungen und die Entnahme der Sonnenkoordinaten erfolgt in derselben Weise wie bei den der Bahnbestimmung zugrunde gelegten Größen.

§ 35. Beispiel.

a) Ausgangsdaten und konstante Hilfsgrößen. Gegeben seien die topozentrischen Beobachtungen des Planeten 931 Whittemora

Ort	1920	M. Z. Algier	$\alpha_{1920\cdot0}$	$\delta_{1920\cdot0}$
Algier	März 20	$9^h\ 5^m\ 52^s$	$11^h\ 19^m\ 51^s.19$	$+18°\ 47'\ 29''.6$
„	Apr. 24	11 25 55	11 3 47.65	+19 32 50.1
„	Juni 4	9 14 47	11 13 30.42	+16 48 46.3

Die Reduktion dieser Beobachtungen (Verwandlung der mittleren Ortszeiten in M. Z. Gr., Umwandlung der topozentrischen in geozentrische Koordinaten) wird gemäß den Ausführungen in § 22 vorgenommen. Es wird vorausgesetzt, daß eine Bahnbestimmung aus kürzeren Zwischenzeiten vorangegangen ist (siehe das Beispiel in § 28), die die zur Berücksichtigung der Parallaxe in α_i und δ_i und zur Berechnung der Aberrationszeiten sowie der Korrektionen der Planetenbreiten wegen der Sonnenbreiten erforderlichen geozentrischen Entfernungen Δ_i liefert. Man erhält

1920 M. Z. Gr.	$\lg \Delta$	p_α	p_δ	$A\,\Delta$
März 20.37065	0.3554	$-0^s.13$	$+1''.4$	0.01308
„ 55.46790	0.4191	+0.12	+1.2	0.01515
„ 96.37684	0.5117	+0.10	+1.1	0.01875

Die geozentrischen äquatorialen Beobachtungen α_i, δ_i seien nach den Gl. (3.29) in die geozentrischen ekliptikalen Koordinaten λ_i, β_i verwandelt. Die zugehörigen Erdkoordinaten L_i $(=L_{\odot i}\pm 180°)$, $B_i = -B_{\odot i}$, $\lg R_i$ werden dem B. J. entnommen. Damit die $B_{\odot i}$ streng gleich Null gesetzt werden können, seien die β_i nach Gl. (5.5) korrigiert.

t_1^0	$20^d.35757$	β_1	$+13°17'\ 21''.2$
t_2^0	55.45275	β_2	+12 28 8.4
t_3^0	96.35809	β_3	+10 52 19.3

λ_1	$163°18'\ 23''.2$	L_1	$179°57'\ 13''.3$	R_1	9.998434
λ_2	159 25 52.5	L_2	214 26 52.6	R_2	0.002725
λ_3	162 42 0.7	L_3	253 53 18.2	R_3	0.006362
K_2	160 3 50.7	K_2	160 3 50.7	a^0	1.204206

$\lambda_3-\lambda_2$	$+3°16'\ 8''2$	$\sin(\lambda_3-\lambda_2)$	8.756049	
$\lambda_3-\lambda_1$	$-0\ 36\ 22.5$	$\sin(\lambda_3-\lambda_1)$	8.024521 *n*	
$\lambda_2-\lambda_1$	$-3\ 52\ 30.7$	$\sin(\lambda_2-\lambda_1)$	8.829840 *n*	
$\operatorname{tg}\beta_1$	9.373264	$\operatorname{tg}J_2\sin(\lambda_1-K_2)$	9.373264	
$\cos(\lambda_3-\lambda_1)$	9.999976	$\cos(\lambda_1-K_2)$	9.999305	
$-\operatorname{tg}\beta_1\cos(\lambda_3-\lambda_1)$	9.373240 *n*	$\operatorname{tg}J_2\cos(\lambda_1-K_2)$	0.620063	
Add.	9.361139	$\operatorname{tg}(\lambda_1-K_2)$	8.753201	
$\operatorname{tg}\beta_3$	9.283445	λ_1-K_2	$3°14'32''5$	
Zähler	8.644584 *n*	$\operatorname{tg}J_2$	0.620758	
$\sin(\lambda_3-\lambda_1)$	8.024521 *n*	$\sec\beta_2$	0.010366	(I)
λ_3-K_2	$2°38'10''0$	$\sin(\lambda_3-K_2)$	8.662688	
λ_2-K_2	359 22 1.8	$\sin(\lambda_2-K_2)$	8.043158 *n*	
$\operatorname{tg}J_2\sec\beta_2$	0.631124	$-\operatorname{tg}\beta_2^0$	8.663916	
$\operatorname{tg}\beta_2-\operatorname{tg}\beta_2^0$	9.426918	Add.	0.082276	
a^0	1.204206	$\operatorname{tg}\beta_2$	9.344642	
$L-L$*	$39°26'25''6$	$73°56'\ 4''9$	$34°29'39''3$	
$\sin(L-L)$	9.802963	9.982699	9.753065	
RR	0.009087	0.004796	0.001159	(II)
$RR\sin(L-L)$	9.812050	9.987495	9.754224	
N_1	9.824555	N_3	9.766729	
$L-K_2$	$19°53'22''6$	$54°23'\ 1''9$	$93°49'27''5$	
$\sin(L-K_2)$	9.531746	9.910057	9.999032	
a^0R	1.202640	1.206931	1.210568	
c	0.734386	1.116988	1.209600	
	N_1c_1	0.558941		(III)
	Add.	0.140659		
	N_3c_3	0.976329		
	c_3	1.116988		
λ_2-L_2	$304°58'59''9$	ϑ_2	$55°57'25''3$	
$\operatorname{tg}\beta_2$	9.344642	$\sin\vartheta_2$	9.918354	
$\sin(\lambda_2-L_2)$	9.913453 *n*	R_2	0.002725	
$\operatorname{tg}w_2$	9.431189 *n*	$\cos\vartheta_2$	9.748045	(IV)
$\sec w_2$	0.015268 *n*	$\cos(\lambda_2-L_2)$	9.758411	
$\operatorname{tg}(\lambda_2-L_2)$	0.155042 *n*	$\cos\beta_2$	9.989634	
$\operatorname{tg}\vartheta_2$	0.170310	$\cos\vartheta_2$	9.748045	
$\cos\beta_2$	9.989634	$R_1R_3\sin(L_3-L_1)$	9.987495	
$\sin(\lambda_3-\lambda_1)$	8.024521 *n*	a^0	1.204206	
$a^0R_1R_3\sin(L_3-L_1)$	1.191701			
f	8.014155 *n*	h	6.832820 *n*	
λ_3-L_3	$268°48'42''5$	λ_1-L_1	$343°21'\ 9''9$	
$\sin(\lambda_3-L_3)$	9.999906 *n*	$\sin(\lambda_1-L_1)$	9.457092 *n*	
R_3	0.006362	R_1	9.998434	
$R_3\sin(\lambda_3-L_3)$	0.006268 *n*	$R_1\sin(\lambda_1-L_1)$	9.455526 *n*	
fc_3	9.223755 *n*	fc_1	8.748541 *n*	(V)
g_1	0.782513	$-g_3$	0.706985 *n*	
Add.	9.095400	Add.	9.405015	
$\sin(\lambda-\lambda):\sin(\lambda-\lambda)$	0.731528 *n*	$\sin(\lambda-\lambda):\sin(\lambda-\lambda)$	0.805319	
U_1	9.826928	U_3	0.112000	
$\sin(\lambda_3-K_2)$	8.662688	$\sin(\lambda_1-K_2)$	8.752507	
hc_3	8.042420 *n*	hc_1	7.567206 *n*	
U_1'	0.620268 *n*	U_3'	1.185301 *n*	

* Bezüglich der Indizes siehe Fußnote * auf S. 90.

b) Die erste Näherung.

$t_3^0 - t_2^0$	40^d90534	$(t_3^0 - t_2^0)\,(t_2^0 - t_1^0)$	3.157027	
$t_3^0 - t_1^0$	76.00052	$\frac{1}{6}\,k^2$	5.693012	
$t_2^0 - t_1^0$	35.09518			
$t_3^0 - t_2^0$	1.611780	$1 + n_1^0$	0.187020	
$t_3^0 - t_1^0$	1.880817	Q	8.850039	
$t_2^0 - t_1^0$	1.545247	$1 + n_3^0$	0.164881	(VI)
N_1	9.824555	N_3	9.766729	
Add.	9.381090	Add.	9.424238	
n_1^0	9.730963	n_3^0	9.664430	
$N_1 - n_1^0$	9.112053	$N_3 - n_3^0$	9.088668	
c_1	0.734386	c_3	1.209600	
ν_1	9.037059	ν_3	9.014920	
$c_1\,(N_1 - n_1^0)$	9.846439	$c_1\nu_1$	9.771445	
Add.	0.131401	Add.	0.131076	
$c_3\,(N_3 - n_3^0)$	0.298268	$c_3\nu_3$	0.224520	(VII)
k^0	0.429669	l^0	0.355596	
Add.	0.082591	μ^0	0.526080	
$R_2 \cos \vartheta_2$	9.750770	$(R_2 \sin \vartheta_2)^3$	9.763237	
$\mu^0 \sin q^0$	9.921079	$\mu^0\,(R_2 \sin \vartheta_2)^3$	0.289317	
$\cos q^0$	9.986180	$\sin q^0$	9.395000	(VIII)
$\mu^0 \cos q^0$	0.512260	m^0	0.066279	
$\operatorname{tg} q^0$	9.408819	$\sin q^{0\,4}$	7.580000	
q^0	14° 22′ 39.″8	$m \sin q^{0\,4}$	7.646279	

Bei Anwendung von Tafel 4 erkennt man leicht, daß nur eine Wurzel der Gaußschen Gleichung in Betracht kommt, und zwar die zwischen I und II gelegene.

Die Auflösung der Gaußschen Gleichung mit Hilfe der Tafel von BANACHIEWICZ oder nach dem Tietjenschen Verfahren (siehe S. 112) ist auf einem Nebenblatt erfolgt.

ϑ_2	55°57′25.″3			
ζ_2	14 39 3.1	$\vartheta_2 - \zeta_2$	41°18′22.″2	
$R_2 \sin \vartheta_2$	9.921079	$\sin (\vartheta_2 - \zeta_2)$	9.819598	
$\sin \zeta_2$	9.402997	R_2	0.002725	
r_2	0.518082	$R_2 \sin (\vartheta_2 - \zeta_2)$	9.822323	
r_2^3	1.554246	$\sin \zeta_2$	9.402997	(IX)
$-l^0$	0.355596 n	Δ_2	0.419326	
$-l^0 : r_2^3$	8.801350 n	$\cos \beta_2$	9.989634	
Add.	9.989658	ϱ_2	0.408960	
k^0	0.429669	$\operatorname{tg} \beta_2$	9.344642	
Δ_2	0.419327	$\varrho_2 \operatorname{tg} \beta_2$	9.753602	
$\nu_1 : r_2^3$	7.482813	$\nu_3 : r_2^3$	7.460674	
Add.	0.002446	Add.	0.002708	
n_1^0	9.730963	n_3^0	9.664430	
N_1	9.824555	N_3	9.766729	
Add.	9.368321	Add.	9.411181	
n_1	9.733409	n_3	9.667138	
$N_1 - n_1$	9.101730	$N_3 - n_3$	9.078319	
U'_1	0.620268 n	U'_3	1.185301 n	
$U'_1\,(N_1 - n_1)$	9.721998 n	$U'_3\,(N_3 - n_3)$	0.263620 n	(X)
Add.	9.841188	Add.	9.907729	
$U_1\varrho_2$	0.235888	$U_3\varrho_2$	0.520960	
$n_1\varrho_1$	0.077076	$n_3\varrho_3$	0.171349	
$\operatorname{tg} \beta_1$	9.373264	$\operatorname{tg} \beta_3$	9.283445	
ϱ_1	0.343667	ϱ_3	0.504211	

$n_1 \varrho_1 \operatorname{tg} \beta_1$	9.450340
Add.	0.298809
$n_3 \varrho_3 \operatorname{tg} \beta_3$	9.454794
$\varrho_2 \operatorname{tg} \beta_2$	9.753603

c) Das Verbesserungsverfahren.

$\sin(\lambda - L)$	9.457092 n	9.913453 n	9.999906 n	
ϱ	0.343667	0.408960	0.504211	
$\cos(\lambda - L)$	9.981405	9.758411	8.316734 n	
$\varrho \cos(\lambda - L)$	0.325072	0.167371	8.820945 n	
Add.	0.167722	0.226463	9.970695	
R	9.998434	0.002725	0.006362	
$r \cos b \sin(l - L)$	9.800759 n	0.322413 n	0.504117 n	
cos od. $\sin(l - L)$	9.991212	9.882272	9.981629 n	(XI)
$r \cos b \cos(l - L)$	0.492794	0.393834	9.977057	
$\operatorname{tg}(l - L)$	9.307965 n	9.928579 n	0.527060 n	
$l - L$	348°30′46.″1	319°41′24.″4	286°32′52.″9	
$r \sin b$	9.716931	9.753602	9.787656	
$\sec b$	0.005776	0.006521	0.007242	
$r \cos b$	0.501582	0.511562	0.522488	
$\operatorname{tg} b$	9.215349	9.242040	9.265168	
$\cos(l_3 - l_1)$	9.990453	l_1	168°27′59.″4	
$-\operatorname{tg} b_1 \cos(l_3 - l_1)$	9.205802 n	l_2	174 8 17.0	
Add.	9.165777	l_3	180 26 11.1	
$\operatorname{tg} b_3$	9.265168	☊	113 6 27.6	
Zähler	8.371579	$l_3 - l_1$	11 58 11.7	
$\sin(l_3 - l_1)$	9.316805			
$\operatorname{tg} i \sin(l_1 - ☊)$	9.215349	$l_1 - ☊$	55 21 31.8	
$\sin(l_1 - ☊)$	9.915257	$l_2 - ☊$	61 1 49.4	(XII)
$\operatorname{tg} i \cos(l_1 - ☊)$	9.054774	$l_3 - ☊$	67 19 43.5	
$\operatorname{tg}(l_1 - ☊)$	0.160575			
$\operatorname{tg} i$	9.300092	r_1	0.507358	
$\sin(l_2 - ☊)$	9.941947	r_2	0.518083	
$\sin(l_3 - ☊)$	9.965075	r_3	0.529730	
$\operatorname{tg}(l_1 - ☊)$	0.160575	u_1	55°52′48.″9	
$\operatorname{tg}(l_2 - ☊)$	0.256791	u_2	61 30 7.2	
$\operatorname{tg}(l_3 - ☊)$	0.379115	u_3	67 43 26.2	
$\sec i$	0.008481			
$\operatorname{tg} u_1$	0.169056	$u_3 - u_2$	6 13 19.0	(XIII)
$\operatorname{tg} u_2$	0.265272	$u_3 - u_1$	11 50 37.3	
$\operatorname{tg} u_3$	0.387596	$u_2 - u_1$	5 37 18.3	
$\sin(u - u)$	9.034950	9.312267	8.991052	
rr	1.047813	1.037088	1.025441	
$rr \sin(u - u)$	0.082763	0.349355	0.016493	
n_1	9.733408	n_3	9.667138	
Diff.	+1	Diff.	0	
ϱ	0.343667	0.408960	0.504211	(XIV)
$\sec \beta$	0.011788	0.010366	0.007866	
Δ	0.355455	0.419326	0.512077	
$A\Delta$ {	8.11664	8.18051	8.27326	
	0.01308	0.01515	0.01876	
t_1^0	20.ᵈ35757	$t_3^0 - t_2^0$	1.611780	
t_2^0	55.45275	$t_3^0 - t_1^0$	1.880817	
t_3^0	96.35808	$t_2^0 - t_1^0$	1.545247	

Die Logarithmen der Zwischenzeiten und damit n_1^0, n_3^0, k^0, q^0 bleiben unverändert.

$\frac{1}{2}(u-u)$	3°6′39″.5	5°55′18″.6	2°48′39″.2	
$\sqrt{rr}$	0.523906	0.518544	0.5127 20	
$2\sqrt{rr}$	0.824936	0.819574	0.813750	
$r+r$	0.824975	0.819718	0.813784	
$2\sqrt{rr}:(r+r)$	9.999961	9.999856	9.999966	
$\cos\frac{1}{2}(u-u)$	9.999359	9.997676	9.999477	
$\sec\gamma$	0.000680	0.002468	0.000557	
Γ	2.80562	2.24667	2.89221	
$(t^0-t^0)^2$	3.223560	3.761634	3.090494	
$(r+r)^3$	2.474925	2.459154	2.441352	(XV)
η	0.748635	1.302480	0.649142	
a''	9.80848	0.36743	9.72189	
η^2	1.49727	2.60496	1.29828	
$a'\eta$	2.982521	3.536366	2.883028	
$a''\eta$	0.55712	1.66991	0.37103	
$-b''\eta^2$	0.53138*n*	1.63907*n*	0.33239*n*	
$a'\eta$	+ 960.6	+ 3438.5	+ 763.9	
$a''\eta$	+ 3.6	+ 46.8	+ 2.3	
$-b''\eta^2$	− 3.4	− 43.6	− 2.1	
$\bar{y}$	+ 960.8	+ 3441.7	+ 764.1	

$\bar{y}_2:\bar{y}_1$	0.002481	$\bar{y}_2:\bar{y}_3$	0.002678	
n_1^0	9.730963	n_3^0	9.664430	
n_1	9.733444	n_3	9.667108	(XVI)
Diff.	− 35	Diff.	+ 30	

Die großen Differenzen in den Anfangs- und Endwerten der n_1, n_3 machen eine 2. Näherung notwendig.

$(\bar{y}_2:\bar{y}_1)-1$	7.758000	$(\bar{y}_2:\bar{y}_3)-1$	7.791333	
r_2^3	1.554246	r_2^3	1.554246	
$r_2^3\,[(\bar{y}_2:\bar{y}_1)-1)]$	9.312246	$r_2^3\,[(\bar{y}_2:\bar{y}_3)-1)]$	9.345579	(XVII)
ν_1	9.043209	ν_3	9.010009	

Mit diesen Werten von ν_1, ν_3 und den hier unverändert gebliebenen Werten von n_1^0, n_3^0 wird das Formelsystem (VII) bis (XVI) erneut durchgerechnet.

Als Ergebnis der 2. Näherung erhält man

ϱ_1	0.343771	r_1	0.507431	u_1	55°53′49″.7
ϱ_2	0.409011	r_2	0.518122	u_2	61 31 6.1
ϱ_3	0.504205	r_3	0.529724	u_3	67 44 30.4

☊	113° 5′ 22″.8	i	11° 17′ 5″.0
n_1	9.733443	n_3	9.667107

Da diese Werte der n_1, n_3 mit den Ausgangspunkten der Näherung völlig übereinstimmen, so kann das Verbesserungsverfahren als abgeschlossen betrachtet und zur Ableitung der Elemente M, ω, φ, μ geschritten werden.

d) Die Ableitung der Elemente.

$rr\sin(u-u)\,\bar{y}$	0.083859	0.352897	0.017328	
$k\,(t^0-t^0)$	9.847361	0.116398	9.780828	(XVIII)
$\sqrt{p}$	0.236498	0.236499	0.236500	
p		0.472998		

$p:r_1$	9.965567	$p:r_3$	9.943274	
Add.	8.916525	Add.	9.144669	
q_1	8.882092 n	q_3	9.087943 n	
$\cos(u_3-u_1)$	9.990653			
$q_1 \cos(u_3-u_1)$	8.872745 n	ω	307° 47′ 20″.0	
Add.	9.807087	v_1	108 6 29.7	
$-q_3$	9.087943	v_2	113 43 46.1	
Zähler	8.679832	v_3	119 57 10.4	
$\sin(u_3-u_1)$	9.312301	$\cos v_2$	9.604678 n	
$e \sin v_1$	9.367531	e	9.389592	(XIX)
$\sin v_1$	9.977939	$\sin 1''$	5.314425	
$e \cos v_1$	8.882092 n	$\cos v_3$	9.698350 n	
$\operatorname{tg} v_1$	0.485439 n	$e \cos v_2$	8.994270 n	
		$1+e\cos v_2$	9.954874	
φ	14° 11′ 45″.8	r_2	0.518124	
$\cos\varphi$	9.986531	a^3	1.499808	
$\cos\varphi^2$	9.973062	k''	3.550007	
a	0.499936	$a^{\frac{3}{2}}$	0.749904	
		μ	2.800103	

$\sqrt{r_1:p}$	0.017216	$\sqrt{r_3:p}$	0.028363	
$\sin\varphi/2$	9.091904	$\sin\varphi/2$	9.091904	
$\sin v_1$	9.977939	$\sin v_3$	9.937737	
$\sin\frac{1}{2}(v_1-E_1)$	9.087059	$\sin\frac{1}{2}(v_3-E_3)$	9.058004	
$\frac{1}{2}(v_1-E_1)$	7° 1′ 8″.0	$\frac{1}{2}(v_3-E_3)$	6° 33′ 45″.4	
v_1-E_1	14 2 16.0	v_3-E_3	13 7 30.8	
E_1	94 4 13.7	E_3	106 49 39.6	(XX)
E_3-E_1	12 45 25.9	v_3-v_1	11 50 40.7	
$\frac{1}{2}(E_3-E_1)$	6 22 43.0	$\frac{1}{2}(v_3-v_1)$	5 55 20.4	
$\sin\frac{1}{2}(E_3-E_1)$	9.045706	$\sin\frac{1}{2}(v_3-v_1)$	9.013596	
$a\cos\varphi$	0.486467	$\sqrt{r_1 r_3}$	0.518578	
$a\cos\varphi\sin\frac{1}{2}(E_3-E_1)$	9.532173	$\sqrt{r_1 r_3}\sin\frac{1}{2}(v_3-v_1)$	9.532174	

$\sin E_1$	9.998903	$\sin E_3$	9.980993	
e''	4.704017	e''	4.704017	
$e''\sin E_1$	4.702920	$e''\sin E_3$	4.685010	
	14° 0′ 56″.9		13° 26′ 58″.3	
M_1	80 3 16.8	M_3	93 22 41.3	
M_3-M_1	13 19 24.5			
	4.680919			
$t_3^0-t_1^0$	1.880817			(XXI)
t_0	60ᵈ.0			
$t_0-t_1^0$	39.64243	$t_0-t_3^0$	−36ᵈ.35808	
	1.598161		1.560601 n	
μ	2.800102	μ	2.800102	
$\mu(t_0-t_1^0)$	4.398263	$\mu(t_0-t_3^0)$	4.360703 n	
	6° 56′ 58″.6		−6° 22′ 25″.8	
M_0	87 0 15.4	M_0	87 0 15.5	

Zusammenstellung der Elemente.

Epoche: t_0 = 1920 Apr. 29.0 M. Z. Gr.

M_0	87° 0′ 15″.4	ω	307° 47′ 20″.0	Ekliptik
φ	14 11 45.8	☊	113 5 22.8	Mittl. Äquin.
μ	631″.106	i	11 17 5.0	1920.0
lg a	0.499936			

e) Kontrolle durch Nachrechnung einer nicht benutzten Beobachtung.

Beobachtung: 1920 Apr. 6 $9^h\ 46^m\ 43^s$ M. Z. Algier

α $11^h\ 9^m\ 26^s.52$
δ +19° 36′ 42″.6 } Mittl. Äquin. 1920.0

Die Reduktion dieser Beobachtung und die Umwandlung in ekliptikale Koordinaten ist im Beispiel S. 66 und 43 erfolgt. Für die Berücksichtigung der Aberrationszeit wird $\varDelta$ dem Beispiel des 6. Abschnitts entnommen.

t	$37^{\mathrm{d}}.39902$	u	$58^\circ 39' 32''5$	
$A\varDelta$	0.01389	$\sin u$	9.931502	
t_0	37.38513	r	0.512702	
$t^\circ - t_0$	−22.61487	$\cos u$	9.716112	
	1.354394n	$\sin i$	9.291557	
μ	2.800102	$r \sin u$	0.444204	
$\mu\,(t^\circ - t_0)$	4.154496n	$\cos i$	9.991522	
	$-3^\circ 57' 52''4$	$r \sin u \cos i$	0.435726	
M_0	87 0 15.4	Add.	9.802847	
M	83 2 23.0	$-R \sin (L - ☊)$	9.997891n	
E	96 59 11.8	$r \cos u$	0.228814	
$a \cos \varphi$	0.486467	Add.	9.970794	
$\sin E$	9.996763	$-R \cos (L - ☊)$	9.041986n	
$\cos E$	9.085067n			
Add.	0.174930	$\varDelta \cos\beta \sin (\lambda - ☊)$	0.238573	(XXII)
$-e$	9.389592n	$\sin (\lambda - ☊)$	9.868094	
$\cos E - e$	9.564522n	$\varDelta \cos\beta \cos (\lambda - ☊)$	0.199608	(XXIII)
a	0.499936	$\operatorname{tg} (\lambda - ☊)$	0.038965	
$r \sin v$	0.483230	$\lambda - ☊$	$47^\circ\ 34'\ 0''7$	
$\sin v$	9.970528			
$r \cos v$	0.064458n	$\varDelta \sin\beta$	9.735761	
$\operatorname{tg} v$	0.418772n	$\cos\beta$	9.988626	
v	$110^\circ 52' 12''5$	$\varDelta \cos\beta$	0.370479	
ω	307 47 20.0	$\operatorname{tg}\beta$	9.365282	
L	196 46 24,6	λ	$160^\circ 39' 23''5$	
☊	113 5 22.8	β	+13 3 20.0	
$L - ☊$	83 41 1.8	$\varDelta$	0.381853	
$\sin (L - ☊)$	9.997356			
R	0.000535	$\cos\beta\, d\lambda$	$+0''4$	
$\cos (L - ☊)$	9.041451	$d\beta$	+0.8	

Die geringe Abweichung dieser 17 bzw. 18 Tage von den beiden ersten benutzten Beobachtungen entfernt gelegenen Beobachtung spricht für die Sicherheit der abgeleiteten Elemente.

8. Abschnitt.

Die Methode von Wilkens.

§ 36. Die Fundamentalgleichungen.

Bezeichnet man im ekliptikalen Koordinatensystem die geozentrischen Polarkoordinaten eines Körpers mit λ_i, β_i, $\varDelta_i$ $(i = 1, 2, 3)$, seine heliozentrischen rechtwinkligen Koordinaten mit x_i, y_i, z_i, die rechtwinkligen Sonnenkoordinaten mit $X_{\odot i}$, $Y_{\odot i}$, $Z_{\odot i}$, so bestehen zwischen diesen Größen die durch die Gl. (3.3) und (3.4) ausgedrückten Beziehungen. Bei Beseitigung oder Vernachlässigung der Sonnenbreiten oder bei dem Übergang auf den locus fictus ist $Z_{\odot i} = 0$, und man erhält

$$\begin{aligned} x_i + X_{\odot i} &= \varDelta_i \cos\beta_i \cos\lambda_i \\ y_i + Y_{\odot i} &= \varDelta_i \cos\beta_i \sin\lambda_i \\ z_i \qquad &= \varDelta_i \sin\beta_i\,. \end{aligned} \tag{1}$$

Hierin sind die $\lambda_i, \beta_i, X_{\odot i}, Y_{\odot i}$ bekannte Größen. Die λ_i, β_i werden nach den Gl. (3. 29) aus den zu den Beobachtungszeiten t_i gehörigen (auf das mittlere Äquinoktium des Jahresanfangs bezogenen) Koordinaten α_i, δ_i ermittelt. Die Sonnenkoordinaten $X_{\odot i}$, $Y_{\odot i}$ werden nach den Gl. (3. 2) aus den $L_{\odot i}$, R_i abgeleitet, die für die auf den Nullmeridian reduzierten Beobachtungszeiten t_i den Jahrbüchern entnommen werden. Diese Größen müssen auf das gleiche Äquinoktium wie die α_i, δ_i bezogen sein. Die unbekannten Größen x_i, y_i, z_i gelten für die Zeiten $t_i - A\,\Delta_i$. Da die Entfernungen Δ_i erst im Laufe der Bahnbestimmung bekannt werden, so können die Aberrationszeiten zunächst nicht berücksichtigt werden.

Die unbekannten Entfernungen werden nun durch Division der beiden ersten der Gl. (1) durch die dritte eliminiert. Man erhält die beiden Gleichungsgruppen

$$\begin{aligned}(x_i + X_{\odot i})\frac{1}{z_i} &= \operatorname{ctg}\beta_i \cos\lambda_i = a_i \\ (y_i + Y_{\odot i})\frac{1}{z_i} &= \operatorname{ctg}\beta_i \sin\lambda_i = b_i,\end{aligned} \tag{2}$$

die zur Abkürzung gleich a_i bzw. b_i gesetzt sind.

Die Aufgabe besteht darin, aus diesen 6 Gleichungen die der mittleren Beobachtungsepoche zugehörigen heliozentrischen Koordinaten x_2, y_2, z_2 nebst ihren Ableitungen $\frac{dx_2}{dt}$, $\frac{dy_2}{dt}$, $\frac{dz_2}{dt}$ zu bestimmen, mit denen die 6 Bahnelemente durch die in Abschnitt 1 entwickelten Beziehungen verknüpft sind.

Die x_1, x_3, y_1, y_3, z_1, z_3 können von der Zeit der mittleren Beobachtung ausgehend in Reihen fortschreitend nach Potenzen der Zwischenzeiten entwickelt werden

$$\begin{aligned}x_1 &= x_2 + (t_1 - t_2)\frac{dx_2}{dt} + \tfrac{1}{2}(t_1 - t_2)^2\frac{d^2x_2}{dt^2} + \tfrac{1}{6}(t_1 - t_2)^3\frac{d^3x_2}{dt^3} + \cdots \\ x_3 &= x_2 + (t_3 - t_2)\frac{dx_2}{dt} + \tfrac{1}{2}(t_3 - t_2)^2\frac{d^2x_2}{dt^2} + \tfrac{1}{6}(t_3 - t_2)^3\frac{d^3x_2}{dt^3} + \cdots.\end{aligned} \tag{3}$$

Beachtet man, daß nach den Gl. (1.3) und (2.2) die rechten Seiten dieser Gleichungen (und analog die der Gleichungen für y_1, y_3, z_1, z_3) nur als Funktionen der Koordinaten und ihrer Geschwindigkeiten darstellbar sind, so erkennt man, daß die Gl. (2) bei Einführung der Reihenentwicklungen der Gl. (3) in 6 Gleichungen übergehen, in denen nur die 6 Unbekannten x_2, y_2, z_2, $\frac{dx_2}{dt}$, $\frac{dy_2}{dt}$, $\frac{dz_2}{dt}$ auftreten mit Koeffizienten, die Funktionen von $r_2 = \sqrt{x_2^2 + y_2^2 + z_2^2}$ sind.

Zur Abkürzung sei gesetzt

$$\begin{aligned}x_1 &= x_2 + \Theta_1\frac{dx_2}{dt} + \tfrac{1}{2}\Theta_1^2\frac{d^2x_2}{dt^2} + \tfrac{1}{6}\Theta_1^3 R_1(x) \\ x_3 &= x_2 + \Theta_3\frac{dx_2}{dt} + \tfrac{1}{2}\Theta_3^2\frac{d^2x_2}{dt^2} + \tfrac{1}{6}\Theta_3^3 R_3(x),\end{aligned} \tag{4}$$

wo

$$
\begin{aligned}
t_1 - t_2 &= \Theta_1 \qquad t_3 - t_2 = \Theta_3 \\
R_1(x) &= \frac{d^3 x_2}{dt^3} + \tfrac{1}{4}\Theta_1 \frac{d^4 x_2}{dt^4} + \tfrac{1}{20}\Theta_1^2 \frac{d^5 x_2}{dt^5} + \cdots \\
R_3(x) &= \frac{d^3 x_2}{dt^3} + \tfrac{1}{4}\Theta_3 \frac{d^4 x_2}{dt^4} + \tfrac{1}{20}\Theta_3^2 \frac{d^5 x_2}{dt^5} + \cdots
\end{aligned} \tag{5}
$$

ist.

Wird in den Bewegungsgleichungen (1.3) die Masse m vernachlässigt, so lauten sie nebst ihren Ableitungen — für die x_2-Koordinate —

$$
\begin{aligned}
\frac{d^2 x_2}{dt^2} &= -\frac{k^2}{r_2^3} x_2 \\
\frac{d^3 x_2}{dt^3} &= \frac{3k^2}{r_2^4}\frac{dr_2}{dt} x_2 - \frac{k^2}{r_2^3}\frac{dx_2}{dt} \\
\frac{d^4 x_2}{dt^4} &= k^2\left[\frac{k^2}{r_2^6} - \frac{12}{r_2^5}\left(\frac{dr_2}{dt}\right)^2 + \frac{3}{r_2^4}\frac{d^2 r_2}{dt^2}\right] x_2 + \frac{6k^2}{r_2^4}\frac{dr_2}{dt}\frac{dx_2}{dt} \\
\frac{d^5 x_2}{dt^5} &= k^2\left[-\frac{15k^2}{r_2^7}\frac{dr_2}{dt} + \frac{60}{r_2^6}\left(\frac{dr_2}{dt}\right)^3 - \frac{45}{r_2^5}\frac{dr_2}{dt}\frac{d^2 r_2}{dt^2}\right] x_2 \\
&\quad + k^2\left[\frac{k^2}{r_2^6} - \frac{36}{r_2^5}\left(\frac{dr_2}{dt}\right)^2 + \frac{9}{r_2^4}\frac{d^2 r_2}{dt^2}\right]\frac{dx_2}{dt}. \\
&\cdots\cdots\cdots
\end{aligned} \tag{6}
$$

Hierin sind die 2. und höheren Ableitungen lineare Funktionen von x_2 und $\frac{dx_2}{dt}$, deren Koeffizienten noch von r_2 und seinen Ableitungen abhängen. Nun bestehen zwischen den Größen die Beziehungen

$$
\begin{aligned}
r_2^2 &= x_2^2 + y_2^2 + z_2^2 \\
\frac{dr_2}{dt} &= \frac{1}{r_2}\left(x_2\frac{dx_2}{dt} + y_2\frac{dy_2}{dt} + z_2\frac{dz_2}{dt}\right) \\
\frac{d^2 r_2}{dt^2} &= \frac{1}{r_2}\left[\left(\frac{dx_2}{dt}\right)^2 + \left(\frac{dy_2}{dt}\right)^2 + \left(\frac{dz_2}{dt}\right)^2 - \frac{k^2}{r_2} - \left(\frac{dr_2}{dt}\right)^2\right],
\end{aligned} \tag{7}
$$

so daß die 2. und alle höheren Ableitungen reine Funktionen von x_2, y_2, z_2 und $\frac{dx_2}{dt}, \frac{dy_2}{dt}, \frac{dz_2}{dt}$ sind. Das Gleichungssystem (4) ist also ganz durch die 6 Unbekannten des Problems darstellbar.

In der Praxis der Bahnbestimmung dürfte man mit den Gliedern bis $\frac{d^5 x_2}{dt^5}$ vollkommen ausreichen.

Führt man die Ausdrücke der Gl. (4), wie die entsprechenden für die y- und z-Koordinaten unter Berücksichtigung der ersten Beziehung von Gl. (6) in die Gl. (2) ein, so erhält man die 6 Fundamentalgleichungen für die 6 Unbekannten in der Form

$$
\begin{aligned}
&\left(1 - \tfrac{1}{2}k^2\Theta_1^2\frac{1}{r_2^3}\right)x_2 - a_1\left(1 - \tfrac{1}{2}k^2\Theta_1^2\frac{1}{r_2^3}\right)z_2 + \Theta_1\frac{dx_2}{dt} - a_1\Theta_1\frac{dz_2}{dt} \\
&\qquad = -X_{\odot 1} - \tfrac{1}{6}\Theta_1^3 R_1(x) + \tfrac{1}{6}a_1\Theta_1^3 R_1(z) \\
&\left(1 - \tfrac{1}{2}k^2\Theta_1^2\frac{1}{r_2^3}\right)y_2 - b_1\left(1 - \tfrac{1}{2}k^2\Theta_1^2\frac{1}{r_2^3}\right)z_2 + \Theta_1\frac{dy_2}{dt} - b_1\Theta_1\frac{dz_2}{dt} \\
&\qquad = -Y_{\odot 1} - \tfrac{1}{6}\Theta_1^3 R_1(y) + \tfrac{1}{6}b_1\Theta_1^3 R_1(z)
\end{aligned} \tag{8}
$$

$$
\begin{aligned}
x_2 - a_2 z_2 &= - X_{\odot 2} \\
y_2 - b_2 z_2 &= - Y_{\odot 2}
\end{aligned}
\tag{9}
$$

$$
\begin{aligned}
&\left(1 - \tfrac{1}{2} k^2 \Theta_3^2 \frac{1}{r_2^3}\right) x_2 - a_3 \left(1 - \tfrac{1}{2} k^2 \Theta_3^2 \frac{1}{r_2^3}\right) z_2 + \Theta_3 \frac{d x_2}{d t} - a_3 \Theta_3 \frac{d z_2}{d t} \\
&\qquad = - X_{\odot 3} - \tfrac{1}{6} \Theta_3^3 R_3(x) + \tfrac{1}{6} a_3 \Theta_3^3 R_3(z) \\
&\left(1 - \tfrac{1}{2} k^2 \Theta_3^2 \frac{1}{r_2^3}\right) y_2 - b_3 \left(1 - \tfrac{1}{2} k^2 \Theta_3^2 \frac{1}{r_2^3}\right) z_2 + \Theta_3 \frac{d y_2}{d t} - b_3 \Theta_3 \frac{d z_2}{d t} \\
&\qquad = - Y_{\odot 3} - \tfrac{1}{6} \Theta_3^3 R_3(y) + \tfrac{1}{6} b_3 \Theta_3^3 R_3(z) .
\end{aligned}
\tag{10}
$$

Die Berücksichtigung der Glieder bis mindestens Θ_1^2 bzw. Θ_3^2 ist notwendig, da bei der alleinigen Mitnahme der in Θ_1 bzw. Θ_3 linearen Glieder die Krümmung der Bahn nicht berücksichtigt werden würde.

Diese 6 Gleichungen sind lineare Gleichungen der 6 Unbekannten, und ihre Auflösung liefert, wenn man von den mit Θ_1^3 bzw. Θ_3^3 multiplizierten Gliedern absieht, die 6 Unbekannten als lineare Funktionen von $\frac{1}{r_2^3}$.

Die Einführung der so ermittelten x_2, y_2, z_2 in die Gleichung $r_2^2 = x_2^2 + y_2^2 + z_2^2$ führt zu einer algebraischen Gleichung 8. Grades in r_2, der Arbeitsunbekannten des Problems. Ist r_2 aus dieser Gleichung bestimmt, so geben die 6 Gleichungen wegen der Vernachlässigung der Glieder mit Θ_1^3 bzw. Θ_3^3 erste Näherungswerte der 6 Unbekannten selbst. Berücksichtigt man dann die vernachlässigten R-Glieder und löst die verbesserte Gleichung 8. Grades erneut auf, so erhält man den verbesserten Wert von r_2 und damit verbesserte Werte der 6 Unbekannten. Das ist in Kürze der Gang des Wilkensschen Verfahrens.

Die Auflösung der Gl. (8) und (10) kann in folgender Weise geschehen. Führt man die Ausdrücke für x_2 und y_2 nach Gl. (9) in Gl. (8) ein, und setzt zur Abkürzung

$$
\begin{aligned}
a_1 - a_2 &= \Theta_1 A_1 & a_3 - a_2 &= \Theta_3 A_3 \\
b_1 - b_2 &= \Theta_1 B_1 & b_3 - b_2 &= \Theta_3 B_3 \\
X_{\odot 1} - X_{\odot 2} &= \Theta_1 C_1 & X_{\odot 3} - X_{\odot 2} &= \Theta_3 C_3 \\
Y_{\odot 1} - Y_{\odot 2} &= \Theta_1 D_1 & Y_{\odot 3} - Y_{\odot 2} &= \Theta_3 D_3 ,
\end{aligned}
\tag{11}
$$

so ergibt sich

$$
\begin{aligned}
\frac{d x_2}{d t} &= A_1 \left(1 - \tfrac{1}{2} k^2 \Theta_1^2 \frac{1}{r_2^3}\right) z_2 + a_1 \frac{d z_2}{d t} - C_1 - \tfrac{1}{2} k^2 \Theta_1 \frac{1}{r_2^3} X_{\odot 2} \\
&\qquad - \tfrac{1}{6} \Theta_1^2 R_1(x) + \tfrac{1}{6} \Theta_1^2 a_1 R_1(z) \\
\frac{d y_2}{d t} &= B_1 \left(1 - \tfrac{1}{2} k^2 \Theta_1^2 \frac{1}{r_2^3}\right) z_2 + b_1 \frac{d z_2}{d t} - D_1 - \tfrac{1}{2} k^2 \Theta_1 \frac{1}{r_2^3} Y_{\odot 2} \\
&\qquad - \tfrac{1}{6} \Theta_1^2 R_1(y) + \tfrac{1}{6} \Theta_1^2 b_1 R_1(z) .
\end{aligned}
\tag{12}
$$

Analoge Gleichungen erhält man aus der Verbindung der Gl. (9) und (10). Subtrahiert man beide und setzt zur Abkürzung

$$
\begin{aligned}
\tfrac{1}{6} \Theta_1^2 R_1(x) - \tfrac{1}{6} \Theta_1^2 a_1 R_1(z) - \tfrac{1}{6} \Theta_3^2 R_3(x) + \tfrac{1}{6} \Theta_3^2 a_3 R_3(z) &= R(x z) \\
\tfrac{1}{6} \Theta_1^2 R_1(y) - \tfrac{1}{6} \Theta_1^2 b_1 R_1(z) - \tfrac{1}{6} \Theta_3^2 R_3(y) + \tfrac{1}{6} \Theta_3^2 b_3 R_3(z) &= R(y z) ,
\end{aligned}
\tag{13}
$$

so wird

$$\left[A_1\left(1-\tfrac{1}{2}k^2\Theta_1^2\frac{1}{r_2^3}\right)-A_3\left(1-\tfrac{1}{2}k^2\Theta_3^2\frac{1}{r_2^3}\right)\right]z_2+(a_1-a_3)\frac{dz_2}{dt}$$
$$=C_1-C_3-\tfrac{1}{2}k^2(\Theta_3-\Theta_1)\frac{1}{r_2^3}X_{\odot 2}+R(xz)$$
$$\left[B_1\left(1-\tfrac{1}{2}k^2\Theta_1^2\frac{1}{r_2^3}\right)-B_3\left(1-\tfrac{1}{2}k^2\Theta_3^2\frac{1}{r_2^3}\right)\right]z_2+(b_1-b_3)\frac{dz_2}{dt} \tag{14}$$
$$=D_1-D_3-\tfrac{1}{2}k^2(\Theta_3-\Theta_1)\frac{1}{r_2^3}Y_{\odot 2}+R(yz)\,.$$

Sieht man dann von den R-Gliedern ab, so enthalten die Gl. (14) außer der unbekannten Größe r_2 nur noch die beiden Unbekannten z_2 und $\frac{dz_2}{dt}$.

§ 37. Die erste Näherung.

a) Die provisorische Ausführung. Bevor der Eliminationsprozeß weiter durchgeführt und als Ergebnis die Gleichung 8. Grades aufgestellt wird, leitet WILKENS die Unbekannten zunächst auf Grund der vereinfachenden, streng aber unzulässigen Annahme der elliptischen Bewegung der Erde bzw. des locus fictus ab. Er erreicht damit eine besondere Vereinfachung der rechten Seiten der Bedingungsgleichungen und zugleich die Ableitung des Lambertschen Satzes über die Krümmung der geozentrischen Bahn sowie eine Übersicht über die Lösungen des Problems.

Entwickelt man die $X_{\odot 1}$, $Y_{\odot 1}$ bzw. $X_{\odot 3}$, $Y_{\odot 3}$ analog Gl. (3) in Potenzreihen nach Θ_1 bzw. Θ_3, dann wird

$$C_1-C_3=\tfrac{1}{2}(\Theta_1-\Theta_3)\frac{d^2X_{\odot 2}}{dt^2}+\tfrac{1}{6}(\Theta_1^2-\Theta_3^2)\frac{d^3X_{\odot 2}}{dt^3}+\cdots$$
$$D_1-D_3=\tfrac{1}{2}(\Theta_1-\Theta_3)\frac{d^2Y_{\odot 2}}{dt^2}+\tfrac{1}{6}(\Theta_1^2-\Theta_3^2)\frac{d^3Y_{\odot 2}}{dt^3}+\cdots. \tag{15}$$

Nimmt man nun an, daß sich der Erdmittelpunkt bzw. der locus fictus um die Sonne in einer Ellipse bewegt, so ist

$$\frac{d^2X_{\odot 2}}{dt^2}=-\frac{k^2}{R_2^3}X_{\odot 2}\qquad \frac{d^2Y_{\odot 2}}{dt^2}=-\frac{k^2}{R_2^3}Y_{\odot 2}\,.$$

Setzt man diese Ausdrücke in die Gl. (15) ein, und vernachlässigt die 3. und höheren Ableitungen, so wird genähert

$$C_1-C_3-\tfrac{1}{2}k^2(\Theta_3-\Theta_1)\frac{1}{r_2^3}X_{\odot 2}=\tfrac{1}{2}k^2(\Theta_3-\Theta_1)\left(\frac{1}{R_2^3}-\frac{1}{r_2^3}\right)X_{\odot 2}$$
$$D_1-D_3-\tfrac{1}{2}k^2(\Theta_3-\Theta_1)\frac{1}{r_2^3}Y_{\odot 2}=\tfrac{1}{2}k^2(\Theta_3-\Theta_1)\left(\frac{1}{R_2^3}-\frac{1}{r_2^3}\right)Y_{\odot 2}\,. \tag{16}$$

Führt man diese Ausdrücke in die Gl. (14) ein und vernachlässigt die Glieder mit Θ_1^2 bzw. Θ_3^2, so gehen sie über

$$(A_1-A_3)z_2+(a_1-a_3)\frac{dz_2}{dt}=f\left(\frac{1}{R_2^3}-\frac{1}{r_2^3}\right)$$
$$(B_1-B_3)z_2+(b_1-b_3)\frac{dz_2}{dt}=g\left(\frac{1}{R_2^3}-\frac{1}{r_2^3}\right), \tag{17}$$

wo

$$\begin{aligned} f &= \tfrac{1}{2} k^2 (\Theta_3 - \Theta_1) X_{\odot 2} \\ g &= \tfrac{1}{2} k^2 (\Theta_3 - \Theta_1) Y_{\odot 2} . \end{aligned} \tag{18}$$

Für z_2 bzw. $\frac{d z_2}{d t}$ erhält man die Näherungsausdrücke

$$z_2 = \xi \left(\frac{1}{R_2^3} - \frac{1}{r_2^3} \right) \qquad \frac{d z_2}{d t} = \eta \left(\frac{1}{R_2^3} - \frac{1}{r_2^3} \right), \tag{19}$$

wo

$$\xi = \frac{1}{\nu} [f (b_1 - b_3) - g (a_1 - a_3)]$$

$$\eta = - \frac{1}{\nu} [f (B_1 - B_3) - g (A_1 - A_3)]$$

und

$$\nu = (A_1 - A_3)(b_1 - b_3) - (B_1 - B_3)(a_1 - a_3) \tag{20}$$

ist und $\nu = 0$ das Kriterium dafür ist, daß $r_2 = R_2$ ist, während zugleich z_2 und $\frac{d z_2}{d t} \neq 0$ bleiben. Nun ist Δ_2 stets positiv und daher wegen $z_2 = \Delta_2 \sin \beta_2$ das Vorzeichen von z_2 bekannt. Die erste der Gl. (19) ist der analytische Ausdruck für den Lambertschen Satz. ξ sowie β_2 sind bekannte Größen, und man gewinnt das Kriterium, von dem bei der Entscheidung über die Wurzeln der Gleichung 8. Grades Gebrauch gemacht wird:

$$\text{Ist } \begin{Bmatrix} \beta_2 > 0 \\ \beta_2 < 0 \end{Bmatrix}, \text{ so ist bei } \begin{Bmatrix} \xi \gtrless 0 & r_2 \gtrless R_2 \\ \xi \gtrless 0 & r_2 \lesseqgtr R_2 \end{Bmatrix}. \tag{21}$$

Die Gleichung 8. Grades erhält man nun in folgender Weise. Setzt man

$$a_2 X_{\odot 2} + b_2 Y_{\odot 2} = \zeta \qquad X_{\odot 2}^2 + Y_{\odot 2}^2 = R_2^2 \tag{22}$$

$$1 + a_2^2 + b_2^2 = \operatorname{cosec} \beta_2^2 = \sigma^2 \tag{23}$$

und substituiert diese Ausdrücke, die Gl. (9) und die erste der Gl. (19) in $r_2^2 = x_2^2 + y_2^2 + z_2^2$, so erhält man

$$r_2^2 = \xi^2 \sigma^2 \left(\frac{1}{R_2^3} - \frac{1}{r_2^3} \right)^2 - 2 \xi \zeta \left(\frac{1}{R_2^3} - \frac{1}{r_2^3} \right) + R_2^2$$

oder

$$r_2^8 + k_1 r_2^6 + k_2 r_2^3 + k_3 = 0, \tag{24}$$

wo

$$\begin{aligned} k_1 &= - \xi^2 \sigma^2 \frac{1}{R_2^6} + 2 \xi \zeta \frac{1}{R_2^3} - R_2^2 \\ k_2 &= + 2 \xi^2 \sigma^2 \frac{1}{R_2^3} - 2 \xi \zeta \\ k_3 &= - \xi^2 \sigma^2 . \end{aligned} \tag{25}$$

WILKENS hat die Lösungen dieser Gleichung eingehend diskutiert. Hier seien nur kurz die Resultate wiedergegeben. Von den 3 reellen positiven Wurzeln entspricht eine (genähert $r_2 = R_2 = 1$) der Erdbahn. Die beiden übrigbleibenden Wurzeln können 1. beide < 1, 2. beide > 1, oder 3. eine

< 1, die andere > 1 sein. Liegt der letzte Fall vor, so entscheidet das Lambertsche Kriterium nach den Vorzeichen von ξ und β_2 über die Wahl der einzig möglichen, der Bahn des Himmelskörpers zugehörigen Wurzel r_2. In den Fällen 1 und 2 sind 2 Lösungen möglich. Der Fall 1 und 2 oder der Fall 3 liegt vor, je nachdem

$$1 + 3\xi\zeta \gtrless 0$$

ist. Das obere Vorzeichen dieser Ungleichung entspricht dem Falle der brauchbaren doppelten Lösung, das untere dem einer einfachen Lösung, wenn in diesem Fall das Lambertsche Kriterium zur Entscheidung über die fragliche Wurzel angewandt wird.

Hätte man aus der Gl. (24) den Wert von r_2 gefunden, so könnte man jetzt alle Unbekannten berechnen und das Verbesserungsverfahren einleiten.

b) Die genauere Ausführung. Tatsächlich ist aber die erste Näherung sofort genauer ausführbar. Läßt man die beschränkende Annahme der elliptischen Bewegung der Erde um den Sonnenmittelpunkt fallen und vernachlässigt nur die R-Glieder und die auf den linken Seiten der Gl. (14) auftretenden Glieder $\frac{1}{2} k^2 \Theta_1^2 \frac{1}{r_2^3}$ bzw. $\frac{1}{2} k^2 \Theta_3^2 \frac{1}{r_2^3}$, so treten an Stelle der Gl. (17) die folgenden

$$\begin{aligned} &(A_1 - A_3)\, z_2 + (a_1 - a_3) \frac{d z_2}{d t} \\ &= C_1 - C_3 - \tfrac{1}{2} k^2 (\Theta_3 - \Theta_1) \frac{1}{r_2^3} X_{\odot 2} = f\left(F - \frac{1}{r_2^3}\right) \\ &(B_1 - B_3)\, z_2 + (b_1 - b_3) \frac{d z_2}{d t} \\ &= D_1 - D_3 - \tfrac{1}{2} k^2 (\Theta_3 - \Theta_1) \frac{1}{r_2^3} Y_{\odot 2} = g\left(G - \frac{1}{r_2^3}\right), \end{aligned} \tag{27}$$

wo

$$F = \frac{1}{f}(C_1 - C_3) \qquad G = \frac{1}{g}(D_1 - D_3) \tag{28}$$

gesetzt ist. Der Vergleich mit dem Ausdruck (17) zeigt, daß die F und G genähert gleich $\frac{1}{R_2^3}$ und damit genähert gleich der Einheit sind.

Weiter wird formal ebenso wie vorhin

$$z_2 = \xi\left(\frac{1}{P^3} - \frac{1}{r_2^3}\right) \qquad \frac{d z_2}{d t} = \eta\left(\frac{1}{Q^3} - \frac{1}{r_2^3}\right), \tag{29}$$

wo die ξ und η als Koeffizienten von $\frac{1}{r_2^3}$ in z_2 und $\frac{d z_2}{d t}$ dieselbe Bedeutung wie früher haben und P und Q definiert sind durch

$$\begin{aligned} \frac{1}{P^3} &= \frac{1}{\nu\xi}[f F (b_1 - b_3) - g G (a_1 - a_3)] \\ \frac{1}{Q^3} &= -\frac{1}{\nu\eta}[f F (B_1 - B_3) - g G (A_1 - A_3)]. \end{aligned} \tag{30}$$

Man erkennt, daß die P und Q genähert gleich R_2 sind.

Endlich lautet die Gleichung 8. Grades in der neuen Gestalt

$$r_2^2 = \xi^2\sigma^2\left(\frac{1}{P^3} - \frac{1}{r_2^3}\right)^2 - 2\,\xi\,\zeta\left(\frac{1}{P^3} - \frac{1}{r_2^3}\right) + R_2^2$$

oder

$$r_2^8 + k_1 r_2^6 + k_2 r_2^3 + k_3 = 0\,, \tag{31}$$

wo jetzt

$$\begin{aligned} k_1 &= -\,\xi^2\sigma^2\frac{1}{P^6} + 2\,\xi\,\zeta\frac{1}{P^3} - R_2^2 \\ k_2 &= +\,2\,\xi^2\sigma^2\,\frac{1}{P^3} - 2\,\xi\,\zeta \\ k_3 &= -\,\xi^2\sigma^2\,. \end{aligned} \tag{32}$$

Zur Erleichterung der Auflösung der Gl. (31) hat WILKENS eine Tafel (siehe Tafel 7) gegeben, die mit den Argumenten $\xi\sigma$ und $\xi\zeta$ einen Näherungswert r_0 von r_2 gibt, und auch — in Verbindung mit den Kriterien — auf die Frage der Zahl der Lösungen Auskunft gibt. Die Tafel reicht für die weitaus meisten Fälle der Praxis der Bahnbestimmung der Planeten und Kometen aus.

Die Verbesserung des Näherungswertes r_0 kann nun auf differentiellem Wege erfolgen. Es ist bei Einsetzen der r_0-Wurzel in Gl. (31)

$$f(r_0) = r_0^8 + k_1 r_0^6 + k_2 r_0^3 + k_3$$

und

$$\frac{d f(r_0)}{d r_0} = 8\,r_0^7 + 6\,k_1 r_0^5 + 3\,k_2 r_0^2\,,$$

und man erhält die Verbesserung dr_0 von r_0 aus der Newtonschen Beziehung zur näherungsweisen Auflösung von Gleichungen

$$d r_0 = -\,f(r_0)\left(\frac{d f(r_0)}{d r_0}\right)^{-1}. \tag{33}$$

Nach erlangter Kenntnis von r_0 aus der Gl. (31) kann man jetzt die 6 Unbekannten z_2, $\frac{dz_2}{dt}$, x_2, y_2, $\frac{dx_2}{dt}$, $\frac{dy_2}{dt}$ nach den Gl. (29), (9), (12) berechnen, wobei die Gl. (12) in der bisher benutzten 1. Näherungsform zugrunde gelegt werden.

$$\begin{aligned} \frac{dx_2}{dt} &= A_1 z_2 + a_1\frac{dz_2}{dt} - C_1 - \tfrac{1}{2}k^2\Theta_1\frac{1}{r_2^3}X_{\odot 2} \\ \frac{dy_2}{dt} &= B_1 z_2 + b_1\frac{dz_2}{dt} - D_1 - \tfrac{1}{2}k^2\Theta_1\frac{1}{r_2^3}Y_{\odot 2}\,. \end{aligned} \tag{34}$$

§ 38. Das Verbesserungsverfahren.

Nun steht der Berechnung aller in der 1. Näherung vernachlässigten Glieder nichts mehr im Wege.

Man beginnt mit der Ermittlung der 2. und höheren Ableitungen der Koordinaten x_2, y_2, z_2. Sie erfolgt nach den Gl. (7) und (6).

Ehe man an die Berechnung der R-Glieder geht, bestimmt man zwecks Berücksichtigung der bisher vernachlässigten Aberrationszeiten die geozentrischen Entfernungen $\varDelta_i$. Zunächst erhält man $\varDelta_2$ aus $\varDelta_2 = z_2 \operatorname{cosec} \beta_2$, dann aus entsprechenden Gleichungen $\varDelta_1$ und $\varDelta_3$, nachdem man z_1 und z_3 aus

$$\begin{aligned} z_1 &= z_2 + \Theta_1 \frac{dz_2}{dt} + \tfrac{1}{2}\Theta_1^2 \frac{d^2 z_2}{dt^2} + \tfrac{1}{6}\Theta_1^3 \frac{d^3 z_2}{dt^3} + \cdots \\ z_3 &= z_2 + \Theta_3 \frac{dz_2}{dt} + \tfrac{1}{2}\Theta_3^2 \frac{d^2 z_2}{dt^2} + \tfrac{1}{6}\Theta_3^3 \frac{d^3 z_2}{dt^3} + \cdots \end{aligned} \tag{35}$$

abgeleitet hat.

Mit Verwendung der verbesserten Zeiten werden nun die 8 Konstanten nach den Gl. (11), nach den Gl. (5) die R-Glieder berechnet und diese wie die bisher vernachlässigten Koeffizienten auf den linken Seiten der Gl. (14) $\frac{1}{2} k^2 \Theta_1^{02} \frac{1}{r_2^3}$ bzw. $\frac{1}{2} k^2 \Theta_3^{02} \frac{1}{r_2^3}$ berücksichtigt.

Die Gl. (14) sind damit in aller Strenge auflösbar und liefern nach Elimination von $\frac{dz_2}{dt}$ z_2 als Funktion des rechts verbliebenen $\frac{1}{r_2^3}$ in der Form

$$z_2 = m + n \frac{1}{r_2^3}.$$

Hierin sind m und n numerisch bekannte Größen.

Setzt man den Ausdruck für z_2 in die Gl. (9) ein, so ergeben sich auch x_2 und y_2 als Funktionen von $\frac{1}{r_2^3}$. Durch die Substitution von x_2, y_2, z_2 in die Beziehung $r_2^2 = x_2^2 + y_2^2 + z_2^2$ erhält man die Gleichung 8. Grades und durch ihre Auflösung einen verbesserten Wert von r_2.

Aus den soeben erhaltenen Ausdrücken für die x_2, y_2, z_2 bestimmt man nun, da die Größe $\frac{1}{r_2^3}$ bekannt ist, die 3 Größen selbst, dann $\frac{dx_2}{dt}$, $\frac{dy_2}{dt}$ nach den strengen Gl. (12), für $\frac{1}{2} k^2 \Theta^{02} \frac{1}{r_2^3}$ aber die eben benutzten Werte beibehaltend.

Damit hat man verbesserte Werte der 6 Unbekannten gewonnen. Bei kleinen und mäßigen Zwischenzeiten sind diese Werte meist schon die endgültigen.

Bevor man das Verbesserungsverfahren wiederholt, untersucht man, ob man auf Grund der gefundenen Werte der 6 Unbekannten die benutzten Beobachtungen innerhalb der Genauigkeit der 6-stelligen Rechnung darstellt.

Zu dem Zwecke berechnet man zunächst die nur in 1. Näherung erhaltenen 2. und höheren Ableitungen der Koordinaten x_2, y_2, z_2 nach den Gl. (7) und (6) aufs neue. Damit erhält man x_1, x_3, y_1, y_3, z_1, z_3 nach Gl. (4) und nach den Gl. (1) die zurückgerechneten Werte der a_i, b_i bzw. λ_i, β_i. Stimmen diese mit den Ausgangswerten nicht überein, so ist das Verbesserungsverfahren zu wiederholen. Andernfalls schreitet man zur

§ 39. Ableitung der Elemente.

Zunächst werden die 3 Größen Parameter p, Knotenlänge Ω, Neigung i abgeleitet nach den Gl. (1. 62)

$$\begin{aligned} k\sqrt{p}\cos i &= x_2\frac{dy_2}{dt} - y_2\frac{dx_2}{dt} \\ -k\sqrt{p}\cos\Omega\sin i &= z_2\frac{dx_2}{dt} - x_2\frac{dz_2}{dt} \\ k\sqrt{p}\sin\Omega\sin i &= y_2\frac{dz_2}{dt} - z_2\frac{dy_2}{dt}. \end{aligned} \tag{36}$$

Die Exzentrizität e und die wahre Anomalie v_2 erhält man aus den beiden Gleichungen

$$\begin{aligned} e\sin v_2 &= \frac{\sqrt{p}}{k}\frac{1}{r_2}\left(x_2\frac{dx_2}{dt} + y_2\frac{dy_2}{dt} + z_2\frac{dz_2}{dt}\right) \\ e\cos v_2 &= \frac{p}{r_2} - 1, \end{aligned} \tag{37}$$

die sich aus der 2. der Gl. (7), und aus Gl. (1.26) ergeben.

Aus den Gl. (1. 66) kann man die Gleichungen

$$\begin{aligned} r_2\sin u_2 &= z_2\operatorname{cosec} i \\ r_2\cos u_2 &= x_2\cos\Omega + y_2\sin\Omega \end{aligned} \tag{38}$$

ableiten, die die Berechnung des Argumentes der Breite u_2 gestatten.

Die vom Knoten aus gezählte Länge des Perihels ω erhält man aus Gl. (1.63)

$$\omega = u_2 - v_2. \tag{39}$$

Die bisherigen Formeln gelten für elliptische, parabolische und hyperbolische Bewegung gemeinsam. Getrennt berechnet man jetzt

1. Für die Ellipse ($0 < e < 1$)

$$\begin{aligned} \operatorname{tg}\tfrac{1}{2}E_2 &= \sqrt{\frac{1-e}{1+e}}\operatorname{tg}\tfrac{1}{2}v_2 \\ M_2 &= E_2 - e\sin E_2 \\ a &= p\sec\varphi^2, \quad \text{wo } \sin\varphi = e \\ \mu &= \frac{k}{a^{\frac{3}{2}}} \end{aligned} \tag{40}$$

2. für die Parabel ($e = 1$)

$$M_2 = \frac{t_2 - T}{q^{\frac{3}{2}}} = \frac{\sqrt{2}}{k}\left(\operatorname{tg}\tfrac{1}{2}v_2 + \tfrac{1}{3}\operatorname{tg}\tfrac{1}{2}v_2^3\right)$$

wo
$$q = \tfrac{1}{2}p$$

3. für die Hyperbel ($e > 1$)

$$\begin{aligned} \operatorname{tg}\tfrac{1}{2}H_2 &= \sqrt{\frac{e-1}{e+1}}\operatorname{tg}\tfrac{1}{2}v_2 \\ \operatorname{Mod}\mu(t_2 - T) &= \operatorname{Mod} e\operatorname{tg}H_2 - \lg\operatorname{tg}(45^\circ + \tfrac{1}{2}H_2) \\ a_n &= p\operatorname{ctg}\psi^2, \quad \text{wo } \cos\psi = e^{-1} \\ \mu &= \frac{k}{a_n^{\frac{3}{2}}}. \end{aligned}$$

Über die Bedeutung dieser Größen siehe Abschnitt 1.

§ 40. Formelzusammenstellung.

Gegeben sind die Beobachtungszeiten t_i, die geozentrischen auf das mittlere Äquinoktium eines Jahresanfangs reduzierten Beobachtungen α_i, δ_i, die nach den Gl. (3. 29) in die ekliptikalen Koordinaten λ_i, β_i verwandelt sind, und die zugehörigen für das gleiche Äquinoktium gültigen Sonnenkoordinaten $X_{\odot i}$, $Y_{\odot i}$. Diese Größen werden nach den Gl. (3. 2) aus den für die Zeiten t_i dem B. J. entnommenen Koordinaten $L_{\odot i}$ und R_i erhalten.

a) Konstante Hilfsgrößen.

$$a_i = \operatorname{ctg}\beta_i \cos\lambda_i \qquad b_i = \operatorname{ctg}\beta_i \sin\lambda_i \qquad (i = 1, 2, 3) \tag{I}$$

$$\Theta_1 = t_1 - t_2 \qquad \Theta_3 = t_3 - t_2 \tag{II}$$

$$\begin{aligned} A_1 &= (a_1 - a_2)\frac{1}{\Theta_1} & A_3 &= (a_3 - a_2)\frac{1}{\Theta_3} \\ B_1 &= (b_1 - b_2)\frac{1}{\Theta_1} & B_3 &= (b_3 - b_2)\frac{1}{\Theta_3} \\ C_1 &= (X_{\odot 1} - X_{\odot 2})\frac{1}{\Theta_1} & C_3 &= (X_{\odot 3} - X_{\odot 2})\frac{1}{\Theta_3} \\ D_1 &= (Y_{\odot 1} - Y_{\odot 2})\frac{1}{\Theta_1} & D_3 &= (Y_{\odot 3} - Y_{\odot 2})\frac{1}{\Theta_3} \end{aligned} \tag{III}$$

b) Die erste Näherung.

$$\begin{aligned} f &= \tfrac{1}{2}k^2(\Theta_3 - \Theta_1)X_{\odot 2} & F &= \frac{1}{f}(C_1 - C_3) \\ g &= \tfrac{1}{2}k^2(\Theta_3 - \Theta_1)Y_{\odot 2} & G &= \frac{1}{g}(D_1 - D_3) \end{aligned} \tag{IV}$$

$$\lg \tfrac{1}{2}k^2 = 6.170133_{-10}$$

$$\begin{aligned} \nu &= (A_1 - A_3)(b_1 - b_3) - (B_1 - B_3)(a_1 - a_3) \\ \xi &= \frac{1}{\nu}[f(b_1 - b_3) - g(a_1 - a_3)] \\ \eta &= -\frac{1}{\nu}[f(B_1 - B_3) - g(A_1 - A_3)] \\ \frac{1}{P^3} &= \frac{1}{\nu\xi}[fF(b_1 - b_3) - gG(a_1 - a_3)] \\ \frac{1}{Q^3} &= -\frac{1}{\nu\eta}[fF(B_1 - B_3) - gG(A_1 - A_3)] \end{aligned} \tag{V}$$

$$\begin{aligned} \sigma^2 &= \operatorname{cosec}\beta_2^2 \\ \zeta &= a_2 X_{\odot 2} + b_2 Y_{\odot 2} \\ R_2^2 &= X_{\odot 2}^2 + Y_{\odot 2}^2 \end{aligned} \tag{VI}$$

$$\begin{aligned} k_1 &= -\xi^2\sigma^2\frac{1}{P^6} + 2\xi\zeta\frac{1}{P^3} - R_2^2 \\ k_2 &= +2\xi^2\sigma^2\frac{1}{P^3} - 2\xi\zeta \\ k_3 &= -\xi^2\sigma^2. \end{aligned} \tag{VII}$$

$$f(r_2) = r_2^8 + k_1 r_2^6 + k_2 r_2^3 + k_3 = 0. \tag{VIII}$$

Kriterium für die Lösung der Gl. (VIII):

β_2	ξ	$1+3\xi\zeta<0$ 1 Lösung: r_2	$1+3\xi\zeta>0$ 2 Lösungen: r_2^I, r_2^{II}
>0	>0	$r_2>R_2$	r_2^I und $r_2^{II}>R_2$
	<0	$r_2<R_2$	r_2^I und $r_2^{II}<R_2$
<0	>0	$r_2<R_2$	r_2^I und $r_2^{II}<R_2$
	<0	$r_2>R_2$	r_2^I und $r_2^{II}>R_2$

Einen 1. Näherungswert der gesuchten Wurzel bzw. der beiden Wurzeln der Gl. (VIII) entnimmt man mit den Argumenten $\xi\sigma$ und $\xi\zeta$ der Tafel 7. Mit diesem Näherungswert r_0 wird

$$\left.\begin{aligned} f(r_0) &= r_0^8 + k_1 r_0^6 + k_2 r_0^3 + k_3 \\ \frac{d f(r_0)}{d r_0} &= 8 r_0^7 + 6 k_1 r_0^5 + 3 k_2 r_0^2 \end{aligned}\right\} \qquad \text{(IX)}$$

berechnet und die Korrektion

$$d r_0 = - f(r_0) \left(\frac{d f(r_0)}{d r_0}\right)^{-1}$$

abgeleitet, die zu r_0 zu addieren ist, um einen verbesserten Wert r_2 zu erhalten. Das Näherungsverfahren für r_2 ist abgeschlossen, wenn $f(r_2)$ streng gleich Null, also die Korrektion $dr_0=0$ ist. Man erhält so den endgültigen Wert r_2 der 1. Näherung, der die Gl. (VIII) streng erfüllt.

Im Fall der doppelten Lösung bleibt die Zweideutigkeit der Lösung unbehoben, und nur eine weitere Beobachtung kann über die Wahl der dem beobachteten Objekt zugehörigen Bahn entscheiden.

$$\begin{aligned} z_2 &= \xi\left(\frac{1}{P^3} - \frac{1}{r_2^3}\right) & \frac{d z_2}{dt} &= \eta\left(\frac{1}{Q^3} - \frac{1}{r_2^3}\right) \\ x_2 &= a_2 z_2 - X_{\odot 2} & \frac{d x_2}{dt} &= A_1 z_2 + a_1 \frac{d z_2}{dt} - C_1 - \tfrac{1}{2} k^2 \Theta_1 \frac{1}{r_2^3} X_{\odot 2} \qquad \text{(X)} \\ y_2 &= b_2 z_2 - Y_{\odot 2} & \frac{d y_2}{dt} &= B_1 z_2 + b_1 \frac{d z_2}{dt} - D_1 - \tfrac{1}{2} k^2 \Theta_1 \frac{1}{r_2^3} Y_{\odot 2} \end{aligned}$$

c) Das Verbesserungsverfahren.

$$\left.\begin{aligned} \frac{d r_2}{dt} &= \frac{1}{r_2}\left(x_2 \frac{d x_2}{dt} + y_2 \frac{d y_2}{dt} + z_2 \frac{d z_2}{dt}\right) \\ \frac{d^2 r_2}{dt^2} &= \frac{1}{r_2}\left[\left(\frac{d x_2}{dt}\right)^2 + \left(\frac{d y_2}{dt}\right)^2 + \left(\frac{d z_2}{dt}\right)^2 - \frac{k^2}{r_2} - \left(\frac{d r_2}{dt}\right)^2\right] \end{aligned}\right\} \qquad \text{(XI)}$$

$$\left.\begin{aligned} & -\frac{k^2}{r_2^3} = c_1 \qquad \frac{3 k^2}{r_2^4}\frac{d r_2}{dt} = c_2 \qquad k^2\left[\frac{k^2}{r_2^6} - \frac{12}{r_2^5}\left(\frac{d r_2}{dt}\right)^2 + \frac{3}{r_2^4}\frac{d^2 r_2}{dt^2}\right] = c_3 \\ & k^2\left[-\frac{15 k^2}{r_2^7}\frac{d r_2}{dt} + \frac{60}{r_2^6}\left(\frac{d r_2}{dt}\right)^3 - \frac{45}{r_2^5}\frac{d r_2}{dt}\frac{d^2 r_2}{dt^2}\right] = c_4 \\ & k^2\left[\frac{k^2}{r_2^6} - \frac{36}{r_2^5}\left(\frac{d r_2}{dt}\right)^2 + \frac{9}{r_2^4}\frac{d^2 r_2}{dt^2}\right] = c_5, \end{aligned}\right\} \qquad \text{(XII)}$$

$\lg k^2 = 6.471163_{-10}$ $\lg 3k^2 = 6.94828_{-10}$ $\lg 15 k^2 = 7.64725_{-10}$

$$\frac{d^2 z_2}{dt^2} = c_1 z_2$$

$$\frac{d^3 x_2}{dt^3} = c_2 x_2 + c_1 \frac{dx_2}{dt} \qquad \frac{d^3 y_2}{dt^3} = c_2 y_2 + c_1 \frac{dy_2}{dt} \qquad \frac{d^3 z_2}{dt^3} = c_2 z_2 + c_1 \frac{dz_2}{dt}$$

$$\frac{d^4 x_2}{dt^4} = c_3 x_2 + 2c_2 \frac{dx_2}{dt} \qquad \frac{d^4 y_2}{dt^4} = c_3 y_2 + 2c_2 \frac{dy_2}{dt} \qquad \frac{d^4 z_2}{dt^4} = c_3 z_2 + 2c_2 \frac{dz_2}{dt}$$

$$\frac{d^5 x_2}{dt^5} = c_4 x_2 + c_5 \frac{dx_2}{dt} \qquad \frac{d^5 y_2}{dt^5} = c_4 y_2 + c_5 \frac{dy_2}{dt} \qquad \frac{d^5 z_2}{dt^5} = c_4 z_2 + c_5 \frac{dz_2}{dt}$$

Die Ausdrücke in Gl. (XII) können mit verminderter Stellenzahl berechnet werden. Bei kurzen Zwischenzeiten dürfte häufig die 4-stellige, bei größeren Zwischenzeiten die 5-stellige Rechnung ausreichend sein. Man könnte daran denken, auch im letzteren Falle etwa die 2. und 3. Ableitung 5-stellig, die höheren Ableitungen aber 4-stellig zu ermitteln. Indessen ist die abwechselnd 4- und 5-stellig geführte Rechnung im Interesse der Sicherheit der Rechnung wenig empfehlenswert. Die Berechnung der 6. und höheren Ableitungen wird in der Praxis kaum erforderlich sein.

Zwecks Berücksichtigung der Aberrationszeiten werden z_1 und z_3 bestimmt aus

$$\begin{aligned} z_1 &= z_2 + \Theta_1 \frac{dz_2}{dt} + \tfrac{1}{2}\Theta_1^2 \frac{d^2 z_2}{dt^2} + \tfrac{1}{6}\Theta_1^3 \frac{d^3 z_2}{dt^3} + \cdots \\ z_3 &= z_2 + \Theta_3 \frac{dz_2}{dt} + \tfrac{1}{2}\Theta_3^2 \frac{d^2 z_2}{dt^2} + \tfrac{1}{6}\Theta_3^3 \frac{d^3 z_2}{dt^3} + \cdots \end{aligned} \qquad \text{(XIII)}$$

Damit wird

$$\begin{aligned} &\Delta_1 = z_1 \operatorname{cosec}\beta_1 \qquad \Delta_2 = z_2 \operatorname{cosec}\beta_2 \qquad \Delta_3 = z_3 \operatorname{cosec}\beta_3 \\ &t_1^0 = t_1 - A\,\Delta_1 \qquad t_2^0 = t_2 - A\,\Delta_2 \qquad t_3^0 = t_3 - A\,\Delta_3 \end{aligned} \qquad \text{(XIV)}$$

$\lg A = 7.76118_{-10}$ in Bruchteilen des mittleren Tages

$$\Theta_1^0 = t_1^0 - t_2^0 \qquad \Theta_3^0 = t_3^0 - t_2^0$$

Von nun an werden die um die Aberrationszeiten korrigierten Zeiten verwendet.

$$\begin{aligned} R_i(x) &= \frac{d^3 x_2}{dt^3} + \tfrac{1}{4}\Theta_i^0 \frac{d^4 x_2}{dt^4} + \tfrac{1}{20}\Theta_i^{0\,2} \frac{d^5 x_2}{dt^5} + \cdots \\ R_i(y) &= \frac{d^3 y_2}{dt^3} + \tfrac{1}{4}\Theta_i^0 \frac{d^4 y_2}{dt^4} + \tfrac{1}{20}\Theta_i^{0\,2} \frac{d^5 y_2}{dt^5} + \cdots \quad (i = 1, 3) \quad \text{(XV)} \\ R_i(z) &= \frac{d^3 z_2}{dt^3} + \tfrac{1}{4}\Theta_i^0 \frac{d^4 z_2}{dt^4} + \tfrac{1}{20}\Theta_i^{0\,2} \frac{d^5 z_2}{dt^5} + \cdots \end{aligned}$$

$$\begin{aligned} \boldsymbol{R}(xz) &= \tfrac{1}{6}\Theta_1^{0\,2} R_1(x) - \tfrac{1}{6}\Theta_1^{0\,2} a_1 R_1(z) - \tfrac{1}{6}\Theta_3^{0\,2} R_3(x) + \tfrac{1}{6}\Theta_3^{0\,2} a_3 R_3(z) \\ \boldsymbol{R}(yz) &= \tfrac{1}{6}\Theta_1^{0\,2} R_1(y) - \tfrac{1}{6}\Theta_1^{0\,2} b_1 R_1(z) - \tfrac{1}{6}\Theta_3^{0\,2} R_3(y) + \tfrac{1}{6}\Theta_3^{0\,2} b_3 R_3(z) \end{aligned} \qquad \text{(XVI)}$$

Mit den korrigierten Zeiten werden gegebenenfalls die Größen A_1, A_3, B_1, B_3, C_1, C_3, D_1, D_3 nach den Gl. (III) neu gerechnet.

In die Gleichungen

$$\left.\begin{aligned}&\left[A_1\left(1-\tfrac{1}{2}k^2\Theta_1^{02}\tfrac{1}{r_2^3}\right)-A_3\left(1-\tfrac{1}{2}k^2\Theta_3^{02}\tfrac{1}{r_2^3}\right)\right]z_2+(a_1-a_3)\frac{dz_2}{dt}\\&\qquad=C_1-C_3-\tfrac{1}{2}k^2(\Theta_3^0-\Theta_1^0)\frac{1}{r_2^3}X_{\odot 2}+R(xz)\\&\left[B_1\left(1-\tfrac{1}{2}k^2\Theta_1^{02}\tfrac{1}{r_2^3}\right)-B_3\left(1-\tfrac{1}{2}k^2\Theta_3^{02}\tfrac{1}{r_2^3}\right)\right]z_2+(b_1-b_3)\frac{dz_2}{dt}\\&\qquad=D_1-D_3-\tfrac{1}{2}k^2(\Theta_3^0-\Theta_1^0)\frac{1}{r_2^3}Y_{\odot 2}+R(yz)\end{aligned}\right\}\quad\text{(XVII)}$$

werden diese Werte der 8 Konstanten, die $R(xz)$, $R(yz)$ eingesetzt, und auf den linken Seiten zur Berechnung der Glieder $\frac{1}{2}k^2\Theta_1^{02}\frac{1}{r_2^3}$ bzw. $\frac{1}{2}k^2\Theta_3^{02}\frac{1}{r_2^3}$ für r_2 der Wert der 1. Näherung verwendet. Unbekannte sind in den beiden Gleichungen z_2, $\frac{dz_2}{dt}$ und auf den rechten Seiten $\frac{1}{r_2^3}$. Durch Elimination von $\frac{dz_2}{dt}$ ergibt sich für z_2 ein Ausdruck in der Form

$$z_2=m+n\frac{1}{r_2^3}. \qquad \text{(XVIII)}$$

Hierin sind m und n numerisch bekannte Größen.

Durch Einsetzen dieses Ausdrucks für z_2 in die Gleichungen

$$x_2=a_2z_2-X_{\odot 2} \qquad y_2=b_2z_2-Y_{\odot 2} \qquad \text{(XIX)}$$

erhält man x_2, y_2 ebenfalls als Funktionen von $\frac{1}{r_2^3}$. Setzt man die quadrierten Ausdrücke von x_2, y_2, z_2 in die Beziehung

$$r_2^2=x_2^2+y_2^2+z_2^2 \qquad \text{(XX)}$$

ein und ordnet nach Potenzen von r_2, so erhält man die Gleichung 8. Grades in der Form

$$r_2^8+k_1r_2^6+k_2r_2^3+k_3=0 \qquad \text{(XXI)}$$

in der k_1, k_2, k_3 numerisch bekannte Größen sind.

Bei Ausgang von dem Wert r_2 der 1. Näherung ergibt sich wie dort durch differentielle Verbesserung der endgültige Wert von r_2.

Mit seiner Benutzung erhält man z_2 aus der Gl. (XVIII), $\frac{dz_2}{dt}$ aus einer der Gl. (XVII) (gewählt wird die Gleichung mit dem größten Koeffizienten von $\frac{dz_2}{dt}$), x_2, y_2 aus Gl. (XIX) und endlich $\frac{dx_2}{dt}$, $\frac{dy_2}{dt}$ aus

$$\left.\begin{aligned}\frac{dx_2}{dt}&=A_1\left(1-\tfrac{1}{2}k^2\Theta_1^{02}\tfrac{1}{r_2^3}\right)z_2+a_1\frac{dz_2}{dt}-C_1-\tfrac{1}{2}k^2\Theta_1^0\frac{1}{r_2^3}X_{\odot 2}\\&\qquad-\tfrac{1}{6}\Theta_1^{02}R_1(x)+\tfrac{1}{6}\Theta_1^{02}a_1R_1(z)\\\frac{dy_2}{dt}&=B_1\left(1-\tfrac{1}{2}k^2\Theta_1^{02}\tfrac{1}{r_2^3}\right)z_2+b_1\frac{dz_2}{dt}-D_1-\tfrac{1}{2}k^2\Theta_1^0\frac{1}{r_2^3}Y_{\odot 2}\\&\qquad-\tfrac{1}{6}\Theta_1^{02}R_1(y)+\tfrac{1}{6}\Theta_1^{02}b_1R_1(z)\end{aligned}\right\}\quad\text{(XXII)}$$

Vor Abschluß des Verbesserungsverfahrens muß man sich überzeugen, daß man auf Grund der erhaltenen Werte der Koordinaten x_2, y_2, z_2 und ihrer Geschwindigkeiten durch Zurückrechnung die Werte a_i, b_i bzw. λ_i, β_i erhält, die die benutzten Beobachtungen innerhalb der Genauigkeit der 6-stelligen Rechnung darstellen.

$$\left.\begin{aligned} x_i &= x_2 + \Theta_i^0 \frac{d x_2}{dt} + \tfrac{1}{2}\Theta_i^{02} \frac{d^2 x_2}{dt^2} + \tfrac{1}{6}\Theta_i^{03} \frac{d^3 x_2}{dt^3} + \cdots \\ y_i &= y_2 + \Theta_i^0 \frac{d y_2}{dt} + \tfrac{1}{2}\Theta_i^{02} \frac{d^2 y_2}{dt^2} + \tfrac{1}{6}\Theta_i^{03} \frac{d^3 y_2}{dt^3} + \cdots \\ z_i &= z_2 + \Theta_i^0 \frac{d z_2}{dt} + \tfrac{1}{2}\Theta_i^{02} \frac{d^2 z_2}{dt^2} + \tfrac{1}{6}\Theta_i^{03} \frac{d^3 z_2}{dt^3} + \cdots \end{aligned}\right\} \quad (i = 1, 3) \qquad \text{(XXIII)}$$

Vor Ermittlung der x_i, y_i, z_i nach diesen Gleichungen ist eine Neuberechnung der 2. und höheren Ableitungen der Koordinaten nach Gl. (XII) erforderlich. Indessen kann man häufig die 4. und 5. Ableitung aus der 1. Näherung ungeändert übernehmen.

$$\left.\begin{aligned} \Delta_i \cos\beta_i \cos\lambda_i &= x_i + X_{\odot i} \\ \Delta_i \cos\beta_i \sin\lambda_i &= y_i + Y_{\odot i} \\ \Delta_i \sin\beta_i \qquad &= z_i \end{aligned}\right\} \quad (i = 1, 2, 3) \qquad \text{(XXIV)}$$

Erweisen sich die Abweichungen der Ausgangs- von den Endwerten als zu groß, so ist das Verbesserungsverfahren zu wiederholen. Meist wird dabei von einer Neuberechnung der Aberrationszeiten und der 3. und höheren Ableitungen abgesehen werden können, so daß wesentliche Erleichterungen gegenüber dem 1. Verbesserungsverfahren eintreten.

Ist das Verbesserungsverfahren abgeschlossen, so beginnt man mit der

d) Ableitung der Elemente.

$$\left.\begin{aligned} k\sqrt{p}\cos i \qquad &= x_2 \frac{d y_2}{dt} - y_2 \frac{d x_2}{dt} \\ -k\sqrt{p}\cos\Omega \sin i &= z_2 \frac{d x_2}{dt} - x_2 \frac{d z_2}{dt} \\ k\sqrt{p}\sin\Omega \sin i &= y_2 \frac{d z_2}{dt} - z_2 \frac{d y_2}{dt} \end{aligned}\right\} \qquad \text{(XXV)}$$

$$\left.\begin{aligned} e\sin v_2 &= \frac{1}{k r_2}\sqrt{p}\left(x_2 \frac{d x_2}{dt} + y_2 \frac{d y_2}{dt} + z_2 \frac{d z_2}{dt}\right) \\ e\cos v_2 &= \frac{p}{r_2} - 1 \end{aligned}\right\} \qquad \text{(XXVI)}$$

$$\left.\begin{aligned} r_2 \sin u_2 &= z_2 \operatorname{cosec} i \\ r_2 \cos u_2 &= x_2 \cos\Omega + y_2 \sin\Omega \end{aligned}\right\} \qquad \text{(XXVII)}$$

gemeinsam für elliptische, parabolische und hyperbolische Bewegung.

1. für die Ellipse $(0 < e < 1)$

$$\left.\begin{aligned} \operatorname{tg} \tfrac{1}{2} E_2 &= \sqrt{\frac{1-e}{1+e}} \operatorname{tg} \tfrac{1}{2} v_2 \\ M_2 &= E_2 - e \sin E_2 \\ a &= p \sec \varphi^2, \qquad \text{wo} \quad \sin \varphi = e \\ \mu &= \frac{k}{a^{\frac{3}{2}}} \qquad \text{wo} \quad \begin{cases} \lg k'' = 3.550007 \\ \lg k^\circ = 9.993704{-}10 \end{cases} \end{aligned}\right\} \qquad \text{(XXVIII)}$$

2. für die Parabel $(e = 1)$

$$M_2 = \frac{(t_2 - T)}{q^{\frac{3}{2}}} = \frac{\sqrt{2}}{k} (\operatorname{tg} \tfrac{1}{2} v_2 + \tfrac{1}{3} \operatorname{tg} \tfrac{1}{2} v_2^3)$$

$$\text{wo} \qquad q = \tfrac{1}{2} p$$

3. für die Hyperbel $(e > 1)$

$$\operatorname{tg} \tfrac{1}{2} H_2 = \sqrt{\frac{e-1}{e+1}} \operatorname{tg} \tfrac{1}{2} v_2$$

$$\operatorname{Mod} \mu (t_2 - T) = \operatorname{Mod} e \operatorname{tg} H_2 - \lg \operatorname{tg} (45^\circ + \tfrac{1}{2} H_2)$$

$$a_n = p \operatorname{ctg} \psi^2 \qquad \text{wo} \qquad \cos \psi = e^{-1}$$

$$\mu = \frac{k}{a_n^{\frac{3}{2}}}$$

e) Kontrolle durch Nachrechnung von Beobachtungen. Die Kontrolle durch Nachrechnung der benutzten Beobachtungen ist bereits nach den Gl. (XXIV) erfolgt. Will man sich nicht mit dieser Kontrolle, die nur eine Prüfung der Rechnung darstellt, begnügen, sondern ein Urteil über die Brauchbarkeit der Elemente erhalten, so muß man mindestens eine nicht benutzte Beobachtung nachrechnen. Diese Nachrechnung kann nach den Formeln des Abschnitts 15 erfolgen. Siehe auch die Ausführungen auf S. 89.

B. Die Bahnbestimmung aus 4 Beobachtungen.

Von den zahlreichen Methoden, die sich im wesentlichen durch die Auswahl der Beobachtungsdaten — es sind nicht alle 8 Daten notwendig — unterscheiden, soll hier nur die praktisch vielfach bewährte Methode von Berberich nebst ihrer Erweiterung durch Bauschinger und ihre für die maschinelle Rechnung geeignete Umformung nach Veithen Aufnahme finden. Abweichend von Veithen erfolgt hier die Ableitung der Elemente wie in § 26.

Da es in der Nähe des Ausnahmefalls (Bewegung in der Ekliptik) unmöglich ist, eine brauchbare Gleichung für eine einzelne geozentrische Entfernung aufzustellen, so werden zur Bestimmung von 2 Entfernungen Δ_1 und Δ_4 aus der Ebenenbedingung 2 Gleichungen abgeleitet, die eine für den 1., 2., 4. Ort, die andere für den 2., 3., 4. Ort. Die in diesen

Gleichungen auftretenden Verhältnisse der Dreiecksflächen werden durch Näherungswerte ersetzt, in denen als Unbekannte nur die Radienvektoren r_1, r_4 auftreten. 2 weitere Beziehungen zwischen den 4 Unbekannten liefert das Dreieck Sonne—Erde—Gestirn. Die Unbekannten werden im Versuchsverfahren bestimmt. Die Ableitung der Elemente erfolgt dann aus den beiden äußeren Orten bei Verwendung des Gaußschen Verhältnisses von Sektor zu Dreieck.

Für kurze Zwischenzeiten und nicht zu große Exzentrizitäten leistet der kurze Berberichsche Ansatz in den Entwicklungen für die Dreiecksflächenverhältnisse gute Dienste. Mit seiner Verwendung ist bei sehr kurzen Zwischenzeiten der Arbeitsaufwand geringer als bei einer Methode der Bahnbestimmung aus 3 Beobachtungen.

Für alle praktisch vorkommenden Fälle wird der Bauschingersche Ansatz ausreichend sein.

Wie man aus den folgenden Entwicklungen erkennt, wird man auch hier Wert darauf legen, daß je 2 Längen nicht nahezu gleich werden.

9. Abschnitt.

Die Methode von Veithen (Berberich-Bauschinger).

§ 41. Die Fundamentalgleichungen.

Als Koordinatensystem wird das der Ekliptik zugrunde gelegt, da man hier den Vorteil erzielen kann, daß von den kleinen Breiten nur die Cosinus in Rechnung treten. Etwaige Beobachtungsfehler in den Breiten sind dann von sehr geringem Einfluß auf die Bahnbestimmung.

Führt man die Bezeichnungen

$$\frac{[r_2 r_4]}{[r_1 r_4]} = n_1 \qquad \frac{[r_1 r_2]}{[r_1 r_4]} = n_4 \qquad \frac{[r_3 r_4]}{[r_1 r_4]} = \bar{n}_1 \qquad \frac{[r_1 r_3]}{[r_1 r_4]} = \bar{n}_4$$

ein, so lauten die Bedingungsgleichungen der Ebene, Gl. (7. 1), wenn sie auf die Kombinationen 1, 2, 4 und 1, 3, 4 angewandt werden

$$\begin{aligned} n_1 x_1 - x_2 + n_4 x_4 &= 0 \qquad & \bar{n}_1 x_1 - x_3 + \bar{n}_4 x_4 &= 0 \\ n_1 y_1 - y_2 + n_4 y_4 &= 0 \qquad & \bar{n}_1 y_1 - y_3 + \bar{n}_4 y_4 &= 0 \\ n_1 z_1 - z_2 + n_4 z_4 &= 0 \qquad & \bar{n}_1 z_1 - z_3 + \bar{n}_4 z_4 &= 0 . \end{aligned} \tag{1}$$

Den Übergang von den heliozentrischen Koordinaten x_i, y_i, z_i ($i = 1, 2, 3, 4$) zu den geozentrischen Koordinaten λ_i, β_i vermitteln die Gl. (3. 3) und (3. 4). Setzt man hierin

$$\begin{aligned} \cos\beta_i \cos\lambda_i &= a_i \\ \cos\beta_i \sin\lambda_i &= b_i \\ \sin\beta_i \qquad &= c_i \end{aligned} \tag{2}$$

und führt die Werte der x_i, y_i, z_i in Gl. (1) ein, so erhält man die Fundamentalgleichungen in ekliptikalen Koordinaten in der Form

$$\begin{aligned} a_1 n_1 \Delta_1 - a_2 \Delta_2 + a_4 n_4 \Delta_4 &= n_1 X_{\odot 1} - X_{\odot 2} + n_4 X_{\odot 4} \\ b_1 n_1 \Delta_1 - b_2 \Delta_2 + b_4 n_4 \Delta_4 &= n_1 Y_{\odot 1} - Y_{\odot 2} + n_4 Y_{\odot 4} \\ c_1 n_1 \Delta_1 - c_2 \Delta_2 + c_4 n_4 \Delta_4 &= n_1 Z_{\odot 1} - Z_{\odot 2} + n_4 Z_{\odot 4} \end{aligned}$$

und

$$\begin{aligned} a_1 \bar{n}_1 \Delta_1 - a_3 \Delta_3 + a_4 \bar{n}_4 \Delta_4 &= \bar{n}_1 X_{\odot 1} - X_{\odot 3} + \bar{n}_4 X_{\odot 4} \\ b_1 \bar{n}_1 \Delta_1 - b_3 \Delta_3 + b_4 \bar{n}_4 \Delta_4 &= \bar{n}_1 Y_{\odot 1} - Y_{\odot 3} + \bar{n}_4 Y_{\odot 4} \\ c_1 \bar{n}_1 \Delta_1 - c_3 \Delta_3 + c_4 \bar{n}_4 \Delta_4 &= \bar{n}_1 Z_{\odot 1} - Z_{\odot 3} + \bar{n}_4 Z_{\odot 4}. \end{aligned} \tag{3}$$

Hierin sind die a_i, b_i, c_i, $X_{\odot i}$, $Y_{\odot i}$, $Z_{\odot i}$ bekannte Größen. Die a_i, b_i, c_i werden nach den Gleichungen

$$\begin{aligned} a_i &= a'_i & \text{wo}\quad a'_i &= \cos\delta_i \cos\alpha_i \\ b_i &= b'_i \cos\varepsilon + c'_i \sin\varepsilon & b'_i &= \cos\delta_i \sin\alpha_i \\ c_i &= -b'_i \sin\varepsilon + c'_i \cos\varepsilon & c'_i &= \sin\delta_i \end{aligned} \tag{4}$$

aus den durch die Beobachtungen gewonnenen äquatorialen Koordinaten α_i, δ_i berechnet. Da nur die Cosinus der kleinen Breiten in Erscheinung treten werden, so dürfen die Sonnenbreiten $B_{\odot i}$, also die $Z_{\odot i}$ auch ohne Korrektion der β_i gleich Null gesetzt werden. Die ekliptikalen Sonnenkoordinaten $X_{\odot i}$ und $Y_{\odot i}$, die auf das gleiche mittlere Äquinoktium wie die α_i, δ_i bezogen und wie diese geozentrisch sein sollen, werden zweckmäßig nach Gl. (3.2) aus den L_i ($= L_{\odot i} \pm 180°$) und R_i berechnet. Diese werden für die auf den Nullmeridian reduzierten Beobachtungszeiten t_i dem B. J. entnommen.

Unbekannte sind in den Gl. (3) die 4 Entfernungen Δ_i und die Verhältnisse der Dreiecksflächen n_1, n_4, $\bar{n}_1$, $\bar{n}_4$. Eliminiert man aus den beiden ersten Gleichungen jedes Systems Δ_2 bzw. Δ_3, so erhält man 2 Beziehungen zwischen Δ_1 und Δ_4, in denen die Sinus der Breiten nicht auftreten. Die beiden Beziehungen lauten

$$\begin{aligned} \Delta_4 &= A_2 \frac{n_1}{n_4} \Delta_1 + B_2 \frac{n_1}{n_4} + C_2 \frac{1}{n_4} + D_2 \\ \Delta_4 &= A_3 \frac{\bar{n}_1}{\bar{n}_4} \Delta_1 + B_3 \frac{\bar{n}_1}{\bar{n}_4} + C_3 \frac{1}{\bar{n}_4} + D_3, \end{aligned} \tag{5}$$

wo

$$A_2 = \frac{a_1 b_2 - b_1 a_2}{a_2 b_4 - b_2 a_4} \qquad B_2 = -\frac{b_2 X_{\odot 1} - a_2 Y_{\odot 1}}{a_2 b_4 - b_2 a_4} \qquad C_2 = \frac{b_2 X_{\odot 2} - a_2 Y_{\odot 2}}{a_2 b_4 - b_2 a_4}$$

$$D_2 = -\frac{b_2 X_{\odot 4} - a_2 Y_{\odot 4}}{a_2 b_4 - b_2 a_4}$$

$$A_3 = \frac{a_1 b_3 - b_1 a_3}{a_3 b_4 - b_3 a_4} \qquad B_3 = -\frac{b_3 X_{\odot 1} - a_3 Y_{\odot 1}}{a_3 b_4 - b_3 a_4} \qquad C_3 = \frac{b_3 X_{\odot 3} - a_3 Y_{\odot 3}}{a_3 b_4 - b_3 a_4}$$

$$D_3 = -\frac{b_3 X_{\odot 4} - a_3 Y_{\odot 4}}{a_3 b_4 - b_3 a_4}$$

gesetzt ist.

Die A_2, A_3, ... kann man nach diesen Gleichungen berechnen oder man kann die Elimination numerisch ausführen.

Die Unbekannten n_1, n_4, $\bar{n}_1$, $\bar{n}_4$ werden nun durch Näherungsausdrücke ersetzt, in denen als Unbekannte nur r_1 und r_4 auftreten. Dann stellen die Gl. (5) genäherte Beziehungen zwischen den 4 Unbekannten Δ_1, Δ_4, r_1, r_4 dar.

Zwischen diesen bestehen aber außerdem noch die bekannten Beziehungen

$$\begin{aligned} r_1^2 &= (R_1 \cos\vartheta_1 + \Delta_1)^2 + (R_1 \sin\vartheta_1)^2 \\ r_4^2 &= (R_4 \cos\vartheta_4 + \Delta_4)^2 + (R_4 \sin\vartheta_4)^2, \end{aligned} \tag{6}$$

worin

$$\begin{aligned} R_1 \cos\vartheta_1 &= -(a_1 X_{\odot 1} + b_1 Y_{\odot 1}) \qquad (R_1 \sin\vartheta_1)^2 = R_1^2 - (R_1 \cos\vartheta_1)^2 \\ R_4 \cos\vartheta_4 &= -(a_4 X_{\odot 4} + b_4 Y_{\odot 4}) \qquad (R_4 \sin\vartheta_4)^2 = R_4^2 - (R_4 \cos\vartheta_4)^2. \end{aligned}$$

§ 42. Das Näherungsverfahren.

Den Gl. (2. 9) kann man, wenn man sie auf die Kombinationen 1, 2, 4 und 1, 3, 4 anwendet und nur die Glieder bis zur 3. Ordnung in den Zwischenzeiten berücksichtigt, die Form geben.

$$\begin{aligned} \frac{n_1}{n_4} &= \frac{\tau_1}{\tau_4} + \frac{4}{3}\frac{\tau_1\tau_2}{\tau_4}(\tau_4 - \tau_1)\,\xi + 4\tau_1^2\,\xi\,\eta \\ \frac{1}{n_4} &= \frac{\tau_2}{\tau_4} - \frac{4}{3}\frac{\tau_1\tau_2}{\tau_4}(\tau_2 + \tau_4)\,\xi + 4\tau_1\tau_4\,\xi\,\eta \\ \frac{\bar n_1}{\bar n_4} &= \frac{\bar\tau_1}{\bar\tau_4} + \frac{4}{3}\frac{\bar\tau_1\tau_2}{\bar\tau_4}(\bar\tau_4 - \bar\tau_1)\,\xi + 4\bar\tau_1^2\,\xi\,\eta \\ \frac{1}{\bar n_4} &= \frac{\tau_2}{\bar\tau_4} - \frac{4}{3}\frac{\bar\tau_1\tau_2}{\bar\tau_4}(\tau_2 + \bar\tau_4)\,\xi + 4\bar\tau_1\bar\tau_4\,\xi\,\eta, \end{aligned} \tag{7}$$

worin

$$\begin{aligned} &k(t_4 - t_2) = \tau_1 \quad k(t_4 - t_1) = \tau_2 \quad k(t_2 - t_1) = \tau_4 \\ &k(t_4 - t_3) = \bar\tau_1 \qquad\qquad\qquad\qquad\; k(t_3 - t_1) = \bar\tau_4 \end{aligned}$$

und

$$\frac{1}{(r_1 + r_4)^3} = \xi \qquad \frac{r_4 - r_1}{r_4 + r_1} = \eta$$

gesetzt ist. Führt man diese Ausdrücke, die den Bauschingerschen Ansatz darstellen, in die Gl. (5) ein, und setzt zur Abkürzung

$$\begin{aligned} \tau_1 : \tau_4 &= \chi_2 & \bar\tau_1 : \bar\tau_4 &= \chi_3 \\ \tfrac{4}{3}\tau_1\tau_2 &= \psi_2 & \tfrac{4}{3}\bar\tau_1\tau_2 &= \psi_3 \\ A_2\chi_2 &= f_2 & A_3\chi_3 &= f_3 \\ \psi_2(A_2 - f_2) &= g_2 & \psi_3(A_3 - f_3) &= g_3 \\ 4\tau_1^2 A_2 &= i_2 & 4\bar\tau_1^2 A_3 &= i_3 \\ \chi_2(B_2 + C_2) + C_2 + D_2 &= k_2 & \chi_3(B_3 + C_3) + C_3 + D_3 &= k_3 \\ \psi_2(B_2 - C_2 + D_2 - k_2) &= m_2 & \psi_3(B_3 - C_3 + D_3 - k_3) &= m_3 \\ 4(\tau_1^2 B_2 + \tau_1\tau_4 C_2) &= o_2 & 4(\bar\tau_1^2 B_3 + \bar\tau_1\bar\tau_4 C_3) &= o_3, \end{aligned} \tag{8}$$

so ergibt sich

$$\begin{aligned} \Delta_4 &= (f_2 + g_2\xi + i_2\xi\eta)\,\Delta_1 + (k_2 + m_2\xi + o_2\xi\eta) = S_2\Delta_1 + T_2 \\ \Delta_4 &= (f_3 + g_3\xi + i_3\xi\eta)\,\Delta_1 + (k_3 + m_3\xi + o_3\xi\eta) = S_3\Delta_1 + T_3. \end{aligned} \tag{9}$$

Die Gl. (6) und (9) sind ausreichend zur Bestimmung der 4 Unbekannten $\varDelta_1$, $\varDelta_4$ und r_1, r_4. Die Auflösung geschieht am einfachsten im Versuchsverfahren. Die mit η multiplizierten Glieder sind sehr klein und können bei dem ersten Näherungsversuch unberücksichtigt bleiben. Wenn nicht eine provisorische Bahnbestimmung bessere Näherungswerte für η und ξ liefert, so setzt man bei den kleinen Planeten in erster Näherung $\eta = 0$ und in ξ für die Radienvektoren r_1 und r_4 einen Mittelwert $r_1 = r_4 = 2.7$, also für ξ etwa den Wert 0.0060 an. Bei den Kometen wird durch eine vorausgegangene parabolische Bahnbestimmung stets ein Näherungswert für die η und ξ geboten sein.

Bei kleineren Zwischenzeiten und nicht zu stark exzentrischen Bahnen können die η-Glieder unbedenklich ganz vernachlässigt werden. Man hat dann den Berberichschen Ansatz, der im Näherungsverfahren sehr rasch zum Ziele führt.

Ist das Näherungsverfahren abgeschlossen, so beginnt man mit der Ableitung der Elemente.

§ 43. Ableitung der Elemente.

Mit den im Versuchsverfahren gewonnenen endgültigen Werten der Entfernungen werden nun die Elemente aus den beiden äußeren Orten abgeleitet, unter Verwendung des Verhältnisses von Sektor zu Dreieck.

Da die analytischen Entwicklungen ganz analog denen der Bahnbestimmung im äquatorialen System (siehe § 26) sind, so sollen hier die der Ableitung der Elemente dienenden Gleichungen nur in der Formelzusammenstellung gegeben werden.

Die bei der Vorausberechnung zu verwendenden äquatorialen Konstanten müssen hier aus den erhaltenen ekliptikalen Größen nach den Gl. (3. 15) abgeleitet werden.

Die Bahnlageelemente ω, Ω, i werden aus den ekliptischen Konstanten nach

$$\begin{aligned} \sin i \sin\omega &= P_z \qquad & \sin\Omega &= P_y \cos\omega - Q_y \sin\omega \\ \sin i \cos\omega &= Q_z \qquad & \cos\Omega &= P_x \cos\omega - Q_x \sin\omega \end{aligned} \tag{10}$$

berechnet. Man erhält diese Gleichungen aus den Gl. (6. 36), wenn man hierin $\varepsilon = 0$ setzt.

§ 44. Formelzusammenstellung.

Gegeben sind die Beobachtungszeiten t_i ($i = 1, 2, 3, 4$), die geozentrischen auf das mittlere Äquinoktium eines Jahresanfangs reduzierten Beobachtungen α_i, δ_i und die zu den Zeiten t_i gehörigen ekliptikalen Sonnenkoordinaten $X_{\odot i}$, $Y_{\odot i}$, die nach

$$X_{\odot i} = R_i \cos L_{\odot i} \qquad Y_{\odot i} = R_i \sin L_{\odot i}$$

aus den im B. J. gegebenen ekliptikalen Sonnenkoordinaten $L_{\odot i}$ und R_i berechnet werden. Die $Z_{\odot i}$ werden gleich Null gesetzt. Die Planetenbreiten bleiben unkorrigiert.

a) **Konstante Hilfsgrößen.**

$$\left.\begin{aligned} a_i' &= \cos\delta_i \cos\alpha_i \\ b_i' &= \cos\delta_i \sin\alpha_i \\ c_i' &= \sin\delta_i \\ a_i &= a_i' \\ b_i &= b_i' \cos\varepsilon + c_i' \sin\varepsilon \\ c_i &= -b_i' \sin\varepsilon + c_i' \cos\varepsilon \end{aligned}\right\} \qquad (\mathrm{I})$$

ε aus Tafel 2

Kontrolle: $\begin{aligned} a_i'^2 + b_i'^2 + c_i'^2 &= 1 \\ a_i^2 + b_i^2 + c_i^2 &= 1 \end{aligned}$

$$\begin{aligned} R_1 \cos\vartheta_1 &= -(a_1 X_{\odot 1} + b_1 Y_{\odot 1}) \quad (R_1 \sin\vartheta_1)^2 = R_1^2 - (R_1 \cos\vartheta_1)^2 \\ R_4 \cos\vartheta_4 &= -(a_4 X_{\odot 4} + b_4 Y_{\odot 4}) \quad (R_4 \sin\vartheta_4)^2 = R_4^2 - (R_4 \cos\vartheta_4)^2 \end{aligned} \qquad (\mathrm{II})$$

$$\begin{aligned} a_1 \cdot n_1 \Delta_1 - a_2 \cdot \Delta_2 + a_4 \cdot n_4 \Delta_4 &= n_1 X_{\odot 1} - X_{\odot 2} + n_4 X_{\odot 4} \\ b_1 \cdot n_1 \Delta_1 - b_2 \cdot \Delta_2 + b_4 \cdot n_4 \Delta_4 &= n_1 Y_{\odot 1} - Y_{\odot 2} + n_4 Y_{\odot 4} \\ a_1 \cdot \bar n_1 \Delta_1 - a_3 \cdot \Delta_3 + a_4 \cdot \bar n_4 \Delta_4 &= \bar n_1 X_{\odot 1} - X_{\odot 2} + \bar n_4 X_{\odot 4} \\ b_1 \cdot \bar n_1 \Delta_1 - b_3 \cdot \Delta_3 + b_4 \cdot \bar n_4 \Delta_4 &= \bar n_1 Y_{\odot 1} - Y_{\odot 2} + \bar n_4 Y_{\odot 4}. \end{aligned} \qquad (\mathrm{III})$$

Aus diesen Gleichungen werden Δ_2 und Δ_3 auf numerischem Wege eliminiert. Man erhält 2 Gleichungen von der Form

$$\begin{aligned} \Delta_4 &= A_2 \frac{n_1}{n_4} \Delta_1 + B_2 \frac{n_1}{n_4} + C_2 \frac{1}{n_4} + D_2 \\ \Delta_4 &= A_3 \frac{\bar n_1}{\bar n_4} \Delta_1 + B_3 \frac{\bar n_1}{\bar n_4} + C_3 \frac{1}{\bar n_4} + D_3, \end{aligned} \qquad (\mathrm{IV})$$

in denen nur die A_2, B_2, C_2, D_2, A_3, B_3, C_3, D_3 numerisch bekannte Größen sind.

$$\begin{aligned} \tau_1 &= k(t_4 - t_2) \quad \tau_2 = k(t_4 - t_1) \quad \tau_4 = k(t_2 - t_1) \\ \bar\tau_1 &= k(t_4 - t_3) \qquad\qquad\qquad\qquad \bar\tau_4 = k(t_3 - t_1) \end{aligned}$$

$$k = 0.0172021$$

(Kontrolle: $\tau_1 + \tau_4 = \tau_2 = \bar\tau_1 + \bar\tau_4$)

$$\left.\begin{aligned} \chi_2 &= \tau_1 : \tau_4 & \chi_3 &= \bar\tau_1 : \bar\tau_4 \\ \psi_2 &= \tfrac{4}{3} \tau_1 \tau_2 & \psi_3 &= \tfrac{4}{3} \bar\tau_1 \tau_2 \\ f_2 &= A_2 \chi_2 & f_3 &= A_3 \chi_3 \\ g_2 &= \psi_2 (A_2 - f_2) & g_3 &= \psi_3 (A_3 - f_3) \\ * \; i_2 &= 4 \tau_1^2 A_2 & * \; i_3 &= 4 \bar\tau_1^2 A_3 \\ k_2 &= \chi_2 (B_2 + C_2) + C_2 + D_2 & k_3 &= \chi_3 (B_3 + C_3) + C_3 + D_3 \\ m_2 &= \psi_2 (B_2 - C_2 + D_2 - k_2) & m_3 &= \psi_3 (B_3 - C_3 + D_3 - k_3) \\ * \; o_2 &= 4 (\tau_1^2 B_2 + \tau_1 \tau_4 C_2) & * \; o_3 &= 4 (\bar\tau_1^2 B_3 + \bar\tau_1 \bar\tau_4 C_3) \end{aligned}\right\} \qquad (\mathrm{V})$$

Kontrollen:

$$\begin{aligned} f_2 + g_2 &= A_2 (\chi_2 + \psi_2) - \psi_2 f_2 & f_3 + g_3 &= A_3 (\chi_3 + \psi_3) - \psi_3 f_3 \\ A_2 o_2 - B_2 i_2 &= 4 A_2 C_2 \tau_1 \tau_4 & A_3 o_3 - B_3 i_3 &= 4 A_3 C_3 \bar\tau_1 \bar\tau_4 \end{aligned}$$

b) Die Hypothesenrechnung.

$$\xi = \frac{1}{(r_1 + r_4)^3} \qquad \eta = \frac{r_4 - r_1}{r_4 + r_1} \tag{VI}$$

$$\begin{aligned} S_2 &= f_2 + g_2\,\xi + i_2\,\xi\,\eta \qquad & T_2 &= k_2 + m_2\,\xi + o_2\,\xi\,\eta \\ S_3 &= f_3 + g_3\,\xi + i_3\,\xi\,\eta \qquad & T_3 &= k_3 + m_3\,\xi + o_3\,\xi\,\eta \end{aligned} \tag{VII}$$

$$\Delta_1 = \frac{T_3 - T_2}{S_2 - S_3} \qquad \Delta_4 = S_2\,\Delta_1 + T_2 = S_3\,\Delta_1 + T_3$$

$$\begin{aligned} r_1^2 &= (R_1 \cos\vartheta_1 + \Delta_1)^2 + (R_1 \sin\vartheta_1)^2 \\ r_4^2 &= (R_4 \cos\vartheta_4 + \Delta_4)^2 + (R_4 \sin\vartheta_4)^2. \end{aligned} \tag{VIII}$$

Bei gänzlich unbekannten Entfernungen geht man von den ersten Näherungswerten $\xi = 0.0060$, $\eta = 0$ aus, berechnet damit aus den Gl. (VII) Δ_1 und Δ_4 und aus den Gl. (VIII) r_1 und r_4. Aus den Gl. (VI) erhält man neue Werte der ξ und η. Mit diesen wird die Rechnung wiederholt. Sind 3 Versuche durchgerechnet, so wendet man zur Abkürzung des Versuchsverfahrens die regula falsi an. Die Hypothesenrechnung wird so lange fortgesetzt, bis keine Änderung mehr eintritt.

Bei kleinen Zwischenzeiten und mäßigen Exzentrizitäten kann man η ganz vernachlässigen (Berberichscher Ansatz). In diesem Falle brauchen die mit * bezeichneten Ausdrücke in Gl. (V) gar nicht berechnet zu werden.

c) Ableitung der Elemente.

$$\begin{aligned} x_1 &= a_1\,\Delta_1 - X_{\odot 1} \qquad & x_4 &= a_4\,\Delta_4 - X_{\odot 4} \\ y_1 &= b_1\,\Delta_1 - Y_{\odot 1} \qquad & y_4 &= b_4\,\Delta_4 - Y_{\odot 4} \\ z_1 &= c_1\,\Delta_1 & z_4 &= c_4\,\Delta_4 \end{aligned} \tag{IX}$$

Kontrolle: $x_i^2 + y_i^2 + z_i^2 \doteq r_i^2$.

Berücksichtigung der Aberrationszeiten nach

$$t_1^0 = t_1 - A\,\Delta_1 \qquad t_4^0 = t_4 - A\,\Delta_4$$
$$\tau_2^0 = k\,(t_4^0 - t_1^0) \tag{X}$$

$A = 0.005770$ in Einheiten des mittleren Tages

$$\varkappa_2^2 = r_1 r_4 + x_1 x_4 + y_1 y_4 + z_1 z_4$$

$$\frac{11}{9} h_2 = \frac{\frac{11}{9}\tau_2^{0\,2}}{\varkappa_2^2\left(\frac{2\sqrt{2}}{3}\varkappa_2 + r_1 + r_4\right)}$$

$$\frac{2\sqrt{2}}{3} = 0.942809 \qquad \frac{11}{9} = 1.222222 \qquad \frac{10}{11} = 0.909091 \tag{XI}$$

$$y_2 = 1 + \cfrac{\frac{10}{11}\,\frac{11}{9} h_2}{1 + \cfrac{\frac{11}{9} h_2}{1 + \cfrac{\frac{11}{9} h_2}{\cdots\cdots}}}$$

Über die Berechnung des Kettenbruchs siehe die Ausführungen auf S. 30.

$$\sigma = \frac{x_1 x_4 + y_1 y_4 + z_1 z_4}{r_1^2}$$

$$x^0 = x_4 - \sigma x_1$$

$$y^0 = y_4 - \sigma y_1 \qquad \text{(XII)}$$

$$z^0 = z_4 - \sigma z_1$$

$$r^0 = \sqrt{x^{0\,2} + y^{0\,2} + z^{0\,2}}$$

Kontrolle: $(r_1 r^0)^2 = (y_1 z_4 - z_1 y_4)^2 + (x_1 z_4 - z_1 x_4)^2 + (x_1 y_4 - y_1 x_4)^2$

$$\sin(v_4 - v_1) = \frac{r_1 r^0}{r_1 r_4}$$

$$\cos(v_4 - v_1) = \frac{x_1 x_4 + y_1 y_4 + z_1 z_4}{r_1 r_4}$$

Kontrolle: $\sin(v_4 - v_1)^2 + \cos(v_4 - v_1)^2 = 1$

$$\sqrt{p} = \frac{r_1 r^0}{\tau_2^0}\bar{y}_2 \qquad \text{(XIII)}$$

$$q_1 = \frac{p}{r_1} - 1 \qquad q_4 = \frac{p}{r_4} - 1$$

$$e \cos v_1 = q_1$$

$$e \sin v_1 = \frac{q_1 \cos(v_4 - v_1) - q_4}{\sin(v_4 - v_1)} \qquad \text{(XIV)}$$

$$v_4 = v_1 + (v_4 - v_1)$$

Kontrolle: $p = r_4(1 + e \cos v_4)$

$$e = \sin\varphi \qquad a = \frac{p}{(1 - e)(1 + e)}$$

$$\operatorname{tg}\tfrac{1}{2}E_1 = \sqrt{\frac{1 - e}{1 + e}}\operatorname{tg}\tfrac{1}{2}v_1 \qquad \text{(XV)}$$

$$\operatorname{tg}\tfrac{1}{2}E_4 = \sqrt{\frac{1 - e}{1 + e}}\operatorname{tg}\tfrac{1}{2}v_4$$

Kontrolle: $a \cos\varphi \sin\tfrac{1}{2}(E_4 - E_1) = \sqrt{r_1 r_4}\sin\tfrac{1}{2}(v_4 - v_1)$

$$e^\circ = 57.29578 \cdot e$$

$$M_1 = E_1 - e^\circ \sin E_1$$

$$M_4 = E_4 - e^\circ \sin E_4 \qquad \text{(XVI)}$$

$$\mu = \frac{M_4 - M_1}{t_4^0 - t_1^0}$$

Kontrolle: $\mu = \dfrac{k}{a\sqrt{a}} \qquad k^\circ = 0.985608$

$$M_1 + \mu(t_0 - t_1^0) = M_0 = M_4 + \mu(t_0 - t_4^0)$$

$$P_x = x_1 \frac{\cos v_1}{r_1} - x^0 \frac{\sin v_1}{r^0} \qquad Q_x = x_1 \frac{\sin v_1}{r_1} + x^0 \frac{\cos v_1}{r^0}$$

$$P_y = y_1 \frac{\cos v_1}{r_1} - y^0 \frac{\sin v_1}{r^0} \qquad Q_y = y_1 \frac{\sin v_1}{r_1} + y^0 \frac{\cos v_1}{r^0} \qquad \text{(XVII)}$$

$$P_z = z_1 \frac{\cos v_1}{r_1} - z^0 \frac{\sin v_1}{r^0} \qquad Q_z = z_1 \frac{\sin v_1}{r_1} + z^0 \frac{\cos v_1}{r^0}$$

Kontrollen: $P_x^2 + P_y^2 + P_z^2 = 1 \qquad Q_x^2 + Q_y^2 + Q_z^2 = 1$

$$P_x Q_x + P_y Q_y + P_z Q_z = 0$$

$$\begin{aligned}\sin i \sin\omega &= P_z \\ \sin i \cos\omega &= Q_z \\ \sin \Omega &= P_y \cos\omega - Q_y \sin\omega \\ \cos \Omega &= P_x \cos\omega - Q_x \sin\omega\end{aligned} \qquad \text{(XVIII)}$$

Kontrollen: $P_x \sin\omega + Q_x \cos\omega = -\cos i \sin\Omega$.

$\sin\Omega$ und $\cos\Omega$ müssen zu demselben Winkel gehören.

Die für die Vorausberechnung erwünschten äquatorialen P'_x, P'_y, P'_z, Q'_x, Q'_y, Q'_z werden nach den Gl. (3.15) aus den ekliptikalen Werten nach

$$\begin{aligned}P'_x &= P_x & Q'_x &= Q_x \\ P'_y &= P_y \cos\varepsilon - P_z \sin\varepsilon & Q'_y &= Q_y \cos\varepsilon - Q_z \sin\varepsilon \\ P'_z &= P_y \sin\varepsilon + P_z \cos\varepsilon & Q'_z &= Q_y \sin\varepsilon + Q_z \cos\varepsilon\end{aligned} \qquad \text{(XIX)}$$

erhalten.

d) Kontrolle durch Nachrechnung der mittleren Beobachtungen. Die Nachrechnung kann nach den gleichen Formeln wie in § 27 erfolgen:

$$\begin{aligned}M &= M_0 + \mu\,(t^0 - t_0) \\ E - e^\circ \sin E &= M\end{aligned} \qquad \text{(XX)}$$

$$\begin{aligned}\Delta \cos\delta \cos\alpha &= a\,P'_x (\cos E - e) + a \cos\varphi\, Q'_x \sin E + X'_\odot \\ \Delta \cos\delta \sin\alpha &= a\,P'_y (\cos E - e) + a \cos\varphi\, Q'_y \sin E + Y'_\odot \\ \Delta \sin\delta \quad &= a\,P'_z (\cos E - e) + a \cos\varphi\, Q'_z \sin E + Z'_\odot\,.\end{aligned} \qquad \text{(XXI)}$$

Die Aberrationszeiten kann man mit ausreichender Genauigkeit mit Hilfe der Werte für die benutzten Beobachtungen ermitteln. Über die zweckmäßige Bestimmung der exzentrischen aus der mittleren Anomalie siehe die Ausführungen in § 67. Die Reduktion der Beobachtungen, die Entnahme der Sonnenkoordinaten und ihre Reduktion erfolgt in derselben Weise wie bei den der Bahnbestimmung zugrunde gelegten Daten.

Während die völlige Darstellung der benutzten mittleren Längen nur eine Probe auf die Richtigkeit der Rechnung darstellt, erhält man ein Urteil über die Brauchbarkeit der Elemente durch Nachrechnung der zur Bahnbestimmung nicht benutzten mittleren Breiten (siehe S. 138). Zeigen sich hier größere Abweichungen, so liegen entweder Beobachtungsfehler vor, oder die Reihenentwicklungen waren nicht ausreichend. In diesem Falle, der jedoch nur bei großen Zwischenzeiten oder bei großer Exzentrizität eintreten sollte, leitet man die Elemente nach dem in Abschnitt 21 erläuterten Verfahren ab.

10. Abschnitt.

Die Methode von BERBERICH-BAUSCHINGER.

Der Gedankengang und die Formelentwicklungen sind analog denen des vorigen Abschnitts, so daß es genügt, wenn nur die Formelzusammenstellung gegeben wird. Das erste Gleichungspaar zwischen den Unbekannten Δ_1, Δ_4 und r_1, r_4 wird hier aus je den beiden ersten Gleichungen der auf die Kombination 1, 2, 4 und 1, 3, 4 angewandten Bedingungsgleichungen der Ebene in der Form der Gl. (7. 2) abgeleitet. Als bekannte Größen treten daher hier neben den t_i, λ_i, β_i die Polarkoordinaten der Erde L_i, R_i statt der rechtwinkligen Sonnenkoordinaten auf. Die Sonnenbreiten sind gleich Null gesetzt. Die Ableitung der Elemente erfolgt nach denselben Formeln wie in Abschnitt 7.

§ 45. Formelzusammenstellung.

Gegeben sind die auf den Nullmeridian reduzierten Beobachtungszeiten t_i, die geozentrischen auf das mittlere Äquinoktium eines Jahresanfangs übertragenen Beobachtungen α_i, δi, die nach den Gl. (3. 29) in die ekliptikalen Größen λ_i, β_i verwandelt sind, und die zu den Zeiten t_i gehörigen Erdkoordinaten L_i $(=L_{\odot i} \pm 180°)$ und R_i $(i = 1, 2, 3, 4)$. Die Sonnenbreiten $B_{\odot i}$ sind gleich Null gesetzt. (Siehe die Ausführungen auf S. 139.)

a) Konstante Hilfsgrößen.

$$\operatorname{tg} w_1 = \operatorname{tg} \beta_1 \operatorname{cosec} (\lambda_1 - L_1) \qquad \operatorname{tg} w_4 = \operatorname{tg} \beta_4 \operatorname{cosec} (\lambda_4 - L_4)$$
$$\operatorname{tg} \vartheta_1 = \operatorname{tg} (\lambda_1 - L_1) \sec w_1 \qquad \operatorname{tg} \vartheta_4 = \operatorname{tg} (\lambda_4 - L_4) \sec w_4 \tag{I}$$

Kontrolle: $\cos \vartheta_1 = \cos \beta_1 \cos (\lambda_1 - L_1) \qquad \cos \vartheta_4 = \cos \beta_4 \cos (\lambda_4 - L_4)$

$$(\vartheta_1 \text{ und } \vartheta_4 < 180°)$$

$$P_1 = R_1 \cos \vartheta_1 \qquad P_4 = R_4 \cos \vartheta_4$$
$$Q_1 = R_1 \sin \vartheta_1 \qquad Q_4 = R_4 \sin \vartheta_4$$

$$F_2 = \frac{1}{\cos \beta_4 \sin (\lambda_2 - \lambda_4)} \qquad F_3 = \frac{1}{\cos \beta_4 \sin (\lambda_3 - \lambda_4)}$$

$$A_2 = F_2 \cos \beta_1 \sin (\lambda_1 - \lambda_2) \qquad A_3 = F_3 \cos \beta_1 \sin (\lambda_1 - \lambda_3) \tag{II}$$
$$B_2 = F_2 R_1 \sin (L_1 - \lambda_2) \qquad B_3 = F_3 R_1 \sin (L_1 - \lambda_3)$$
$$C_2 = F_2 R_2 \sin (L_2 - \lambda_2) \qquad C_3 = F_3 R_3 \sin (L_3 - \lambda_3)$$
$$D_2 = F_2 R_4 \sin (L_4 - \lambda_2) \qquad D_3 = F_3 R_4 \sin (L_4 - \lambda_3).$$

Kontrolle von Winkeldifferenzen:

$$(\lambda_1 - \lambda_2) - (\lambda_1 - \lambda_3) = (\lambda_3 - \lambda_4) - (\lambda_2 - \lambda_4)$$
$$= (L_1 - \lambda_2) - (L_1 - \lambda_3) = (L_4 - \lambda_2) - (L_4 - \lambda_3) = \lambda_3 - \lambda_2$$

$$\tau_1 = k (t_4 - t_2) \quad \tau_2 = k (t_4 - t_1) \quad \tau_4 = k (t_2 - t_1)$$
$$\bar{\tau}_1 = k (t_4 - t_3) \qquad \bar{\tau}_4 = k (t_3 - t_1)$$
$$\lg k = 8.235581_{-10}$$

Kontrolle: $\tau_1 + \tau_4 = \tau_2 = \bar{\tau}_1 + \bar{\tau}_4$

$$\chi_2 = \tau_1 : \tau_4 \qquad \chi_3 = \bar{\tau}_1 : \bar{\tau}_4$$
$$\varphi_2 = \tau_2 : \tau_4 \qquad \varphi_3 = \tau_2 : \bar{\tau}_4 \tag{III}$$
$$\psi_2 = \tfrac{4}{3} \tau_1 \tau_2 \qquad \psi_3 = \tfrac{4}{3} \bar{\tau}_1 \tau_2$$
$$\lg \tfrac{4}{3} = 0.124939$$

$$f_2 = A_2\,\chi_2 \qquad f_3 = A_3\,\chi_3$$
$$g_2 = A_2\,\psi_2\,(1-\chi_2) \qquad g_3 = A_3\,\psi_3\,(1-\chi_3)$$
$$*\,i_2 = A_2\,4\tau_1^2 \qquad *\,i_3 = A_3\,4\bar{\tau}_1^2$$
$$k_2 = B_2\,\chi_2 - C_2\,\varphi_2 + D_2 \qquad k_3 = B_3\,\chi_3 - C_3\,\varphi_3 + D_3$$
$$m_2 = \psi_2\,[B_2\,(1-\chi_2) + C_2\,(1+\varphi_2)] \qquad m_3 = \psi_3\,[B_3\,(1-\chi_3) + C_3\,(1+\varphi_3)]$$
$$*\,o_2 = 4\tau_1^2\,(B_2 - C_2\,\chi_2^{-1}) \qquad *\,o_3 = 4\bar{\tau}_1^2\,(B_3 - C_3\,\chi_3^{-1})$$

Kontrolle durch doppelte Berechnung aller nicht kontrollierten Größen der Gl. (I bis III).

b) Die Hypothesenrechnung.

$$\xi = \frac{1}{(r_1 + r_4)^3} \qquad \eta = \frac{r_4 - r_1}{r_4 + r_1} \tag{IV}$$

$$\begin{aligned} S_2 &= f_2 + (g_2 + i_2\,\eta)\,\xi & S_3 &= f_3 + (g_3 + i_3\,\eta)\,\xi \\ T_2 &= k_2 + (m_2 + o_2\,\eta)\,\xi & T_3 &= k_3 + (m_3 + o_3\,\eta)\,\xi \\ \Delta_1 &= \frac{T_3 - T_2}{S_2 - S_3} & \Delta_4 &= S_2\,\Delta_1 + T_2 = S_3\,\Delta_1 + T_3 \end{aligned} \tag{V}$$

$$\begin{aligned} \operatorname{tg} W_1 &= \frac{\Delta_1 + P_1}{Q_1} & \operatorname{tg} W_4 &= \frac{\Delta_4 + P_4}{Q_4} \\ r_1 &= Q_1 \sec W_1 & r_4 &= Q_4 \sec W_4 \end{aligned} \tag{VI}$$

Bei gänzlich unbekannten Entfernungen geht man von den ersten Näherungswerten $\lg \xi = 7.77800$, $\lg \eta = -\infty$ aus, berechnet damit Δ_1 und Δ_4 aus Gl. (V) und r_1 und r_4 aus Gl. (VI). Aus den Gl. (IV) erhält man dann neue Werte der $\lg \xi$ und $\lg \eta$. Mit diesen wird die Rechnung wiederholt. Sind 3 Versuche durchgerechnet, so wendet man zur Abkürzung des Versuchsverfahrens die regula falsi an. Das Versuchsverfahren wird so lange fortgesetzt, bis keine Änderung in den gesuchten Größen mehr eintritt.

Bei kleinen Zwischenzeiten und Exzentrizitäten kann man η ganz vernachlässigen (Berberichscher Ansatz). In diesem Fall brauchen die mit * bezeichneten Ausdrücke in Gl. (III) gar nicht berechnet zu werden.

c) Die Ableitung der Elemente.

$$\begin{aligned} r_1 \cos b_1 \cos(l_1 - L_1) &= \Delta_1 \cos\beta_1 \cos(\lambda_1 - L_1) + R_1 \\ r_1 \cos b_1 \sin(l_1 - L_1) &= \Delta_1 \cos\beta_1 \sin(\lambda_1 - L_1) \\ r_1 \sin b_1 &= \Delta_1 \sin\beta_1 \\ r_4 \cos b_4 \cos(l_4 - L_4) &= \Delta_4 \cos\beta_4 \cos(\lambda_4 - L_4) + R_4 \\ r_4 \cos b_4 \sin(l_4 - L_4) &= \Delta_4 \cos\beta_4 \sin(\lambda_4 - L_4) \\ r_4 \sin b_4 &= \Delta_4 \sin\beta_4 \end{aligned} \tag{VII}$$

Kontrolle: r_1 und r_4 müssen mit den Schlußwerten der Hypothesenrechnung übereinstimmen.

$$\operatorname{tg} i \sin(l_1 - \Omega) = \operatorname{tg} b_1$$
$$\operatorname{tg} i \cos(l_1 - \Omega) = \frac{\operatorname{tg} b_4 - \operatorname{tg} b_1 \cos(l_4 - l_1)}{\sin(l_4 - l_1)}$$

Kontrolle: $\operatorname{tg} i \sin(l_4 - \Omega) = \operatorname{tg} b_4$

$$\begin{aligned} \operatorname{tg} u_1 &= \operatorname{tg}(l_1 - \Omega) \sec i \\ \operatorname{tg} u_4 &= \operatorname{tg}(l_4 - \Omega) \sec i \end{aligned} \qquad \text{(VIII)}$$

u_1 und u_4 in demselben Quadranten wie $l_1 - \Omega$ und $l_4 - \Omega$.

Berücksichtigung der Aberrationszeiten

$$t_1^0 = t_1 - A\,\Delta_1 \qquad t_4^0 = t_4 - A\,\Delta_4 \qquad \text{(IX)}$$

$\lg A = 7.76118_{-10}$ in Einheiten des mittleren Tages.

$$\cos\gamma_2 = \frac{2\sqrt{r_1 r_4}\cos\frac{1}{2}(u_4 - u_1)}{r_1 + r_4} \qquad \Gamma_2 = \lg\frac{1}{2\sin\frac{1}{2}\gamma_2^2} = \lg\frac{\sec\gamma_2}{\sec\gamma_2 - 1} \qquad \text{(X)}$$

Γ_2 kann man mit dem Argument $\lg\sec\gamma_2$ aus den Tafeln der Zechschen Subtraktionslogarithmen entnehmen.

$$\eta_2 = \frac{(t_4^0 - t_1^0)^2}{(r_1 + r_4)^3} \qquad \lg\bar{y}_2 = a'\eta_2 + a''\eta_2 - b''\eta_2^2,$$

wobei in Einheiten der 6. Stelle

$$\begin{aligned} \lg a' &= 2.233886 \\ \lg a'' &= 2.61410 - \Gamma_2 \\ \lg b'' &= 9.03411_{-10}. \end{aligned}$$

Bei Zwischenzeiten bis zu etwa 60 Tagen sind diese Werte ausreichend. Bei größeren Zwischenzeiten fügt man obigem Ausdruck für $\bar{y}_2$ noch das Glied 6. Ordnung (siehe S. 28) hinzu, und wenn auch dieses nicht genügt, bedient man sich des Tietjenschen Verfahrens (siehe S. 29).

$$\begin{aligned} \sqrt{p} &= \frac{r_1 r_4 \sin(u_4 - u_1)}{k\,(t_4^0 - t_1^0)}\,\bar{y}_2 \\ q_1 &= \frac{p}{r_1} - 1 \qquad q_4 = \frac{p}{r_4} - 1 \\ e\cos v_1 &= q_1 \\ e\sin v_1 &= \frac{q_1\cos(u_4 - u_1) - q_4}{\sin(u_4 - u_1)} \\ \omega &= u_1 - v_1 \qquad v_4 = u_4 - \omega \end{aligned} \qquad \text{(XI)}$$

Kontrolle: $e\cos v_4 = q_4$

$$\begin{aligned} \sin\varphi &= e \qquad a = p\sec\varphi^2 \\ \sin\tfrac{1}{2}(v_1 - E_1) &= \sin\tfrac{1}{2}\varphi\sqrt{\frac{r_1}{p}}\sin v_1 \\ \sin\tfrac{1}{2}(v_4 - E_4) &= \sin\tfrac{1}{2}\varphi\sqrt{\frac{r_4}{p}}\sin v_4 \end{aligned} \qquad \text{(XII)}$$

Kontrolle: $a\cos\varphi\sin\frac{1}{2}(E_4 - E_1) = \sqrt{r_1 r_4}\sin\frac{1}{2}(v_4 - v_1)$.

$$\begin{aligned} M_1 &= E_1 - e''\sin E_1 \\ M_4 &= E_4 - e''\sin E_4 \\ \lg e'' &= \lg e + 5.314425 \\ \mu &= \frac{k''}{a^{\frac{3}{2}}} \qquad \lg k'' = 3.550007 \end{aligned} \qquad \text{(XIII)}$$

Kontrolle: $$\mu = \frac{M_4 - M_1}{t_4^0 - t_1^0}\,.$$

Bei großen Bögen leitet man μ aus der letzten Gleichung und a aus

$$a = \left(\frac{k''}{\mu}\right)^{\frac{2}{3}}$$

ab.

$$M_1 + \mu(t_0 - t_1^0) = M_0 = M_4 + \mu(t_0 - t_4^0)$$

d) Kontrolle durch Nachrechnung der benutzten Beobachtungen. Die Nachrechnung erfolgt nach den Formeln

$$\begin{aligned} M &= M_0 + \mu(t^0 - t_0) \\ E - e'' \sin E &= M \qquad \text{(XIV)} \\ r\sin v &= a\cos\varphi\sin E \\ r\cos v &= a(\cos E - e) \\ u &= v + \omega \end{aligned}$$

$$\begin{aligned} \Delta\cos\beta\cos(\lambda - \Omega) &= r\cos u - R\cos(L - \Omega) \qquad \text{(XV)} \\ \Delta\cos\beta\sin(\lambda - \Omega) &= r\sin u\cos i - R\sin(L - \Omega) \\ \Delta\sin\beta &= r\sin u\sin i\,. \end{aligned}$$

Will man zahlreiche Beobachtungen nachrechnen oder eine Vorausberechnung geben, so bedient man sich statt der Gl. (XV) besser der Gl. (3.19). Siehe auch die entsprechenden Ausführungen in Abschnitt 15.

§ 46. Beispiel.

a) Ausgangsdaten und konstante Hilfsgrößen. Gegeben seien die topozentrischen Beobachtungen des Planeten 996 [1923 NM]:

Ort	1923	M. Z. Wien	$\alpha_{1923\cdot0}$	$\delta_{1923\cdot0}$
Wien	März 21	$12^h\ 31^m\ 13^s$	$12^h\ 6^m\ 20^s.97$	$-0°\ 54'\ 58''.4$
,,	Apr. 6	9 17 38	11 54 42.51	+0 16 57.5
,,	Mai 2	8 54 34	11 43 22.35	+1 26 19.4
,,	,, 11	9 56 0	11 42 45.36	+1 29 20.7

Die Reduktion dieser Beobachtungen (Verwandlung der mittleren Ortszeiten in M. Z. Gr., Umwandlung der topozentrischen in geozentrische Koordinaten) sei gemäß den Ausführungen in § 22 vorgenommen. Es sei vorausgesetzt, daß eine Kreisbahnbestimmung voraufgegangen ist (siehe das Beispiel in § 54), die die zur Berückichtigung der Parallaxe in α_i, δ_i und zur genäherten Berechnung der Aberrationszeiten erforderlichen geozentrischen Entfernungen Δ_i liefert. Man erhält

1923 M. Z. Gr.	lg Δ	p_α	p_δ	$A\,\Delta$
März 21.47630	0.310	$+0^s.02$	$+3''.2$	0.0118
Apr. 6.34186	0.315	−0.08	+3.2	0.0119
Mai 2.32584	0.352	−0.01	+2.8	0.0130
,, 11.36851	0.370	+0.06	+2.7	0.0135

Die geozentrischen äquatorialen Beobachtungen α_i, δ_i seien nach den Gl. (3. 29) in die geozentrischen ekliptikalen Koordinaten λ_i, β_i verwandelt. Die zugehörigen Erdkoordinaten $L_i\ (=L_{\odot i} \pm 180^\circ)$, $\lg R_i$ werden dem B. J. entnommen. Die $B_{\odot i}$ sind gleich Null gesetzt, doch ist die Korrektion der β_i unterblieben, da hier ja nur die Cosinusse der Breiten in Erscheinung treten.

t_1^0	$21^{\mathrm{d}}.46450$	$\operatorname{tg}\beta_1$	7.560257 *n*
t_2^0	37.32996	$\operatorname{tg}\beta_2$	7.667410 *n*
t_3^0	63.31284	$\operatorname{tg}\beta_3$	7.762672 *n*
t_4^0	72.35501	$\operatorname{tg}\beta_4$	7.781683 *n*

λ_1	181° 49′ 14″.0	L_1	180° 19′ 56″.4	R_1	9.998465
λ_2	178 40 23.6	L_2	196 0 16.7	R_2	0.000429
λ_3	175 36 49.8	L_3	221 22 38.1	R_3	0.003490
λ_4	175 27 9.6	L_4	230 7 35.3	R_4	0.004440

$\lambda_1 - L_1$	1°29′ 17″.6	$\lambda_4 - L_4$	305°19′ 34″.3	
$\cos(\lambda_1 - L_1)$	9.999853	$\cos(\lambda_4 - L_4)$	9.762101	
$\cos\beta_1$	9.999997	$\cos\beta_4$	9.999992	
$\operatorname{tg}\beta_1$	7.560257 *n*	$\operatorname{tg}\beta_4$	7.781683 *n*	
$\sin(\lambda_1 - L_1)$	8.414497	$\sin(\lambda_4 - L_4)$	9.911623 *n*	
$\operatorname{tg} w_1$	9.145760 *n*	$\operatorname{tg} w_4$	7.870060	
$\sec w_1$	4208	$\sec w_4$	12 *n*	
$\operatorname{tg}(\lambda_1 - L_1)$	8.414643	$\operatorname{tg}(\lambda_4 - L_4)$	0.149522 *n*	(I)
$\operatorname{tg}\vartheta_1$	8.418851	$\operatorname{tg}\vartheta_4$	0.149534	
ϑ_1	1°30′ 9″.7	ϑ_4	54°40′ 28″.4	
$\sin\vartheta_1$	8.418701	$\sin\vartheta_4$	9.911627	
R_1	9.998465	R_4	0.004440	
$\cos\vartheta_1$	9.999851	$\cos\vartheta_4$	9.762093	
P_1	9.998316	P_4	9.766533	
Q_1	8.417166	Q_4	9.916067	

$\lambda_2 - \lambda_4$	3°13′ 14″.0	$\lambda_3 - \lambda_4$	0° 9′ 40″.2	
$\sin(\lambda_2 - \lambda_4)$	8.749579	$\sin(\lambda_3 - \lambda_4)$	7.449152	
$\cos\beta_4 \sin(\lambda_2 - \lambda_4)$	8.749571	$\cos\beta_4 \sin(\lambda_3 - \lambda_4)$	7.449144	
$\lambda_1 - \lambda_2$	3° 8′ 50″.4	$\lambda_1 - \lambda_3$	6°12′ 24″.2	
$\sin(\lambda_1 - \lambda_2)$	8.739602	$\sin(\lambda_1 - \lambda_3)$	9.033890	
$L_1 - \lambda_2$	1°39′ 32″.8	$L_1 - \lambda_3$	4°43′ 6″.6	
$\sin(L_1 - \lambda_2)$	8.461692	$\sin(L_1 - \lambda_3)$	8.915191	
R_1	9.998465	R_1	9.998465	
$L_2 - \lambda_2$	17°19′ 53″.1	$L_3 - \lambda_3$	45°45′ 48″.3	
$\sin(L_2 - \lambda_2)$	9.474068	$\sin(L_3 - \lambda_3)$	9.855195	
R_2	0.000429	R_3	0.003490	
$L_4 - \lambda_2$	51°27′ 11″.7	$L_4 - \lambda_3$	54°30′ 45″.5	(II)
$\sin(L_4 - \lambda_2)$	9.893262	$\sin(L_4 - \lambda_3)$	9.910754	
R_4	0.004440	R_4	0.004440	
F_2	1.250429	F_3	2.550856	
$\cos\beta_1 \sin(\lambda_1 - \lambda_2)$	8.739599	$\cos\beta_1 \sin(\lambda_1 - \lambda_3)$	9.033887	
$R_1 \sin(L_1 - \lambda_2)$	8.460157	$R_1 \sin(L_1 - \lambda_3)$	8.913656	
$R_2 \sin(L_2 - \lambda_2)$	9.474497	$R_3 \sin(L_3 - \lambda_3)$	9.858685	
$R_4 \sin(L_4 - \lambda_2)$	9.897702	$R_4 \sin(L_4 - \lambda_3)$	9.915194	
A_2	9.990028	A_3	1.584743	
B_2	9.710586	B_3	1.464512	
C_2	0.724926	C_3	2.409541	
D_2	1.148131	D_3	2.466050	

$t_4^0 - t_2^0$	$35^{\mathrm{d}}.02505$	$t_4^0 - t_2^0$	1.544379	
$t_4^0 - t_1^0$	50.89051	$t_4^0 - t_1^0$	1.706637	
$t_2^0 - t_1^0$	15.86546	$t_2^0 - t_1^0$	1.200452	
$t_4^0 - t_3^0$	9.04217	$t_4^0 - t_3^0$	0.956273	
$t_3^0 - t_1^0$	41.84834	$t_3^0 - t_1^0$	1.621678	
τ_1^0	9.779960	$\tau_1^0 \tau_2^0$	9.722178	(III)
τ_2^0	9.942218	$\frac{4}{3}$	0.124939	
τ_3^0	9.436033	$\bar{\tau}_1^0 \tau_2^0$	9.134072	
		τ_1^{02}	9.559920	
$\bar{\tau}_1^0$	9.191854	4	0.602060	
$\bar{\tau}_4^0$	9.857259	$\bar{\tau}_1^{02}$	8.383708	

χ_2	0.343927	χ_3	9.334595	
$1 - \chi_2$	0.081935 *n*	$1 - \chi_3$	9.894277	
ψ_2	9.847117	ψ_3	9.259011	
$\psi_2 (1 - \chi_2)$	9.929052 *n*	$\psi_3 (1 - \chi_3)$	9.153288	
φ_2	0.506185	φ_3	0.084959	
$1 + \varphi_2$	0.624038	$1 + \varphi_3$	0.345583	
$B_2 \chi_2$	0.054513	$B_3 \chi_3$	0.799107	
Add.	9.970073	Add.	9.991153	
$- C_2 \varphi_2$	1.231111 *n*	$- C_3 \varphi_3$	2.494500 *n*	
$B_2 \chi_2 - C_2 \varphi_2$	1.201184 *n*	$B_3 \chi_3 - C_3 \varphi_3$	2.485653 *n*	
Add.	9.113725	Add.	8.664378	
D_2	1.148131	D_3	2.466050	
$B_2 (1 - \chi_2)$	9.792521 *n*	$B_3 (1 - \chi_3)$	1.358789	
Add.	9.987769	Add.	0.017095	
$C_2 (1 + \varphi_2)$	1.348964	$C_3 (1 + \varphi_3)$	2.755124	(IV)
Summe	1.336733	Summe	2.772219	
ψ_2	9.847117	ψ_3	9.259011	
B_2	9.710586	B_3	1.464512	
Add.	9.895648	Add.	9.989217	
$- C_2 (1 : \chi_2)$	0.380999 *n*	$- C_3 (1 : \chi_3)$	3.074946 *n*	
$B_2 - C_2 (1 : \chi_2)$	0.276647 *n*	$B_3 - C_3 (1 : \chi_3)$	3.064163 *n*	
$4 \tau_1^{02}$	0.161980	$4 \bar{\tau}_1^{02}$	8.985768	
f_2	0.333955	f_3	0.919338	
g_2	9.919080 *n*	g_3	0.738031	
i_2	0.152008	i_3	0.570511	
k_2	0.261856 *n*	k_3	1.130428 *n*	
m_2	1.183850	m_3	2.031230	
o_2	0.438627 *n*	o_3	2.049931 *n*	

b) Hypothesenrechnung.

Die Kreisbahnbestimmung liefert mit $\lg a = \lg r_1 = \lg r_4 = 0.4824$ für die Unbekannten ξ und η die Ausgangswerte

$$\lg \xi = 7.6498 \qquad \lg \eta = -\infty .$$

Rechnet man mit diesen Werten das Formelsystem (V) und (VI) durch, so erhält man als Resultat der 1. Hypothese

$$\lg r_1 = 0.450279 \qquad \lg r_4 = 0.458485$$

und damit nach Gl. (V) $\lg \xi = 7.733707 \qquad \lg \eta = 7.975322$

Mit diesen Werten von ξ und η rechnet man die 2. Hypothese und erhält

$$\lg r_1 = 0.447949 \qquad \lg r_4 = 0.455671$$

und damit nach Gl. (V) $\lg \xi = 7.741429 \qquad \lg \eta = 7.948916$

Mit diesen Werten rechnet man die 3. Hypothese durch und erhält

$$\lg r_1 = 0.447691 \qquad \lg r_4 = 0.455340.$$

Wendet man nun die regula falsi an, so ergeben sich für $\lg r_1$ und $\lg r_4$ die Korrektionen

$$\frac{258^2}{2330 - 258} = -32 \qquad \frac{331^2}{2814 - 331} = -44$$

und für r_1 und r_4 die Werte $\lg r_1 = 0.447659$, $\lg r_4 = 0.455296$ und damit für ξ und η die Werte

$$\lg \xi = 7.742425 \qquad \lg \eta = 7.944078,$$

mit denen man die nächste Hypothese durchrechnet. Diese Rechnung sei in extenso wiedergegeben:

4. Hypothese

i_2	0.152008	i_3	0.570511	
η	7.944078	η	7.944078	
o_2	0.438627n	o_3	2.049931n	
$i_2\eta$	8.096086	$i_3\eta$	8.514589	
	+0.012476		+0.03270	
g_2	−0.830004	g_3	+5.47055	
$g_2+i_2\eta$	−0.817528	$g_3+i_3\eta$	+5.50325	
$o_2\eta$	8.382705n	$o_3\eta$	9.994009n	
	−0.02414		−0.9863	
m_2	+15.27039	m_3	+107.4559	
$m_2+o_2\eta$	+15.24625	$m_3+o_3\eta$	+106.4696	
$g_2+i_2\eta$	9.912503n	$g_3+i_3\eta$	0.740619	
ξ	7.742425	ξ	7.742425	
$m_2+o_2\eta$	1.183163	$m_3+o_3\eta$	2.027225	(V)
$(g_2+i_2\eta)\,\xi$	7.654928n	$(g_3+i_3\eta)\,\xi$	8.483044	
	−0.00452		+0.03041	
f_2	+2.15752	f_3	+8.30497	
$(m_2+o_2\eta)\,\xi$	8.925588	$(m_3+o_3\eta)\,\xi$	9.769650	
	+0.08425		+0.58837	
k_2	−1.82750	k_3	−13.50294	
S_2	+2.15300	T_2	−1.74325	
S_3	+8.33538	T_3	−12.91457	
S_2-S_3	−6.18238	T_2-T_3	+11.17132	
T_3-T_2	1.048104n	$S_2\Delta_1$	0.589992	
S_2-S_3	0.791156n		+3.89038	
Δ_1	0.256948	T_2	−1.74325	
S_2	0.333044			

Δ_1	1.80696	Δ_4	2.14713	
P_1	+0.99613	P_4	+0.58416	
Δ_1+P_1	+2.80309	Δ_4+P_4	+2.73129	
	0.447637		0.436368	
Q_1	8.417166	Q_4	9.916067	(VI)
sec W_1	2.030490	sec W_4	0.539229	
tg W_1	2.030471	tg W_4	0.520301	
r_1	0.447656	r_4	0.455296	

Bei der guten Übereinstimmung der Anfangs- und Endwerte der r_1 und r_4 der 4. Hypothese ist eine weitere Hypothese unnötig.

c) Ableitung der Elemente.

$\sin \beta_1$	7.560254 n	$\sin \beta_4$	7.781675 n	
Δ_1	0.256948	Δ_4	0.331858	
$\cos \beta_1$	9.999997	$\cos \beta_4$	9.999992	
$\sin (\lambda_1 - L_1)$	8.414497	$\sin (\lambda_4 - L_4)$	9.911623 n	
ϱ_1	0.256945	ϱ_4	0.331850	
$\cos (\lambda_1 - L_1)$	9.999853	$\cos (\lambda_4 - L_4)$	9.762101	
$\varrho_1 \cos (\lambda_1 - L_1)$	0.256798	$\varrho_4 \cos (\lambda_4 - L_4)$	0.093951	
Add.	0.190795	Add.	0.258576	
R_1	9.998465	R_4	0.004440	
$r_1 \cos b_1 \sin (l_1 - L_1)$	8.671442	$r_4 \cos b_4 \sin (l_4 - L_4)$	0.243473 n	
$\cos (l_1 - L_1)$	9.999939	$\cos (l_4 - L_4)$	9.897237	
$r_1 \cos b_1 \cos (l_1 - L_1)$	0.447593	$r_4 \cos b_4 \cos (l_4 - L_4)$	0.352527	
$\mathrm{tg}\, (l_1 - L_1)$	8.223849	$\mathrm{tg}\, (l_4 - L_4)$	9.890946 n	
$l_1 - L_1$	$+0^\circ 57' 33''.3$	$l_4 - L_4$	$-37^\circ 52' 50''.7$	
$r_1 \sin b_1$	7.817202 n	$r_4 \sin b_4$	8.113533 n	
$\sec b_1$	1	$\sec b_4$	5	(VII)
$r_1 \cos b_1$	0.447654	$r_4 \cos b_4$	0.455290	
$\mathrm{tg}\, b_1$	7.369548 n	$\mathrm{tg}\, b_4$	7.658243 n	
$\cos (l_4 - l_1)$	9.992014	l_1	$181^\circ 17' 29''.7$	
$-\mathrm{tg}\, b_1 \cos (l_4 - l_1)$	7.361562	l_4	192 14 44.6	
Add.	9.991258	☊	350 7 13.0	
$\mathrm{tg}\, b_4$	7.658243 n			
Zähler	7.352820 n	$l_4 - l_1$	10 57 14.9	
$\sin (l_4 - l_1)$	9.278806	$l_4 -$ ☊	202 7 31.6	
$\mathrm{tg}\, i \sin (l_1 -$ ☊$)$	7.369548 n			
$\cos (l_1 -$ ☊$)$	9.991692 n	r_1	0.447655	
$\mathrm{tg}\, i \cos (l_1 -$ ☊$)$	8.074014 n	r_4	0.455295	
$\mathrm{tg}\, (l_1 -$ ☊$)$	9.295534	i	$0^\circ 41' 33''.0$	
$l_1 -$ ☊	$191^\circ 10' 16''.7$	$\sec i$	32	
$\mathrm{tg}\, i$	8.082322	$\mathrm{tg}\, (l_1 -$ ☊$)$	9.295534	
$\sin (l_4 -$ ☊$)$	9.575921 n	$\mathrm{tg}\, (l_4 -$ ☊$)$	9.609141	

u_1	$191^\circ 10' 19''.5$	$\mathrm{tg}\, u_1$	9.295566	
u_4	202 7 36.9	$\mathrm{tg}\, u_4$	9.609173	(VIII)
$u_4 - u_1$	10 57 17.4	$\frac{1}{2}(u_4 - u_1)$	$5^\circ 28' 38''.7$	

$A\,\Delta_1$	8.01813	$A\,\Delta_4$	8.09304	
	$0^d.01043$		$0^d.01239$	
t_1^0	21.46587	t_4^0	72.35612	(IX)
$t_4^0 - t_1^0$	50.89025	$t_4^0 - t_1^0$	1.706634	

$(t_4^0 - t_1^0)^2$	3.413268	r_1	0.447656	
$(r_1 + r_4)^3$	2.257569	Add.	0.297227	
a'	2.233886	r_4	0.455296	
η_2	1.155699	$r_1 r_4$	0.902952	
a''	0.2774	$\sqrt{r_1 r_4}$	0.451476	
η_2^2	2.3114	2	0.301030	
b''	9.0341	$2\sqrt{r_1 r_4}$	0.752506	
$a' \eta_2$	3.389585	$r_1 + r_4$	0.752523	(X)
$a'' \eta_2$	1.4331	$2\sqrt{r_1 r_4} : (r_1 + r_4)$	9.999983	
$-b'' \eta_2^2$	1.3455 n	$\cos \frac{1}{2}(u_4 - u_1)$	9.998012	
		$\cos \gamma_2$	9.997995	
$a' \eta_2$	$+2452.4$		2.6141	
$a'' \eta_2$	$+27.1$	Γ_2	2.3367	
$-b'' \eta_2^2$	-22.2			

$\bar{y}_2$	0.002457	$r_1 r_4 \sin(u_4 - u_1) \bar{y}_2$	0.184243	
$\sin(u_4 - u_1)$	9.278834	$k(t_4^0 - t_1^0)$	9.942215	
$\sin(u_4 - u_1) \bar{y}_2$	9.281291	$\sqrt{p}$	0.242028	
$r_1 r_4$	0.902952	p	0.484056	
$p : r_1$	0.036400	$p : r_4$	0.028760	
q_1	8.941650			
$\cos(u_4 - u_1)$	9.992013	ω	144° 53′ 54″.0	
$q_1 \cos(u_4 - u_1)$	8.933663	v_1	46 16 25.5	(XI)
Add.	9.404333	v_4	57 13 42.9	
$-q_4$	8.835467 n	$\cos v_4$	9.733429	
Zähler	8.239800	e	9.102038	
$\sin(u_4 - u_1)$	9.278834	$\sin 1''$	5.314425	
$e \sin v_1$	8.960966			
$\sin v_1$	9.858928			
$e \cos v_1$	8.941650			
$\mathrm{tg}\, v_1$	0.019316			

φ	7° 15′ 59″.4	a^3	1.473180	
$\cos \varphi$	9.996498	k''	3.550007	
$\cos \varphi^2$	9.992996	$a^{\frac{3}{2}}$	0.736590	
a	0.491060	μ	2.813417	
$\sqrt{r_1 : p}$	9.981800	$\sqrt{r_4 : p}$	9.985620	
$\sin \varphi/2$	8.801882	$\sin \varphi/2$	8.801882	
$\sin v_1$	9.858928	$\sin v_4$	9.924712	
$\sin \frac{1}{2}(v_1 - E_1)$	8.642610	$\sin \frac{1}{2}(v_4 - E_4)$	8.712214	
$\frac{1}{2}(v_1 - E_1)$	2° 31′ 1″.0	$\frac{1}{2}(v_4 - E_4)$	2° 57′ 17″.3	(XII)
$v_1 - E_1$	5 2 2.0	$v_4 - E_4$	5 54 34.6	
E_1	41 14 23.5	E_4	51 19 8.3	
$E_4 - E_1$	10 4 44.8	$v_4 - v_1$	10 57 17.4	
$\frac{1}{2}(E_4 - E_1)$	5 2 22.4	$\frac{1}{2}(v_4 - v_1)$	5 28 38.7	
$\sin \frac{1}{2}(E_4 - E_1)$	8.943709	$\sin \frac{1}{2}(v_4 - v_1)$	8.979791	
$a \cos \varphi$	0.487558	$\sqrt{r_1 r_4}$	0.451476	
Summe	9.431267	Summe	9.431267	

$\sin E_1$	9.819025	$\sin E_4$	9.892449	
e''	4.416463	e''	4.416463	
$e'' \sin E_1$	4.235488	$e'' \sin E_4$	4.308912	
	4° 46′ 38″.4		5° 39′ 26″.3	
M_1	36 27 45.1	M_4	45 39 42.0	
$M_4 - M_1$	9 11 56.9	$t_0 - t_1^0$	1.371698	
	4.520050	μ	2.813416	
$t_4^0 - t_1^0$	1.706634	$t_0 - t_4^0$	1.437055 n	(XIII)
		$\mu(t_0 - t_1^0)$	4.185114	
t_1^0	21.46587		4° 15′ 14″.9	
t_0	45.0	$\mu(t_0 - t_4^0)$	4.250471 n	
t_4^0	72.35612		−4° 56′ 42″.1	
$t_0 - t_1^0$	+23.53413	M_0	40 43 0.0	
$t_0 - t_4^0$	−27.35612		40 42 59.9	

Zusammenstellung der Elemente:

Epoche t_0 = 1923 Apr. 14.0 M. Z. Gr.

M_0	40° 43′ 0″.0	ω	144° 53′ 54″.0	Ekliptik
φ	7 15 59.4	☊	350 7 13.0	Mittleres Äquin.
μ	650″.753	i	0 41 33.0	1923.0
$\lg a$	0.491060			

Die Nachrechnung der beiden mittleren Beobachtungen (Beispiel in § 35) ergibt die Abweichungen

			$\cos\beta\, d\lambda$	$d\beta$
1923	Apr.	6	$-0\overset{''}{.}2$	$+1\overset{''}{.}8$
1923	Mai	2	-0.6	$+2.1$

Die geringen Abweichungen in den Längen sprechen für die Richtigkeit der Rechnung, die in den Breiten für die Güte der Elemente.

C. Die Bestimmung einer Kreisbahn.

Nach der Entdeckung eines Planeten tritt an den Bahnrechner die Aufgabe heran, dem Beobachter für die allernächste Zeit möglichst bald eine Vorausberechnung zur Verfügung zu stellen, die die weitere Verfolgung des neuen Objektes erleichtert oder ermöglicht. Diesen Zweck erfüllt die provisorische Vorausberechnung auf Grund einer Kreisbahnbestimmung. Sie hat vor der elliptischen Bahnbestimmung den Vorteil voraus, daß das durchzurechnende Formelsystem ganz erheblich einfacher und kürzer ist und daß sie bei gänzlicher Vernachlässigung der Parallaxe mit beschränkter Genauigkeit ausgeführt werden kann.

Auch in andrer Hinsicht leistet die Kreisbahnbestimmung gute Dienste. Sie liefert für die spätere elliptische Bahnrechnung Werte der Entfernungen, die für die Berücksichtigung der Parallaxe und der Aberrationszeiten ausreichend sind. Sie gewährt einen Einblick in die Bahnlage des neuen Objektes, der für die Wahl der Methode der elliptischen Bahnrechnung bestimmend sein kann. Sie erleichtert die Identifizierung mit bekannten Planeten, deren Beobachtungen weit außerhalb des Bereichs der üblichen Vorausberechnung liegen, sowie die Identifizierung mit sehr unsicheren bekannten Planeten.

Für die stark exzentrischen Kometenbahnen kommt die Kreisbahnbestimmung nicht in Betracht.

Bei der Kreisbahnbestimmung sind nur 4 Elemente zu bestimmen, da Exzentrizität und Perihellänge wegfallen. Zur Ableitung der 4 Elemente sind 2 Beobachtungen t_1, α_1, δ_1, t_2, α_2, δ_2 notwendig und ausreichend. Die beiden Dreiecke Sonne—Erde—Planet liefern 2 geometrische Beziehungen zwischen der Halbachse a und den beiden geozentrischen Entfernungen Δ_1 und Δ_2. Eine weitere geometrische Beziehung zwischen diesen Größen sowie dem von den Radienvektoren eingeschlossenen Winkel $u_2 - u_1$ gewinnt man aus dem von der Sonne und den beiden Planetenorten gebildeten Dreieck. Zwischen dem Winkel $u_2 - u_1$ und der Halbachse a besteht andrerseits eine aus dem 2. Keplerschen Gesetz abgeleitete dynamische Beziehung. Die 4 Gleichungen zwischen den 3 Unbekannten a, Δ_1, Δ_2 werden durch Versuche nach a aufgelöst. Aus den so bekannt gewordenen beiden heliozentrischen Orten werden die übrigen Elemente abgeleitet.

Das ist kurz der Gedankengang der für die numerische Rechnung geeigneten Methode von VEITHEN. Die Ableitung der Elemente erfolgt hier abweichend von VEITHEN. Wie man leicht erkennen wird, ist die Methode im Prinzip identisch mit der auf die logarithmische Rechnung zugeschnittenen Gaußschen Methode. Beide sollen hier dargelegt werden.

11. Abschnitt.

Die Methode von VEITHEN.

§ 47. Die Fundamentalgleichungen.

Als Koordinatensystem wird das des Äquators zugrunde gelegt. Den Übergang von den geozentrischen zu den heliozentrischen Koordinaten vermitteln die Gl. (3. 14). Setzt man hierin

$$\begin{aligned} \cos\delta_i \cos\alpha_i &= a_i' \\ \cos\delta_i \sin\alpha_i &= b_i' \qquad (i = 1, 2) \\ \sin\delta_i &= c_i', \end{aligned} \tag{1}$$

so wird

$$\begin{aligned} x_1' &= a_1'\Delta_1 - X_{\odot 1}' & x_2' &= a_2'\Delta_2 - X_{\odot 2}' \\ y_1' &= b_1'\Delta_1 - Y_{\odot 1}' & y_2' &= b_2'\Delta_2 - Y_{\odot 2}' \\ z_1' &= c_1'\Delta_1 - Z_{\odot 1}' & z_2' &= c_2'\Delta_2 - Z_{\odot 2}'. \end{aligned} \tag{2}$$

Hierin sind a_i', b_i', c_i', $X_{\odot i}'$, $Y_{\odot i}'$, $Z_{\odot i}'$ bekannte Größen. Die ersteren werden nach Gl. (1) aus den Beobachtungen α_i, δ_i abgeleitet. Die Sonnenkoordinaten $X_{\odot i}'$, $Y_{\odot i}'$, $Z_{\odot i}'$, die auf das gleiche Äquinoktium wie die α_i, δ_i bezogen sein müssen, werden für die auf den Nullmeridian reduzierten Beobachtungszeiten t_i dem B. J. entnommen. Unbekannte sind die Entfernungen Δ_1, Δ_2.

Für diese erhält man aus den zu den Zeiten t_1 und t_2 gehörigen Dreiecken Sonne—Erde—Planet die beiden Gleichungen

$$\begin{aligned} \Delta_1 &= \sqrt{a^2 - (R_1 \sin\vartheta_1)^2} - R_1 \cos\vartheta_1 \\ \Delta_2 &= \sqrt{a^2 - (R_2 \cos\vartheta_2)^2} - R_2 \cos\vartheta_2. \end{aligned} \tag{3}$$

Hierin ist

$$\begin{aligned} R_1 \cos\vartheta_1 &= -\,(a_1' X_{\odot 1}' + b_1' Y_{\odot 1}' + c_1' Z_{\odot 1}') \\ R_2 \cos\vartheta_2 &= -\,(a_2' X_{\odot 2}' + b_2' Y_{\odot 2}' + c_2' Z_{\odot 2}') \\ R_1^2 &= X_{\odot 1}'^2 + Y_{\odot 1}'^2 + Z_{\odot 1}'^2 \\ R_2^2 &= X_{\odot 2}'^2 + Y_{\odot 2}'^2 + Z_{\odot 2}'^2 \\ (R_1 \sin\vartheta_1)^2 &= R_1^2 - (R_1 \cos\vartheta_1)^2 \\ (R_2 \sin\vartheta_2)^2 &= R_2^2 - (R_2 \cos\vartheta_2)^2. \end{aligned}$$

Wäre a bekannt, so wäre das Problem gelöst.

Zwischen der Halbachse a und dem in der Zeit $t_2 - t_1$ durchlaufenen Winkel $u_2 - u_1$ zwischen den von der Sonne nach den beiden Planetenorten gezogenen Radienvektoren besteht zunächst die geometrische Beziehung

$$a^2 \cos(u_2 - u_1) = a^2 [1 - 2 \sin \tfrac{1}{2} (u_2 - u_1)^2] = x'_1 x'_2 + y'_1 y'_2 + z'_1 z'_2$$

$$2 a^2 \sin \tfrac{1}{2} (u_2 - u_1)^2 = a^2 - x'_1 x'_2 - y'_1 y'_2 - z'_1 z'_2$$

oder

$$\sin \tfrac{1}{2} (u_2 - u_1)^2 = (A \Delta_1 \Delta_2 + B \Delta_1 + C \Delta_2 + D + a^2) \frac{1}{2a^2}, \tag{4}$$

wo zur Abkürzung

$$-(a'_1 a'_2 + b'_1 b'_2 + c'_1 c'_2) = A$$
$$+ a'_1 X'_{\odot 2} + b'_1 Y'_{\odot 2} + c'_1 Z'_{\odot 2} = B$$
$$+ a'_2 X'_{\odot 1} + b'_2 Y'_{\odot 1} + c'_2 Z'_{\odot 1} = C$$
$$-(X'_{\odot 1} X'_{\odot 2} + Y'_{\odot 1} Y'_{\odot 2} + Z'_{\odot 1} Z'_{\odot 2}) = D$$

gesetzt ist. Eine 2. Beziehung zwischen der Halbachse a und dem Winkel $u_2 - u_1$ erhält man aus dem 2. Keplerschen Gesetz. Nach Gl. (1. 31) ist

$$\mu = \frac{k}{a^{\frac{3}{2}}}.$$

Da die Bewegung im Kreise gleichförmig ist, so ist

$$u_2 - u_1 = \frac{k\,(t_2 - t_1)}{a^{\frac{3}{2}}}.$$

Setzt man zur Abkürzung $k\,(t_2 - t_1) = \tau$, so erhält man in

$$\tfrac{1}{2} (u_2 - u_1) = \frac{\frac{1}{2} \tau}{a^{\frac{3}{2}}} \tag{5}$$

eine dynamische Beziehung zwischen den Unbekannten $u_2 - u_1$ und a.

Die 4 Gl. (3), (4), (5) lösen das Problem. Die Bestimmung der Unbekannten erfolgt im Näherungsverfahren.

§ 48. Ableitung der Elemente.

Sind die Entfernungen berechnet, so berücksichtigt man zunächst die Aberrationszeiten nach

$$t_1^0 = t_1 - A \Delta_1 \qquad t_2^0 = t_2 - A \Delta_2. \tag{6}$$

Die mittlere Bewegung berechnet man aus

$$\mu = \frac{u_2 - u_1}{t_2^0 - t_1^0} \tag{7}$$

die rechtwinkligen heliozentrischen Koordinaten aus Gl. (2).

Die für die Vorausberechnung besonders geeigneten Größen erhält man folgendermaßen. Nach den Gl. (3. 18) ist

$$x'_1 = a \sin a' \sin(A' + u_1) \qquad x'_2 = a \sin a' \sin(A' + u_2).$$

Addiert bzw. subtrahiert man diese beiden Gleichungen, so erhält man

$$\left.\begin{aligned} \sin a' \sin\left(A' + \tfrac{1}{2}(u_2 + u_1)\right) &= \frac{1}{2a} (x'_2 + x'_1) \sec \tfrac{1}{2} (u_2 - u_1) \\ \sin a' \cos\left(A' + \tfrac{1}{2}(u_2 + u_1)\right) &= \frac{1}{2a} (x'_2 - x'_1) \operatorname{cosec} \tfrac{1}{2} (u_2 - u_1). \end{aligned}\right\} \tag{8}$$

Da die Lage des Perihels bei der Kreisbahn offenbar willkürlich gewählt werden kann, so darf man das Perihel in die Mitte der beiden benutzten Beobachtungen, d. h. auf den Moment $\frac{1}{2}(t_1 + t_2) = t_0$ legen. Dadurch wird $\frac{1}{2}(u_2 + u_1) = \omega$. Führt man die durch

$$P'_x = \sin a' \sin (A' + \omega) \qquad Q'_x = \sin a' \cos (A' + \omega) \tag{9}$$

bestimmten Konstanten P_x', Q_x' ein, so geht Gl. (8) über in

$$\begin{aligned} P'_x &= \frac{1}{2a}(x'_2 + x'_1) \sec \tfrac{1}{2}(u_2 - u_1) \\ Q'_x &= \frac{1}{2a}(x'_2 - x'_1) \operatorname{cosec} \tfrac{1}{2}(u_2 - u_1). \end{aligned} \tag{10}$$

Entsprechende Gleichungen kann man für die Konstanten P'_y, P'_z, Q'_y, Q'_z aufstellen. Diese Größen lassen sich ein für allemal aus den oben gewonnenen rechtwinkligen Koordinaten berechnen.

Damit hat man alle für die Vorausberechnung notwendigen Elemente. Denn bezeichnet man den für irgendeine Zeit t vom Gestirn seit der Perihelzeit t_0 zurückgelegten Bogen $\mu(t - t_0)$ mit u, so läßt sich die Koordinate x' allgemein nach

$$x' = a P'_x \cdot \cos u + a Q'_x \cdot \sin u \tag{11}$$

ermitteln.

Der Winkel ω ist identisch mit dem Abstande des Gestirns vom aufsteigenden Knoten für die Perihelzeit t_0, oder das Argument der Breite für diese Epoche.

Legt man Wert darauf, auch die üblichen ekliptikalen Bahnelemente Ω und i zu erhalten, so benutzt man die Gl. (6. 36) zunächst zur Berechnung von ω und dann von Ω und i.

§ 49. Formelzusammenstellung.

Gegeben sind die Beobachtungszeiten t_i, die auf das mittlere Äquinoktium eines Jahresanfangs reduzierten Beobachtungen α_i, δ_i und Sonnenkoordinaten $X'_{\odot i}$, $Y'_{\odot i}$, $Z'_{\odot i}$ $(i = 1, 2)$. Parallaxen und Sonnenbreiten werden vernachlässigt.

a) Konstante Hilfsgrößen.

$$\begin{aligned} a'_i &= \cos \delta_i \cos \alpha_i \\ b'_i &= \cos \delta_i \sin \alpha_i \qquad (i = 1, 2) \\ c'_i &= \sin \delta_i \end{aligned} \tag{I}$$

$$\text{Kontrolle:} \quad a'^2_i + b'^2_i + c'^2_i = 1$$

$$\begin{aligned} R_1 \cos \vartheta_1 &= -(a'_1 X'_{\odot 1} + b'_1 Y'_{\odot 1} + c'_1 Z'_{\odot 1}) \\ R_2 \cos \vartheta_2 &= -(a'_2 X'_{\odot 2} + b'_2 Y'_{\odot 2} + c'_2 Z'_{\odot 2}) \\ R_1^2 &= X'^2_{\odot 1} + Y'^2_{\odot 1} + Z'^2_{\odot 1} \\ R_2^2 &= X'^2_{\odot 2} + Y'^2_{\odot 2} + Z'^2_{\odot 2} \\ (R_1 \sin \vartheta_1)^2 &= R_1^2 - (R_1 \cos \vartheta_1)^2 \\ (R_2 \sin \vartheta_2)^2 &= R_2^2 - (R_2 \cos \vartheta_2)^2 \end{aligned} \tag{II}$$

$$\left.\begin{aligned} A &= -(a'_1 a'_2 + b'_1 b'_2 + c'_1 c'_2) \\ B &= +a'_1 X'_{\odot 2} + b'_1 Y'_{\odot 2} + c'_1 Z'_{\odot 2} \\ C &= +a'_2 X'_{\odot 1} + b'_2 Y'_{\odot 1} + c'_2 Z'_{\odot 1} \\ D &= -(X'_{\odot 1} X'_{\odot 2} + Y'_{\odot 1} Y'_{\odot 2} + Z'_{\odot 1} Z'_{\odot 2}) . \end{aligned}\right\} \quad \text{(III)}$$

Kontrolle aller Größen in Gl. (II) und (III) mit Ausnahme von $(R_1 \sin \vartheta_1)^2$ und $(R_1 \sin \vartheta_2)^2$:

$$\begin{aligned} &(-X'_{\odot 1} - X'_{\odot 2} + a'_1 + a'_2)^2 \\ &+(-Y'_{\odot 1} - Y'_{\odot 2} + b'_1 + b'_2)^2 \\ &+(-Z'_{\odot 1} - Z'_{\odot 2} + c'_1 + c'_2)^2 = R_1^2 + R_2^2 + 2 + 2\,(R_1 \cos \vartheta_1 + R_2 \cos \vartheta_2 \\ &\qquad - A - B - C - D) . \end{aligned}$$

b. Die Hypothesenrechnung.

$$\left.\begin{aligned} \Delta_1 &= \sqrt{a^2 - (R_1 \sin \vartheta_1)^2} - R_1 \cos \vartheta_1 \\ \Delta_2 &= \sqrt{a^2 - (R_2 \sin \vartheta_2)^2} - R_2 \cos \vartheta_2 \end{aligned}\right\} \quad \text{(IV)}$$

$$\sin \tfrac{1}{2}(u_2 - u_1)^2 = (A\,\Delta_1 \Delta_2 + B\,\Delta_1 + C\,\Delta_2 + D + a^2)\,\frac{1}{2a^2}$$

$$\tfrac{1}{2}\tau = \tfrac{1}{2} k\,(t_2 - t_1) \qquad \tfrac{1}{2} k^\circ = 0{,}^\circ 49280 \qquad \text{(V)}$$

$$\tfrac{1}{2}(u_2 - u_1) = \frac{\tfrac{1}{2}\tau}{a\sqrt{a}} .$$

Die Auflösung der Gl. (IV) und (V) erfolgt im Näherungsverfahren unter Anwendung der regula falsi. Man beginnt mit einem Mittelwert der Halbachsen der kleinen Planeten, mit $a = 2.7$ ($a^2 = 7.29$, $a\sqrt{a} = 0.43653$), berechnet damit den Winkel $\tfrac{1}{2}(u_2 - u_1)$ einmal aus der geometrischen Beziehung, Gl. (IV), dann aus der dynamischen Beziehung, Gl. (V). Kennzeichnet man die beiden Winkel durch die Indizes g und d, so bildet man dann

$$\tfrac{1}{2}(u_2 - u_1)_g - \tfrac{1}{2}(u_2 - u_1)_d = d .$$

a muß nun variiert werden, bis die Differenz d in der gewählten Stellenzahl verschwindet. Die 2. Hypothese beginnt man mit einem um 3000 Einheiten der 4. Dezimale geänderten Wert von a. Die Resultate der beiden ersten Hypothesen liefern für die 3. Hypothese meist einen nahe richtigen Ausgangswert von a. Mehr als 3 oder 4 Hypothesen sind selten notwendig.

c) Ableitung der Elemente. Berücksichtigung der Aberrationszeiten nach

$$t_1^0 = t_1 - A\,\Delta_1 \qquad t_2^0 = t_2 - A\,\Delta_2 \qquad \text{(VI)}$$

$A = 0.00577$ in Einheiten des mittl. Tages

$$\mu = \frac{u_2 - u_1}{t_2^0 - t_1^0} \qquad \text{(VII)}$$

Kontrolle: $\mu = \dfrac{k^\circ}{a\sqrt{a}}$

$$k^\circ = 0{,}^\circ 98561$$

$$x'_1 = a'_1 \Delta_1 - X'_{\odot 1} \qquad x'_2 = a'_2 \Delta_2 - X'_{\odot 2}$$
$$y'_1 = b'_1 \Delta_1 - Y'_{\odot 1} \qquad y'_2 = b'_2 \Delta_2 - Y'_{\odot 2}$$
$$z'_1 = c'_1 \Delta_1 - Z'_{\odot 1} \qquad z'_2 = c'_2 \Delta_2 - Z'_{\odot 2}$$

Kontrolle: $x'^2_1 + y'^2_1 + z'^2_1 = a^2 = x'^2_2 + y'^2_2 + z'^2_2$ (VIII)

$$P'_x = (x'_2 + x'_1) \sec \tfrac{1}{2}(u_2 - u_1) \frac{1}{2a} \qquad Q'_x = (x'_2 - x'_1) \operatorname{cosec} \tfrac{1}{2}(u_2 - u_1) \frac{1}{2a}$$
$$P'_y = (y'_2 + y'_1) \sec \tfrac{1}{2}(u_2 - u_1) \frac{1}{2a} \qquad Q'_y = (y'_2 - y'_1) \operatorname{cosec} \tfrac{1}{2}(u_2 - u_1) \frac{1}{2a}$$
$$P'_z = (z'_2 + z'_1) \sec \tfrac{1}{2}(u_2 - u_1) \frac{1}{2a} \qquad Q'_z = (z'_2 - z'_1) \operatorname{cosec} \tfrac{1}{2}(u_2 - u_1) \frac{1}{2a}$$

Kontrolle: $P'_x Q'_x + P'_y Q'_y + P'_z Q'_z = 0$

Damit hat man alle für die Vorausberechnung erforderlichen Größen erhalten.

Die Berechnung der üblichen für die Vorausberechnung nicht notwendigen Bahnelemente ☊ und i kann mit stark beschränkter Stellenzahl nach den Gleichungen

$$\begin{aligned} \sin i \sin \omega &= P'_z \cos \varepsilon - P'_y \sin \varepsilon \\ \sin i \cos \omega &= Q'_z \cos \varepsilon - Q'_y \sin \varepsilon \\ \sin ☊ &= (P'_y \cos \omega - Q'_y \sin \omega) \sec \varepsilon \\ \cos ☊ &= P'_x \cos \omega - Q'_x \sin \omega \end{aligned} \qquad \text{(IX)}$$

erfolgen.

Kontrolle: $P'_x \sin \omega + Q'_x \cos \omega = -\cos i \sin ☊$

sin ☊ und cos ☊ müssen zu demselben Winkel gehören.

ε aus Tafel 2

d) Kontrolle durch Nachrechnung der benutzten Beobachtungen.

$$u = \mu (t^0 - t_0), \quad \text{wo} \quad t_0 = \tfrac{1}{2}(t^0_1 + t^0_2) \qquad \text{(X)}$$

$$\begin{aligned} \Delta \cos \delta \cos \alpha &= a(P'_x \cos u + Q'_x \sin u) + X'_\odot \\ \Delta \cos \delta \sin \alpha &= a(P'_y \cos u + Q'_y \sin u) + Y'_\odot \\ \Delta \sin \delta &= a(P'_z \cos u + Q'_z \sin u) + Z'_\odot . \end{aligned} \qquad \text{(XI)}$$

Es genügt die Nachrechnung der benutzten Beobachtungen, die die Richtigkeit der Rechnung bestätigen soll.

Bei kurzen Bögen und großer Exzentrizität kann man für eine in der Mitte des Bogens gelegene Beobachtung und erst recht in der Vorausberechnung eine erhebliche Abweichung erwarten. Sobald ein genügend langer Bogen beobachtet ist, wird man eine elliptische Bahnbestimmung ausführen.

e) Die Unmöglichkeit einer Kreisbahnbestimmung. Es muß hervorgehoben werden, daß das Gleichungssystem (IV) bis (V) in gewissen Fällen keine reelle Lösung zuläßt. Unter vereinfachenden Voraussetzungen (kleine Zwischenzeit, Nähe der Ekliptik und der Opposition) hat TISSERAND die Frage behandelt, wann den beiden Beobachtungen durch eine Kreisbahn nicht genügt werden kann. Er zeigte, daß die Gleichungen keine reelle Lösung haben, wenn die geozentrische Bewegung in Breite eine gewisse Grenze übersteigt.

§ 50. Beispiel.

a) Ausgangsdaten. Gegeben seien die topozentrischen Beobachtungen des Planeten 480 Hansa:

Ort	1901	M. Z. Heidelberg	$\alpha_{1901.0}$	$\delta_{1901.0}$
Heidelberg	Mai 24	$12^h\ 56^m.8$	$17^h\ 11^m\ 28^s.87$	$-13°\ 47'\ 4''.3$
„	Juni 7	11 11.8	16 58 44.57	−11 45 49.7

Die mittlere Ortszeit wird gemäß den Ausführungen in § 22 in M. Z. Berlin verwandelt. Die Parallaxe wird nicht berücksichtigt. Die zugehörigen Sonnenkoordinaten $X'_{\odot i}$, $Y'_{\odot i}$, $Z'_{\odot i}$, die auf das gleiche mittlere Äquinoktium wie die α_i, δ_i bezogen sein müssen, werden für die Beobachtungszeiten t_i dem B. J. entnommen.

t_1	Mai 24.5524	t_2	Mai 38.4795	
α_1	257°.870	α_2	254°.686	
δ_1	− 13.785	δ_2	− 11.764	
$\cos\alpha_1$	− 0.21013	$\cos\alpha_2$	− 0.26411	
$\cos\delta_1$	+ 0.97120	$\cos\delta_2$	+ 0.97899	
$\sin\alpha_1$	− 0.97767	$\sin\alpha_2$	− 0.96449	(I)
a'_1	− 0.20408	a'_2	− 0.25856	
b'_1	− 0.94951	b'_2	− 0.94423	
c'_1	− 0.23827	c'_2	− 0.20388	
$X'_{\odot 1}$	+ 0.45850	$X'_{\odot 2}$	+ 0.23818	
$Y'_{\odot 1}$	+ 0.82878	$Y'_{\odot 2}$	+ 0.90531	
$Z'_{\odot 1}$	+ 0.35954	$Z'_{\odot 2}$	+ 0.39275	
R_1^2	1.02637	R_2^2	1.03057	
$R_1\cos\vartheta_1$	+ 0.96617	$R_2\cos\vartheta_2$	+ 0.99648	(II)
$(R_1\sin\vartheta_1)^2$	0.09288	$(R_2\sin\vartheta_2)^2$	0.03760	

A	− 0.99790	
B	− 1.00179	
C	− 0.97441	(III)
D	− 1.00072	

b) Die Hypothesenrechnung.

	1. Hyp.	2. Hyp.	3. Hyp.	4. Hyp.	
a	2.7000	3.0000	2.5763	2.6023	
a^2	7.29000	9.00000	6.63732	6.77197	
Δ_1	1.71657	2.01831	1.59204	1.61822	(IV)
Δ_2	1.69655	1.99725	1.57251	1.59859	
$\sin\frac{1}{2}(u_2-u_1)$	0.026656	0.021884	0.029034	0.028525	
$\frac{1}{2}(u_2-u_1)_g$	1°.5275	1°.2540	1°.6638	1°.6346	
		$\frac{1}{2}k(t_2-t_1)$	6.8633		
$a\sqrt{a}$	4.43656	5.19615	4.13519	4.19793	(V)
$\frac{1}{2}(u_2-u_1)_d$	1°.5470	1°.3208	1°.6597	1°.6349	
d	− 0.0195	− 0.0668	+ 0.0041	− 0.0003	

c) Die Ableitung der Elemente.

$A\Delta_1$	$0^{d}0093$	$A\Delta_2$	$0^{d}0092$	
t_1^0	24.5431	t_2^0	38.4703	(VI)
		μ	0°23476	(VII)
x'_1	-0.78875	x'_2	-0.65151	
y'_1	-2.36530	y'_2	-2.41475	
z'_1	-0.74511	z'_2	-0.71867	
$\frac{1}{2a}\sec\frac{1}{2}(u_2-u_1)$	$+0.19221$	$\frac{1}{2a}\operatorname{cosec}\frac{1}{2}(u_2-u_1)$	$+6.7345$	(VIII)
P'_x	-0.27683	Q'_x	$+0.92424$	
P'_y	-0.91877	Q'_y	-0.33302	
P'_z	-0.28135	Q'_z	$+0.17806$	
$\sin\varepsilon$	$+0.398$	$\sin\Omega$	-0.817	
$\cos\varepsilon$	$+0.917$	$\cos\Omega$	-0.576	
$\sin i\sin\omega$	$+0.108$			(IX)
$\sin i\cos\omega$	$+0.296$	Ω	234°8	
$\sin i$	$+0.315$	i	18.4	

Zusammenstellung der Elemente:

$$t_0 = \frac{t_1^0 + t_2^0}{2} = 1901 \text{ Mai } 31.5067 \text{ M. Z. Berlin}$$

μ	0°23476	Ekliptik
Ω	234.8	Mittl. Äquin.
i	18.4	1901

P'_x	-0.27683	Q'_x	$+0.92424$	Äquator
P'_y	-0.91877	Q'_y	-0.33302	Mittleres Äquin.
P'_z	-0.28135	Q'_z	$+0.17806$	1901.0

e) Kontrolle durch Nachrechnung der benutzten Beobachtungen. Die Nachrechnung ergibt die $B-R$:

1901		$\cos\delta\, d\alpha$	$d\delta$
Mai	24.5431	0°000	$-$0°001
Juni	7.4703	0.000	0.000

12. Abschnitt.

Die Methode von Gauss.

§ 51. Die Fundamentalgleichungen.

Als Koordinatensystem wird das der Ekliptik zugrunde gelegt. Bekannte Größen sind die λ_i, β_i, L_i, R_i ($i=1, 2$). Die λ_i, β_i werden nach den Gl. (3. 29) aus den durch die Beobachtung gewonnenen Koordinaten α_i, δ_i abgeleitet. Die Erdkoordinaten L_i ($=L_{\odot i} \pm 180°$) und lg R_i werden für die auf den Nullmeridian reduzierten Beobachtungszeiten t_i dem B. J. entnommen. Die L_i müssen auf das gleiche mittlere Äquinoktium wie die α_i, δ_i bezogen sein. Parallaxen und Sonnenbreiten können stets vernachlässigt werden.

In Abb. 16 seien die zu Zeiten t_1 und t_2 gehörigen Projektionen der Örter der Erde an der heliozentrischen Sphäre mit E_1 und E_2, die des Planeten mit P_1 und P_2 bezeichnet. Legt man durch E_1 und P_1

bzw. E_2 und P_2 größte Kreise, so fallen auf diese auch die geozentrischen Planetenörter Π_1 und Π_2, d. h. die Punkte, in denen die zu den Richtungen EP durch die Sonne gezogenen Parallelen die Sphäre treffen.

Die Bögen $E_1\Pi_1$ und $E_2\Pi_2$ stellen offenbar die äußeren Winkel ϑ_1 und ϑ_2 an der Erde in den durch Sonne, Erde, Planeten gebildeten ebenen Dreiecken dar (siehe Abb. 15). Die Bögen $E_1\Pi_1$ und $E_2\Pi_2$, deren Neigungen gegen die Ekliptik mit w_1 und w_2 bezeichnet seien, kann man aus den bekannten Grössen bestimmen. Es ist entsprechend den Gl. (7. 13) bis (7. 15)

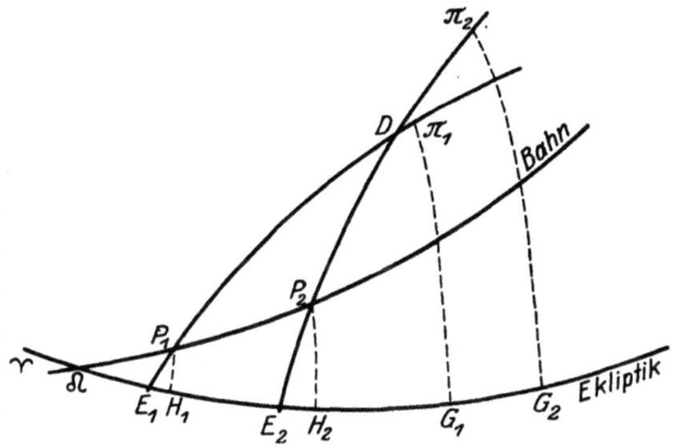

Abb. 16.

$$\cos\vartheta_1 = \cos\beta_1 \cos(\lambda_1 - L_1) \qquad \cos\vartheta_2 = \cos\beta_2 \cos(\lambda_2 - L_2) \tag{1}$$

und

$$\begin{aligned} \operatorname{tg} w_1 &= \operatorname{tg}\beta_1 \operatorname{cosec}(\lambda_1 - L_1) & \operatorname{tg} w_2 &= \operatorname{tg}\beta_2 \operatorname{cosec}(\lambda_2 - L_2) \\ \operatorname{tg}\vartheta_1 &= \operatorname{tg}(\lambda_1 - L_1)\sec w_1 & \operatorname{tg}\vartheta_2 &= \operatorname{tg}(\lambda_2 - L_2)\sec w_2 . \end{aligned} \tag{2}$$

Diese Gleichungen gestatten die sichere Bestimmung der Winkel w_1, w_2 und ϑ_1, ϑ_2. Zu beachten ist dabei, daß ϑ_1 und ϑ_2 auch die Gl. (1) befriedigen und daher kleiner als 180° sein und $\cos\vartheta_1$ und $\cos\vartheta_2$ dasselbe Vorzeichen wie $\cos(\lambda_1 - L_1)$ und $\cos(\lambda_2 - L_2)$ haben müssen.

Bezeichnet man den Winkel bei D, dem Durchschnittspunkt der beiden größten Kreise, in dem Dreieck E_1DE_2 mit η, die Seiten E_1D und E_2D mit φ_1 und φ_2, so kann man nach den Gaußschen Formeln

$$\begin{aligned} \sin\tfrac{1}{2}\eta \sin\tfrac{1}{2}(\varphi_1 + \varphi_2) &= \sin\tfrac{1}{2}(L_2 - L_1)\sin\tfrac{1}{2}(w_2 + w_1) \\ \sin\tfrac{1}{2}\eta \cos\tfrac{1}{2}(\varphi_1 + \varphi_2) &= \cos\tfrac{1}{2}(L_2 - L_1)\sin\tfrac{1}{2}(w_2 - w_1) \\ \cos\tfrac{1}{2}\eta \sin\tfrac{1}{2}(\varphi_1 - \varphi_2) &= \sin\tfrac{1}{2}(L_2 - L_1)\cos\tfrac{1}{2}(w_2 + w_1) \\ \cos\tfrac{1}{2}\eta \cos\tfrac{1}{2}(\varphi_1 - \varphi_2) &= \cos\tfrac{1}{2}(L_2 - L_1)\cos\tfrac{1}{2}(w_2 - w_1) \end{aligned} \tag{3}$$

η, φ_1, φ_2 aus den bekannten Größen L_1, L_2, w_1, w_2 bestimmen.

Nun stellen die Bögen $P_1\Pi_1$ und $P_2\Pi_2$ die Winkel ζ_1 und ζ_2 am Planeten in den beiden Dreiecken Sonne—Erde—Planet dar (siehe Abb. 14). Mithin ist

$$P_1D = \varkappa_1 = \psi_1 + \zeta_1 \qquad P_2D = \varkappa_2 = \psi_2 + \zeta_2 , \tag{4}$$

wo

$$\varphi_1 - \vartheta_1 = \psi_1 \qquad \varphi_2 - \vartheta_2 = \psi_2$$

gesetzt ist.

Zwischen den Winkeln ζ_1, ζ_2 und ϑ_1, ϑ_2 bestehen die Beziehungen

$$\sin\zeta_1 = \frac{R_1 \sin\vartheta_1}{a} \qquad \sin\zeta_2 = \frac{R_2 \sin\vartheta_2}{a} . \tag{5}$$

Diese Gleichungen gestatteten die Bestimmung von ζ_1 und ζ_2, wenn die Halbachse a bekannt wäre.

Im Dreieck $P_1 P_2 D$, wo $P_1 P_2 = u_2 - u_1$ ist, ist

$$\cos(u_2 - u_1) = \cos\varkappa_1 \cos\varkappa_2 + \sin\varkappa_1 \sin\varkappa_2 \cos\eta .$$

Da $u_2 - u_1$ eine kleine Größe ist, so bestimmt man sie besser aus

$$\sin\tfrac{1}{2}(u_2 - u_1)^2 = [\sin\tfrac{1}{2}\eta \sin\tfrac{1}{2}(\varkappa_2 + \varkappa_1)]^2 + [\cos\tfrac{1}{2}\eta \sin\tfrac{1}{2}(\varkappa_2 - \varkappa_1)]^2 . \qquad (6)$$

Das Gleichungssystem zur Bestimmung der Unbekannten a wird durch die dynamische Beziehung, Gl. (11.5)

$$\tfrac{1}{2}(u_2 - u_1) = \frac{\tfrac{1}{2}\tau}{a^{\frac{3}{2}}} \qquad (7)$$

geschlossen. Die Auflösung der Gleichungen Gl. (4) bis (7) erfolgt im Versuchsverfahren durch Variation von a.

§ 52. Die Ableitung der Elemente.

Die Bestimmung der heliozentrischen Koordinaten l_1, b_1, l_2, b_2 kann in folgender Weise geschehen. Fällt man von P_1 und P_2 die Senkrechten auf die Ekliptik, so stellen die Bögen $P_1 H_1$ bzw. $P_2 H_2$ die heliozentrischen Breiten b_1 und b_2, die Bögen $E_1 H_1$ bzw. $E_2 H_2$ die Längendifferenzen $l_1 - L_1$ bzw. $l_2 - L_2$ dar. Aus den Dreiecken $P_1 E_1 H_1$ bzw. $P_2 E_2 H_2$ erhält man

$$\begin{aligned} \cos b_1 \cos(l_1 - L_1) &= \cos(\vartheta_1 - \zeta_1) & \cos b_2 \cos(l_2 - L_2) &= \cos(\vartheta_2 - \zeta_2) \\ \cos b_1 \sin(l_1 - L_1) &= \cos w_1 \sin(\vartheta_1 - \zeta_1) & \cos b_2 \sin(l_2 - L_2) &= \cos w_2 \sin(\vartheta_2 - \zeta_2) \qquad (8) \\ \sin b_1 &= \sin w_1 \sin(\vartheta_1 - \zeta_1) & \sin b_2 &= \sin w_2 \sin(\vartheta_2 - \zeta_2). \end{aligned}$$

Damit sind die beiden heliozentrischen Örter des Planeten bekannt.

Die Ableitung der Elemente selbst erfolgt nach bekannten Formeln. Zunächst werden die ekliptikalen Bahnlageelemente ☊ und i aus

$$\begin{aligned} \operatorname{tg} i \sin(l_1 - \Omega) &= \operatorname{tg} b_1 \\ \operatorname{tg} i \cos(l_1 - \Omega) &= \frac{\operatorname{tg} b_2 - \operatorname{tg} b_1 \cos(l_2 - l_1)}{\sin(l_2 - l_1)}, \end{aligned} \qquad (9)$$

dann die Argumente der Breite aus

$$\operatorname{tg} u_1 = \operatorname{tg}(l_1 - \Omega) \sec i \qquad \operatorname{tg} u_2 = \operatorname{tg}(l_2 - \Omega) \sec i \qquad (10)$$

erhalten.

Zum Zwecke der Berücksichtigung der Aberrationszeiten muß man die geozentrischen Entfernungen Δ_1 und Δ_2 bestimmen. Aus den beiden Dreiecken Sonne—Erde—Planet ergibt sich

$$\Delta_1 = \frac{R_1 \sin(\vartheta_1 - \zeta_1)}{\sin\zeta_1} \qquad \Delta_2 = \frac{R_2 \sin(\vartheta_2 - \zeta_2)}{\sin\zeta_2}. \qquad (11)$$

Die korrigierten Zeiten werden berechnet nach

$$t_1^0 = t_1 - A\Delta_1 \qquad t_2^0 = t_2 - A\Delta_2 . \qquad (12)$$

Die mittlere tägliche Bewegung μ wird bestimmt aus

$$\mu = \frac{u_2 - u_1}{t_2^0 - t_1^0}, \tag{13}$$

das Argument der Breite u_0 für die Nullepoche t_0 nach

$$u_0 = u_1 + \mu (t_0 - t_1^0) = u_2 + \mu (t_0 - t_2^0). \tag{14}$$

Damit hat man die gesuchten 4 Elemente u_0, Ω, i, μ abgeleitet.

§ 53. Formelzusammenstellung.

Gegeben sind die Beobachtungszeiten t_i, die auf das mittlere Äquinoktium eines Jahresanfangs reduzierten Beobachtungen α_i, δ_i und Erdkoordinaten L_i, R_i, $(i=1, 2)$. Die Parallaxen und Sonnenbreiten werden gänzlich vernachlässigt.

a) Konstante Hilfsgrößen.

$$\operatorname{tg} w_1 = \operatorname{tg}\beta_1 \operatorname{cosec}(\lambda_1 - L_1) \qquad \operatorname{tg} w_2 = \operatorname{tg}\beta_2 \operatorname{cosec}(\lambda_2 - L_2)$$

$$\operatorname{tg}\vartheta_1 = \operatorname{tg}(\lambda_1 - L_1)\sec w_1 \qquad \operatorname{tg}\vartheta_2 = \operatorname{tg}(\lambda_2 - L_2)\sec w_2$$

Kontrolle: (I)

$$\cos\vartheta_1 = \cos\beta_1 \cos(\lambda_1 - L_1) \qquad \cos\vartheta_2 = \cos\beta_2\cos(\lambda_2 - L_2)$$

$$0^\circ < \vartheta_1 < 180^\circ \qquad 0^\circ < \vartheta_2 < 180^\circ.$$

$$\begin{aligned}
\sin\tfrac{1}{2}\eta \sin\tfrac{1}{2}(\varphi_1 + \varphi_2) &= \sin\tfrac{1}{2}(L_2 - L_1)\sin\tfrac{1}{2}(w_2 + w_1)\\
\sin\tfrac{1}{2}\eta \cos\tfrac{1}{2}(\varphi_1 + \varphi_2) &= \cos\tfrac{1}{2}(L_2 - L_1)\sin\tfrac{1}{2}(w_2 - w_1)\\
\cos\tfrac{1}{2}\eta \sin\tfrac{1}{2}(\varphi_1 - \varphi_2) &= \sin\tfrac{1}{2}(L_2 - L_1)\cos\tfrac{1}{2}(w_2 + w_1)\\
\cos\tfrac{1}{2}\eta \cos\tfrac{1}{2}(\varphi_1 - \varphi_2) &= \cos\tfrac{1}{2}(L_2 - L_1)\cos\tfrac{1}{2}(w_2 - w_1)
\end{aligned} \tag{II}$$

$$\varphi_1 - \vartheta_1 = \psi_1 \qquad \varphi_2 - \vartheta_2 = \psi_2.$$

$$\tfrac{1}{2}\tau = \tfrac{1}{2}k(t_2 - t_1) \qquad \lg\tfrac{1}{2}k^\circ = 9.69267_{-10}. \tag{III}$$

Aus den Gl. (I) bis (III) werden die konstanten Hilfsgrößen w_1, w_2, ϑ_1, ϑ_2, $\sin\frac{1}{2}\eta$, $\cos\frac{1}{2}\eta$, ψ_1, ψ_2 und $\frac{1}{2}\tau$ berechnet.

b) Die Hypothesenrechnung.

$$\sin\zeta_1 = \frac{R_1\sin\vartheta_1}{a} \qquad \sin\zeta_2 = \frac{R_2\sin\vartheta_2}{a}$$

$$\varkappa_1 = \psi_1 + \zeta_1 \qquad \varkappa_2 = \psi_2 + \zeta_2 \tag{IV}$$

$$\sin\tfrac{1}{2}(u_2 - u_1)^2 = [\sin\tfrac{1}{2}\eta\sin\tfrac{1}{2}(\varkappa_2 + \varkappa_1)]^2 + [\cos\tfrac{1}{2}\eta\sin\tfrac{1}{2}(\varkappa_2 - \varkappa_1)]^2$$

$$\tfrac{1}{2}(u_2 - u_1) = \frac{\frac{1}{2}\tau}{a^{\frac{3}{2}}}. \tag{V}$$

Die Auflösung der Gl. (IV) und (V) erfolgt im Näherungsverfahren unter Anwendung der regula falsi. Man beginnt mit einem Mittelwert der Halbachsen der kleinen Planeten, mit $\lg a = 0.43000$. Damit ermittelt man den Winkel $\frac{1}{2}(u_2 - u_1)$ einmal aus der geometrischen Beziehung, Gl. (IV), dann aus der dynamischen Beziehung, Gl. (V). Kennzeichnet man die beiden Winkel wieder durch die Indizes g bzw. d, so bildet man dann

$$\tfrac{1}{2}(u_2 - u_1)_g - \tfrac{1}{2}(u_2 - u_1)_d = d.$$

$\lg a$ muß nun variiert werden, bis die Differenz d in der gewählten Stellenzahl verschwindet. Die 2. Hypothese beginnt man mit einem um 5000 Einheiten der letzten Dezimale geänderten Wert von $\lg a$. Die Resultate der beiden ersten Hypothesen liefern für die 3. Hypothese meist einen nahe richtigen Ausgangswert von $\lg a$. Mehr als 3 bis 4 Hypothesen sind selten notwendig.

c) Die Ableitung der Elemente.

$$\begin{aligned}
\cos b_1 \cos(l_1 - L_1) &= \cos(\vartheta_1 - \zeta_1) & \cos b_2 \cos(l_2 - L_2) &= \cos(\vartheta_2 - \zeta_2) \\
\cos b_1 \sin(l_1 - L_1) &= \cos w_1 \sin(\vartheta_1 - \zeta_1) & \cos b_2 \sin(l_2 - L_2) &= \cos w_2 \sin(\vartheta_2 - \zeta_2) \quad \text{(VI)} \\
\sin b_1 &= \sin w_1 \sin(\vartheta_1 - \zeta_1) & \sin b_2 &= \sin w_2 \sin(\vartheta_2 - \zeta_2)
\end{aligned}$$

$$\operatorname{tg} i \sin(l_1 - \Omega) = \operatorname{tg} b_1$$

$$\operatorname{tg} i \cos(l_1 - \Omega) = \frac{\operatorname{tg} b_2 - \operatorname{tg} b_1 \cos(l_2 - l_1)}{\sin(l_2 - l_1)}$$

$$\operatorname{tg} u_1 = \operatorname{tg}(l_1 - \Omega) \sec i \qquad \operatorname{tg} u_2 = \operatorname{tg}(l_2 - \Omega) \sec i \qquad \text{(VII)}$$

u_1 und u_2 in demselben Quadranten wie $l_1 - \Omega$ und $l_2 - \Omega$.

Kontrollen: $\operatorname{tg} i \sin(l_2 - \Omega) = \operatorname{tg} b_2$

$$u_2 - u_1 = (u_2 - u_1)_g = (u_2 - u_1)_d$$

Berücksichtigung der Aberrationszeiten

$$\Delta_1 = \frac{R_1 \sin(\vartheta_1 - \zeta_1)}{\sin \zeta_1} \qquad \Delta_2 = \frac{R_2 \sin(\vartheta_2 - \zeta_2)}{\sin \zeta_2} \qquad \text{(VIII)}$$

$$t_1^0 = t_1 - A\,\Delta_1 \qquad t_2^0 = t_2 - A\,\Delta_2$$

$\lg A = 7.76118_{-10}$ in Einheiten des mittl. Tages

$$\mu = \frac{u_2 - u_1}{t_2^0 - t_1^0} \qquad \text{(IX)}$$

Kontrolle: $\mu = \dfrac{k}{a^{\frac{3}{2}}}$ $\qquad \lg k^\circ = 9.99370_{-10}$

$$u_0 = u_1 + \mu(t_0 - t_1^0)$$

Kontrolle: $u_0 = u_2 + \mu(t_0 - t_2^0)$.

d) Kontrolle durch Nachrechnung der benutzten Beobachtungen. Die Nachrechung erfolgt zweckmäßig mit Hilfe der auch für die Vorausberechnung geeigneten Formeln

$$u = u_0 + \mu(t^0 - t_0) \qquad \text{(X)}$$

$$\begin{aligned}
\Delta \cos\delta \cos\alpha &= a \sin a' \sin(A' + u) + X'_\odot \\
\Delta \cos\delta \sin\alpha &= a \sin b' \sin(B' + u) + Y'_\odot \qquad \text{(XI)} \\
\Delta \sin\delta &= a \sin c' \sin(C' + u) + Z'_\odot .
\end{aligned}$$

Die für die Beobachtungszeit t_i entnommenen Sonnenkoordinaten $X'_{\odot i}$, $Y'_{\odot i}$, $Z'_{\odot i}$ werden auf das gleiche mittlere Äquinoktium wie bei den der Bahnbestimmung zugrunde gelegten Daten bezogen. Die Berechnung der äquatorialen Gaußschen Konstanten erfolgt nach den Gl. (15.10).

Siehe auch die entsprechenden Ausführungen im vorigen Abschnitt.

§ 54. Beispiel.

a) Ausgangsdaten und konstante Hilfsgrößen. Gegeben seien die topozentrischen Beobachtungen des Planeten 996 [1923 NM]:

Ort	1923	M. Z. Wien	$\alpha_{1923.0}$	$\delta_{1923.0}$
Wien	März 21	$12^h\,31^m\,13^s$	$12^h\,6^m\,20\overset{s}{.}98$	$-0^\circ 54' 58\overset{''}{.}4$
,,	,, 25	13 6 27	12 3 15.87	−0 35 58.2

Die mittleren Ortszeiten werden gemäß den Ausführungen in § 22 in M. Z. Gr. verwandelt. Parallaxen werden nicht berücksichtigt. Die äquatorialen Beobachtungen α_i, β_i werden nach Gl. (3.29) in die ekliptikalen Koordinaten λ_i, β_i verwandelt. Die Erdkoordinaten L_i $(=L_{\odot i}\pm 180^\circ)$, die auf das gleiche mittlere Äquinoktium wie die α_i, δ_i bezogen sein müssen, und die R_i werden für die Beobachtungszeiten t_i dem B. J. entnommen. Die Sonnenbreiten werden vernachlässigt.

t_1	$21\overset{d}{.}4763$	t_2	$25\overset{d}{.}5008$	
λ_1	$181\overset{\circ}{.}820$	λ_2	$180\overset{\circ}{.}987$	
L_1	180.332	L_2	184.322	
$\lambda_1 - L_1$	+1.488	$\lambda_2 - L_2$	−3.335	
$\operatorname{tg}\beta_1$	7.56191 *n*	$\operatorname{tg}\beta_2$	7.59552 *n*	
$\sin(\lambda_1 - L_1)$	8.41443	$\sin(\lambda_2 - L_2)$	8.76473 *n*	
$\operatorname{tg} w_1$	9.14748 *n*	$\operatorname{tg} w_2$	8.83079	
w_1	$352\overset{\circ}{.}006$	w_2	$183\overset{\circ}{.}875$	
$\sec w_1$	0.00424	$\sec w_2$	0.00099 *n*	(I)
$\operatorname{tg}(\lambda_1 - L_1)$	8.41458	$\operatorname{tg}(\lambda_2 - L_2)$	8.76546 *n*	
$\operatorname{tg}\vartheta_1$	8.41882	$\operatorname{tg}\vartheta_2$	8.76645	
ϑ_1	$1\overset{\circ}{.}503$	ϑ_2	$3\overset{\circ}{.}343$	
$\sin\vartheta_1$	8.41867	$\sin\vartheta_2$	8.76571	
R_1	9.99846	R_2	9.99895	
$\cos\beta_1$	0	$\cos\beta_2$	0	
$\cos(\lambda_1 - L_1)$	9.99985	$\cos(\lambda_2 - L_2)$	9.99927	
$\cos\vartheta_1$	9.99985	$\cos\vartheta_2$	9.99927	

$w_2 + w_1$	$175\overset{\circ}{.}881$	$w_2 - w_1$	$191\overset{\circ}{.}869$	
$\frac{1}{2}(w_2 + w_1)$	87.940	$\frac{1}{2}(w_2 - w_1)$	95.934	
$L_2 - L_1$	3.990	$\frac{1}{2}(L_2 - L_1)$	1.995	
$\sin\frac{1}{2}(w_2 + w_1)$	9.99972	$\sin\frac{1}{2}(w_2 - w_1)$	9.99767	
$\sin\frac{1}{2}(L_2 - L_1)$	8.54173	$\cos\frac{1}{2}(L_2 - L_1)$	9.99974	
$\cos\frac{1}{2}(w_2 + w_1)$	8.55565	$\cos\frac{1}{2}(w_2 - w_1)$	9.01445 *n*	
$\sin\frac{1}{2}\eta\sin\frac{1}{2}(\varphi_1 + \varphi_2)$	8.54145	$\cos\frac{1}{2}\eta\sin\frac{1}{2}(\varphi_1 - \varphi_2)$	7.09738	(II)
$\sec\frac{1}{2}(\varphi_1 + \varphi_2)$	0.00026	$\sec\frac{1}{2}(\varphi_1 - \varphi_2)$	0.00003 *n*	
$\sin\frac{1}{2}\eta\cos\frac{1}{2}(\varphi_1 + \varphi_2)$	9.99741	$\cos\frac{1}{2}\eta\cos\frac{1}{2}(\varphi_1 - \varphi_2)$	9.01419 *n*	
$\operatorname{tg}\frac{1}{2}(\varphi_1 + \varphi_2)$	8.54404	$\operatorname{tg}\frac{1}{2}(\varphi_1 - \varphi_2)$	8.08319 *n*	
$\frac{1}{2}(\varphi_1 + \varphi_2)$	$2\overset{\circ}{.}004$	$\frac{1}{2}(\varphi_1 - \varphi_2)$	$179\overset{\circ}{.}306$	
φ_1	181.310	φ_2	182.698	
ψ_1	179.807	ψ_2	179.355	
$\sin\frac{1}{2}\eta$	9.99767	$\cos\frac{1}{2}\eta$	9.01422	

$t_2 - t_1$	$4\overset{d}{.}0245$	
	0.60472	(III)
$\frac{1}{2}k$	9.69267	
$\frac{1}{2}\tau$	0.29739	

b) Die Hypothesenrechnung.

	1. Hyp.	2. Hyp.	3. Hyp.	
a	0.43000	0.48000	0.48238	
$\sin \zeta_2$	8.33466	8.28466	8.28228	
$\sin \zeta_1$	7.98713	7.93713	7.93475	
ζ_2	1°238	1°104	1°098	
ζ_1	0.556	0.496	0.493	
$\varkappa_2$	180.593	180.459	180.453	
$\varkappa_1$	180.363	180.303	180.300	
$\varkappa_2 + \varkappa_1$	0.956	0.762	0.753	
$\varkappa_2 - \varkappa_1$	0.230	0.156	0.153	
$\frac{1}{2}(\varkappa_2 + \varkappa_1)$	0.478	0.381	0.3765	
$\frac{1}{2}(\varkappa_2 - \varkappa_1)$	0.115	0.078	0.0765	
$\sin \frac{1}{2}(\varkappa_2 + \varkappa_1)$	7.92130	7.82280	7.81764	(IV)
$\sin \frac{1}{2}(\varkappa_2 - \varkappa_1)$	7.30257	7.13397	7.12553	
$\sin \frac{1}{2}\eta \sin \frac{1}{2}(\varkappa_2 + \varkappa_1)$	7.91897	7.82047	7.81531	
$\cos \frac{1}{2}\eta \sin \frac{1}{2}(\varkappa_2 - \varkappa_1)$	6.31679	6.14819	6.13975	
$[\sin \frac{1}{2}\eta \sin \frac{1}{2}(\varkappa_2 + \varkappa_1)]^2$	5.83794	5.64094	5.63062	
Add.	27	20	19	
$[\cos \frac{1}{2}\eta \sin \frac{1}{2}(\varkappa_2 - \varkappa_1)]^2$	2.63358	2.29638	2.27950	
$\sin \frac{1}{2}(u_2 - u_1)^2$	5.83821	5.64114	5.63081	
$\sin \frac{1}{2}(u_2 - u_1)$	7.91910	7.82057	7.81540	
$\frac{1}{2}(u_2 - u_1)_g$	0°4756	0°3791	0°3746	
a^3	1.29000	1.44000	1.44714	
$a^{\frac{3}{2}}$	0.64500	0.72000	0.72357	
$\frac{1}{2}(u_2 - u_1)_d$	9.65239	9.57739	9.57382	(V)
	0°4492	0°3779	0°3748	
d	+0.0264	+0.0012	−0.0002	

c) Die Ableitung der Elemente.

$\vartheta_1 - \zeta_1$	1°010	$\vartheta_2 - \zeta_2$	2°245	
$\cos w_1$	9.99576	$\cos w_2$	9.99901 *n*	
$\sin(\vartheta_1 - \zeta_1)$	8.24618	$\sin(\vartheta_2 - \zeta_2)$	8.59298	
$\sin w_1$	9.14324 *n*	$\sin w_2$	8.82982 *n*	
$\cos b_1 \sin(l_1 - L_1)$	8.24194	$\cos b_2 \sin(l_2 - L_2)$	8.59199 *n*	
$\sec(l_1 - L_1)$	7	$\sec(l_2 - L_2)$	33	
$\cos b_1 \cos(l_1 - L_1)$	9.99993	$\cos b_2 \cos(l_2 - L_2)$	9.99967	
$\operatorname{tg}(l_1 - L_1)$	8.24201	$\operatorname{tg}(l_2 - L_2)$	8.59232 *n*	
$l_1 - L_1$	+1°000	$l_2 - L_2$	−2°240	
$\sin b_1$	7.38942 *n*	$\sin b_2$	7.42280 *n*	
$\cos b_1$	0	$\cos b_2$	0	
$\operatorname{tg} b_1$	7.38942 *n*	$\operatorname{tg} b_2$	7.42280 *n*	(VI)
$\cos(l_2 - l_1)$	9.99996	l_1	181°332	
$-\operatorname{tg} b_1 \cos(l_2 - l_1)$	7.38938	l_2	182.082	
Add.	8.90300	☊	352.037	
$\operatorname{tg} b_2$	7.42280 *n*			
Zähler	6.29238 *n*	$l_2 - l_1$	0.750	
$\sin(l_2 - l_1)$	8.11693	l_2 − ☊	190.045	
$\operatorname{tg} i \sin(l_1$ − ☊)	7.38942 *n*			
$\cos(l_1$ − ☊)	9.99426 *n*	i	0°870	
$\operatorname{tg} i \cos(l_1$ − ☊)	8.17545 *n*	$\sec i$	0.00005	
$\operatorname{tg}(l_1$ − ☊)	9.21397	$\operatorname{tg}(l_1$ − ☊)	9.21397	
l_1 − ☊	189°295	$\operatorname{tg}(l_2$ − ☊)	9.24831	
$\operatorname{tg} i$	8.18119			

u_1	189°296	tg u_1	9.21402		
u_2	190.046	tg u_2	9.24836		(VII)
$u_2 - u_1$	0.750				
$R_1 \sin(\vartheta_1 - \zeta_1)$	8.24464	$R_2 \sin(\vartheta_2 - \zeta_2)$	8.59193		
$\sin \zeta_1$	7.93475	$\sin \zeta_2$	8.28228		
Δ_1	0.30989	Δ_2	0.30965		(VIII)
$A\,\Delta_1$	8.07107	$A\,\Delta_2$	8.07083		
	0ᵈ0118		0ᵈ0118		
t_1^0	21.4645	t_2^0	25.4890		
k	9.99370	$u_2 - u_1$	9.87506		
$a^{\frac{3}{2}}$	0.72357	$t_2^0 - t_1^0$	0.60472		
μ	9.27013	μ	9.27034		
	0°1863		0°1864		
t_0	25.0				(IX)
$t_0 - t_1^0$	3ᵈ5355	$t_0 - t_2^0$	− 0ᵈ4890		
	0.54845		9.68931 n		
$\mu\,(t_0 - t_1^0)$	9.81879	$\mu\,(t_0 - t_2^0)$	8.95965 n		
	0°659		− 0°091		
u_0	189.955	u_0	189.955		

Zusammenstellung der Elemente:

Epoche $t_0 = 1923$ März 25.0 M. Z. Gr.

u_0	189°955	
☊	352.037	Ekliptik
i	0.870	Mittl. Äquin.
μ	0.1864	1923.0
lg a	0.48238	

d) Kontrolle durch Nachrechnung der benutzten Beobachtungen.

Die Nachrechnung der beiden Beobachtungen ergibt die Abweichungen Beobachtung—Rechnung:

	$\cos\delta\, d\alpha$	$d\delta$
1923 März 21	− 0°001	0°000
„ 25	0.000	0.000

D. Die parabolische Bahnbestimmung.

Es wurde schon erwähnt, daß die rein parabolische Bahn bei den Kometen in allen Fällen eine brauchbare erste Näherung darstellt. Mehr noch als bei den Planeten wird der Beobachter bei den neu entdeckten Kometen Wert darauf legen, sobald als möglich eine ausreichende Vorausberechnung zur weiteren Verfolgung des neuen Objektes zu erhalten. Denn die Sonnennähe und die durch die große Exzentrizität bedingte rasche geozentrische Bewegung in der Perihelnähe — hier werden die Kometen am häufigsten entdeckt — sowie das veränderliche Aussehen der Kometen erschweren die Verfolgung ganz erheblich. Bei der Ableitung der ersten Kometenbahn kommt es zunächst auf die Schnelligkeit ihrer Berechnung wesentlich mehr an als auf die Bestimmung bestmöglicher Elemente.

Die Praxis der Beobachtung bietet der Bahnrechnung der Kometen im allgemeinen wesentliche Erleichterungen dar. Die Beobachter erhalten von der Entdeckung neuer Kometen telegraphische Anzeige. Da erfahrungsgemäß der Beobachtung neuer Kometen erheblich größeres Interesse entgegengebracht wird, als der der Planeten, so häuft sich in der Regel die Zahl der Beobachtungen unmittelbar nach der Entdeckung. Der Bahnrechner kann also im allgemeinen unter den zahlreichen vorhandenen Beobachtungen eine die Ausführung der Bahnbestimmung günstig beeinflussende Auswahl treffen.

Den Anforderungen der Praxis hinsichtlich Kürze und Bequemlichkeit der Rechnung und genügender Sicherheit in der Vorausberechnung kommt die Olberssche Methode der Bestimmung einer parabolischen Bahn in ausreichendem Maße entgegen. Sie hat für die Kometenbahnbestimmung die gleiche überragende Bedeutung erlangt, wie die Gauß-Enckesche Methode der Bestimmung der elliptischen Bahn der Planeten. Mehr als ein Jahrhundert hat sie sich als einzige klassische Methode durchzusetzen gewußt.

Der Gedankengang der Olbersschen Methode ist kurz der folgende. Aus den 3 Formen der Bedingungsgleichung der Ebene, Gl. (6. 1), leitet OLBERS eine einfache Gleichung ab, die außer den beiden Arbeitsunbekannten Δ_1 und Δ_3 nur das unbekannte Verhältnis der Dreiecksflächen $[r_2 r_3] : [r_1 r_2]$ enthält. Dieses Verhältnis ersetzt er, ebenso wie das entsprechende Verhältnis in der Erdbewegung, durch das bekannte Verhältnis der Zwischenzeiten. Als zweite Gleichung zieht OLBERS die Eulersche Gleichung heran, die eine direkte Beziehung zwischen den Beobachtungsdaten und den Unbekannten Δ_1 und Δ_3 darstellt. Damit unterwirft er die Entfernungen der weiteren Bedingung, daß die Bahn eine Parabel sei. Ausgehend von einem rohen Näherungswert von Δ_1 sucht OLBERS durch Variation dieser Größe die beiden Gleichungen zu befriedigen.

GAUSS und ENCKE haben im Aufbau des Olbersschen Formelsystems erhebliche Verbesserungen vorgenommen. Der Kern der Methode ist dadurch unberührt geblieben.

In der letzten Zeit befinden sich unter den neuentdeckten Kometen ziemlich häufig sonnenferne Objekte, bei deren Bahnbestimmung der bei OLBERS übliche Ausgangswert für das Versuchsverfahren zu wünschen übrig läßt. BANACHIEWICZ hat einen geeigneteren Näherungswert gegeben, der das Verfahren stark abkürzt.

Die Olberssche Methode mit den Gauß-Enckeschen Verbesserungen ist ganz auf die logarithmische Rechnung zugeschnitten. BANACHIEWICZ hat eine Umformung dieser Methode vorgenommen, die sie für die maschinelle Rechnung geeignet macht. Für die Ableitung der Elemente sind die Formeln von MERTON gewählt [1].

---

[1] Insbesondere ist hier von der Wiedergabe der von BANACHIEWICZ durch das Symbol { } gekennzeichneten Matrizen abgesehen. Dem Rechner sind Determinanten und ähnliche Symbole, die für analytische Entwicklungen sehr geeignet sind, erfahrungsgemäß weniger willkommen.

13. Abschnitt.

Die Methode von BANACHIEWICZ (OLBERS).

§ 55. Die Fundamentalgleichungen.

Zur Bestimmung der 5 parabolischen Elemente sind 5 voneinander unabhängige Daten notwendig. Drei vollständige Beobachtungen liefern außer den Zwischenzeiten 6 Beobachtungsdaten, so daß eines der Daten überflüssig wird. Wenn sich die 6 Daten zu einer Parabel vereinigen lassen, so ist es im Prinzip gleichgültig, welche der 5 Daten man zur Bahnbestimmung verwendet. Das 6. Bestimmungsstück ist von selbst erfüllt. Trifft das infolge von Beobachtungsfehlern oder der Abweichung der Exzentrizität von der Einheit nicht zu, so erhält man je nach der Auswahl der 5 Bestimmungsstücke 5 verschiedene Parabeln.

In der Olbersschen Methode hält man die beiden äußeren Örter fest, da sie im allgemeinen zur Ableitung der Elemente besser geeignet sind als eine andere Kombination.

Als Koordinatensystem sei das des Äquators zugrunde gelegt. Gegeben seien die auf das mittlere Äquinoktium eines Jahresanfangs bezogenen geozentrischen Koordinaten α_i, δ_i $(i = 1, 2, 3)$. Nach Gl. (6. 1) lauten die 3 Formen der Bedingungsgleichung der Ebene

$$\begin{aligned} [r_2 r_3]\, x_1' - [r_1 r_3]\, x_2' + [r_1 r_2]\, x_3' &= 0 \\ [r_2 r_3]\, y_1' - [r_1 r_3]\, y_2' + [r_1 r_2]\, y_3' &= 0 \\ [r_2 r_3]\, z_1' - [r_1 r_3]\, z_2' + [r_1 r_2]\, z_3' &= 0\,. \end{aligned} \tag{1}$$

Wie schon erwähnt, sind diese 3 Gleichungen unter sich verschieden, wenn man, wie es hier geschehen soll, die Verhältnisse der Dreiecksflächen durch die Zwischenzeiten ausdrückt.

Den Übergang von den geozentrischen zu den heliozentrischen Koordinaten vermitteln die Gl. (3. 14). Setzt man hierin

$$\begin{aligned} \cos\delta_i \cos\alpha_i &= a_i' \\ \cos\delta_i \sin\alpha_i &= b_i' \\ \sin\delta_i &= c_i'\,, \end{aligned} \tag{2}$$

und führt die Werte der x_i', y_i', z_i' in die Gl. (1) ein, so erhält man

$$\begin{aligned} & a_1' [r_2 r_3]\, \Delta_1 - a_2' [r_1 r_3]\, \Delta_2 + a_3' [r_1 r_2]\, \Delta_3 \\ &\quad = [r_2 r_3]\, X'_{\odot 1} - [r_1 r_3]\, X'_{\odot 2} + [r_1 r_2]\, X'_{\odot 3} \\ & b_1' [r_2 r_3]\, \Delta_1 - b_2' [r_1 r_3]\, \Delta_2 + b_3' [r_1 r_2]\, \Delta_3 \\ &\quad = [r_2 r_3]\, Y'_{\odot 1} - [r_1 r_3]\, Y'_{\odot 2} + [r_1 r_2]\, Y'_{\odot 3} \\ & c_1' [r_2 r_3]\, \Delta_1 - c_2' [r_1 r_3]\, \Delta_2 + c_3' [r_1 r_2]\, \Delta_3 \\ &\quad = [r_2 r_3]\, Z'_{\odot 1} - [r_1 r_3]\, Z'_{\odot 2} + [r_1 r_2]\, Z'_{\odot 3}\,. \end{aligned} \tag{3}$$

Hierin sind die a_i', b_i', c_i', $X'_{\odot i}$, $Y'_{\odot i}$, $Z'_{\odot i}$ bekannte Größen. Die a_i', b_i', c_i' werden nach Gl. (2) aus den durch die Beobachtung gewonnenen Koordinaten α_i, δ_i abgeleitet. Die Sonnenkoordinaten $X'_{\odot i}$, $Y'_{\odot i}$,

$Z'_{\odot i}$, die auf das gleiche mittlere Äquinoktium wie die α_i, δ_i bezogen und wie diese geozentrisch sein müssen, werden für die auf den Nullmeridian reduzierten Beobachtungszeiten t_i dem B. J. durch Interpolation entnommen. Unbekannte sind sowohl die Entfernungen Δ_i als auch die Dreiecksflächen.

Von den 6 Unbekannten sollen die mittlere geozentrische Entfernung Δ_2 und die Dreiecksfläche $[r_1 r_3]$ eliminiert werden. Führt man die Elimination durch, löst die entstehende Gleichung nach Δ_3 auf, subtrahiert davon die für die Erde ($\Delta_1 = 0$, $\Delta_3 = 0$) gültige Gleichung, so kann man dem Resultat die Form geben

$$\Delta_3 = \frac{[r_2 r_3]}{[r_1 r_2]} C_1 \Delta_1 + \left[\frac{[r_2 r_3]}{[r_1 r_2]} - \frac{[R_2 R_3]}{[R_1 R_2]}\right] C_2, \tag{4}$$

wo

$$C_1 = -\frac{(c'_2 Y'_{\odot 2} - b'_2 Z'_{\odot 2})\, a'_1 - (c'_2 X'_{\odot 2} - a'_2 Z'_{\odot 2})\, b'_1 + (b'_2 X'_{\odot 2} - a'_2 Y'_{\odot 2})\, c'_1}{(c'_2 Y'_{\odot 2} - b'_2 Z'_{\odot 2})\, a'_3 - (c'_2 X'_{\odot 2} - a'_2 Z'_{\odot 2})\, b'_3 + (b'_2 X'_{\odot 2} - a'_2 Y'_{\odot 2})\, c'_3} \tag{5}$$

$$C_2 = \frac{(Y'_{\odot 1} Z'_{\odot 2} - Y'_{\odot 2} Z'_{\odot 1})\, a'_2 - (X'_{\odot 1} Z'_{\odot 2} - X'_{\odot 2} Z'_{\odot 1})\, b'_2 + (X'_{\odot 1} Y'_{\odot 2} - X'_{\odot 2} Y'_{\odot 1})\, c'_2}{(c'_2 Y'_{\odot 2} - b'_2 Z'_{\odot 2})\, a'_3 - (c'_2 X'_{\odot 2} - a'_2 Z'_{\odot 2})\, b'_3 + (b'_2 X'_{\odot 2} - a'_2 Y'_{\odot 2})\, c'_3} \tag{6}$$

ist. Die Gl. (4) kann man noch in die einfachere Form

$$\Delta_3 = M \Delta_1 + m \tag{7}$$

bringen.

Sie liefert eine Beziehung zwischen den unbekannten geozentrischen Entfernungen Δ_1 und Δ_3, wenn M und m bekannt sind. Es treten hierin die Verhältnisse der Dreiecksflächen auf, die man nur näherungsweise durch Einführung von Reihenentwicklungen ermitteln kann.

Um die beiden Unbekannten Δ_1 und Δ_3 selbst zu bestimmen, zieht Olbers als 2. Gleichung die Eulersche Gleichung, Gl. (2. 57), heran. Hierin treten als Unbekannte die beiden Radienvektoren r_1 und r_3 und die Sehne s_2 zwischen den beiden äußeren Orten auf. Die r_1, r_3, s_2 sind als Funktionen der Arbeitsunbekannten Δ_1 und Δ_3 auszudrücken. Das gelingt in folgender Weise.

Zunächst bestehen zwischen den 4 Unbekannten Δ_1, Δ_3, r_1, r_3 die Beziehungen aus den Dreiecken Sonne—Erde—Gestirn

$$\begin{aligned} r_1^2 &= R_1^2 + 2 R_1 \cos \vartheta_1 \Delta_1 + \Delta_1^2 \\ r_3^2 &= R_3^2 + 2 R_3 \cos \vartheta_3 \Delta_3 + \Delta_3^2, \end{aligned} \tag{8}$$

wo

$$\begin{aligned} R_1^2 &= X'^2_{\odot 1} + Y'^2_{\odot 1} + Z'^2_{\odot 1} \\ R_3^2 &= X'^2_{\odot 3} + Y'^2_{\odot 3} + Z'^2_{\odot 3} \\ R_1 \cos \vartheta_1 &= -(a'_1 X'_{\odot 1} + b'_1 Y'_{\odot 1} + c'_1 Z'_{\odot 1}) \\ R_3 \cos \vartheta_3 &= -(a'_3 X'_{\odot 3} + b'_3 Y'_{\odot 3} + c'_3 Z'_{\odot 3}). \end{aligned}$$

Zwischen der Sehne s_2 und den rechtwinkligen Koordinaten x'_1, y'_1, z'_1, x'_3, y'_3, z'_3, sowie zwischen diesen und den Entfernungen Δ_1 und Δ_3 bestehen die Beziehungen

$$s_2^2 = (x'_3 - x'_1)^2 + (y'_3 - y'_1)^2 + (z'_3 - z'_1)^2, \tag{9}$$

und nach Gl. (3. 14)

$$\begin{aligned} x_1' &= a_1'\Delta_1 - X_{\odot 1}' & x_3' &= a_3'\Delta_3 - X_{\odot 3}' \\ y_1' &= b_1'\Delta_1 - Y_{\odot 1}' & y_3' &= b_3'\Delta_3 - Y_{\odot 3}' \\ z_1' &= c_1'\Delta_1 - Z_{\odot 1}' & z_3' &= c_3'\Delta_3 - Z_{\odot 3}'. \end{aligned} \tag{10}$$

Werden die Werte der r_1, r_3, s_2 aus den Gl. (8) bzw. (9) in die Eulersche Gleichung

$$(r_1 + r_3 + s_2)^{\frac{3}{2}} - (r_1 + r_3 - s_2)^{\frac{3}{2}} = 6\tau_2 \quad (v_3 - v_1 < 180^\circ) \tag{11}$$

eingetragen, so erhält man die 2. Fundamentalgleichung zwischen den Unbekannten Δ_1 und Δ_3.

Die Gl. (7) bis (11) lösen das Problem, sobald die Größen M und m bekannt sind.

Auf die bei der Auflösung des Gleichungssystems auftretende Frage der mehrfachen Lösung wird S. 176 eingegangen.

Die nächste Aufgabe besteht nun darin, für die in M und m auftretenden Verhältnisse der Dreiecksflächen bekannte Näherungsausdrücke einzuführen.

§ 56. Die erste Näherung.

a) Die Einführung der Näherungsausdrücke für M und m. Für das Verhältnis der Dreiecksflächen $[r_2 r_3]:[r_1 r_2]$ der Kometenbahn kann man nach Gl. (2. 6) folgende Reihenentwicklungen ableiten

$$\frac{[r_2 r_3]}{[r_1 r_2]} = \frac{\tau_1}{\tau_3}\left(1 - \frac{1}{6}\,\frac{\tau_1^2 - \tau_3^2}{r_2^3} + \frac{1}{4}\,\frac{\tau_1^3 + \tau_3^3}{r_2^4}\,\frac{d r_2}{d\tau}\cdots\right). \tag{12}$$

Entsprechend erhält man für die Erde

$$\frac{[R_2 R_3]}{[R_1 R_2]} = \frac{\tau_1}{\tau_3}\left(1 - \frac{1}{6}\,\frac{\tau_1^2 - \tau_3^2}{R_2^3} + \frac{1}{4}\,\frac{\tau_1^3 + \tau_3^3}{R_2^4}\,\frac{d R_2}{d\tau}\cdots\right). \tag{13}$$

Beschränkt man sich auf das erste Glied der Reihenentwicklungen, d. h. setzt man

$$\frac{[r_2 r_3]}{[r_1 r_2]} = \frac{[R_2 R_3]}{[R_1 R_2]} = \frac{\tau_1}{\tau_3}, \tag{14}$$

so fällt das letzte Glied in Gl. (4) bzw. (7) ganz weg, und man erhält die äußerst einfache Beziehung

$$\Delta_3 = M\Delta_1, \tag{15}$$

wo also

$$M = -\frac{\tau_1}{\tau_3}\,\frac{(c_2' Y_{\odot 2}' - b_2' Z_{\odot 2}')\,a_1' - (c_2' X_{\odot 2}' - a_2' Z_{\odot 2}')\,b_1' + (b_2' X_{\odot 2}' - a_2' Y_{\odot 2}')\,c_1'}{(c_2' Y_{\odot 2}' - b_2' Z_{\odot 2}')\,a_3' - (c_2' X_{\odot 2}' - a_2' Z_{\odot 2}')\,b_3' + (b_2' X_{\odot 2}' - a_2' Y_{\odot 2}')\,c_3'} \tag{16}$$

gesetzt ist. Damit ist die Größe M oder das Verhältnis der beiden geozentrischen Entfernungen $\Delta_3:\Delta_1$ durch bekannte Größen ausgedrückt.

Mit dem Ansatz in Gl. (15) vernachlässigt man im allgemeinen Glieder 2. und höherer Ordnung. Dieser Ansatz ist offenbar nur bei kleinen Zwischenzeiten erlaubt. Bei großen Zwischenzeiten könnte man, wenn gar r_2^3 eine kleine Größe ist, zu illusorischen Resultaten gelangen. Bei ungleichen Zwischenzeiten wird man diese also klein wählen.

Sind die Zwischenzeiten gleich, so verschwindet der Ausdruck 2. Ordnung in Gl. (12) und (13), und der Ansatz in Gl. (15) ist korrekt bis auf Glieder 3. und höherer Ordnung. Man wird also zweckmäßig die Beobachtungen so wählen, daß die Zwischenzeiten möglichst gleich werden. Da bei gleichen aber großen Zwischenzeiten die Glieder 3. Ordnung beträchtlich werden können, so wird man auch bei gleichen Zwischenzeiten diese nicht zu groß nehmen.

Bei nahe gleichen Zwischenzeiten werden die Glieder 2. Ordnung wenigstens zum größten Teil vernichtet. Der Fall gleicher oder nahe gleicher Zwischenzeiten ist in der Praxis durchaus nicht ungewöhnlich, da sich im allgemeinen kurz nach der Entdeckung der Kometen die Beobachtungen stark anhäufen, also die Möglichkeit der Auswahl groß ist. Übrigens besteht die Möglichkeit, bei sehr ungleichen Zwischenzeiten den Näherungsansatz in Gl. (15) zu verbessern, sobald die 1. Näherung abgeschlossen ist. (Siehe S. 177.)

Die Gl. (7) wird unbrauchbar, wenn die 3 Kometenörter in einem größten Kreise mit dem mittleren Sonnenort liegen. M nimmt dann den unbestimmten Ausdruck $\frac{0}{0}$ an und m kann nicht mehr vernachlässigt werden, da es den Faktor $\frac{1}{0}$ erhält. Wenn dieser Ausnahmefall auch in aller Strenge kaum eintreten wird, so gibt es doch Fälle, in denen der Ausnahmefall nahezu eintritt. Der Einfluß der unvermeidlichen Beobachtungsfehler ist dann so groß, daß man illusorische Resultate bekommt. Im Gegensatz zur elliptischen Bahnbestimmung aus 3 Beobachtungen ist hier eine Lösung gleichwohl möglich, da aus den 6 Bestimmungsstücken ja nur 5 Elemente zu bestimmen sind. Da die Gl. (3) die Unbestimmtheit nicht enthalten, so nimmt man in der Nähe des Ausnahmefalls zu einer anderen Kombination Zuflucht. Oder man wählt gar andere Beobachtungen.

Bei Berücksichtigung des in Gl. (15) gegebenen Näherungsausdruckes für Δ_3 kann man die Gl. (8) und (10) schreiben

$$\begin{aligned} r_1^2 &= R_1^2 + 2\,R_1 \cos\vartheta_1\,\Delta_1 + \Delta_1^2 \\ r_3^2 &= R_3^2 + 2\,R_3 \cos\vartheta_3\,M\,\Delta_1 + M^2\Delta_1^2 \end{aligned} \tag{17}$$

und

$$\begin{aligned} x_1' &= a_1'\Delta_1 - X_{\odot 1}' \qquad & x_3' &= a_3' M\,\Delta_1 - X_{\odot 3}' \\ y_1' &= b_1'\Delta_1 - Y_{\odot 1}' \qquad & y_3' &= b_3' M\,\Delta_1 - Y_{\odot 3}' \\ z_1' &= c_1'\Delta_1 - Z_{\odot 1}' \qquad & z_3' &= c_3' M\,\Delta_1 - Z_{\odot 3}'. \end{aligned} \tag{18}$$

Setzt man nun die quadrierten Ausdrücke von

$$\begin{aligned} x_3' - x_1' &= (a_3' M - a_1')\,\Delta_1 - (X_{\odot 3}' - X_{\odot 1}') \\ y_3' - y_1' &= (b_3' M - b_1')\,\Delta_1 - (Y_{\odot 3}' - Y_{\odot 1}') \\ z_3' - z_1' &= (c_3' M - c_1')\,\Delta_1 - (Z_{\odot 3}' - Z_{\odot 1}') \end{aligned} \tag{19}$$

in Gl. (9) ein, so erhält man eine Gleichung, der man die Form

$$s_2^2 = g^2 + 2\,g h \cos\chi\,\Delta_1 + h^2\,\Delta_1^2 = s_g^2 \tag{20}$$

geben kann.

Die Gl. (20) stellt eine geometrische Beziehung dar. Dementsprechend sei der Wert der Sehne aus dieser Gleichung mit s_g bezeichnet. Der aus der dynamischen Beziehung Gl. (11) folgende Wert der Sehne sei mit s_d bezeichnet. In der Enckeschen Umformung lautet die Eulersche Gleichung nach Gl. (2. 69)

$$s_d = (r_1 + r_3)\,\mu_2\,\zeta_2\,, \quad \text{wo } \mu_2 = \frac{2\,\tau_2}{(r_1 + r_3)^{\frac{3}{2}}}\,. \tag{21}$$

lg ζ_2 wird nach Gl. (2. 60) berechnet oder bequemer mit dem Argument μ_2 der Tafel 6 entnommen.

Nachdem nun r_1, r_3, s_g durch Δ_1 ausgedrückt sind, könnte man sie in die Eulersche Gleichung einsetzen und erhielte damit eine Gleichung mit Δ_1 als einziger Unbekannten. Ihre Auflösung nach Δ_1 würde aber sehr unbequem sein. Man zieht statt dessen ein anderes Auflösungsverfahren vor. Man verschafft sich einen Näherungswert für Δ_1, rechnet mit diesem das Gleichungssystem Gl. (17) bis (21) durch und variiert Δ_1, bis $s_g - s_d = 0$ ist.

b) Der Banachiewiczsche Näherungswert für Δ_1. Setzt man in Gl. (21) $r_1 + r_3 = 2\,r_2$ und $\zeta_2 = 1$, so wird genähert

$$s_d = \frac{2\,\tau_2}{\sqrt{2\,r_2}}\,. \tag{22}$$

Die durch die Gl. (19) bestimmte in Gl. (20) auftretende Größe g stellt offenbar die Sehne zwischen dem 1. und 3. Sonnenort dar. Aus dem Ausdruck für die Geschwindigkeit $V = \frac{ds}{dt}$ eines Himmelskörpers in seiner Bahn, Gl. (1. 59), erhält man durch Integration zwischen $t = t_1$ und $t = t_3$ für die Erdbahn

$$g = \tau_2 \sqrt{\frac{2}{R_2} - 1} = \tau_2\,\frac{1}{R_2}$$

als Näherungswert der Sehne g.

Also ist nach Gl. (22)

$$s_d^2 = \frac{2\,g^2\,R_2^2}{r_2}\,. \tag{23}$$

Setzt man die beiden Ausdrücke für s_g und s_d nach den Gl. (20) und (23) einander gleich und beachtet, daß

$$r_2 = \sqrt{R_2^2 + 2\,R_2 \cos\vartheta_2\,\Delta_2 + \Delta_2^2}$$

ist, so erhält man

$$(g^2 + 2\,g\,h \cos\chi\,\Delta_1 + h^2\,\Delta_1^2)\sqrt{R_2^2 + 2\,R_2 \cos\vartheta_2\,\Delta_2 + \Delta_2^2} = 2\,g^2\,R_2^2\,.$$

Führt man für Δ_1 den Näherungswert

$$\Delta_1 = \frac{\Delta_1 + \Delta_3}{1 + M} = \frac{2\,\Delta_2}{1 + M} \tag{24}$$

ein, und setzt zur Abkürzung

$$\frac{g(1+M)}{2h} = d \qquad 2d^2 R_2^2 = c\,,$$

so wird

$$(d^2 + 2d\cos\chi\,\Delta_2 + \Delta_2^2)\sqrt{R_2^2 + 2R_2\cos\vartheta_2\,\Delta_2 + \Delta_2^2} = c\,. \qquad (25)$$

Diese Gleichung kann man auch im Falle ungleicher Zwischenzeiten anwenden, wenn man hier mit R_2 und ϑ_2 den für die Zeit $\frac{1}{2}(t_1 + t_3)$ interpolierten Wert bezeichnet. Man erhält dann Δ_2 mit einem Fehler 2. Ordnung behaftet für denselben Moment.

Die Ermittlung des Näherungswertes von Δ_2 mit Hilfe der Gl. (25) geschieht in folgender Weise. Man konstruiert in einem ebenen Diagramm 2 Punkte R und S mit den rechtwinkligen Koordinaten $-d\cos\chi$, $d\sin\chi$, bzw. $-R_2\cos\vartheta_2$, $R_2\sin\vartheta_2$. Man sucht nun die Entfernung des Koordinatennullpunktes O von einem auf der Abzissenachse gelegenen Punkte C zu bestimmen, für den die der Gl. (25) entsprechende geometrische Beziehung $\overline{CR}^2\cdot\overline{CS} = c$ besteht. Der gesuchte Näherungswert der Entfernung Δ_2 ist dann durch OC, und damit der der Entfernung Δ_1 durch Gl. (24) gegeben. (Siehe Abb. 17 auf S. 184.) Mit diesem Wert von Δ_1 und dem nach Gl. (15) ermittelten Wert von Δ_3 ist das Näherungsverfahren einzuleiten.

c) Die Zahl der Lösungen. Auf die Frage der Anzahl der Wurzeln der Gl. (17) bis (21) sei hier nur kurz eingegangen. CHARLIER u. a. haben die Ansicht geäußert, daß bei der parabolischen Bahnbestimmung theoretisch nur eine einzige Lösung möglich ist. Ergänzend muß bemerkt werden, daß BANACHIEWICZ aber fingierte numerische Beispiele einer vollständigen dreifachen Lösung der parabolischen Bahn eines Kometen gegeben hat. WILKENS hat nach Entwicklung einer Theorie der parabolischen Bahnbestimmung aus 5 Beobachtungsdaten die strengen und notwendigen Bedingungen für die mehrfachen Lösungen gefunden. Im allgemeinen geht nur 1 Parabel durch 3 Örter mit 5 Daten. Fällt aber der 2. Ort des Gestirns mit dem 2. Sonnenort oder dessen Gegenpunkt zusammen, so kann man 1 oder 3 Parabeln durch die 3 Örter legen. Das gleiche gilt, wenn unter der Voraussetzung der Koinzidenz des 2. Gestirns- und Sonnenortes der 1. und 3. Gestirnsort außerhalb der Ekliptik aber auf einem größten Kreise durch den 2. Sonnenort oder dessen Gegenpunkt liegen.

Unabhängig von diesen Ausnahmefällen hat sich in ganz vereinzelten Fällen (z. B. Komet 1882 II Cruls, 1910 a) gezeigt, daß sich bei Anwendung der Olbersschen Methode tatsächlich 3 verschiedene Lösungen ergeben haben. BANACHIEWICZ zeigte, daß die Gleichungen der Olbersschen Methode eine dreifache Lösung nur zulassen, wenn der Winkel $180° - \vartheta < 19°$ oder die scheinbare tägliche Bewegung $< 8'.5$ ist. Auch sollte im letzteren Falle unter anderem der Winkel $180° - \chi < 34°$ sein.

§ 57. Das Verbesserungsverfahren.

Bei einigermaßen günstiger Verteilung der Beobachtungen und namentlich bei kurzen Zwischenzeiten sieht man im allgemeinen von einem Verbesserungsverfahren ganz ab und geht nach Abschluß der ersten Näherung sofort an die Berechnung der Elemente.

Bei sehr ungünstiger Verteilung der Beobachtungen und größeren Zwischenzeiten muß man mit einer großen Abweichung des mittleren Ortes von der Beobachtung rechnen. In diesem Falle ist es ratsam, den Ansatz $[r_2 r_3]:[r_1 r_2] = \tau_1 : \tau_3$ zu verbessern, sobald die Entfernungen in erster Näherung bekannt geworden sind. Die Anwendung eines anderen Verfahrens der Verbesserung von M setzt voraus, daß die Darstellung des mittleren Ortes bereits vorliegt. Diesen Weg beschreitet man nur, wenn die Darstellung unbefriedigend ausgefallen ist.

a) Verbesserung von *M* vor Ableitung der Elemente. Hier bedient man sich am besten des Verhältnisses von Sektor zu Dreieck und setzt entsprechend Gl. (6. 19)

$$\frac{[r_2 r_3]}{[r_1 r_2]} = \frac{\tau_1}{\tau_3} \frac{\bar{y}_3}{\bar{y}_1}. \tag{26}$$

Zur Berechnung der $\bar{y}_1$, $\bar{y}_3$, die in bekannter Weise erfolgt, wird die Kenntnis von r_2 vorausgesetzt. Mit ausreichender Sicherheit kann man zur Bestimmung von r_2 den Näherungsausdruck

$$\tau_2 r_2 = \tau_1 r_1 + \tau_3 r_3 \tag{27}$$

verwenden. Da sich auch der Ausdruck

$$\frac{[R_2 R_3]}{[R_1 R_2]} = \frac{\sqrt{(X'_{\odot 2} Y'_{\odot 3} - X'_{\odot 3} Y'_{\odot 2})^2 + (Y'_{\odot 2} Z'_{\odot 3} - Y'_{\odot 3} Z'_{\odot 2})^2 + (X'_{\odot 2} Z'_{\odot 3} - X'_{\odot 3} Z'_{\odot 2})^2}}{\sqrt{(X'_{\odot 1} Y'_{\odot 2} - X'_{\odot 2} Y'_{\odot 1})^2 + (Y'_{\odot 1} Z'_{\odot 2} - Y'_{\odot 2} Z'_{\odot 1})^2 + (X'_{\odot 1} Z'_{\odot 2} - X'_{\odot 2} Z'_{\odot 1})^2}} \tag{28}$$

streng berechnen läßt, so kann man auch für m (das in der ersten Näherung gleich Null gesetzt wurde) einen verbesserten Wert berechnen. Schreibt man

$$\Delta_3 = \left(M + \frac{m}{\Delta_1}\right) \Delta_1 = (M)\, \Delta_1, \tag{29}$$

so bleibt Gl. (15) formal unverändert bestehen, und man rechnet mit (M) das Formelsystem erneut durch.

Dieses Verfahren kann man sofort einschlagen, wenn bereits eine provisorische Bahnbestimmung vorliegt.

b) Verbesserung von *M* auf Grund einer unbefriedigenden Darstellung der mittleren Beobachtung. Die Verbesserung von M erfolgt hier auf empirischem Wege durch Variation des Verhältnisses der geozentrischen Entfernungen $M = \Delta_3 : \Delta_1$. Man berechnet die Abweichung des mittleren Ortes von der Beobachtung einmal mit dem Wert von M nach Gl. (15), ein zweites Mal mit einem zwar willkürlich gewählten aber nicht zu stark vom ersten M abweichenden M^*. Die entsprechenden Abweichungen seien mit $d\alpha_2$, $d\delta_2$ bzw. $d\alpha_2^*$, $d\delta_2^*$ bezeichnet. Man bestimmt dann unter Anwendung der regula falsi die Verbesserung dM, die an M anzubringen ist, damit die Abweichungen $d\alpha_2$, $d\delta_2$ verschwinden, als Mittel aus den beiden Werten

$$\begin{aligned} dM &= -\frac{d\alpha_2}{d\alpha_2 - d\alpha_2^*}(M - M^*) \\ dM &= -\frac{d\delta_2}{d\delta_2 - d\delta_2^*}(M - M^*). \end{aligned} \tag{30}$$

Mit dem verbesserten Wert $M + dM$ rechnet man eine 2. Hypothese durch.

§ 58. Die Ableitung der Elemente.

Sind die endgültigen Werte der Δ_1, Δ_3 und r_1, r_3 ermittelt, so kann man jetzt nach Gl. (10) die rechtwinkligen heliozentrischen Koordinaten x'_1, y'_1, z'_1, x'_3, y'_3, z'_3 berechnen und damit die Elemente selbst ableiten.

Aus den Mertonschen Gl. (6. 16) und (6. 23)

$$r_1 r_3 \cos(v_3 - v_1) = x'_1 x'_3 + y'_1 y'_3 + z'_1 z'_3$$

$$r_1 r_3 \sin(v_3 - v_1) = r_1 r^0$$

erhält man

$$\operatorname{tg}(v_3 - v_1) = \frac{r_1 r^0}{x'_1 x'_3 + y'_1 y'_3 + z'_1 z'_3} \tag{31}$$

und daraus $\frac{1}{2}(v_3 - v_1)$. Zur Bestimmung der v_1 und v_3 selbst kann man als zweite Gleichung die Beziehung

$$\operatorname{tg}\tfrac{1}{2}(v_3 + v_1) = \frac{(r_3 - r_1)\sin\frac{1}{2}(v_3 - v_1)}{2\sqrt{r_1 r_3} - (r_1 + r_3)\cos\frac{1}{2}(v_3 - v_1)} \tag{32}$$

heranziehen. Man erhält diese auf folgende Weise. Setzt man vorübergehend $\frac{1}{2}(v_3 + v_1) = F$, $\frac{1}{2}(v_3 - v_1) = f$, so ist nach Gl. (1. 42)

$$\sqrt{\frac{r_1}{r_3}} = \frac{\cos\frac{1}{2}v_3}{\cos\frac{1}{2}v_1} = \frac{\cos\frac{1}{2}(F + f)}{\cos\frac{1}{2}(F - f)} = \frac{1 - \operatorname{tg}\frac{1}{2}F\operatorname{tg}\frac{1}{2}f}{1 + \operatorname{tg}\frac{1}{2}F\operatorname{tg}\frac{1}{2}f}$$

also

$$\operatorname{tg}\tfrac{1}{2}F = \frac{\sqrt{r_3} - \sqrt{r_1}}{(\sqrt{r_3} + \sqrt{r_1})\operatorname{tg}\frac{1}{2}f}.$$

Führt man diesen Ausdruck in die Beziehung

$$\operatorname{tg}F = \frac{2\operatorname{tg}\frac{1}{2}F}{1 - \operatorname{tg}\frac{1}{2}F^2}$$

ein, so erhält man Gl. (32).

Nachdem man aus den Gl. (31) und (32) v_1 und v_3 bestimmt hat, berechnet man die Periheldistanz q nach Gl. (1. 42)

$$q = r_1 \cos\tfrac{1}{2}v_1^2 = r_3 \cos\tfrac{1}{2}v_3^2. \tag{33}$$

Nach Gl. (1. 44) wird nun, nachdem die Beobachtungszeiten nach

$$t_1^0 = t_1 - A\Delta_1 \qquad t_3^0 = t_3 - A\Delta_3$$

um die Aberrationszeiten korrigiert sind, die Durchgangszeit T des Kometen durchs Perihel bestimmt aus

$$T = t_1^0 - M_1 q^{\frac{3}{2}} = t_3^0 - M_3 q^{\frac{3}{2}}, \tag{34}$$

wo nach Gl. (1. 45)

$$\begin{aligned} M_1 &= \frac{\sqrt{2}}{k} (\operatorname{tg} \tfrac{1}{2} v_1 + \tfrac{1}{3} \operatorname{tg} \tfrac{1}{2} v_1^3) \\ M_3 &= \frac{\sqrt{2}}{k} (\operatorname{tg} \tfrac{1}{2} v_3 + \tfrac{1}{3} \operatorname{tg} \tfrac{1}{2} v_3^3) \end{aligned} \tag{35}$$

ist.

Endlich werden die der Vorausberechnung dienenden 6 Konstanten P'_x, P'_y, P'_z, Q'_x, Q'_y, Q'_z nach Gl. (6. 26) ermittelt. Aus ihnen leitet man nach den Gl. (6. 36) die Bahnlageelemente ω, ☊, i ab.

Damit sind die gesuchten 5 Elemente T, ω, ☊, i, q bestimmt.

§ 59. Formelzusammenstellung.

Gegeben sind die Beobachtungszeiten t_i und die geozentrischen auf das mittlere Äquinoktium eines Jahresanfangs (Normaläquinoktium) reduzierten Beobachtungen α_i, δ_i und Sonnenkoordinaten $X'_{\odot i}$, $Y'_{\odot i}$, $Z'_{\odot i}$ $(i = 1, 2, 3)$.

a) Konstante Hilfsgrößen.

$$\begin{aligned} a'_i &= \cos\delta_i \cos\alpha_i \\ b'_i &= \cos\delta_i \sin\alpha_i \\ c'_i &= \sin\delta_i \end{aligned} \tag{I}$$

$$\text{Kontrolle:} \quad a'^2_i + b'^2_i + c'^2_i = 1$$

$$\begin{aligned} 2R_1 \cos\vartheta_1 &= -2(a'_1 X'_{\odot 1} + b'_1 Y'_{\odot 1} + c'_1 Z'_{\odot 1}) \\ 2R_3 \cos\vartheta_3 &= -2(a'_3 X'_{\odot 3} + b'_3 Y'_{\odot 3} + c'_3 Z'_{\odot 3}) \\ R_1^2 &= X'^2_{\odot 1} + Y'^2_{\odot 1} + Z'^2_{\odot 1} \\ R_3^2 &= X'^2_{\odot 3} + Y'^2_{\odot 3} + Z'^2_{\odot 3} \end{aligned} \tag{II}$$

b) Die erste Näherung.

$$M = -\frac{t_3 - t_2}{t_2 - t_1} \frac{(c'_2 Y'_{\odot 2} - b'_2 Z'_{\odot 2})\, a'_1 - (c'_2 X'_{\odot 2} - a'_2 Z'_{\odot 2})\, b'_1 + (b'_2 X'_{\odot 2} - a'_2 Y'_{\odot 2})\, c'_1}{(c'_2 Y'_{\odot 2} - b'_2 Z'_{\odot 2})\, a'_3 - (c'_2 X'_{\odot 2} - a'_2 Z'_{\odot 2})\, b'_3 + (b'_2 X'_{\odot 2} - a'_2 Y'_{\odot 2})\, c'_3} \tag{III}$$

$$\begin{aligned} g^2 &= (X'_{\odot 3} - X'_{\odot 1})^2 + (Y'_{\odot 3} - Y'_{\odot 1})^2 + (Z'_{\odot 3} - Z'_{\odot 1})^2 \\ 2gh\cos\chi &= -2[(a'_3 M - a'_1)(X'_{\odot 3} - X'_{\odot 1}) \\ &\quad + (b'_3 M - b'_1)(Y'_{\odot 3} - Y'_{\odot 1}) + (c'_3 M - c'_1)(Z'_{\odot 3} - Z'_{\odot 1})] \\ h^2 &= (a'_3 M - a'_1)^2 + (b'_3 M - b'_1)^2 + (c'_3 M - c'_1)^2 \end{aligned} \tag{IV}$$

α) Der Näherungswert für Δ_1. Er wird, wenn kein Näherungswert aus voraufgegangener Bahnbestimmung vorliegt, mit verminderter Stellenzahl in folgender Weise ermittelt.

Aus den Gl. (IV) erhält man g, $2h$, $\cos\chi$, berechnet damit

$$d = \frac{g(1 + M)}{2h}$$

und $d\cos\chi$, $d\sin\chi$.

Bei nahe gleichen Zwischenzeiten bestimmt man R_2 und $R_2 \cos\vartheta_2$ aus

$$R_2^2 = X'^2_{\odot 2} + Y'^2_{\odot 2} + Z'^2_{\odot 2}$$
$$R_2 \cos\vartheta_2 = -\,(a_2' X'_{\odot 2} + b_2' Y'_{\odot 2} + c_2' Z'_{\odot 2})$$

und damit auch $R_2 \sin\vartheta_2$. Bei ungleichen Zwischenzeiten gewinnt man diese Größen mit den für den Zeitpunkt $\frac{1}{2}(t_1 + t_3)$ interpolierten Koordinaten.

Endlich berechnet man noch $c = 2d^2 R_2^2$.

In einem Diagramm zeichnet man nun die Punkte R und S mit den rechtwinkligen Koordinaten $-d\cos\chi$, $d\sin\chi$, $-R_2\cos\vartheta_2$, $R_2\sin\vartheta_2$ ein. Der Punkt C, für den das Produkt

$$\overline{CR}^2 \cdot \overline{CS} = c \qquad \text{(V)}$$

ist, liefert die gesuchte Abzisse $OC = \Delta_2$. Die Aufgabe wird so gelöst daß man für verschiedene runde Werte von Δ_2 $\overline{CR}$ und $\overline{CS}$ bestimmt, ihre numerischen Werte in Gl. (V) einsetzt und aus den Abweichungen gegen den Wert von c unter Anwendung der regula falsi einen verbesserten Wert von Δ_2 berechnet.

$$\Delta_1 = \frac{2\Delta_2}{1 + M} \qquad \text{(VI)}$$

Bei dieser Konstruktion erkennt man auch leicht, ob nur ein einziger Punkt C mit der gewünschten Eigenschaft bezgl. des Wertes des Produktes $\overline{CR}^2 \cdot \overline{CS}$ vorhanden sein kann.

β) Die Hypothesenrechnung. Den genauen Wert von Δ_1 erhält man, indem man zunächst für 2 Näherungswerte von Δ_1, die den ersten Näherungswert einschließen, die Gleichungssysteme

$$\begin{aligned} s_g^2 &= g^2 + 2gh\cos\chi\,\Delta_1 + h^2\Delta_1^2 \\ r_1^2 &= R_1^2 + 2R_1\cos\vartheta_1\,\Delta_1 + \Delta_1^2 \\ r_3^2 &= R_3^2 + 2R_3\cos\vartheta_3\,M\Delta_1 + (M\Delta_1)^2 \end{aligned} \qquad \text{(VII)}$$

$$\mu_2 = \frac{2k(t_3 - t_1)}{(r_1 + r_3)\sqrt{r_1 + r_3}} \qquad s_d = \mu_2 \zeta_2 (r_1 + r_3) \qquad \text{(VIII)}$$
$$2k = 0.034404 \qquad \zeta_2 \text{ aus Tafel 6}$$

durchrechnet und unter Anwendung der regula falsi die Bedingung

$$s_g - s_d = 0$$

zu erfüllen sucht.

c) Das Verbesserungsverfahren. Vgl. die Bemerkungen S. 177.

d) Die Ableitung der Elemente.

$$\Delta_3 = M\Delta_1$$

$$\begin{aligned} x_1' &= a_1'\Delta_1 - X'_{\odot 1} & x_3' &= a_3'\Delta_3 - X'_{\odot 3} \\ y_1' &= b_1'\Delta_1 - Y'_{\odot 1} & y_3' &= b_3'\Delta_3 - Y'_{\odot 3} \\ z_1' &= c_1'\Delta_1 - Z'_{\odot 1} & z_3' &= c_3'\Delta_3 - Z'_{\odot 3} \\ r_1^2 &= x_1'^2 + y_1'^2 + z_1'^2 & r_3^2 &= x_3'^2 + y_3'^2 + z_3'^2 \end{aligned} \qquad \text{(IX)}$$

Kontrolle: Diese Werte der r_1, r_3 müssen mit denen der letzten Hypothesenrechnung übereinstimmen.

$$\begin{aligned}
\sigma &= \frac{x'_1 x'_3 + y'_1 y'_3 + z'_1 z'_3}{r_1^2} \\
x^0 &= x'_3 - \sigma x'_1 \\
y^0 &= y'_3 - \sigma y'_1 \\
z^0 &= z'_3 - \sigma z'_1 \\
r^0 &= \sqrt{x^{02} + y^{02} + z^{02}}
\end{aligned} \qquad \text{(X)}$$

Kontrolle: $(r_1 r^0)^2 = (y'_1 z'_3 - y'_3 z'_1)^2 + (z'_3 x'_1 - z'_1 x'_3)^2 + (x'_1 y'_3 - x'_3 y'_1)^2$

$$\operatorname{tg}(v_3 - v_1) = \frac{r_1 r^0}{x'_1 x'_3 + y'_1 y'_3 + z'_1 z'_3}$$

$$\operatorname{tg}\tfrac{1}{2}(v_3 + v_1) = \frac{(r_3 - r_1)\sin\tfrac{1}{2}(v_3 - v_1)}{2\sqrt{r_1 r_3} - (r_1 + r_3)\cos\tfrac{1}{2}(v_3 - v_1)}$$

$\tfrac{1}{2}(v_3 + v_1)$ hat das Vorzeichen von $r_3 - r_1$.

$$q = r_1 \cos \tfrac{1}{2} v_1^2$$

Kontrolle: $q = r_3 \cos \tfrac{1}{2} v_3^2$

$$t_1^0 = t_1 - A\Delta_1 \qquad t_3^0 = t_3 - A\Delta_3 \qquad \text{(XI)}$$

$A = 0.005770$ in Einheiten des mittleren Tages

$$\begin{aligned}
M_1 &= \frac{\sqrt{2}}{k}(\operatorname{tg}\tfrac{1}{2}v_1 + \tfrac{1}{3}\operatorname{tg}\tfrac{1}{2}v_1^3) \\
M_3 &= \frac{\sqrt{2}}{k}(\operatorname{tg}\tfrac{1}{2}v_3 + \tfrac{1}{3}\operatorname{tg}\tfrac{1}{2}v_3^3)
\end{aligned} \qquad \frac{\sqrt{2}}{k} = 82.2117 \qquad \text{(XII)}$$

$$T = t_1^0 - M_1 q \sqrt{q}$$

Kontrolle: $T = t_3^0 - M_3 q \sqrt{q}$

$$\begin{aligned}
P'_x &= x'_1 \frac{\cos v_1}{r_1} - x^0 \frac{\sin v_1}{r^0} & Q'_x &= x'_1 \frac{\sin v_1}{r_1} + x^0 \frac{\cos v_1}{r^0} \\
P'_y &= y'_1 \frac{\cos v_1}{r_1} - y^0 \frac{\sin v_1}{r^0} & Q'_y &= y'_1 \frac{\sin v_1}{r_1} + y^0 \frac{\cos v_1}{r^0} \\
P'_z &= z'_1 \frac{\cos v_1}{r_1} - z^0 \frac{\sin v_1}{r^0} & Q'_z &= z'_1 \frac{\sin v_1}{r_1} + z^0 \frac{\cos v_1}{r^0}
\end{aligned} \qquad \text{(XIII)}$$

Kontrollen: $P'^2_x + P'^2_y + P'^2_z = 1 \qquad Q'^2_x + Q'^2_y + Q'^2_z = 1$

$$P'_x Q'_x + P'_y Q'_y + P'_z Q'_z = 0$$

$$\begin{aligned}
\sin i \sin \omega &= P'_z \cos\varepsilon - P'_y \sin\varepsilon \\
\sin i \cos \omega &= Q'_z \cos\varepsilon - Q'_y \sin\varepsilon \\
\sin \Omega &= (P'_y \cos\omega - Q'_y \sin\omega)\sec\varepsilon \\
\cos \Omega &= P'_x \cos\omega - Q'_x \sin\omega
\end{aligned} \qquad \text{(XIV)}$$

ε aus Tafel 2

Kontrollen: $\sin\Omega$ und $\cos\Omega$ müssen zu demselben Winkel gehören.

$$P'_x \sin\omega + Q'_x \cos\omega = -\cos i \sin\Omega.$$

Ist i nahe gleich 90°, so bestimmt man i besser aus

$$\cos i = -(P'_x \sin\omega + Q'_x \cos\omega)\operatorname{cosec}\Omega.$$

e) Kontrolle durch Nachrechnung der mittleren Beobachtung. Die parabolische erste Bahnbestimmung hat ihre Aufgabe gelöst, wenn innerhalb der Grenzen der Unsicherheit der Rechnung Übereinstimmung zwischen dem berechneten und dem beobachteten mittleren Ort besteht. (Die exakte Darstellung der beiden äußeren Beobachtungen, aus denen die Elemente abgeleitet sind, wird vorausgesetzt.)

$$M_2 = (t_2^0 - T)\frac{1}{q\sqrt{q}} \tag{XV}$$

Mit dem Argument M_2 entnimmt man v_2 der Tafel von OPPOLZER oder BAUSCHINGER (siehe § 68), oder bei 5stelliger Rechnung der Tafel von B. STRÖMGREN (siehe § 74) $\operatorname{tg}\frac{1}{2}v^2$ und $\operatorname{tg}\frac{1}{2}v$.

$$m'_x = q\,P'_x \qquad n'_x = q\,Q'_x$$
$$m'_y = q\,P'_y \qquad n'_y = q\,Q'_y$$
$$m'_z = q\,P'_z \qquad n'_z = q\,Q'_z$$

$$\begin{aligned}\Delta_2 \cos\delta_2 \cos\alpha_2 &= m'_x(1 - \operatorname{tg}\tfrac{1}{2}v_2^2) + 2n'_x \operatorname{tg}\tfrac{1}{2}v_2 + X'_{\odot 2}\\ \Delta_2 \cos\delta_2 \sin\alpha_2 &= m'_y(1 - \operatorname{tg}\tfrac{1}{2}v_2^2) + 2n'_y \operatorname{tg}\tfrac{1}{2}v_2 + Y'_{\odot 2}\\ \Delta_2 \sin\delta_2 &= m'_z(1 - \operatorname{tg}\tfrac{1}{2}v_2^2) + 2n'_z \operatorname{tg}\tfrac{1}{2}v_2 + Z'_{\odot 2}\end{aligned} \tag{XVI}$$

Die Aberrationszeit kann man mit ausreichender Genauigkeit mit Hilfe der Werte für die benutzten Beobachtungen ermitteln.

Eine ungenügende Darstellung der mittleren Beobachtung kann, von Rechenfehlern abgesehen, folgende Ursachen haben: 1. Die Vernachlässigungen sind zu groß; insbesondere der Ansatz der 1. Näherung ist zu roh. 2. Die benutzten Beobachtungen sind fehlerhaft. 3. Diese sind mit der parabolischen Hypothese nicht vereinbar.

Ist der Ansatz der 1. Näherung verbesserungsbedürftig, so führt man ein Verbesserungsverfahren durch (siehe S. 177). Ist auch dann eine befriedigende Darstellung des mittleren Ortes nicht zu erzielen, so wird man zur Feststellung der Ursachen der Abweichungen weitere Beobachtungen nachrechnen. Liegt ein Beobachtungsfehler vor, so legt man andere Beobachtungen der parabolischen Bahnbestimmung zugrunde. Wenn nicht, so wählt man eine allgemeine Methode der Bahnbestimmung.

§ 60. Beispiel.

a) Ausgangsdaten und konstante Hilfsgrößen. Gegeben seien die topozentrischen Beobachtungen des Kometen 1925 c (Orkisz)

Ort	1925	Weltzeit	$\alpha_{1925.0}$	$\delta_{1925.0}$
Warschau	Apr.	5.1161	22h 26m 43s.51	+16° 37′ 16″.0
Krakau	,,	8.1138	22 29 42.90	+19 46 25.1
,,	,,	11.1089	22 32 55.00	+23 4 52.3

α	336°6813	337°4288	338°2292	
δ	+16.6211	+19.7736	+23.0812	
$X'_\odot$	+ 0.96737	+ 0.95375	+ 0.93763	
$Y'_\odot$	+ 0.23477	+ 0.28032	+ 0.32509	
$Z'_\odot$	+ 0.10184	+ 0.12160	+ 0.14102	
$\cos\alpha$	+ 0.91832	+ 0.92340	+ 0.92868	(I)
$\cos\delta$	+ 0.95821	+ 0.94104	+ 0.91995	
$\sin\alpha$	− 0.39585	− 0.38383	− 0.37089	
a'	+ 0.87994	+ 0.86896	+ 0.85434	
b'	− 0.37931	− 0.36120	− 0.34120	
c'	+ 0.28604	+ 0.33831	+ 0.39204	

R_1^2	1.00129	R_3^2	1.00472	(II)
$2\,R_1\cos\vartheta_1$	− 1.58261	$2\,R_3\cos\vartheta_3$	− 1.49084	

b) Die erste Näherung.

$c'_2\,Y'_{\odot 2} - b'_2\,Z'_{\odot 2}$	+ 0.13876	$t_3 - t_2$	2ᵈ9951	
$c'_2\,X'_{\odot 2} - a'_2\,Z'_{\odot 2}$	+ 0.21700	$t_2 - t_1$	2.9977	(III)
$b'_2\,X'_{\odot 2} - a'_2\,Y'_{\odot 2}$	− 0.58808	M	0.95265	

$X'_{\odot 3} - X'_{\odot 1}$	− 0.02974	$a'_3\,M - a'_1$	− 0.06605	
$Y'_{\odot 3} - Y'_{\odot 1}$	+ 0.09032	$b'_3\,M - b'_1$	+ 0.05427	
$Z'_{\odot 3} - Z'_{\odot 1}$	+ 0.03918	$c'_3\,M - c'_1$	+ 0.08744	(IV)

g^2	0.010577
h^2	0.014954
$2\,g\,h\cos\chi$	− 0.020584

g	+0.1029	R_2^2	1.0031	
$2\,h$	+0.2445			
$2\,g\,h$	+0.02516			
d	+0.8217	R_2	1.0016	
$-\cos\chi$	+0.8180	$-\cos\vartheta_2$	+0.7675	(V)
$\sin\chi$	+0.5752	$\sin\vartheta_2$	+0.6410	
$-d\cos\chi$	+0.672	$-R_2\cos\vartheta_2$	+0.769	
$d\sin\chi$	+0.473	$R_2\sin\vartheta_2$	+0.642	
c	1.355			

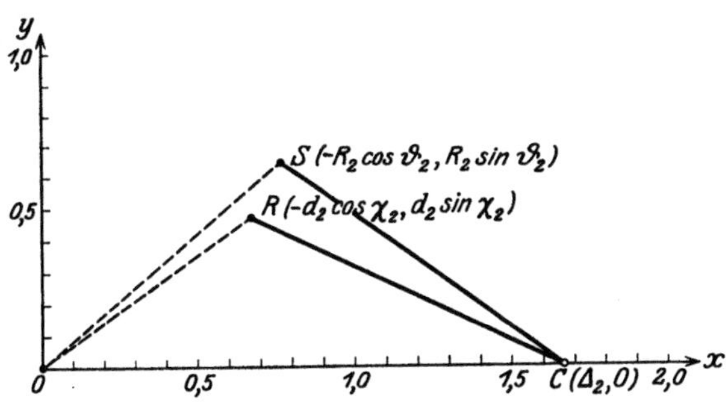

Abb. 17.

$\overline{OC}$	$\overline{CR}$	$\overline{CS}$	$\overline{CR}^2\cdot\overline{CS}$	$\overline{CR}^2\cdot\overline{CS} - c$
1.60	1.04	1.05	1.13	− 0.22
1.70	1.13	1.13	1.45	+0.10
1.80	1.22	1.21	1.81	+0.46

$$\Delta_2 = 1.67 \qquad \Delta_1 = 1.71 \tag{VI}$$

$$s_g^2 = +0.010577 - 0.020584\,\Delta_1 + 0.014954\,\Delta_1^2$$
$$r_1^2 = +1.00129 - 1.58261\,\Delta_1 + \Delta_1^2$$
$$r_3^2 = +1.00472 - 1.49084\,(M\Delta_1) + (M\Delta_1)^2$$

$$\mu_2 = \frac{0.20618}{(r_1 + r_3)\sqrt{r_1 + r_3}} \qquad s_d = \mu_2\,\zeta_2\,(r_1 + r_3)$$

	1. Hyp.	2. Hyp.	3. Hyp.	
Δ_1	1.70000	1.72000	1.71252	
Δ_1^2	2.89000	2.95840	2.93272	
s_g^2	0.018801	0.019412	0.019182	
r_1^2	1.20085	1.23760	1.22376	(VII)
$M\Delta_1$	1.61950	1.63856	1.63143	
r_3^2	1.21308	1.24677	1.23408	
r_1	1.09583	1.11247	1.10624	
r_3	1.10140	1.11659	1.11089	
$r_1 + r_3$	2.19723	2.22906	2.21713	
$(r_1 + r_3)\sqrt{r_1 + r_3}$	3.25698	3.32799	3.30131	
$2k(t_3 - t_1)$	0.20618			
μ_2	0.063304	0.061953	0.062454	
ζ_2	1.00017	1.00016	1.00016	(VIII)
s_g	0.13711	0.13932	0.13850	
s_d	0.13912	0.13812	0.13849	
$s_g - s_d$	−0.00201	+0.00120	+0.00001	

c) Das Verbesserungsverfahren. Es kann wegen der nahe gleichen Zwischenzeiten wegfallen.

d) Die Ableitung der Elemente.

Δ_1	1.71252	Δ_3	1.63143	
x_1'	+0.53954	x_3'	+0.45617	
y_1'	−0.88435	y_3'	−0.88173	(IX)
z_1'	+0.38801	z_3'	+0.49857	
r_1^2	1.22373	r_3^2	1.23411	
r_1	1.10622	r_3	1.11091	
$x_1' x_3' + y_1' y_3' + z_1' z_3'$	+1.21933	σ	+0.99640	
x^0	−0.08143	r^{02}	0.019166	
y^0	−0.00056	r^0	0.13844	
z^0	+0.11196	$r_1 r_0$	0.15315	
$\operatorname{tg}(v_3 - v_1)$	+0.12560	Zähler	+0.00029280	
$v_3 - v_1$	7°1589	Nenner	+0.00431	
$\sin\frac{1}{2}(v_3 - v_1)$	+0.06243	$\operatorname{tg}\frac{1}{2}(v_3 + v_1)$	+0.06794	(X)
$\cos\frac{1}{2}(v_3 - v_1)$	+0.99805	$\frac{1}{2}(v_3 + v_1)$	3°8867	
		$\frac{1}{2}(v_3 - v_1)$	3.5794	
v_1	0°3073	v_3	7°4661	
$\cos\frac{1}{2}v_1$	+1.00000	$\cos\frac{1}{2}v_3$	+0.99788	
q	1.10622	q	1.10620	
$A\Delta_1$	0d0099	$A\Delta_3$	0d0094	(XI)
t_1^0	5.1062	t_3^0	11.0995	

$q\sqrt{q}$	1.16348			
M_1	0.22033	M_3	5.37090	(XII)
T	4.8499	T	4.8506	
$\cos v_1$	$+0.99999$	$\sin v_1$	$+0.00536$	
$\cos v_1 : r_1$	$+0.90397$	$\sin v_1 : r_1$	$+0.0048453$	
$\sin v_1 : r^0$	$+0.038717$	$\cos v_1 : r^0$	$+7.22327$	
P'_x	$+0.49088$	Q'_x	-0.58558	(XIII)
P'_y	-0.79940	Q'_y	-0.00833	
P'_z	$+0.34641$	Q'_z	$+0.81060$	
$\sin\varepsilon$	$+0.39793$	$\cos\varepsilon$	$+0.91742$	
$\sin i \sin\omega$	$+0.63591$	$\sin \Omega$	-0.65762	
$\sin i \cos\omega$	$+0.74698$	$\cos \Omega$	$+0.75337$	
$\operatorname{tg}\omega$	$+0.85131$	$\operatorname{tg}\Omega$	-0.87290	(XIV)
ω	40°4080	Ω	318°8823	
$\cos\omega$	$+0.76145$	$\cos i$	-0.19417	
$\sin\omega$	$+0.64822$	$\sin i$	$+0.98100$	

Zusammenstellung der Elemente:

$T = 1925$ Apr. 4.8502 Weltzeit

ω	40°408	Ekliptik und
Ω	318.882	mittl. Äquin. 1925.0
i	101.196	
q	1.10621	

(Konstanten unter (XIII).)

e) Nachrechnung der mittleren Beobachtung.

t_2^0	8.1042	M_2	2.7968	(XV)
$\operatorname{tg}\frac{1}{2}v_2^0$	0.00116	$\operatorname{tg}\frac{1}{2}v_2$	0.03401	
m'_x	$+0.54302$	$2n'_x$	-1.29555	
m'_y	-0.88430	$2n'_y$	-0.018429	
m'_z	$+0.38320$	$2n'_z$	$+1.79339$	
$\Delta_2\cos\delta_2\sin\alpha_2$	-0.60358	$\Delta_2\sin\delta_2$	$+0.56535$	
$\Delta_2\cos\delta_2\cos\alpha_2$	$+1.45208$	$\Delta_2\cos\delta_2$	$+1.57254$	(XVI)
$\operatorname{tg}\alpha_2$	-0.41567	$\operatorname{tg}\delta_2$	$+0.35951$	
α_2	337°4290	δ_2	+19°7740	
a'_2	$+0.86895$	$B-R: da'_2$	$+0.00001$	
b'_2	-0.36120	db'_2	± 0.00000	
c'_2	$+0.33831$	dc'_2	± 0.00000	

Für die $B-R$ in den Koordinaten selbst erhält man mit

$$\cos\delta_2\, d\alpha_2 = -0°0002 \qquad d\delta_2 = -0°0004$$

ein sehr befriedigendes Resultat.

14. Abschnitt.

Die Methode von OLBERS.

Die Hauptmerkmale, durch die sich diese Methode von der im vorigen Abschnitt behandelten unterscheidet, sind die Einführung von ekliptikalen Polarkoordinaten an Stelle der äquatorialen rechtwinkligen Koordinaten und die Art der Ableitung der Elemente. Im übrigen ist der Gedankengang der gleiche wie in der für das maschinelle Rechnen geeigneten Form der Olbersschen Methode des vorigen Abschnitts. Es genügt, wenn hier die Entwicklung des Formelsystems kurz dargelegt wird.

§ 61. Die Fundamentalgleichungen.

Für die Bedingungsgleichung der Ebene hat man entsprechend den Gl. (6. 1) die 3 Formen

$$\begin{aligned}
[r_2 r_3]\, x_1 - [r_1 r_3]\, x_2 + [r_1 r_2]\, x_3 &= 0 \\
[r_2 r_3]\, y_1 - [r_1 r_3]\, y_2 + [r_1 r_2]\, y_3 &= 0 \\
[r_2 r_3]\, z_1 - [r_1 r_3]\, z_2 + [r_1 r_2]\, z_3 &= 0 .
\end{aligned} \tag{1}$$

Hierin sind die x_i, y_i, z_i ($i = 1, 2, 3$) die rechtwinkligen ekliptikalen heliozentrischen Koordinaten des Kometen, $[r_2 r_3]$, $[r_1 r_3]$, $[r_1 r_2]$ die Dreiecksflächen. Der Übergang auf die geozentrischen Koordinaten erfolgt nach den Gl. (3. 5). Setzt man hierin die Erdbreite $B = 0$ und führt die geozentrischen Koordinaten in Gl. (1) ein, so erhält man

$$\begin{aligned}
&[r_2 r_3](\Delta_1 \cos\beta_1 \cos\lambda_1 + R_1 \cos L_1) - [r_1 r_3](\Delta_2 \cos\beta_2 \cos\lambda_2 + R_2 \cos L_2) \\
&\qquad + [r_1 r_2](\Delta_3 \cos\beta_3 \cos\lambda_3 + R_3 \cos L_3) = 0 \\
&[r_2 r_3](\Delta_1 \cos\beta_1 \sin\lambda_1 + R_1 \sin L_1) - [r_1 r_3](\Delta_2 \cos\beta_2 \sin\lambda_2 + R_2 \sin L_2) \\
&\qquad + [r_1 r_2](\Delta_3 \cos\beta_3 \sin\lambda_3 + R_3 \sin L_3) = 0 \\
&[r_2 r_3]\, \Delta_1 \sin\beta_1 - [r_1 r_3]\, \Delta_2 \sin\beta_2 + [r_1 r_2]\, \Delta_3 \sin\beta_3 .
\end{aligned} \tag{2}$$

In diesen Gleichungen sind die λ_i, β_i, L_i, R_i bekannte Großen. Die λ_i, β_i werden nach den Gl. (3. 29) aus den durch die Beobachtung gewonnenen Koordinaten α_i, δ_i abgeleitet. Die geozentrischen Erdkoordinaten L_i ($= L_{\odot i} \pm 180°$) und lg R_i werden für die auf den Nullmeridian reduzierten Beobachtungszeiten t_i dem B. J. entnommen. Die L_i müssen auf das gleiche mittlere Äquinoktium wie die α_i, δ_i bezogen sein. Unbekannte Größen sind in den Gl. (2) sowohl die geozentrischen Entfernungen Δ_i als auch die Dreiecksflächen.

Von diesen Unbekannten sollen Δ_2 und $[r_1 r_3]$ eliminiert werden. Man erhält nach der Auflösung nach Δ_3 die Gleichung

$$\begin{aligned}
\Delta_3 = {} & \frac{[r_2 r_3]}{[r_1 r_2]} \cdot \frac{\sin\beta_1 \cos\beta_2 \sin(\lambda_2 - L_2) - \cos\beta_1 \sin\beta_2 \sin(\lambda_1 - L_2)}{\sin\beta_2 \cos\beta_3 \sin(\lambda_3 - L_2) - \cos\beta_2 \sin\beta_3 \sin(\lambda_2 - L_2)}\, \Delta_1 \\
& + \frac{\dfrac{[r_2 r_3]}{[r_1 r_2]} R_1 \sin\beta_2 \sin(L_2 - L_1) - R_3 \sin\beta_2 \sin(L_3 - L_2)}{\sin\beta_2 \cos\beta_3 \sin(\lambda_3 - L_2) - \cos\beta_2 \sin\beta_3 \sin(\lambda_2 - L_2)} .
\end{aligned} \tag{3}$$

Wendet man diese auf die Erde an, indem man $\Delta_1 = 0$, $\Delta_3 = 0$ setzt und das Dreiecksflächenverhältnis $[R_2 R_3] : [R_1 R_2]$ einführt, subtrahiert die entstehende Gleichung von Gl. (3) und setzt zur Abkürzung

$$\frac{\sin\beta_1 \cos\beta_2 \sin(\lambda_2 - L_2) - \cos\beta_1 \sin\beta_2 \sin(\lambda_1 - L_2)}{\sin\beta_2 \cos\beta_3 \sin(\lambda_3 - L_2) - \cos\beta_2 \sin\beta_3 \sin(\lambda_2 - L_2)} = C_1$$

$$\frac{R_1 \sin\beta_2 \sin(L_2 - L_1)}{\sin\beta_2 \cos\beta_3 \sin(\lambda_3 - L_2) - \cos\beta_2 \sin\beta_3 \sin(\lambda_2 - L_2)} = C_2 ,$$

so ergibt sich die Gleichung

$$\Delta_3 = \frac{[r_2 r_3]}{[r_1 r_2]} C_1 \Delta_1 + \left(\frac{[r_2 r_3]}{[r_1 r_2]} - \frac{[R_2 R_3]}{[R_1 R_2]}\right) C_2 , \tag{4}$$

der man die einfachere Form

$$\Delta_3 = M \Delta_1 + m \tag{5}$$

geben kann. Man hat damit eine Beziehung zwischen Δ_1 und Δ_3 erhalten, wenn M und m bekannt sind. In diesen Größen treten als Unbekannte nur die Verhältnisse der Dreiecksflächen auf, für die später Näherungsausdrücke eingeführt werden.

Als 2. Gleichung zur Bestimmung der beiden Unbekannten Δ_1 und Δ_3 benutzt OLBERS die Eulersche Gleichung, Gl. (2. 57). Hierin treten als Unbekannte die Radienvektoren r_1 und r_3 und die Sehne s_2 zwischen den beiden äußeren Orten auf. Die r_1, r_3, s_2 werden nun als Funktionen der Unbekannten ausgedrückt.

Zwischen den 4 Unbekannten Δ_1, Δ_3, r_1, r_3 bestehen die bekannten Beziehungen aus den Dreiecken Sonne—Erde—Komet

$$\begin{aligned} r_1^2 &= R_1^2 + 2 R_1 \cos \vartheta_1 \Delta_1 + \Delta_1^2 = R_1^2 + 2 R_1 \cos \beta_1 \cos (\lambda_1 - L_1) + \Delta_1^2 \\ r_3^2 &= R_3^2 + 2 R_3 \cos \vartheta_3 \Delta_3 + \Delta_3^2 = R_3^2 + 2 R_3 \cos \beta_3 \cos (\lambda_3 - L_3) + \Delta_3^2 . \end{aligned} \tag{6}$$

Zwischen der Sehne s_2 und den rechtwinkligen Koordinaten x_1, y_1, z_1, x_3, y_3, z_3 und zwischen diesen und den Entfernungen Δ_1, Δ_3 bestehen die bekannten Beziehungen

$$s_2^2 = (x_3 - x_1)^2 + (y_3 - y_1)^2 + (z_3 - z_1)^2 \tag{7}$$

$$\begin{aligned} x_1 &= \Delta_1 \cos \beta_1 \cos \lambda_1 + R_1 \cos L_1 & x_3 &= \Delta_3 \cos \beta_3 \cos \lambda_3 + R_3 \cos L_3 \\ y_1 &= \Delta_1 \cos \beta_1 \sin \lambda_1 + R_1 \sin L_1 & y_3 &= \Delta_3 \cos \beta_3 \sin \lambda_3 + R_3 \sin L_3 \\ z_1 &= \Delta_1 \sin \beta_1 & z_3 &= \Delta_3 \sin \beta_3 . \end{aligned} \tag{8}$$

Führt man die Werte der r_1, r_3, s_2 aus den Gl. (6) bis (8) in die Eulersche Gleichung

$$(r_1 + r_3 + s_2)^{\frac{3}{2}} - (r_1 + r_3 - s_2)^{\frac{3}{2}} = 6 k (t_3 - t_1) = 6 \tau_2 \tag{9}$$

ein, so ergibt sich die 2. Fundamentalgleichung zwischen den Unbekannten Δ_1 und Δ_3. Die Gl. (5) bis (9) lösen das Problem, sobald M und m bekannt sind.

Für die in M und m auftretenden Verhältnisse der Dreiecksflächen werden nun bekannte Näherungsausdrücke eingeführt, und es werden geeignete Umformungen vorgenommen, die die praktische Auflösung des Gleichungssystems (5) bis (9) erleichtern.

§ 62. Die erste Näherung.

a) Die Einführung der Näherungsausdrücke für M und m. Für das Verhältnis der Dreiecksflächen $[r_2 r_3] : [r_1 r_2]$ der Kometenbahn bzw. $[R_2 R_3] : [R_1 R_2]$ der Erdbahn kann man nach Gl. (2. 6) die Entwicklungen

$$\frac{[r_2 r_3]}{[r_1 r_2]} = \frac{\tau_1}{\tau_3} \left(1 - \frac{1}{6} \frac{\tau_1^2 - \tau_3^2}{r_2^3} + \frac{1}{4} \frac{\tau_1^3 + \tau_3^3}{r_2^4} \frac{d r_2}{d \tau} \cdots \right) \tag{10}$$

$$\frac{[R_2 R_3]}{[R_1 R_2]} = \frac{\tau_1}{\tau_3}\left(1 - \frac{1}{6}\,\frac{\tau_1^2 - \tau_3^2}{R_2^3} + \frac{1}{4}\,\frac{\tau_1^3 + \tau_3^3}{R_2^4}\,\frac{dR_2}{d\tau}\cdots\right) \tag{11}$$

ableiten.

Beschränkt man sich auf das erste Glied der Reihenentwicklungen, d. h. setzt man

$$\frac{[r_2 r_3]}{[r_1 r_2]} = \frac{[R_2 R_3]}{[R_1 R_2]} = \frac{\tau_1}{\tau_3}, \tag{12}$$

so fällt das letzte Glied in Gl. (5) ganz weg, und man erhält die äußerst einfache Beziehung

$$\varDelta_3 = M \varDelta_1, \tag{13}$$

wo also

$$\frac{\tau_1}{\tau_3}\,\frac{\sin\beta_1\cos\beta_2\sin(\lambda_2 - L_2) - \cos\beta_1\sin\beta_2\sin(\lambda_1 - L_2)}{\sin\beta_2\cos\beta_3\sin(\lambda_3 - L_2) - \cos\beta_2\sin\beta_3\sin(\lambda_2 - L_2)} = M \tag{14}$$

gesetzt ist. Damit ist die Größe M oder das Verhältnis der beiden geozentrischen Entfernungen $\varDelta_3 : \varDelta_1$ durch bekannte Größen ausgedrückt. Über die Vernachlässigungen in dem Ansatz in Gl. (12) vergleiche die betr. Ausführungen im vorigen Abschnitt.

Den Ausdruck für M vereinfacht OLBERS zunächst in folgender Weise. Er stellt die Bedingung, daß der Komet zur Zeit t_2 auf einem größten Kreise mit einer durch die Beziehung

$$\operatorname{tg} J_2 = \frac{\operatorname{tg}\beta_2}{\sin(\lambda_2 - L_2)} \tag{15}$$

gegebenen Neigung J_2 liege. Die Lage des Kometen auf dem Kreise bleibt unbestimmt. Man benutzt also gewissermaßen statt der λ_2, β_2 nur J_2, bestimmt durch obige Gleichung. Die Bedingung darf gestellt werden, da in der Parabel nur 5 Elemente zu bestimmen sind und infolgedessen nur 5 Bestimmungsstücke in das Problem eingeführt werden müssen.

Wendet man diese Beziehung auf Gl. (14) an, so ergibt sich

$$M = \frac{\tau_1}{\tau_3}\,\frac{\sin\beta_1\cos J_2 - \cos\beta_1\sin J_2\sin(\lambda_1 - L_2)}{\cos\beta_3\sin J_2\sin(\lambda_3 - L_2) - \sin\beta_3\cos J_2}. \tag{16}$$

Setzt man nun

$$\begin{aligned}
\sin\beta_1 &= A_1\sin J_1\\
\cos\beta_1\sin(\lambda_1 - L_2) &= A_1\cos J_1\\
\sin\beta_2 &= A_2\sin J_2\\
\cos\beta_2\sin(\lambda_2 - L_2) &= A_2\cos J_2\\
\sin\beta_3 &= A_3\sin J_3\\
\cos\beta_3\sin(\lambda_3 - L_2) &= A_3\cos J_3
\end{aligned}$$

(A_1, A_3 positiv; A_2 wird nicht gebraucht),

so kann man die Gl. (16) in die für die logarithmische Rechnung bequemere Form

$$M = \frac{\tau_1}{\tau_3}\,\frac{A_1\sin(J_1 - J_2)}{A_3\sin(J_2 - J_3)} \tag{17}$$

bringen.

b) Die Einführung von M in die Gl. (6) bis (8) und die Umformung dieser Gleichungen für die logarithmische Rechnung. Bei Einführung von M nach Gl. (13) in die Gl. (6) bis (8) wird

$$\begin{aligned} r_1^2 &= R_1^2 + 2R_1 \cos\vartheta_1 \Delta_1 + \Delta_1^2 \\ r_3^2 &= R_3^2 + 2R_3 \cos\vartheta_3 M\Delta_1 + M^2\Delta_1^2 \end{aligned} \tag{18}$$

und

$$\begin{aligned} x_1 &= \Delta_1 \cos\beta_1 \cos\lambda_1 + R_1 \cos L_1 & x_3 &= M\Delta_1 \cos\beta_3 \cos\lambda_3 + R_3 \cos L_3 \\ y_1 &= \Delta_1 \cos\beta_1 \sin\lambda_1 + R_1 \sin L_1 & y_3 &= M\Delta_1 \cos\beta_3 \sin\lambda_3 + R_3 \sin L_3 \\ z_1 &= \Delta_1 \sin\beta_1 & z_3 &= M\Delta_1 \sin\beta_3 \end{aligned} \tag{19}$$

Bildet man nun aus Gl. (19) die Ausdrücke $x_3 - x_1$, $y_3 - y_1$, $z_3 - z_1$, setzt

$$\begin{aligned} M\Delta_1 \cos\beta_3 \cos\lambda_3 - \Delta_1 \cos\beta_1 \cos\lambda_1 &= h\Delta_1 \cos\xi \cos H \\ M\Delta_1 \cos\beta_3 \sin\lambda_3 - \Delta_1 \cos\beta_1 \sin\lambda_1 &= h\Delta_1 \cos\xi \sin H \\ M\Delta_1 \sin\beta_3 - \Delta_1 \sin\beta_1 &= h\Delta_1 \sin\xi \\ R_3 \cos L_3 - R_1 \cos L_1 &= g \cos G \\ R_3 \sin L_3 - R_1 \sin L_1 &= g \sin G \end{aligned} \tag{20}$$

so daß man die eingeführten Hilfsgrößen ξ, h, H, g, G aus

$$\begin{aligned} h \cos\xi \cos(H - \lambda_1) &= M \cos\beta_3 \cos(\lambda_3 - \lambda_1) - \cos\beta_1 \\ h \cos\xi \sin(H - \lambda_1) &= M \cos\beta_3 \sin(\lambda_3 - \lambda_1) \\ h \sin\xi &= M \sin\beta_3 - \sin\beta_1 \\ g \cos(G - L_1) &= R_3 \cos(L_3 - L_1) - R_1 \\ g \sin(G - L_1) &= R_3 \sin(L_3 - L_1) \end{aligned}$$

(h und g positiv)

erhält, und setzt man die quadrierten Ausdrücke der Gl. (20) in Gl. (7) ein, so ergibt sich nach Ausführung der Quadrate

$$s_2^2 = g^2 + 2gh \cos\xi \cos(H - G)\,\Delta_1 + h^2\Delta_1^2.$$

Bestimmt man nun noch ϑ_1, ϑ_3, χ aus

$$\begin{aligned} \cos\vartheta_1 &= \cos\beta_1 \cos(\lambda_1 - L_1) \\ \cos\vartheta_3 &= \cos\beta_3 \cos(\lambda_3 - L_3) \\ \cos\chi &= \cos\xi \cos(H - G) \end{aligned}$$

so erhält man für r_1, r_3, s_2 die Gleichungen

$$\begin{aligned} r_1^2 &= R_1^2 + 2R_1 \cos\vartheta_1 \Delta_1 + \Delta_1^2 \\ r_3^2 &= R_3^2 + 2R_3 \cos\vartheta_3 M\Delta_1 + M^2\Delta_1^2 \\ s_2^2 &= g^2 + 2gh \cos\chi\,\Delta_1 + h^2\Delta_1^2. \end{aligned} \tag{21}$$

Diese lassen sich nach GAUSS noch weiter vereinfachen. Die Gl. (18) lassen sich schreiben

$$\begin{aligned} r_1^2 &= (\Delta_1 + R_1 \cos\vartheta_1)^2 + (R_1 \sin\vartheta_1)^2 \\ r_3^2 &= (M\Delta_1 + R_3 \cos\vartheta_3)^2 + (R_3 \sin\vartheta_3)^2. \end{aligned}$$

Setzt man

$$R_1 \cos\vartheta_1 = \iota_1 \qquad R_1 \sin\vartheta_1 = \varkappa_1$$
$$\frac{R_3 \cos\vartheta_3}{M} = \iota_3 \qquad \frac{R_3 \sin\vartheta_3}{M} = \varkappa_3 ,$$

so ist

$$r_1^2 = (\varDelta_1 + \iota_1)^2 + \varkappa_1^2 = \varkappa_1^2 \left[1 + \left(\frac{\varDelta_1 + \iota_1}{\varkappa_1}\right)^2\right]$$
$$r_3^2 = M^2 [(\varDelta_1 + \iota_3)^2 + \varkappa_3^2] = M^2 \varkappa_3^2 \left[1 + \left(\frac{\varDelta_1 + \iota_3}{\varkappa_3}\right)^2\right].$$

Bestimmt man σ_1 und σ_3 aus

$$\operatorname{tg}\sigma_1 = \frac{\varDelta_1 + \iota_1}{\varkappa_1} \qquad \operatorname{tg}\sigma_3 = \frac{\varDelta_1 + \iota_3}{\varkappa_3}, \tag{22}$$

so ist

$$r_1 = \varkappa_1 \sec\sigma_1 \qquad r_3 = M\varkappa_3 \sec\sigma_3 . \tag{23}$$

Entsprechend ergibt sich für s_2

$$\frac{g\cos\chi}{h} = \iota \qquad \frac{g\sin\chi}{h} = \varkappa \qquad \frac{\varDelta_1 + \iota}{\varkappa} = \operatorname{tg}\sigma \qquad s_2 = h\varkappa\sec\sigma . \tag{24}$$

Damit sind r_1, r_3, s_2 durch die einzige Unbekannte $\varDelta_1$ ausgedrückt, und die Gl. (6) und (7) sind in eine für die logarithmische Rechnung geeignete Form gebracht. Man könnte nun die 3 Größen in Gl. (9) einsetzen und die so entstehende Gleichung nach der Unbekannten $\varDelta_1$ auflösen. Bequemer kann aber die Auflösung in folgender Weise geschehen.

Mit einem Näherungswert von $\varDelta_1$ berechnet man r_1, r_3, s_2 nach Gl. (23) und (24), berechnet s_2 auch mit Benutzung der Enckeschen Form der Eulerschen Gleichung, Gl. (2. 69)

$$\mu_2 = \frac{2\tau_2}{(r_1 + r_3)^{\frac{3}{2}}} \qquad s_2 = \mu_2 \zeta_2 (r_1 + r_3) . \tag{25}$$

Unter Anwendung der regula falsi variiert man dann $\varDelta_1$, bis die aus Gl. (24) bzw. (25) folgenden Werte von s_2 — sie seien ihrem geometrischen bzw. dynamischen Charakter gemäß mit s_g bzw. s_d bezeichnet — der Bedingung $s_g = s_d$ genügen.

Mit dem nach Abschluß des Versuchsverfahrens erhaltenen Wert von $\varDelta_1$ berechnet man dann nach Gl. (5) $\varDelta_3$.

Über die Wahl des Ausgangswertes für $\varDelta_1$ und die Zahl der Lösungen des Problems siehe die Ausführungen im vorigen Abschnitt.

§ 63. Das Verbesserungsverfahren.

Im vorigen Abschnitt wurde schon erwähnt, daß man im allgemeinen bei günstiger Verteilung der Beobachtungen und namentlich bei kurzen Zwischenzeiten von einem Verbesserungsverfahren zunächst ganz absehen kann. Es wurde aber auch auf zwei Wege hingewiesen, wie man die Verbesserung von M gegebenenfalls vornehmen kann. Daneben sei noch ein weiteres Verfahren, das von CARLINI, erwähnt. Vorausgesetzt wird, daß die Darstellung der mittleren Beobachtung bereits vorliegt.

Es war bei der Ableitung der Bahn für die mittlere Beobachtung nur die Eigenschaft benutzt, daß die mittlere Beobachtung auf einem größten Kreise liege, dessen Neigung durch Gl. (15) bestimmt ist. Man kann also auch von dem gerechneten mittleren Ort (λ_2), (β_2) nur verlangen, daß er auf diesem größten Kreise liege. Die Bahn ist rechnerisch in Ordnung, wenn die (λ_2), (β_2) der Gleichung

$$\operatorname{tg}(J_2) = \frac{\operatorname{tg}(\beta_2)}{\sin((\lambda_2) - L_2)} = \operatorname{tg} J_2 \tag{26}$$

genügen. Andernfalls war der Olberssche Ansatz nicht ausreichend, und es muß ein Verbesserungsverfahren ausgeführt werden, wenn Übereinstimmung erzielt werden soll.

Carlini bestimmt durch Änderung von $\operatorname{tg}(J_2)$ den Wert von M, durch den Gl. (26) gut dargestellt wird. Man erreicht das, indem man einen Wert $\operatorname{tg} J_2^*$ benutzt, der um so viel von $\operatorname{tg} J_2$ abweicht, als sich die linke Seite der Gl. (26) von der rechten unterscheidet. Man berechnet also mit

$$\operatorname{tg} J_2^* = \operatorname{tg} J_2 + (\operatorname{tg} J_2 - \operatorname{tg}(J_2)) = 2 \operatorname{tg} J_2 - \operatorname{tg}(J_2)$$

das verbesserte (M) und damit die neue Bahn.

§ 64. Die Ableitung der Elemente.

Mit Benutzung der endgültigen Werte der Δ_1, Δ_3 bestimmt man zunächst nach den Gl. (7. 36) die heliozentrischen Koordinaten r_1, l_1, b_1, r_3, l_3, b_3. Die Bahnlageelemente ☊ und i erhält man nach den Gl. (7. 37). Es ist für

$$l_3 - l_1 > 0^\circ \qquad i < 90^\circ$$
$$l_3 - l_1 < 0^\circ \qquad i > 90^\circ.$$

Die Argumente der Breite u_1 und u_3 ergeben sich aus den Gl. (7. 38). Bei positiver Breite liegt u zwischen 0° und 180°, bei negativer zwischen 180° und 360°.

Periheldistanz q, Perihellänge in der Bahn ω und Perihelzeit T erhält man in folgender Weise. Da $v_3 = v_1 + u_3 - u_1$ ist, so ist

$$\frac{\cos\frac{1}{2}v_1 \cos\frac{1}{2}(u_3 - u_1) - \sin\frac{1}{2}v_1 \sin\frac{1}{2}(u_3 - u_1)}{\sqrt{q}} = \frac{1}{\sqrt{r_3}}$$

also

$$\frac{\sin\frac{1}{2}v_1}{\sqrt{q}} = \frac{1}{\sqrt{r_1}} \operatorname{ctg}\frac{1}{2}(u_3 - u_1) - \frac{1}{\sqrt{r_3}} \operatorname{cosec}\frac{1}{2}(u_3 - u_1). \tag{27}$$

In Verbindung mit

$$\frac{\cos\frac{1}{2}v_1}{\sqrt{q}} = \frac{1}{\sqrt{r_1}} \tag{28}$$

kann man q und v_1 bestimmen. Damit findet man nach Gl. (1. 63) ω und v_3 aus $v_3 = u_3 - \omega$.

Mit den Argumenten v_1 und v_3 entnimmt man M_1 und M_3 einer der in § 68 erwähnten Tafeln. Bei fehlender Tafel kann man diese Größen auch mit Hilfe der Gl. (13. 35) berechnen.

Mit den um die Aberrationszeiten korrigierten Zeiten t_1^0 und t_3^0 findet man endlich die Perihelzeit T aus Gl. (13. 34).

§ 65. Formelzusammenstellung.

Gegeben sind die Beobachtungszeiten t_i und die geozentrischen auf das mittlere Äquinoktium eines Jahresanfangs bezogenen Koordinaten λ_i, β_i und Erdkoordinaten L_i, $B_i = 0$, R_i $(i = 1, 2, 3)$.

Bei provisorischen ersten Bahnbestimmungen kann die Berücksichtigung der Parallaxe unterbleiben und die Sonnenbreite vernachlässigt werden.

a) Konstante Hilfsgrößen.

$$\begin{aligned} \operatorname{tg} w_1 &= \operatorname{tg}\beta_1 \operatorname{cosec}(\lambda_1 - L_1) & \operatorname{tg} w_3 &= \operatorname{tg}\beta_3 \operatorname{cosec}(\lambda_3 - L_3) \\ \operatorname{tg}\vartheta_1 &= \operatorname{tg}(\lambda_1 - L_1)\sec w_1 & \operatorname{tg}\vartheta_3 &= \operatorname{tg}(\lambda_3 - L_3)\sec w_3 \end{aligned} \qquad \text{(I)}$$

Kontrolle: $\cos\vartheta_1 = \cos\beta_1 \cos(\lambda_1 - L_1) \qquad \cos\vartheta_3 = \cos\beta_3\cos(\lambda_3 - L_3)$

$$\vartheta_1 \text{ und } \vartheta_3 < 180°$$

$$\begin{aligned} g\cos(G - L_1) &= R_3\cos(L_3 - L_1) - R_1 \\ g\sin(G - L_1) &= R_3\sin(L_3 - L_1) \end{aligned} \qquad \text{(II)}$$

$$g \text{ positiv}$$

$$\begin{aligned} A_1\sin J_1 &= \sin\beta_1 \\ A_1\cos J_1 &= \cos\beta_1\sin(\lambda_1 - L_2) \\ A_2\sin J_2 &= \sin\beta_2 \\ A_2\cos J_2 &= \cos\beta_2\sin(\lambda_2 - L_2) \\ A_3\sin J_3 &= \sin\beta_3 \\ A_3\cos J_3 &= \cos\beta_3\sin(\lambda_3 - L_2) \end{aligned} \qquad \text{(III)}$$

A_1, A_3 positiv; A_2 wird nicht gebraucht.

b) Die erste Näherung.

$$M = \frac{t_3 - t_2}{t_2 - t_1} \cdot \frac{A_1\sin(J_1 - J_2)}{A_3\sin(J_2 - J_3)} \qquad \text{(IV)}$$

$$\begin{aligned} h\cos\xi\cos(H - \lambda_1) &= M\cos\beta_3\cos(\lambda_3 - \lambda_1) - \cos\beta_1 \\ h\cos\xi\sin(H - \lambda_1) &= M\cos\beta_3\sin(\lambda_3 - \lambda_1) \\ h\sin\xi &= M\sin\beta_3 - \sin\beta_1 \\ \operatorname{tg} W &= \operatorname{tg}\xi \operatorname{cosec}(H - G) \\ \operatorname{tg}\chi &= \operatorname{tg}(H - G)\sec W \end{aligned} \qquad \text{(V)}$$

Kontrolle: $\cos\chi = \cos\xi\cos(H - G)$

$$h \text{ positiv}; \quad \chi < 180°$$

$$\iota = \frac{g \cos \chi}{h} \qquad \iota_1 = R_1 \cos \vartheta_1 \qquad \iota_3 = \frac{R_3 \cos \vartheta_3}{M}$$
$$\varkappa = \frac{g \sin \chi}{h} \qquad \varkappa_1 = R_1 \sin \vartheta_1 \qquad \varkappa_3 = \frac{R_3 \sin \vartheta_3}{M}. \qquad \text{(VI)}$$

Liegt kein Näherungswert von Δ_1 aus einer vorangegangenen Bahnbestimmung vor, so benutzt man am besten den Näherungswert von BANACHIEWICZ als Ausgangswert für die Einleitung der Hypothesenrechnung (siehe S. 175). Früher wurde vielfach folgendes Verfahren zur Ermittlung eines Ausgangswertes für Δ_1 gewählt. Mit dem runden Wert $r_1 + r_3 = 2$ und $\zeta = 1$ wird s_d nach Gl. (25), also nach $s_d = \frac{2k(t_3 - t_1)}{\sqrt{2}}$ und damit $\sec \sigma = \frac{s_d}{h \varkappa}$ und $\Delta_1 = \varkappa \operatorname{tg} \sigma - \iota$ berechnet.

Die Hypothesenrechnung führt man in der Weise durch, daß man mit dem Ausgangswert von Δ_1 das Gleichungssystem

$$\operatorname{tg} \sigma = \frac{\Delta_1 + \iota}{\varkappa} \qquad s_g = h \varkappa \sec \sigma$$
$$\operatorname{tg} \sigma_1 = \frac{\Delta_1 + \iota_1}{\varkappa_1} \qquad \operatorname{tg} \sigma_3 = \frac{\Delta_1 + \iota_3}{\varkappa_3} \qquad \text{(VII)}$$

$$r_1 = \varkappa_1 \sec \sigma_1 \qquad r_3 = M \varkappa_3 \sec \sigma_3$$
$$\mu_2 = \frac{2k(t_3 - t_1)}{(r_1 + r_3)^{\frac{3}{2}}} \qquad s_d = (r_1 + r_3)\, \mu_2\, \zeta_2 \qquad \text{(VIII)}$$
$$\lg 2k = 8.536611_{-10}$$

$\lg \zeta_2$ mit Argument μ_2 aus Tafel 6

durchrechnet und unter Anwendung der regula falsi Δ_1 so lange variiert, bis $s_g - s_d = 0$ ist. Über die Zahl der Lösungen siehe die Ausführungen S. 176.

$$\Delta_3 = M \Delta_1 \qquad \text{(IX)}$$

c) Das Verbesserungsverfahren. Siehe die Ausführungen auf S. 177.

d) Die Ableitung der Elemente.

$$\begin{aligned}
r_1 \cos b_1 \cos(l_1 - L_1) &= \Delta_1 \cos \beta_1 \cos(\lambda_1 - L_1) + R_1 \\
r_1 \cos b_1 \sin(l_1 - L_1) &= \Delta_1 \cos \beta_1 \sin(\lambda_1 - L_1) \\
r_1 \sin b_1 &= \Delta_1 \sin \beta_1 \\
r_3 \cos b_3 \cos(l_3 - L_3) &= \Delta_3 \cos \beta_3 \cos(\lambda_3 - L_3) + R_3 \\
r_3 \cos b_3 \sin(l_3 - L_3) &= \Delta_3 \cos \beta_3 \sin(\lambda_3 - L_3) \\
r_3 \sin b_3 &= \Delta_3 \sin \beta_3
\end{aligned} \qquad \text{(X)}$$

Kontrolle: r_1 und r_3 aus Gl. (X) müssen mit den Werten der letzten Hypothese übereinstimmen.

Ist $l_3 - l_1 > 0$, so ist $i < 90°$
$l_3 - l_1 < 0$ $i > 90°$

$$\operatorname{tg} i \sin(l_1 - \Omega) = \operatorname{tg} b_1$$
$$\operatorname{tg} i \cos(l_1 - \Omega) = \frac{\operatorname{tg} b_3 - \operatorname{tg} b_1 \cos(l_3 - l_1)}{\sin(l_3 - l_1)} \qquad \text{(XI)}$$

$$\begin{aligned} \operatorname{tg} u_1 &= \operatorname{tg}(l_1 - \Omega) \sec i = \operatorname{tg} b_1 \sec(l_1 - \Omega) \operatorname{cosec} i \\ \operatorname{tg} u_3 &= \operatorname{tg}(l_3 - \Omega) \sec i = \operatorname{tg} b_3 \sec(l_3 - \Omega) \operatorname{cosec} i\,. \end{aligned} \qquad \text{(XII)}$$

(Je nach der Größe von i benutzt man die vorderen oder die hinteren Gleichungen.) Bei positiver Breite liegt das Argument der Breite zwischen 0° und 180°, bei negativer Breite zwischen 180° und 360°.

Kontrolle: $S_2 = \frac{1}{2}(r_1 + r_3 + s_2) \qquad \operatorname{tg}\frac{1}{2}(u_3 - u_1) = \sqrt{\frac{(S_2 - r_1)(S_2 - r_3)}{S_2(S_2 - s_2)}}$

$$\begin{aligned} \frac{\cos\frac{1}{2}v_1}{\sqrt{q}} &= \frac{1}{\sqrt{r_1}} \\ \frac{\sin\frac{1}{2}v_1}{\sqrt{q}} &= \frac{1}{\sqrt{r_1}}\operatorname{ctg}\tfrac{1}{2}(u_3 - u_1) - \frac{1}{\sqrt{r_3}}\operatorname{cosec}\tfrac{1}{2}(u_3 - u_1) \\ \omega = u_1 - v_1 &\qquad v_3 = u_3 - \omega\,. \end{aligned} \qquad \text{(XIII)}$$

Berücksichtigung der Aberrationszeiten nach

$$t_1^0 = t_1 - A\Delta \qquad t_3^0 = t_3 - A\Delta \qquad \text{(XIV)}$$

$\lg A = 7.76118_{-10}$ in Einheiten des mittl. Tages.

$$\begin{aligned} M_1 &= \frac{\sqrt{2}}{k}\left(\operatorname{tg}\tfrac{1}{2}v_1 + \tfrac{1}{3}\operatorname{tg}\tfrac{1}{2}v_1^3\right) \\ M_3 &= \frac{\sqrt{2}}{k}\left(\operatorname{tg}\tfrac{1}{2}v_3 + \tfrac{1}{3}\operatorname{tg}\tfrac{1}{2}v_3^3\right) \end{aligned} \qquad \text{(XV)}$$

$$\lg\frac{\sqrt{2}}{k} = 1.914934$$

$$t_1^0 - M_1 q^{\frac{3}{2}} = T = t_3^0 - M_3 q^{\frac{3}{2}}.$$

Damit sind die gesuchten 5 Elemente T, ω, Ω, i, q bestimmt.

e) Kontrolle durch Nachrechnung der mittleren Beobachtung. Ein Urteil über die Brauchbarkeit der Elemente erhält man durch Nachrechnung der mittleren Beobachtung.

$$\begin{aligned} M_2 &= \frac{t_2^0 - T}{q^{\frac{3}{2}}} \\ \operatorname{tg}\tfrac{1}{2}v_2 + \tfrac{1}{3}\operatorname{tg}\tfrac{1}{2}v_2^3 &= M_2\frac{k}{\sqrt{2}} \end{aligned} \qquad \text{(XVI)}$$

$$\begin{aligned} r_2 &= q\sec\tfrac{1}{2}v_2^2 \\ u_2 &= v_2 + \omega \\ \Delta_2\cos\beta_2\cos(\lambda_2 - \Omega) &= r_2\cos u_2 - R_2\cos(L_2 - \Omega) \\ \Delta_2\cos\beta_2\sin(\lambda_2 - \Omega) &= r_2\sin u_2\cos i - R_2\sin(L_2 - \Omega) \\ \Delta_2\sin\beta_2 &= r_2\sin u_2\sin i\,. \end{aligned} \qquad \text{(XVII)}$$

Die Aberrationszeit kann man mit genügender Genauigkeit mit Hilfe der Werte für die benutzten Beobachtungen ermitteln. Die wahre Anomalie v_2 berechnet man nach dem S. 207 erläuterten direkten Verfahren, oder man entnimmt v_2 mit dem Argument M_2 der Tafel 9, oder einer der S. 208 erwähnten Tafeln.

Genügen die so berechneten Koordinaten, die mit (λ_2), (β_2) bezeichnet seien, der Gleichung

$$\operatorname{tg}(J_2) = \frac{\operatorname{tg}(\beta_2)}{\sin((\lambda_2) - L_2)} = \operatorname{tg} J_2 \qquad \text{(XVIII)}$$

nicht, so ist die Bahnbestimmung noch verbesserungsfähig (Verbesserungsverfahren siehe S. 190). Genügen sie aber der Bedingung innerhalb der Grenzen der Unsicherheit der Rechnung, so ist die Bahnbestimmung rechnerisch in Ordnung. Weichen auch in diesem Falle die gerechneten (λ_2), (β_2) von den beobachteten Werten λ_2, β_2 selbst ab, so sind die zur Bahnbestimmung benutzten Beobachtungen entweder fehlerhaft, oder sie sind mit der parabolischen Hypothese nicht vereinbar. Siehe die Ausführungen auf S. 182.

§ 66. Beispiel.

a) Ausgangsdaten und konstante Hilfsgrößen. Gegeben seien die topozentrischen Beobachtungen des Kometen 1925c (Orkisz)

Ort	1925	Weltzeit	$\alpha_{1925\cdot0}$	$\delta_{1925\cdot0}$
Kopenhagen	April 5	$2^h\ 52^m\ 40^s$	$22^h\ 26^m\ 46^s.10$	$+16°\ 37'\ 28''.3$
,,	,, 20	0 42 11	22 43 59.87	+33 46 3.3
Babelsberg	Mai 5	23 56 45	23 15 25.74	+55 14 51.0

Die Reduktion dieser Beobachtungen sei gemäß den Ausführungen in § 22 vorgenommen. Es sei vorausgesetzt, daß eine Bahnbestimmung aus kürzeren Zwischenzeiten vorangegangen ist (siehe das Beispiel im vorigen Abschnitt), die die zur Berücksichtigung der Parallaxe in α_i, δ_i und zur Berechnung der Aberrationszeiten erforderlichen geozentrischen Entfernungen Δ_i liefert. Man erhält

1925 Weltzeit	lg Δ	p_α	p_δ	$A\Delta$
Apr. 5.11991	0.234	$-0^s.20$	$+4''.0$	0.00989
20.02929	0.184	−0.24	+4.6	0.00881
35.99774	0.159	−0.32	+4.0	0.00832

Die geozentrischen äquatorialen Beobachtungen α_i, δ_i werden nach den Gl. (3. 29) in die geozentrischen ekliptikalen Koordinaten λ_i, β_i verwandelt. Die zu den Zeiten t_i gehörigen Erdkoordinaten $L_i = (L_{\odot i} \pm 180°)$, $B_i (= -B_{\odot i})$, lg R_i werden dem B. J. entnommen. Damit die B_i streng gleich Null gesetzt werden können, werden die β_i nach Gl. (5. 5) korrigiert.

t_1^0	$5^d.11002$	β_1	$+24°.4161$
t_2^0	20.02048	β_2	+38.1444
t_3^0	35.98942	β_3	+52.9032

λ_1	345°.1103	L_1	194°.8213	R_1	0.000281
λ_2	358.0238	L_2	209.4298	R_2	0.002126
λ_3	21.9932	L_3	224.9503	R_3	0.003890

$\lambda_1 - L_1$	150°2890	$\lambda_3 - L_3$	157°0429	
$\operatorname{tg} \beta_1$	9.657017	$\operatorname{tg} \beta_3$	0.121360	
$\sin(\lambda_1 - L_1)$	9.695154	$\sin(\lambda_3 - L_3)$	9.591111	
$\operatorname{tg} w_1$	9.961863	$\operatorname{tg} w_3$	0.530249	
$\sec w_1$	0.132283	$\sec w_3$	0.548363	
$\operatorname{tg}(\lambda_1 - L_1)$	9.756366 *n*	$\operatorname{tg}(\lambda_3 - L_3)$	9.626947 *n*	
$\operatorname{tg} \vartheta_1$	9.888649 *n*	$\operatorname{tg} \vartheta_3$	0.175310 *n*	(I)
$\sin \vartheta_1$ *	9.786749	$\sin \vartheta_3$	9.919909	
R_1	0.000281	R_3	0.003890	
$\cos \vartheta_1$	9.898100 *n*	$\cos \vartheta_3$	9.744599 *n*	
$\cos(\lambda_1 - L_1)$	9.938788 *n*	$\cos(\lambda_3 - L_3)$	9.964164 *n*	
$\cos \beta_1$	9.959313	$\cos \beta_3$	9.780435	
$\cos \vartheta_1$	9.898101 *n*	$\cos \vartheta_3$	9.744599 *n*	
$L_3 - L_1$	30°1290	$g \sin(G - L_1)$	9.704549	
$\sin(L_3 - L_1)$	9.700659	$\sin(G - L_1)$	9.986562	
R_3	0.003890	$g \cos(G - L_1)$	9.107101 *n*	
$\cos(L_3 - L_1)$	9.936965	$\operatorname{tg}(G - L_1)$	0.597448 *n*	(II)
$R_3 \cos(L_3 - L_1)$	9.940855	$G - L_1$	104°1801	
Add.	9.166246	G	299.0014	
$-R_1$	0.000281 *n*	g	9.717987	

$\lambda - L_2$**	135°6805	148°5940	172°5634	
$\sin(\lambda - L_2)$	9.844265	9.716920	9.112032	
$\cos \beta$	9.959313	9.895675	9.780435	
$A \sin J = \sin \beta$	9.616329	9.790739	9.901795	(III)
$\cos J$ od. $\sin J$	9.923522		9.997930	
$A \cos J$	9.803578	9.612595	8.892467	
$\operatorname{tg} J$	9.812751	0.178144	1.009328	

b) Die erste Näherung.

J	33°0141	56°4348	84°4100	
$J_1 - J_2$	−23.4207	$J_2 - J_3$	−27.9752	
$\sin(J_1 - J_2)$	9.599315 *n*	$\sin(J_2 - J_3)$	9.671256 *n*	
A_1	9.880056	A_3	9.903865	
$t_3^0 - t_2^0$	15ᵈ96894	$A_1 \sin(J_1 - J_2)$	9.479371 *n*	(IV)
$t_2^0 - t_1^0$	14.91046	$A_3 \sin(J_2 - J_3)$	9.575121 *n*	
$t_3^0 - t_2^0$	1.203276	Quotient	9.904250	
$t_2^0 - t_1^0$	1.173491	$(t_3^0 - t_2^0):(t_2^0 - t_1^0)$	0.029785	
$\lambda_3 - \lambda_1$	36°8829	$\sin \beta_3$	9.901795	
$\sin(\lambda_3 - \lambda_1)$	9.778283	M	9.934035	
$M \cos \beta_3$	9.714470	$\cos \beta_3$	9.780435	
$\cos(\lambda_3 - \lambda_1)$	9.903016	$M \sin \beta_3$	9.835830	
$M \cos \beta_3 \cos(\lambda_3 - \lambda_1)$	9.617486	Add.	9.818015	
Add.	0.078089	$-\sin \beta_1$	9.616329 *n*	
$-\cos \beta_1$	9.959313 *n*	$h \sin \xi$	9.434344	
$h \cos \xi \sin(H - \lambda_1)$	9.492753	$\cos \xi$	9.957609	
$\cos(H - \lambda_1)$	9.928029 *n*	$h \cos \xi$	9.767546	
$h \cos \xi \cos(H - \lambda_1)$	9.695575 *n*	$\operatorname{tg} \xi$	9.666798	(V)
$\operatorname{tg}(H - \lambda_1)$	9.797178 *n*	$\sin(H - G)$	9.384480 *n*	
$H - \lambda_1$	147°9176	$\operatorname{tg} W$	0.282318 *n*	
H	133.0279	$\sec W$	0.334647 *n*	
G	299.0014	$\operatorname{tg}(H - G)$	9.397626	
$H - G$	194.0265	$\operatorname{tg} \chi$	9.732273 *n*	
$\cos(H - G)$	9.986854 *n*	$\cos \chi$	9.944463 *n*	
$\cos \xi$	9.957609	g	9.717987	
$\cos \chi$	9.944463 *n*	$\sin \chi$ ***	9.676736	

* Hier könnten $\sin \vartheta_1$ und $\sin \vartheta_3$ in wesentlich kürzerer Rechnung, aber mit ausreichender Sicherheit, aus $\cos \vartheta_1$ und $\cos \vartheta_3$ bestimmt werden.

** Bezüglich der Indizes siehe Fußnote * auf S. 90.

*** Hier könnte $\sin \chi$ in wesentlich kürzerer Rechnung, aber mit ausreichender Sicherheit, aus $\cos \chi$ bestimmt werden.

$g \cos \chi$	9.662450 n	$R_3 \cos \vartheta_3$	9.748489 n	(VI)
h	9.809937	M	9.934035	
$g \sin \chi$	9.394723	$R_3 \sin \vartheta_3$	9.923799	
ι	9.852513 n	ι_3	9.814454 n	
$\varkappa$	9.584786	$\varkappa_3$	9.989764	
$h\varkappa$	9.394723	$M\varkappa_3$	9.923799	
ι_1	9.898381 n			
$\varkappa_1$	9.787030			
ι	−0.712054	$t_3^0 - t_1^0$	30.d87940	
ι_1	−0.791372		1.489669	
ι_3	−0.652310	$2k$	8.536611	
Δ_1	1.712210	$2k\,(t_3^0 - t_1^0)$	0.026280	

Der Ausgangswert für Δ_1 ist dem Beispiel in § 60 entnommen.

Hypothesenrechnung:

	1. Hyp.	2. Hyp.	3. Hyp.	
$\Delta_1 + \iota$	1.000156	1.005156	1.005966	
	0.000068	0.002233	0.002583	
$\operatorname{tg} \sigma$	0.415282	0.417447	0.417797	(VII)
$\sec \sigma$	0.445200	0.447087	0.447393	
s_g	9.839923	9.841810	9.842116	
$\Delta_1 + \iota_1$	0.920838	0.925838	0.926648	
	9.964183	9.966535	9.966915	
$\operatorname{tg} \sigma_1$	0.177153	0.179505	0.179885	
$\sec \sigma_1$	0.256677	0.258311	0.258575	
$\Delta_1 + \iota_3$	1.059900	1.064900	1.065710	
	0.025265	0.027309	0.027639	
$\operatorname{tg} \sigma_3$	0.035501	0.037545	0.037875	
$\sec \sigma_3$	0.168991	0.170098	0.170277	
r_1	0.043707	0.045341	0.045605	
Add.	0.277182	0.277430	0.277471	
r_3	0.092790	0.093897	0.094076	
$r_1 + r_3$	0.369972	0.371327	0.371547	
$(r_1 + r_3)^{\frac{1}{2}}$	0.184986	0.185664	0.185774	(VIII)
$(r_1 + r_3)^{\frac{3}{2}}$	0.554958	0.556991	0.557321	
μ_2	9.471322	9.469289	9.468959	
ζ_2	0.001628	0.001612	0.001610	
s_d	9.842922	9.842228	9.842116	
$s_g - s_d$	− 2999	− 418	0	

$$d\Delta_1 = + \tfrac{5000}{2581} \cdot 418 = + 810$$

Δ_1	0.235028	Δ_3	0.169063	(IX)
M	9.934035			

c) Das Verbesserungsverfahren. Bei den gewählten ziemlich großen Zwischenzeiten und der raschen Bewegung des Kometen muß trotz der nahe gleichen Zwischenzeiten mit der Möglichkeit gerechnet werden, daß sich die vernachlässigten höheren Glieder in der Beziehung zwischen Δ_1 und Δ_3 stärker bemerkbar machen werden. Von einem Verbesserungsverfahren kann man in diesem wie in ähnlichen Fällen trotzdem absehen, sofern die erste Bahnbestimmung nur für Zwecke der Vorausberechnung für die nächste Zeit unternommen wird, zumal die Radienvektoren nicht sehr klein sind.

d) Die Ableitung der Elemente.

$\sin\beta_1$	9.616329	$\sin\beta_3$	9.901795	
Δ_1	0.235028	Δ_3	0.169063	
$\cos\beta_1$	9.959313	$\cos\beta_3$	9.780435	
$\sin(\lambda_1-L_1)$	9.695154	$\sin(\lambda_3-L_3)$	9.591111	
$\Delta_1\cos\beta_1$	0.194341	$\Delta_3\cos\beta_3$	9.949498	
$\cos(\lambda_1-L_1)$	9.938788 *n*	$\cos(\lambda_3-L_3)$	9.964164 *n*	
$\Delta_1\cos\beta_1\cos(\lambda_1-L_1)$	0.133129 *n*	$\Delta_3\cos\beta_3\cos(\lambda_3-L_3)$	9.913662 *n*	
Add.	9.553685	Add.	9.363453	
R_1	0.000281	R_3	0.003890	(X)
$r_1\cos b_1\sin(l_1-L_1)$	9.889495	$r_3\cos b_3\sin(l_3-L_3)$	9.540609	
$\sin(l_1-L_1)$	9.958020	$\sin(l_3-L_3)$	9.943501	
$r_1\cos b_1\cos(l_1-L_1)$	9.553966 *n*	$r_3\cos b_3\cos(l_3-L_3)$	9.277115	
$\operatorname{tg}(l_1-L_1)$	0.335529 *n*	$\operatorname{tg}(l_3-L_3)$	0.263494	
l_1-L_1	114°7884	l_3-L_3	61°4036	
$r_1\sin b_1$	9.851357	$r_3\sin b_3$	0.070858	
$\cos b_1$	9.885870	$\cos b_3$	9.976782	
$r_1\cos b_1$	9.931475	$r_3\cos b_3$	9.597108	
$\operatorname{tg} b_1$	9.919882	$\operatorname{tg} b_3$	0.473750	

$\cos(l_3-l_1)$	9.963198	l_1	309°6097	
$-\operatorname{tg} b_1\cos(l_3-l_1)$	9.883080 *n*	l_3	286.3539	
Add.	9.871197	☊	318.0492	
$\operatorname{tg} b_3$	0.473750			
Zähler	0.344947	l_3-l_1	− 23.2558	
$\sin(l_3-l_1)$	9.596418 *n*	$l_3-☊$	328.3047	
$\operatorname{tg} i\sin(l_1-☊)$	9.919882			(XI)
$\cos(l_1-☊)$	9.995271	$\operatorname{cosec} i$	0.006662	
$\operatorname{tg} i\cos(l_1-☊)$	0.748529 *n*	$\operatorname{tg} b_1\operatorname{cosec} i$	9.926544	
$\operatorname{tg}(l_1-☊)$	9.171353 *n*	$\sec(l_1-☊)$	0.004729	
$l_1-☊$	351°5605			
$\operatorname{tg} i$	0.753258 *n*	$\operatorname{tg} b_3\operatorname{cosec} i$	0.480412	
$\sin(l_3-☊)$	9.720492 *n*	$\sec(l_3-☊)$	0.070144	

u_1	40°4853	$\operatorname{tg} u_1$	9.931273	
u_3	74.2793	$\operatorname{tg} u_3$	0.550556	
r_1+r_3	0.371547	r_1	0.045605	
Add.	0.112440	Add.	9.570536	
s_2	9.842116	S_2	0.182957	
$r_1+r_3+s_2$	0.483987	Add.	9.356222	
1 : 2	9.698970	r_3	0.094076	(XII)
S_2	0.182957	S_2-r_1	9.616141	
Add.	0.076278	S_2-r_3	9.450298	
S_2-s_2	9.918394	$(S_2-r_1)(S_2-r_3)$	9.066439	
		$S_2(S_2-s_2)$	0.101351	
		$\sqrt{}$	8.965088	
u_3-u_1	33°7940	$\operatorname{tg}\frac{1}{2}(u_3-u_1)$	9.482544	
$\frac{1}{2}(u_3-u_1)$	16.8970	$\frac{1}{2}(u_3-u_1)$	16°8972	

$\sqrt{r_1}$	0.022802	$\sqrt{r_3}$	0.047038	
$1:\sqrt{r_1}$	9.977198	$1:\sqrt{r_3}$	9.952962	
$\operatorname{ctg} \frac{1}{2}(u_3-u_1)$	0.517461	$\operatorname{cosec} \frac{1}{2}(u_3-u_1)$	0.536627	
$\sin \frac{1}{2} v_1 : \sqrt{q}$	8.559339	$\sqrt{r_1}^{-1} \operatorname{ctg} \frac{1}{2}(u_3-u_1)$	0.494659	
$\sec \frac{1}{2} v_1$	0.000317	Add.	8.069750	(XIII)
$\cos \frac{1}{2} v_1 : \sqrt{q}$	9.977198	$\sqrt{r_3}^{-1} \operatorname{cosec} \frac{1}{2}(u_3-u_1)$	0.489589 *n*	
$\operatorname{tg} \frac{1}{2} v_1$	8.582141	$1:\sqrt{q}$	9.977515	
$\frac{1}{2} v_1$	2°1880	$\sqrt{q}$	0.022485	
v_1	4.3760	v_3	38°1700	
ω	36.1093	q	0.044970	

$A\,\Delta_1$	7.99621	$A\,\Delta_3$	7.93024	
	0ᵈ00991		0ᵈ00852	(XIV)
t_1^0	5.11000	t_3^0	35.98922	

$\operatorname{tg} \frac{1}{2} v_1^3$	5.746423	$\operatorname{tg} \frac{1}{2} v_3^3$	8.617183	
$1:3$	9.522879	$1:3$	9.522879	
$\frac{1}{3} \operatorname{tg} \frac{1}{2} v_1^3$	5.269302	$\frac{1}{3} \operatorname{tg} \frac{1}{2} v_3^3$	8.140062	
Add.	0.000212	Add.	0.016993	
$\operatorname{tg} \frac{1}{2} v_1$	8.582141	$\operatorname{tg} \frac{1}{2} v_3$	9.539061	
Summe	8.582353	Summe	9.556054	(XV)
$\sqrt{2}:k$	1.914934	$\sqrt{2}:k$	1.914934	
M_1	0.497287	M_3	1.470988	
$q^{\frac{3}{2}}$	0.067455	$q^{\frac{3}{2}}$	0.067455	
$M_1\, q^{\frac{3}{2}}$	0.564742	$M_3\, q^{\frac{3}{2}}$	1.538443	
	3.6706		34.5496	
T	1.4394	T	1.4396	

e) Kontrolle durch Nachrechnung der mittleren Beobachtung.

$A\,\Delta$	0.0089	$r_2 \sin u_2 \cos i$	9.227891 *n*	
t_2^0	20.0204	Add.	9.915154	
T	1.4395	$-R_2 \sin (L_2 -$ ☊$)$	9.978779	
$t_2^0 - T$	18.5809	$r_2 \cos u_2$	9.787731	
	1.269067	Add.	0.182722	
$1:q^{\frac{3}{2}}$	9.932545	$-R_2 \cos (L_2 -$ ☊$)$	9.506298	
M_2	1.201612			
$^1/_2\, v_2$	10°8226	$\Delta_2 \cos\beta_2 \sin(\lambda_2 -$ ☊$)$	9.893933	
$\cos {}^1/_2\, v_2$	9.992206	$\cos(\lambda_2 -$ ☊$)$	9.884392	
$\cos {}^1/_2\, v_2^2$	9.984412	$\Delta_2 \cos\beta_2 \cos(\lambda_2 -$ ☊$)$	9.970453	
v_2	21°6453	$\operatorname{tg}(\lambda_2 -$ ☊$)$	9.923480	
ω	36.1093	$\lambda_2 -$ ☊	39°9783	
u_2	57.7546	$\Delta_2 \sin(\beta_2)$	9.981149	(XVI)
$\sin u_2$	9.927253	$\cos(\beta_2)$	9.895666	(XVII)
r_2	0.060558	$\Delta_2 \cos(\beta_2)$	0.086061	
$\cos u_2$	9.727173	$\operatorname{tg}(\beta_2)$	9.895088	
$\sin i$	9.993338	(λ_2)	358°0275	
$r_2 \sin u_2$	9.987811	(β_2)	+38.1459	
$\cos i$	9.240080 *n*	Δ_2	0.190395	

L_2	209°4298	$(\lambda_2) - L_2$	148°5977
☊	318.0492	$\sin((\lambda_2) - L_2)$	9.716875
$L_2 -$ ☊	251.3806	$\operatorname{tg}(\beta_2)$	9.895088
$\sin(L_2 -$ ☊$)$	9.976653 *n*	$\operatorname{tg}(J_2)$	0.178213
R_2	0.002126	$\operatorname{tg} J_2$	0.178144
$\cos(L_2 -$ ☊$)$	9.504172 *n*	$\operatorname{tg} J_2 - \operatorname{tg}(J_2)$	−0.000069

Da tg (J_2) mit dem aus den beobachteten Koordinaten abgeleiteten Wert tg J_2 nicht genügend übereinstimmt, so erfüllt die gerechnete Bahn nicht die an sie gestellten Bedingungen. Um die Abweichung zu beseitigen, sei der Carlinische Kunstgriff angewandt. Mit dem nach

2	0.301030	
tg J_2	0.178144	
2 tg J_2	0.479174	
Add.	9.999862	(XVIII)
− tg (J_2)	0.178213 *n*	
tg J_2^*	0.178075	

berechneten Wert tg $J_2^* = 0.178075$ werden die Gleichungssysteme (IV) bis (XVIII) erneut durchgerechnet. Hier seien nur die Resultate wiedergegeben. Man erhält

M 9.933902
Δ_1 0.235082 Δ_3 0.168984
r_1 0.045675 r_3 0.094006

und die Elemente

T = 1925 Apr. 1.4928 Weltzeit

ω	36°1741	Ekliptik
☊	318.0684	Mittl. Äquin. 1925.0
i	100.0236	
lg q	0.045058	

und damit als neuen Wert tg $(J_2) = 0.178143$ in Übereinstimmung mit dem aus den beobachteten Koordinaten gerechneten Wert tg $J_2 = 0.178144$. Rechnerisch ist somit die Bahnbestimmung korrekt.

Daß die 3 benutzten Beobachtungen frei von gröberen Beobachtungsfehlern sind und auch der parabolischen Hypothese ausreichend genügen, zeigen die ziemlich geringen Abweichungen

$$\cos\beta\, d\lambda = -0^\circ0009 \qquad d\beta = +0^\circ0009$$

in den Koordinaten selbst.

Vierter Teil.

Die Berechnung einer geozentrischen Ephemeride.

Die Berechnung einer geozentrischen Ephemeride, d. i. eine Reihe von geozentrischen Örtern für äquidistante Daten, nimmt man vor, wenn zahlreiche Beobachtungen mit der berechneten Bahn verglichen werden sollen, oder wenn dem Beobachter mit der Vorausberechnung der scheinbaren Bahn die Möglichkeit geboten werden soll, das Gestirn weiter zu verfolgen.

Die Vergleichung der Beobachtungen erfolgt entweder, um etwaige Fehler in der der Bahnbestimmung zugrunde gelegten oder zugrunde zu legenden Beobachtungen aufzudecken, oder um aus den Beobachtungen während der Sichtbarkeitsperiode sog. Normalorte zur weiteren Verbesserung der ersten Bahn zu erlangen. Die Ephemeridenrechnung muß für diese Zwecke genau ausgeführt werden, d. h. es muß das Resultat auf einige Zehntelbogensekunden in beiden Koordinaten exakt sein.

Für die Berechnung der Aufsuchungsephemeriden genügt meist eine genähert ausgeführte Rechnung, die im geozentrischen Ort etwa $0.'1$ (für visuelle Beobachtungen) oder gar nur $1'$ (für photographische Aufnahmen) gibt.

Die Berechnung der Ephemeride kann entweder durch direkte Berechnung aller Örter oder durch direkte Berechnung einiger weniger Örter mit anschließender numerischer Integration erfolgen.

Der erste Schritt der Ephemeridenrechnung besteht in der Berechnung der (mittleren, exzentrischen bzw. wahren) Anomalie aus gegebener mittlerer Anomalie für eine Nullepoche, der mittleren täglichen Bewegung und der Exzentrizität bzw. aus der seit dem Periheldurchgang verflossenen Zeit und der Periheldistanz, der zweite in der Ableitung der rechtwinkligen heliozentrischen äquatorialen Koordinaten, der dritte in der Umwandlung dieser Koordinaten in geozentrische äquatoriale Koordinaten.

15. Abschnitt.

Die direkte Berechnung einer genauen Ephemeride.

§ 67. Ephemeridenrechnung mit elliptischen Elementen.

a) Berechnung der Anomalien und des Radiusvektors.

α) Mittlere Anomalie. Ist die mittlere Anomalie für eine Nullepoche t_0 und die mittlere tägliche Bewegung μ gegeben, so erhält man die mittlere Anomalie für ein beliebiges Datum nach

$$M = M_0 + \mu (t - t_0) . \tag{1}$$

Man berechnet die mittlere Anomalie aber nicht für jeden einzelnen Ort der Ephemeride, sondern nur für den ersten, addiert die mittlere Bewegung in dem gewählten Intervall w, $w\mu$, auf und benutzt die direkte Berechnung des letzten M als Kontrolle.

β) Exzentrische Anomalie. Die Bestimmung der exzentrischen aus der mittleren Anomalie und der Exzentrizität geschieht nach der Keplerschen Gleichung

$$E - e \sin E = M. \tag{2}$$

Diese transzendente Gleichung ist nicht direkt auflösbar. Zahlreiche Methoden sind vorgeschlagen, um den Wert von E durch allmähliche Annäherung zu erlangen. Die Anwendung dieser Verfahren setzt voraus, daß ein erster Näherungswert (E) bekannt ist, der nach einem rasch fördernden Verfahren verbessert werden kann. Den ersten Näherungswert kann man entweder aus Tafeln entnehmen, oder man bestimmt ihn mit Hilfe eines Nomogramms, oder man verschafft ihn sich durch eine verhältnismäßig kleine Rechnung.

Auch die exzentrische Anomalie braucht man nicht für jeden einzelnen Ort aufs neue zu berechnen. Man ermittelt sie für einige Orte am Anfang der Ephemeride und erhält durch jedesmalige Extrapolation für den folgenden Ort einen sehr guten Näherungswert, der sich sehr rasch verbessern läßt. Man kommt dann meist nach einmaliger Durchrechnung der Gl. (2) zum Ziele.

Einen sehr guten Näherungswert für E gibt die Tafel von ASTRAND. Diese liefert mit den Argumenten M (von 0° bis 180°, von 0°.5 zu 0°.5 bzw. von 1° zu 1° fortschreitend) und e (von 0.01 bis 1.00, von 0.01 zu 0.01 fortschreitend) Werte von E auf 0°.001. Für Werte von M zwischen 180° und 360° hat man für M und E die Ergänzung zu 360° zu bilden. Die Tafelwerte sind auf etwa 0°.003 genau.

In Ermangelung dieser Tafel kann man einen allerdings roheren Näherungswert von $E - M$ der Tafel 8 entnehmen.

Von den vielen Verfahren, die durch eine kleine direkte Rechnung einen guten Näherungswert (E) geben, sei hier das Enckesche Verfahren erläutert, das ohne Anwendung von Hilfstafeln verhältnismäßig rasch zu einem guten Näherungswert führt. Setzt man $E - M = x$, so kann die Keplersche Gleichung $x = e \sin(M + x)$ oder entwickelt

$$x = e \sin M \left(1 - \tfrac{1}{2} x^2 + \cdots\right) + e \cos M \left(x - \tfrac{1}{6} x^3 + \cdots\right)$$

oder

$$x = e \sin M + e \cos M\, x - \tfrac{1}{2} e \sin M\, x^2 - \tfrac{1}{6} e \sin M \operatorname{ctg} M\, x^3 + \cdots$$

oder

$$x = \frac{e \sin M}{1 - e \cos M} - \frac{1}{2} \frac{e \sin M}{1 - e \cos M} x^2 - \frac{1}{6} \frac{e \sin M}{1 - e \cos M} \operatorname{ctg} M\, x^3 + \cdots$$

geschrieben werden. Setzt man nun

$$\frac{e \sin M}{1 - e \cos M} = \operatorname{tg} y,$$

und für die höheren Glieder hinreichend $x = \operatorname{tg} y$, so wird

$$x = \operatorname{tg} y - \tfrac{1}{2}\operatorname{tg} y^3 - \tfrac{1}{6}\operatorname{ctg} M \operatorname{tg} y^4 + \cdots.$$

Diesen Ausdruck kann man vereinfachen, indem man $\sin y = \eta$ statt $\operatorname{tg} y$ einführt. Da

$$\operatorname{tg} y = \frac{\eta}{\sqrt{1-\eta^2}} = \eta + \tfrac{1}{2}\eta^3 + \cdots,$$

also

$$\operatorname{tg} y^3 = \eta^3 + \cdots, \quad \operatorname{tg} y^4 = \eta^4 + \cdots$$

ist, so erhält man

$$x = \eta - \tfrac{1}{6}\operatorname{ctg} M \eta^4 + \cdots.$$

Um x in Bogensekunden bzw. Grad zu erhalten, setzt man an

$$\begin{aligned} x'' &= S\eta + s \operatorname{ctg} M \eta^4 \\ x^\circ &= G\eta + g \operatorname{ctg} M \eta^4, \end{aligned} \tag{3}$$

wo

$$\begin{aligned} \lg S &= 5.3144251 & \lg s &= 4.536274_n \\ \lg G &= 1.7581226 & \lg g &= 0.979971_n. \end{aligned}$$

Der Näherungswert (E) von E ist dann gegeben durch

$$(E) = M + x.$$

Die Verbesserung des Näherungswertes (E) gestaltet sich verhältnismäßig einfach bei Anwendung einer Rechenmaschine. Man löst hier die Keplersche Gleichung in der Form

$$E = M + e^\circ \sin E$$

auf. Im Resultatwerk wird M, im Einstellwerk der Faktor e in Graden ausgedrückt eingestellt, zu M der erste Näherungswert $e^\circ \sin (E)$ addiert. Dann erhält man im Resultatwerk einen genaueren Wert von E und damit von $\sin E$. Nach einigen Wiederholungen hat man im Resultat- und Zählwerk die genauen Werte von E und $\sin E$.

Für die logarithmische Rechnung geschieht die Verbesserung am zweckmäßigsten durch Benutzung des Differentialquotienten

$$\frac{dE}{dM} = \frac{1}{1 - e\cos E}. \tag{4}$$

Berechnet man mit dem Näherungswert (E) den zugehörigen Wert (M) nach $(M) = (E) - e \sin (E)$, so ist sehr nahe

$$E - (E) = [M - (M)]\frac{d(E)}{d(M)} = [M - (M)]\frac{1}{1 - e\cos(E)}. \tag{5}$$

In der Astrandschen Tafel wird in den ersten Differenzen $1 : (1 - e \cos E)$ geboten.

γ) Wahre Anomalie und Radiusvektor. Man kann zwar die wahre Anomalie unmittelbar aus der mittleren dadurch ableiten, daß man $v - M$ aus Reihenentwicklungen bestimmt. Dieses Verfahren ist aber bei höherstelliger Rechnung nur bei ganz kleinen Exzentrizitäten empfehlenswert, wie sie bei den großen Planeten auftreten. Für die bei den kleinen Planeten wie bei den Kometen üblichen Exzentrizitäten hat sich die Einführung der exzentrischen Anomalie als Zwischengröße als zweckmäßiger erwiesen.

Bei der maschinellen Berechnung der Ephemeriden sind in den Gleichungen (3.23) bequeme Formeln gegeben, in denen die wahre Anomalie und der Radiusvektor nicht gebraucht werden.

Für die logarithmische Rechnung sind die Gleichungen

$$\begin{aligned} r \sin v &= a \cos\varphi \sin E \\ r \cos v &= a (\cos E - e) \end{aligned} \tag{6}$$

geeignet. Bequemer sind die Formeln

$$\begin{aligned} \sqrt{r} \sin \tfrac{1}{2} v &= \sqrt{a (1 + e)} \sin \tfrac{1}{2} E \\ \sqrt{r} \cos \tfrac{1}{2} v &= \sqrt{a (1 - e)} \cos \tfrac{1}{2} E \,. \end{aligned} \tag{7}$$

Doch geben sie weniger genaue Resultate als Gl. (6).

b) Die Berechnung rechtwinkliger heliozentrischer äquatorialer Koordinaten. Für maschinelles Rechnen erfolgt sie nach den Gl. (3.23)

$$\begin{aligned} x' &= a P'_x \cos E + a \cos\varphi\, Q'_x \sin E - a e P'_x \,. \\ y' &= a P'_y \cos E + a \cos\varphi\, Q'_y \sin E - a e P'_y \,. \\ z' &= a P'_z \cos E + a \cos\varphi\, Q'_z \sin E - a e P'_z \,. \end{aligned} \tag{8}$$

Hierin sind die Konstanten P'_x, P'_y, P'_z, Q'_x, Q'_y, Q'_z Größen, die im Verlauf der Bahnbestimmung erhalten werden. Nach den Gl. (3.22) kann man sie auch aus den ekliptikalen Bahnelementen ω, ☊, i ableiten.

Für logarithmisches Rechnen benutzt man die Gl. (3.18)

$$\begin{aligned} u &= v + \omega \\ x' &= r \sin a' \sin (A' + u) \\ y' &= r \sin b' \sin (B' + u) \\ z' &= r \sin c' \sin (C' + u) \,. \end{aligned} \tag{9}$$

Der Bestimmung der hierin auftretenden Gaußschen Konstanten $\sin a'$, $\sin b'$, $\sin c'$, A', B', C' dienen die Gl. (3.17), denen man die bequemere Form

$$\begin{aligned} \sin a' \sin A' &= \cos ☊ \\ \sin a' \cos A' &= -\cos i \sin ☊ \\ \sin b' \sin B' &= \sin ☊ \cos \varepsilon \\ \sin b' \cos B' &= n \cos (N + \varepsilon) \\ \sin c' \sin C' &= \sin ☊ \sin \varepsilon \\ \sin c' \cos C' &= n \sin (N + \varepsilon) \end{aligned} \tag{10}$$

geben kann. Die N und n werden aus

$$\begin{aligned} n \sin N &= \sin i \\ n \cos N &= \cos ☊ \cos i \end{aligned}$$

bestimmt. n, $\sin a'$, $\sin b'$, $\sin c'$ sind positiv.

Will man den jedesmaligen Übergang von E auf v vermeiden, so kann man entweder die Gl. (8) oder folgende Gleichungen benutzen. Führt man in Gl. (8)

$$a\cos E - a e = r\cos v$$
$$a\cos\varphi\sin E = r\sin v$$

ein und setzt

$$\begin{aligned}
a\sin a'\sin(A'+\omega) &= \lambda'_x \sin L'_x \\
a\cos\varphi\sin a'\cos(A'+\omega) &= \lambda'_x \cos L'_x \\
-a e\sin a'\sin(A'+\omega) &= \nu'_x \\
a\sin b'\sin(B'+\omega) &= \lambda'_y \sin L'_y \\
a\cos\varphi\sin b'\cos(B'+\omega) &= \lambda'_y \cos L'_y \\
-a e\sin b'\sin(B'+\omega) &= \nu'_y \\
a\sin c'\sin(C'+\omega) &= \lambda'_z \sin L'_z \\
a\cos\varphi\sin c'\cos(C'+\omega) &= \lambda'_z \cos L'_z \\
-a e\sin c'\sin(C'+\omega) &= \nu'_z
\end{aligned} \tag{11}$$

so erhält man die den Gl. (9) analogen Gleichungen

$$\begin{aligned}
x' &= \lambda'_x \sin(L'_x + E) + \nu'_x \\
y' &= \lambda'_y \sin(L'_y + E) + \nu'_y \\
z' &= \lambda'_z \sin(L'_z + E) + \nu'_z\,.
\end{aligned} \tag{12}$$

Die Anwendung dieser Gleichungen lohnt sich allerdings nur, wenn die Ephemeride eine größere Ausdehnung hat. Für kurze Ephemeriden ist der zur Berechnung der vielen Hilfsgrößen erforderliche Zeitaufwand zu groß. Ist eine Bahnverbesserung geplant, bei der Radiusvektor und wahre Anomalie gebraucht werden, so wird man die Gl. (9) vorziehen.

c) Die Berechnung geozentrischer äquatorialer Koordinaten. Sie erfolgt nach den Gl. (3. 14)

$$\begin{aligned}
\Delta\cos\delta\cos\alpha &= x' + X'_\odot \\
\Delta\cos\delta\sin\alpha &= y' + Y'_\odot \\
\Delta\sin\delta &= z' + Z'_\odot\,.
\end{aligned} \tag{13}$$

Die rechtwinkligen Sonnenkoordinaten $X'_\odot, Y'_\odot, Z'_\odot$, die man dem B. J. entnimmt, müssen auf das gleiche mittlere Äquinoktium wie die der Ephemeridenrechnung zugrunde gelegten Elemente bezogen sein.

Für die Berechnung der Aberrationszeit und der Parallaxe ist auch die Ermittlung der geozentrischen Entfernung Δ, wenn auch in verminderter Genauigkeit, notwendig.

d) Die Vergleichung mit den Beobachtungen.

α) Die Interpolation in die Mitte. Hat man die Örter in dem gewählten Intervall ermittelt, so stellt man sich durch Interpolation in die Mitte eine Ephemeride mit eintägigem Intervall her, das für die Vergleichung mit den Beobachtungen das bequemste ist.

Ist bei dem gewählten Intervall eine bequeme Interpolation nicht möglich, so wird es meist genügen, wenn man die heliozentrischen Koordinaten einmal in die Mitte interpoliert, und nur die Umwandlung in geozentrische Koordinaten in halbiertem Intervall durchführt.

Darf man 4. Differenzen vernachlässigen, so kann man zur Interpolation in die Mitte die Formel

$$f(a + (n + \tfrac{1}{2}w)) = \tfrac{1}{2}[f(a + (n+1)w) + f(a + nw)] - \tfrac{1}{8}\left[\tfrac{1}{2}(f^{II}(a + (n+1)w) + f^{II}(a + nw))\right] \qquad (14)$$

benutzen. Die Interpolation in die Mitte geht dann also so vor sich, daß man zunächst das arithmetische Mittel der beiden Funktionswerte bildet und von diesem ein Achtel des arithmetischen Mittels derjenigen 2. Differenzen abzieht, die auf der gleichen Zeile wie die beiden Funktionswerte stehen.

Auch wenn die 4. Differenzen noch Einfluß haben, kann man doch die vorstehende bequeme Formel anwenden und nachträglich etwaige Sprünge in den Differenzen durch empirische Korrektion der interpolierten Werte beseitigen. Diese Korrektionen sind bei passender Wahl des Intervalles sehr klein.

β) Die Reduktion. Die erhaltene Ephemeride gibt geozentrische Örter, die auf das mittlere Äquinoktium eines Jahresanfangs bezogen sind.

Um die topozentrischen Beobachtungen mit den geozentrischen Ephemeridenörtern vergleichen zu können, hat man nach den Gl. (5. 3) die Parallaxe zu berücksichtigen. Die Berücksichtigung der Aberration könnte man natürlich in derselben Weise, wie es bei der Nachrechnung eines einzelnen Ortes geschehen ist, vornehmen. Wegen der Veränderlichkeit der Aberrationszeit mit der Entfernung würde man dann aber die Ephemeride mit ungleichen Intervallen zu berechnen haben. Diesem großen Nachteil geht man aus dem Wege, wenn man wahre Ephemeridenörter herstellt und die für die Zeiten $t^0 = t - A\Delta$ interpolierten Örter mit den auf das scheinbare Äquinoktium bezogenen Beobachtungen vergleicht. Dementsprechend wurden früher von den Beobachtern überwiegend scheinbare Örter veröffentlicht.

Da mit der Berechnung der scheinbaren Örter seitens der Beobachter und wahrer Örter seitens der Rechner doppelte Arbeit geleistet wurde, so geben die Beobachter neuerdings nach einer Übereinkunft mittlere Örter bezogen auf den Jahresanfang. An diese bringt der Rechner jetzt nur die Fixsternaberration an, und vergleicht die so reduzierte Beobachtung mit dem für die Zeit t^0 interpolierten auf das mittlere Äquinoktium eines Jahresanfangs bezogenen Ephemeridenort. Sind zahlreiche Beobachtungen nachzurechnen, so bringt man die ephemeridenartig berechnete Fixsternaberration mit negativem Vorzeichen besser an den Ephemeridenort an.

Die Berechnung der Fixsternaberration nach der Gl. (5. 11) und der Aberrationszeit kann in erweitertem Intervall, etwa 8tägig, und mit verminderter Stellenzahl, etwa 4stellig, erfolgen.

Bei der Interpolation des Ephemeridenortes für die Zeit t^0 kann man die in Tafel 3 gegebene Interpolationsformel und die Koeffizienten benutzen.

Die Abweichung der Beobachtung von der Rechnung ($d\alpha$, $d\delta$) pflegt man stets im Sinne Beobachtung minus Rechnung, $B-R$, zu bilden.

γ) Die Auffindung einer fehlerhaften Beobachtung. Die Wirkung eines Beobachtungsfehlers in den zur Bahnbestimmung benutzten Beobachtungen ist in den Abb. 18a—c schematisch dargestellt. Vorausgesetzt ist, daß die 3 benutzten Beobachtungen exakt dargestellt sind.

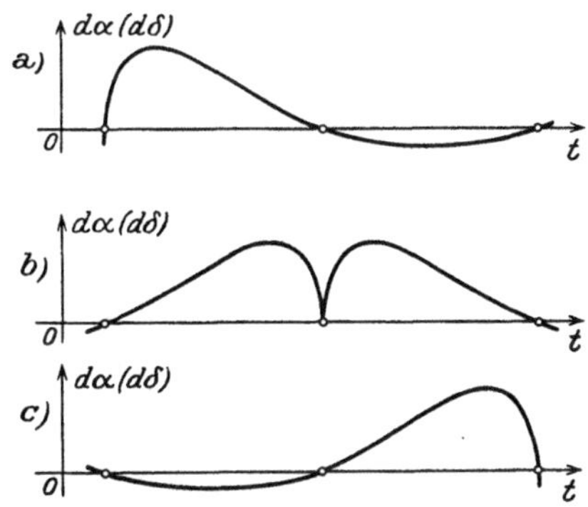

Abb. 18.

In Abb. 18a ist die erste, in Abbildung 18b die zweite, in Abb. 18c die dritte Beobachtung fehlerhaft.

Trägt man für jede Koordinate α, δ in je einer graphischen Darstellung alle $B-R$ ($d\alpha$ und $d\delta$) als Ordinaten, die zugehörigen Zeiten als Abszissen ein, legt durch die Punkte eine Kurve, so kann man an deren Verlauf durch Vergleich mit den Abb. 18a—c leicht feststellen, ob und welche der 6 Koordinaten der 3 benutzten Beobachtungen fehlerhaft ist. Schwieriger ist die Entscheidung zu treffen, wenn nicht nur eine der benutzten Beobachtungen fehlerhaft ist.

Natürlich verraten sich in den Diagrammen auch etwaige Fehler in den zur Bahnbestimmung nicht benutzten Beobachtungen.

§ 68. Ephemeridenrechnung mit parabolischen Elementen.

a) Berechnung der wahren Anomalie und des Radiusvektors. Die Gl. (1. 44)

$$\operatorname{tg}\tfrac{1}{2}v + \tfrac{1}{3}\operatorname{tg}\tfrac{1}{2}v^3 = \frac{k}{\sqrt{2}}\,\frac{t-T}{q^{\frac{3}{2}}} = \frac{k}{\sqrt{2}}M \tag{15}$$

gibt die wahre Anomalie v durch die seit dem Periheldurchgang T verflossene Zeit und die Periheldistanz q bzw. durch die Größe M. Die Gleichung kann in folgender Weise zur direkten Bestimmung von v aufgelöst werden. Setzt man

$$\operatorname{tg}\tfrac{1}{2}v = 2\operatorname{ctg}2\gamma \tag{16}$$

und beachtet, daß

$$2\operatorname{ctg}2\gamma = \frac{2(\cos\gamma^2 - \sin\gamma^2)}{2\sin\gamma\cos\gamma} = \operatorname{ctg}\gamma - \operatorname{tg}\gamma,$$

so wird

$$\operatorname{tg}\tfrac{1}{2}v + \tfrac{1}{3}\operatorname{tg}\tfrac{1}{2}v^3 = (\operatorname{ctg}\gamma - \operatorname{tg}\gamma) + \tfrac{1}{3}(\operatorname{ctg}\gamma - \operatorname{tg}\gamma)^3 = \tfrac{1}{3}(\operatorname{ctg}\gamma^3 - \operatorname{tg}\gamma^3)\,.$$

Setzt man ferner

$$\operatorname{tg}\gamma = \sqrt[3]{\operatorname{tg}\tfrac{1}{2}\beta}\,, \tag{17}$$

so ergibt sich

$$\operatorname{tg}\tfrac{1}{2}v + \tfrac{1}{3}\operatorname{tg}\tfrac{1}{2}v^3 = \tfrac{1}{3}(\operatorname{ctg}\tfrac{1}{2}\beta - \operatorname{tg}\tfrac{1}{2}\beta) = \tfrac{2}{3}\operatorname{ctg}\beta\,.$$

Die Gl. (15) kann also geschrieben werden

$$\tfrac{2}{3}\operatorname{ctg}\beta = \frac{k}{\sqrt{2}}\,M$$

oder

$$\operatorname{tg}\beta = \frac{2\sqrt{2}}{3k}\,\frac{1}{M}\,. \tag{18}$$

Die Gl. (18), (17), (16) lösen die Aufgabe der direkten Bestimmung von v, wenn M gegeben ist.

Den Radiusvektor erhält man dann aus

$$r = q\sec\tfrac{1}{2}v^2 = q\,(1 + \operatorname{tg}\tfrac{1}{2}v^2)\,. \tag{19}$$

Bequemer ist die Bestimmung von v aus M bei Anwendung einer Tafel. WATSON und KLINKERFUES-BUCHHOLZ liefern in der Barkerschen Tafel 6stellige Werte von $\frac{75\,k}{\sqrt{2}}M$ bzw. 7stellige Werte von $\lg\left(\frac{75\,k}{\sqrt{2}}M\right)$ mit dem Argument v (für v zwischen 0° und 180°, von 1′ zu 1′ fortschreitend), die Oppolzersche Tafel 7stellige Werte von M bzw. $\lg M$ mit dem Argument v (für v von 0° bis 176°, von 10″ zu 10″ fortschreitend). BAUSCHINGER tabuliert umgekehrt v auf 0″.01 mit dem Argument M bzw. $\lg M$ (für M von 0.0 bis 20.0, von 0.1 zu 0.1 bzw. für $\lg M$ von 1.300 bis 4.100, von 0.001 zu 0.001 fortschreitend) nebst Hilfsgrößen für die bequeme Interpolation. Aus Tafel 9 kann v auf 0°.0001 mit dem Argument M bzw. $\lg M$ bei Berücksichtigung 2. Differenzen entnommen werden.

Alle diese Tafeln werden unbequem und zuletzt unbrauchbar, wenn, was in der Praxis nur selten eintrifft, M sehr groß wird, d. h. wenn sich v der Grenze 180° nähert. Auch Tafel 9 ist aus diesem Grunde nur bis $v = 159°$ ausgedehnt. Größere Werte von v kommen sehr selten vor.

b) Die Berechnung rechtwinkliger heliozentrischer Koordinaten. Für maschinelles Rechnen erfolgt sie nach den Gl. (3. 25)

$$\begin{aligned} x' &= m'_x(1 - \operatorname{tg}\tfrac{1}{2}v^2) + 2\,n'_x\operatorname{tg}\tfrac{1}{2}v \\ y' &= m'_y(1 - \operatorname{tg}\tfrac{1}{2}v^2) + 2\,n'_y\operatorname{tg}\tfrac{1}{2}v \\ z' &= m'_z(1 - \operatorname{tg}\tfrac{1}{2}v^2) + 2\,n'_z\operatorname{tg}\tfrac{1}{2}v\,, \end{aligned} \tag{20}$$

wo

$$\begin{aligned} m'_x &= q\,P'_x & n'_x &= q\,Q'_x \\ m'_y &= q\,P'_y & n'_y &= q\,Q'_y \\ m'_z &= q\,P'_z & n'_z &= q\,Q'_z\,. \end{aligned}$$

Hierin sind die Konstanten P'_x, P'_y, P'_z, Q'_x, Q'_y, Q'_z Größen, die im Verlauf der Bahnbestimmung erhalten werden. Nach den Gl. (3. 22) kann man sie auch aus den ekliptikalen Bahnelementen ω, ☊, i ableiten.

Für logarithmisches Rechnen verwendet man wie bei der elliptischen Bewegung die Gl. (9), (10).

c) Die Berechnung geozentrischer äquatorialer Koordinaten. Sie wird nach denselben Formeln wie bei der elliptischen Bewegung vorgenommen.

d) Die Vergleichung mit den Beobachtungen. Siehe die Ausführungen bei der elliptischen Bewegung. Bei Kometen, die lange Zeit hindurch beobachtet sind, wird man mitunter feststellen können, daß die Gesamtheit der Beobachtungen sich auf keine Weise durch eine Parabel darstellen läßt. In diesem Fall könnte man versuchen, eine neue erste Bahnbestimmung ohne Voraussetzung über die Exzentrizität auszuführen. Sind aber die Abweichungen, wie es meist der Fall ist, nicht allzu beträchtlich, so wird man nicht erst eine neue erste Bahn rechnen, sondern sofort eine Bahnverbesserung ausführen.

§ 69. Ephemeridenrechnung mit parabelnahen Elementen.

Die zur Bestimmung der wahren Anomalie und des Radiusvektors für die elliptische Bewegung aufgestellten Formeln lassen keine scharfe Berechnung dieser Größen zu, wenn sich die Exzentrizität der Einheit nähert. Für diesen Fall der parabelnahen elliptischen Bahn ist eine besondere Methode zu entwickeln, die die Unsicherheit ausschließt. Es soll hier die Gaußsche Methode zur Darstellung gelangen, da sie auch bei Bahnen mit sehr großer, aber von der Einheit stärker verschiedener Exzentrizität mit Erfolg angewandt werden kann. Im Anschluß daran sollen auch die entsprechenden Formeln für die parabelnahe hyperbolische Bewegung kurz gegeben werden. Die allgemeine hyperbolische Bewegung braucht nicht behandelt zu werden, da alle bekannten hyperbolischen Bahnen parabelnahe Bahnen sind.

a) Die Berechnung von wahrer Anomalie und Radiusvektor.

α) Für die elliptische Bewegung. Bei der Betrachtung der Gl. (2) erkennt man, daß für kleine Werte von E und einem e, das der Einheit nahe gleich ist, M als Differenz zweier nahe gleich großer Werte auftritt, und daß der in Gl. (4) gegebene Differentialquotient zur Verbesserung von E groß wird. Ist E groß, etwa $> 60°$, so tritt die Unsicherheit in der Auflösung der Keplerschen Gleichung nicht auf. Hier brauchen also nur kleine Werte von E in Betracht gezogen zu werden.

Schreibt man die Keplersche Gleichung in der Form

$$E - e \sin E = \frac{k(t-T)}{a^{\frac{3}{2}}},$$

worin offenbar T die Durchgangszeit durchs Perihel, $t - T$ die seit dieser verflossene Zeit darstellt, und führt hierin die Periheldistanz $q = a\,(1 - e)$ ein, so kann man schreiben

$$(1 - e)\left(\tfrac{9}{10}E + \tfrac{1}{10}\sin E\right) + \left(\tfrac{1}{10} + \tfrac{9}{10}e\right)(E - \sin E) = k\,(t - T)\left(\frac{1 - e}{q}\right)^{\frac{3}{2}}. \qquad (21)$$

Sieht man E als eine kleine Größe 1. Ordnung an, so ist

$$\tfrac{9}{10}E + \tfrac{1}{10}\sin E = E - \tfrac{1}{60}E^3 + \tfrac{1}{1200}E^5 - \cdots$$

eine kleine Größe 1. Ordnung, hingegen

$$E - \sin E = \tfrac{1}{6}E^3 - \tfrac{1}{120}E^5 + \tfrac{1}{5040}E^7 - \cdots$$

eine kleine Größe 3. Ordnung. Setzt man daher

$$\left.\begin{aligned} \frac{15\,(E - \sin E)}{9E + \sin E} &= A \\ \frac{9E + \sin E}{20\sqrt{A}} &= B\,, \end{aligned}\right\} \qquad (22)$$

so wird

$$A = \tfrac{1}{4}E^2 - \tfrac{1}{120}E^4 - \tfrac{1}{20160}E^6 - \cdots$$

eine kleine Größe 2. Ordnung und

$$B = 1 + \tfrac{3}{2800}E^4 - \cdots$$

eine von der Einheit um eine kleine Größe 4. Ordnung verschiedene Größe sein. Bei Einführung der Ausdrücke für A und B und von

$$\frac{1 + 9e}{5\,(1 - e)}\,A = \operatorname{tg}\tfrac{1}{2}W^2 \qquad (23)$$

in Gl. (21) erhält man in

$$\operatorname{tg}\tfrac{1}{2}W + \tfrac{1}{3}\operatorname{tg}\tfrac{1}{2}W^3 = \frac{k}{\sqrt{2}}\,\frac{t - T}{q^{\frac{3}{2}}}\,\frac{\sqrt{\tfrac{1}{10}(1 + 9e)}}{B} \qquad (24)$$

eine Gleichung, zu deren Auflösung nach W man eine der S. 208 erwähnten Tafeln benutzen kann.

Wäre B bekannt, so könnte man W bestimmen. B läßt sich als Funktion von A ausdrücken und mit diesem Argument bequem tabulieren. (Siehe Tafel 10.) Man sieht nun, daß W und A nur mit einem sehr kleinen Fehler behaftet sein können, wenn man in Gl. (24) in erster Näherung $B = 1$ setzt. Berechnet man mit $B = 1$ aus Gl. (24) W, dann aus Gl. (23) A, entnimmt damit aus Tafel 10 lg B und wiederholt dieses Näherungsverfahren, bis es steht, so hat man den wahren Wert von A erhalten. Mit Hilfe von A gewinnt man die wahre Anomalie und den Radiusvektor, ohne die exzentrische Anomalie berechnen zu müssen, in folgender Weise.

Es ist

$$\operatorname{tg}\tfrac{1}{2}v = \sqrt{\frac{1 + e}{1 - e}}\operatorname{tg}\tfrac{1}{2}E\,. \qquad (25)$$

Setzt man $\operatorname{tg}\frac{1}{2}E^2 = \varepsilon$, so erhält man für E und $\sin E$ die Reihenentwicklungen

$$E = 2 \operatorname{arc\,tg} \sqrt{\varepsilon} = 2\sqrt{\varepsilon}\,(1 - \tfrac{1}{3}\varepsilon + \tfrac{1}{5}\varepsilon^2 - \tfrac{1}{7}\varepsilon^3 + \cdots)$$

$$\sin E = \frac{2 \operatorname{tg}\frac{1}{2}E}{1 + \operatorname{tg}\frac{1}{2}E^2} = \frac{2\sqrt{\varepsilon}}{1+\varepsilon} = 2\sqrt{\varepsilon}\,(1 - \varepsilon + \varepsilon^2 - \varepsilon^3 + \cdots),$$

also für A

$$A = \frac{15\,(E - \sin E)}{9E + \sin E} = \varepsilon - \tfrac{4}{5}\varepsilon^2 + \tfrac{24}{35}\varepsilon^3 - \tfrac{1592}{2625}\varepsilon^4 + \cdots.$$

Durch Umkehrung dieser Reihe ergibt sich $\varepsilon = A\,(1 + \frac{4}{5}A + \frac{104}{175}A^2 + \ldots)$, und wenn man in der Größe C die Glieder 4. und höherer Ordnung zusammenfaßt

$$\frac{A}{\varepsilon} = 1 - \tfrac{4}{5}A + C.$$

Bei Einführung dieses Ausdrucks und des für A nach Gl. (23) in Gl. (25) wird

$$\operatorname{tg}\tfrac{1}{2}v = \sqrt{\frac{1+e}{1-e}}\sqrt{\frac{A}{1 - \frac{4}{5}A + C}} = \sqrt{\frac{1+e}{1-e}\,\frac{5\,(1-e)}{1+9e}}\;\frac{\operatorname{tg}\frac{1}{2}W}{\sqrt{1 - \frac{4}{5}A + C}}.$$

Setzt man zur Abkürzung

$$\frac{1}{\sqrt{1 - \frac{4}{5}A + C}} = \sigma,$$

so wird

$$\operatorname{tg}\tfrac{1}{2}v = \sqrt{\frac{5\,(1+e)}{1+9e}}\,\sigma \operatorname{tg}\tfrac{1}{2}W. \tag{26}$$

Die Bestimmung des Radiusvektors kann in folgender Weise geschehen. Es ist nach Gl. (1.24) und (2.13)

$$r = q\,\frac{\cos\frac{1}{2}E^2}{\cos\frac{1}{2}v^2} = q\,\frac{1}{(1 + \operatorname{tg}\frac{1}{2}E^2)\cos\frac{1}{2}v^2},$$

also

$$r = \frac{1}{1+\varepsilon}\,\frac{q}{\cos\frac{1}{2}v^2} = \frac{1 - \frac{4}{5}A + C}{1 + \frac{1}{5}A + C}\,\frac{q}{\cos\frac{1}{2}v^2}.$$

Setzt man

$$\sqrt{\frac{1 + \frac{1}{5}A + C}{1 - \frac{4}{5}A + C}} = \nu,$$

so ergibt sich

$$r = \frac{q}{(\nu \cos\frac{1}{2}v)^2}. \tag{27}$$

Der Gang der Berechnung von v und r ist also der folgende: Mit $B = 1$ als erstem Näherungswert berechnet man W unter Benutzung einer der S. 208 erwähnten Tafeln aus Gl. (24), damit A aus Gl. (23), entnimmt mit dem Argument A aus Tafel 10 $\lg B$, berechnet wiederum W aus Gl. (24) usw. Mit dem definitiven Wert von A entnimmt man $\lg\sigma$ und $\lg\nu$ aus Tafel 10, und berechnet v und r nach den Gl. (26) und (27).

β) Für die hyperbolische Bahn. Zwischen der exzentrischen Anomalie E in der elliptischen Bewegung und der entsprechenden Größe H in der hyperbolischen Bewegung besteht nach den Gl. (1.48) und (2.13) die Beziehung $\operatorname{tg} \frac{1}{2} E = \sqrt{-1} \operatorname{tg} \frac{1}{2} H$. Man erhält dementsprechend die Formeln für die letztere Bewegung aus denen der ersteren, wenn man A, ε, $\frac{5(1-e)}{1+9e}$ negativ ansetzt. Die sich so ergebenden Formeln sind in der Formelzusammenstellung, die notwendigen Tabulierungen in Tafel 10 gegeben.

b) bis d) Über die Berechnung rechtwinkliger heliozentrischer Koordinaten bei bekanntem v und r, die Berechnung geozentrischer äquatorialer Koordinaten und die Vergleichung mit den Beobachtungen siehe die Ausführungen bei der elliptischen Bewegung.

§ 70. Formelzusammenstellung.

Von großer Bedeutung für die Sicherheit und Bequemlichkeit der Ephemeridenrechnung ist die Größe des Intervalles, in dem die einzelnen Örter gerechnet werden. Sie richtet sich im allgemeinen nach der Größe der geozentrischen Bewegung und der Stellenzahl der Rechnung.

Bei den kleinen Planeten, deren Bahnexzentrizität klein und deren mittlere Bewegung nicht zu groß ist, ist bei 6stelliger Rechnung meist ein 8tägiges Intervall genügend, wenn die Ephemeride eine größere Ausdehnung hat. Von besonderen Fällen abgesehen, ist bei diesen Gestirnen ein 4tägiges Intervall auch bei größeren Exzentrizitäten und Bewegungen ausreichend.

Bei den meist stark exzentrischen Bahnen der periodischen Kometen wie bei den Kometen mit parabolischen bzw. parabelnahen Bahnen, die vorzugsweise in der Umgebung des Perihels beobachtet werden, wird man von vornherein ein 2tägiges Intervall wählen. Unter Umständen muß das Intervall aber wesentlich enger gewählt werden.

Da die Beobachtungen naturgemäß um die Mitternacht verteilt sind, so wird man die Ephemeride zweckmäßig für Mitternacht eines Nullmeridians (12^h M. Z. Berlin bis 1916.0, 12^h M. Z. Gr. bis 1925.0, 0^h Weltzeit nach 1925.0) rechnen.

Anfang und Ende der Ephemeride legt man einige Tage vor bzw. nach der ersten bzw. letzten Beobachtung, um eine sichere Interpolation für den Bereich der zu vergleichenden Beobachtungen zu erzielen.

Hinsichtlich der Stellenzahl der Rechnung kommt man bei den normalen Planeten und Kometen mit 6stelliger Rechnung aus. Bei hohen Ansprüchen an die Genauigkeit oder bei der Erde nahe kommenden Objekten wählt man besser die 7stellige Rechnung. Bei dieser ist natürlich das Intervall gehörig einzuengen, zumal die rasch veränderlichen Mondglieder in den Sonnenkoordinaten die Differenzen in den geozentrischen Koordinaten unregelmäßig gestalten.

a) Ephemeride mit elliptischen Elementen. Intervall bei kleinen Planeten 8 oder 4 Tage, bei periodischen Kometen 4 oder 2 Tage.

α) Für maschinelles Rechnen. Die Elemente setzt man tunlichst in Bruchteilen des Grades an.

$$\begin{aligned} M_1 &= M_0 + \mu\,(t_1 - t_0) \\ M_n &= M_1 + (n-1)\,w\,\mu \qquad (n = 1, 2, 3 \ldots n) \\ \text{Kontrolle:}\quad M_n &= M_0 + \mu\,(t_n - t_0) \end{aligned} \tag{I}$$

$$\begin{aligned} E &= M + e^\circ \sin E \\ e^\circ &= 57.29578 \cdot e\,. \end{aligned} \tag{II}$$

Näherungswerte für E entnimmt man der Tafel von Astrand oder Tafel 8 für die 3 ersten Daten. Die Verbesserung dieser 3 Werte geschieht durch allmähliche Annäherung (siehe S. 203). Extrapolation des Näherungswertes von E für den 4. und die folgenden Orte auf Grund der vorhergehenden genauen Werte von E, oder besser von $E - M$.

Kontrolle der E durch Differenzenprüfung.

$$\begin{aligned} \Delta \cos\delta \cos\alpha &= a\,P'_x \cos E + a \cos\varphi\, Q'_x \sin E - a\,e\,P'_x + X'_\odot \\ \Delta \cos\delta \sin\alpha &= a\,P'_y \cos E + a \cos\varphi\, Q'_y \sin E - a\,e\,P'_y + Y'_\odot \\ \Delta \sin\delta \quad &= a\,P'_z \cos E + a \cos\varphi\, Q'_z \sin E - a\,e\,P'_z + Z'_\odot\,. \end{aligned} \tag{III}$$

Die Konstanten P'_x, P'_y, P'_z, Q'_x, Q'_y, Q'_z entnimmt man der Bahnrechnung, oder man berechnet sie nach Gl. (3. 22) aus den Elementen ω, ☊, i. Hilfsmittel zur Übertragung rechtwinkliger äquatorialer Koordinaten auf verschiedene mittlere Äquinoktien und Normaläquinoktien werden in den Supplemento Internationale des Rocznik Astronomiczny (Kraków) geboten.

Interpolation in die Mitte, wenn 4. Differenzen vernachlässigt werden dürfen, nach

$$\begin{aligned} f\left(a + \left(n + \tfrac{1}{2} w\right)\right) &= \tfrac{1}{2}\left[f\left(a + (n+1)\,w\right) + f\left(a + n w\right)\right] \\ &\quad - \tfrac{1}{8}\left[\tfrac{1}{2}\left(f^{II}\left(a + (n+1)\,w\right) + f^{II}\left(a + n\,w\right)\right)\right]. \end{aligned} \tag{IV}$$

Reduktion der auf das mittlere Äquinoktium eines Jahresanfangs bezogenen topozentrischen Beobachtungen: (V)

1. durch Korrektion der (auf den Nullmeridian bezogenen) Beobachtungszeit um die Aberrationszeit

$$\begin{aligned} t^0 &= t - A\,\Delta \\ A &= 0.00577 \text{ in Einheiten des mittl. Tages} \\ A &= 498.5 \text{ in Zeitsekunden.} \end{aligned}$$

2. durch Anbringen der Fixsternaberration an die Beobachtung (siehe auch S. 206)

$$\begin{aligned} d_\alpha^s &= + \tfrac{1}{15}\,h \sin(H + \alpha) \sec\delta \\ d_\delta'' &= + h \cos(H + \alpha) \sin\delta + i \cos\delta\,. \end{aligned}$$

3. durch Anbringen der Parallaxe an die Beobachtung

$$p_\alpha^s = (p_\alpha^s \Delta) : \Delta$$
$$p_\delta'' = (p_\delta'' \Delta) : \Delta .$$

Sind die $p_\alpha^s \Delta$, $p_\delta'' \Delta$ vom Beobachter nicht gegeben, so berechnet man sie nach Gl. (5.3).

Interpolation für die Zeit t^0 nach der Newtonschen Interpolationsformel

$$f(a \pm n w) = f(a) \pm \frac{n}{1!} f^I (a \pm \tfrac{1}{2} w) + \frac{n(n-1)}{2!} f^{II}(a \pm w)$$
$$\pm \frac{n(n-1)(n-2)}{3!} f^{III}(a \pm \tfrac{3}{2} w) + \cdots \qquad \text{(VI)}$$

(Koeffizienten in Tafel 3).

β) Für logarithmisches Rechnen.

$$M_1 = M_0 + \mu(t_1 - t_0)$$
$$M_n = M_1 + (n-1) w \mu \qquad (n = 1, 2, 3 \ldots n) \qquad \text{(I)}$$

Kontrolle: $M_n = M_0 + \mu(t_n - t_0)$

$$E - e \sin E = M$$
$$\lg e'' = \lg e + 5.3144251 \qquad \text{(II)}$$
$$\lg e^\circ = \lg e + 1.7581226$$

Näherungswert von E entweder aus Tafel 8 oder aus der Astrandschen Tafel, oder durch direkte Rechnung nach

$$\operatorname{tg} y = \frac{e \sin M}{1 - e \cos M}$$

$$\eta = \sin y$$

$$x'' = S \eta + s \operatorname{ctg} M \eta^4$$
$$x^\circ = G \eta + g \operatorname{ctg} M \eta^4$$

$$\lg S = 5.3144251 \qquad \lg s = 4.536274_n$$
$$\lg G = 1.7581226 \qquad \lg g = 0.979971_n$$

$$(E) = M + x.$$

Verbesserung des Näherungswertes (E) unter Benutzung des Differentialquotienten

$$\frac{d(E)}{d(M)} = \frac{1}{1 - e \cos(E)}$$

$$(M) = (E) - e \sin(E) \qquad E - (E) = [M - (M)] \frac{d(E)}{d(M)}$$

durch allmähliche Annäherung.

Kontrolle der E durch Differenzenprüfung.

Die Gaußschen Konstanten berechnet man nach

$$\left.\begin{aligned} n\sin N &= \sin i \\ n\cos N &= \cos\Omega\cos i \\ \sin a'\sin A' &= \cos\Omega \\ \sin a'\cos A' &= -\cos i\sin\Omega \\ \sin b'\sin B' &= \sin\Omega\cos\varepsilon \\ \sin b'\cos B' &= n\cos(N+\varepsilon) \\ \sin c'\sin C' &= \sin\Omega\sin\varepsilon \\ \sin c'\cos C' &= n\sin(N+\varepsilon) \end{aligned}\right\} \qquad \text{(III)}$$

$\sin a'$, $\sin b'$, $\sin c'$, sind stets positiv.

Kontrolle: $\dfrac{\sin b'\sin c'\sin(B'-C')}{\sin a'\cos A'} = -\operatorname{tg} i.$

Rohe Kontrolle: $A' \sim \Omega + 90^\circ, \quad B' \sim \Omega \sim C'$

$$\left.\begin{aligned} r\sin v &= a\cos\varphi\sin E \\ r\cos v &= a(\cos E - e) \end{aligned}\right\} \qquad \text{(IV)}$$

oder Berechnung von v und r nach Gl. (7).

Kontrolle von v und r durch Differenzenprüfung.

$$\left.\begin{aligned} u &= v + \omega \\ \Delta\cos\delta\cos\alpha &= r\sin a'\sin(A'+u) + X'_\odot \\ \Delta\cos\delta\sin\alpha &= r\sin b'\sin(B'+u) + Y'_\odot \\ \Delta\sin\delta &= r\sin c'\sin(C'+u) + Z'_\odot \end{aligned}\right\} \qquad \text{(V)}$$

Interpolation und Reduktion der Beobachtungen wie oben. Siehe auch die für lange Ephemeridenrechnungen geeigneten Gl. (12).

b) Ephemeride mit parabolischen Elementen.

α) Für maschinelles Rechnen

$$M = \frac{t-T}{q^{\frac{3}{2}}} \qquad \text{(I)}$$

Auflösung der Gleichung

$$\operatorname{tg}\tfrac{1}{2}v + \tfrac{1}{3}\operatorname{tg}\tfrac{1}{2}v^3 = \frac{k}{\sqrt{2}}M \qquad \frac{k}{\sqrt{2}} = 0.0121637 \qquad \text{(II)}$$

nach v mit Hilfe der Tafel 9, bei exakterer Rechnung mit Hilfe einer der S. 208 erwähnten Tafeln oder (siehe S. 216) durch direkte Rechnung.

$$\left.\begin{aligned} \Delta\cos\delta\cos\alpha &= m'_x(1-\operatorname{tg}\tfrac{1}{2}v^2) + 2n'_x\operatorname{tg}\tfrac{1}{2}v + X'_\odot \\ \Delta\cos\delta\sin\alpha &= m'_y(1-\operatorname{tg}\tfrac{1}{2}v^2) + 2n'_y\operatorname{tg}\tfrac{1}{2}v + Y'_\odot \\ \Delta\sin\delta &= m'_z(1-\operatorname{tg}\tfrac{1}{2}v^2) + 2n'_z\operatorname{tg}\tfrac{1}{2}v + Z'_\odot, \end{aligned}\right. \qquad \text{(III)}$$

worin

$$\begin{aligned} m'_x &= q\,P'_x & n'_x &= q\,Q'_x \\ m'_y &= q\,P'_y & n'_y &= q\,Q'_y \\ m'_z &= q\,P'_z & n'_z &= q\,Q'_z \end{aligned}$$

gesetzt ist. Die Konstanten P_x', P_y', P_z', Q_x', Q_y', Q_z' entnimmt man der Bahnrechnung oder man berechnet sie nach Gl. (3. 22) aus den Elementen ω, Ω, i.

Interpolation der Rechnung und Reduktion der Beobachtungen wie S. 205.

β) Für logarithmisches Rechnen.

$$M = \frac{t - T}{q^{\frac{3}{2}}} \tag{I}$$

Berechnung der Gaußschen Konstanten wie S. 215.

Auflösung der Gleichung

$$\operatorname{tg}\tfrac{1}{2}v + \tfrac{1}{3}\operatorname{tg}\tfrac{1}{2}v^3 = \frac{k}{\sqrt{2}}M \qquad \lg\frac{k}{\sqrt{2}} = 8.0850664_{-10} \tag{II}$$

nach v mit Hilfe der Tafel 9, bei exakterer Rechnung mit Hilfe einer der S. 208 erwähnten Tafeln oder durch direkte Rechnung nach

$$\operatorname{tg}\beta = \frac{2\sqrt{2}}{3k}\frac{1}{M} \qquad \operatorname{tg}\gamma = \sqrt[3]{\operatorname{tg}\tfrac{1}{2}\beta} \qquad \operatorname{tg}\tfrac{1}{2}v = 2\operatorname{ctg}2\gamma$$

$$\lg\frac{2\sqrt{2}}{3k} = 1.7388423$$

$$r = q\sec\tfrac{1}{2}v^2$$

Kontrolle der v und r durch Differenzenprüfung.

$$\begin{aligned} \Delta\cos\delta\cos\alpha &= r\sin a'\sin(A' + u) + X'_\odot \\ \Delta\cos\delta\sin\alpha &= r\sin b'\sin(B' + u) + Y'_\odot \\ \Delta\sin\delta &= r\sin c'\sin(C' + u) + Z'_\odot. \end{aligned} \tag{III}$$

Interpolation der Rechnung und Reduktion der Beobachtungen wie S. 205.

c) Ephemeride mit parabelnahen (elliptischen und hyperbolischen) Elementen. Unter Anwendung einer der S. 208 erwähnten Tafeln ermittelt man W aus der Gleichung

$$\operatorname{tg}\tfrac{1}{2}W + \tfrac{1}{3}\operatorname{tg}\tfrac{1}{2}W^3 = \frac{k}{\sqrt{2}}\frac{t - T}{q^{\frac{3}{2}}}\frac{\sqrt{\frac{1}{10}(1 + 9e)}}{B} = \frac{k}{\sqrt{2}}\overline{M} \tag{I}$$

in der in 1. Näherung $B = 1$ gesetzt wird.

Mit

$$\begin{aligned} A &= \frac{5(1 - e)}{1 + 9e}\operatorname{tg}\tfrac{1}{2}W^2 \quad \text{bei elliptischer Bewegung} \\ A &= \frac{5(e - 1)}{1 + 9e}\operatorname{tg}\tfrac{1}{2}W^2 \quad \text{bei hyperbolischer Bewegung} \end{aligned} \tag{II}$$

entnimmt man $\lg B$ aus Tafel 10, berechnet dann W erneut aus Gl. (I), leitet einen verbesserten Wert von A aus Gl. (II) ab usw. Mit dem endgültigen Wert von A entnimmt man $\lg\sigma$ und $\lg\nu$ aus Tafel 10 und hat dann

$$\operatorname{tg}\tfrac{1}{2}v = \sqrt{\frac{5(1 + e)}{1 + 9e}}\,\sigma\operatorname{tg}\tfrac{1}{2}W \tag{III}$$

und

$$r = \frac{q}{(\nu \cos \frac{1}{2} v)^2} \quad \text{bei elliptischer Bewegung}$$

$$\text{(IV)}$$

bzw.

$$r = \frac{p}{1 + e \cos v} = \frac{q(1 + e)}{1 + e \cos v} \quad \text{bei hyperbolischer Bewegung.}$$

Die übrige Ephemeridenrechnung gestaltet sich wie bei der elliptischen und parabolischen Bewegung.

§ 71. Beispiele.

Ephemeridenrechnung mit elliptischen Elementen[1].

α) Für maschinelles Rechnen. Gegeben seien die im Beispiel in Abschnitt 7 erhaltenen Elemente des Planeten 931 Whittemora in der für die maschinelle Rechnung geeigneten Form

t_0 =	1920 Apr. 29.0 M.Z.Gr.
M_0	87°00428
φ	14.19606
μ	0.1753072
a	3.161812

und die aus den ekliptikalen Elementen ω, ☊, i abgeleiteten äquatorialen Koordinaten

P'_x	+ 0.472608	Q'_x	− 0.862693
P'_y	+ 0.857483	Q'_y	+ 0.403015
P'_z	+ 0.203383	Q'_z	+ 0.305516

Es sei die Aufgabe gestellt, alle Beobachtungen der Erscheinung 1920 mit der Rechnung zu vergleichen. Da die Beobachtungen mit März 20 beginnen, so sei der Anfang der Ephemeride auf März 18 gelegt. Als Intervall sei hier, wo nur der Anfang der Ephemeridenrechnung erläutert werden soll, das 2-Tageintervall gewählt. (Bei Berechnung der vollständigen Ephemeride würde das 4-Tageintervall ausreichend sein.)

Nr.	12h M. Z. Gr.	M
1	März 18	79°72903
2	,, 20	80.07965
3	,, 22	80.43026
4	,, 24	80.78087
5	,, 26	81.13149
6	,, 28	81.48210

(I)

Näherungswerte von E für die drei ersten Orte, der Astrandschen Tafel entnommen.

	Nr.	M	E
e 0.2452	1	79°729	93°748
	2	80.080	94.092
	3	80.430	94.435

(II)

[1] Von der Wiedergabe eines Beispieles zur Ephemeridenrechnung mit parabolischen und parabelnahen Elementen sei abgesehen, da sich diese von der Ephemeridenrechnung mit elliptischen Elementen im wesentlichen nur in der Bestimmung von v und r unterscheidet.

Endgültige Werte $e = 14^\circ.05126$

Nr.	E	$\cos E$	$\sin E$
1	$93^\circ.75021$	-0.065407	$+0.997859$
2	94.09504	-0.071411	$+0.997447$
3	94.43937	-0.077404	$+0.997000$
4	94.78319	-0.083386	$+0.996517$
5	95.12654	-0.089356	$+0.996000$
6	95.46938	-0.095314	$+0.995447$

(II)

aP'_x	$+1.494298$	$a\cos\varphi\, Q'_x$	-2.644376	$-aeP'_x$	-0.366463
aP'_y	$+2.711200$	$a\cos\varphi\, Q'_y$	$+1.235345$	$-aeP'_y$	-0.664897
aP'_z	$+0.643059$	$a\cos\varphi\, Q'_z$	$+0.936485$	$-aeP'_z$	-0.157704

(III)

Nr.	$\Delta\cos\delta\cos\alpha$	$\Delta\cos\delta\sin\alpha$	α	α
1	-2.107592	$+0.360101$	$170^\circ\ 18'\ 14''.8$	$11^h\ 21^m\ 12^s.98$
2	-2.114361	$+0.374995$	169 56 34.2	11 19 46.28
3	-2.122220	$+0.389873$	169 35 25.0	11 18 21.67
4	-2.131162	$+0.404693$	169 14 52.6	11 16 59.51
5	-2.141187	$+0.419422$	168 55 1.4	11 15 40.10
6	-2.152279	$+0.434017$	168 35 56.1	11 14 23.74

Nr.	$\Delta\cos\delta$	$\Delta\sin\delta$	δ	Δ
1	$+2.138133$	$+0.721543$	$+18^\circ\ 38'\ 51''.7$	2.25660
2	$+2.147357$	$+0.731038$	+18 48 1.5	2.26838
3	$+2.157734$	$+0.740505$	+18 56 29.4	2.28126
4	$+2.169245$	$+0.749927$	+19 4 14.6	2.29522
5	$+2.181879$	$+0.759290$	+19 11 16.1	2.31022
6	$+2.195603$	$+0.768574$	+19 17 33.5	2.32624

Durch Interpolation in die Mitte ergibt sich die Ephemeride in 1tägigem Intervall:

12^h M. Z. Gr.	$\alpha_{1920.0}$	f^I	f^{II}	$\delta_{1920.0}$	f^I	f^{II}
März 18	$11^h\ 21^m\ 12^s.98$	$-43^s.59$		$+18^\circ\ 38'\ 51''.7$	$+280''.1$	
19	11 20 29.39	-43.11	$+0^s.48$	+18 43 31.8	+269.7	$-10''.4$
20	11 19 46.28	-42.59	+0.52	+18 48 1.5	+259.2	-10.5
21	11 19 3.69	-42.02	+0.57	+18 52 20.7	+248.7	-10.5
22	11 18 21.67	-41.40	+0.62	+18 56 29.4	+238.0	-10.7
23	11 17 40.27	-40.76	+0.64	+19 0 27.4	+227.2	-10.8
24	11 16 59.51	-40.07	+0.69	+19 4 14.6	+216.3	-10.9
25	11 16 19.44	-39.34	+0.73	+19 7 50.9	+205.2	-11.1
26	11 15 40.10	-38.58	+0.76	+19 11 16.1	+194.2	-11.0
27	11 15 1.52	-37.78	+0.80	+19 14 30.3	+183.2	-11.0
28	11 14 23.74			+19 17 33.5		

(IV)

Hier soll nur die eine Beobachtung

1920 März 22 $9^h\ 56^m\ 29^s$ M. Z. Heidelberg

$\alpha_{1920.0}$ $11^h\ 18^m\ 25^s.56$ $\delta_{1920.0} + 18^\circ\ 56'\ 3''.7$ (V)

mit der Ephemeride verglichen werden.

1920	Aberrations-zeit	Fixstern-aberration	Parallaxe
März 22.390	$0^d.01315$	$+1^s.29 - 6''.4$	$-0^s.06 + 2''.0$

1920		März 22
t (M. Z. Gr.)		$0^d\!.39000$
t^0		0.37685
n	—	0.12315

$\alpha_{\text{Eph.}}$		$11^h18^m21^s\!.67$	$\delta_{\text{Eph.}}$	+	$18°56'29''\!.4$	(VI)
$n f^I$	+	5.17	$n f^I$	—	30.6	
$\frac{1}{2}n(n-1)f^{II}$	—	0.03	$\frac{1}{2}n(n-1)f^{II}$	+	0.6	
$\alpha_{\text{Beob.}}$		11 18 26.79	$\delta_{\text{Beob.}}$	+	18 55 59.3	
$\alpha_{\text{Rechn.}}$		11 18 26.81	$\delta_{\text{Rechn.}}$	+	18 55 59.4	
$B-R\ d\alpha$	—	$0^s\!.02$	$B-R\ d\delta$	—	$0''\!.1$	

β) Für logarithmisches Rechnen. Gegeben seien die im Beispiel in Abschnitt 7 erhaltenen Elemente des Planeten 931 Whittemora

$t_0 = 1920$ Apr. 29.0 M. Z. Gr.

M_0	$87°\ 0'\ 15''\!.4$	ω	$307°\ 47'\ 20''\!.0$	Ekliptik
φ	14 11 45.8	☊	113 5 22.8	Mittl. Äquin. 1920.0
μ	$631''\!.106$	i	11 17 5.0	
lg a	0.499936			

Der Zweck der Ephemeridenrechnung sei der gleiche wie im Beispiel für maschinelles Rechnen.

	März 18.5	März 28.5	
$t-t_0$	$-41^d\!.5$	$-31^d\!.5$	
$\mu(t-t_0)$	$-\ 7°16'30''\!.899$	$-\ 5°31'19''\!.839$	(I)
M_0	87 0 15.4	87 0 15.4	
M	79 43 44.501	81 28 55.561	

2μ	$0°21'\ 2''\!.212$
Nr. 1	79 43 44.501
2	80 4 46.713
3	80 25 48.925
4	80 46 51.137
5	81 7 53.349
6	81 28 55.561

1920	März 18			
M	$79°43'44''\!.5$	(E)	$93°45'14''\!.7$	
sin M	9.992984	sin (E)	9.999067	
e	9.389592	e''	4.704017	
cos M	9.251161	cos (E)	8.816070 n	
e cos M	8.640753	e	9.389592	
e sin M	9.382576	e cos (E)	8.205662 n	
$1-e$ cos M	9.980581			
tg y	9.401995	$-e''$ sin (E)	4.703084 n	
η	9.388590		$-14°\ 1'\ 15''\!.9$	(II)
S	5.314425	(M)	79 43 58.8	
η^4	7.554360	$M-(M)$	$-$ 14.3	
ctg M	9.258176		1.155336 n	
s	4.536274	$1-e$ cos (E)	0.006918	
$S\eta$	4.703015	dE/dM	1.148418 n	
Add.	0.000192	$E-(E)$	$-$ $14''\!.1$	
s ctg $M\eta^4$	1.348810	E	$93°45'\ 0''\!.6$	
x	4.703207			
	$+14°\ 1'\ 30''\!.2$			

Der gefundene Wert von E ist bereits der endgültige, wie man sich durch Einsetzen in die Keplersche Gleichung leicht überzeugt. (Bei der hier vorliegenden mäßigen Exzentrizität kommt man schneller zum Ziele, wenn man einen Näherungswert von E einer Tafel entnimmt, und diesen durch Versuche verbessert.) In entsprechender Weise ermittelt man die beiden nächsten Werte von E, bestimmt aber den 4. und die folgenden Werte durch Extrapolation von $E-M$ und nachfolgende Verbesserung der so gewonnenen Näherungswerte von E. Man erhält

Nr.	M	E	$E-M$	f^{I}	f^{II}
1	79° 43′ 44″5	93° 45′ 0″6	+14° 1′ 16″1	−20″8	
2	80 4 46.7	94 5 42.0	+14 0 55.3	−22.6	−1″8
3	80 25 48.9	94 26 21.6	+14 0 32.7	−24.4	−1.8
4	80 46 51.1	94 46 59.4	+14 0 8.3	−26.2	−1.8
5	81 7 53.3	95 7 35.4	+13 59 42.1	−28.0	−1.8
6	81 28 55.6	95 28 9.7	+13 59 14.1		

cos ☊	9.593476 n	$\sin b' \sin B'$	9.926299	
$\cos i$	9.991522	$\sin B'$	9.949735	
sin ☊	9.963736	$\sin b' \cos B'$	9.634173 n	
$n \sin N = \sin i$	9.291557	tg B'	0.292126	
$\cos N$	9.950006 n	B'	117° 2′ 16″2	
$n \cos N$	9.584998 n	$\sin b'$	9.976564	
tg N	9.706559 n	$\sin c' \sin C'$	9.563558	
N	153° 1′ 56″5	$\sin c'$	9.998867	
ε	23 26 58.9	$\sin c' \cos C'$	8.422885	
$N+\varepsilon$	176 28 55.4	tg C'	1.140673	
$\sin(N+\varepsilon)$	8.787893	C'	85°51′ 46″5	
n	9.634992	$\sin c'$	9.564691	(III)
$\cos(N+\varepsilon)$	9.999181 n			
$\sin\varepsilon$	9.599822	$B'-C'$	31°10′ 29″7	
sin ☊	9.963736	$\sin(B'-C')$	9.714038	
$\cos\varepsilon$	9.962563	$\sin b' \sin c'$	9.541255	
$\sin a' \sin A'$	9.593476 n	Zähler	9.255293	
$\cos A'$	9.962411 n	$\sin a' \cos A'$	9.955258 n	
$\sin a' \cos A'$	9.955258 n	− tg i	9.300035 n	
tg A'	9.638218	− tg i	9.300035 n	
A'	203°29′ 45″4	$A'+\omega$	151°17′ 5″4	
$\sin a'$	9.992847	$B'+\omega$	64 49 36.2	
$\cos A'$	9.962411 n	$C'+\omega$	33 39 6.5	

Die weitere Rechnung soll hier nur für einen Ort der Ephemeride wiedergegeben werden.

1920	März 18			
M	79°43′ 44″5	$A'+u$	259° 5′ 15″5	
E	93 45 0.6	$B'+u$	172 37 46.3	
$\sin E$	9.999069	$C'+u$	141 27 16.6	
$\cos E$	8.815618 n			
Add.	0.102674	$r \sin a'$	0.499694	(IV)
$\cos E - e$	9.492266 n	$\sin(A'+u)$	9.992075 n	
$r \sin v$	0.485536	x'	0.491769 n	(V)
$\sin v$	9.978689		− 3.102907	
$r \cos v$	9.992202 n	$X'_{\odot}$	+ 0.995323	
tg v	0.493334 n	$x'+X'_{\odot}$	− 2.107584	
v	107°48′ 10″1			
r	0.506847			

$r \sin b'$	0.483411	$\varDelta \cos\delta \sin\alpha$	9.556418	
$\sin(B'+u)$	9.108174	$\cos\alpha$	9.993752 n	
y'	9.591585	$\varDelta \cos\delta \cos\alpha$	0.323785 n	
	+0.390467	$\operatorname{tg}\alpha$	9.232633 n	
$Y'_\odot$	−0.030371	α	$11^h 21^m 13^s.01$	
$y'+Y'_\odot$	+0.360096	$\varDelta \sin\delta$	9.858263	(V)
		$\cos\delta$	9.976580	
$r \sin c'$	0.071538	$\varDelta \cos\delta$	0.330033	
$\sin(C'+u)$	9.794582	$\operatorname{tg}\delta$	9.528230	
z'	9.866120	δ	$+18^\circ 38' 52''.0$	
	+0.734717	$\varDelta$	0.353453	
$Z'_\odot$	−0.013172			
$z'+Z'_\odot$	+0.721545			

Bezüglich der Reduktion der Beobachtungen und ihrer Vergleichung mit der Rechnung siehe das Beispiel auf S. 205.

16. Abschnitt.

Die direkte Berechnung einer Aufsuchungsephemeride.

Die kleinen Planeten, die zum weitaus größten Teile lichtschwache Objekte sind, werden überwiegend durch photographische Aufnahmen verfolgt. Nur die helleren Objekte sind der visuellen Beobachtung zugänglich. Für die Auffindung ist die 4stellig berechnete Ephemeride ausreichend genau. 5stellig berechnete Ephemeriden werden hier selten gegeben. In beiden Fällen ist das 8tägige Intervall ausreichend.

Auch bei den Kometen genügt bei langsamer Bewegung das 8tägige Intervall. Bei großer Bewegung wird jedoch eine Verkleinerung des Intervalles auf 4 oder gar 2 Tage notwendig. Bei sehr starker geozentrischer Bewegung ist eine nachträgliche Interpolation auf 1tägiges Intervall notwendig, um dem Beobachter eine genügend sichere und bequeme Interpolation zu ermöglichen.

§ 72. Ephemeridenrechnung mit elliptischen Elementen.

a) Die genäherte Vorausberechnung der Oppositionszeit. Vor Berechnung einer Oppositionsephemeride muß man die Zeit der Opposition wenigstens genähert feststellen. Ist das Gestirn nur in der Entdeckungserscheinung beobachtet, so ermittelt man zunächst aus dieser durch Vergleich der Rektaszensionen des Gestirns mit der im B. J. gegebenen Rektaszensionsephemeride der Sonne, wann die Opposition (in Rektaszension) stattgefunden hat.

Bezeichnet man die zu den Momenten t_1 und t_2 gehörigen Rektaszensionen des Gestirns mit α_1, α_2, die um 12^h vergrößerten Rektaszensionen der Sonne mit $\alpha_{\odot 1}$, $\alpha_{\odot 2}$, so berechnet man die Oppositionszeit T_α dieser Erscheinung aus

$$T_\alpha = t_1 + \frac{(t_2 - t_1)(\alpha_1 - \alpha_{\odot 1})}{(\alpha_1 - \alpha_{\odot 1}) - (\alpha_2 - \alpha_{\odot 2})} = t_2 + \frac{(t_2 - t_1)(\alpha_2 - \alpha_{\odot 2})}{(\alpha_1 - \alpha_{\odot 1}) - (\alpha_2 - \alpha_{\odot 2})}. \quad (1)$$

Die genäherte Vorausberechnung der Oppositionszeit für die nächste Erscheinung erfolgt nun in der Weise, daß man mit beschränkter Stellenzahl die synodische Umlaufszeit U des Gestirns zum Oppositionsdatum der Entdeckungserscheinung addiert und für die Umgebung dieses Momentes durch Versuche feststellt, wann die mittlere Länge des Gestirns um 12^h von der Sonnenlänge verschieden oder gleich der Erdlänge ist.

Die synodische Umlaufszeit in Tagen erhält man aus

$$U = \frac{360 \cdot 60 \cdot 60}{(\mu_E - \mu)''}, \tag{2}$$

worin $\mu_E = 3548''$ und μ die mittlere tägliche Bewegung der Erde und des Gestirns sind. Einen ausreichenden Anhalt für die Dauer der Umlaufszeit U gibt bei nicht zu großen Exzentrizitäten die kleine Tabelle

μ	U	μ	U
200″	12.7 Monate	900″	16.1 Monate
300	13.1 ,,	1000	16.8 ,,
400	13.6 ,,	1100	17.5 ,,
500	14.0 ,,	1200	18.2 ,,
600	14.5 ,,	1300	19.0 ,,
700	15.0 ,,	1400	19.9 ,,
800	15.5 ,,	1500	20.9 ,,

Für 2 Daten t_1 und t_2, die den Zeitpunkt $T_\alpha + U$ einschließen und zweckmäßig 60 Tage auseinanderliegend gewählt werden, berechnet man M_1 und $M_2 = M_1 + \mu'' \cdot (60 : 3600)$ in Graden, daraus v_1 und v_2, bei kleinen und mäßigen Neigungen i die Längen l_1 und l_2 aus

$$\begin{aligned} l_1 &= v_1 + \omega + \Omega \\ l_2 &= v_2 + \omega + \Omega\,. \end{aligned} \tag{3}$$

Bezeichnet man die zugehörigen Erdlängen mit L_1 und L_2, so berechnet man den genäherten Moment der Opposition (in Länge) aus

$$T_l = t_1 + \frac{(t_2 - t_1)(l_1 - L_1)}{(l_1 - L_1) - (l_2 - L_2)} = t_2 + \frac{(t_2 - t_1)(l_2 - L_2)}{(l_1 - L_1) - (l_2 - L_2)}\,. \tag{4}$$

Bei großen Neigungen ermittelt man l_1 und l_2 statt aus Gl. (3) besser aus

$$\begin{aligned} \operatorname{tg}(l_1 - \Omega) &= \cos i \operatorname{tg}(v_1 + \omega) \\ \operatorname{tg}(l_2 - \Omega) &= \cos i \operatorname{tg}(v_2 + \omega)\,. \end{aligned} \tag{5}$$

Das genaue Datum der Opposition in Rektaszension erhält man dann aus der fertigen Ephemeride durch Vergleich der Rektaszensionen des Gestirns und der Sonne unter Anwendung der Gl. (1).

Bei Gestirnen, für die schon auf Grund früherer Vorausberechnungen mehrere Oppositionsdaten vorliegen, läßt sich aus diesen die Periode des Oppositionsdatums empirisch bestimmen, und mit Hilfe der Periode das Oppositionsdatum auf einige Tage genau voraussagen.

b) Berechnung der Anomalien und des Radiusvektors.

α) Mittlere Anomalie. Siehe die Ausführungen im vorigen Abschnitt.

β) Exzentrische Anomalie. Wenn man keine der unten erwähnten Hilfstafeln zur Verfügung hat, so berechnet man E in der gewünschten beschränkten Genauigkeit in der im vorigen Abschnitt erläuterten Weise. Einen ersten Näherungswert für E kann man der Tafel 8 entnehmen und diesen entweder durch Verwendung des Differentialquotienten, Gl. (15.4) oder durch allmähliche Annäherung verbessern. Bei maschineller Berechnung wird man das letztere Verfahren stets vorziehen (siehe S. 203).

γ) Wahre Anomalie und Radiusvektor bzw. Kombinationen dieser Größen.

Liegt keine Hilfstafel vor, so verwendet man bei maschineller Rechnung die Gl. (15.8), bedarf also nicht der Berechnung von v und r. Bei logarithmischer Berechnung berechnet man v und r über E nach Gl. (15.6) oder (15.7).

Bei 5stelliger maschineller Rechnung bedient man sich der Tafel von Innes. Diese liefert 5stellige Werte von $r/a \cos v$ und $r/a \sin v$ (in der Tafel mit X und Y bezeichnet) mit den Argumenten M (von $1°$ zu $1°$ fortschreitend) und e (von 0.01 bis 1.00, von 0.01 zu 0.01 fortschreitend). Bei der Interpolation ist die Berücksichtigung 2. Differenzen notwendig.

Bei 4stelliger maschineller Rechnung und Exzentrizitätswinkeln φ bis zu $25°$ bedient man sich der Tafel von Stracke. Diese liefert 4stellige Werte von $r/a \cos v$ und $r/a \sin v$ (in der Tafel mit C und S bezeichnet) mit den Argumenten M (von $1°$ zu $1°$ fortschreitend) und Exzentrizitätswinkel φ (von $10'$ zu $10'$ fortschreitend). Bei größeren Exzentrizitätswinkeln, wie sie bei den periodischen Kometen überwiegend sind, bei den kleinen Planeten nur in ganz vereinzelten Fällen vorkommen, benutzt man die Tafel von Innes.

Bei 5stelliger logarithmischer Rechnung bedient man sich bei Exzentrizitätswinkeln bis zu $20°20'$ der Tafel von Tietjen. Diese liefert $v - M$ auf $0.'01$ mit den Argumenten M (von $1°$ zu $1°$ fortschreitend) und Exzentrizitätswinkel φ (von $20'$ zu $20'$ fortschreitend). Zur bequemen Interpolation sind Hilfsgrößen beigegeben. r/a berechnet man nach Gl. (1.26). Bei größeren Exzentrizitäten verwendet man die Gl. (15.6) zur Berechnung von v und r.

Bei 4stelliger logarithmischer Rechnung und Exzentrizitätswinkeln bis zu $24°$ bedient man sich der Tafel von Peters. Diese liefert $v - M$ auf $0.°01$ und $\lg r/a$ auf 4 Stellen mit den Argumenten M (von $1°$ zu $1°$ fortschreitend) und φ (von $10'$ zu $10'$ fortschreitend). Bei größeren Exzentrizitätswinkeln bis zu Exzentrizitäten von 0.77 bedient man sich der Tafel von Schlesinger und Udick. Diese liefert v auf $0.°01$ mit den Argumenten M (von 1° zu 1° fortschreitend) und e (von 0.01 zu 0.01 fortschreitend). r berechnet man dann nach Gl. (1.26).

c) Die Berechnung rechtwinkliger heliozentrischer Koordinaten. Bei (4- oder 5stelliger) maschineller Rechnung verwendet man zur Berechnung der x, y, z die Gl. (15.8), wenn keine Hilfstafeln zur Berechnung von v und r oder Kombinationen dieser Größen benutzt werden.

Bei Verwendung der erwähnten Hilfstafeln von INNES oder STRACKE ermittelt man die x, y, z bei maschineller Rechnung in folgender Weise. Schreibt man die Gl. (3.21)

$$x' = a\, P_x' \cdot \frac{r}{a} \cos v + a\, Q_x' \cdot \frac{r}{a} \sin v$$

$$y' = a\, P_y' \cdot \frac{r}{a} \cos v + a\, Q_y' \cdot \frac{r}{a} \sin v$$

$$z' = a\, P_z' \cdot \frac{r}{a} \cos v + a\, Q_z' \cdot \frac{r}{a} \sin v$$

und setzt zur Abkürzung $r/a \cos v = C$, $r/a \sin v = S$, und

$$a\, P_x' = m_x' \qquad a\, Q_x' = n_x'$$

$$a\, P_y' = m_y' \qquad a\, Q_y' = n_y'$$

$$a\, P_z' = m_z' \qquad a\, Q_z' = n_z',$$

so gehen die Gleichungen über in

$$\begin{aligned} x' &= m_x' \cdot C + n_x' \cdot S \\ y' &= m_y' \cdot C + n_y' \cdot S \\ z' &= m_z' \cdot C + n_z' \cdot S. \end{aligned} \tag{6}$$

Bei (4- oder 5stelliger) logarithmischer Rechnung ermittelt man die x', y', z' nach Gl. (15.9).

d) Die Berechnung geozentrischer äquatorialer Koordinaten. Siehe die Ausführungen im vorigen Abschnitt.

Bei der beschränkten Genauigkeit der Rechnung kann man von einer Reduktion in der im vorigen Abschnitt behandelten Art absehen.

e) Die Berechnung der Variation. Als Variation wird die Änderung in Deklination bezeichnet, die eine Änderung von $\pm 1^{m}.0$ in Rektaszension bewirkt. Die Variation gibt Aufschluß über die Abweichung des Ortes von der Bahnebene und ist daher geeignet, dem Beobachter bei der visuellen Beobachtung wie bei der photographischen Aufnahme die Aufsuchung und Identifizierung zu erleichtern, solange die Abweichung von der Vorausberechnung nicht zu groß ist.

Die Berechnung der Variation im Anschluß an die Ephemeridenrechnung geschieht in folgender Weise. Man verbindet die zu einem Ephemeridenortdatum t_i gehörigen rechtwinkligen Koordinaten x_i', y_i', z_i' des Gestirns mit den zu dem Datum t_k gehörigen rechtwinkligen

Sonnenkoordinaten $X'_{\odot k}$, $Y'_{\odot k}$, $Z'_{\odot k}$ und berechnet α_v und δ_v aus

$$\begin{aligned}\Delta_v \cos\delta_v \cos\alpha_v &= x'_i + X'_{\odot k}\\ \Delta_v \cos\delta_v \sin\alpha_v &= y'_i + Y'_{\odot k}\\ \Delta_v \sin\delta_v &= z'_i + Z'_{\odot k}\end{aligned}$$

und die Variation (in Bogenminuten) aus

$$v_\delta = \frac{(\delta_v - \delta_k)'}{(\alpha_v - \alpha_k)^m} \tag{7}$$

entsprechend $v_\alpha = \pm 1^m\!.0$.

Zweckmäßig wählt man den Zeitpunkt t_i gegen t_k um die Dauer des Intervalles der Ephemeride verschoben, benutzt also die Sonnenkoordinaten eines benachbarten Ephemeridenortes.

Bei den kleinen Planeten ändert sich die Variation im Bereiche der üblichen Ausdehnung der Oppositionsephemeriden im allgemeinen nur verhältnismäßig wenig, so daß ihre ephemeridenartige Berechnung nicht erforderlich ist. Man kann sich damit begnügen, sie für Anfang und Ende der Ephemeride, oder gar nur für ein Datum, etwa das in der Nähe des Oppositionsdatums gelegene, zu berechnen.

Bei denjenigen periodischen Kometen, deren Vorausberechnung infolge unsicherer Bestimmung der mittleren Bewegung noch sehr unsicher ist, bietet man dem Beobachter mitunter die Variation in anderer Form ephemeridenartig dar. Und zwar variiert man hier mehr oder weniger stark die Zeit des Periheldurchganges (oder die mittlere Anomalie) und berechnet mehrere, meist 3 Ephemeriden, um die Auffindung zu erleichtern. Auch hier ist es empfehlenswert, die Zeit um die Dauer eines Intervalles, oder um ihr Vielfaches, zu variieren.

§ 73. Ephemeridenrechnung mit Kreisbahnelementen.

Die Berechnung einer Ephemeride mit Kreisbahnelementen soll nur der Verfolgung eines neuen Objektes unmittelbar nach seiner Entdeckung dienen. Eine Vorausberechnung für eine spätere Erscheinung ist zwecklos wegen der großen Unsicherheit der Kreisbahnelemente.

Hier ist stets das 8tägige Intervall und 4stellige Rechnung ausreichend. Die Ephemeridenrechnung erfolgt bei maschineller Rechnung nach den Gl. (11. X), (11. XI), bei logarithmischer Rechnung nach den Gl. (12. X), (12. XI).

§ 74. Ephemeridenrechnung mit parabolischen Elementen.

a) Berechnung der wahren Anomalie und des Radiusvektors. Die Größe M berechnet man nach Gl. (15. 15).

Bei maschineller Rechnung entnimmt man, wenn man keine ausführlicheren Tafeln zur Hand hat, der Tafel 9 v und bildet $\operatorname{tg} \frac{1}{2} v^2$ und $\operatorname{tg} \frac{1}{2} v$. Der Radiusvektor r wird nicht gebraucht. Legt man auf seine Kenntnis Wert, so berechnet man ihn nach

$$r = q\,(1 + \operatorname{tg} \tfrac{1}{2} v^2).$$

Bequemer gestaltet sich die Rechnung, wenn man sich der Tafel von B. STRÖMGREN bedienen kann. Diese liefert 5stellige Werte von $\operatorname{tg}\frac{1}{2}v^2$ und $\operatorname{tg}\frac{1}{2}v$ mit dem Argument M (von 0.0 bis 300.0, von 0.1 zu 0.1 fortschreitend).

Bei logarithmischer Rechnung entnimmt man v entweder der Tafel von BARKER, OPPOLZER, BAUSCHINGER, oder der Tafel 9 und berechnet r nach Gl. (15. 19).

b) Berechnung der rechtwinkligen heliozentrischen Koordinaten. Bei maschineller Rechnung verwendet man zur Berechnung der x', y', z' die Gl. (15. 20).

Bei logarithmischer Rechnung ermittelt man die x', y', z' nach Gl. (15. 9). Die hierin auftretenden Gaußschen Konstanten berechnet man nach Gl. (15. 10).

c) Berechnung geozentrischer äquatorialer Koordinaten. Siehe die Ausführungen im vorigen Abschnitt.

Bei der beschränkten Genauigkeit der Rechnung kann man bei Vergleichung mit Beobachtungen von einer Reduktion in der im vorigen Abschnitt behandelten Art absehen.

§ 75. Formelzusammenstellung.

a) Ephemeride mit elliptischen Elementen.

α) Genäherte Vorausberechnung des Oppositionsdatums. Zunächst bestimmt man aus den gegebenen Rektaszensionen der Entdeckungserscheinung α_1, α_2 und den um 12^h vergrößerten Rektaszensionen der Sonne $\alpha_{\odot 1}$, $\alpha_{\odot 2}$ die Oppositionszeit in Rektaszension T_α nach

$$T_\alpha = t_1 + \frac{(t_2 - t_1)(\alpha_1 - \alpha_{\odot 1})}{(\alpha_1 - \alpha_{\odot 1}) - (\alpha_2 - \alpha_{\odot 2})} = t_2 + \frac{(t_2 - t_1)(\alpha_2 - \alpha_{\odot 2})}{(\alpha_1 - \alpha_{\odot 1}) - (\alpha_2 - \alpha_{\odot 2})} \quad \text{(I)}$$

die synodische Umlaufszeit U in Tagen nach

$$U = \frac{360 \cdot 60 \cdot 60}{(3548 - \mu)''} \quad \text{(II)}$$

in Monaten aus der Tabelle S. 222. Dann berechnet man für 2 Daten t_1 und t_2, die den Zeitpunkt $T_\alpha + U$ einschließen und zweckmäßig 60 Tage auseinanderliegen, auf $0^\circ\!.1$

$$\begin{aligned} M_1 &= M_0 + \mu(t_1 - t_0) \\ M_2 &= M_1 + 60\,\mu \end{aligned} \quad \text{(III)}$$

und l_1 und l_2 bei kleinen und mäßigen Neigungen aus

$$\begin{aligned} l_1 &= v_1 + \omega + \Omega \\ l_2 &= v_2 + \omega + \Omega \end{aligned} \quad \text{(IV)}$$

bei großen Neigungen nach Gl. (16. 5). v_1 und v_2 entnimmt einer der Tafeln von TIETJEN, SCHLESINGER und UDICK, PETERS oder der Tafel in V. R. I. 44, S. 22. Das Oppositionsdatum T_l (in Länge) erhält man dann aus

$$T_l = t_1 + \frac{(t_2 - t_1)(l_1 - L_1)}{(l_1 - L_1) - (l_2 - L_2)} = t_2 + \frac{(t_2 - t_1)(l_2 - L_2)}{(l_1 - L_1) - (l_2 - L_2)}. \quad \text{(V)}$$

Kontrolle durch direkte Rechnung für den gefundenen Zeitpunkt T_l.

β) Berechnung der geozentrischen äquatorialen Koordinaten. Intervall w bei den kleinen Planeten 8 Tage, bei den periodischen Kometen 8 bis 2 Tage.

$$M_1 = M_0 + \mu (t_1 - t_0)$$
$$M_n = M_1 + (n - 1) w \mu \qquad (n = 1, 2, 3 \ldots n) \qquad \text{(VI)}$$
$$\text{Kontrolle:} \quad M_n = M_0 + \mu (t_n - t_0).$$

Bei maschineller Rechnung unter Benutzung der Tafel von Innes (5stellige Werte von $r/a \cos v = C$, $r/a \sin v = S$ für Exzentrizitäten e von 0.0 bis 1.0) oder der Tafel von Stracke (4stellige Werte von $r/a \cos v = C$, $r/a \sin v = S$ für Exzentrizitätswinkel von 0° bis 25°)

$$\begin{aligned} \varDelta \cos\delta \cos\alpha &= m'_x \cdot C + n'_x \cdot S + X'_\odot \\ \varDelta \cos\delta \sin\alpha &= m'_y \cdot C + n'_y \cdot S + Y'_\odot \\ \varDelta \sin\delta &= m'_z \cdot C + n'_z \cdot S + Z'_\odot , \end{aligned} \qquad \text{(VIIa)}$$

worin

$$\begin{aligned} m'_x &= a P'_x & n'_x &= a Q'_x \\ m'_y &= a P'_y & n'_y &= a Q'_y \\ m'_z &= a P'_z & n'_z &= a Q'_z \end{aligned}$$

gesetzt ist und die Konstanten P'_x, P'_y, P'_z, Q'_x, Q'_y, Q'_z aus der Bahnrechnung entnommen oder nach Gl. (3.22) aus ω, ☊, i berechnet werden.

Bei logarithmischer Rechnung unter Benutzung der Tafel von Tietjen ($v - M$ auf 0ʼ.01 für Exzentrizitätswinkel von 0° bis 20°20′) und Berechnung von r nach

$$r = \frac{a \cos \varphi^2}{1 + \sin\varphi \cos v} \qquad \text{(VIII)}$$

oder der Tafel von Peters ($v - M$ auf 0°.01, $\lg r/a$ auf 4 Stellen für Exzentrizitätswinkel von 0°.0 bis 24°.00)

$$u = v + \omega$$

$$\begin{aligned} \varDelta \cos\delta \cos\alpha &= r \sin a' \sin (A' + u) + X'_\odot \\ \varDelta \cos\delta \sin\alpha &= r \sin b' \sin (B' + u) + Y'_\odot \\ \varDelta \sin\delta &= r \sin c' \sin (C' + u) + Z'_\odot . \end{aligned} \qquad \text{(VIIb)}$$

Die Berechnung der Konstanten $\sin a'$, $\sin b'$, $\sin c'$, A', B', C' erfolgt nach den Gl. (15.10).

Kontrolle der α, δ durch Differenzenprüfung.

γ) Berechnung der Variation.

$$\begin{aligned} \varDelta_v \cos\delta_v \cos\alpha_v &= x'_i + X'_{\odot k} \\ \varDelta_v \cos\delta_v \sin\alpha_v &= y'_i + Y'_{\odot k} \qquad i = k \pm w \\ \varDelta_v \sin\delta_v &= z'_i + Z'_{\odot k} \end{aligned} \qquad \text{(IX)}$$

$$v'_\delta = \frac{(\delta_v - \delta_k)'}{(\alpha_v - \alpha_k)^m} \quad \text{entsprechend} \quad v_\alpha = \pm 1^m\!.0 .$$

b) Ephemeride mit Kreisbahnelementen. Intervall 8 Tage.

Für maschinelles Rechnen

$$u = \mu\,(t^0 - t_0)\,,\quad \text{wo}\quad t_0 = \tfrac{1}{2}\,(t_1^0 + t_2^0) \tag{Ia}$$

$$\begin{aligned} \varDelta\cos\delta\cos\alpha &= a\,(P_x'\cos u + Q_x'\sin u) + X_\odot' \\ \varDelta\cos\delta\sin\alpha &= a\,(P_y'\cos u + Q_y'\sin u) + Y_\odot' \\ \varDelta\sin\delta &= a\,(P_z'\cos u + Q_z'\sin u) + Z_\odot'\,. \end{aligned} \tag{IIa}$$

Über die Bedeutung der Größen, die der Bahnrechnung entnommen werden, siehe S. 158.

Für logarithmisches Rechnen

$$u = u_0 + \mu\,(t - t_0) \tag{Ib}$$

$$\begin{aligned} \varDelta\cos\delta\cos\alpha &= a\sin a'\sin(A' + u) + X_\odot' \\ \varDelta\cos\delta\sin\alpha &= a\sin b'\sin(B' + u) + Y_\odot' \\ \varDelta\sin\delta &= a\sin c'\sin(C' + u) + Z_\odot'\,. \end{aligned} \tag{IIb}$$

Die Berechnung der Konstanten $\sin a'$, $\sin b'$, $\sin c'$, A', B', C' erfolgt nach Gl. (15. 10).

Kontrolle der α, δ durch Differenzenprüfung.

c) Ephemeride mit parabolischen Elementen. Intervall 8 bis 2 Tage.

Für maschinelles Rechnen unter Benutzung der Tafel von B. Strömgren (5stellige Werte von $\operatorname{tg}\frac{1}{2}v^2$ und $\operatorname{tg}\frac{1}{2}v$ für M von 0.0 bis 300.0)

$$M = \frac{t - T}{q^{\frac{3}{2}}}\,. \tag{I}$$

$$\begin{aligned} \varDelta\cos\delta\cos\alpha &= m_x'\,(1 - \operatorname{tg}\tfrac{1}{2}v^2) + 2\,n_x'\operatorname{tg}\tfrac{1}{2}v + X_\odot' \\ \varDelta\cos\delta\sin\alpha &= m_y'\,(1 - \operatorname{tg}\tfrac{1}{2}v^2) + 2\,n_y'\operatorname{tg}\tfrac{1}{2}v + Y_\odot' \\ \varDelta\sin\delta &= m_z'\,(1 - \operatorname{tg}\tfrac{1}{2}v^2) + 2\,n_z'\operatorname{tg}\tfrac{1}{2}v + Z_\odot'\,, \end{aligned} \tag{IIa}$$

worin

$$\begin{aligned} m_x' &= q\,P_x' & n_x' &= q\,Q_x' \\ m_y' &= q\,P_y' & n_y' &= q\,Q_y' \\ m_z' &= q\,P_z' & n_z' &= q\,Q_z' \end{aligned}$$

gesetzt ist und die Konstanten P_x', P_y', P_z', Q_x', Q_y', Q_z' der Bahnrechnung entnommen oder nach Gl. (3. 22) aus ω, ☊, i berechnet werden.

Für logarithmisches Rechnen unter Benutzung einer der Tafeln von Barker, Oppolzer, Bauschinger oder der Tafel 9 zur Entnahme von v.

$$\begin{aligned} r &= q\sec\tfrac{1}{2}v^2 \\ u &= v + \omega \end{aligned} \tag{III}$$

$$\begin{aligned} \Delta \cos\delta \cos\alpha &= r \sin a' \sin(A' + u) + X'_\odot \\ \Delta \cos\delta \sin\alpha &= r \sin b' \sin(B' + u) + Y'_\odot \\ \Delta \sin\delta &= r \sin c' \sin(C' + u) + Z'_\odot . \end{aligned} \tag{IIb}$$

Die Berechnung der Gaußschen Konstanten erfolgt nach den Gl. (15. 10).

Kontrolle der α, δ durch Differenzenprüfung.

17. Abschnitt.

Die Berechnung einer Ephemeride durch numerische Integration.

Es soll hier die Aufgabe gelöst werden, mit Hilfe der rechtwinkligen heliozentrischen Koordinaten zweier nahe benachbarter Daten die Koordinaten für alle weiteren Daten durch numerische Integration der Newtonschen Bewegungsgleichungen für die ungestörte Bewegung zu berechnen.

Setzt man in den Bewegungsgleichungen der ungestörten Bewegung Gl. (1. 3), die Masse des bewegten Gestirns gleich Null und führt als Zeiteinheit das Intervall w ein, so lauten sie

$$w^2 \frac{d^2 s'}{dt^2} = -\,w^2 k^2 \frac{s'}{r^3} = F(s', t) \qquad (s' = x', y', z'), \tag{1}$$

worin

$$r^2 = x'^2 + y'^2 + z'^2$$

und x', y', z' äquatoriale Koordinaten sein sollen. Die numerische Integration dieser Gleichungen kann in einfacher Weise nach Extrapolationsmethoden erfolgen.

Die Lösungen machen lediglich von den Größen des Differenzen- und Summenschemas Gebrauch, das in der Gauß-Enckeschen Bezeichnungsweise folgende Form hat:

Argument	summierte Reihe 2.	summierte Reihe 1.	Funktion	1. Diff.	2. Diff.	3. Diff.	4. Diff.	
....	....		....					
$a-3w$	${}^{II}f(a-3w)$		$f(a-3w)$					
		${}^{I}f(a-\frac{5}{2}w)$		$f^{I}(a-\frac{5}{2}w)$				
$a-2w$	${}^{II}f(a-2w)$		$f(a-2w)$		$f^{II}(a-2w)$			
		${}^{I}f(a-\frac{3}{2}w)$		$f^{I}(a-\frac{3}{2}w)$		$f^{III}(a-\frac{3}{2}w)$		
$a-w$	${}^{II}f(a-w)$		$f(a-w)$		$f^{II}(a-w)$		$f^{IV}(a-w)$	
		${}^{I}f(a-\frac{1}{2}w)$		$f^{I}(a-\frac{1}{2}w)$		$f^{III}(a-\frac{1}{2}w)$		
a	${}^{II}f(a)$		$f(a)$		$f^{II}(a)$		$f^{IV}(a)$	(2)
		${}^{I}f(a+\frac{1}{2}w)$		$f^{I}(a+\frac{1}{2}w)$		$f^{III}(a+\frac{1}{2}w)$		
$a+w$	${}^{II}f(a+w)$		$f(a+w)$		$f^{II}(a+w)$		$f^{IV}(a+w)$	
		${}^{I}f(a+\frac{3}{2}w)$		$f^{I}(a+\frac{3}{2}w)$		$f^{III}(a+\frac{3}{2}w)$		
$a+2w$	${}^{II}f(a+2w)$		$f(a+2w)$		$f^{II}(a+2w)$			
		${}^{I}f(a+\frac{5}{2}w)$		$f^{I}(a+\frac{5}{2}w)$				
$a+3w$	${}^{II}f(a+3w)$		$f(a+3w)$					
....	....		....					

Hier ist a ein bestimmter Argumentwert, w das konstante Zeitintervall zwischen 2 aufeinanderfolgenden Argumentwerten. Jeder Argumentwert t, für den der numerische Betrag der Funktion vorliegen soll, kann allgemein durch $t = a + nw$ ($n = \ldots, -3, -2, -1, 0, +1, +2 \ldots$) ausgedrückt werden. Die Differenzenreihen sind durch die rechts, die Summenreihen durch die links stehenden Indizes gekennzeichnet.

§ 76. Die Methode von COWELL.

a) Erstes Integrationsverfahren. Bei seiner Untersuchung der Bewegung des Halleyschen Kometen für den Zeitraum von 1759 bis 1910 benutzte COWELL nicht die klassische Formel für die numerische Integration, sondern er wandte ein neues Verfahren an, bei dem summierte Reihen nicht benutzt werden. Er stellte eine Formel auf, die es gestattet, den 2. Differentialquotienten der Koordinate eines Planeten oder Kometen in einfachster Weise in die entsprechende 2. Differenz überzuführen. Der 2. Differentialquotient ist identisch mit der Newtonschen Beschleunigung und kann streng berechnet werden.

Das Cowellsche Verfahren läßt sich in gleicher Weise für die ungestörte Ephemeridenrechnung anwenden.

Angenommen, es seien für die Argumente $a - w$ und a die Funktionswerte $f(a - w) = s'_{-1}$ und $f(a) = s'_0$ der Koordinaten $s'_{-1} = x'_{-1}, y'_{-1}, z'_{-1}$, und $s'_0 = x'_0, y'_0, z'_0$ bekannt. Es handelt sich darum, den Funktionswert $f(a + w)$ zu bilden. Da nach dem Differenzenschema

$$f(a + w) = f(a) + f^I(a - \tfrac{1}{2}w) + f^{II}(a) = 2f(a) - f(a - w) + f^{II}(a) \quad (3)$$

oder

$$f^{II}(a) = f(a + w) + f(a - w) - 2f(a) \quad (4)$$

ist, und $f(a - w)$ und $f(a)$ als gegeben angenommen werden, so reduziert sich das Problem der Extrapolation im Prinzip auf die Bestimmung der 2. Differenz $f^{II}(a)$. Diese kann unter Verwendung der Gl. (1) in folgender Weise ermittelt werden.

Zunächst drückt man $f^{II}(a)$ durch die Differentialquotienten gerader Ordnung der Funktion $f(a)$ aus. Nach der Taylorschen Reihe ist

$$f(a + nw) = f(a) + \frac{nw}{1!}\frac{df(a)}{da} + \frac{n^2w^2}{2!}\frac{d^2f(a)}{da^2} + \frac{n^3w^3}{3!}\frac{d^3f(a)}{da^3} + \cdots.$$

Bildet man mit Hilfe dieser Reihe die in Gl. (4) rechts stehenden Ausdrücke $f(a + w)$ und $f(a - w)$ und setzt sie ein, so wird

$$f^{II}(a) = w^2\frac{d^2f(a)}{da^2} + \varphi(a), \quad (5)$$

worin

$$\varphi(a) = \frac{2w^4}{4!}\frac{d^4f(a)}{da^4} + \frac{2w^6}{6!}\frac{d^6f(a)}{da^6} + \cdots$$

die Reduktion ist, die den 2. Differentialquotienten in die 2. Differenz überführt.

Man kann nun $\varphi(a)$ durch die Differenzen gerader Ordnung der Funktion $F(a)$ ausdrücken, die durch die Gleichung

$$F(a) = w^2 \frac{d^2 f(a)}{d a^2} = - w^2 k^2 \frac{s_0'}{r_0^3} \tag{6}$$

bestimmt ist. Bei Einführung dieser Funktion in Gl. (5) nimmt diese die Form an

$$f^{II}(a) = F(a) + \frac{2 w^2}{4!} \frac{d^2 F(a)}{d a^2} + \frac{2 w^4}{6!} \frac{d^4 F(a)}{d a^4} + \cdots. \tag{7}$$

Bildet man aus der Stirlingschen Interpolationsformel

$$f(a + n w) = f(a) + \frac{n}{1!} f^I(a) + \frac{n^2}{2!} f^{II}(a) + \frac{n(n^2-1)}{3!} f^{III}(a) + \cdots$$

die Differentialquotienten und führt ihre Ausdrücke

$$\frac{2 w^2}{4!} \frac{d^2 F(a)}{d a^2} = \frac{1}{12} F^{II}(a) - \frac{1}{144} F^{IV}(a) + \cdots$$

$$\frac{2 w^4}{6!} \frac{d^4 F(a)}{d a^4} = \frac{1}{360} F^{IV}(a) - \cdots$$

in Gl. (7) ein, so erhält man die Cowellsche Fundamentalformel zur Bestimmung der 2. Differenz

$$f^{II}(a) = F(a) + \varphi(a), \tag{8}$$

worin

$$\varphi(a) = \frac{1}{12} F^{II}(a) - \frac{1}{240} F^{IV}(a) + \frac{31}{60480} F^{VI}(a) - \cdots$$

ist. Setzt man diesen Wert von $f^{II}(a)$ in Gl. (3) ein, so lautet die Gleichung, die zur Bestimmung von $f(a+w)$ dient

$$f(a + w) = f(a) + f^I(a - \tfrac{1}{2} w) + F(a) + \varphi(a). \tag{9}$$

Durch Wahl eines genügend kleinen Intervalles w kann man es erreichen, daß die Reduktion $\varphi(a)$ einen verschwindenden Einfluß hat. Dann gestaltet sich das Cowellsche Verfahren außerordentlich einfach, da dann die gesuchte 2. Differenz $f^{II}(a)$ der Größe nach identisch mit der Newtonschen Beschleunigung ist. Diese läßt sich aber aus den gegebenen Daten nach Gl. (6) direkt berechnen.

Ist man im Interesse der Arbeitsökonomie gezwungen, ein solches Intervall zu wählen, daß eine Vernachlässigung der Reduktion nicht in Betracht kommt, so wird man sie bei Beginn der Rechnung in erster Näherung vernachlässigen, also $\varphi(a) = 0$, $f^{II}(a - w) = F(a - w)$ und $f^{II}(a) = F(a)$ setzen, und nach Gl. (9) $f(a + w)$ bestimmen. Man erhält damit nach Gl. (6) $F(a + w)$ und durch Differenzenbildung $F^{II}(a)$, kann also das 1. Glied $\frac{1}{12} F^{II}(a)$ in der Reduktion berücksichtigen. Im Verfahren der allmählichen Annäherung läßt sich so die Reduktion scharf berechnen.

Die Ermittlung der weiteren 2. Differenzen und Funktionswerte geschieht ganz analog nach den Formeln

$$F(a + nw) = -w^2 k^2 \frac{s'_n}{r_n^3} \tag{10}$$

$$f^{II}(a + nw) = F(a + nw) + \varphi(a + nw) \tag{11}$$

$$f(a + (n + 1)w) = f(a + nw) + f^{I}(a + (n + \tfrac{1}{2})w) + f^{II}(a + nw). \tag{12}$$

Ein Näherungsverfahren wird hier kaum erforderlich, da die schätzungsweise Extrapolation des Einflusses der Glieder der Reduktion stets genügend sicher sein wird.

Ein Nachteil bei der Anwendung der obigen Formeln liegt in dem schädigenden Einfluß von vernachlässigten höheren Differenzen der Reduktion $\varphi(a + nw)$. Denn jeder Fehler bei der Ableitung von $f^{II}(a + nw)$ geht in die Werte der 1. Differenzenreihe ein, und verursacht so ständige wachsende Fehler in den Funktionswerten selbst. Mit zunehmender Ausdehnung der Extrapolation macht sich der Mangel immer mehr bemerkbar.

b) Zweites Integrationsverfahren. Diesem Nachteil Rechnung tragend, empfiehlt Cowell statt der Anwendung der obigen Formeln die der klassischen Formel

$$f(a + nw) = {}^{II}F(a + nw) + \psi(a + nw), \tag{13}$$

worin

$$\psi(a + nw) = \tfrac{1}{12} F(a + nw) - \tfrac{1}{240} F^{II}(a + nw) + \tfrac{31}{60480} F^{IV}(a + nw) - \cdots$$

ist. Hier ist also die Reduktion $\psi(a + nw)$ an ${}^{II}F(a + nw)$ anzubringen, um $f(a + nw)$ zu bestimmen. Der Vorteil dieser Formel gegenüber der oben genannten liegt darin, daß kleine Vernachlässigungen in den höheren Differenzen lediglich die Ableitung von $f(a + nw)$ aus ${}^{II}F(a + nw)$ schädigt, und nicht die Werte der 1. und 2. summierten Reihen. Zur Berechnung von $f(a + nw)$ braucht aber $F(a + nw)$ wegen des Faktors $\frac{1}{12}$ bei $F(a + nw)$ nicht sehr exakt bekannt zu sein. Immerhin liegt aber ein Nachteil darin, daß es notwendig wird, eine verhältnismäßig so große Reduktion wie $\frac{1}{12} F(a + nw) - \ldots$ jedesmal schätzungsweise zu extrapolieren.

Die beiden ersten Werte der 2. summierten Reihe ${}^{II}F(a - w)$ und ${}^{II}F(a)$ werden aus

$$\left.\begin{aligned} {}^{II}F(a - w) &= f(a - w) - \tfrac{1}{12} F(a - w) + \tfrac{1}{240} F^{II}(a - w) - \cdots \\ {}^{II}F(a) &= f(a) - \tfrac{1}{12} F(a) + \tfrac{1}{240} F^{II}(a) - \cdots \end{aligned}\right\} \tag{14}$$

der erste Wert der 1. summierten Reihe als Differenz der beiden ersten Werte der 2. summierten Reihe gebildet. Auch hier muß man sich bei Beginn der Rechnung des Verfahrens der allmählichen Annäherung bedienen.

Bei der beschränkten Ausdehnung einer ungestörten Ephemeride und dem zweckmäßig klein gewählten Intervall tritt der genannte Nachteil des Cowellschen Verfahrens bei der ungestörten Ephemeridenrechnung praktisch kaum in Erscheinung.

§ 77. Die Methode von NUMEROW.

Um den Einfluß der Reduktion zu verringern, führt NUMEROW einen Schritt vom 2. zum 1. Cowellschen Integrationsverfahren rückwärts gehend, Spezialkoordinaten ein. Zwar tritt der damit erreichte Vorteil bei der Berechnung einer ungestörten Ephemeride wenig in Erscheinung. Die Anwendung seines Verfahrens ist aber auch hier von Vorteil, da die praktische Ausführung der Rechnung durch geeignete Tabulierungen erheblich unterstützt wird.

Statt der Koordinaten $s' = x'$, y', z' und des Radiusvektors $r = \sqrt{x'^2 + y'^2 + z'^2}$ führt NUMEROW die Spezialkoordinaten $\bar{s} = \bar{x}$, $\bar{y}$, $\bar{z}$ und den durch $\sqrt{\bar{x}^2 + \bar{y}^2 + \bar{z}^2} = \bar{r}$ bestimmten Spezialradius $\bar{r}$ ein. Die neuen Koordinaten werden mit den ersteren durch die Beziehung

$$\bar{s} = s' - \frac{1}{12} w^2 \frac{d^2 s'}{dt^2} \tag{15}$$

oder bei Einführung von Gl. (1) durch

$$\bar{s} = s' \left(1 + \frac{w^2 k^2}{12 r^3}\right) \tag{16}$$

verbunden.

Nimmt man an, daß für die Argumente $a - w$ und a die Funktionswerte $\bar{s}_{-1} = g(a - w)$ und $\bar{s}_0 = g(a)$ bekannt sind, so handelt es sich darum, den Funktionswert $\bar{s}_{+1} = g(a + w)$ zu bilden. Da

$$g(a + w) = 2g(a) - g(a - w) + g^{II}(a) \tag{17}$$

ist, so reduziert sich das Problem der Extrapolation auf die Bestimmung der 2. Differenz $g^{II}(a)$. Diese soll in analoger Weise wie bei COWELL durch die Differentialquotienten gerader Ordnung der Funktion $g(a)$ ausgedrückt werden. Führt man in die so entstehende Reihe die Gl. (15) in der Form

$$g(a) = f(a) - \frac{1}{12} w^2 \frac{d^2 f(a)}{da^2} \tag{18}$$

ein, so wird

$$g^{II}(a) = w^2 \frac{d^2 f(a)}{da^2} + \varphi(a), \tag{19}$$

worin

$$\varphi(a) = -\sum_{k=6,8\ldots} A_k w^k \frac{d^k f(a)}{da^k} \quad \text{und} \quad A_k = \frac{2}{k!}\left[\frac{k(k-1)}{12} - 1\right]$$

ist. Drückt man nun $\varphi(a)$ durch die Differenzen gerader Ordnung der Funktion $F(a)$ aus, die durch die Gleichung

$$F(a) = w^2 \frac{d^2 f(a)}{da^2} \tag{20}$$

bestimmt ist, so erhält man die Fundamentalgleichung

$$g^{II}(a) = F(a) + \varphi(a), \tag{21}$$

worin $\varphi(a)$ die Reduktion ist, die die Funktion $F(a)$ in die 2. Differenz der Funktion $g(a)$ überführt.

Der Vergleich mit der entsprechenden Cowellschen Formel, Gl. (8), läßt den Vorteil erkennen, der durch die Einführung der Spezialkoordinaten erreicht ist: Das größte Glied $\frac{1}{12} F^{II}(a)$ in der Reduktion ist weggefallen, allerdings auf Kosten der Einfachheit des Verfahrens.

Man könnte nun in derselben Weise wie bei COWELL zunächst $g^{II}(a) = F(a) = -w^2 k^2 s_0' : r_0^3$, dann $g(a+w)$ berechnen usw. Doch ist es für die praktische Rechnung bequemer, sich der Gl. (21) in der Numerowschen Form zu bedienen. Ihre Anwendung empfiehlt sich um so mehr, als eine hierin auftretende Hilfsgröße tabuliert vorliegt. Man erhält die Gleichung in folgender Weise.

Gl. (21) kann man bei Beachtung der Gl. (1) und (16) die Form geben

$$g^{II}(a) = -\sigma_0 g(a) + \varphi(a), \tag{22}$$

wenn man

$$\frac{w^2 k^2}{r_0^3} : \left(1 + \frac{w^2 k^2}{12 r_0^3}\right) = \sigma_0 \tag{23}$$

setzt. Diese Gleichung bestimmt den Koeffizienten σ_0 als Funktion von r_0. Bequemer ist es, σ_0 als Funktion von $\bar{r}_0$ einzuführen, wo

$$\bar{r}_0 = r_0 \left(1 + \frac{w^2 k^2}{12 r_0^3}\right) = \sqrt{\bar{x}_0^2 + \bar{y}_0^2 + \bar{z}_0^2} \tag{24}$$

ist. Es wird dann

$$\sigma_0 \left(1 - \frac{\sigma_0}{12}\right)^2 = \frac{w^2 k^2}{\bar{r}_0^3} \tag{25}$$

die der Bestimmung von σ_0 dienende Gleichung.

Drückt man noch die Reduktion durch die Differenzen der Funktion $g(a)$ aus, so erhält man die Fundamentalformel in der Numerowschen Form

$$g^{II}(a) = -\sigma_0 g(a) + \varphi(a), \tag{26}$$

worin

$$\varphi(a) = -\frac{1}{240} g^{VI}(a) + \frac{31}{60480} g^{VIII}(a) - \cdots$$

ist. Setzt man diesen Wert von $g^{II}(a)$ in Gl. (17) ein, so ergibt sich die Gleichung

$$g(a+w) = (2-\sigma_0)\, g(a) - g(a-w) + \varphi(a), \tag{27}$$

die zur Bestimmung von $g(a+w)$ dient.

Wählt man das Intervall so klein, daß die Reduktion $\varphi(a)$ ganz vernachlässigt werden darf, so erhält man die bequeme Formel

$$g(a+w) = (2-\sigma_0)\, g(a) - g(a-w). \tag{28}$$

Die Reduktion hängt wesentlich von der Größe der 6. Differenz von $g(a)$ ab. Man kann das Intervall stets so wählen, daß der bei der Vernachlässigung von $\varphi(a)$ entstehende Fehler f der Bedingung

$$|f| = \tfrac{1}{240} g^{VI}(a) \leqq \varepsilon \tag{29}$$

genügt, worin ε der größte zulässige Fehler ist. NUMEROW hat den Einfluß der Reduktion in Tafeln gebracht, die u. a. das Minimalintervall w für den ungünstigsten Fall, der Umgebung des Perihels, als Funktion der Exzentrizität e und der Periheldistanz q geben. Man erkennt z. B. aus denselben, daß bei allen kleinen Planeten und bei allen Kometen, deren Periheldistanz $q \leqq 1$ ist, die Näherungsformel zur Ermittlung 6stelliger Werte der Koordinaten in 5tägigem Intervall vollkommen ausreichend ist.

Die Ermittlung der weiteren Funktionswerte geschieht ganz analog der Bestimmung von $g(a+w)$ nach den Formeln

$$g(a + (n+1)w) = (2-\sigma_n)\, g(a+nw) - g(a+(n-1)w) + \varphi(a+nw) \tag{30}$$

worin

$$\varphi(a+nw) = -\tfrac{1}{240} g^{VI}(a+nw) + \tfrac{31}{60480} g^{VIII}(a+nw) - \cdots.$$

Die Umwandlung der Spezialkoordinaten in die gewöhnlichen Koordinaten erfolgt nach

$$f(a+nw) = g(a+nw)\left(1 - \frac{\sigma_n}{12}\right). \tag{31}$$

§ 78. Formelzusammenstellung.

Um das Anwachsen der Abrundungsfehler und des Einflusses der vernachlässigten höheren Differenzen möglichst zu verringern, legt man den Anfang der Integration tunlichst in die Mitte der Ephemeride.

Das Intervall wählt man mit Rücksicht auf die Größe der Reduktion und die spätere ziemlich zeitraubende Interpolation auf 1tägiges Intervall nicht zu groß. Andrerseits ist es nicht ratsam, das Intervall zu klein zu wählen, sowohl im Hinblick auf den mit der Vermehrung der Daten größer werdenden Arbeitsaufwand als auch auf das stärkere Anwachsen der Abrundungsfehler. Von besonderen Fällen abgesehen (Umgebung des Perihels bei sehr stark exzentrischen Bahnen) ist das 4tägige Intervall das empfehlenswerteste.

Bezüglich der Stellenzahl der Rechnung ist zu beachten, daß die Koordinaten der beiden Ausgangsdaten sowohl auch die Werte der Funktionen $F(a+nw)$ mit mindestens 1 Dezimale mehr berechnet werden als es bei der direkten Berechnung der einzelnen Ephemeridenörter geschehen würde. Nur dann wird man ähnliche Genauigkeit im Endresultat erwarten können, wie bei der direkten Rechnung. Die Arbeitsersparnis gegenüber der letzteren ist bei maschineller Rechnung, längerer Ausdehnung der Ephemeride und hochstelliger Rechnung trotzdem erheblich.

a) Erstes Cowellsches Verfahren. Gegeben seien für die Argumentwerte $a-w$ und a die Funktionswerte $f(a-w)=s'_{-1}$ $(s'_{-1}=x'_{-1},\ y'_{-1},\ z'_{-1})$ und $f(a)=s'_0$ $(s'_0=x'_0,\ y'_0,\ z'_0)$.

Bei Beginn der Rechnung setzt man zunächst die Reduktionen $\varphi(a-w)=0$ und $\varphi(a)=0$ und berechnet

$$\begin{aligned} r^2_{-1} &= x'^2_{-1} + y'^2_{-1} + z'^2_{-1} \\ r^2_0 &= x'^2_0 + y'^2_0 + z'^2_0 \end{aligned} \tag{I}$$

$$\begin{aligned} f^{II}(a-w) &= F(a-w) = -w^2k^2\frac{s'_{-1}}{r^3_{-1}} \\ f^{II}(a) &= F(a) = -w^2k^2\frac{s'_0}{r^3_0} \end{aligned} \tag{II}$$

$10^7 w^2 k^2 = 11836.50$ für $w = 2$ Tage

$10^7 w^2 k^2 = 47345.96$ „ $w = 4$ „

$10^7 w^2 k^2 = 189383.81$ „ $w = 8$ „

Da mit $f(a-w)$ und $f(a)$ auch $f^I(a-\frac{1}{2}w)=f(a)-f(a-w)$ gegeben ist, so kann man den auf $f(a)=s'_0$ folgenden genähert richtigen Funktionswert

$$s'_{+1}=f(a+w)=f(a)+f^I(a-\tfrac{1}{2}w)+f^{II}(a) \tag{III}$$

ableiten. Damit berechnet man

$$f^{II}(a+w)=F(a+w)=-w^2k^2\frac{s'_{+1}}{r^3_{+1}}.$$

In analoger Weise kann man $s'_{-2}=f(a-2w)$, $f^{II}(a-2w)$, $F(a-2w)$ berechnen. Durch die Werte von $F(a)$, $F(a-w)$ und die Näherungswerte von $F(a-2w)$, $F(a+w)$ sind Näherungswerte von $F^{II}(a-w)$ und $F^{II}(a)$ gegeben.

Ist die Berücksichtigung der Reduktion nicht notwendig, so ist der gefundene Wert $s'_{+1}=f(a+w)$ bereits der endgültige. In der gleichen Weise erhält man $s'_{+2}=f(a+2w)$, usw.

Ist die Berücksichtigung der Reduktion notwendig, so ermittelt man nach

$$\begin{aligned} f^{II}(a-w) &= F(a-w)+\tfrac{1}{12}F^{II}(a-w) \\ f^{II}(a) &= F(a)+\tfrac{1}{12}F^{II}(a) \end{aligned} \tag{IV}$$

verbesserte Werte von $f^{II}(a-w)$ und $f^{II}(a)$, damit nach Gl. (III) verbesserte Werte von $s'_{+1}=f(a+w)$ und $s'_{-2}=f(a-2w)$. Erweist sich auch die Berücksichtigung des 2. Gliedes der Reduktion als erforderlich, so verfährt man, das Summationsschema nach beiden Seiten erweiternd, in ganz entsprechender Weise. Bevor die Rechnung fortgesetzt wird, überzeugt man sich, daß der Anfang des Summationsverfahrens steht.

Die Fortsetzung geschieht nach den Formeln

$$F(a + nw) = -w^2 k^2 \frac{s'_n}{r_n^3} \tag{V}$$

$$f^{II}(a + nw) = F(a + nw) + \tfrac{1}{12} F^{II}(a + nw) - \tfrac{1}{240} F^{IV}(a + nw) + \cdots$$

$$f(a + (n + 1)w) = f(a + nw) + f^{I}(a + (n + \tfrac{1}{2})w) + f^{II}(a + nw).$$

Ist die Summation im Gange, so kann man die einzelnen Glieder der Reduktion mit ausreichender Genauigkeit schätzungsweise extrapolieren.

b) Zweites Cowellsches Verfahren. Gegeben seien für die Argumente $a - w$ und a die Funktionswerte $f(a-w) = s'_{-1}$ $(s'_{-1} = x'_{-1},\ y'_{-1},\ z'_{-1})$ und $f(a) = s'_0$ $(s'_0 = x'_0,\ y'_0,\ z'_0)$.

$$\begin{aligned} r_{-1}^2 &= x'^2_{-1} + y'^2_{-1} + z'^2_{-1} \\ r_0^2 &= x'^2_0 + y'^2_0 + z'^2_0 \end{aligned} \tag{I}$$

$$\begin{aligned} F(a - w) &= -w^2 k^2 \frac{s'_{-1}}{r_{-1}^3} \\ F(a) &= -w^2 k^2 \frac{s_0}{r_0^3} \end{aligned} \tag{II}$$

(Die Werte der Konstanten $w^2 k^2$ siehe S. 236). Zunächst leitet man Näherungswerte von ${}^{II}F(a-w)$ und ${}^{II}F(a)$ aus

$$\begin{aligned} {}^{II}F(a - w) &= f(a - w) - \tfrac{1}{12} F(a - w) \\ {}^{II}F(a) &= f(a) - \tfrac{1}{12} F(a) \end{aligned} \tag{III}$$

ab, vernachlässigt also die zunächst unbekannten Glieder $\frac{1}{240}F^{II}(a-w)\ldots$ und $\frac{1}{240} F^{II}(a) \ldots$ der Reduktion. Da mit ${}^{II}F(a-w)$ und ${}^{II}F(a)$ auch ${}^{I}F(a - \frac{1}{2}w)$ gegeben ist, so kann man den auf ${}^{II}F(a)$ folgenden Wert der 2. summierten Reihe

$${}^{II}F(a + w) = {}^{II}F(a) + {}^{I}F(a - \tfrac{1}{2}w) + F(a) \tag{IV}$$

bestimmen. Damit berechnet man

$$s'_{+1} = f(a + w) = {}^{II}F(a + w) + \tfrac{1}{12} F(a + w), \tag{V}$$

wobei man $\frac{1}{12} F(a+w)$ schätzungsweise extrapoliert, und

$$F(a + w) = -w^2 k^2 \frac{s'_{+1}}{r_{+1}^3}. \tag{IIa}$$

In entsprechender Weise kann man ${}^{II}F(a - 2w)$, $f(a - 2w)$, $F(a - 2w)$ berechnen. Durch die Werte von $F(a-w)$, $F(a)$ und die Näherungswerte von $F(a-2w)$, $F(a+w)$ sind Näherungswerte von $F^{II}(a-w)$ und $F^{II}(a)$ gegeben.

Ist die Berücksichtigung des 2. und der höheren Glieder der Reduktion nicht notwendig, so sind die nach den Gl. (III) und (IV) berechneten Werte der 2. summierten Reihe die endgültigen. Nach Gl. (V) berechnet man dann einen verbesserten Wert von $s'_{+1} = f(a+w)$, indem man für $F(a+w)$ den gefundenen Näherungswert berücksichtigt. In der gleichen Weise erhält man $s'_{-2} = f(a - 2w)$ usw.

Ist die Berücksichtigung des 2. Gliedes der Reduktion notwendig, so wiederholt man die Berechnung der ${}^{II}F(a-w)$ und ${}^{II}F(a)$ mit Berücksichtigung dieses Gliedes nach

$$\begin{aligned} {}^{II}F(a-w) &= f(a-w) - \tfrac{1}{12}F(a-w) + \tfrac{1}{240}F^{II}(a-w) - \cdots \\ {}^{II}F(a) &= f(a) - \tfrac{1}{12}F(a) + \tfrac{1}{240}F^{II}(a) - \cdots. \end{aligned} \qquad \text{(VI)}$$

Nach Gl. (IV) erhält man damit einen verbesserten Wert von ${}^{II}F(a+w)$ und entsprechend von ${}^{II}F(a-2w)$. Nach Gl. (V) berechnet man dann einen verbesserten Wert von $s'_{+1}=f(a+w)$ und analog von $s'_{-2}=f(a-2w)$. wobei man $+\frac{1}{240}F^{II}(a+w)$ und $+\frac{1}{240}F^{II}(a-2w)$ schätzungsweise extrapoliert usw.

Erweist sich auch die Berücksichtigung des 3. Gliedes der Reduktion als erforderlich, so verfährt man, das Integrationsschema nach beiden Seiten erweiternd, in ganz analoger Weise. Bevor die Rechnung fortgesetzt wird, überzeugt man sich, daß der Anfang des Integrationsverfahrens steht.

Die Fortsetzung geschieht nach den Formeln

$$F(a+nw) = -w^2k^2\frac{s'_n}{r_n^3} \qquad \text{(VII)}$$

$$\begin{aligned} {}^{II}F(a+(n+1)w) &= {}^{II}F(a+nw) + {}^{I}F(a+(n-\tfrac{1}{2})w) + F(a+nw) \\ s'_n = f(a+nw) &= {}^{II}F(a+nw) + \tfrac{1}{12}F(a+nw) - \tfrac{1}{240}F^{II}(a+nw) \\ &\quad + \tfrac{31}{60480}F^{IV}(a+nw) - \cdots. \end{aligned}$$

Ist die Integration im Gange, so kann man die einzelnen Glieder der Reduktion mit ausreichender Genauigkeit schätzungsweise extrapolieren. Bei dem relativ großen Wert von $\frac{1}{12}F(a+nw)$ wird aber eventuell ein Näherungsverfahren notwendig sein.

Bei der Berechnung des Ausdrucks $w^2k^2s'r^{-3}$ läßt sich eine wesentliche Erleichterung der Rechnung durch Tabulierung der Größe $w^2k^2r^{-3}$ mit dem Argument r^2 für die in Frage kommenden Intervalle erzielen. Eine solche Tafel fehlt bisher.

c) Das Verfahren von Numerow. Gegeben seien für die Argumentwerte $a-w$ und a die Funktionswerte $f(a-w)=s'_{-1}$ $(s'_{-1}=x'_{-1}$, y'_{-1}, $z'_{-1})$ und $f(a)=s'_0$ $(s'_0=x'_0,\ y'_0,\ z'_0)$.

Ihre Umrechnung in Spezialkoordinaten erfolgt nach

$$\begin{aligned} r_{-1}^2 &= x'^2_{-1} + y'^2_{-1} + z'^2_{-1} \\ r_0^2 &= x'^2_0 + y'^2_0 + z'^2_0. \end{aligned} \qquad \text{(I)}$$

(Die Werte der Konstanten w^2k^2 siehe S. 236.)

$$\begin{aligned} \bar{s}_{-1} &= g(a-w) = s'_{-1}\left(1+\frac{w^2k^2}{12\,r_{-1}^3}\right) \\ \bar{s}_0 &= g(a) = s'_0\left(1+\frac{w^2k^2}{12\,r_0^3}\right). \end{aligned} \qquad \text{(II)}$$

Es sei angenommen, daß unter Benutzung der Hilfstafeln von NUMEROW die Wahl des Intervalles w so getroffen ist, daß die Reduktion $\varphi(a+nw)$ vernachlässigt werden darf.

Die Extrapolation geschieht dann nach

$$\begin{aligned} \bar{r}_n^2 &= \bar{x}_n^2 + \bar{y}_n^2 + \bar{z}_n^2 \\ g(a+(n+1)w) &= (2-\sigma_n)\, g(a+nw) - g(a+(n-1)w). \end{aligned} \tag{III}$$

σ_n' wird mit dem Argument $\bar{r}_n^2 = \bar{x}_n^2 + \bar{y}_n^2 + \bar{z}_n^2$ der Tafel von NUMEROW (z. B. J. O. 10, 10) entnommen.

Die Umwandlung der Spezialkoordinaten erfolgt nach

$$s_n' = \bar{s}_n\left(1 - \frac{\sigma_n}{12}\right). \tag{IV}$$

Bei allen 3 Verfahren wird man auf eine ausreichende Kontrolle der Rechnung Wert legen. Eine Kontrolle der Einzelwerte unter sich erfolgt durch Differenzenprüfung, die der Endresultate durch Vergleichung mit den auf Grund der Ausgangselemente und Konstanten direkt berechneten Koordinaten. Bei langer Ausdehnung der Ephemeride empfiehlt es sich, eine solche Kontrolle auch für das Argument $a+w$ oder eines der Zwischenargumente auszuführen.

§ 79. Beispiele.

Die Aufgabe bestehe in der Berechnung einer 6stelligen Ephemeride der rechtwinkligen heliozentrischen äquatorialen Koordinaten des Planeten 931 Whittemora für die Zeit von 1920 März 18 bis Juni 6. Es sei 4tägiges Intervall gewählt. Der Beginn der Rechnung sei nahe der Mitte der Ephemeride, auf April 27 gelegt. Hier soll nun die eine Hälfte, und zwar die Rückwärtsführung der Rechnung wiedergegeben werden.

Für die Daten April 23 und 27 sind mit den S. 121 gegebenen Elementen nach den Formeln des Abschnitts 15 die Koordinaten

1920 M. Z. Gr.	x'	y'	z'
Apr. 23.5	− 3.2280692	+ 0.0867820	+ 0.6545144
27.5	− 3.2398145	+ 0.0529178	+ 0.6451435

direkt berechnet. Die Summation wird mit 7 Dezimalen begonnen, obwohl die Ausgangselemente nur in 6stelliger Rechnung gewonnen sind. Um aber den Einfluß der Abrundungsfehler nicht zu vergrößern, ist es gleichwohl ratsam, die 7. Dezimale als Reservedezimale mitzunehmen. In den Summationstabellen sind die Ausgangswerte der Funktion durch Kursivdruck gekennzeichnet. Die Rechnung schreitet von unten nach oben fort.

Argument	f	f^{I}	f^{II}	F	F^{I}	F^{II}
		x'-Koordinate				
$a-10w$	−3.1029133	−156563				
$a-9w$	−3.1185696	−152148	+4415	+4415	−16	
$a-8w$	−3.1337844	−147749	+4399	+4399	−17	−1
$a-7w$	−3.1485593	−143367	+4382	+4382	−18	−1
$a-6w$	−3.1628960	−139003	+4364	+4364	−18	0
$a-5w$	−3.1767963	−134657	+4346	+4346	−17	+1
$a-4w$	−3.1902620	−130328	+4329	+4329	−19	−2
$a-3w$	−3.2032948	−126018	+4310	+4310	−18	+1
$a-2w$	−3.2158966	−121726	+4292	+4292	−19	−1
$a-w$	−3.2280692	−117453	+4273	+4273	−20	−1
a	−3.2398145	−113200	+4253	+4253		
$a+w$	−3.2511345					
		y'-Koordinate				
$a-10w$	+0.3904735	−335884				
$a-9w$	+0.3568851	−336389	−505	−505	+51	
$a-8w$	+0.3232462	−336843	−454	−454	+51	0
$a-7w$	+0.2895619	−337246	−403	−403	+50	−1
$a-6w$	+0.2558373	−337599	−353	−353	+49	−1
$a-5w$	+0.2220774	−337903	−304	−304	+49	0
$a-4w$	+0.1882871	−338158	−255	−255	+47	−2
$a-3w$	+0.1544713	−338366	−208	−208	+47	0
$a-2w$	+0.1206347	−338527	−161	−161	+46	−1
$a-w$	+0.0867820	−338642	−115	−115	+46	0
a	+0.0529178	−338711	−69	−69		
$a+w$	+0.0190467					
		z'-Koordinate				
$a-10w$	+0.7347157	−85193				
$a-9w$	+0.7261964	−86221	−1028	−1028	+21	
$a-8w$	+0.7175743	−87228	−1007	−1007	+21	0
$a-7w$	+0.7088515	−88214	−986	−986	+20	−1
$a-6w$	+0.7000301	−89180	−966	−966	+20	0
$a-5w$	+0.6911121	−90126	−946	−946	+21	+1
$a-4w$	+0.6820995	−91051	−925	−925	+19	−2
$a-3w$	+0.6729944	−91957	−906	−906	+20	+1
$a-2w$	+0.6637987	−92843	−886	−886	+20	0
$a-w$	+0.6545144	−93709	−866	−866	+19	−1
a	+0.6451435	−94556	−847	−847		
$a+w$	+0.6356879					

Argument		r^3	$-10^7 w^2 k^2 r^{-3}$	1. Diff.
1920 März 18	$a-10w$	33.1544	−1428.0	+12.3
22	$a-9w$	33.4434	−1415.7	+12.1
26	$a-8w$	33.7327	−1403.6	+12.0
30	$a-7w$	34.0226	−1391.6	+11.8
Apr. 3	$a-6w$	34.3132	−1379.8	+11.6
7	$a-5w$	34.6040	−1368.2	+11.4
11	$a-4w$	34.8950	−1356.8	+11.2
15	$a-3w$	35.1864	−1345.6	+11.1
19	$a-2w$	35.4784	−1334.5	+10.9
23	$a-w$	35.7706	−1323.6	+10.8
27	a	36.0626	−1312.8	

Für das letzte Datum, 1920 März 18.5 M. Z. Gr. erhält man

	x'	y'	z'
durch Summation	— 3.102913	+ 0.390473	+ 0.734716
durch 6stell. direkte Rechnung . .	— 3.102914	+ 0.390472	+ 0.734715

also eine befriedigende Übereinstimmung der Koordinaten. Bezüglich der weiteren Behandlung (Umwandlung in geozentrische Koordinaten usw. siehe die Ausführungen in Abschnitt 15).

b) Zweites Cowellsches Verfahren. Es sei das vorstehende Beispiel gewählt und nur für die x'-Koordinate der Anfang des Integrationstableaus und der gesuchten Funktionswerte gegeben.

Argument	${}^{II}F$	${}^{I}F$	F	F^{I}	F^{II}
$a-4w$	— 3.1902982				
		— 130326			
$a-3w$	— 3.2033308		+ 4310		
		— 126016		— 18	
$a-2w$	— 3.2159324		+ 4292		— 1
		— 121724		— 19	
$a-w$	— 3.2281048		+ 4273		— 1
		— 117451		— 20	
a	— 3.2398499		+ 4253		
		— 113198			
$a+w$	— 3.2511697				

Argument	f	f^{I}	f^{II}	f^{III}	f^{IV}
$a-4w$	— 3.1902620				
		— 130328			
$a-3w$	— 3.2032948		+ 4310		
		— 126018		— 18	
$a-2w$	— 3.2158966		+ 4292		— 1
		— 121726		— 19	
$a-w$	— 3.2280692		+ 4273		— 1
		— 117453		— 20	
a	— 3.2398145		+ 4253		
		— 113200			
$a+w$	— 3.2511345				

c) Das Verfahren von Numerow. Es sei das vorstehende Beispiel gewählt und nur für die x'-Koordinate der Anfang des Integrationstableaus und der gesuchten Funktionswerte gegeben.

Argument	g	g^{I}	g^{II}	g^{III}	g^{IV}
$a-4w$	— 3.1902981				
		— 130327			
$a-3w$	— 3.2033308		+ 4311		
		— 126016		— 19	
$a-2w$	— 3.2159324		+ 4292		0
		— 121724		— 19	
$a-w$	— 3.2281048		+ 4273		— 1
		— 117451		— 20	
a	— 3.2398499		+ 4253		
		— 113198			
$a+w$	— 3.2511697				

Argument	f	f^{I}	f^{II}	f^{III}	f^{IV}
$a-4w$	— 3.1902619				
		— 130329			
$a-3w$	— 3.2032948		+ 4311		
		— 126018		— 19	
$a-2w$	— 3.2158966		+ 4292		0
		— 121726		— 19	
$a-w$	— 3.2280692		+ 4273		— 1
		— 117453		— 20	
a	— 3.2398145		+ 4253		
		— 113200			
$a+w$	— 3.2511345				

Fünfter Teil.

Methoden der speziellen Störungsrechnung.

Bei den in den Abschnitten 6 bis 14 behandelten Methoden der ersten Bahnbestimmung ist die störende Wirkung der großen Planeten auf die Bewegung der gestörten Gestirne (kleine Planeten, Kometen) unberücksichtigt geblieben. Bei kurzen Zeiträumen, wie sie bei der ersten Bahnbestimmung vorausgesetzt sind, ist die Abweichung der gestörten von der ungestörten Bewegung im allgemeinen so gering, daß sie unbedenklich unbeachtet bleiben konnte. Der störenden Wirkung muß aber Rechnung getragen werden, wenn für längere Zeiträume volle Übereinstimmung zwischen Beobachtung und Rechnung erzielt werden soll.

Die Berechnung der gestörten Bewegung kann nach zwei grundsätzlich voneinander verschiedenen Verfahren erfolgen. Bei dem einen werden analytische Ausdrücke für die Störungen berechnet, aus denen man diese ermitteln kann, indem man für die unbestimmt gelassene Zeit oder Funktionen derselben die entsprechenden Werte einsetzt (allgemeine Störungen). Das zweite Verfahren besteht darin, daß man von einem Zeitpunkt ausgehend, an dem Ort und Geschwindigkeit in der gestörten und ungestörten Bewegung identisch sind (Oskulationsepoche), die gestörte Bewegung in gleichmäßigen Zeitintervallen durch numerische Integration verfolgt (spezielle Störungen).

Beide Verfahren haben ihre Vorteile und Nachteile. Nur das erste gestattet einen Einblick in den allgemeinen Charakter der Störungen und den Mechanismus des Sonnensystems. Der Anwendungsbereich der Methode ist aber dadurch stark eingeschränkt, daß für die bei den kleinen Planeten und namentlich bei den Kometen auftretenden großen Exzentrizitäten und Neigungen bei der Auswertung der Reihenentwicklungen ganz erhebliche Schwierigkeiten auftreten. Außerdem verlangt die Aufstellung einer vollständigen und genauen Theorie durch Berechnung allgemeiner Störungen sehr großen Arbeitsaufwand. Dieser ist erst lohnend, wenn die Bahn bereits ausreichend gesichert ist, d. h. wenn für mindestens einen ganzen Umlauf des Gestirns völlige Übereinstimmung zwischen zahlreichen gleichmäßig auf die Bahn verteilten Beobachtungen und der Rechnung erreicht ist.

So lange das nicht der Fall ist, verdient das Verfahren der Berechnung der gestörten Bewegung durch numerische Integration unbedingt den Vorzug. Es ist in gleicher Weise auf alle Formen von Bahnkurven anwendbar, wenn man nur das Intervall genügend eng wählt, und es kann jede wünschenswerte Genauigkeit erreicht werden. Ist zur Sicherung der Bahn die Überbrückung größerer Zeiträume notwendig, so zeigt sich bei der speziellen Störungsrechnung ein Nachteil darin, daß man die gestörte Bewegung auch in der ganzen Zwischenzeit ermitteln muß, um die gestörte Bewegung in einem späteren Zeitpunkt kennen zu lernen.

Da es aus Mangel an ausreichendem Beobachtungsmaterial wie namentlich aus Mangel an Arbeitskräften praktisch unmöglich ist, sämtliche Objekte in voller Genauigkeit zu bearbeiten, so ist man seit einiger Zeit notgedrungen zur genäherten Berechnung der gestörten Bewegung übergegangen. Auch hier wird man der Berechnung allgemeiner Störungen den Vorzug geben, wenn große Zeiträume zu überbrücken sind. Für kürzere Zeiträume, wie sie bei dem Problem der Sicherung der Bahnen im allgemeinen vorliegen, ist aber bei gleichen Ansprüchen an die Genauigkeit die spezielle Störungsrechnung wegen des geringeren Arbeitsaufwandes vorzuziehen.

Hier sollen nur die zur Sicherung der Bahnen geeignetsten Methoden der Störungsrechnung, die der speziellen Störungsrechnung, dargelegt werden.

Die Differentialgleichungen der gestörten Bewegung, Gl. (1. 1), lassen erkennen, daß man sie in verschiedenen Formen für die Störungsrechnung verwenden kann. So kann man einmal die gestörten rechtwinkligen Koordinaten selbst ermitteln (Methode von Cowell). Dann kann man die Störungen in den rechtwinkligen Koordinaten berechnen (Methode von Encke). Eine weitere Lösung bietet sich in folgender Weise dar. Die 3 Differentialgleichungen 2. Ordnung der ungestörten Bewegung, Gl. (1. 3), enthalten 6 Integrationskonstanten, die 6 Bahnelemente. Durch eine geeignete Variation dieser Größen kann man es erreichen, daß den Differentialgleichungen der gestörten Bewegung genügt wird. (Methode der Variation der Elemente.) Alle 3 Lösungen sollen im folgenden dargelegt werden.

Die Cowellsche Methode wendet man zweckmäßig bei langperiodischen Kometenbahnen an, wenn exakte gestörte Koordinaten über einen größeren Zeitraum zu berechnen sind. Für die Umgebung des Perihels ist diese Methode allerdings weniger geeignet, da hier das Integrationsintervall zu stark eingeengt werden muß. Für diesen Teil der Bahn wählt man besser die Methode von Encke. Für die fast ausnahmslos kurzperiodischen Bahnen der kleinen Planeten kommt die Cowellsche Methode weniger in Betracht. Durch Einführung von Spezialkoordinaten hat Numerow sie auch für die kleinen Planeten gebrauchsfähig zu machen gesucht. Diese beiden Methoden sind ganz besonders für das maschinelle Rechnen geeignet.

Wegen der Kleinheit der Störungen, die die Koordinaten und die Elemente des gestörten Körpers erleiden, läßt sich die Integration der

Störungen in einem größeren Intervall durchführen als die der gestörten Koordinaten. Zudem kann die Rechnung mit geringerer Stellenzahl durchgeführt werden, ein Umstand, der namentlich bei logarithmischer Rechnung für die Praxis von größter Bedeutung ist. Aus diesen Gründen sind bisher fast ausschließlich die Störungen integriert worden und nicht die gestörten Koordinaten. Erst seitdem brauchbare Rechenmaschinen zur Verfügung stehen, sind die Methoden der Integration der gestörten Koordinaten konkurrenzfähig geworden und werden neuerdings mit Erfolg angewandt.

Die Enckesche Methode der Berechnung der Störungen in den rechtwinkligen Koordinaten wendet man stets an, wenn bei einem kleinen Planeten oder Kometen die Störungen nur während einer Erscheinung berechnet werden sollen. Hier leistet die Methode große Dienste. Für größere Zeiträume ist sie weniger zu empfehlen, da die Störungen rasch so stark anwachsen, daß ohne den lästigen Übergang zu verbesserten Elementen die Sicherheit der Rechnung gefährdet werden kann. Auch diese Methode eignet sich für maschinelles Rechnen.

Bei den kleinen Planeten und den Kometen mit kurzperiodischen Bahnen hat die Variation der Elemente große Vorteile vor den genannten Methoden. Einmal bietet sie ein anschaulicheres Bild über Größe und Verlauf der Störungen als jene. Dann ist bei dem Prozeß der Integration das Anwachsen der Abrundungsfehler hier am ungefährlichsten, da nur bei einem Element eine doppelte Summation auszuführen ist. Aus diesem Grunde ist sie auch für die genäherte Berechnung der Störungen ganz besonders geeignet.

Eine genäherte Berechnung der Störungen kommt nur in Betracht, wenn man sich mit einer weniger exakten Übereinstimmung zwischen Beobachtung und Rechnung begnügt.

Für die große Masse der kleinen Planeten wird gegenwärtig eine Darstellung der Beobachtungen innerhalb einiger Jahrzehnte auf $1/2$ bis 1° im geozentrischen Ort angestrebt. Um dieses Ziel zu erreichen, genügt es stets, genäherte Störungen durch Jupiter als einzigen störenden Körper zu berücksichtigen. Maßgebend für die Beurteilung der Notwendigkeit einer Störungsrechnung sind in der Hauptsache die Elemente mittlere Bewegung μ, Exzentrizität e und die Stellung des Planeten zu Jupiter. Notwendig ist im allgemeinen die Störungsrechnung bei allen Objekten, deren Bewegung kleiner als etwa $700''$ ist, oder bei den Objekten, deren Bewegung zwischen etwa $700''$ und $850''$ liegt und deren Bahnen mäßig oder stark exzentrisch sind, oder bei den Objekten, deren Bewegung größer als etwa $850''$ und deren Bahnen stark exzentrisch sind. Bei den übrigen Objekten, also einer beträchtlichen Anzahl, kann man im allgemeinen von einer Störungsrechnung ganz absehen. Wenn die erwähnte genäherte Übereinstimmung zwischen Beobachtung und Rechnung nur für einige Jahre erzielt werden soll, innerhalb deren keine Jupiterannäherung stattfindet, so kann man bei den meisten Planeten ebenfalls von einer Störungsrechnung absehen.

Für die schwieriger zu verfolgenden periodischen Kometen, deren Bahnen überwiegend sehr stark exzentrisch sind, ist eine genäherte Störungsrechnung nur empfehlenswert, wenn sie als Hilfsmittel für die genaue Rechnung dienen soll.

18. Abschnitt.

Die Integration der gestörten rechtwinkligen Koordinaten.

§ 80. Die Methode von COWELL.

a) Die Differentialgleichungen der gestörten Koordinaten. Die fundamentalen Differentialgleichungen der gestörten rechtwinkligen Koordinaten sind in den Gl. (1. 1) gegeben. Setzt man die Masse m des gestörten Körpers gleich Null, was bei den kleinen Planeten und Kometen stets erlaubt ist, und führt das Zeitintervall w als Zeiteinheit ein, so kann man ihnen die Form geben

$$F(s',t) = w^2 \frac{d^2 s'}{d t^2} = -w^2 k^2 \frac{s'}{r^3} + R'_{s_1} \qquad (s' = x', y', z'), \qquad (1)$$

wo

$$\begin{aligned} R'_{s_1} &= w^2 k^2 m_1 \left(\frac{s'_1 - s'}{\varDelta_1^3} - \frac{s'_1}{r_1^3}\right) \qquad (s'_1 = x'_1, y'_1, z'_1) \\ r^2 &= x'^2 + y'^2 + z'^2 \qquad r_1^2 = x'^2_1 + y'^2_1 + z'^2_1 \\ \varDelta_1^2 &= (x'_1 - x')^2 + (y'_1 - y')^2 + (z'_1 - z')^2 . \end{aligned} \qquad (2)$$

Hierin beziehen sich die Größen s', r auf den gestörten, s'_1, r_1, m_1 auf den störenden Körper; $\varDelta_1$ ist ihre gegenseitige Entfernung.

In den Gl. (1) ist nur ein störender Körper berücksichtigt; für jeden weiteren tritt ein analoger Ausdruck für R'_{s_1} hinzu. Als störende Körper kommen die großen Planeten, von diesen vor allem Jupiter, in zweiter Linie je nach Lage der Bahn des gestörten Körpers auch Saturn, Mars usw. in Betracht.

Als Koordinatensystem sei das des Äquators gewählt; man erzielt mit dieser Wahl den Vorteil, daß die aus der Integration gewonnenen rechtwinkligen äquatorialen Koordinaten x', y', z' für die Ephemeridenrechnung besonders geeignet sind (siehe S. 205). Koordinatennullpunkt ist hier der Sonnenmittelpunkt. COWELL legte bei der Untersuchung der gestörten Bewegung des Halleyschen Kometen das Gravitationszentrum des Sonnensystems als Nullpunkt zugrunde und erreichte damit eine Vereinfachung des Formelsystems. Für die normalen kurzperiodischen Bahnen ist der Sonnenmittelpunkt als Nullpunkt vorzuziehen, um so mehr als auch die Enckesche Methode, die in der Umgebung der Perihels an Stelle der Cowellschen treten soll, vorteilhaft die gleichen Koordinaten verwendet.

Die in R'_{s_1} auftretenden rechtwinkligen Koordinaten s'_1 der störenden Planeten kann man nicht direkt dem B. J. entnehmen. Man berechnet sie nach

$$\begin{aligned} x'_1 &= r_1 \cos b_1 \cos l_1 \\ y'_1 &= r_1 \cos b_1 (\sin l_1 \cos \varepsilon - \operatorname{tg} b_1 \sin \varepsilon) \\ z'_1 &= r_1 \cos b_1 (\sin l_1 \sin \varepsilon + \operatorname{tg} b_1 \cos \varepsilon) \end{aligned} \tag{3}$$

aus den im B. J. gegebenen ekliptikalen Polarkoordinaten Länge l_1, Breite b_1 und Radiusvektor r_1. Selbstverständlich wird man sich bezüglich des Äquinoktiums und der Daten an die Angaben des B. J. halten, um unnütze Reduktionen und Interpolationen zu vermeiden. Das Äquinoktium ist bis zum Jahrgang 1915 des B. J. das mittlere Äquinoktium des Jahresanfangs des benachbarten Jahrzehnts, von 1916 an das Normaläquinoktium 1925.0. Die Koordinaten werden für feste Daten (in Intervallen, die bei den 8 störenden Planeten zwischen 5 und 40 Tagen liegen) bis 1915 für 0^h M. Z. Berlin, von 1916 bis 1924 für 0^h M. Z. Gr., von 1925 an für 0^h Weltzeit geboten.

b) Die Integration der Differentialgleichungen. Zur Integration der Gl. (1) wendet man wegen des schon erwähnten Mangels des ständig wachsenden schädlichen Einflusses vernachlässigter höherer Differenzen nicht das 1., sondern das 2. Cowellsche Verfahren an. Der Nachteil des ersteren macht sich bei der Integration der gestörten Bewegung unangenehmer bemerkbar als bei der ungestörten, da hier notgedrungen über weit größere Zeiträume zu integrieren ist. Das 2. Verfahren ist trotz des ihm anhaftenden Mangels der Notwendigkeit der jedesmaligen Extrapolation des relativ großen Ausdrucks $\frac{1}{12} F(a + n w) \ldots$ im Interesse der Sicherheit der Rechnung vorzuziehen, da hier etwaige Vernachlässigungen nicht in die summierten Reihen eingehen.

Das Integrationsverfahren ist im Prinzip das gleiche wie bei der Integration der ungestörten Bewegung. Zum Unterschied gegen letzteres sind aber hier die Zusatzglieder R'_{s_1}, die sog. störenden Kräfte, zu berücksichtigen, und zwar für jeden der in Betracht kommenden störenden Körper.

Vorausgesetzt wird die Kenntnis eines oskulierenden Elementensystems, d. i. eines Systems, das für die Epoche der Oskulation Ort und Geschwindigkeit darstellt. Da sich die gestörten von den ungestörten Koordinaten im allgemeinen während einiger Wochen kaum unterscheiden, so hat man in der Wahl der Oskulationsepoche einen gewissen Spielraum. Hier möge die Oskulationsepoche auf das Argument a fallen.

Mit Hilfe der gegebenen oskulierenden Elemente werden nach den Formeln der Ephemeridenrechnung (Abschnitt 15) für die Ausgangsdaten $a - 2w$, $a - w$, a s' und r, sodann die Beschleunigung nach den Gl. (1) und (2) erhalten. In analoger Weise wie bei der ungestörten Bewegung bildet man dann bei der Anwendung des Näherungsverfahrens die Differenzen- und Summenreihen des provisorischen Integrationstableaus, dann nach dessen Abschluß das endgültige Tableau für die weitere Rechnung.

Die erforderlichen Formeln lauten hier

$$F(a+nw) = -w^2 k^2 \frac{s'_n}{r_n^3} + w^2 k^2 m_1 \left(\frac{s'_{1n} - s'_n}{\Delta_{1n}^3} - \frac{s'_{1n}}{r_{1n}^3}\right)$$

$$s'_n = f(a+nw) = {}^{II}F(a+nw) + \tfrac{1}{12} F(a+nw) \tag{4}$$

$$- \tfrac{1}{240} F^{II}(a+nw) + \tfrac{31}{60480} F^{IV}(a+nw) \cdots.$$

Bei Beginn der Integration empfiehlt es sich, die Prüfung vorzunehmen, ob die aus dem Tableau abgeleiteten Koordinaten und Geschwindigkeiten für das Argument a mit den aus den oskulierenden Elementen berechneten Werten übereinstimmen. Die ersteren erhält man nach

$$\begin{aligned} s'_0 &= f(a) = {}^{II}F(a) + \tfrac{1}{12} F(a) - \tfrac{1}{240} F^{II}(a) \cdots \\ \frac{d s'_0}{dt} &= \frac{d f(a)}{d a} = {}^{I}F(a) - \tfrac{1}{12} F^{I}(a) + \tfrac{11}{720} F^{III}(a) \cdots. \end{aligned} \tag{5}$$

Die mit den Elementen gerechneten Koordinaten ermittelt man nach Gl. (15.8), die Geschwindigkeiten nach

$$w \frac{d s'_0}{dt} = \frac{w k}{r \sqrt{a}} (a \cos\varphi\, Q'_s \cos E - a P'_s \sin E). \tag{6}$$

Diese Gleichungen ergeben sich, wenn man die Gl. (3.23) differenziert, und den aus den Gl. (1.31) und (1.35) gewonnenen Wert $\frac{dE}{dt} = \frac{k}{r\sqrt{a}}$ einsetzt. Hierin ist naturgemäß statt der Größe k die für die Zeiteinheit w gültige Größe wk einzuführen. Zu beachten ist, daß die nach den Gl. (5) berechneten Werte der Geschwindigkeiten sich bereits mit w multipliziert ergeben.

Der zweite Unterschied zwischen der Integration der gestörten und der ungestörten Bewegung liegt in der Notwendigkeit der erheblichen Erweiterung des Intervalles. Diese liegt vor, da über große Zeiträume zu integrieren ist. Das Intervall sollte, wenn irgend möglich, so gewählt werden, daß die Extrapolation des Ausdrucks $\frac{1}{12} F(a+nw) \ldots$ so sicher wird, daß ein Näherungsverfahren zu vermeiden ist. Bei den normalen kurzperiodischen Bahnen dürfte das auch gelingen außer bei Beginn der Integration, wo die zu berücksichtigenden höheren Differenzen zunächst ganz unbekannt sind, ferner in der Umgebung des Perihels und bei großer Annäherung an einen störenden Planeten. (Da die Einleitung der Integration recht lästig ist, so schlägt MERTON zur Abkürzung des Näherungsverfahrens eine Modifikation der Numerowschen Integrationsformel vor.)

Als Normalintervall empfiehlt sich bei 6stelliger Rechnung das von 40 Tagen. Je nach der heliozentrischen Entfernung r des gestörten

Körpers muß das Intervall verkleinert, oder es kann vergrößert werden. Es ist ratsam, das 20- bzw. 10-Tageintervall zu wählen, wenn r etwa kleiner als 4 bzw. 2 bis 3 astronomische Einheiten wird. Nähert sich der gestörte Körper dem Perihel auf weniger als 2 bis 3 Einheiten, dann werden die Differenzen so groß, daß die Extrapolation unsicher und die Kontrolle durch Differenzenprüfung gefährdet wird. Vor Eintritt in diese Zone bricht man die Integration besser ab, und berechnet für diesen Teil der Bahn die Störungen der Koordinaten nach ENCKES Methode. Auch bei großer Annäherung an einen störenden Planeten kann sich eine Verkleinerung des Intervalles als notwendig erweisen.

c) Die Ableitung oskulierender Elemente aus den Koordinaten und Geschwindigkeiten. Für die Berechnung der Störungen der rechtwinkligen Koordinaten nach ENCKE ist die Bestimmung der oskulierenden Elemente aus den Resultaten der Integration der gestörten Koordinaten erforderlich.

Die Ableitung der zur Bestimmung der elliptischen Elemente notwendigen Gleichungen geschieht wie folgt. Aus den Werten der zweiten und ersten summierten Reihen erhält man die Koordinaten s' und Geschwindigkeiten $\frac{ds'}{dt}$. Hieraus bildet man nach

$$\begin{aligned} r &= \sqrt{x'^2 + y'^2 + z'^2} \\ r\frac{dr}{dt} &= x'\frac{dx'}{dt} + y'\frac{dy'}{dt} + z'\frac{dz'}{dt} \\ V^2 &= \left(\frac{dx'}{dt}\right)^2 + \left(\frac{dy'}{dt}\right)^2 + \left(\frac{dz'}{dt}\right)^2 \end{aligned} \tag{7}$$

r, $r\frac{dr}{dt}$ und das Quadrat der Geschwindigkeit V^2. Die Berechnung der großen Halbachse a kann nach Gl. (1.59)

$$\frac{1}{a} = \frac{2}{r} - \frac{V^2}{w^2 k^2} \tag{8}$$

erfolgen. Aus der Verbindung der Gl. (1.33) und (1.35) bzw. (1.32) und (8) lassen sich die Gleichungen

$$e \sin E = \frac{r\frac{dr}{dt}}{w k \sqrt{a}} \qquad e \cos E = \frac{r V^2}{w^2 k^2} - 1 \tag{9}$$

finden, die zur Bestimmung der exzentrischen Anomalie E dienen. Die mittlere Anomalie M ergibt sich aus Gl. (1.39).

Die zur Vorausberechnung geeigneten Größen $a P'_s$, $a \cos\varphi Q'_s$ erhält man aus den Gleichungen

$$\begin{aligned} a P'_s &= s'\frac{a}{r}\cos E - \frac{ds'}{dt}\frac{a\sqrt{a}}{wk}\sin E \\ a\cos\varphi\, Q'_s &= s'\frac{a}{r}\sin E + \frac{ds'}{dt}\frac{a\sqrt{a}}{wk}(\cos E - e)\,. \end{aligned} \tag{10}$$

Diese Gleichungen ergeben sich aus der Verbindung der Gl. (6) und (3.23). Die Vorausberechnung der Koordinaten $s' = x', y', z'$ kann nach den Gl. (3.23) geschehen. Die ekliptikalen Bahnlageelemente ω, ☊, i endlich gewinnt man aus den Gl. (6.36).

In den vorstehend abgeleiteten Formeln ist statt k die Größe wk eingeführt. Benutzt man die nach Gl. (6) berechneten Größen der Geschwindigkeiten, die schon mit dem Faktor wk multipliziert sind, so fallen in den Gl. (8) bis (10) die Größen wk bzw. w^2k^2 heraus.

§ 81. Die Methode von Numerow.

a) Die Differentialgleichungen der gestörten Koordinaten. Bei der Anwendung des Cowellschen Verfahrens der Integration der gestörten Koordinaten macht sich bei den kurzperiodischen Bahnen der kleinen Planeten und den entsprechenden der Kometen der Nachteil geltend, daß man in der Umgebung jedes Perihels die Integration abbrechen und zu Enckes Methode der Integration der Störungen dieser Koordinaten übergehen muß. Man könnte diesem Mangel — allerdings mit erheblich größerem Zeitaufwand — durch starke Einschränkung des Intervalls und Anwendung des Näherungsverfahrens entgehen. Numerow sucht mit der Einführung von Spezialkoordinaten zu erreichen, daß die Integration für die kleinen Planeten ohne Unterbrechung während des ganzen Umlaufes mit geringerem Arbeitsaufwand möglich wird. Allerdings tritt mit der Einführung dieser Spezialkoordinaten zweifellos eine Komplikation in dem Problem ein. Bei Benutzung der von Numerow gegebenen umfangreichen Hilfstafeln[1] (Bull. de l'Institut astronomique Nr. 13, Leningrad) empfiehlt sich die Anwendung der Methode trotz der Komplikation.

Die Differentialgleichungen der gestörten Bewegung, die Gl. (18.1) kann man in der Form schreiben

$$\frac{d^2 s'}{d t^2} = -k^2 \frac{s'}{r^3} + \frac{1}{w^2} R'_{s_1} \qquad (s' = x', y', z'), \qquad (11)$$

wo

$$R'_{s_1} = w^2 k^2 m_1 \left(\frac{s'_1 - s'}{\Delta_1^3} - \frac{s'_1}{r_1^3} \right). \qquad (12)$$

Die hierin auftretenden Größen haben die gleiche Bedeutung wie bei Cowell. Das Koordinatensystem sei auch hier das des Äquators mit dem Sonnenmittelpunkt als Nullpunkt (siehe S. 245). Die Koordinaten $s'_1 = x'_1, y'_1, z'_1$ können nach Gl. (18.3) aus den dem B. J. entnommenen ekliptikalen heliozentrischen Koordinaten l_1, b_1, r_1 berechnet oder für eine beschränkte Zeit den Hilfstafeln von Numerow entnommen werden.

[1] Der Abdruck der Hilfstafeln muß hier unterbleiben.

NUMEROW führt die Spezialkoordinaten $\bar{s} = \bar{x}, \bar{y}, \bar{z}$ durch

$$\bar{s} = s' - \tfrac{1}{12} w^2 \frac{d^2 s'}{d t^2} + \tfrac{1}{12} R'_{s_1} \tag{13}$$

ein, so daß wieder

$$\bar{s} = s' \left(1 + \frac{w^2 k^2}{12 r^3}\right). \tag{14}$$

b) Die Integration der Differentialgleichungen. Das Extrapolationsverfahren, das in der Bestimmung der 2. Differenz $g^{II}(a + n w)$ der Funktion $\bar{s}_n = g(a + n w)$ besteht, ist im Prinzip das gleiche wie bei der ungestörten Bewegung. Zum Unterschied gegen letztere sind aber hier die störenden Kräfte R'_{s_1} nach Gl. (12) für jeden störenden Körper zu berücksichtigen.

Voraussetzung ist die Kenntnis der oskulierenden Elemente. Die Oskulation möge auf das Argument a fallen. Mit den oskulierenden Elementen werden nach den Formeln der Ephemeridenrechnung (Abschnitt 15) für die Umgebung der Oskulationsepoche s' und r, damit nach Gl. (14) die $\bar{s}$ berechnet. (Auf die Bestimmung dieser ungestörten Koordinaten in der Umgebung der Oskulation verwendet NUMEROW naturgemäß besondere Sorgfalt. Siehe Formelzusammenstellung.)

Die 2. Differenz der Funktion $\bar{s}_n = g(a + n w)$ wird nach den gleichen Überlegungen wie in der ungestörten Bewegung (Abschnitt 17) und mit Rücksicht auf Gl. (11)

$$\begin{aligned} g^{II}(a + n w) = -\sigma_n g(a + n w) + \varphi(a + n w) + G(a + n w) \\ + \tfrac{1}{12} G^{II}(a + n w). \end{aligned} \tag{15}$$

Hierin wird wie in der ungestörten Bewegung σ_n unter Benutzung einer Hilfstafel aus

$$\sigma_n \left(1 - \frac{\sigma_n}{12}\right)^2 = \frac{w^2 k^2}{\bar{r}_n^3} \qquad \text{wo} \qquad \bar{r}_n^2 = \bar{x}_n^2 + \bar{y}_n^2 + \bar{z}_n^2 \tag{16}$$

und $\varphi(a + n w)$ aus

$$\varphi(a + n w) = -\tfrac{1}{240} g^{VI}(a + n w) + \tfrac{31}{60480} g^{VIII}(a + n w) - \cdots \tag{17}$$

berechnet. $G^{II}(a + n w)$ ist die 2. Differenz der durch $G(a + n w) = R'_{s_1}$ definierten Funktion. Differenzen höherer Ordnung dieser Funktion kommen nicht in Betracht.

Die fundamentale Extrapolationsformel wird hier

$$\begin{aligned} g(a + (n + 1) w) = (2 - \sigma_n) g(a + n w) - g(a + (n - 1) w) \\ + G(a + n w) + \varphi(a + n w) + \tfrac{1}{12} G^{II}(a + n w). \end{aligned} \tag{18}$$

Sie unterscheidet sich von der entsprechenden Gleichung der Extrapolation der ungestörten Bewegung durch die Zusatzglieder

$$G(a + n w) + \tfrac{1}{12} G^{II}(a + n w).$$

Den Ausdruck

$$\tfrac{1}{12} G^{II}(a + n w) = \tfrac{1}{12}[G(a + (n + 1) w) + G(a + (n - 1) w) - 2G(a + n w)]$$

kann man im allgemeinen vernachlässigen oder doch sicher genug extrapolieren, wenn seine Vernachlässigung nicht zulässig ist.

Für den Beginn der Extrapolation ermittelt man die gestörten Koordinaten aus den ungestörten in folgender Weise. Sind $\bar{s}_{-1}$, $\bar{s}_0$, $\bar{s}_{+1}$ die gestörten Koordinaten für die Argumente $a - w$, a (Oskulationsepoche), $a + w$, und kennzeichnet man die ungestörten Größen durch den oberen Index 0, so ist

$$\bar{s}_0 = \bar{s}_0^0 \quad \text{und genähert} \quad \bar{s}_{+1} - \bar{s}_{-1} = \bar{s}_{+1}^0 - \bar{s}_{-1}^0 \tag{19}$$

Die 2. Differenz der gestörten Koordinaten ist nach Gl. (15)

$$g^{II}(a) = -\sigma_0 \bar{s}_0^0 + G(a) + \tfrac{1}{12} G^{II}(a)$$

bei Weglassung der Reduktion $\varphi(a)$. Da $g^{II}(a) = (\bar{s}_{+1} - \bar{s}_0^0) - (\bar{s}_0^0 - \bar{s}_{-1})$ und $-\sigma_0 \bar{s}_0^0 = g^{0\,II}(a) = (\bar{s}_{+1}^0 - \bar{s}_0^0) - (\bar{s}_0^0 - \bar{s}_{-1}^0)$ ist, so wird

$$(\bar{s}_{+1} - \bar{s}_0^0) - (\bar{s}_0^0 - \bar{s}_{-1}) = (\bar{s}_{+1}^0 - \bar{s}_0^0) - (\bar{s}_0^0 - \bar{s}_{-1}^0) + G(a) + \tfrac{1}{12} G^{II}(a)$$

oder

$$(\bar{s}_{+1} - \bar{s}_{+1}^0) + (\bar{s}_{-1} - \bar{s}_{-1}^0) = G(a) + \tfrac{1}{12} G^{II}(a).$$

Nach Gl. (19) wird schließlich

$$(\bar{s}_{+1} - \bar{s}_{+1}^0) = (\bar{s}_{-1} - \bar{s}_{-1}^0) = \tfrac{1}{2} G(a) + \tfrac{1}{24} G^{II}(a). \tag{20}$$

Diese Formel dient zur Berechnung von Näherungswerten der Störungen der Koordinaten für die die Oskulationsepoche a symmetrisch einschließenden Argumente $a - w$ und $a + w$. Das Auftreten des letzten Gliedes setzt dem Anwendungsbereich der Formel eine Grenze. (Numerow berechnet neuerdings die Störungen in den gewöhnlichen Koordinaten, legt diese zu den ungestörten Koordinaten und verwandelt die so erhaltenen gestörten in die zu extrapolierenden speziellen Koordinaten.)

Hat man so Näherungswerte der gestörten Koordinaten für die Argumente $a - w$, a, $a + w$ erhalten, so sind diese im Näherungsverfahren zu verbessern und dann zu extrapolieren.

Von größter Bedeutung für das Extrapolationsverfahren ist auch hier die Wahl des Intervalles.

α) Kleines Intervall. Wählt man das Intervall w so klein, daß die Reduktion $\varphi(a + n w)$ ganz vernachlässigt werden darf, dann gestaltet sich der Extrapolationsprozeß nach der Formel

$$\begin{aligned} g(a + (n + 1) w) = (2 - \sigma_n)\, g(a + n w) - g(a + (n - 1) w) \\ + G(a + n w) + \tfrac{1}{12} G^{II}(a + n w) \end{aligned} \tag{21}$$

sehr einfach.

Numerow hat analytische Entwicklungen gegeben, aus denen man das Minimalintervall w als Funktion des Exzentrizitätswinkels φ und der mittleren täglichen Bewegung μ berechnen kann. Mit diesen Argumenten gibt die Tabelle

μ \ φ	0°	4°	8°	12°	16°	20°
300″	135	102	79	68	56	47
400	103	80	64	53	44	37
500	84	65	53	43	36	31
600	70	55	45	37	31	26
700	62	48	38	32	27	24
800	55	43	35	29	24	21
900	50	38	31	26	22	19
1000	45	35	28	24	20	17
1100	40	31	26	22	18	16
1200	37	28	24	20	17	15

das Minimalintervall w in Tagen, wenn eine Genauigkeit von 10^{-6} verlangt wird und die Extrapolation in Spezialkoordinaten nach Gl. (21) erfolgt.

Bei 6stelliger Rechnung ist es möglich, die Extrapolation nach der Gl. (21) in einem Intervall von 20 Tagen für die meisten der kleinen Planeten durchzuführen. Bei den Kometen, namentlich bei solchen mit kleinen Periheldistanzen, ist es notwendig, ein kleineres Intervall zu wählen, wenn der Komet nahe dem Perihel ist.

β) Großes Intervall bei Berücksichtigung der Reduktion. Um Zeit zu sparen, und um den schädlichen Einfluß der Abrundungsfehler abzuschwächen, empfiehlt NUMEROW die Extrapolation in großem Intervall bei Berücksichtigung des Einflusses der Reduktion $\varphi\,(a+nw)$. Die Extrapolation kann in verschiedener Weise erfolgen.

Einmal führt man in erster Näherung den Extrapolationsprozeß bei Anwendung der Gl. (18) aus, vernachlässigt aber den Einfluß der Reduktion $\varphi\,(a+nw)$ und die 2. Differenz der störenden Kräfte (oder mit KOMENDANTOW den Einfluß der Störungen überhaupt bei Benutzung mittlerer Elemente). Dann wiederholt man die ganze Rechnung bei Mitnahme aller in der ersten Näherung vernachlässigten Glieder, wobei meist die Neuberechnung der störenden Kräfte nicht notwendig ist.

Den Einfluß der Glieder höherer Ordnung kann man bequemer als nach Gl. (17) in folgender Weise ermitteln. Man kann den Einfluß durch die Differenz der Größe $\frac{1}{12}\sigma_n g(a+nw)$, die im Extrapolationsprozeß bereits erhalten wird, gegen den Ausdruck für die störende Kraft $\frac{1}{12}G(a+nw)$ ausdrücken. Setzt man diese Differenz

$$\tfrac{1}{12}\sigma_n g\,(a+nw) - \tfrac{1}{12}G\,(a+nw) = \psi\,(a+nw)\,, \tag{22}$$

so kann man nach

$$\varphi\,(a+nw) = \tfrac{1}{20}\,\psi^{IV}(a+nw) - \tfrac{31}{5040}\,\psi^{VI}(a+nw)\cdots \tag{23}$$

den Einfluß der höheren Glieder aus den 4., 6,... Differenzen der Funktion $\psi\,(a+nw)$ berechnen. Praktisch kann in Gl. (22) das 2. Glied vernachlässigt werden, da ein Zwanzigstel der 4. Differenz des 2. Gliedes von verschwindender Größe ist.

Als Normalintervall kann bei den kleinen Planeten das 80tägige empfohlen werden, wenn die Extrapolation 6stellig ausgeführt wird. Nach den praktischen Erfahrungen des Astronomischen Instituts in Leningrad ergibt die in dieser Stellenzahl ausgeführte Rechnung ein Resultat, das bei mäßiger Ausdehnung des Extrapolationsprozesses an Genauigkeit der Beobachtungsgenauigkeit entspricht. Allerdings veranlaßt der Umstand, daß sich die Abrundungsfehler nur unvollkommen kompensieren, zu besonderer Sorgfalt bei der Bestimmung der Funktion $2-\sigma$, der störenden Kräfte und der Reduktion, Größen, die 7stellig zu berechnen und auf 6 Stellen abzukürzen empfohlen wird.

Auf ein weiteres in jüngster Zeit vorgeschlagenes Integrationsverfahren bei Berücksichtigung des Einflusses der Reduktion kann nur kurz hingewiesen werden. Mit den Formeln der elliptischen Bewegung wird während des Extrapolationsprozesses die Funktion $\varphi(a+nw)$ bis zu den Gliedern 8. Ordnung einschließlich berechnet. NUMEROW hat die dazu erforderlichen ziemlich umfangreichen analytischen Entwicklungen und Hilfstafeln gegeben, mit deren Anwendung man die Extrapolation mit voller Genauigkeit ohne Näherungsverfahren vornehmen kann. In größerem Maßstabe angewandt ist bisher nur das erstere Verfahren.

Bei der Wahl großer Intervalle zeigt sich in der praktischen Ausführung ein Nachteil darin, daß die so wirksame und bequeme Kontrolle durch Differenzenprüfung fehlt. NUMEROW hat anders geartete Kontrollen aufgestellt (siehe Formelzusammenstellung), die es gestatten, den größten Teil der Rechnung ausreichend zu kontrollieren.

Die Rückkehr von den extrapolierten speziellen zu den gewöhnlichen Koordinaten geschieht nach Gl. (17.31). Die Ableitung oskulierender Elemente kann aus den Koordinaten s' und den Geschwindigkeiten $\frac{ds'}{dt}$ erfolgen. Doch lassen sich die Elemente auch unmittelbar aus entsprechenden Größen der speziellen Koordinaten ermitteln.

§ 82. Formelzusammenstellung.

Die Berechnung der äquatorialen ungestörten Koordinaten $s'=x', y', z'$ mit den oskulierenden Elementen erfolgt für die Ellipse nach

$$M = M_0 + \mu\,(t - t_0)$$
$$E = M + e^\circ \sin E.$$

Näherungswerte von E aus der Astrandschen Tafel.

$$s' = a P_s' (\cos E - e) + a \cos\varphi\, Q_s' \sin E \qquad (s' = x', y', z') \qquad \text{(I)}$$

Die Konstanten P_s', Q_s' entnimmt man den Resultaten der Bahnrechnung, oder man berechnet sie nach Gl. (3.22) aus den ekliptikalen Elementen ω, ☊, i.

Sind die rechtwinkligen äquatorialen Koordinaten der störenden Planeten nicht gegeben, so kann ihre Berechnung nach

$$\begin{aligned} x'_1 &= r_1 \cos b_1 \cos l_1 \\ y'_1 &= r_1 \cos b_1 (\sin l_1 \cos \varepsilon - \operatorname{tg} b_1 \sin \varepsilon) \\ z'_1 &= r_1 \cos b_1 (\sin l_1 \sin \varepsilon + \operatorname{tg} b_1 \cos \varepsilon), \end{aligned} \qquad \text{(II)}$$

aus den im B. J. für alle großen Planeten gebotenen ekliptikalen Polarkoordinaten l_1, b_1, r_1 erfolgen. NUMEROW hat die x'_1, y'_1, z'_1 für einige Jahrzehnte für Jupiter und Saturn tabuliert.

a) Die Methode von COWELL. Die Größe des Intervalles richtet sich nach der Stellenzahl der Rechnung, der Entfernung von der Sonne, sowie der Masse und Entfernung der störenden Planeten von dem gestörten Objekt. Normalintervall $w = 20$ Tage. Daten und Äquinoktium wählt man so, daß sie mit den Angaben im Einklang stehen, die das B. J. bezüglich der großen Planeten macht (siehe S. 246).

α) Beginn der Rechnung. Für die 3 Ausgangsdaten $a - w$, a, $a + w$ berechnet man aus den mit den oskulierenden Elementen erhaltenen Koordinaten $s'_n = x'_n$, y'_n, $z'_n = f(a + nw)$.

$$r_n^2 = x_n'^2 + y_n'^2 + z_n'^2 \quad (n = -1, 0, +1) \qquad \text{(III)}$$

$$F(a + nw) = -w^2 k^2 \frac{s'_n}{r_n^3}. \qquad \text{(IV)}$$

Man bildet nun ein provisorisches Integrationstableau, indem man die 3 Werte von $F(a + nw)$ in die F-Reihe einträgt, die beiden ersten Werte der 2. summierten Reihe nach

$${}^{II}F(a + nw) = f(a + nw) - \tfrac{1}{12} F(a + nw) + \tfrac{1}{240} F^{II}(a + nw) \cdots \qquad \text{(V)}$$

im Näherungsverfahren (in der gleichen Weise, wie es bei der Integration der ungestörten Bewegung erläutert ist) berechnet, und das erste Glied der 1. summierten Reihe als Differenz der beiden ersten Glieder der 2. summierten Reihe bildet. Ist das provisorische Tableau aufgestellt, so berücksichtigt man jetzt in $F(a + nw)$ auch die störenden Kräfte für die in Betracht kommenden großen Planeten.

$$\begin{aligned} \Delta_{1n}^2 &= (x'_{1n} - x'_n)^2 + (y'_{1n} - y'_n)^2 + (z'_{1n} - z'_n)^2 \\ F(a + nw) &= -w^2 k^2 \frac{s'_n}{r_n^3} + w^2 k^2 m_1 \left(\frac{s'_{1n} - s'_n}{\Delta_{1n}^3} - \frac{s'_{1n}}{r_{1n}^3} \right). \end{aligned} \qquad \text{(VI)}$$

Die erforderlichen Konstanten sind für alle großen Planeten und die gebräuchlichsten Intervalle im Anhang gegeben.

Dann leitet man die Funktionswerte unter Anwendung der vollständigen Formel

$$s'_n = f(a+nw) = {}^{II}F(a+nw) + \tfrac{1}{12}F(a+nw) - \tfrac{1}{240}F^{II}(a+nw) + \tfrac{31}{60480}F^{IV}(a+nw)\cdots \qquad \text{(VII)}$$

ab. Steht der Beginn des Integrationsverfahrens, so ermittelt man zur Kontrolle Koordinaten und Geschwindigkeiten für das Argument a nach

$$s'_0 = f(a) = {}^{II}F(a) + \tfrac{1}{12}F(a) - \tfrac{1}{240}F^{II}(a)\cdots$$
$$\frac{ds'_0}{dt} = \frac{df(a)}{da} = {}^{I}F(a) - \tfrac{1}{12}F^{I}(a) + \tfrac{11}{720}F^{III}(a)\cdots \qquad \text{(VIII)}$$

als auch nach Gl. (I) und

$$w\frac{ds'_0}{dt} = \frac{wk}{r\sqrt{a}}\,(a\cos\varphi\, Q'_s\cos E - a P'_s \sin E).$$

Stimmen Koordinaten und Geschwindigkeiten nicht mit den aus den Elementen erhaltenen Werten überein, so bringt man kleine Berichtigungen an die Werte der 1. und 2. summierten Reihen an, um Übereinstimmung zu erzielen. Die im Integrationsverfahren erhaltenen Werte der Koordinaten für die Argumente $a-w$ und $a+w$ müssen mit den direkt gerechneten befriedigend übereinstimmen.

β) Fortsetzung der Rechnung. Sie geschieht unter Anwendung der Gl. (III), (VI), (VII).

γ) Verdoppelung und Halbierung des Intervalles. Bezeichnet man die für das einfache bzw. doppelte Intervall gültigen Funktionswerte mit E bzw. D, so daß die Beschleunigung $D=4E$ ist, so folgt aus der Identität eines nach einfachen oder doppelten Intervallen gefundenen Funktionswertes in abgekürzter Bezeichnungsweise

$$f = {}^{II}E + \tfrac{1}{12}E - \tfrac{1}{240}E^{II}\ldots \quad \text{bzw.} \quad f = {}^{II}D + \tfrac{1}{12}D - \tfrac{1}{240}D^{II}\ldots,$$

für die Verdoppelung

$${}^{II}D = {}^{II}E - \tfrac{1}{4}E + \tfrac{1}{240}(D^{II}-E^{II}) - \tfrac{31}{60480}(D^{IV}-E^{IV})\ldots \qquad \text{(IX)}$$

für die Halbierung

$${}^{II}E = {}^{II}D + \tfrac{1}{16}D - \tfrac{1}{240}(D^{II}-E^{II}) + \tfrac{31}{60480}(D^{IV}-E^{IV})\ldots.$$

Für die Verdoppelung werden alle Werte des neuen durch das alte Tableau geboten. Für die Halbierung braucht man noch die Werte in der 1. summierten Reihe, die zwischen den beiden nach der letzten Formel aus 2 aufeinanderfolgenden Werten von ${}^{II}D$ berechneten Werten von ${}^{II}E$ liegen. Wenn $E(a+(n+1)w)$ der Wert der Beschleunigung für das neue Tableau ist, der durch Interpolation zwischen $D(a+nw)$ und $D(a+(n+2)w)$ gewonnen ist, so ist für die 1. summierte Reihe

$$\begin{aligned} 2\,{}^{I}E(a+(n+\tfrac{1}{2})w) &= {}^{II}E(a+(n+2)w) - {}^{II}E(a+nw) \\ &\quad - E(a+(n+1)w) \\ 2\,{}^{I}E(a+(n+\tfrac{3}{2})w) &= {}^{II}E(a+(n+2)w) - {}^{II}E(a+nw) \\ &\quad + E(a+(n+1)w). \end{aligned} \qquad \text{(X)}$$

b) Die Methode von Numerow. (Erstes Verfahren.) Das Minimalintervall w, bei dem der Einfluß der 6. Differenz im Extrapolationsprozeß den Wert 10^{-6} nicht übersteigt, entnimmt man der Tabelle auf S. 252. Ist die angestrebte Genauigkeit 1 Einheit der 5. Stelle, so kann das Intervall im Verhältnis $\sqrt[6]{10} = 1.47$ vergrößert werden. Ist sie 1 Einheit der 7. Stelle, so muß das Intervall im Verhältnis 1.47 verkleinert werden.

α) Beginn der Rechnung. Für die 3 Argumente $a-2w$, a (die Oskulationsepoche), $a+2w$ werden nach den Gl. (I) und (II) in einer um eine Stelle höheren Stellenzahl als die angestrebte Genauigkeit die ungestörten Koordinaten $s_n^{0\prime} = x_n^{0\prime},\ y_n^{0\prime},\ z_n^{0\prime}$ $(n = -2,\ 0,\ +2)$

$$r_n^{0^2} = x_n^{0\prime^2} + y_n^{0\prime^2} + z_n^{0\prime^2} \tag{III}$$

berechnet und nach

$$\begin{aligned} g\,(a+nw)^0 = \bar{s}_n^0 &= s_n^{0\prime}\left(1 + \frac{w^2 k^2}{12 r_n^{03}}\right) \\ \bar{r}_n^0 &= r_n^0\left(1 + \frac{w^2 k^2}{12 r_n^{03}}\right) \end{aligned} \tag{IV}$$

in die ungestörten Spezialkoordinaten verwandelt.

Kontrolle für die Umwandlung:

$$\bar{s}_n^0 - s_n^{0\prime} = s_n^{0\prime}\,\frac{w^2 k^2}{12 r_n^{03}} = \bar{s}_n^0\,\frac{\sigma_n^0}{12}.$$

σ_n^0 wird mit dem Argument $\bar{r}_n^{0^2}$ aus einer Hilfstafel entnommen.

Um den Beginn der Rechnung zu kontrollieren, wird folgendermaßen verfahren. Für die beiden Argumente $a-2w$ und $a+2w$ werden nach

$$g^{II}(a+nw) = -\sigma_n g\,(a+nw) \quad (n = -2,\ +2) \tag{V}$$

die 2. Differenzen bestimmt. Diese Differenzen werden linear interpoliert, so daß man 5 Werte der 2. Differenzen entsprechend den 5 Argumenten erhält. Nun wird die 1. Differenz

$$\begin{aligned} g\,(a-w) - g\,(a-2w) = \tfrac{1}{4}\,[g\,(a+2w) - g\,(a-2w) - 3g^{II}(a-w) \\ - 2g^{II}(a) - g^{II}(a+w)] \end{aligned} \tag{VI}$$

berechnet. Damit gewinnt man durch Summierung auch die übrigen Werte der 1. Differenzen und Koordinaten für die Zwischenargumente.

Die so erhaltenen Näherungswerte der Koordinaten für die Argumente $a-w$, a, $a+w$ gestatten die exaktere Ermittlung der zugehörigen 2. Differenzen nach Gl. (V). Man wiederholt diesen Prozeß, bis die 2. Differenzen unverändert bleiben. Dann muß $g(a)$ mit dem direkt gerechneten Wert exakt übereinstimmen.

Nun erfolgt die Berechnung der Störungen in den Spezialkoordinaten für die Argumente $a-w$ und $a+w$ (für das Argument a sind sie gleich Null) nach[1]

$$\begin{aligned} \varDelta_{10}^{02} &= (x'_{10} - x_0^{0\prime})^2 + (y'_{10} - y_0^{0\prime})^2 + (z'_{10} - z_0^{0\prime})^2 \\ G(a) &= w^2 k^2 m_1 \frac{s'_{10} - s_0^{0\prime}}{\varDelta_{10}^3} - w^2 k^2 m_1 \frac{s'_{10}}{r_{10}^3} \qquad \text{(VII)} \\ \bar{s}_{+1} - \bar{s}_{+1}^0 &= (\bar{s}_{-1} - \bar{s}_{-1}^0) = \tfrac{1}{2} G(a) + \tfrac{1}{24} G^{II}(a). \end{aligned}$$

Die erforderlichen Konstanten sind für alle großen Planeten und die gebräuchlichsten Intervalle im Anhang gegeben.

Nach Anbringen der Störungen an $\bar{s}_{-1}^0$ und $\bar{s}_{+1}^0$ werden die Werte der Koordinaten um eine Stelle gekürzt.

β) Fortsetzung der Rechnung nach

$$\begin{aligned} s'_n &= \bar{s}_n - \frac{\sigma_n}{12} \bar{s}_n \\ \varDelta_{1n}^2 &= (x'_{1n} - x'_n)^2 + (y'_{1n} - y'_n)^2 + (z'_{1n} - z'_n)^2 \\ G(a + nw) &= w^2 k^2 m_1 \frac{s'_{1n} - s'_n}{\varDelta_{1n}^3} - w^2 k^2 m_1 \frac{s'_{1n}}{r_{1n}^3} \qquad \text{(VIII)} \\ \bar{s}_{n+1} &= (2 - \sigma_n)\bar{s}_n - \bar{s}_{n-1} + G(a + nw) + \tfrac{1}{12} G^{II}(a + nw) \end{aligned}$$

Kontrolle: $\bar{r}_n^2 (2 - \sigma_n)^2 = [(2 - \sigma_n)\bar{x}_n]^2 + [(2 - \sigma_n)\bar{y}_n]^2 + [(2 - \sigma_n)\bar{z}_n]^2$.

Eine Hilfstafel gibt den links stehenden Ausdruck mit dem Argument $\bar{r}_n^2$. Eine Kontrolle, die die ganze Rechnung bis auf die Ermittlung der störenden Kräfte kontrolliert, besteht darin, daß man die Summe $\bar{S} = \bar{x} + \bar{y} + \bar{z}$ als 4. Funktion ebenfalls extrapoliert.

Die Umwandlung der erhaltenen Spezialkoordinaten in die gewöhnlichen erfolgt nach der ersten der Gl. (VIII).

c) Die Methode von Numerow. (Zweites Verfahren.) Das nach der Tabelle auf S. 252 gefundene Minimalintervall kann verdoppelt werden, wenn der Extrapolationsprozeß in 2 Näherungen ausgeführt wird. (Der Beginn der Rechnung ist derselbe wie unter b). In der 1. Näherung vernachlässigt man in Gl. (18) die Glieder $\varphi\,(a + nw)$ und $\frac{1}{12} G^{II}\,(a + nw)$, so daß an Stelle der 4. Formel in Gl. (VIII)

$$\bar{s}_{n+1} = (2 - \sigma_n)\bar{s}_n - \bar{s}_{n-1} + G(a + nw)$$

tritt. In der 2. Näherung werden die in der 1. Näherung vernachlässigten Glieder berücksichtigt. Man korrigiert die Werte der störenden Kräfte wegen der 2. Differenz und berücksichtigt den Einfluß der höheren Differenzen nach

$$\begin{aligned} \psi(a + nw) &= \tfrac{1}{12}\sigma_n g\,(a + nw) - \tfrac{1}{12} G(a + nw) \ldots \\ \varphi(a + nw) &= \tfrac{1}{20}\psi^{IV}(a + nw) - \tfrac{31}{5040}\psi^{VI}(a + nw) \ldots . \end{aligned} \qquad \text{(IX)}$$

Praktisch genügt es meist, wenn $\psi\,(a + nw)$ aus

$$\psi(a + nw) = \tfrac{1}{12}\sigma_n \bar{s}_n$$

berechnet wird, einer Größe, die im Laufe der Rechnung auftritt.

[1] Numerow gibt neuerdings etwas bequemere Formeln bei Benutzung von Hilfstafeln.

Ist die Ableitung oskulierender Elemente erwünscht, so kann sie bei der Methode von COWELL aus den nach Gl. (5), für das Argument $a+nw$ berechneten Koordinaten s'_n und Geschwindigkeiten $\frac{ds'_n}{dt}$ und den Gl. (7) bis (10) und Gl. (6.36), bei NUMEROWS Methode nach entsprechenden Gleichungen erfolgen.

§ 83. Beispiel.

(Zum 1. Verfahren von NUMEROW).

Gegeben seien die Ausgangselemente (vgl. S. 121):

931 Whittemora.

Oskulation und Epoche t_0 = 1920 Mai 5.5 M. Z. Gr.

M	88°14378	ω	307°79181	Ekliptik
φ	14.19606	☊	113.15661	Mittl. Äquin.
μ	631″106	i	11.28442	1925.0
lg a	0.499936			

Die Bahnlageelemente sind nach Gl. (5.14) mit Benutzung der Tafel 2 auf das gleiche Äquinoktium — Normaläquinoktium 1925.0 — wie die im B. J. gegebenen Koordinaten der großen Planeten bezogen.

Mit den Argumenten μ und φ erhält man aus der Intervalltabelle auf S. 252 bei 6stelliger Rechnung ein Minimalintervall von 33 Tagen. Hier soll die Extrapolation der Spezialkoordinaten mit Berücksichtigung der Jupiterstörungen in 5stelliger Rechnung ausgeführt werden. Hierfür ergibt sich ein Intervall von 56 Tagen. Gewählt sei das Intervall $w=40$ Tage. Oskulationsepoche ist 1920 Mai 5.5 M. Z. Gr.

Der Beginn der Rechnung wird in 6stelliger Rechnung ausgeführt. Mit den gegebenen Elementen berechnet man nach den Formeln des Abschnitts 15 für die Argumente $a-2w$, a, $a+2w$ die rechtwinkligen heliozentrischen äquatorialen Koordinaten des Planeten und verwandelt diese nach (IV) in Spezialkoordinaten.

Umwandlung der gewöhnlichen in Spezialkoordinaten.

1920 M. Z. Gr.	Argument	$x^{0\prime}$	$y^{0\prime}$	$z^{0\prime}$	r^0	
Febr. 15.5	$a-2w$	−2.962703	+0.653404	+0.797473	3.136958	(I)
		− 3787	+ 835	+ 1019		bis
Mai 5.5	a	−3.262316	−0.018471	+0.624565	3.321616	(IV)
		− 3512	− 20	+ 673		
Juli 24.5	$a+2w$	−3.393665	−0.690323	+0.419123	3.488434	
		− 3153	− 641	+ 389		

Unter die Werte der gewöhnlichen Koordinaten sind die der Reduktionen auf die Spezialkoordinaten gesetzt.

Die Berechnung der beiden äußeren 2. Differenzen jeder Koordinate nach (V), die Interpolation nach (VI) und die Summierung ergibt für die ungestörten Spezialkoordinaten das provisorische Tableau.

Provisorisches Tableau der ungestörten Spezialkoordinaten. (V) u. (VI)

Arg.	$\bar{x}$	g^I	g^{II}	$\bar{y}$	g^I	g^{II}	$\bar{z}$	g^I	g^{II}
$a-2w$	−2.966490		+45441	+0.654239		−10022	+0.798492		−12231
		−170998			−332343			−81121	
$a-w$	−3.137488		+43543	+0.321896		−5592	+0.717371		−10342
		−127455			−337935			−91463	
a	−3.264943		+41644	−0.016039		−1162	+0.625908		−8453
		−85811			−339097			−99916	
$a+w$	−3.350754		+39747	−0.355136		+3269	+0.525992		−6564
		−46064			−335828			−106480	
$a+2w$	−3.396818		+37850	−0.690964		+7699	+0.419512		−4675

Arg.	σ*
$a-2w$	0.0153180
$a-w$	
a	
$a+w$	
$a+2w$	0.0111426

Seine Verbesserung im Näherungsverfahren durch Berechnung exakter Werte der 2. Differenzen für die Zwischenargumente ergibt das definitive Tableau.

Definitives Tableau der ungestörten Spezialkoordinaten. (V) bis (VII)

Arg.	$\bar{x}$	g^I	g^{II}	$\bar{y}$	g^I	g^{II}	$\bar{z}$	g^I	g^{II}
$a-2w$	−2.966490		+45441	+0.654239		−10022	+0.798492		−12231
		−171666			−334121			−81602	
$a-w$	−3.138156		+43994	+0.320118		−4488	+0.716890		−10050
	0	−127672		+ 14	−338609		+ 3	−91652	
a	−3.265828		+42147	−0.018491		+239	+0.625238		−8070
	0	−85525		0	−338370		0	−99722	
$a+w$	−3.351353		+40060	−0.356861		+4267	+0.525516		−6282
	0	−45465		+ 14	−334103		+ 3	−106004	
$a+2w$	−3.396818		+37850	−0.690964		+7699	+0.419512		−4675

Arg.	$2-\sigma$*
$a-2w$	1.9846820
$a-w$	1.9859808
a	1.9870947
$a+w$	1.9880465
$a+2w$	1.9888574

* Wegen Raummangels konnte diese Tabelle nicht, wie erwünscht, rechts im Anschluß an die darüberstehende gesetzt werden.

Da die so erhaltenen Spezialkoordinaten für das Argument a mit den direkt gerechneten Werten übereinstimmen, so ist der Beginn der Rechnung kontrolliert.

Unter die Koordinaten für die Argumente $a-w$ und $a+w$ sind die nach (VII) berechneten Störungen gesetzt.

Die in (VII) und (VIII) auftretenden Jupiterkoordinaten s_1' und $-w^2 k^2 m_1 \frac{s_1'}{r_1^3}$ sind dem Bull. de l'Institut astronomique Nr. 13, Leningrad entnommen.

Fügt man die Störungswerte zu den ungestörten Werten der Spezialkoordinaten hinzu und setzt die Rechnung nach (VIII) bis zum Argument $a+3w$ fort, so erhält man das definitive Tableau der gestörten Spezialkoordinaten.

Definitives Tableau der gestörten Spezialkoordinaten.

Arg.	$\bar{x}$ Red. x'	G $\frac{1}{12}GII$	$\bar{y}$ Red. y'	G $\frac{1}{12}GII$	$\bar{z}$ Red. z'	G $\frac{1}{12}GII$	$2-\sigma$ $\frac{1}{12}\sigma$	
a	− 3.265828	+1	− 0.018491	+29	+0.625238	+6	1.9870947	
	+ 3512	0	+ 20	0	− 673	0	0.0010754	
$a+w$	− 3.351353	+3	− 0.356847	+27	+0.525519	+5	1.9880465	(VIII)
	+ 3338	0	+ 355	0	− 523	0	0.0009961	
$a+2w$	− 3.396815	+3	− 0.690910	+24	+0.419523	+4	1.9888572	
	+ 3154	0	+ 642	0	− 390	0	0.0009286	
$a+3w$	− 3.404424	+3	− 1.017250	+22	+0.308856	+4	1.9895458	
	+ 2966	0	+ 886	0	− 269	0	0.0008712	

Jupitertableau.

Arg.	x_1' x'	y_1' y'	z_1' z'	$x_1'-x'$	$y_1'-y'$	$z_1'-z'$	Δ^2	$-w^2k^2m_1\frac{s_1'}{r_1^3}10^6$
a	−4.1266 −3.2623	+3.0850 −0.0185	+1.4252 +0.6246	−0.8643	+3.1035	+0.8006	+11.0197	+12−9−4
$a+w$	−4.3155 −3.3480	+2.8772 −0.3565	+1.3407 +0.5250	−0.9675	+3.2337	+0.8157	12.0582	+13−8−4
$a+2w$	−4.4910 −3.3937	+2.6605 −0.6903	+1.2520 +0.4191	−1.0973	+3.3508	+0.8329	13.1257	+13−8−4
$a+3w$	−4.6528 −3.4015	+2.4356 −1.0164	+1.1595 +0.3086	−1.2513	+3.4520	+0.8509	14.2061	+14−7−3

Ist man sicher, daß das Tableau nicht mehr verbesserungsfähig ist, so wird die Extrapolation bei Abkürzung auf 5 Stellen fortgesetzt.

19. Abschnitt.

Die Integration der Störungen in den rechtwinkligen Koordinaten.

Die Methode von ENCKE ist sowohl für das maschinelle wie bei geringer Abänderung des Formelsystems auch für das logarithmische Rechnen geeignet. Die Abänderungen sind so gering, daß von einer gesonderten Ableitung des Formelsystems abgesehen werden kann.

§ 84. Die Differentialgleichungen der Störungen.

Es seien mit $s' = x', y', z'$ die gestörten, mit $s^{0'} = x^{0'}, y^{0'}, z^{0'}$ die ungestörten Koordinaten, mit $s' - s^{0'} = \sigma' = \xi', \eta', \zeta'$ die Störungen in diesen Koordinaten und mit $s'_1 = x'_1, y'_1, z_1$ die Koordinaten der störenden Planeten bezeichnet. Die Differentialgleichungen für die gestörten Koordinaten sind in den Gl. (1. 1), die für die ungestörten in den Gl. (1. 3) gegeben. Subtrahiert man beide voneinander, beachtet, daß

$$\frac{d^2\sigma'}{dt^2} = \frac{d^2 s'}{dt^2} - \frac{d^2 s^{0'}}{dt^2}$$

ist, setzt die Masse des gestörten Körpers $m = 0$ und führt das Zeitintervall w ein, so erhält man

$$w^2 \frac{d^2\sigma'}{dt^2} = w^2 k^2 m_1 \left(\frac{s'_1 - s'}{\Delta_1^3} - \frac{s'_1}{r_1^3}\right) + w^2 k^2 \left(\frac{s^{0'}}{r^{03}} - \frac{s'}{r^3}\right), \qquad (1)$$

worin

$$\begin{aligned} r^{0\,2} &= x^{0'2} + y^{0'2} + z^{0'2} \\ r^2 &= x'^2 + y'^2 + z'^2 \\ r_1^2 &= x_1'^2 + y_1'^2 + z_1'^2 \\ \Delta_1^2 &= (x'_1 - x')^2 + (y'_1 - y')^2 + (z'_1 - z')^2 . \end{aligned} \qquad (2)$$

Dies sind die fundamentalen Differentialgleichungen für die Störungsbeträge, die an die ungestörten Koordinaten anzubringen sind, wenn man die gestörten gewinnen will.

In den Gl. (1) ist nur ein störender Planet berücksichtigt. Für jeden weiteren tritt ein analoger Ausdruck des ersten Gliedes hinzu.

Als Koordinatensystem sei das des Äquators gewählt. Man kann dann die durch Integration der Gl. (1) erhaltenen Störungsbeträge unmittelbar an die äquatorialen rechtwinkligen heliozentrischen Koordinaten der Ephemeridenrechnung anbringen. Nullpunkt ist der Sonnenmittelpunkt.

In den beiden Klammerausdrücken in Gl. (1) tritt in s' die Unbekannte σ' auf. Diese ist von der Ordnung der kleinen störenden Masse m_1. Da s' im ersten Ausdruck mit m_1 multipliziert ist, so begeht man einen Fehler 2. Ordnung in bezug auf diese Masse, wenn man im ersten Ausdruck s' durch $s^{0'}$ ersetzt. Da $s^{0'}$ wie die Koordinaten der störenden Körper s'_1, r_1 als bekannt vorausgesetzt werden dürfen, so läßt sich der erste Ausdruck in Gl. (1) bis auf das Glied 2. Ordnung direkt berechnen (direktes Glied).

Zur Berechnung des zweiten Ausdrucks ist eine genaue Kenntnis von σ' erforderlich. Er kann also nur auf indirektem Wege im Näherungsverfahren ermittelt werden (indirektes Glied), wobei man von einem sehr geeigneten Näherungswert Gebrauch machen kann.

Bei dem indirekten Glied tritt in allen 3 Koordinaten die für die Rechnung unangenehme Differenz zweier nahe gleich großer Glieder auf. Diesem Mangel kann man unter Benutzung einer bequemen und kurzen Tafel abhelfen. Zunächst kann man schreiben

$$\frac{s^{0\prime}}{r^{03}} - \frac{s'}{r^3} = \frac{s' - \sigma'}{r^{03}} - \frac{s'}{r^3} = \frac{1}{r^{03}}\left[s'\left(1 - \frac{r^{03}}{r^3}\right) - \sigma'\right].$$

Nun ist

$$r^2 = (x^{0\prime} + \xi')^2 + (y^{0\prime} + \eta')^2 + (z^{0\prime} + \zeta')^2$$

oder

$$\frac{r^2}{r^{02}} = 1 + \frac{2}{r^{02}}[(x^{0\prime} + \tfrac{1}{2}\xi')\,\xi' + (y^{0\prime} + \tfrac{1}{2}\eta')\,\eta' + (z^{0\prime} + \tfrac{1}{2}\zeta')\,\zeta'].$$

Setzt man

$$\frac{1}{r^{02}}[(x^{0\prime} + \tfrac{1}{2}\xi')\,\xi' + (y^{0\prime} + \tfrac{1}{2}\eta')\,\eta' + (z^{0\prime} + \tfrac{1}{2}\zeta')\,\zeta'] = q\,, \tag{3}$$

so wird

$$\frac{r^{03}}{r^3} = (1 + 2q)^{-\frac{3}{2}} = 1 - 3q + \frac{3\cdot 5}{1\cdot 2}q^2 - \frac{3\cdot 5\cdot 7}{1\cdot 2\cdot 3}q^3 + \cdots$$
$$= 1 - q\,[3\,(1 - \tfrac{5}{2}q + \tfrac{35}{6}q^2 \ldots)]\,.$$

Setzt man den Ausdruck in der eckigen Klammer gleich f, so wird

$$1 - \frac{r^{03}}{r^3} = q\,f \tag{4}$$

und

$$\frac{s^{0\prime}}{r^{03}} - \frac{s'}{r^3} = \frac{1}{r^{03}}\,(q\,f\,s' - \sigma')\,.$$

In Tafel 11 ist f mit dem Argument q für Werte von q von -0.03 bis $+0.03$ tabuliert.

Die zu integrierenden Fundamentalgleichungen, Gl. (1), nehmen damit die Form an

$$w^2\,\frac{d^2\sigma'}{dt^2} = w^2\,k^2\,m_1\left(\frac{s_1' - s'}{\Delta_1^3} - \frac{s_1'}{r_1^3}\right) + \frac{w^2\,k^2}{r^{03}}\,(f\,q\,s' - \sigma')\,. \tag{5}$$

§ 85. Die Integration der Störungsgleichungen.

In den Gl. (5) treten, wie schon erwähnt, in den $s' = s^{0\prime} + \sigma'$ die zunächst unbekannten Störungen σ' auf. Die Koordinaten der störenden Planeten s_1', r_1 berechnet man aus den dem B. J. entnommenen ekliptikalen Polarkoordinaten l_1, b_1, r_1 nach den Gl. (18.3). Es empfiehlt sich, die Daten und Äquinoktien in Übereinstimmung mit den Angaben des B. J. zu halten (siehe die Ausführungen auf S. 245). Die ungestörten Koordinaten $s^{0\prime}$ leitet man nach den Formeln des Abschnitts 15 aus den oskulierenden Elementen ab, deren Kenntnis vorausgesetzt ist.

a) Das Integrationsverfahren von Encke. In erster Näherung kann man in der Nähe der Oskulationsepoche die Störungen gleich Null, also in dem direkten Glied $s' = s^{0'}$ setzen und das indirekte Glied ganz vernachlässigen. Mit dieser Vernachlässigung berechnet man für die 4 Argumente $a-2w$, $a-w$, a, $a+w$ nach den Gl. (5) die Werte

$$F\,(a+n\,w) = w^2 \frac{d^2 \sigma'_n}{dt^2} \quad (n = -2, -1, 0, +1), \tag{6}$$

aus denen nach den Formeln der numerischen Integration die $\sigma'_n = f\,(a+nw)$ hervorgehen.

Es ist hier zweckmäßig, die Oskulationsepoche in die Mitte zwischen 2 Argumente zu legen. Sie falle mit $a - \frac{1}{2}w$ zusammen. Die Integrationsformeln sind dann

$$f\,(a+nw) = \sigma'_n = {}^{II}F\,(a+nw) + \tfrac{1}{12} F\,(a+nw) - \tfrac{1}{240} F^{II}\,(a+nw) + \ldots, \tag{7}$$

wobei die ersten Glieder der summierten Reihen nach

$$\begin{aligned} {}^{I}F\,(a-\tfrac{1}{2}w) &= -\tfrac{1}{24} F^{I}\,(a-\tfrac{1}{2}w) + \tfrac{17}{5760} F^{III}\,(a-\tfrac{1}{2}w) - \ldots \\ {}^{II}F\,(a) &= +\tfrac{1}{24} F\,(a-w) - \tfrac{17}{5760}\,[2\,F^{II}\,(a-w) + F^{II}(a)] + \ldots \end{aligned} \tag{8}$$

anzusetzen sind. Sind so für die 4 Argumente erste Näherungswerte der $F\,(a+nw)$ bestimmt, so bildet man die Summen- und Differenzenreihen des provisorischen Integrationstableaus und leitet nach Gl. (7) erste Näherungswerte der Störungen σ'_n ab. Mit ihrer Berücksichtigung wiederholt man nun die Rechnung. Häufig ist hier aber der Ansatz $\sigma'_n = 0$ für die nächste Umgebung der Oskulationsepoche bereits ausreichend. Das Näherungsverfahren für den Beginn der Rechnung ist abgeschlossen, wenn Ausgangs- und Schlußwerte der σ'_n exakt übereinstimmen.

Bei der Fortsetzung der Rechnung kann man im allgemeinen ein Näherungsverfahren vermeiden, wenn man von der Möglichkeit der Extrapolation des 2. Differentialquotienten Gebrauch macht. Ist die Berechnung der Funktionswerte bis einschließlich $F\,(a+nw)$ fortgeschritten, so ist damit ${}^{II}F\,(a+(n+1)\,w)$ gegeben. Da $F\,(a+(n+1)\,w)$ und $F^{II}\,(a+(n+1)\,w)$ wegen der kleinen Faktoren durch Extrapolation ausreichend genau ermittelt werden können, so ist nach Abschluß jeder Rechnung für ein Argument bereits ein guter Näherungswert für σ'_{n+1} vorhanden, den man bei der Berechnung des direkten wie des indirekten Gliedes berücksichtigen kann.

b) Das Integrationsverfahren von Oppolzer. Oppolzer hat dem Verfahren eine Form gegeben, die ein Näherungsverfahren bei dem üblichen Intervall ausschließt. Allerdings besitzt es nicht die Durchsichtigkeit des Enckeschen Verfahrens.

Vorausgesetzt wird, daß die Integration bereits bis zum Argument $F\,(a+nw)$ vorgeschritten ist, daß also ${}^{II}F\,(a+(n+1)\,w)$ vorliegt.

Setzt man in Gl. (5) zur Abkürzung das erste Glied gleich R'_{s_1}, und

$$w^2\,k^2 : r^{0\,3} = h^0 \tag{9}$$

so läßt sich Gl. (5) schreiben

$$w^2 \frac{d^2 \sigma'}{dt^2} = R'_{s_1} + h^0 f\,q\,s' - h^0 \sigma'. \tag{10}$$

Stellt man nun Gl. (7) für das Argument $a + (n+1)w$ auf, führt für das 2. Glied nach den Gl. (6) und (10) den Ausdruck

$$\frac{1}{12} F\,(a + (n+1)\,w) = \left[\frac{1}{12} R'_{s_1} + \frac{1}{12} h^0 f\, q\, s' - \frac{1}{12} h^0 \sigma'\right]_{n+1}$$

ein, läßt der Einfachheit halber die Argumentbezeichnungen fort, so wird

$$\sigma' = {}^{II}F + \frac{1}{12} R'_{s_1} + \frac{1}{12} h^0 f\, q\, s' - \frac{1}{12} h^0 \sigma' - \frac{1}{240} F^{II}.$$

Das erste Glied ist gegeben; das zweite läßt sich nach den obigen Ausführungen direkt berechnen. Das letzte Glied kann genügend sicher extrapoliert werden. Faßt man diese praktisch direkt berechenbaren 3 Glieder in

$${}^{II}F + \frac{1}{12} R'_{s_1} - \frac{1}{240} F^{II} = S'_s \tag{11}$$

zusammen, so wird

$$\sigma'\,(1 + \tfrac{1}{12} h^0) = S'_s + \tfrac{1}{12} h^0 f\, q\, s'. \tag{12}$$

In der Gleichung zur Berechnung von q, Gl. (3), kann man die Störungsbeträge $\frac{1}{2}\xi'$, $\frac{1}{2}\eta'$, $\frac{1}{2}\zeta'$ wegen des Faktors ξ', η', ζ' durch extrapolierte Werte ersetzen, während die ξ', η', ζ' selbst sich aus Gl. (12) ergeben. Führt man zur Abkürzung die direkt berechenbaren Ausdrücke

$$\bar{s} = \frac{s^{0\prime} + \frac{1}{2}\sigma'}{r^{02}\,(1 + \frac{1}{12} h^0)} \qquad (\bar{s} = \bar{x}, \bar{y}, \bar{z}) \tag{13}$$

ein, so wird

$$q = \frac{\bar{x}\, S'_x + \bar{y}\, S'_y + \bar{z}\, S'_z}{1 - \frac{1}{12} h^0 f\, (\bar{x}\, x' + \bar{y}\, y' + \bar{z}\, z')}. \tag{14}$$

Daraus läßt sich q für das Argument $a + (n+1)w$ direkt berechnen, da die unbekannte Größe f (oder sogar der ganze Nenner) wegen ihres linearen Verlaufs sicher extrapolierbar ist. Setzt man weiter

$$\frac{h^0}{1 + \frac{1}{12} h^0} = h, \tag{15}$$

so ergeben sich aus der Verbindung der Gl. (10) und (12) die Gleichungen

$$w^2 \frac{d^2 \sigma'}{d t^2} = R'_{s_1} + h\,(f\, q\, s' - S'_s), \tag{16}$$

die eine direkte Berechnung der Differentialquotienten für das Argument $a + (n+1)w$ gestatten.

Bei beiden Verfahren sollte die Wahl des Intervalles so getroffen werden, daß die Integration sicher ausführbar ist, d. h. daß die Extrapolation so sicher wird, daß ein Näherungsverfahren zu vermeiden ist. Bei den kleinen Planeten kommt man, abgesehen von größerer Jupiternähe, im allgemeinen mit einem Intervall von 40 Tagen aus. Doch wird hier die Methode wenig angewandt, da bei der üblichen kurzen Verfolgungsdauer dieser Objekte in der Entdeckungserscheinung eine Berücksichtigung der Störungen überhaupt kaum notwendig ist. Für größere Zeiträume ist aber die Enckesche Methode, wie schon erwähnt, weniger empfehlenswert. Bei den Kometen, die nur in einer Erscheinung verfolgt werden, wird die Methode mit großem Vorteil angewandt. Ihre Anwendung empfiehlt sich auch, wie schon erwähnt, bei kurzperiodischen Kometen für die Umgebung des Perihels, wenn die Anwendung der Cowellschen Methode der Integration der gestörten Koordinaten Schwierigkeiten bereitet. Bei den Kometen ist ein Intervall von 20 Tagen das geeignetste.

§ 86. Formelzusammenstellung.

Die Größe des Intervalles richtet sich nach der Stellenzahl der Rechnung, der Masse des störenden Körpers, der Entfernung des gestörten von dem störenden Körper und von der Sonne. Daten und Äquinoktien sollen mit den Angaben bezüglich der heliozentrischen Koordinaten der großen Planeten im B. J. in Einklang stehen. Normalintervall für die kleinen Planeten 40, für die Kometen 20 Tage bei 5stelliger Berechnung der Störungen in der 7. Dezimale.

a) Für maschinelles Rechnen (Äquator). Ephemeridenartige Berechnung der ungestörten äquatorialen Koordinaten $s^{0\prime} = x^{0\prime}$, $y^{0\prime}$, $z^{0\prime}$ und von r^0 mit den gegebenen oskulierenden Elementen

Für die Ellipse:

$$\begin{aligned} M &= M_0 + \mu(t - t_0) \\ E &= M + e^\circ \sin E. \end{aligned} \tag{I a}$$

Näherungswerte für E aus der Tafel von ASTRAND oder Tafel 8.

$$\begin{aligned} s^{0\prime} &= a\, P'_s (\cos E - e) + a \cos\varphi\, Q'_s \sin E \\ r^{02} &= x^{0\prime 2} + y^{0\prime 2} + z^{0\prime 2} \end{aligned} \tag{II a}$$

Für die Parabel:

$$M = \frac{t - T}{q^{\frac{3}{2}}}. \tag{I b}$$

$\operatorname{tg} \frac{1}{2} v$ und $\operatorname{tg} \frac{1}{2} v^2$ mit dem Argument M aus der Tafel von B. STRÖMGREN.

$$\begin{aligned} s^{0\prime} &= m'_s (1 - \operatorname{tg} \tfrac{1}{2} v^2) + 2\, n'_s \operatorname{tg} \tfrac{1}{2} v \\ r^0 &= q\,(1 + \operatorname{tg} \tfrac{1}{2} v^2). \end{aligned} \tag{II b}$$

Die Konstanten m'_s, n'_s bzw. P'_s, Q'_s entnimmt man den Resultaten der Bahnrechnung, oder man berechnet sie nach Gl. (3.22) aus den ekliptikalen Elementen ω, ☊, i.

Ephemeridenartige Berechnung der Koordinaten der großen Planeten nach

$$\begin{aligned} x'_1 &= r_1 \cos b_1 \cos l_1 \\ y'_1 &= r_1 \cos b_1 (\sin l_1 \cos \varepsilon - \operatorname{tg} b_1 \sin \varepsilon) \\ z'_1 &= r_1 \cos b_1 (\sin l_1 \sin \varepsilon + \operatorname{tg} b_1 \cos \varepsilon) \end{aligned} \tag{III}$$

aus den im B. J. gegebenen ekliptikalen Polarkoordinaten l_1, b_1, r_1.

α) Beginn der Rechnung. Für die 4 die Oskulationsepoche $a-\frac{1}{2}w$ symmetrisch einschließenden Momente $a-2w$, $a-w$, a, $a+w$ berechnet man

$$\Delta_{1n}^2 = (x'_{1n} - x_n^{0\prime})^2 + (y'_{1n} - y_n^{0\prime})^2 + (z'_{1n} - z_n^{0\prime})^2 \quad (s'_{1n} = x'_{1n}, y'_{1n}, z'_{1n}) \quad \text{(IV)}$$

$$F(a+nw) = w^2 \frac{d^2\sigma'_n}{dt^2} = 10^7 w^2 k^2 m_1 \left(\frac{s'_{1n} - s_n^{0\prime}}{\Delta_{1n}^3} - \frac{s'_{1n}}{r_{1n}^3}\right) \quad (s_n^{0\prime} = x_n^{0\prime}, y_n^{0\prime}, z_n^{0\prime}). \quad \text{(V)}$$

Man bildet nun ein provisorisches Integrationstableau, indem man die 4 Werte von $F(a+nw)$ in die F-Reihe einträgt, die ersten Werte der 1. und 2. summierten Reihen nach

$$\begin{aligned} {}^IF\left(a-\tfrac{1}{2}w\right) &= -\tfrac{1}{24}F^I\left(a-\tfrac{1}{2}w\right) + \tfrac{17}{5760}F^{III}\left(a-\tfrac{1}{2}w\right) \\ {}^{II}F(a) &= +\tfrac{1}{24}F(a-w) - \tfrac{17}{5760}\left[2F^{II}(a-w) + F^{II}(a)\right] \end{aligned} \quad \text{(VI)}$$

berechnet, summiert und aus

$$\begin{aligned} \sigma'_n = f(a+nw) &= {}^{II}F(a+nw) + \tfrac{1}{12}F(a+nw) - \tfrac{1}{240}F^{II}(a+nw) \\ &(\sigma' = \xi', \eta', \zeta') \quad (n = -2, -1, 0, +1) \end{aligned} \quad \text{(VII)}$$

bei Extrapolation des letzten Gliedes Näherungswerte der Störungen σ'_n berechnet, mit deren Berücksichtigung dann die Rechnung mit Benutzung der Gl. (VIII) bis (X) statt der Gl. (IV) bis (VI) wiederholt wird, bis das Tableau steht.

Die erforderlichen Konstanten sind für alle großen Planeten im Anhang gegeben.

β) Die Fortsetzung der Rechnung erfolgt bei Extrapolation der Störungsbeträge. Mit dem nach

$$q = \frac{1}{r^{0\,2}}\left[\left(x^{0\prime} + \tfrac{1}{2}\xi'\right)\xi' + \left(y^{0\prime} + \tfrac{1}{2}\eta'\right)\eta' + \left(z^{0\prime} + \tfrac{1}{2}\zeta'\right)\zeta'\right] \quad \text{(VIII)}$$

berechneten Wert von q entnimmt man f aus Tafel 11, ermittelt

$$s' = s^{0\prime} + \sigma'$$

$$\Delta_1^2 = (x'_1 - x')^2 + (y'_1 - y')^2 + (z'_1 - z')^2$$

und

$$\frac{w^2 d^2\sigma'}{dt^2} \left\{ \begin{aligned} &= 10^7 w^2 k^2 m_1 \left(\frac{s'_1 - s'}{\Delta_1^3} - \frac{s'_1}{r_1^3}\right) + \frac{10^7 w^2 k^2}{r^{0 3}}\left(f q s' - \sigma'\right). \\ &= \qquad\qquad I \qquad\qquad\qquad\qquad + \qquad II \end{aligned} \right. \quad \text{(IX)}$$

Hierin (wie in Gl. (V)) ist der erste Ausdruck für alle in Betracht kommenden Planeten zu berechnen und zu summieren.

$$\begin{aligned} \sigma'_n = {}^{II}F(a+nw) &+ \tfrac{1}{12}F(a+nw) - \tfrac{1}{240}F^{II}(a+nw) \\ &+ \tfrac{31}{60480}F^{IV}(a+nw) \ldots \end{aligned} \quad \text{(X)}$$

Der Einfluß fehlender Differenzen wird extrapoliert.

Die gewonnenen Störungsbeträge $\sigma' = \xi', \eta', \zeta'$ können unmittelbar an die 7stelligen ungestörten äquatorialen heliozentrischen rechtwinklichen Koordinaten $s^{0\prime} = x^{0\prime}, y^{0\prime}, z^{0\prime}$ angebracht werden.

b) Für logarithmisches Rechnen (Ekliptik). Ephemeridenartige Berechnung der ungestörten rechtwinkligen heliozentrischen ekliptikalen Koordinaten $s^0 = x^0$, y^0, z^0 mit den gegebenen oskulierenden Elementen.

Für die Ellipse:

$$\left.\begin{aligned} M &= M_0 + \mu(t - t_0) \\ E - e^0 \sin E &= M. \end{aligned}\right\} \tag{Ia}$$

Näherungswerte für E aus der Tafel von ASTRAND oder Tafel 8.

$$r^0 \sin v = a \cos \varphi \sin E,$$
$$r^0 \cos v = a(\cos E - e).$$

Für die Parabel:

$$\left.\begin{aligned} \operatorname{tg} \tfrac{1}{2} v + \tfrac{1}{3} \operatorname{tg} \tfrac{1}{2} v^3 &= \frac{k}{\sqrt{2}} \frac{t - T}{q^{\frac{3}{2}}} = \frac{k}{\sqrt{2}} M \\ r^0 &= q \sec \tfrac{1}{2} v^2. \end{aligned}\right\} \tag{Ib}$$

Die rechtwinkligen heliozentrischen Koordinaten berechnet man dann nach

$$\left.\begin{aligned} u &= v + \omega \\ x^0 &= r^0 \sin a \sin(A + u) \\ y^0 &= r^0 \sin b \sin(B + u) \\ z^0 &= r'^0 \sin u \sin i. \end{aligned}\right\} \tag{II}$$

Die ekliptikalen Gaußschen Konstanten A, B, $\sin a$, $\sin b$ erhält man entsprechend den Gl. (3.17), in denen man $\varepsilon = 0$ setzt, nach

$$\sin a \sin A = \cos \Omega \qquad \sin b \sin B = \sin \Omega$$
$$\sin a \cos A = -\cos i \sin \Omega \qquad \sin b \cos B = \cos i \cos \Omega.$$

Ephemeridenartige Berechnung der Koordinaten der großen Planeten nach

$$\left.\begin{aligned} x_1 &= r_1 \cos b_1 \cos l_1 \\ y_1 &= r_1 \cos b_1 \sin l_1 \\ z_1 &= r_1 \sin b_1 \end{aligned}\right\} \tag{III}$$

aus den im B. J. gegebenen ekliptikalen Polarkoordinaten l_1, b_1, r_1.

Die Entfernungen Δ_1 leitet man nach

$$\left.\begin{aligned} \Delta_1 \cos \vartheta_1 \cos \Theta_1 &= x_1 - x^0 \\ \Delta_1 \cos \vartheta_1 \sin \Theta_1 &= y_1 - y^0 \\ \Delta_1 \sin \vartheta_1 &= z_1 - z^0 \end{aligned}\right\} \tag{IV}$$

ab.

Die weitere Rechnung geschieht wie unter a) Gl. (V) bis (X) bei Weglassung der Indizes .

Vgl. auch das Integrationsverfahren von OPPOLZER.

Nach Abschluß der Störungsrechnung erfolgt die Umwandlung der ekliptikalen Störungsbeträge ξ, η, ζ in äquatoriale Werte ξ', η', ζ', die unmittelbar zu den äquatorialen heliozentrischen Koordinaten

$x^{0\prime}$, $y^{0\prime}$, $z^{0\prime}$ in der Ephemeridenrechnung gefügt werden können, nach

$$\begin{aligned} \xi' &= \xi \\ \eta' &= \eta \cos \varepsilon - \zeta \sin \varepsilon \\ \zeta' &= \eta \sin \varepsilon + \zeta \cos \varepsilon . \end{aligned} \qquad \text{(XI)}$$

§ 87. Beispiel.

(Für logarithmische Rechnung.)

Gegeben seien die Ausgangselemente (vgl. S. 121):

931 Whittemora.

Oskulation und Epoche t_0 = 1920 Apr. 29.0 M. Z. Gr.

M	87°004	ω	307°792	Ekliptik
φ	14.196	☊	113.157	Mittl. Äquin.
μ	631″106	i	11.284	1925.0
lg a	0.49994			

Die Bahnlageelemente sind mit Benutzung der Präzessionsgrößen der Tafel 2 auf das gleiche Äquinoktium — Normaläquinoktium 1925.0 — wie die im B. J. gegebenen Koordinaten der großen Planeten bezogen. Es sollen logarithmisch 7stellige Werte der Jupiterstörungen in 40tägigem Intervall berechnet werden.

Berechnung der ungestörten Koordinaten des Planeten.

0^h M. Z. Gr.	1920 Febr. 29	Apr. 9	Mai 19	Juni 28	Aug. 7	
M	76°486	83°498	90°510	97°522	104°535	
E	90.536	97.431	104.136	110.669	117.049	
sin E	9.99998	9.99634	9.98665	9.97110	9.94969	
cos E	7.97104 n	9.11171 n	9.38779 n	9.54774 n	9.65778 n	
Add.	0.01626	0.18394	0.30013	0.22912	0.18732	
	8.58145	9.72212	9.99820	9.84185	9.73181	(Ia)
cos $E - e$	9.40585 n	9.57353 n	9.68972 n	9.77686 n	9.84509 n	
r sin v	0.48645	0.48281	0.47312	0.45757	0.43616	
sin v	9.98552	9.96931	9.94792	9.92158	9.89031	
r cos v	9.90579 n	0.07347 n	0.18966 n	0.27680 n	0.34503 n	
tg v	0.58066 n	0.40934 n	0.28346 n	0.18077 n	0.09113 n	
v	104°715	111°288	117°503	123°406	129°032	
u	52.507	59.080	65.295	71.198	76.824	
r^0	0.50093	0.51350	0.52520	0.53599	0.54585	
$A+u$	256°071	262°644	268°859	274°762	280°388	
sin $(A+u)$	9.98704 n	9.99641 n	9.99991 n	9.99850 n	9.99282 n	
r sin a	0.49378	0.50635	0.51805	0.52884	0.53870	
x^0	0.48082 n	0.50276 n	0.51796 n	0.52734 n	0.53152 n	
$B+u$	165°262	171°835	178°050	183°953	189°579	
sin $(B+u)$	9.40551	9.15236	8.53183	8.83846 n	9.22118 n	(II)
r sin b	0.49964	0.51221	0.52391	0.53470	0.54456	
y^0	9.90515	9.66457	9.05574	9.37316 n	9.76574 n	
sin u	9.89950	9.93343	9.95831	9.97618	9.98841	
r sin i	9.79246	9.80503	9.81673	9.82752	9.83738	
z^0	9.69196	9.73846	9.77504	9.80370	9.82579	

Berechnung der ungestörten Koordinaten von Jupiter.

0^h M. Z. Gr.	1920 Febr. 29	Apr. 9	Mai 19	Juni 28	Aug. 7	
l_1	135°287	138°448	141°595	144°729	147°850	
b_1	+0.763	+0.820	+0.875	+0.927	+0.976	
$\cos b_1$	9.99996	9.99996	9.99995	9.99994	9.99994	
r_1	0.72640	0.72738	0.72833	0.72923	0.73009	
$\sin b_1$	8.12439	8.15568	8.18387	8.20894	8.23131	
$\cos l_1$	9.85165 *n*	9.87411 *n*	9.89412 *n*	9.91192 *n*	9.92771 *n*	
$r_1 \cos b_1$	0.72636	0.72734	0.72828	0.72917	0.73003	
$\sin l_1$	9.84730	9.82171	9.79324	9.76151	9.72602	
x_1	0.57801 *n*	0.60145 *n*	0.62240 *n*	0.64109 *n*	0.65774 *n*	
y_1	0.57366	0.54905	0.52152	0.49068	0.45605	
z_1	8.85079	8.88306	8.91220	8.93817	8.96140	(III)
r_1^3	2.17920	2.18214	2.18499	2.18769	2.19027	
$-x_1 : r_1{}^3$	8.39881	8.41931	8.43741	8.45340	8.46747	
$-y_1 : r_1{}^3$	8.39446 *n*	8.36691 *n*	8.33653 *n*	8.30299 *n*	8.26578 *n*	
$-z_1 : r_1{}^3$	6.67159 *n*	6.70092 *n*	6.72721 *n*	6.75048 *n*	6.77113 *n*	
x_1	−3.78450	−3.99436	−4.19180	−4.37610	−4.54720	
x^0	−3.02564	−3.18243	−3.29577	−3.36777	−3.40031	
y_1	+3.74682	+3.54038	+3.32292	+3.09514	+2.85793	
y^0	+0.80380	+0.46192	+0.11369	−0.23613	−0.58310	
z_1	+0.07092	+0.07639	+0.08170	+0.08673	+0.09150	
z^0	+0.49199	+0.54760	+0.59571	+0.63636	+0.66956	

Berechnung der Näherungswerte der Störungen für die 4 ersten Argumente.

0^h M. Z. Gr.	$a-2w$ 1920 Febr. 29	$a-w$ Apr. 9	a Mai 19	$a+w$ Juni 28	
$x_1 - x^0$	−0.75886	−0.81193	−0.89603	−1.00833	
$y_1 - y^0$	+2.94302	+3.07846	+3.20923	+3.33127	
$z_1 - z^0$	−0.42107	−0.47121	−0.51401	−0.54963	
$\Delta_1 \cos \vartheta_1 \sin \theta_1$	0.46879	0.48833	0.50640	0.52261	
$\sin \theta_1$	9.98602	9.98540	9.98370	9.98097	(IV)
$\Delta_1 \cos \vartheta_1 \cos \theta_1$	9.88016 *n*	9.90952 *n*	9.95232 *n*	0.00360 *n*	
$\operatorname{tg} \theta_1$	0.58863 *n*	0.57881 *n*	0.55408 *n*	0.51901 *n*	
$\Delta_1 \sin \vartheta_1$	9.62436 *n*	9.67322 *n*	9.71097 *n*	9.74007 *n*	
$\cos \vartheta_1$	9.99587	9.99529	9.99489	9.99465	
$\Delta_1 \cos \vartheta_1$	0.48277	0.50293	0.52270	0.54164	
Δ_1	0.48690	0.50764	0.52781	0.54699	
Δ_1^3	1.46070	1.52292	1.58343	1.64097	
$(x_1 - x^0) : \Delta_1^3$	8.41946 *n*	8.38660 *n*	8.36889 *n*	8.36263 *n*	
Add.	8.68750	8.89338	9.23273	9.36632	
$-x_1 : r_1^3$	8.39881	8.41931	8.43741	8.45340	
Diff.	7.08631 *n*	7.27998	7.60162	7.72895	
$F(a+nw)$	0.74150 *n*	0.93517	1.25681	1.38414	
$(y_1 - y^0) : \Delta_1^3$	9.00809	8.96541	8.92297	8.88164	
Add.	9.87885	9.87387	9.86972	9.86697	
$-y_1 : r_1^3$	8.39446 *n*	8.36691 *n*	8.33653 *n*	8.30299 *n*	(V)
Diff.	8.88694	8.83928	8.79269	8.74861	
$F(a+nw)$	2.54213	2.49447	2.44788	2.40380	
$(z_1 - z^0) : \Delta_1^3$	8.16366 *n*	8.15030 *n*	8.12754 *n*	8.09910 *n*	
Add.	0.01377	0.01516	0.01694	0.01904	
$-z_1 : r_1^3$	6.67159 *n*	6.70092 *n*	6.72721 *n*	6.75048 *n*	
Diff.	8.17743 *n*	8.16546 *n*	8.14448 *n*	8.11814 *n*	
$F(a+nw)$	1.83262 *n*	1.82065 *n*	1.79967 *n*	1.77333 *n*	

Provisorisches Integrationstableau.

Arg.	^{II}F	^{I}F	F	F^{I}	F^{II}	F^{III}	$10^7\,\sigma$	
$a-2w$	$+$ 9.79	$-$ 9.00	$-$ 5.51				$+$ 9	
$a-w$	$+$ 0.79	$-$ 0.39	$+$ 8.61	$+$14.12	$-$4.67		$+$ 2	
a	$+$ 0.40	$+$ 17.67	$+$ 18.06	$+$ 9.45	$-$3.29	$+$1.38	$+$ 2	
$a+w$	$+$ 18.07	$+$ 41.89	$+$ 24.22	$+$ 6.16			$+$ 20	
$a+2w$	$+$ 59.96							
$a-2w$	$+$322.56	$-$310.91	$+$348.44				$+$352	(VI)
$a-w$	$+$ 11.65	$+$ 1.32	$+$312.23	$-$36.21	$+$4.45		$+$ 38	(VII)
a	$+$ 12.97	$+$281.79	$+$280.47	$-$31.76	$+$4.68	$+$0.23	$+$ 36	
$a+w$	$+$294.76	$+$535.18	$+$253.39	$-$27.08			$+$316	
$a+2w$	$+$829.94							
$a-2w$	$-$ 68.68	$+$ 66.04	$-$ 68.02				$-$ 74	
$a-w$	$-$ 2.64	$-$ 0.13	$-$ 66.17	$+$ 1.85	$+$1.27		$-$ 8	
a	$-$ 2.77	$-$ 63.18	$-$ 63.05	$+$ 3.12	$+$0.59	$-$0.68	$-$ 8	
$a+w$	$-$ 65.95	$-$122.52	$-$ 59.34	$+$ 3.71			$-$ 71	
$a+2w$	$-$188.47							

Verbesserung der Näherungswerte der Störungen für die ersten 4 Argumente und des provisorischen Integrationstableaus. — Bestimmung der Störungen für das 5. Argument $a+2w$ bei Benutzung von extrapolierten Störungswerten für dieses Argument.

Berechnung des direkten Gliedes I von $F(a+nw)$.

0^h M. Z. Gr.	$a-2w$ 1920 Febr. 29	$a-w$ Apr. 9	a Mai 19	$a+w$ Juni 28	$a+2w$ Aug. 7	
$x_1-(x^0+\xi)$	$-$0.75886	$-$0.81193	$-$0.89603	$-$1.00833	$-$1.14690	
$y_1-(y^0+\eta)$	$+$2.94298	$+$3.07846	$+$3.20923	$+$3.33124	$+$3.44095	
$z_1-(z^0+\zeta)$	$-$0.42106	$-$0.47121	$-$0.51401	$-$0.54962	$-$0.57804	
$\Delta_1\cos\vartheta_1\sin\theta_1$	0.46879	0.48833	0.50640	0.52260	0.53667	
$\sin\theta_1$	9.98602	9.98540	9.98370	9.98097	9.97712	
$\Delta_1\cos\vartheta_1\cos\theta_1$	9.88016 *n*	9.90952 *n*	9.95232 *n*	0.00360 *n*	0.05952 *n*	
$\operatorname{tg}\theta_1$	0.58863 *n*	0.57881 *n*	0.55408 *n*	0.51900 *n*	0.47715 *n*	
$\Delta_1\sin\vartheta_1$	9.62435 *n*	9.67322 *n*	9.71097 *n*	9.74007 *n*	9.76196 *n*	
$\cos\vartheta_1$	9.99587	9.99529	9.99489	9.99465	9.99455	
$\Delta_1\cos\vartheta_1$	0.48277	0.50293	0.52270	0.54163	0.55955	
Δ_1	0.48690	0.50764	0.52781	0.54698	0.56500	
Δ_1^3	1.46070	1.52292	1.58343	1.64094	1.69500	(IX)
$(x_1-x):\Delta_1^3$	8.41946 *n*	8.36660 *n*	8.36889 *n*	8.36266 *n*	8.36452 *n*	
Add.	8.68750	8.89338	9.23273	9.36616	9.42733	
$-x_1:r_1^3$	8.39881	8.41931	8.43741	8.45340	8.64747	
Diff.	7.08631 *n*	7.27998	7.60162	7.72882	7.79185	
$F(a+nw)\,I$	0.74150 *n*	0.93517	1.25681	1.38401	1.44704	
$(y_1-y):\Delta_1^3$	9.00809	8.96541	8.92297	8.88166	8.84167	
Add.	9.87885	9.87387	9.86972	9.86697	9.86598	
$-y_1:r_1^3$	8.39446 *n*	8.36691 *n*	8.33653 *n*	8.30299 *n*	8.26578 *n*	
Diff.	8.88694	8.83928	8.79269	8.74863	8.70765	
$F(a+nw)\,I$	2.54213	2.49447	2.44788	2.40382	2.36284	
$(z_1-z):\Delta_1^3$	8.16365 *n*	8.15030 *n*	8.12754 *n*	8.09913 *n*	8.06696 *n*	
Add.	0.01377	0.01516	0.01694	0.01903	0.02144	
$-z_1:r_1^3$	6.67159 *n*	6.70092 *n*	6.72721 *n*	6.75048 *n*	6.77113 *n*	
Diff.	8.17742 *n*	8.16546 *n*	8.14448 *n*	8.11816 *n*	8.08840 *n*	
$F(a+nw)\,I$	1.83261 *n*	1.82065 *n*	1.79967 *n*	1.77335 *n*	1.74359 *n*	

Berechnung des indirekten Gliedes II von $(F a + nw)$.

0^h M. Z. Gr.	$a - 2w$ 1920 Febr. 29	$a - w$ Apr. 9	a Mai 19	$a + w$ Juni 28	$a + 2w$ Aug. 7	
$x^0 + 1/2\,\xi$	− 3.0256	− 3.1824	− 3.2958	− 3.3678	− 3.4003	
$y^0 + 1/2\,\eta$	+ 0.8038	+ 0.4619	+ 0.1137	− 0.2361	− 0.5831	
$z^0 + 1/2\,\zeta$	+ 0.4920	+ 0.5476	+ 0.5957	+ 0.6364	+ 0.6696	
$x^0 + 1/2\,\xi$	0.4808 *n*	0.5027 *n*	0.5180 *n*	0.5274 *n*	0.5315 *n*	
ξ	0.9542	0.3010	0.3010	1.3010	1.8062	
$y^0 + 1/2\,\eta$	9.9051	9.6645	9.0558	9.3731 *n*	9.7657 *n*	
η	2.5465	1.5798	1.5563	2.4997	2.9263	
$z^0 + 1/2\,\zeta$	9.6920	9.7385	9.7750	9.8037	9.8258	
ζ	1.8692 *n*	0.9031 *n*	0.9031 *n*	1.8513 *n*	2.2833 *n*	
$(x^0 + 1/2\,\xi)\,\xi$	1.4350 *n*	0.8037 *n*	0.8190 *n*	1.8284 *n*	2.3377 *n*	
$(y^0 + 1/2\,\eta)\,\eta$	2.4516	1.2443	0.6121	1.8728 *n*	2.6920 *n*	
$(z^0 + 1/2\,\zeta)\,\zeta$	1.5612 *n*	0.6416 *n*	0.6781 *n*	1.6550 *n*	2.1091 *n*	
$(x^0 + 1/2\,\xi)\,\xi$	− 27.23	− 6.36	− 6.59	− 67.36	− 217.60	
$(y^0 + 1/2\,\eta)\,\eta$	+ 282.90	+ 17.55	+ 4.09	− 74.61	− 492.00	
$(z^0 + 1/2\,\zeta)\,\zeta$	− 36.41	− 4.38	− 4.76	− 45.19	− 128.57	
Σ	+ 219.26	+ 6.81	− 7.26	− 187.16	− 838.17	
	2.3409	0.8331	0.8609 *n*	2.2722 *n*	2.9233 *n*	
$r^{0\,2}$	1.0019	1.0270	1.0504	1.0720	1.0917	
q	1.3390	9.8061	9.8105 *n*	1.2002 *n*	1.8316 *n*	
f	0.4771	0.4771	0.4771	0.4771	0.4771	
fq	1.8161	0.2832	0.2876 *n*	1.6773 *n*	2.3087 *n*	(VIII)
x	0.4808 *n*	0.5027 *n*	0.5180 *n*	0.5274 *n*	0.5315 *n*	
y	9.9051	9.6645	9.0558	9.3731 *n*	9.7654 *n*	(IX)
z	9.6920	9.7385	9.7750	9.8037	9.8258	
fqx	2.2969 *n*	0.7859 *n*	0.8056	2.2047	2.8402	
Add.	0.0193	0.1230	9.8370	9.9421	9.9579	
$-\xi$	0.9542 *n*	0.3010 *n*	0.3010 *n*	1.3010 *n*	1.8062 *n*	
$fqx - \xi$	2.3162 *n*	0.9089 *n*	0.6426	2.1468	2.7981	
fqy	1.7212	9.9477	9.3434 *n*	1.0504	2.0741	
Add.	9.9297	9.9897	0.0027	9.9843	9.9342	
$-\eta$	2.5465 *n*	1.5798 *n*	1.5563 *n*	2.4997 *n*	2.9263 *n*	
$fqy - \eta$	2.4762 *n*	1.5695 *n*	1.5590 *n*	2.4840 *n*	2.8605 *n*	
fqz	1.5081	0.0217	0.0626 *n*	1.4810 *n*	2.1345 *n*	
Add.	0.1570	0.0536	9.9323	0.1290	9.6113	
$-\zeta$	1.8692	0.9031	0.9031	1.8513	2.2833	
$fgz - \zeta$	2.0262	0.9567	0.8354	1.6100	1.7458	
$w^2 k^2 : r^{0\,3}$	8.1725	8.1348	8.0997	8.0673	8.0377	
II	0.4887 *n*	9.0437 *n*	8.7423	0.2141	0.8358	
	0.6487 *n*	9.7043 *n*	9.6587 *n*	2.6981 *n*	0.8982 *n*	
	0.1987	9.0915	8.9351	9.6773	9.7835	
II	− 3.08	− 0.11	+ 0.06	+ 1.64	+ 6.85	
I	− 5.51	+ 8.61	+ 18.06	+ 24.21	+ 27.99	
$F(a + nw)$	− 8.59	+ 8.50	+ 18.12	+ 25.85	+ 34.84	
II	− 4.45	− 0.51	− 0.46	− 3.56	− 7.91	
I	+ 348.44	+ 312.23	+ 280.47	+ 253.41	+ 230.59	
$F(a + nw)$	+ 343.99	+ 311.72	+ 280.01	+ 249.85	+ 222.68	
II	+ 1.58	+ 0.12	+ 0.09	+ 0.48	+ 0.61	
I	− 68.02	− 66.17	− 63.05	− 59.34	− 55.41	
$F(a + nw)$	− 66.44	− 66.05	− 62.96	− 58.86	− 54.80	

Verbessertes Integrationstableau.

Arg.	^{II}F	^{I}F	F	F^{I}	F^{II}	F^{III}	F^{IV}	$10^7\sigma$
$a-2w$	+ 9.66		− 8.59					+ 9
		− 8.88		+ 17.09				
$a-w$	+ 0.78		+ 8.50		− 7.47			+ 2
		− 0.38		+ 9.62		+ 5.58		
a	+ 0.40		+ 18.12		− 1.89		− 2.43	+ 2
		+ 17.74		+ 7.73		+ 3.15		
$a+w$	+ 18.14		+ 25.85		+ 1.26			+ 20
		+ 43.59		+ 8.99				
$a+2w$	+ 61.73		+ 34.84					+ 65
$a-2w$	+ 322.06		+ 343.99					+ 351
		− 310.40		− 32.27				
$a-w$	+ 11.66		+ 311.72		+ 0.56			+ 38
		+ 1.32		− 31.71		+ 0.99		
a	+ 12.98		+ 280.01		+ 1.55		+ 0.45	+ 36 (X)
		+ 281.33		− 30.16		+ 1.44		
$a+w$	+ 294.31		+ 249.85		+ 2.99			+ 315
		+ 531.18		− 27.17				
$a+2w$	+ 825.49		+ 222.68					+ 844
$a-2w$	− 68.56		− 66.44					− 74
		+ 65.92		+ 0.39				
$a-w$	− 2.64		− 66.05		+ 2.70			− 8
		− 0.13		+ 3.09		− 1.69		
a	− 2.77		− 62.96		+ 1.01		+ 0.64	− 8
		− 63.09		+ 4.10		− 1.05		
$a+w$	− 65.86		− 58.86		− 0.04			− 71
		− 121.95		+ 4.06				
$a+2w$	− 187.81		− 54.80					− 192

Da die Störungswerte σ (in Einheiten der 7. Dezimale) im provisorischen und verbesserten Integrationstableau genügend übereinstimmen, so kann der Beginn der Rechnung als abgeschlossen betrachtet werden, und die Fortsetzung der Rechnung für das Argument $a+3w$ usw. erfolgen.

Die Umwandlung der ekliptikalen in äquatoriale Störungswerte nach (XI) liefert die Werte

Arg.	ξ'	η'	ζ'
$a-2w$	+ 9	+ 351	+ 72
$a-w$	+ 2	+ 38	+ 8
a	+ 2	+ 36	+ 7
$a+w$	+ 20	+ 317	+ 60
$a+2w$	+ 65	+ 851	+ 160.

Bringt man diese an die (mit den Elementen auf S. 121) in 7stelliger Rechnung ermittelten ungestörten äquatorialen heliozentrischen Koordinaten $x^{0\prime}$, $y^{0\prime}$, $z^{0\prime}$ an, so erhält man die gestörten Koordinaten.

20. Abschnitt.

Die Integration der Störungen in den elliptischen Elementen.

Nach der Auffassung der auf Lagrange zurückgehenden Methode der Variation der Elemente bewegt sich der gestörte Körper nach dem Newtonschen Gesetz unter dem Einfluß der störenden Planeten in einem Kegelschnitt, der sich in jedem Moment ändert. Dieser veränderliche Kegelschnitt berührt die wirkliche Bahnkurve in jedem Punkte, und in jedem dieser Berührungspunkte oskulieren die beiden Kurven. Die Störungen sind hier die Unterschiede zwischen den oskulierenden

Ausgangselementen und den in irgendeinem Moment oskulierenden Elementen.

Die störenden Kräfte sind kontinuierlich wirkende, die Bewegung beschleunigende Kräfte. Bezeichnet man eine Beschleunigungskraft mit g, so ist $g = \frac{dc}{dt}$, wenn c eine Geschwindigkeit darstellt. Für den Zuwachs der Geschwindigkeit dc ergibt sich so der Ausdruck $dc = g\,dt$. Daraus erkennt man, daß, wenn man zunächst den Einfluß eines momentanen Impulses, der eine Geschwindigkeit erzeugt, untersucht, sich die Untersuchung des Einflusses einer kontinuierlich wirkenden Kraft vereinfachen läßt. An dem allgemeinen Charakter der durch die Impulse beeinflußten Bewegung gegenüber der durch die kontinuierlich wirkenden störenden Kräfte beeinflußten Bewegung wird nichts geändert, wenn die Impulse sehr klein und die Intervalle zwischen ihnen immer kürzer werden. Im Grenzfalle gehen die einzelnen Impulse in eine stetig sich ändernde störende Kraft und die Bahnkurve selbst in einen stetig sich ändernden Kegelschnitt über.

Wie schon erwähnt, ist die Methode der Variation der Elemente für genäherte Rechnung besonders geeignet. In den Formelsystemen für genaue und genäherte Rechnung besteht kein nennenswerter Unterschied, so daß es genügt, wenn für letztere nur die Formelzusammenstellung gegeben wird.

§ 88. Die Differentialgleichungen der Störungen.

Die Störungen in den Elementen sind dadurch zu bestimmen, daß man durch Variation der 6 Ausgangselemente für irgend einen Moment Ort und Geschwindigkeit des gestörten Körpers darstellt. Bevor die Variationsgleichungen im ekliptikalen System für die einzelnen Elemente aufgestellt werden, sollen Beziehungen zwischen Radiusvektor, Länge in der Bahn, den Geschwindigkeiten dieser Größen und den Elementen abgeleitet werden.

a) Beziehungen zwischen Radiusvektor, Länge in der Bahn, deren Geschwindigkeiten und den Elementen. Es mögen die Elemente M_0, ω, Ω, i, φ, μ, a die übliche Bedeutung haben. l_b sei die Länge des gestörten Körpers in der Bahn, $\pi = \Omega + \omega$ seine Perihellänge, beide Längen gezählt vom Frühlingspunkte ♈ aus, r der Radiusvektor. $\frac{dl_b}{dt}$, $\frac{dr}{dt}$ seien die Geschwindigkeiten, mit denen sich l_b und r ändern. Zwischen der wahren Anomalie v, der Länge l_b und der Perihellänge π besteht die Beziehung $v = l_b - \pi$.

Zur Vereinfachung seien im folgenden die sin bzw. tg der unendlich kleinen Winkeldifferentiale gleich den Bögen, die cos dieser Größen gleich der Einheit und sodann

$$\begin{aligned} -e\cos(l_b - \pi) &= x \\ +e\sin(l_b - \pi) &= y \end{aligned} \qquad (1)$$

gesetzt. Beachtet man dies, so läßt sich die Polargleichung der Ellipse schreiben

$$\frac{p}{r} = 1 + e\cos(l_b - \pi) = 1 - x\,. \tag{2}$$

Ihre Differentiation ergibt

$$\frac{p}{r^2}\frac{dr}{dt} = e\sin(l_b - \pi)\frac{dl_b}{dt} = y\frac{dl_b}{dt}\,. \tag{3}$$

Nach Gl. (1.28) ist

$$\frac{dl_b}{dt} = \frac{k\sqrt{p}}{r^2}\,, \tag{4}$$

wenn, wie es hier geschehen kann, die Masse m des gestörten Körpers gleich Null gesetzt wird. Damit wird aus Gl. (3)

$$\frac{dr}{dt} = \frac{ky}{\sqrt{p}}\,. \tag{5}$$

Nun sei noch a durch die Geschwindigkeiten und r ausgedrückt. Für das Quadrat der Geschwindigkeit V hat man nach Gl. (1.17) und (1.20)

$$V^2 = \frac{k^2 p}{r^2} + \left(\frac{dr}{dt}\right)^2. \tag{6}$$

Nach Gl. (1.59) ist

$$\frac{1}{a} = \frac{2}{r} - \frac{V^2}{k^2}\,, \tag{7}$$

und damit

$$\frac{1}{a} = \frac{2}{r} - \frac{1}{k^2}\left[r^2\left(\frac{dl_b}{dt}\right)^2 + \left(\frac{dr}{dt}\right)^2\right]. \tag{8}$$

Hierin ist $\frac{dr}{dt}$ die Geschwindigkeit in der Richtung des Radiusvektors, $r\frac{dl_b}{dt}$ die zu dieser senkrechte Geschwindigkeit in der Bahnebene.

Aus Gl. (7) folgt, daß a nur von der Größe der Geschwindigkeit V, nicht aber von deren Richtung in der Bahnebene abhängt. Eine senkrecht zur Bahnebene wirkende unendlich kleine Kraft wird also die Größe von a nicht ändern. Sie braucht mithin im folgenden bei der Bestimmung der Elementenänderung da nicht berücksichtigt zu werden.

b) Einwirkung eines momentanen Impulses auf die Elemente.

α) Impuls in der Bahnebene. Erhält der gestörte Körper einen unendlich kleinen Impuls in einer beliebigen in seiner Bahnebene gelegenen Richtung (positiv genommen im Sinne wachsender Längen), so gehen die Geschwindigkeiten $\frac{dl_b}{dt}$ und $\frac{dr}{dt}$ über in $\frac{dl_b}{dt} + d\left(\frac{dl_b}{dt}\right)$ und $\frac{dr}{dt} + d\left(\frac{dr}{dt}\right)$. Der Körper bewegt sich dann zwar in der bisherigen Bahnebene, aber in einer durch diese Größen und l_b und r bestimmten geänderten Bahn. Um die durch den Impuls hervorgerufenen Änderungen der die Bahn charakterisierenden Elemente kennen zu lernen, differenziert man die obigen Gleichungen.

Die Differentiation von Gl. (4) ergibt

$$\frac{k}{\sqrt{p}}\,dp = 2r^2 d\left(\frac{dl_b}{dt}\right), \tag{9}$$

die von Gl. (2), (5), (8)

$$dx = -\frac{dp}{r} \qquad d\left(\frac{dr}{dt}\right) = \frac{k}{\sqrt{p}}\,dy - \frac{1}{2}\frac{k}{\sqrt{p^3}}\,y\,dp$$

$$\frac{k^2\,da}{a^2} = 2r^2\frac{dl_b}{dt}\,d\left(\frac{dl_b}{dt}\right) + 2\frac{dr}{dt}\,d\left(\frac{dr}{dt}\right).$$

Setzt man in diesen Gleichungen für dp, $\frac{dl_b}{dt}$, $\frac{dr}{dt}$ die Ausdrücke nach den Gl. (9), (4), (5) ein, so erhält man

$$\frac{k}{\sqrt{p}}\,dx = -2r\,d\left(\frac{dl_b}{dt}\right) \qquad \frac{k}{\sqrt{p}}\,dy = d\left(\frac{dr}{dt}\right) + \frac{r^2 y}{p}\,d\left(\frac{dl_b}{dt}\right)$$

$$\frac{k}{\sqrt{p}}\,da = \frac{2a^2}{p}\,y\,d\left(\frac{dr}{dt}\right) + 2a^2 d\left(\frac{dl_b}{dt}\right). \tag{10}$$

Da ferner

$$x^2 + y^2 = e^2 \quad \text{und} \quad \operatorname{tg}(l_b - \pi) = -\frac{y}{x} \tag{11}$$

ist, so wird

$$e\,de = x\,dx + y\,dy \tag{12}$$

$$e^2 d\pi = x\,dy - y\,dx. \tag{13}$$

β) Impuls senkrecht zur Bahnebene. Erhält der Körper einen unendlich kleinen Impuls in einer zur Bahnebene senkrechten Richtung (positiv genommen, wenn er nach dem nördlichen Pol der Bahn gerichtet ist), so erlangt er eine unendlich kleine Geschwindigkeit senkrecht zur Bahnebene, die mit dw bezeichnet sei. Durch Kombination dieser mit der früheren senkrecht zum Radius gerichteten Geschwindigkeit $r\frac{dl_b}{dt}$ entsteht eine neue Geschwindigkeit, die mit der früheren den Winkel $dw : r\frac{dl_b}{dt}$ bildet. Dieser Winkel sei mit $d\sigma$ bezeichnet. Durch den Impuls wird die Bahnebene um den Radiusvektor als Achse um den Winkel $d\sigma$ gedreht, während die Geschwindigkeiten $\frac{dr}{dt}$ und $r\frac{dl_b}{dt}$ und daher auch die Bewegung in der Bahnebene ungeändert bleiben.

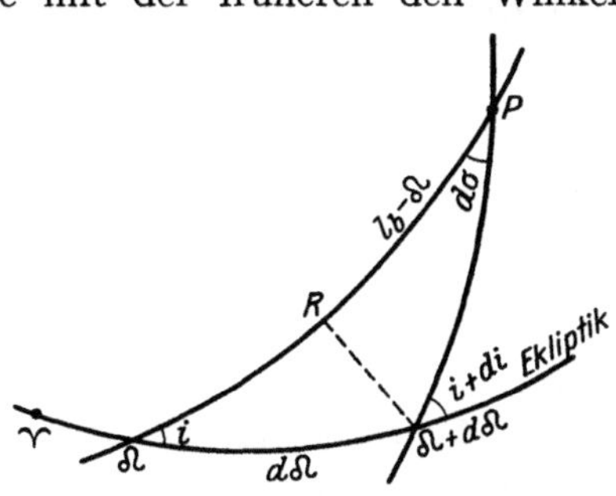

Abb. 19.

In Abb. 19 sei P der heliozentrische Ort des Körpers, ☊ der aufsteigende Knoten, (☊ + d☊) derjenige nach dem Einsetzen des Impulses. Dann ist $\sphericalangle$ ☊ P (☊ + d☊) = $d\sigma$, P☊ = l_b − ☊. Bezeichnet man die Änderung der Knotenlänge und der Neigung infolge des Impulses mit

$d\Omega$ bzw. di, so daß $\Omega\,(\Omega + d\Omega) = d\Omega$, $P\,(\Omega + d\Omega)\Omega = 180 - (i + di)$ ist, so ist in dem sphärischen Dreieck $P\,(\Omega + d\Omega)\,\Omega$

$$\cos(i + di) = \cos d\sigma \cos i - \sin d\sigma \sin i \cos(l_b - \Omega)$$
$$\sin d\Omega \sin(i + di) = \sin(l_b - \Omega) \sin d\sigma$$

oder

$$\begin{aligned} di &= \cos(l_b - \Omega)\, d\sigma \\ d\Omega &= \sin(l_b - \Omega) \operatorname{cosec} i\, d\sigma . \end{aligned} \tag{14}$$

Mit der Änderung der Bahnlage erfolgt auch eine Änderung der Längen. Die Länge $l_b = \Upsilon\Omega + \Omega P$ geht über in die geänderte Länge $l_b + dl_b = \Upsilon\,(\Omega + d\Omega) + (\Omega + d\Omega)\,P$, so daß

$$dl_b = \Upsilon\,(\Omega + d\Omega) - \Upsilon\Omega - (\Omega P - (\Omega + d\Omega)\,P).$$

Fällt man von $(\Omega + d\Omega)$ das Lot auf die Länge, so ist $\Omega R = \cos i\, d\Omega$ also

$$dl_b = d\Omega - \cos i\, d\Omega = \operatorname{tg}\tfrac{1}{2} i \sin i\, d\Omega \tag{15}$$

der Betrag, um den die Länge in der Bahn und natürlich auch die Perihellänge zu ändern ist.

c) Einwirkung einer kontinuierlichen störenden Kraft auf die Elemente. Die störende Kraft sei in 3 Komponenten zerlegt, von denen die eine in der Richtung des Radiusvektors, die zweite senkrecht zu dieser in der Bahnebene und die dritte senkrecht zu den beiden ersten Richtungen wirkt. Diese Komponenten der störenden Kraft, deren Zählsinn oben festgelegt wurde, seien mit S_1, T_1, W_1 bezeichnet.

Die Geschwindigkeiten in den 3 Richtungen setzen sich dann zusammen aus den früheren $\frac{dr}{dt}$, $r\frac{dl_b}{dt}$, 0 und den Inkrementen $S_1\,dt$, $T_1\,dt$, $W_1\,dt$, so daß sie lauten

$$\frac{dr}{dt} + S_1\,dt, \quad r\frac{dl_b}{dt} + T_1\,dt \qquad W_1\,dt.$$

Der Körper bewegt sich also jetzt in einem Kegelschnitt, der durch

$$r,\ l_b,\ \frac{dr}{dt} + S_1\,dt, \quad \frac{dl_b}{dt} + \frac{T_1}{r}\,dt$$

bestimmt ist, und dessen Ebene mit der früheren den Winkel

$$d\sigma = \frac{dw}{r\frac{dl_b}{dt}} = \frac{W_1\,dt}{r\frac{dl_b}{dt}}$$

bildet.

Die Ausdrücke für die Größen $d\dot{x}$, dy, da, di, $d\Omega$ erhält man, wenn man in den Gl. (10) und (14) für

$$d\left(\frac{dr}{dt}\right) \qquad d\left(\frac{dl_b}{dt}\right) \qquad\qquad d\sigma$$

$$S_1\,dt \qquad \frac{T_1}{r}\,dt \qquad \frac{W_1\,dt}{r\frac{dl_b}{dt}} = \frac{r}{k\sqrt{p}}\,W_1\,dt$$

setzt. Führt man noch die Bezeichnungen

$$\frac{1}{k\sqrt{p}} S_1 = (S_1) \qquad \frac{1}{k\sqrt{p}} T_1 = (T_1) \qquad \frac{1}{k\sqrt{p}} W_1 = (W_1) \tag{16}$$

ein, so wird

$$\begin{aligned} dx &= -2p\,(T_1)\,dt \\ dy &= p\,(S_1)\,dt + r\,y\,(T_1)\,dt \\ da &= 2a^2 y\,(S_1)\,dt + 2a^2 \frac{p}{r}\,(T_1)\,dt \\ di &= r\cos(l_b - \Omega)\,(W_1)\,dt \\ d\Omega &= r\sin(l_b - \Omega)\operatorname{cosec} i\,(W_1)\,dt\,. \end{aligned} \tag{17}$$

Setzt man die Ausdrücke für dx und dy in die Gl. (12) und (13) ein, beachtet den aus Gl. (15) folgenden Anteil der Änderung in π, so ergibt sich für die Änderungen de und $d\pi$

$$\begin{aligned} de &= \frac{p}{e}\,y\,(S_1)\,dt + \frac{1}{e}\,(r\,y^2 - 2p\,x)\,(T_1)\,dt \\ d\pi &= \frac{p}{e^2}\,x\,(S_1)\,dt + \frac{1}{e^2}\,(r\,x + 2p)\,y\,(T_1)\,dt + \sin i \operatorname{tg}\tfrac{1}{2} i\,d\Omega\,. \end{aligned} \tag{18}$$

Es wird unten noch die Gleichung für die Änderung $d\mu$ gebraucht. Wegen Gl. (1. 31)

$$\mu = \frac{k}{a\sqrt{a}} \quad \text{wird} \quad d\mu = -\frac{3k}{2a^2\sqrt{a}}\,da\,,$$

also

$$d\mu = -\frac{3k}{\sqrt{a}}\,y\,(S_1)\,dt - \frac{3k}{\sqrt{a}}\,\frac{p}{r}\,(T_1)\,dt\,.$$

Die obigen Gleichungen für die Elementenänderungen lassen sich noch vereinfachen. Es ist $l_b - \pi = v$, $l_b - \Omega = u$ (siehe Abb. 19), sodann nach den Gl. (1), (2), (1. 26), (1. 27)

$$y = e\sin v \qquad x = -e\cos v \tag{19}$$

$$\frac{1}{e}\,(r\,y^2 - 2p\,x) = \frac{p}{e}\left(\frac{p}{r} - \frac{r}{a}\right) = p\,(\cos E + \cos v)$$

$$r\,x + 2p = p + r\,.$$

Führt man diese Ausdrücke und den Exzentrizitätswinkel φ statt der Exzentrizität e ein, so erhält man für die Änderungen der Elemente, die den durch die Kraftkomponenten S_1, T_1, W_1 hervorgerufenen Störungen entsprechen, die Gleichungen

$$\begin{aligned} da &= 2a^2 \sin\varphi \sin v\,(S_1)\,dt + 2a^2\frac{p}{r}\,(T_1)\,dt \\ d\mu &= -\frac{3k}{\sqrt{a}}\sin\varphi\sin v\,(S_1)\,dt - \frac{3k}{\sqrt{a}}\,\frac{p}{r}\,(T_1)\,dt \\ d\varphi &= a\cos\varphi\sin v\,(S_1)\,dt + a\cos\varphi\,(\cos E + \cos v)\,(T_1)\,dt \\ d\pi &= -p\operatorname{cosec}\varphi\cos v\,(S_1)\,dt + \operatorname{cosec}\varphi\,(p + r)\sin v\,(T_1)\,dt \\ &\qquad + r\sin u \operatorname{tg}\tfrac{1}{2} i\,(W_1)\,dt \\ di &= r\cos u\,(W_1)\,dt \\ d\Omega &= r\sin u\operatorname{cosec} i\,(W_1)\,dt\,. \end{aligned} \tag{20}$$

Es fehlt noch die Gleichung für die Änderung der mittleren Anomalie M. Bezeichnet man die zur festen Epoche t_0 gehörige mittlere Anomalie wieder mit M_0, die mittlere Bewegung mit μ, so ist die mittlere Anomalie M für eine beliebige Epoche t gegeben durch Gl. (1.39)

$$M = M_0 + \mu (t - t_0).$$

Unter dem Einfluß der Störungen ist μ bis zur Epoche $t = t_0 + dt$ auf den Betrag $\mu + d\mu$ angewachsen. Während der Zeit dt variiert also die mittlere Anomalie M abgesehen von ihrem durch Störungen unbeeinflußten Zuwachs μdt einmal um den Betrag dM_0, sodann noch um den Betrag $d\mu\, dt$. Bezeichnet man diesen mit dM_μ, so ist die vollständige Änderung von M gegeben durch

$$dM = dM_0 + dM_\mu.$$

Die Variation setzt sich also aus zwei ganz verschiedenen Teilen zusammen. Der erste ist der von dem Fortschreiten von μ unabhängige Teil dM_0, dessen Wert durch einfache Integration erhalten wird. Der Ausdruck für dM_0 ergibt sich in folgender Weise.

Man hat zu unterscheiden zwischen der zeitlichen Änderung der Größen und ihrer durch Variation bedingten Änderung. Differenziert man die Gl. (1.39) und (1.32) und eliminiert dE, so wird

$$dM_0 = \operatorname{ctg} v \operatorname{ctg} \varphi \cos \varphi \, d\varphi - \frac{r}{a^2} \operatorname{ctg} \varphi \operatorname{cosec} v \, da.$$

Setzt man hierin für $d\varphi$ und da die Ausdrücke aus Gl. (20) ein, so wird

$$dM_0 = -(2r\cos\varphi - p \operatorname{ctg}\varphi \cos v)(S_1)\,dt - \operatorname{ctg}\varphi\,(p + r)\sin v\,(T_1)\,dt. \quad (21)$$

Der zweite Teil ist die Änderung dM_μ, die hervorgerufen wird durch die Änderung des variablen Elementes μ, das selbst Funktion der Zeit ist, und dessen Wert durch Integration der zweiten der Gl. (20) gewonnen wird. Zur Bestimmung des Wertes der Änderung dM_μ ist also eine doppelte Integration auszuführen.

Die auseinandergesetzte Methode der Berechnung der Störungen in den Elementen setzt die Kenntnis der störenden Kräfte voraus, die in den festgelegten Richtungen wirken. Die Gleichungen zur Bestimmung der Komponenten der störenden Kräfte sollen zunächst aufgestellt werden.

§ 89. Die Bestimmung der Komponenten der störenden Kräfte.

In den allgemeinen Bewegungsgleichungen der gestörten Koordinaten in der Form der Gl. (18.1) treten auf den rechten Seiten die mit R'_{s_1} $(s' = x', y', z')$ bezeichneten Komponenten der störenden Kräfte auf. Entsprechend den gemachten Voraussetzungen sei die Orientierung eines Koordinatensystems ξ, η, ζ folgendermaßen vorgenommen. In den Nullpunkt sei der Sonnenmittelpunkt gelegt. Die positive ξ-Achse falle mit dem Radiusvektor des gestörten Körpers, die $\xi\eta$-Ebene mit seiner Bahnebene zusammen, wobei die η- und ζ-Koordinaten in der erwähnten Weise gezählt werden. Die Winkelentfernung des Radiusvektors oder die der ξ-Achse von der Knotenlinie ist das Argument der Breite u. Die Koordinaten des gestörten Körpers im neuen System werden dann $\xi = r$, $\eta = 0$, $\zeta = 0$; die des störenden Körpers seien mit ξ_1, η_1, ζ_1, die Komponenten der störenden Kräfte längs den 3 Achsen wieder mit S_1, T_1, W_1 bezeichnet.

Die Gleichungen für die Komponenten lassen sich dann in der Form schreiben

$$\begin{aligned} S_1 &= k^2 m_1 \left(\frac{\xi_1 - r}{\Delta_1^3} - \frac{\xi_1}{r_1^3}\right) = k^2 m_1 \left(\frac{1}{\Delta_1^3} - \frac{1}{r_1^3}\right) \xi_1 - k^2 m_1 \frac{r}{\Delta_1^3} \\ T_1 &= k^2 m_1 \left(\frac{\eta_1}{\Delta_1^3} - \frac{\eta_1}{r_1^3}\right) = k^2 m_1 \left(\frac{1}{\Delta_1^3} - \frac{1}{r_1^3}\right) \eta_1 \qquad (22) \\ W_1 &= k^2 m_1 \left(\frac{\zeta_1}{\Delta_1^3} - \frac{\zeta_1}{r_1^3}\right) = k^2 m_1 \left(\frac{1}{\Delta_1^3} - \frac{1}{r_1^3}\right) \zeta_1 . \end{aligned}$$

Die Bestimmung der Koordinaten ξ_1, η_1, ζ_1 kann in folgender Weise erfolgen. Das B. J. gibt die Werte der auf die Ekliptik und den Frühlingspunkt als Anfangspunkt der Zählung bezogenen heliozentrischen Länge l_1 sowie die heliozentrische Breite b_1 und den Radiusvektor r_1. Nennt man $L_1 - u$ und B_1 die Polarkoordination des störenden Planeten im System ξ, η, ζ, so wird

$$\begin{aligned} \xi_1 &= r_1 \cos B_1 \cos (L_1 - u) \\ \eta_1 &= r_1 \cos B_1 \sin (L_1 - u) \qquad (23) \\ \zeta_1 &= r_1 \sin B_1 . \end{aligned}$$

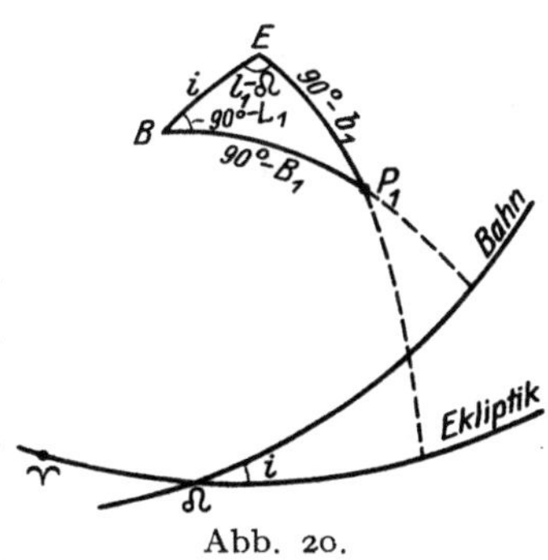

Abb. 20.

L_1 und B_1 hängen mit l_1 und b_1 durch folgende Gleichungen zusammen, die sich aus dem Dreieck zwischen dem störenden Körper P_1, dem Pol der Bahnebene B und dem Pol der Ekliptik E ergeben (siehe Abbildung 20)

$$\begin{aligned} \cos B_1 \cos L_1 &= \cos (l_1 - \Omega) \cos b_1 \\ \cos B_1 \sin L_1 &= \sin i \sin b_1 + \cos i \cos b_1 \sin (l_1 - \Omega) \qquad (24) \\ \sin B_1 &= \cos i \sin b_1 - \sin i \cos b_1 \sin (l_1 - \Omega) . \end{aligned}$$

Da

$$\Delta_1^2 = (\xi_1 - r)^2 + \eta_1^2 + \zeta_1^2$$

ist, so erhält man die Entfernung aus den Gleichungen

$$\begin{aligned} \Delta_1 \cos \vartheta_1 \cos \Theta_1 &= r_1 \cos B_1 \cos (L_1 - u) - r \\ \Delta_1 \cos \vartheta_1 \sin \Theta_1 &= r_1 \cos B_1 \sin (L_1 - u) \qquad (25) \\ \Delta_1 \sin \vartheta_1 &= r_1 \sin B_1 . \end{aligned}$$

In den obigen Gleichungen ist nur die Einwirkung eines störenden Planeten berücksichtigt. Zieht man mehrere in Betracht, so werden die Gesamtkomponenten

$$\Sigma S_1 = S_{♃} + S_{♄} + \cdots . \qquad (26)$$

In Gl. (16) waren die Größen

$$(S_1) = \frac{1}{k\sqrt{p}} S_1 \quad (T_1) = \frac{1}{k\sqrt{p}} T_1 \quad (W_1) = \frac{1}{k\sqrt{p}} W_1$$

eingeführt. Diese seien mit dem Intervall w multipliziert, um nach dem Integrationsprozeß der Multiplikation mit w enthoben zu sein. Ferner sei in ihnen k in Bogensekunden angesetzt, um die Störungsbeträge sofort in Sekunden zu erhalten. Führt man in Gl. (22) den Ausdruck

$$K_1 = \frac{w k'' m_1}{\sqrt{p}} \left(\frac{1}{\Delta_1^3} - \frac{1}{r_1^3} \right) \tag{27}$$

ein, so nehmen die Ausdrücke für die Komponenten die Form an

$$\begin{aligned} w \operatorname{cosec} 1'' \cdot (S_1) &= K_1 \xi_1 - \frac{w k'' m_1}{\sqrt{p}} \frac{r}{\Delta_1^3} \\ w \operatorname{cosec} 1'' \cdot (T_1) &= K_1 \eta_1 \\ w \operatorname{cosec} 1'' \cdot (W_1) &= K_1 \zeta_1 . \end{aligned} \tag{28}$$

Diese Ausdrücke seien im folgenden mit S_1, T_1, W_1 bezeichnet.

§ 90. Die Integration der Störungsgleichungen.

a) Einführung der S_1, T_1, W_1 in Gl. (20) und (21). Führt man die erhaltenen Ausdrücke für die Komponenten der störenden Kräfte in die Gl. (20) und (21) ein, setzt zur Abkürzung $w \frac{dM_0}{dt} = \delta M_0, \ldots$, so erhält man die Störungsgleichungen in der Form, in der sie der numerischen Integration unterworfen werden sollen:

$$\begin{aligned} \delta M_0 &= -(2\cos\varphi\, r - p \operatorname{ctg}\varphi \cos v)\, S_1 - \operatorname{ctg}\varphi\,(p + r) \sin v\, T_1 \\ w\,\delta\mu &= -\frac{3kw}{\sqrt{a}} \sin\varphi \sin v\, S_1 - \frac{3kw}{\sqrt{a}} \frac{p}{r} T_1 \\ \delta\pi &= -p \operatorname{cosec}\varphi \cos v\, S_1 + \operatorname{cosec}\varphi\,(p + r) \sin v\, T_1 \\ &\qquad + r \sin u \operatorname{tg}\tfrac{1}{2} i\, W_1 \\ \delta\Omega &= r \sin u \operatorname{cosec} i\, W_1 \\ \delta i &= r \cos u\, W_1 \\ \delta\varphi &= a \cos\varphi \sin v\, S_1 + a \cos\varphi\,(\cos E + \cos v)\, T_1 . \end{aligned} \tag{29}$$

Bei kleinen Exzentrizitäten, wie sie bei den Bahnen der kleinen Planeten häufig sind, wird δM_0 wegen des Faktors $\operatorname{ctg}\varphi$ sehr groß. Es ist dann ratsam, nicht die Störung δM_0, sondern die Störung δL_0 der mittleren Länge L_0 zu berechnen. Da $L_0 = M_0 + \pi$ ist, so ergibt sich

$$\begin{aligned} \delta L_0 = -2\cos\varphi\, r\, S_1 - p \operatorname{tg}\tfrac{1}{2}\varphi \cos v\, S_1 + \operatorname{tg}\tfrac{1}{2}\varphi\,(p + r) \sin v\, T_1 \\ + r \sin u \operatorname{tg}\tfrac{1}{2} i\, W_1 . \end{aligned} \tag{30}$$

δL_0 ist demnach von dem erwähnten Nachteil befreit. Wegen des Faktors $\operatorname{cosec}\varphi$ besteht der gleiche Mangel bei der Störung $\delta\pi$. Auch hier bewirkt das Auftreten dieses Faktors bei nahe kreisförmigen Bahnen ein so starkes Anwachsen der Störungsbeträge, daß die Kontrolle durch Differenzenprüfung unsicher oder gar unmöglich wird. Der gleiche

Nachteil trifft die Störung $\delta\Omega$ bei sehr kleinen Neigungen wegen des Faktors cosec i.

Die Schwierigkeiten bei dem Auftreten kleiner Exzentrizitäten beheben TIETJEN und NEUGEBAUER, indem sie statt der Störung $\delta\pi$ die Störungen in den neuen Elementen

$$(e \sin \omega) \quad \text{und} \quad (e \cos \omega)$$

berechnen.

b) Die Ausführung der Integration. Die Ermittlung der Störungsbeträge ΔM_0, $\Delta\pi$, $\Delta\Omega$, Δi, $\Delta\varphi$ durch numerische Integration der Störungen δM_0, $\delta\pi$, $\delta\Omega$, δi, $\delta\varphi$ hat keine Schwierigkeiten. Sie werden durch einfache Integration erhalten. Besonderer Erwähnung bedarf aber die Ermittlung der Störungen in der mittleren Bewegung μ und der mittleren Anomalie M (bzw. L) für die Epoche t. In der Störungsgleichung für μ wurde $w^2 \frac{d\mu}{dt} = w\,\delta\mu$ gegeben, da hier eine doppelte Integration auszuführen ist, die den zweiten Teil der Störung ΔM liefert. Man vereinigt diesen zweiten Teil ΔM_μ zweckmäßig nicht mit dem ersten Teil ΔM_0, um zur Kenntnis der vollständigen Störung ΔM zu gelangen, sondern man verfährt besser so, daß man zunächst die einfache Integration von δM_0 vornimmt und nachträglich nach der Integration zu ΔM_0 das aus der doppelten Integration in μ folgende Doppelintegral ΔM_μ hinzufügt.

Bei der Integration wird man natürlich die Anfangskonstanten der einfachen Integrale wie die des doppelten Integrals so zu bestimmen haben, daß die Integrale für die Oskulationsepoche verschwinden.

Die Oskulationsepoche sei auf das Argument $a - \frac{1}{2}w$ gelegt. Für die 4 diese Epoche symmetrisch einschließenden Argumente $a - 2w$, $a - w$, a, $a + w$ berechnet man zunächst nach den Gl. (29), (30) die Störungswerte

$$\delta L_0, \quad w\,\delta\mu, \quad \delta\pi, \quad \delta\Omega, \quad \delta i, \quad \delta\varphi = F(a + n w) \qquad (31)$$
$$(n = -2, \quad -1, \quad 0, \quad +1)$$

mit den ungestörten Elementen. Es entstehen auf diese Weise zwar Fehler 2. Ordnung in bezug auf die störende Masse. In der Umgebung der Oskulationsepoche können diese aber als verschwindend betrachtet werden.

Mit den provisorischen Werten der Störungsbeträge für die 4 Argumente bildet man nun für jedes der 6 Elemente die erste summierte Reihe und bestimmt die Anfangskonstanten nach

$$^{I}F(a - \tfrac{1}{2}w) = -\tfrac{1}{24}F^{I}(a - \tfrac{1}{2}w) + \tfrac{17}{5760}F^{III}(a - \tfrac{1}{2}w). \qquad (32)$$

Für das Element μ hat man eine doppelte Integration auszuführen, wobei man die Anfangskonstante für die Bildung der zweiten summierten Reihe nach

$$^{II}F(a) = +\tfrac{1}{24}F(a - w) - \tfrac{17}{5760}[2F^{II}(a - w) + F^{II}(a)] \qquad (33)$$

bildet. Für die 4 Daten stellt man nun die Integrationstableaus auf und berechnet die einfachen Integrale $\Delta L_0, \ldots = f(a+nw)$ und das doppelte Integral $\Delta L_\mu = g(a+nw)$ mit genügender Genauigkeit nach

$$\begin{aligned} f(a+nw) &= {}^{I}F(a+nw) - \tfrac{1}{12}F^{I}(a+nw) \\ g(a+nw) &= {}^{II}F(a+nw) + \tfrac{1}{12}F\ (a+nw). \end{aligned} \tag{34}$$

Die so erhaltenen Störungen ΔL_0, $\Delta\mu$, ... legt man zu den ungestörten Elementen L_0, μ, ... hinzu, wobei zu beachten ist, daß man für die Störung in μ den w-fachen Betrag erhält und

$$L = L_0 + \mu(t - t_0) + \Delta L_0 + \Delta L_\mu, \tag{35}$$

ist. Der aus dem Summationstableau entnommene Wert von $w\Delta\mu$ kann zur Berechnung der Störung in lg a benutzt werden. Durch Differentiation der Gl. (1.31) erhält man

$$d \lg a = -\tfrac{2}{3}\frac{w\,d\mu}{w\,\mu}\,\text{Mod.} \tag{36}$$

In dieser Weise gewinnt man die gestörten Elemente, mit denen nun erforderlichenfalls die Rechnung bei Benutzung der Gl. (37) statt der Gl. (34) zu wiederholen ist, bis das Integrationstableau steht.

Dann kann die Fortsetzung der Rechnung erfolgen, wobei man aus den Werten des Tableaus die für das Intervall $a+nw$ geltenden Störungswerte nach

$$\begin{aligned} f(a+nw) &= {}^{I}F(a+nw) - \tfrac{1}{12}F(a+nw) + \tfrac{11}{720}F^{III}(a+nw)\ldots \\ g(a+nw) &= {}^{II}F(a+nw) + \tfrac{1}{12}F(a+nw) - \tfrac{1}{240}F^{II}\ (a+nw)\ldots \end{aligned} \tag{37}$$

bildet. Ein Näherungsverfahren dürfte hier kaum notwendig sein, da bei einigermaßen passender Wahl des Intervalles eine sichere Extrapolation des Einflusses der höheren Glieder stets gelingt.

Bei der Bildung der Werte $F(a+nw)$ für die einzelnen Momente kann man verschiedene Wege gehen.

Einmal kann man, wie bei Beginn der Rechnung, die Störungen stets mit den ungestörten Elementen berechnen, wobei man also Fehler 2. Ordnung in bezug auf die störende Masse begeht. In diesem Falle bleiben gewisse Größen konstant, und man kann die ganze Rechnung ephemeridenartig führen. Damit die Fehler in den Störungen infolge der Vernachlässigungen nicht zu stark anwachsen, ist es ratsam, wenigstens in größeren Zeitabständen, etwa alle Jahre, die aufsummierten Störungen zu berücksichtigen, also einen Wechsel der Elemente vorzunehmen. Ein öfterer Wechsel der Elemente empfiehlt sich in der Zone größerer Annäherung an den störenden Planeten, da hier der Fehler 2. Ordnung sich besonders stark auswirkt. Jeder Wechsel hat einen mehr oder weniger starken Sprung in den Differenzen im Gefolge, der für die Kontrolle der Rechnung durch Differenzenprüfung höchst unerwünscht ist.

Der 2. korrekte Weg ist der, daß man die Störungen von Intervall zu Intervall anbringt. In diesem Falle muß man aber die Rechnung für jedes einzelne Argument zu Ende führen, ehe man die für das nächste Argument beginnt. Dementsprechend muß auch die Integration stufenweise ausgeführt werden. Dieser Weg ist korrekt, aber recht lästig.

Der 3. Weg vermeidet beide Schwierigkeiten, ohne daß erhöhter Arbeitsaufwand nötig wäre. Man berechnet zunächst nur für den einflußreichsten der störenden Planeten (fast ausnahmslos Jupiter) genäherte Werte der Störungen in großem Intervalle. Dieser Rechnung entnimmt man für jedes der Argumente der genauen Rechnung die Störungen und bildet damit gestörte Elemente. (Zur Berechnung genauer Störungen ist die Kenntnis genäherter Elemente ausreichend.) Dann läßt sich auch die genaue Rechnung für größere Zeiträume durchweg ephemeridenartig ausführen. Der für die genäherte Rechnung erforderliche Arbeitsaufwand wird durch die bequemere und raschere Ausführung der genauen Rechnung voll ausgeglichen. Zudem gewährt die genäherte Rechnung einen Überblick über Größe und Verlauf der Störungswerte, der für die geeignete Wahl des Intervalles der 2. Rechnung sehr erwünscht ist. Endlich gewährt die Doppelrechnung eine sehr gute Kontrolle.

Sind genäherte Störungen für sehr große Zeiträume (mehrere Umläufe des gestörten Körpers) zu berechnen, so empfiehlt sich einem Vorschlag von OPPOLZER zufolge die Tabulierung der Koeffizienten der Störungsgleichungen mit der exzentrischen Anomalie als unabhängigen Variabeln.

Als Normalintervall kann bei Berücksichtigung von Jupiter und Saturn als störenden Planeten das 40tägige Intervall empfohlen werden. Bei den kleinen Planeten kommen andere störende Planeten als die genannten nur selten in Betracht. Auch bei den Kometen sind sie die meist in Frage kommenden störenden Planeten.

§ 91. Formelzusammenstellung für genaue Rechnung.

Die Größe des Intervalles richtet sich nach der Stellenzahl der Rechnung, der Entfernung von der Sonne sowie der Entfernung und Masse des störenden Planeten von dem gestörten Objekt. Normalintervall 40 Tage bei 5stelliger Berechnung der Störungsbeträge, wenn diese auf $0\overset{''}{.}001$ bei der einfachen, auf $0\overset{''}{.}0001$ bei der doppelten Integration angesetzt werden. Bei geringerer Genauigkeit genügt 4stellige Rechnung.

Daten und Äquinoktien wählt man in Übereinstimmung mit den Angaben des B. J. bezüglich der heliozentrischen Koordinaten der störenden Planeten. (Siehe die Ausführungen auf S. 245.)

α) Beginn der Rechnung. Für die 4 die Oskulationsepoche $a - \frac{1}{2}w$ einschließenden Argumente $a - 2w$, $a - w$, a, $a + w$ berechnet man zunächst mit den ungestörten Elementen

$$\left.\begin{aligned} M &= M_0 + \mu\,(t - t_0) \\ E - e\sin E &= M\,. \end{aligned}\right\} \quad \text{(I)}$$

Werte für E aus der Tafel von ASTRAND, Näherungswerte aus Tafel 9.

$$\begin{aligned} r\sin v &= a\cos\varphi\sin E \\ r\cos v &= a\,(\cos E - \sin\varphi) \\ p = a\cos\varphi^2 \qquad u &= v + \omega \qquad a = \left(\frac{k''}{\mu''}\right)^{\frac{2}{3}}. \end{aligned} \quad \text{(II)}$$

Bei 4stelliger Rechnung entnimmt man $v - M$ und $\lg r/a$ aus der Tafel von PETERS.

$$\begin{aligned} \cos B_1\cos L_1 &= \cos(l_1 - \Omega)\cos b_1 \\ \cos B_1\sin L_1 &= \sin i\sin b_1 + \cos i\cos b_1\sin(l_1 - \Omega) \\ \sin B_1 &= \cos i\sin b_1 - \sin i\cos b_1\sin(l_1 - \Omega) \\ \Delta_1\cos\vartheta_1\cos\Theta_1 &= r_1\cos B_1\cos(L_1 - u) - r = \xi_1 - r \\ \Delta_1\cos\vartheta_1\sin\Theta_1 &= r_1\cos B_1\sin(L_1 - u) = \eta_1 \\ \Delta_1\sin\vartheta_1 &= r_1\sin B_1 = \zeta_1 \end{aligned} \quad \text{(III)}$$

$$\begin{aligned} K_1 &= \frac{w\,k''\,m_1}{\sqrt{p}}\left(\frac{1}{\Delta_1^3} - \frac{1}{r_1^3}\right) \\ S_1 = K_1\,\xi_1 - \frac{w\,k''\,m_1}{\sqrt{p}}\frac{r}{\Delta_1^3} \qquad T_1 &= K_1\,\eta_1 \qquad W_1 = K_1\,\zeta_1\,. \end{aligned} \quad \text{(IV)}$$

Summation der Komponenten der störenden Kräfte für alle störenden Planeten. Sind nur Jupiter- und Saturnstörungen zu berücksichtigen, so ist es bequemer, erst die für jeden Planeten nach (V) berechneten Störungsausdrücke zu summieren.

Konstanten für alle störenden Planeten siehe Anhang.

$$\begin{aligned} \delta i &= r\cos u\,W_1 \\ \delta\Omega &= r\sin u\operatorname{cosec} i\,W_1 \\ w\,\delta\mu_I &= -\frac{3\,k\,w}{\sqrt{a}}\sin\varphi\sin v\,S_1 \\ w\,\delta\mu_{II} &= -\frac{3\,k\,w}{\sqrt{a}}\,p\,\frac{1}{r}\,T_1 \end{aligned} \Bigg\}\; w\,d\mu = w\,\delta\mu_I + w\,\delta\mu_{II}$$

$$\begin{aligned} \delta\pi_I &= -p\operatorname{cosec}\varphi\cos v\,S_1 \\ \delta\pi_{II} &= \operatorname{cosec}\varphi\,(p + r)\sin v\,T_1 \\ \delta\pi_{III} &= r\sin u\operatorname{tg}\tfrac{1}{2}i\,W_1 \end{aligned} \Bigg\}\; \delta\pi = \delta\pi_I + \delta\pi_{II} + \delta\pi_{III} \qquad \text{(V)}$$

$$\begin{aligned} \delta L_{0\,I} &= \sin\varphi\operatorname{tg}\tfrac{1}{2}\varphi\,\delta\pi_I \\ \delta L_{0\,II} &= \sin\varphi\operatorname{tg}\tfrac{1}{2}\varphi\,\delta\pi_{II} \\ \delta L_{0\,III} &= -2\cos\varphi\,r\,S_1 \\ \delta L_{0\,IV} &= \sin i\operatorname{tg}\tfrac{1}{2}i\,\delta\Omega \end{aligned} \Bigg\}\; \delta L_0 = \delta L_{0\,I} + \delta L_{0\,II} + \delta L_{0\,III} + \delta L_{0\,IV}$$

$$\begin{aligned} \delta\varphi_I &= a\cos\varphi\sin v\,S_1 \\ \delta\varphi_{II} &= a\cos\varphi\,(\cos E + \cos v)\,T_1 \end{aligned} \Big\}\; \delta\varphi = \delta\varphi_I + \delta\varphi_{II}$$

Aus diesen $F(a+nw)$ bildet man das provisorische Integrationstableau, wobei man die Anfangsglieder der beiden summierten Reihen nach

$$\begin{aligned} {}^{I}F(a-\tfrac{1}{2}w) &= -\tfrac{1}{24}F^{I}(a-\tfrac{1}{2}w)+\tfrac{17}{5760}F^{III}(a-\tfrac{1}{2}w) \\ {}^{II}F(a) &= +\tfrac{1}{24}F(a-w)-\tfrac{17}{5760}[2F^{II}(a-w)+F^{II}(a)] \end{aligned} \qquad \text{(VI)}$$

berechnet, summiert, die Störungsbeträge nach

$$\begin{aligned} \Delta L_0,\quad w\,\Delta\mu,\quad \Delta\pi,\quad \Delta\Omega,\quad \Delta i,\quad \Delta\varphi &= f(a+nw) \\ &= {}^{I}F(a+nw)-\tfrac{1}{12}F^{I}(a+nw)+\tfrac{11}{720}F^{III}(a+nw)\ldots \\ \Delta L_\mu &= {}^{II}F(a+nw)+\tfrac{1}{12}F(a+nw)-\tfrac{1}{240}F^{II}(a+nw)\ldots \\ \Delta L &= \Delta L_0+\Delta L_\mu,\quad \Delta M=\Delta L-\Delta\pi,\quad \Delta\omega=\Delta\pi-\Delta\Omega \\ \Delta\lg a &= -\tfrac{2}{3}\frac{w\,\Delta\mu}{w\,\mu}\,\text{Mod} \end{aligned} \qquad \text{(VII)}$$

bildet und zu den ungestörten Ausgangselementen hinzufügt. Gegebenenfalls wiederholt man die Rechnung, bis das Tableau steht.

β) Die Fortsetzung der Rechnung (mit den gestörten Elementen) geschieht nach denselben Formeln. Zu beachten ist, daß in der Formel zur Berechnung von M und L nach $M=L-\pi$ und

$$L=L_0+\mu(t-t_0)+\Delta L \qquad \text{(VIII)}$$

für μ nicht etwa der gestörte, sondern der ungestörte Ausgangswert einzusetzen ist. Die Berechnung der von der Störungsrechnung unabhängigen Größe $L_0+\mu(t-t_0)$ kann mithin ephemeridenartig vorweg erfolgen.

Kontrolle der Zwischenresultate im Verlauf der Rechnung wie die der Störungsbeträge durch Differenzenprüfung. Zum Schutz gegen systematische Fehler empfiehlt sich die unabhängige Berechnung einzelner Orte (einschl. der Konstanten) in größerem Abstand.

Bezüglich der Berücksichtigung der Störungen im Verlauf der Rechnung siehe die Ausführungen auf S. 282.

Nach Abschluß der Störungsrechnung ist es zweckmäßig, oskulierende Elemente für eine Epoche von der Form $a+(n+\frac{1}{2})w$ abzuleiten. Das geschieht, indem man die nach

$$\begin{aligned} \Delta L_0,\quad w\,\Delta\mu,\quad \Delta\pi,\quad \Delta\Omega,\quad \Delta i,\quad \Delta\varphi &= {}^{I}F(a+(n+\tfrac{1}{2})w) \\ &+\tfrac{1}{24}F^{I}(a+(n+\tfrac{1}{2})w)-\tfrac{17}{5760}F^{III}(a+(n+\tfrac{1}{2})w)\ldots \\ \Delta L_\mu &= {}^{II}F(a+(n+\tfrac{1}{2})w)-\tfrac{1}{24}F(a+(n+\tfrac{1}{2})w) \\ &+\tfrac{17}{1920}F^{II}(a+(n+\tfrac{1}{2})w)\ldots \\ \Delta L &= \Delta L_0+\Delta L_\mu,\quad \Delta M=\Delta L-\Delta\pi,\quad \Delta\omega=\Delta\pi-\Delta\Omega \end{aligned} \qquad \text{(IX)}$$

berechneten Störungen an die ungestörten Ausgangselemente anbringt.

§ 92. Formelzusammenstellung für genäherte Rechnung.

Normalintervall 80 Tage bei 3stelliger Berechnung der Störungsbeträge, wenn diese auf 0°001 bei der einfachen, auf 0°0001 bei der doppelten Summation angesetzt werden. Außerhalb der Zone größerer

Annäherung an den störenden Planeten Jupiter, d. h. etwa für $60° < L_1 - u < 300°$, genügt in den meisten Fällen das 160-Tageintervall. In den Konstanten setzt man aber durchweg $w = 80$ an, und interpoliert die in 160tägigem Intervall erhaltenen Störungsbeträge in die Mitte. Daten und Äquinoktien wählt man in Übereinstimmung mit den Angaben des B. J. bezüglich der heliozentrischen Koordinaten von Jupiter[1].

Die gesamte Rechnung kann für einen größeren Zeitraum mit konstanten Ausgangselementen ohne Näherungsverfahren — auch bei Beginn der Rechnung — ausgeführt werden.

$$\begin{aligned} M &= M_0 + \mu\,(t - t_0) \\ v = M + (v - M) \qquad \lg r &= \lg \frac{r}{a} + \lg a \\ u &= v + \omega = v + \pi - \Omega \end{aligned} \tag{I}$$

$v - M$ und $\lg r/a$ werden der Tafel von PETERS oder STRACKE (in V.R.I. 44, S. 22) entnommen.

$$\begin{aligned} \cos B_1 \cos L_1 &= \cos(l_1 - \Omega) \\ \cos B_1 \sin L_1 &= \sin i \sin b_1 + \cos i \sin(l_1 - \Omega) \\ \sin B_1 &= \cos i \sin b_1 - \sin i \sin(l_1 - \Omega) \\ \Delta_1 \cos\vartheta_1 \cos\Theta_1 &= r_1 \cos B_1 \cos(L_1 - u) - r = \xi_1 - r \\ \Delta_1 \cos\vartheta_1 \sin\Theta_1 &= r_1 \cos B_1 \sin(L_1 - u) \qquad = \eta_1 \\ \Delta_1 \sin\vartheta_1 &= r_1 \sin B_1 \qquad = \zeta_1 . \end{aligned} \tag{II}$$

Kontrolle durch Prüfung der Differenzen von Δ_1 und $L_1 - u$.

Bei kleinen Neigungen ($i < 8°$) kann man $\cos B_1 = 1$, also $L_1 = l_1 - \Omega$ setzen.

$$\begin{aligned} K_1 &= \frac{w k^\circ m_1}{\sqrt{p}} \left(\frac{1}{\Delta_1^3} - \frac{1}{r_1^3}\right) \\ S_1 = K_1 \xi_1 - \frac{w k^\circ m_1}{\sqrt{p}} \frac{r}{\Delta_1^3} \qquad T_1 &= K_1 \eta_1 \qquad W_1 = K_1 \zeta_1 \end{aligned} \tag{III}$$

$$\lg(w k^\circ m) = 1.877 \text{ für Jupiter } (w = 80^d).$$

$$\begin{aligned} \delta i &= r \cos u\, W_1 \\ \delta \Omega &= r \sin u \operatorname{cosec} i\, W_1 \\ 80\,\delta\mu_I &= -\frac{3 k w}{\sqrt{a}} \sin\varphi \sin v\, S_1 \\ 80\,\delta\mu_{II} &= -\frac{3 k w}{\sqrt{a}}\, p \frac{1}{r} T_1 \end{aligned} \Bigg\}\; 80\,\delta\mu = 80\,\delta\mu_I + 80\,\delta\mu_{II}$$

$$\begin{aligned} \delta\pi_I &= -p \operatorname{cosec}\varphi \cos v\, S_1 \\ \delta\pi_{II} &= \operatorname{cosec}\varphi\,(p + r) \sin v\, T_1 \end{aligned} \Big\}\; \delta\pi = \delta\pi_I + \delta\pi_{II} \tag{IV}$$

[1] Der Nautical Almanac für 1915 gibt eine Jupiterephemeride für die Zeit von 1916 bis 1940

$$\left.\begin{aligned} \delta L_{0I} &= \sin\varphi \operatorname{tg}\tfrac{1}{2}\varphi\,\delta\pi_I \\ \delta L_{0II} &= \sin\varphi \operatorname{tg}\tfrac{1}{2}\varphi\,\delta\pi_{II} \\ \delta L_{0III} &= -\,2\cos\varphi\, r\, S_1 \end{aligned}\right\}\ \delta L_0 = \delta L_{0I} + \delta L_{0II} + \delta L_{0III}$$

$$\left.\begin{aligned} \delta\varphi_I &= a\cos\varphi \sin v\, S_1 \\ \delta\varphi_{II} &= a\cos\varphi\left[\sin\varphi + \cos v\left(1+\frac{r}{a}\right)\right]T_1 \end{aligned}\right\}\ \delta\varphi = \delta\varphi_I + \delta\varphi_{II} \qquad \text{(IV)}$$

$$\lg(3\,k\,w) = 1.616$$

Bei Benutzung der beiden angegebenen Konstanten erhält man die Störungsbeträge für die Elemente L_0, π, Ω, i, φ in Einheiten des Tausendstel des Grades, für μ und L_μ in Einheiten des Zehntausendstel des Grades.

Nach der Kontrolle durch Prüfung der Differenzen der Störungsbeträge erfolgt ihre Summation, wobei die Anfangsglieder der 1. und 2. summierten Reihen nach

$$^{I}F\left(a-\tfrac{1}{2}w\right) = -\tfrac{1}{24}F^{I}\left(a-\tfrac{1}{2}w\right) \qquad {}^{II}F(a) = +\tfrac{1}{24}F(a-w) \qquad \text{(V)}$$

gebildet werden.

Die Entnahme der Störungen aus dem Summationstableau geschieht bei genäherter Rechnung genügend genau in folgender Weise. Für das gewünschte Datum, das zwischen den Argumenten $a+nw$ und $a+\left(n+\frac{1}{2}\right)w$, bzw. zwischen diesem und $a+(n+1)w$ liegen möge, entnimmt man die Störungsbeträge $80\,\Delta\mu$, ΔL_μ, ΔL_0, $\Delta\pi$, $\Delta\varphi$, $\Delta\Omega$, Δi unmittelbar oder durch lineare Interpolation den Werten der 1. und 2. summierten Reihen für dasjenige der Argumente $a+nw$, $a+\left(n+\frac{1}{2}\right)w$, bzw. $a+(n+1)w$, das dem gewünschten Datum am nächsten liegt.

ΔM und $\Delta\omega$ bildet man dann nach

$$\Delta M = \Delta L_0 + \Delta L_\mu - \Delta\pi \qquad \Delta\omega = \Delta\pi - \Delta\Omega$$

und bringt ΔM, $\Delta\omega$, $\Delta\Omega$, Δi, $\Delta\varphi$, $\Delta\mu$ an die Ausgangselemente an. Dabei ist zu beachten, daß in der Formel

$$M = M_0 + \frac{\mu''(t-t_0)}{3600} + \Delta M \qquad \text{(VI)}$$

zur Bestimmung des gestörten Wertes von M für das gewünschte Datum für μ der ungestörte und nicht der gestörte Wert zu nehmen ist. Der aus dem Summationstableau entnommene Wert von $80\Delta\mu$ kann auch zur direkten Ermittlung der Störung in $\lg a$ benutzt werden. Man erhält den gestörten Wert von $\lg a$, indem man

$$\Delta\lg a = -\frac{13.03}{\mu''}\,80\,\Delta\mu^\circ \qquad \text{(VII)}$$

zu dem Ausgangswert von $\lg a$ hinzufügt.

Nach Ablauf eines größeren Zeitraums fügt man die summierten Störungen zu den Ausgangselementen hinzu, und führt, wiederum für einen größeren Zeitraum, die weitere Rechnung mit den so gewonnenen Elementen aus. Die Berücksichtigung der summierten Störungen empfiehlt sich namentlich vor Beginn der Berechnung der Störungen in der Annäherungszone an Jupiter ($-60° < L_1 - u < +60°$).

§ 93. Beispiel.

(Zur genäherten Rechnung.)

Gegeben seien die Ausgangselemente von 931 Whittemora:

Epoche t_0 = 1920 Apr. 9.0 M. Z. Gr. (vgl. S. 121).

M_0	83°.498	ω	307°.792	Ekliptik
φ	14.196	☊	113.157	Mittl. Äquin.
μ	631″.106	i	11.285	1925.0
lg a	0.49994			

Mit diesen Elementen sollen in 80tägigem Intervall genäherte Jupiterstörungen für die Zeit von 1920 Febr. 29.0 M. Z. Gr. bis 1928 Juni 26.0 Weltzeit berechnet werden. (Das Intervall zwischen 1924 Dez. 24.0 M. Z. Gr. und 1925 März 14.0 Weltzeit beträgt nur 79.5 Tage. Bei Berechnung genauer Störungen müßte man diesem Sprung bei der Berechnung der mittleren Anomalie wie bei der Summation der Störungswerte Rechnung tragen. Bei der genäherten Störungsrechnung kann der Sprung unbeachtet bleiben.) Die Jupiterkoordinaten l_1, b_1, r_1 werden dem B. J. entnommen. Normaläquinoktium 1925.0.

Die bei der Störungsrechnung gebrauchten Konstanten haben (in Logarithmen bzw. Winkeln) die Werte

a	0.500	$3\,kw$	1.616
$\cos\varphi$	9.987	$\sqrt{a}$	0.250
$2a$	0.801	$3\,kw:\sqrt{a}$	1.366
$a\cos\varphi$	0.487	$\sin\varphi$	9.390
p	0.474	$-(3\,kw:\sqrt{a})\,p$	1.840n
$-2\cos\varphi$	0.288n	$-(3\,kw:\sqrt{a})\sin\varphi$	0.756n
$\sin i$	9.291	$-p:\sin\varphi$	1.084n
$\cos i$	9.991	$\operatorname{tg}\frac{1}{2}\varphi$	9.095
$wk^\circ m_1$	1.877	$\sin\varphi\operatorname{tg}\frac{1}{2}\varphi$	8.485
$\sqrt{p}$	0.237	ω	307°.8
$wk^\circ m_1:\sqrt{p}$	1.640	☊	113.2

Das Schema nebst dem Beispiel zur Berechnung der Störungswerte ist auf den S. 289 und 290 gegeben. Der Raumersparnis wegen ist die Wiedergabe der Rechnung nur für einige Daten erfolgt.

S. 291 enthält das vollständige Summationstableau.

Berechnung der störenden Kräfte.

0h M. Z. Gr.	1920 Feb. 29	Mai 19	Aug. 7	Okt. 26	1921 Jan. 14	Apr. 4	
M	76°5	90°5	104°5	118°6	132°6	146°6	
$v - M$	+28.2	+27.0	+24.5	+21.1	+16.9	+12.2	(I)
v	104.7	117.5	129.0	139.7	149.5	158.8	
r/a	0.001	0.025	0.046	0.063	0.076	0.086	
l_1	135°3	141°6	147°9	154°1	160°2	166°4	
$\sin b_1$	8.123	8.181	8.233	8.267	8.299	8.321	
$l_1 - \Omega$	22°1	28°4	34°7	40°9	47°0	53°2	
$\sin(l_1 - \Omega)$	9.575	9.677	9.755	9.816	9.864	9.903	
$\sin i \sin b_1$	7.414	7.472	7.524	7.558	7.590	7.612	
$\cos i \sin(l_1 - \Omega)$	9.566	9.668	9.746	9.807	9.855	9.894	
$\cos B_1 \sin L_1$	9.569	9.671	9.749	9.809	9.857	9.896	
$\cos B_1 \cos L_1$	9.967	9.944	9.915	9.878	9.834	9.777	
$\operatorname{tg} L_1$	9.602	9.727	9.834	9.931	0.023	0.119	
L_1	21°8	28°0	34°3	40°5	46°5	52°8	
u	52.5	65.3	76.8	87.5	97.3	106.6	
$\cos i \sin b_1$	8.114	8.172	8.224	8.258	8.290	8.312	(II)
$-\sin i \sin(l_1 - \Omega)$	8.866n	8.968n	9.046n	9.107n	9.155n	9.194n	
$\sin B_1$	8.781n	8.892n	8.975n	9.041n	9.091n	9.133n	
r_1	0.726	0.728	0.730	0.732	0.733	0.734	
$\cos B_1$	9.999	9.998	9.998	9.997	9.996	9.995	
$L_1 - u$	−30°7	−37°3	−42°5	−47°0	−50°8	−53°8	
$\sin(L_1 - u)$	9.708n	9.782n	9.830n	9.864n	9.889n	9.907n	
$r_1 \cos B_1$	0.725	0.726	0.728	0.729	0.729	0.729	
$\cos(L_1 - u)$	9.934	9.901	9.868	9.834	9.801	9.771	
ξ_1	0.659	0.627	0.596	0.563	0.530	0.500	
$-r$	0.501n	0.525n	0.546n	0.563n	0.576n	0.586n	
$\xi_1 - r$	0.143	9.948	9.632	$-\infty$	9.576n	9.840n	
η_1	0.433n	0.508n	0.558n	0.593n	0.618n	0.636n	
$\operatorname{tg} \theta_1$	0.290n	0.560n	0.926n	$-\infty$	1.042	0.796	
$\zeta_1 = \Delta_1 \sin \vartheta_1$	9.507n	9.620n	9.705n	9.773n	9.824n	9.867n	
$\Delta_1 \cos \vartheta_1$	0.484	0.524	0.561	0.593	0.620	0.642	
$\operatorname{tg} \vartheta_1$	9.023n	9.096n	9.144n	9.180n	9.204n	9.225n	
Δ_1	0.486	0.527	0.565	0.598	0.626	0.648	
Δ_1^3	1.458	1.581	1.695	1.794	1.878	1.944	
$1 : \Delta_1^3$	8.542	8.419	8.305	8.206	8.122	8.056	
$-1 : r_1^3$	7.821n	7.815n	7.810n	7.805n	7.801n	7.797n	
Diff.	8.450	8.295	8.138	7.986	7.840	7.708	(III)
K_1	0.090	9.935	9.778	9.626	9.480	9.348	
ξ_1	0.659	0.627	0.596	0.563	0.530	0.500	
η_1	0.433n	0.508n	0.558n	0.593n	0.618n	0.636n	
ζ_1	9.507n	9.620n	9.705n	9.773n	9.824n	9.867n	
$-r : \Delta_1^3$	9.043n	8.944n	8.851n	8.769n	8.698n	8.642n	
$K_1 \xi_1$	0.749	0.562	0.374	0.189	0.010	9.848n	
$-(w k^0 m : \sqrt{p})(r : \Delta_1^3)$	0.683n	0.584n	0.491n	0.409n	0.338n	0.282n	
S_1	9.898	9.274n	9.864n	0.008n	0.062n	0.083n	
T_1	0.523n	0.443n	0.336n	0.219n	0.098n	9.984n	
W_1	9.597n	9.555n	9.483n	9.399n	9.304n	9.215n	

Berechnung der Störungen.

0^h M. Z. Gr.	1920 Feb. 29	Mai 19	Aug. 7	Okt. 26	1921 Jan. 14	Apr. 4	
$\sin u$	9.899	9.958	9.988	0.000	9.996	9.982	
r	0.501	0.525	0.546	0.563	0.576	0.586	
$\cos u$	9.784	9.621	9.359	8.640	9.104*n*	9.456*n*	
$r \sin u$	0.400	0.483	0.534	0.563	0.572	0.568	
W_1	9.597*n*	9.555*n*	9.483*n*	9.399*n*	9.304*n*	9.215*n*	
$r \cos u$	0.285	0.146	9.905	9.203	9.680*n*	0.042*n*	
δi	9.882*n*	9.701*n*	9.388*n*	8.602*n*	8.984	9.257	
$r \sin u W_1$	9.997*n*	0.038*n*	0.017*n*	9.962*n*	9.876*n*	9.783*n*	
$\delta \Omega$	0.706*n*	0.747*n*	0.726*n*	0.671*n*	0.585*n*	0.492*n*	
$-(3kwp:\sqrt{a})(1:r)$	1.339*n*	1.315*n*	1.294*n*	1.277*n*	1.264*n*	1.254*n*	
T_1	0.523*n*	0.443*n*	0.336*n*	0.219*n*	0.098*n*	9.984*n*	
$\sin v$	9.986	9.948	9.891	9.811	9.705	9.558	
S_1	9.898	9.274*n*	9.864*n*	0.008*n*	0.062*n*	0.083*n*	
$\cos v$	9.404*n*	9.664*n*	9.799*n*	9.882*n*	9.935*n*	9.970*n*	
$1 + r/a$	0.302	0.314	0.325	0.334	0.341	0.346	
$\sin v S_1$	9.884	9.222*n*	9.755*n*	9.819*n*	9.767*n*	9.641*n*	
$80\, \delta \mu_I$	0.640*n*	9.978	0.511	0.575	0.523	0.397	
$80\, \delta \mu_{II}$	1.862	1.758	1.630	1.496	1.362	1.238	
$\cos v\, S_1$	9.302*n*	8.938	9.663	9.890	9.997	0.053	
$\delta \pi_I$	0.386	0.022*n*	0.747*n*	0.974*n*	1.081*n*	1.137*n*	
δL_{0I}	8.871	8.507*n*	9.232*n*	9.459*n*	9.566*n*	9.622*n*	
$-2 \cos \varphi\, S_1$	0.186*n*	9.562	0.152	0.296	0.350	0.371	(IV)
r	0.501	0.525	0.546	0.563	0.576	0.586	
$p + r$	0.789	0.801	0.813	0.822	0.829	0.835	
$\sin v\, T_1$	0.509*n*	0.391*n*	0.227*n*	0.030*n*	9.803*n*	9.542*n*	
$(p+r) \sin v\, T_1$	1.298*n*	1.192*n*	1.040*n*	0.852*n*	0.632*n*	0.377*n*	
$\delta \pi_{II}$	1.908*n*	1.802*n*	1.650*n*	1.462*n*	1.242*n*	0.987*n*	
δL_{0II}	0.393*n*	0.287*n*	0.135*n*	9.947*n*	9.727*n*	9.472*n*	
δL_{0III}	0.687*n*	0.087	0.698	0.859	0.926	0.957	
$\delta \varphi_I$	0.371	9.709*n*	0.242*n*	0.306*n*	0.254*n*	0.128*n*	
$\cos v\, (1 + r/a)$	9.706*n*	9.978*n*	0.124*n*	0.216*n*	0.276*n*	0.316*n*	
$\sin \varphi + \cos v\, (1 + r/a)$	9.419*n*	9.848*n*	0.036*n*	0.146*n*	0.216*n*	0.261*n*	
$a \cos \varphi\, T_1$	1.010*n*	0.930*n*	0.823*n*	0.706*n*	0.585*n*	0.471*n*	
$\delta \varphi_{II}$	0.429	0.778	0.859	0.852	0.801	0.732	
δi	− 1	− 1	0	0	0	0	
$\delta \Omega$	− 5	− 6	− 5	− 5	− 4	− 3	
$80\, \delta \mu_I$*	− 4	+ 1	+ 3	+ 4	+ 3	+ 2	
$80\, \delta \mu_{II}$*	+ 73	+ 57	+ 43	+ 31	+ 23	+ 17	
$\delta \pi_I$	+ 2	− 1	− 6	− 9	− 12	− 14	
$\delta \pi_{II}$	− 81	− 63	− 45	− 29	− 18	− 10	
δL_{0I}	0	0	0	0	0	0	
δL_{0II}	− 2	− 2	− 1	− 1	− 1	0	
δL_{0III}	− 5	+ 1	+ 5	+ 7	+ 8	+ 9	
$\delta \varphi_I$	+ 2	− 1	− 2	− 2	− 2	− 1	
$\delta \varphi_{II}$	+ 3	+ 6	+ 7	+ 7	+ 6	+ 5	

* In $0^\circ.0001$!

Summationstableau.

0h M. Z. Gr. bzw. 0h Weltzeit	$80\delta\mu$ (0°0001)	$80\Delta\mu$ (0°0001)	ΔL_μ (0°0001)	δL (0°001)	ΔL (0°001)	$\delta\pi$ (0°001)	$\Delta\pi$ (0°001)	$\delta\varphi$ (0°001)	$\Delta\varphi$ (0°001)	$\delta\Omega$ (0°001)	$\Delta\Omega$ (0°001)	δi (0°001)	Δi (0°001)
		−69			+7		+78		−5		+5		+1
1920 Febr. 29	+69	0	+3	−7	0	−79	−1	+5	0	−5	0	−1	0
Mai 19	+58	+58	+3	−1	−1	−64	−65	+5	+5	−6	−6	−1	−1
Aug. 7	+46	+104	+61	+4	+3	−51	−116	+5	+10	−5	−11	0	−1
Okt. 26	+35	+139	+165	+6	+9	−38	−154	+5	+15	−5	−16	0	−1
1921 Jan. 14	+26	+165	+304	+7	+16	−30	−184	+4	+19	−4	−20	0	−1
Apr. 4	+19	+184	+469	+9	+25	−24	−208	+4	+23	−3	−23	0	−1
Juni 23	+14	+198	+653	+9	+34	−18	−226	+3	+26	−2	−25	0	−1
Sept. 11	+9	+207	+851	+9	+43	−15	−241	+3	+29	−2	−27	0	−1
Nov. 30	+5	+212	+1058	+9	+52	−13	−254	+2	+31	−1	−28	0	−1
1922 Febr. 18	+1	+213	+1270	+8	+60	−12	−266	+2	+33	0	−28	0	−1
Mai 9	−1	+212	+1483	+8	+68	−11	−277	+1	+34	0	−28	0	−1
Juli 28	−4	+208	+1695	+7	+75	−11	−288	+2	+36	0	−28	0	−1
Okt. 16	−7	+201	+1903	+6	+81	−11	−299	+1	+37	0	−28	0	−1
1923 Jan. 4	−10	+191	+2104	+5	+86	−13	−312	+1	+38	0	−28	0	−1
März 25	−12	+179	+2295	+4	+90	−13	−325	+1	+39	0	−28	0	−1
Juni 13	−15	+164	+2474	+3	+93	−15	−340	+2	+41	−1	−29	0	−1
Sept. 1	−18	+146	+2638	+2	+95	−16	−356	+2	+43	−1	−30	0	−1
Nov. 20	−18	+128	+2784	0	+95	−16	−372	+2	+45	−1	−31	0	−1
1924 Febr. 8	−18	+110	+2912	−1	+94	−13	−385	+3	+48	−1	−32	0	−1
Apr. 28	−16	+94	+3022	−2	+92	−11	−396	+2	+50	−1	−33	0	−1
Juli 17	−11	+83	+3116	−3	+89	−9	−405	+2	+52	−1	−34	0	−1
Okt. 5	−4	+79	+3199	−4	+85	−8	−413	+2	+54	−1	−35	0	−1
Dez. 24	+2	+81	+3278	−4	+81	−11	−424	+1	+55	0	−35	0	−1
1925 März 14	+8	+89	+3359	−4	+77	−13	−437	0	+55	0	−35	0	−1
Juni 2	+12	+101	+3448	−3	+74	−16	−453	+1	+56	0	−35	0	−1
Aug. 21	+15	+116	+3549	−4	+70	−19	−472	+2	+58	0	−35	0	−1
Nov. 9	+17	+133	+3665	−3	+67	−20	−492	+2	+60	0	−35	0	−1
1926 Jan. 28	+19	+152	+3798	−3	+64	−20	−512	+3	+63	−1	−36	0	−1
Apr. 18	+19	+171	+3950	−2	+62	−19	−531	+4	+67	−1	−37	0	−1
Juli 7	+20	+191	+4121	−2	+60	−16	−547	+5	+72	−2	−39	0	−1
Sept. 25	+20	+211	+4312	0	+60	−14	−561	+6	+78	−2	−41	0	−1
Dez. 14	+20	+231	+4523	0	+60	−11	−572	+6	+84	−2	−43	0	−1
1927 März 4	+20	+251	+4754	+1	+61	−6	−578	+7	+91	−3	−46	0	−1
Mai 23	+20	+271	+5005	+1	+62	−2	−580	+7	+98	−3	−49	0	−1
Aug. 11	+19	+290	+5276	+1	+63	+2	−578	+7	+105	−2	−51	0	−1
Okt. 30	+19	+309	+5566	+2	+65	+6	−572	+6	+111	−2	−53	+1	0
1928 Jan. 18	+18	+327	+5875	+2	+67	+10	−562	+6	+117	−2	−55	+1	+1
Apr. 7	+18	+345	+6202	+3	+70	+12	−550	+6	+123	−1	−56	+1	+2
Juni 26	+16	+361	+6547	+4	+74	+14	−536	+5	+128	0	−56	+1	+3
			+6908										

(V)

Eine Prüfung der Differenzen der Störungswerte zeigt, daß es nicht erforderlich war, die ganze Rechnung in 80tägigem Intervall durchzuführen. Von etwa 1921 Juni 23.0 ab bis zum Schluß hätte das 160-tägige Intervall genügt, da hier eine sichere und bequeme Interpolation der Störungswerte auf 80tägiges Intervall möglich ist.

Es sollen nun die gestörten Elemente für 6 ausgewählte Beobachtungsdaten festgestellt werden. Zunächst ergibt die Berechnung der ungestörten Werte der mittleren Anomalien für diese Daten die Werte

Epoche	M. Z. Gr. 1920 März 19.5	1921 Mai 11.5	1922 Juni 26.5	1923 Sept. 8.5	Weltzeit 1927 Juni 2.0	1928 Juli 27.0
$t-t_0$	$-20\overset{d}{.}5$	$+397\overset{d}{.}5$	$+808\overset{d}{.}5$	$+1247\overset{d}{.}5$	$+2609\overset{d}{.}5$	$+3030\overset{d}{.}5$
	1.311754 *n*	2.599337	2.907680	3.096041	3.416557	3.481514
$(t-t_0):3600$	7.755451 *n*	9.043034	9.351377	9.539738	9.860254	9.925211
$\mu\,(t-t_0):3600$	0.555553 *n*	1.843136	2.151479	2.339840	2.660356	2.725313
	−3°594	+69°684	+141°736	+218°696	+97°463	+171°268
M	79.904	153.182	225.234	302.194	180.961	254.766

Die Störungen entnimmt man gemäß den Angaben auf S. 287 aus dem Summationstableau. Man erhält

Epoche	1920 Febr. 29	1921 Mai 14	1922 Juni 18	1923 Sept. 1	1927 Mai 23	1928 Aug. 5	
ΔL_0	+0°004	+0°025	+0°068	+0°094	+0°062	+0°074	
ΔL_μ	0.000	+0.056	+0.159	+0.264	+0.500	+0.673	
ΔL	+0.004	+0.081	+0.227	+0.358	+0.562	+0.747	
$\Delta\pi$	+0.038	−0.208	−0.277	−0.348	−0.579	−0.536	(VI)
ΔM	−0.034	+0.289	+0.504	+0.706	+1.141	+1.283	(VII)
$\Delta\omega$	+0.036	−0.185	−0.249	−0.318	−0.531	−0.480	
$\Delta\Omega$	+0.002	−0.023	−0.028	−0.030	−0.048	−0.056	
Δi	0.000	−0.001	−0.001	−0.001	−0.001	+0.003	
$\Delta\varphi$	−0.002	+0.023	+0.034	+0.042	+0.094	+0.128	
$80\,\Delta\mu$	−0.0034	+0.0184	+0.0212	+0.0155	+0.0261	+0.0361	
$\Delta\lg a\cdot 10^{-5}$	+ 7	− 38	− 44	− 32	− 54	− 75	

und damit die gestörten Elemente

Epoche	M. Z. Gr. 1920 März 19.5	1921 Mai 11.5	1922 Juni 26.5	1923 Sept. 8.5	Weltzeit 1927 Juni 2.0	1928 Juli 27.0
M	79°870	153°471	225°738	302°900	182°102	256°049
ω	307.828	307.607	307.543	307.474	307.261	307.312
Ω	113.159	113.134	113.129	113.127	113.109	113.101
i	11.285	11.284	11.284	11.284	11.284	11.288
φ	14.194	14.219	14.230	14.238	14.290	14.324
μ	630″953	631″934	632″060	631″804	632″280	632″730
$\lg a$	0.50001	0.49956	0.49950	0.49962	0.49940	0.49919

Ekliptik und Normaläquinoktium 1925.0.

Sechster Teil.

Methoden der Bahnverbesserung.

Die im dritten Teil dargelegten Methoden der Bahnbestimmung behandeln die Aufgabe, aus 3 Beobachtungen (bzw. 4 im Ausnahmefall) eine Bahn zu bestimmen. (Für die Kreisbahn kommt eine Bahnverbesserung nicht in Betracht.) Für die Konvergenz jener Methoden sind mäßige Zwischenzeiten notwendige Voraussetzung. Der Einfluß der Beobachtungsfehler, die den zur Bahnbestimmung benutzten Beobachtungen anhaften, macht sich mit zunehmender Zeit in wachsenden Abweichungen der Beobachtungen von der Vorausberechnung bemerkbar. Die Abweichungen sind um so größer, je kleiner der verwendete Bogen war. Es entsteht die Aufgabe, die in jener Bahnbestimmung gewonnenen vorläufigen Elemente zu verbessern. Das Endziel der Bahnverbesserung besteht darin, mit Berücksichtigung genauer Störungen durch die großen Planeten ein definitives Elementensystem abzuleiten, das allen vorhandenen Beobachtungen so weit genügt, daß ihre Abweichungen von der Rechnung als Beobachtungsfehler gelten können. Diese definitive Bahnbestimmung als Bahnverbesserungsaufgabe in Verbindung mit der Methode der kleinsten Quadrate formuliert man folgendermaßen. Ein vorläufiges Elementensystem ist derart zu verbessern, daß die Summe der Quadrate der scheinbaren geozentrischen Abweichungen der beobachteten von den gerechneten Orten

$$\Sigma (\cos\delta\, d\alpha)^2 + \Sigma (d\delta)^2$$

ein Minimum wird. Eine Durchführung der Rechnung für alle einzelnen Beobachtungen wird im Falle des Vorhandenseins sehr zahlreicher Beobachtungen eine sehr große Aufgabe. Man vereinfacht sie durch Zusammenfassung mehrerer nahe beieinander gelegenen Beobachtungen in einen sogenannten Normalort.

Voraussetzung ist, daß die an die vorläufigen Elemente anzubringenden Verbesserungen so klein sind, daß sie lineare Funktionen der Änderungen der Koordinaten sind. Diese wichtige Voraussetzung fehlt in der Praxis ziemlich häufig. Es gelingt dann nicht, auf Grund der vorläufigen Elemente in einer einzigen Rechenoperation definitive abzuleiten.

Wie schon erwähnt, werden die kleinen Planeten in der Entdeckungserscheinung nur selten länger als 3 Monate verfolgt. Bei der Mehrzahl der neuen Planeten liegen erheblich kürzere Zeiten vor. Die Elemente, die aus den auf etwa $1^1/_2$ bis 3 Monate verteilten Beobachtungen abgeleitet sind, gestatten zwar im allgemeinen die Beobachtung in den nächsten Oppositionen. Doch zeigen sich — ganz abgesehen von dem Einfluß der Störungen — bereits in der 2. Opposition mehr oder weniger große Abweichungen von der Rechnung, die der obigen Voraussetzung nicht genügen. Diese Nachteile zeigen sich in neuerer Zeit um so mehr, als die neuerdings entdeckten Planeten überwiegend lichtschwache Objekte sind, bei denen die Beschaffung zahlreicher und gut verteilter Positionen den wenigen beteiligten Beobachtern ganz erhebliche Schwierigkeiten bereitet. Wegen der geringen Zahl der Positionen ist hier die Bildung von Normalorten kaum noch möglich.

Bei den Kometen mit parabolischen Elementen können die Fehler zweierlei Art sein. Die einen sind Beobachtungsfehler, die wegen des meist verschwommenen Aussehens größer sind als bei den punktförmig abgebildeten Planeten. Immerhin sind aber die Fehler weit ungefährlicher als bei den periodischen Bahnen, da die Beobachtungen auf die Sichtbarkeitsperiode, also auf einen relativ kleinen Zeitraum, beschränkt bleiben. Die anderen sind Fehler, die infolge des Versagens der parabolischen Hypothese auftreten können. Die letzteren Abweichungen sind namentlich bei kurzen Zwischenzeiten mitunter so klein, daß sie nur bei Verwendung von Normalorten festgestellt und ausgemerzt werden können. Bei den Kometen ist die Bildung von Normalorten eher möglich, da ihnen von seiten der Beobachter größeres Interesse entgegengebracht wird als den kleinen Planeten.

Am ungünstigsten liegen die Verhältnisse bei den periodischen Kometen, da sie fast ausnahmslos nur in den Perihelerscheinungen beobachtbar sind. Hier dürfte ein etappenweises Vorgehen bei der Bahnverbesserung fast stets notwendig sein.

Zur Beseitigung der großen Abweichungen werden zunächst Methoden der genäherten Bahnverbesserung angewandt.

Bei der unter dem Namen der Variation der geozentrischen Distanzen bekannten Methode werden 2 ausgewählte Orte festgehalten und die beiden zugehörigen Distanzen variiert. Die unbekannten Verbesserungen der Entfernungen werden mit Benutzung anderer Beobachtungen nach den Regeln der Ausgleichsrechnung ermittelt. Die Methode leistet in den Fällen gute Dienste, in denen die Objekte erst in 1 bis 3 nicht zu weit auseinanderliegenden Erscheinungen beobachtet sind. Für die Ermittlung verbesserter parabelnaher Elemente eignet sie sich weniger, da sich der geringe Unterschied der Exzentrizität gegen die Einheit nicht mit der erforderlichen Sicherheit bestimmen läßt.

Bei der anderen Methode genügen bereits vier günstig gelegene genäherte Positionen aus 4 verschiedenen Oppositionen zur Verbesserung der Elemente. Liegen mehr als 4 beobachtete Oppositionen vor, so wendet man die Ausgleichungsrechnung an. Diese Methode, die gegenwärtig in größerem Umfange auf die kleinen Planeten angewendet wird, ist nur ein Spezialfall der unten erwähnten Methode von TIETJEN für genauere Rechnung. Für diese angenäherte Bahnverbesserung soll nur die Formelzusammenstellung gegeben werden.

Ist die vorbereitende genäherte Bahnverbesserung, bei der gegebenenfalls in entsprechender Genauigkeit auch die Störungen zu berücksichtigen sind, abgeschlossen, so geht man an die definitive Bahnverbesserung.

Der Voraussetzung nach stehen die Abweichungen der beobachteten von den mit den vorläufigen Elementen berechneten Örtern in linearer Verbindung mit den unbekannten 6 Verbesserungen irgendwelcher 6 Bestimmungsstücke der Bahn. Aus der Gesamtheit der aus n Beobachtungen resultierenden $2n$ Gleichungen werden die unbekannten Verbesserungen nach der Methode der kleinsten Quadrate gewonnen. Die Wahl der Bestimmungsstücke und die Bildung der Differentialquotienten der geozentrischen Koordinaten nach jenen ist Sache der besonderen Methode.

So wählen z. B. TH. v. OPPOLZER und H. ANDOYER rechtwinklige Koordinaten und ihre Geschwindigkeiten, K. LAVES die in Abschnitt 3 definierten Größen P_s', Q_s' als Bestimmungsstücke. BANACHIEWICZ gibt bei Verwendung von 9 Größen P_s', Q_s', R_s' die Lösung in einer Form, die zwar mit wenigen Zeichen auskommt, die aber während der Rechenoperation zeitraubende Überlegungen erfordert. Am unmittelbarsten bieten sich als Bestimmungsstücke die Elemente selbst dar, die ungleich viel charakteristischer sind als alle anderen Größen.

TIETJEN erreicht durch geeignete Wahl des Koordinatensystems eine Trennung der rein elliptischen von den Bahnlageelementen. Statt der $2n$-Gleichungen mit 6 Unbekannten erhält er 2 Gruppen von je n-Gleichungen mit 4 bzw. 2 Unbekannten. Mit der Trennung wird eine erhebliche Erleichterung im Ausgleichungsprozeß erzielt. Die Zulässigkeit der Trennung ist um so mehr gesichert, je kleiner die Neigung der Bahnebene gegen die Ekliptik ist. Für die kleinen Planeten, deren Neigungen im allgemeinen klein sind, bedeutet die Forderung der kleinen Neigung praktisch keine Einschränkung.

Von größerer Allgemeingültigkeit ist die schon von GAUSS angewandte und seitdem am meisten benutzte und bearbeitete Methode der Variation der Elemente, in der aus $2n$-Gleichungen durch gleichzeitige Auflösung die 6 unbekannten Elementenverbesserungen bestimmt werden. Hier wird nur die Verbesserung elliptischer und parabolischer vorläufiger Elemente behandelt. Von der Wiedergabe des Formelsystems für die Verbesserung parabelnaher Elemente wurde abgesehen, da diese Aufgabe in der Praxis nur selten gestellt wird.

Selbstverständlich muß man bei der definitiven Bahnbestimmung sicher sein, daß auch die benutzten Werte der Störungen definitive sind.

21. Abschnitt.

Die Variation geozentrischer Distanzen.

§ 94. Die Ausführung der Variation.

Vor Ausführung der Variation empfiehlt sich eine sorgfältige Auswahl der beiden festzuhaltenden Beobachtungen, damit nicht das Resultat der Verbesserung illusorisch wird. Die beiden Beobachtungen dürfen nicht zu nahe beieinander liegen. Mit Rücksicht auf die Konvergenz sollen sie aber auch nicht zu weit auseinander liegen. Von großer Wichtigkeit ist es, daß sie frei von gröberen individuellen Beobachtungsfehlern sind. Das läßt sich im allgemeinen durch Vergleich der Abweichungen mit denen benachbarter Positionen leicht feststellen. Genügen die Beobachtungen, aus denen die vorläufigen Elemente abgeleitet sind, diesen Bedingungen, so kann man diese wie die zugehörigen Entfernungen benutzen.

Da natürlich auch die übrigen zu benutzenden Beobachtungen von gröberen individuellen Fehlern frei sein sollen, so empfiehlt es sich, zunächst eine Vergleichung aller vorhandenen Beobachtungen mit den vorläufigen Elementen vorzunehmen und die stark herausfallenden Beobachtungen von der Benutzung auszuschließen.

Es besteht nun die Aufgabe, die zu den Beobachtungen α_1, δ_1, α_2, δ_2 gehörigen geozentrischen Entfernungen (oder Näherungswerte derselben) so zu variieren, daß die Abweichungen der übrigen Beobachtungen α_i, δ_i im Sinne der Methode der kleinsten Quadrate auf ein Minimum reduziert werden.

Da die Methode wegen des Festhaltens der Beobachtungen α_1, δ_1, α_2, δ_2 vom Standpunkt der Ausgleichsrechnung ohnehin nur eine genäherte Verbesserung darstellt, so ist es der Arbeitsersparnis wegen ratsam, nicht alle vorhandenen Beobachtungen, sondern nur einige wenige gut verteilte und einwandfreie zu benutzen. Die vorangegangene Vergleichung gibt dazu die notwendigen Fingerzeige.

Sind Beobachtungen aus anderen als der Ausgangserscheinung zu benutzen, wie es im allgemeinen der Fall ist, so braucht man bei der Auswahl der Beobachtungen dieser Erscheinungen keine große Rücksicht auf die Beobachtungsfehler zu nehmen. Wegen der großen Zwischenzeiten bleiben die üblichen Beobachtungsfehler fast ohne Einfluß auf das Resultat. Außerdem sind die Abweichungen der mit den vorläufigen Elementen gerechneten Werte der Störungen von den wirklichen Werten mitunter von größerem Einfluß als die Beobachtungsfehler. Es genügt, wenn zur Verbesserung die beiden äußersten Beobachtungen dieser Erscheinungen herangezogen werden.

Die Variation geschieht in folgender Weise. Mit den Näherungswerten (Δ_1), (Δ_2) der Entfernungen Δ_1, Δ_2 und den beiden festzuhaltenden Beobachtungen α_1, δ_1, α_2, δ_2 berechnet man nach den Formeln des Abschnitts 6 (bzw. des Abschnitts 7 bei logarithmischer Rechnung) ein Elementensystem I, das diese beiden Beobachtungen völlig, die übrigen im allgemeinen aber unbefriedigend darstellt. Nach den gleichen Formeln leitet man noch zwei weitere Elementensysteme II und III mit

$$\alpha_1, \delta_1, \alpha_2, \delta_2 \qquad (\Delta_1) + d\Delta_1 \qquad (\Delta_2)$$
$$\alpha_1, \delta_1, \alpha_2, \delta_2 \qquad (\Delta_1) \qquad (\Delta_2) + d\Delta_2$$

ab. Für die Werte der $d\Delta_1$, $d\Delta_2$ haben sich in der Praxis bei 6stelliger Rechnung 1000 Einheiten der 6. Dezimale am besten bewährt.

Mit den drei Elementensystemen E^I, E^{II}, E^{III} berechnet man dann (gegebenenfalls mit Berücksichtigung von Störungen) für die Zeiten der zu benutzenden Beobachtungen a_i, δ_i die Positionen, die mit α_i^I, δ_i^I, α_i^{II}, δ_i^{II}, α_i^{III}, δ_i^{III} bezeichnet seien. Die Berechnung dieser Positionen kann mit geringerer Stellenzahl erfolgen, sofern die Beobachtungen einer anderen Erscheinung angehören.

Nennt man die Werte der Entfernungen, für die die Differenz Beobachtung minus Rechnung gleich Null wird, $(\Delta_1) + x\,d\Delta_1$, $(\Delta_2) + y\,d\Delta_2$, so erhält man die unbekannten Koeffizienten x und y von $d\Delta_1$ und $d\Delta_2$ nach den Regeln der Ausgleichungsrechnung aus den Beziehungen

$$(\alpha_i^{II} - \alpha_i^I)\,x + (\alpha_i^{III} - \alpha_i^I)\,y = \alpha_i - \alpha_i^I$$
$$(\delta_i^{II} - \delta_i^I)\,x + (\delta_i^{III} - \delta_i^I)\,y = \delta_i - \delta_i^I.$$

Mit den verbesserten Werten der Entfernungen $\Delta_1 = (\Delta_1) + x\,d\Delta_1$, $\Delta_2 = (\Delta_2) + y\,d\Delta_2$ und den Beobachtungen α_1, δ_1, α_2, δ_2 bestimmt man nun die verbesserten Elemente und damit die neuen Abweichungen der gerechneten von den beobachteten Positionen. Zeigt sich, daß diese Abweichungen noch zu groß sind, so setzt man sie in die Gl. (1) anstelle der α_i^I, δ_i^I ein, wiederholt die Ausgleichungsrechnung soweit als erforderlich, erhält neue Verbesserungen der Entfernungen, die man zu den in erster Näherung verbesserten Werten hinzulegt, usw. Diese Wiederholung der Rechnung ist aber nur bei sehr starken Verbesserungen notwendig. Die Wiederholung der Berechnung der Elemente I bis III und der Positionen α_i^I, δ_i^I bis α_i^{III}, δ_i^{III} wird kaum jemals erforderlich.

Eine sehr wertvolle Kontrolle der Rechnung erhält man dadurch, daß man mit α_1, δ_1, α_2, δ_2, $(\Delta_1) + d\Delta_1$, $(\Delta_2) + d\Delta_2$ ein Elementensystem E^{IV} gleichzeitig mit den drei übrigen und damit auch die Positionen a_i^{IV}, δ_i^{IV} berechnet. Die Kontrolle besteht in der Prüfung der Übereinstimmung der Differenzen von Zwischengrößen bei der Elementenbestimmung wie bei der Berechnung der Positionen im Sinne $IV - III = II - I$. Diese Differenzen stimmen um so besser überein, je mehr die Beziehungen zwischen den Änderungen der Entfernungen und der Elemente linear sind. Werden zur Verbesserung nur Beobachtungen einer

Erscheinung benutzt, so stimmen die Differenzen in den Winkeln auf einige Bogensekunden oder gar auf Bruchteile von Sekunden überein. Bei den mit geringerer Stellenzahl berechneten Positionen anderer Erscheinungen ist die Übereinstimmung entsprechend gut, sofern die Zwischenzeiten zwischen den Erscheinungen nicht gar zu groß sind.

Auch die Ableitung der verbesserten Elemente läßt sich in ähnlicher Weise kontrollieren, indem man mit den gefundenen Verbesserungen der Entfernungen die Zwischengrößen interpoliert und mit den direkt gerechneten Werten vergleicht.

§ 95. Formelzusammenstellung.

a) Für maschinelles Rechnen (Äquator). Über die Auswahl der festzuhaltenden wie der übrigen Beobachtungen siehe die Ausführungen auf S. 296.

6stellige Rechnung.

Ausgangsdaten: $t_1, \alpha_1, \delta_1, X'_{\odot 1}, Y'_{\odot 1}, Z'_{\odot 1} \qquad t_2, \alpha_2, \delta_2, X'_{\odot 2}, Y'_{\odot 2}, Z'_{\odot 2}$.

Die Reduktion dieser Größen findet analog den Ausführungen in Abschnitt 6 statt. Einmal berechnet man

$$\begin{aligned} a'_1 &= \cos\delta_1 \cos\alpha_1 & a'_2 &= \cos\delta_2 \cos\alpha_2 \\ b'_1 &= \cos\delta_1 \sin\alpha_1 & b'_2 &= \cos\delta_2 \sin\alpha_2 \\ c'_1 &= \sin\delta_1 & c'_2 &= \sin\delta_2 \end{aligned}$$

$$\text{Kontrolle:}\quad a'^2_1 + b'^2_1 + c'^2_1 = 1 \qquad a'^2_2 + b'^2_2 + c'^2_2 = 1$$

Mit Benutzung dieser Größen berechnet man

Elemente I	mit	(Δ_1)	(Δ_2)
II	„	$(\Delta_1) + 1000 \cdot 10^{-6}$	(Δ_2)
III	„	(Δ_1)	$(\Delta_2) + 1000 \cdot 10^{-6}$
IV	„	$(\Delta_1) + 1000 \cdot 10^{-6}$	$(\Delta_2) + 1000 \cdot 10^{-6}$

nach

$$\left.\begin{aligned} x'_1 &= a'_1 \Delta_1 - X'_{\odot 1} & x'_2 &= a'_2 \Delta_2 - X'_{\odot 2} \\ y'_1 &= b'_1 \Delta_1 - Y'_{\odot 1} & y'_2 &= b'_2 \Delta_2 - Y'_{\odot 2} \\ z'_1 &= c'_1 \Delta_1 - Z'_{\odot 1} & z'_2 &= c'_2 \Delta_2 - Z'_{\odot 2} \\ * \quad r_1^2 &= x'^2_1 + y'^2_1 + z'^2_1 & r_2^2 &= x'^2_2 + y'^2_2 + z'^2_2 \end{aligned}\right\} \quad \text{(I)}$$

$$\left.\begin{aligned} t_1^0 &= t_1 - A\Delta_1 \qquad t_2^0 = t_2 - A\Delta_2 \\ \tau^0 &= k\,(t_2^0 - t_1^0) \end{aligned}\right\} \quad \text{(II)}$$

$A = 0.00577$ in Einheiten des mittl. Tages; $k = 0.017202$

$$\varkappa^2 = r_1 r_2 + x'_1 x'_2 + y'_1 y'_2 + z'_1 z'_2$$

$$\frac{11}{9} h = \frac{\frac{11}{9}\tau^{0\,2}}{\varkappa^2\left(2\frac{\sqrt{2}}{3}\varkappa + r_1 + r_2\right)} \qquad * \quad \bar{y} = 1 + \frac{10}{11}\,\cfrac{\frac{11}{9}h}{1 + \cfrac{\frac{11}{9}h}{1 + \cfrac{\frac{11}{9}h}{\cdots\cdots}}} \qquad \text{(III)}$$

$$2\frac{\sqrt{2}}{3} = 0.942809 \qquad \tfrac{11}{9} = 1.222222 \qquad \tfrac{10}{11} = 0.909091$$

$$\sigma = \frac{x'_1 x'_2 + y'_1 y'_2 + z'_1 z'_2}{r_1^2} \tag{IV}$$

$$x^0 = x'_2 - \sigma x'_1 \qquad y^0 = y'_2 - \sigma y'_1 \qquad z^0 = z'_2 - \sigma z'_1$$

$$r^0 = \sqrt{x^{02} + y^{02} + z^{02}}$$

$$\sin(v_2 - v_1) = \frac{r_1 r^0}{r_1 r_2} \qquad \cos(v_2 - v_1) = \frac{x'_1 x'_2 + y'_1 y'_2 + z'_1 z'_2}{r_1 r_2}$$

$$* \quad \sqrt{p} = \frac{r_1 r^0}{\tau^0} \bar{y}$$

$$q_1 = \frac{p}{r_1} - 1 \qquad q_2 = \frac{p}{r_2} - 1 \tag{V}$$

$$e \cos v_1 = q_1$$

$$e \sin v_1 = \frac{q_1 \cos(v_2 - v_1) - q_2}{\sin(v_2 - v_1)} \tag{VI}$$

$$v_2 = v_1 + (v_2 - v_1)$$

Kontrolle: $p = r_2(1 + e\cos v_2)$

$$e = \sin\varphi \qquad a = \frac{p}{(1-e)(1+e)}$$

$$\operatorname{tg}\tfrac{1}{2}E_1 = \sqrt{\frac{1-e}{1+e}}\operatorname{tg}\tfrac{1}{2}v_1 \qquad \operatorname{tg}\tfrac{1}{2}E_2 = \sqrt{\frac{1-e}{1+e}}\operatorname{tg}\tfrac{1}{2}v_2 \tag{VII}$$

Kontrolle: $a\cos\varphi\sin\frac{1}{2}(E_2 - E_1) = \sqrt{r_1 r_2}\sin\frac{1}{2}(v_2 - v_1)$

$$e^\circ = 57.29578 \cdot e$$

$$M_1 = E_1 - e^\circ \sin E_1 \qquad M_2 = E_2 - e^\circ \sin E_2 \tag{VIII}$$

$$\mu = \frac{M_2 - M_1}{t_2^0 - t_1^0}$$

Kontrolle: $\mu = \dfrac{k^\circ}{a\sqrt{a}} \qquad k^\circ = 0.985608$

$$M_1 + \mu(t_0 - t_1^0) = M_0 = M_2 + \mu(t_0 - t_2^0)$$

$$P'_x = x'_1\frac{\cos v_1}{r_1} - x^0\frac{\sin v_1}{r^0} \qquad Q'_x = x'_1\frac{\sin v_1}{r_1} + x^0\frac{\cos v_1}{r^0}$$

$$P'_y = y'_1\frac{\cos v_1}{r_1} - y^0\frac{\sin v_1}{r^0} \qquad Q'_y = y'_1\frac{\sin v_1}{r_1} + y^0\frac{\cos v_1}{r^0} \tag{IX}$$

$$P'_z = z'_1\frac{\cos v_1}{r_1} - z^0\frac{\sin v_1}{r^0} \qquad Q'_z = z'_1\frac{\sin v_1}{r_1} + z^0\frac{\cos v_1}{r^0}$$

Kontrolle: $P'_x Q'_x + P'_y Q'_y + P'_z Q'_z = 0$

Nachrechnung aller zur Verbesserung zu benutzenden Beobachtungen α_i, δ_i (6stellig, wenn die Beobachtungen der Ausgangserscheinung angehören, andernfalls 5- bzw. 4stellig) evtl. mit Berücksichtigung der Störungen mit den Elementen I bis IV nach

$$\begin{aligned} M_i &= M_0 + \mu(t_i^0 - t_0) \\ E_i - e^\circ \sin E_i &= M_i \end{aligned} \tag{X}$$

$$\begin{aligned} \Delta_i \cos\delta_i \cos\alpha_i &= a P'_x \cos E_i + a \cos\varphi\, Q'_x \sin E_i - a e P'_x + X'_{\odot i} \\ {}^* \quad \Delta_i \cos\delta_i \sin\alpha_i &= a P'_y \cos E_i + a \cos\varphi\, Q'_y \sin E_i - a e P'_y + Y'_{\odot i} \\ \Delta_i \sin\delta_i &= a P'_z \cos E_i + a \cos\varphi\, Q'_z \sin E_i - a e P'_z + Z'_{\odot i} \end{aligned} \qquad \text{(XI)}$$

Prüfung aller mit * bezeichneten Größen durch Differenzenbildung im Sinne IV—III = II — I.

$$\begin{aligned} (\alpha_i^{II} - \alpha_i^{I})\,x + (\alpha_i^{III} - \alpha_i^{I})\,y &= \alpha_i - \alpha_i^{I} \\ (\delta_i^{II} - \delta_i^{I})\,x + (\delta_i^{III} - \delta_i^{I})\,y &= \delta_i - \delta_i^{I} \end{aligned} \qquad \text{(XII)}$$

Bestimmung der Unbekannten x und y nach den Regeln der Ausgleichungsrechnung.

$$\begin{aligned} \Delta_1 &= (\Delta_1) + 1000\, x\, 10^{-6} \\ \Delta_2 &= (\Delta_2) + 1000\, y\, 10^{-6} \end{aligned} \qquad \text{(XIII)}$$

Mit diesen verbesserten Werten der Entfernungen werden die Formelsysteme (I) bis (XI) erneut durchgerechnet und so die verbesserten Elemente und die neue Darstellung der benutzten Beobachtungen ermittelt (siehe auch die Ausführungen auf S. 297).

b) Für logarithmisches Rechnen (Ekliptik). Über die Auswahl der festzuhaltenden wie der übrigen Beobachtungen siehe die Ausführungen auf S. 296.

6stellige Rechnung.

Ausgangsdaten: $t_1,\ \lambda_1,\ \beta_1,\ L_1,\ R_1 \qquad t_2,\ \lambda_2,\ \beta_2,\ L_2,\ R_2.$

Die Reduktion dieser Größen findet analog den Ausführungen in Abschnitt 7 statt.

Mit Benutzung dieser Größen berechnet man

Elemente I	mit	$\lg(\Delta_1)$	$\lg(\Delta_2)$
II	„	$\lg[(\Delta_1) + 1000\cdot 10^{-6}]$	$\lg(\Delta_2)$
III	„	$\lg(\Delta_1)$	$\lg[(\Delta_2) + 1000\cdot 10^{-6}]$
IV	„	$\lg[(\Delta_1) + 1000\cdot 10^{-6}]$	$\lg[(\Delta_2) + 1000\cdot 10^{-6}]$

nach

$$\begin{aligned} \varrho_1 &= \Delta_1 \cos\beta_1 \\ r_1 \cos b_1 \cos(l_1 - L_1) &= \varrho_1 \cos(\lambda_1 - L_1) + R_1 \\ r_1 \cos b_1 \sin(l_1 - L_1) &= \varrho_1 \sin(\lambda_1 - L_1) \\ r_1 \sin b_1 &= \varrho_1 \operatorname{tg}\beta_1 \\ \varrho_2 &= \Delta_2 \cos\beta_2 \\ r_2 \cos b_2 \cos(l_2 - L_2) &= \varrho_2 \cos(\lambda_2 - L_2) + R_2 \\ r_2 \cos b_2 \sin(l_2 - L_2) &= \varrho_2 \sin(\lambda_2 - L_2) \\ r_2 \sin b_2 &= \varrho_2 \operatorname{tg}\beta_2 \end{aligned} \qquad \text{(I)}$$

$$\begin{aligned} \operatorname{tg} i \sin(l_1 - \Omega) &= \operatorname{tg} b_1 \\ \operatorname{tg} i \cos(l_1 - \Omega) &= \frac{\operatorname{tg} b_2 - \operatorname{tg} b_1 \cos(l_2 - l_1)}{\sin(l_2 - l_1)} \end{aligned} \qquad \text{(II)}$$

Kontrolle: $\operatorname{tg} i \sin(l_2 - \Omega) = \operatorname{tg} b_2$

$$* \quad \operatorname{tg} u_1 = \operatorname{tg}(l_1 - \Omega) \sec i \qquad \operatorname{tg} u_2 = \operatorname{tg}(l_2 - \Omega) \sec i \tag{III}$$

$$t_1^0 = t_1 - A\Delta_1 \qquad t_2^0 = t_2 - A\Delta_2 \tag{IV}$$

$\lg A = 7.76118_{-10}$ in Einheiten des mittl. Tages

$$\cos\gamma = \frac{2\sqrt{r_1 r_2}}{r_1 + r_2} \cos\tfrac{1}{2}(u_2 - u_1) \qquad \Gamma = \lg \frac{\sec\gamma}{\sec\gamma - 1} \tag{V}$$

$$\eta = \frac{(t_2^0 - t_1^0)^2}{(r_1 + r_2)^3}$$

$$\lg \bar{y} = a'\eta + a''\eta - b''\eta^2$$

$$\lg a' = 2.233886$$
$$\lg a'' = 2.61410 - \Gamma$$
$$\lg b'' = 9.03411_{-10}$$

$$* \quad \sqrt{p} = \frac{r_1 r_2 \sin(u_2 - u_1)}{k(t_2^0 - t_1^0)} \bar{y} \tag{VI}$$

$$q_1 = \frac{p}{r_1} - 1 \qquad q_2 = \frac{p}{r_2} - 1$$

$$\left.\begin{aligned} e\cos v_1 &= q_1 \\ e\sin v_1 &= \frac{q_1\cos(u_2 - u_1) - q_2}{\sin(u_2 - u_1)} \end{aligned}\right\} \tag{VII}$$

$$\omega = u_1 - v_1 \qquad v_2 = u_2 - \omega$$

Kontrolle: $p = r_2(1 + e\cos v_2)$

$$\sin\varphi = e \qquad a = p\sec\varphi^2$$

$$\left.\begin{aligned} \sin\tfrac{1}{2}(v_1 - E_1) &= \sin\tfrac{1}{2}\varphi\sqrt{\frac{r_1}{p}}\sin v_1 \\ \sin\tfrac{1}{2}(v_2 - E_2) &= \sin\tfrac{1}{2}\varphi\sqrt{\frac{r_2}{p}}\sin v_2 \end{aligned}\right\} \tag{VIII}$$

Kontrolle: $a\cos\varphi\sin\tfrac{1}{2}(E_2 - E_1) = \sqrt{r_1 r_2}\sin\tfrac{1}{2}(v_2 - v_1)$

$$M_1 = E_1 - e''\sin E_1 \qquad M_2 = E_2 - e''\sin E_2 \tag{IX}$$

$$\mu = \frac{k''}{a^{\frac{3}{2}}}$$

$$\lg e'' = \lg e + 5.314425 \qquad \lg k'' = 3.550007$$

Kontrolle: $\mu = \dfrac{M_2 - M_1}{t_2^0 - t_1^0}$

$$M_1 + \mu(t_0 - t_1^0) = M_0 = M_2 + \mu(t_0 - t_2^0)$$

Nachrechnung aller zur Bahnverbesserung zu benutzenden Beobachtungen λ_i, β_i, (6stellig, wenn die Beobachtungen der Ausgangserscheinung angehören, andernfalls 5- bzw. 4stellig) evtl. mit Berücksichtigung der Störungen mit den Elementen (I) bis (IV) nach

$$\left.\begin{aligned} M_i &= M_0 + \mu(t_i^0 - t_0) \\ E_i - e''\sin E_i &= M_i \end{aligned}\right\} \tag{X}$$

$$r_i \sin v_i = a \cos\varphi \sin E_i$$
$$r_i \cos v_i = a(\cos E_i - e)$$
$$* \quad u_i = v_i + \omega$$

$$\begin{aligned} \Delta_i \cos\beta_i \cos(\lambda_i - \Omega) &= r_i \cos u_i - R_i \cos(L_i - \Omega) \\ * \quad \Delta_i \cos\beta_i \sin(\lambda_i - \Omega) &= r_i \sin u_i \cos i - R_i \sin(L_i - \Omega) \\ \Delta_i \sin\beta_i &= r_i \sin u_i \sin i \end{aligned} \qquad \text{(XI)}$$

Prüfung aller mit * bezeichneten Größen durch Differenzenbildung im Sinne IV—III = II—I.

$$\begin{aligned} (\lambda_i^{II} - \lambda_i^{I})\,x + (\lambda_i^{III} - \lambda_i^{I})\,y &= \lambda_i - \lambda_i^{I} \\ (\beta_i^{II} - \beta_i^{I})\,x + (\beta_i^{III} - \beta_i^{I})\,y &= \beta_i - \beta_i^{I} \end{aligned} \qquad \text{(XII)}$$

Bestimmung der Unbekannten x und y nach den Regeln der Ausgleichungsrechnung.

$$\begin{aligned} \lg \Delta_1 &= \lg[(\Delta_1) + 1000\,x \cdot 10^{-6}] \\ \lg \Delta_2 &= \lg[(\Delta_2) + 1000\,y \cdot 10^{-6}] \end{aligned} \qquad \text{(XIII)}$$

Mit diesen verbesserten Werten der Entfernungen werden die Formelsysteme (I) bis (XII) erneut durchgerechnet und so die verbesserten Elemente und die neue Darstellung der benutzten Beobachtungen ermittelt (siehe die Ausführungen auf S. 297).

§ 96. Beispiel.

(Für logarithmische Rechnung.)

Für den Planeten 960 [1921 KH] war aus den Beobachtungen 1921 Okt. 1, 25, Nov. 26 eine erste Bahn abgeleitet, mit deren Verwendung die Vorausberechnung in der nächsten beobachteten Opposition 1924 von der Beobachtung stark abwich. Die Aufgabe besteht in der Ableitung verbesserter Elemente ohne Berücksichtigung von Störungen nach der Methode der Variation der geozentrischen Distanzen. Es soll angestrebt werden, die Beobachtungen der Opposition 1921 möglichst streng, die der Opposition 1924 genähert darzustellen.

Der vorliegenden ersten Bahn werden die Grundlagen

	1921 Okt. 1		1921 Nov. 26
t_1^0*	1.41642	t_2^0*	57.39183
λ_1	26°18′42″.8	λ_2	16°52′12″.7
tg β_1	8.922582	tg β_2	8.659097
L_1	8°10′ 8″.7	L_2	64° 6′ 9″.1
lg R_1	0.000307	lg R_2	9.994157
lg Δ_1	9.986576	lg Δ_2	0.088214

entnommen, die die (unten folgenden) Elemente I ergaben. Mit Benutzung dieser Daten und den Werten der Entfernungen

	lg Δ_1	lg Δ_2
II	9.987576	0.088214
III	9.986576	0.089214
IV	9.987576	0.089214

* M. Z. Gr. — $A\,\Delta_i$.

werden zunächst 3 weitere Elementensysteme II, III, IV abgeleitet. Die Rechnung ergibt die Zwischenresultate

	I	II	III	IV	(IV–III)–(II–I)
$l_1 - L_1$	+ 8°9109	+ 8°9214	+ 8°9109	+ 8°9214	0°0000
$l_2 - L_2$	−26.3035	−26.3035	−26.3319	−26.3319	0.0000
$u_2 - u_1$	20.7221	20.7116	20.6936	20.6833	+0.0002
r_1	0.288692	0.289184	0.288692	0.289184	0.000000
r_2	0.307164	0.307164	0.307728	0.307728	0.000000
$\bar{y}$	0.008635	0.008620	0.008618	0.008603	0.000000
p	0.339426	0.339964	0.339380	0.339920	+0.000002

und die Elemente

	Epoche t_0 = 1921 Okt. 1.5 M. Z. Gr.				Präz.
M	30°0608	29°4980	30°7171	30°1816	
ω	86.2061	87.2203	85.1020	86.0887	−0°007
☊	249.3412	249.2531	249.3542	249.2661	+0.049
i	3.0129	3.0204	3.0123	3.0199	0.000
φ	9.5226	9.3990	9.6797	9.5533	
μ	1053″880	1053″055	1052″576	1051″798	
lg a	0.351478	0.351704	0.351836	0.352050	

Ekliptik und mittleres Äquinoktium 1921.0.

Die rechts neben den Elementen stehenden Werte stellen die Präzession zur Übertragung der 3 Elemente vom Äquinoktium 1921.0 auf 1924.0 dar.

Die zur Verbesserung zu benutzenden Beobachtungen lauten in geozentrische Längen und Breiten verwandelt

	1921 Okt. 25			1924 Juli 1	
t_3	25.38007		t_4	1.50	
λ_3	20°4129	1921.0	λ_4	292°10	1924.0
β_3	+ 4.1031		β_4	+3.64	

Für die Zeiten t_3^0 und t_4^0 werden nun mit den obigen 4 Elementensystemen und den Werten der Längen und Radienvektoren für die Zeiten t_3 = 25.37433 M. Z. Gr. und $t_4 = t_4^0$ die Örter berechnet:

	I	II	III	IV	(IV–III)–(II–I)
λ_3	20°4124	20°4206	20°4082	20°4157	−0°0007
β_3	+4.1031	+4.1041	+4.1014	+4.1024	0.0000
λ_4	293°10	293.26	291.14	291.38	+0.08
β_4	+3.68	+3.69	+3.62	+3.63	0.00

Man erhält also die Bedingungsgleichungen

$$\text{für 1921 Okt. 25} \left\{ \begin{array}{l} +0.0082\,x - 0.0042\,y = +0.0005 \\ +0.0010\,x - 0.0017\,y = \pm 0.0000 \end{array} \right.$$

$$\text{für 1924 Juli 1} \left\{ \begin{array}{l} +0.16\,x - 1.96\,y = -1.00 \\ +0.01\,x - 0.06\,y = -0.04 \end{array} \right.$$

Ihre Auflösung nach den Unbekannten x und y nach der Methode der kleinsten Quadrate aus den 4 Gleichungen, oder — wenn zulässig — bequemer (wie es hier geschehen ist) durch lineare Auflösung der beiden Gleichungen aus den Längen ergibt

$$x = +0.340 \qquad y = +0.537$$

und damit die verbesserten Entfernungen

$$\lg \Delta_1 = 9.986916 \qquad \lg \Delta_2 = 0.088751.$$

Mit diesen werden die verbesserten Elemente

Epoche t_0 = 1921 Okt. 1.5 M. Z. Gr.

M_0	30°2310	ω	85°9494	Ekliptik
φ	9.5637	☊	249.3185	Mittl. Äquin.
μ	1052″910	i	3.0151	1921.0
lg a	0.351744			

und damit die neue Darstellung der beiden zur Verbesserung benutzten Beobachtungen

	1921 Okt. 25	1924 Juli 1
$\cos\beta d\lambda$	+0°0002	+0°01
$d\beta$	+0.0005	−0.01

berechnet.

Die verbesserten Elemente stellen also jetzt die Beobachtungen von 1921 Okt. 25 und 1924 Juli 1 sehr gut, außerdem die von 1921 Okt. 1 und Nov. 26 natürlich völlig dar.

22. Abschnitt.

Die Methode von Tietjen.

§ 97. Beziehungen zwischen Beobachtungen und Elementen.

In einem rechtwinkligen heliozentrischen Koordinatensystem seien die Koordinaten eines Gestirns x, y, z. Die Lage der xy-Ebene soll zunächst noch unbestimmt gelassen werden; die positive z-Achse sei auf derjenigen Seite der xy-Ebene angenommen, auf der der nördliche Himmelspol liegt.

Bezogen auf ein geozentrisches Koordinatensystem, dessen Achsen denen des Systems xyz parallel sind, seien die Koordinaten der Sonne $X_\odot$, $Y_\odot$, $Z_\odot$, die Polarkoordinaten des Gestirns Δ, G, g. Δ ist die geozentrische Entfernung; G und g sind Koordinaten, die in bezug auf die xy-Ebene dasselbe bedeuten, was geozentrische Länge und Breite λ, β in bezug auf die Ekliptik, oder was Rektaszension und Deklination α, δ in bezug auf den Äquator sind. Zwischen diesen Größen bestehen entsprechend den Gl. (3. 14) die Beziehungen

$$\begin{aligned} \Delta \cos g \cos G - X_\odot &= x \\ \Delta \cos g \sin G - Y_\odot &= y \\ \Delta \sin g \qquad - Z_\odot &= z. \end{aligned} \tag{1}$$

G, g, $X_\odot$, $Y_\odot$, $Z_\odot$ lassen sich aus gegebenen Daten in folgender Weise ableiten.

Als positive x-Achse sei die Richtung nach dem aufsteigenden Knoten der xy-Ebene mit der Ekliptik eingeführt. Bezeichnet man die Knotenlänge mit ☊, die Neigung der xy-Ebene gegen die Ekliptik mit i, so hat man zwischen den Polarkoordinaten G, g und λ, β nach Gl. (3.28) die Beziehungen

$$\begin{aligned}
\cos g \cos G &= \cos\beta \cos(\lambda - \Omega) \\
\cos g \sin G &= \cos\beta \sin(\lambda - \Omega)\cos i + \sin\beta \sin i \\
\sin g \quad &= -\cos\beta \sin(\lambda - \Omega)\sin i + \sin\beta\cos i.
\end{aligned} \tag{2}$$

Bequemer ist es, die Größen unmittelbar aus den Beobachtungen Rektaszension α und Deklination δ abzuleiten. Das gelingt in folgender Weise. Ω' sei der aufsteigende Knoten der xy-Ebene mit der Äquatorebene, i' die Neigung beider Ebenen, σ der Winkel zwischen den Knotenlinien der xy-Ebene mit Ekliptik und Äquator. Wird $G_1 = G + \sigma$ gesetzt, so ist

$$\begin{aligned}
\cos g \cos G_1 &= \cos\delta \cos(\alpha - \Omega') \\
\cos g \sin G_1 &= \cos\delta \sin(\alpha - \Omega')\cos i' + \sin\delta \sin i' \\
\sin g \quad &= -\cos\delta \sin(\alpha - \Omega')\sin i' + \sin\delta \cos i'.
\end{aligned} \tag{3}$$

Ω', i', σ leitet man aus den ekliptikalen Elementen Ω und i nach

$$\begin{aligned}
\cos\tfrac{1}{2} i' \sin\tfrac{1}{2}(\Omega' + \sigma) &= \sin\tfrac{1}{2}\Omega \cos\tfrac{1}{2}(i - \varepsilon) \\
\cos\tfrac{1}{2} i' \cos\tfrac{1}{2}(\Omega' + \sigma) &= \cos\tfrac{1}{2}\Omega \cos\tfrac{1}{2}(i + \varepsilon) \\
\sin\tfrac{1}{2} i' \sin\tfrac{1}{2}(\Omega' - \sigma) &= \sin\tfrac{1}{2}\Omega \sin\tfrac{1}{2}(i - \varepsilon) \\
\sin\tfrac{1}{2} i' \cos\tfrac{1}{2}(\Omega' - \sigma) &= \cos\tfrac{1}{2}\Omega \sin\tfrac{1}{2}(i + \varepsilon)
\end{aligned} \tag{4}$$

ab.

Die Sonnenkoordinaten $X_\odot$, $Y_\odot$, $Z_\odot$ gewinnt man aus Gleichungen, die den Gl. (2) ganz analog sind. Bezeichnet man die ekliptikale geozentrische Länge und Breite der Sonne mit $L_\odot$ und $B_\odot$, den Radiusvektor mit R, und führt man endlich eine Hilfsgröße N_0 durch

$$N_0 = B''_\odot \operatorname{cosec}(L_\odot - \Omega)$$

ein, so wird wegen der Kleinheit von $B_\odot$ mit hinreichender Strenge (von der unmittelbaren Umgebung der singulären Stelle $L_\odot = \Omega$ abgesehen)

$$\begin{aligned}
X_\odot &= R\cos(L_\odot - \Omega) \\
Y_\odot &= R\sin(L_\odot - \Omega)\cos(N_0 - i) \\
Z_\odot &= R\sin(L_\odot - \Omega)\sin(N_0 - i)
\end{aligned} \tag{5}$$

$L_\odot$, $B_\odot$, $\lg R$ sind im B. J. gegeben.

Die Neigung der Bahnebene des Gestirns gegen die xy-Ebene sei J, ihr aufsteigender Knoten gegen diese Ebene K, der Winkel zwischen Radiusvektor r und der Knotenlinie sei U. Zwischen diesen Größen bestehen die den Gl. (1.66) analogen Beziehungen. Setzt man hierin $\cos J = 1 - 2\sin\frac{1}{2}J^2$, so kann man ihnen die Form geben

$$\begin{aligned}
x &= r\cos(U + K) + 2r\sin U \sin K \sin\tfrac{1}{2}J^2 \\
y &= r\sin(U + K) - 2r\sin U \cos K \sin\tfrac{1}{2}J^2 \\
z &= r\sin U \sin J.
\end{aligned} \tag{6}$$

Diese Gleichungen lassen sich bedeutend vereinfachen, wenn man die

xy-Ebene so nahe mit der Bahnebene des Gestirns zusammenfallen läßt, daß die vorläufigen Werte von Ω und i als Näherungswerte der wirklichen Werte gelten können. Dann ist J ein sehr kleiner Winkel. Vernachlässigt man in erster Näherung die mit $\sin\frac{1}{2}J^2$ multiplizierten Glieder, so gehen die Gl. (6) über in die Beziehungen

$$\begin{aligned} x &= r\cos(U+K) = r\cos u \\ y &= r\sin(U+K) = r\sin u \\ z &= r\sin U\sin J = r\sin(u-K)\sin J, \end{aligned} \tag{7}$$

worin für $U+K$ das Argument der Breite u gesetzt ist. Dieses ist aber nicht wie üblich von $\Omega + d\Omega$, sondern von einem Punkte (Ω) gezählt, für den $K(\Omega) = K\Omega$ ist (siehe Abb. 21).

Setzt man diese Ausdrücke in Gl. (1) ein, so erhält man die einfachen Beziehungen

$$\begin{aligned} \Delta\cos g\cos G - X_\odot &= r\cos u \\ \Delta\cos g\sin G - Y_\odot &= r\sin u \end{aligned} \tag{8}$$

$$\Delta\sin g \qquad - Z_\odot = r\sin(u-K)\sin J. \tag{9}$$

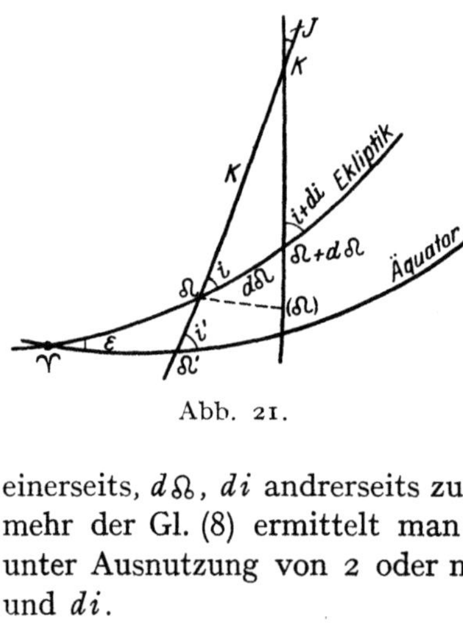

Abb. 21.

Bezeichnet man die vom Punkte (Ω) aus gezählte Länge des Perihels mit ω_1, mit v die wahre Anomalie, so wird $u = v + \omega_1$.

Da r und v nur von den Elementen mittlere Anomalie M, mittlere tägliche Bewegung μ, Exzentrizitätswinkel φ abhängen, so sind die Gl. (8) unabhängig von den Bahnlageelementen Ω und i. Man erkennt, daß es gelingt, die 6 unbekannten Elementenverbesserungen in 2 Gruppen $d\mu$, $d\varphi$, $d\omega_1$, dM einerseits, $d\Omega$, di andrerseits zu trennen. Unter Ausnutzung von 4 oder mehr der Gl. (8) ermittelt man zunächst $d\mu$, $d\varphi$, $d\omega_1$, dM, sodann unter Ausnutzung von 2 oder mehr der Gl. (9) die Verbesserungen $d\Omega$ und di.

§ 98. Bedingungsgleichungen für die Bestimmung verbesserter elliptischer Elemente.

a) Die Bedingungsgleichungen für die Elemente μ, φ, ω_1, M. Die Differentiation der Gl. (8) ergibt, da $X_\odot$ und $Y_\odot$ als konstant zu betrachten sind,

$$\begin{aligned} \Delta\cos g\,dG &= r\cos(G-u)\,du - \sin(G-u)\,dr \\ d(\Delta\cos g) &= r\sin(G-u)\,du + \cos(G-u)\,dr\,. \end{aligned} \tag{10}$$

Nun ist

$$\begin{aligned} dr &= \frac{\partial r}{\partial\mu}d\mu + \frac{\partial r}{\partial\varphi}d\varphi + \frac{\partial r}{\partial M}dM \\ du &= \frac{\partial v}{\partial\mu}d\mu + \frac{\partial v}{\partial\varphi}d\varphi + d\omega_1 + \frac{\partial v}{\partial M}dM\,. \end{aligned} \tag{11}$$

Die in Gl. (11) auftretenden partiellen Differentialquotienten gewinnt man aus den bekannten Gleichungen

$$M = M_0 + \mu (t - t_0) \qquad E - \sin\varphi \sin E = M \qquad r = a(1 - \sin\varphi \cos E)$$

$$r \sin v = a \cos\varphi \sin E \qquad r \cos v = a(\cos E - e).$$

Differenziert man und setzt

$$\begin{aligned}
\frac{\partial r}{\partial \mu} &= a \operatorname{tg}\varphi \sin v\,(t - t_0) - \frac{2r}{3\mu \sin 1''} = A_1 \sin A_2 \\
\frac{\partial r}{\partial \varphi} &= -a \cos\varphi \cos v = B_1 \sin B_2 \\
\frac{\partial r}{\partial M} &= a \operatorname{tg}\varphi \sin v = D_1 \sin D_2 \\
r\frac{\partial v}{\partial \mu} &= a \cos\varphi \frac{a}{r}(t - t_0) = A_1 \cos A_2 \\
r\frac{\partial v}{\partial \varphi} &= (p + r) \sin v \sec\varphi = B_1 \cos B_2 \\
r\frac{\partial v}{\partial M} &= a \cos\varphi \frac{a}{r} = D_1 \cos D_2
\end{aligned} \tag{12}$$

$$\begin{aligned}
A_1 \cos(G - u + A_2) &= A_c & A_1 \sin(G - u + A_2) &= A_s \\
B_1 \cos(G - u + B_2) &= B_c & B_1 \sin(G - u + B_2) &= B_s \\
r \cos(G - u) &= C_c & r \sin(G - u) &= C_s \\
D_1 \cos(G - u + D_2) &= D_c & D_1 \sin(G - u + D_2) &= D_s,
\end{aligned}$$

so erhält man für die 4 Elemente μ, φ, ω_1, M die Bedingungsgleichungen

$$A_c d\mu + B_c d\varphi + C_c d\omega_1 + D_c dM = \Delta \cos g\, dG \tag{13}$$

$$A_s d\mu + B_s d\varphi + C_s d\omega_1 + D_s dM = d(\Delta \cos g). \tag{14}$$

Die Abweichungen dG könnte man aus Differentialformeln bestimmen. Bequemer geschieht es auf folgende Weise. Nach den Gl. (2) oder (3) berechnet man die aus den Beobachtungen abzuleitenden Größen G_B. Mit den vorläufigen Elementen leitet man nach bekannten Formeln r, $u = v + \omega$ und dann G_R nach den Gl. (8) ab. Damit bildet man $dG = G_B - G_R$.

Aus den Gl. (13) bestimmt man dann nach den Regeln der Ausgleichungsrechnung die unbekannten Verbesserungen $d\mu$, $d\varphi$, $d\omega_1$, dM, die man zu den vorläufigen Elementen μ, φ, ω, M hinzufügt, um die verbesserten Elemente μ, φ, ω_1, M zu erhalten.

b) Die Bedingungsgleichungen für die Elemente ☊ und *i*. Gl. (9) kann man schreiben

$$r \sin(u - K) \sin J = \Delta \cos g \operatorname{tg} g - Z_\odot.$$

Hierin soll $\Delta \cos g$ den nach Gl. (8) mit verbesserten Elementen erhaltenen Wert darstellen. Bestimmt man g_1 aus

$$\operatorname{tg} g_1 = \frac{Z_\odot}{\Delta \cos g},$$

worin $\Delta \cos g$ der oben gefundene Wert ist, so ist mit ausreichender Genauigkeit

$$r \sin(u - K) \sin J = \frac{\Delta}{\cos g} (g - g_1) \sin 1''. \tag{15}$$

Führt man in dem Ausdruck für $\operatorname{tg} g_1$ nicht die direkt aus den verbesserten Elementen berechneten Werte $\Delta \cos g$, sondern die mit den vorläufigen Elementen berechneten Werte $(\Delta \cos g)_R$ nebst den aus Gl. (14) berechneten Verbesserungen $d(\Delta \cos g)$ ein, so hat man mit dem nach Gl. (2) bestimmten Wert von g_B

$$r \sin(u - K) \sin J = \operatorname{tg} g_B [(\Delta \cos g)_R + d(\Delta \cos g)] - Z_\odot,$$

oder wenn

$$\operatorname{tg} g_R = \frac{Z_\odot}{(\Delta \cos g)_R}$$

gesetzt wird,

$$r \sin(u - K) \sin J - \operatorname{tg} g_B [A_s d\mu + B_s d\varphi + C_s d\omega_1 + D_s dM] \sin 1''$$
$$= \frac{\Delta_R}{\cos g_B} (g_B - g_R) \sin 1''. \tag{16}$$

Hierin sind für $d\mu$, $d\varphi$, $d\omega_1$, dM die aus Gl. (13) folgenden Werte einzuführen.

Die Gl. (15) dienen nun zur Bestimmung der Zwischenunbekannten K und J, die die wirkliche Bahn des Gestirns festlegen. Die Beziehungen zwischen diesen Größen und den ekliptikalen Elementen ω, Ω, i ergeben sich aus den sphärischen Dreiecken, die von K, Ω und $\Omega + d\Omega$ einerseits, Ω, $\Omega + d\Omega$, (Ω) andererseits gebildet werden. Hierin ist $\Omega K = K$, $\Omega + d\Omega - \Omega = d\Omega$, $(\Omega)\, \Omega + d\Omega = \omega - \omega_1 = d\omega$. Man erhält hieraus

$$\begin{aligned} \sin i \, d\Omega \sin 1'' &= \sin J \sin K \\ di \sin 1'' &= \sin J \cos K \\ d\omega &= -\cos i \, d\Omega. \end{aligned} \tag{17}$$

Führt man diese Ausdrücke in Gl. (15) ein, so erhält man die Bedingungsgleichungen für die Verbesserungen $\sin i \, d\Omega$ und di

$$-r \cos u \cdot \sin i \, d\Omega + r \sin u \cdot di = \frac{\Delta}{\cos g} (g_B - g_1). \tag{18}$$

Die Unbekannten werden dann gleichfalls nach den Regeln der Ausgleichungsrechnung ermittelt. Die verbesserten Elemente ω, Ω, i ergeben sich dann durch Hinzufügung der Verbesserungen $d\omega$, $d\Omega$, di zu den Elementen ω_1, Ω, i.

Damit sind die 6 unbekannten Elementenverbesserungen getrennt in 2 Gruppen bestimmt.

Streng genommen hätte man die Gl. (18), (16), (13) gleichzeitig auflösen müssen. Nun ist aber der Faktor $\operatorname{tg} g_B$ klein. Infolgedessen sind auch die Koeffizienten der Elementenverbesserungen in Gl. (16) kleine Größen, die im allgemeinen praktisch ohne Einfluß sind. Das strenge Auflösungsverfahren empfiehlt sich nur dann, wenn die nach den Gl. (13) aufgestellten Bedingungsgleichungen so wenig voneinander verschieden sind, daß eine gesicherte Bestimmung der Unbekannten gefährdet erscheint.

Aus der genäherten Beziehung

$$\varDelta \sin g = Z_\odot = -R \sin(L_\odot - \Omega) \sin i$$

folgt, daß im allgemeinen dem absoluten Werte nach

$$\varDelta \sin g < \sin i \qquad \text{also} \qquad g < \frac{i}{\varDelta}$$

ist. Die getrennte Bestimmung der Unbekannten ist um so gesicherter, je kleiner i ist.

Bei den kleinen Planeten, deren Neigungen gegen die Ekliptik mit geringen Ausnahmen klein sind, kann die getrennte Berechnung der 6 Unbekannten nach den Gl. (13) und (18) unbedenklich erfolgen. Sie hat in der Vorbereitungsrechnung wie namentlich im Ausgleichungsprozeß ganz erhebliche Erleichterungen gegenüber der strengen Auflösung im Gefolge.

Sind die Verbesserungen der vorläufigen Elemente sehr groß, so kann es vorkommen, daß die einmalige Verbesserung noch nicht genügt. Die zweite Näherung führt man in der Weise durch, daß man mit Hilfe der nach Gl. (17) gefundenen Werte von $\sin i\, d\Omega$ und di nach Gl. (15) K und J berechnet, diese in die aus der Verbindung der Gl. (1) und (6) folgenden strengen Gleichungen

$$\begin{aligned} \varDelta \cos g \cos G &= r \cos u + 2r \sin(u - K) \sin K \sin \tfrac{1}{2} J^2 + X_\odot \\ \varDelta \cos g \sin G &= r \sin u - 2r \sin(u - K) \cos K \sin \tfrac{1}{2} J^2 + Y_\odot \end{aligned} \tag{19}$$

einsetzt und daraus G_R ableitet. Eine neue Berechnung der Differentialquotienten wird kaum jeweils notwendig sein.

c) Die Bedingungsgleichungen für genäherte Rechnung. Eine ganz erhebliche weitere Abkürzung der Rechnung läßt sich bei geringeren Ansprüchen an die Genauigkeit des Resultates in folgender Weise erreichen.

In der auf die Bahnebene bezogenen Opposition ist die S. 304 definierte geozentrische Koordinate G gleich dem Argument der Breite u.

Wählt man nun unter den Beobachtungen — Normalorte kommen hier gar nicht in Betracht — diejenigen aus, die der Voraussetzung $G = u$ genügen und setzt man bei Bildung der Koeffizienten $\cos g = 1$, so vereinfacht sich das obige Formelsystem ganz wesentlich. Siehe die Formelzusammenstellung für genäherte Rechnung.

Die Abweichungen $\cos g\; dG$ und dg werden hier zweckmäßig nach Differentialformeln aus den $\cos\delta\; d\alpha$ und $d\delta$ abgeleitet. Differenziert man die Gl. (3) und setzt

$$\begin{aligned} \sin\delta\sin i'\sin(\alpha-\Omega')+\cos\delta\cos i' &= \cos g\cos F \\ \sin i'\cos(\alpha-\Omega') &= \cos g\sin F\,, \end{aligned} \tag{20}$$

so wird

$$\begin{aligned} \cos g\,dG &= \cos F\cdot\cos\delta\,d\alpha+\sin F\cdot d\delta \\ dg &= -\sin F\cdot\cos\delta\,d\alpha+\cos F\cdot d\delta\,. \end{aligned} \tag{21}$$

Die Umwandlung der ekliptikalen in äquatoriale Bahnlagelemente kann mit einer bequemen Hilfstafel erfolgen.

Für die Praxis liegt in der Voraussetzung $G=u$ keine nennenswerte Einschränkung. Die kleinen Planeten werden dadurch, daß die Vorausberechnung nur für die Umgebung der Opposition gegeben wird, notgedrungen fast ausnahmslos in der Nähe der Opposition beobachtet. Beobachtungen, die innerhalb einiger Wochen in der Umgebung der Opposition liegen, kann man unbedenklich verwenden.

Der Vorteil der Näherungsformeln liegt einmal in der sehr starken Einschränkung des Arbeitsaufwandes, sodann in der Möglichkeit, daß man schon aus 4 in 4 verschiedenen Oppositionen gelegenen rohen Positionen verbesserte Elemente erzielt, die für die Vorausberechnung in der bei den Oppositionsephemeriden üblichen Genauigkeit ausreichend sind und eine brauchbare Grundlage für eine genaue Störungsrechnung und die weitere Verbesserung geben.

Da mit geringen Ausnahmen die Bahnebenen der kleinen Planeten durch die vorangegangenen elliptischen Bahnbestimmungen für die Zwecke der genäherten Rechnung hinreichend gesichert sind, so ist in den seltensten Fällen eine Verbesserung von Ω und i erforderlich.

§ 99. Formelzusammenstellung für genaue Rechnung.

Gegeben seien die zu verbessernden vorläufigen Elemente M, φ, μ lg a, ω, Ω, i (Ekliptik), n Beobachtungen α_n, δ_n, die zugehörigen Zeiten t_n und Sonnenkoordinaten $L_{\odot n}$, $B_{\odot n}$, lg R_n (aus dem B. J.). Elemente, Sonnenkoordinaten und Beobachtungen müssen auf das gleiche mittlere Äquinoktium bezogen sein.

Zur Verbesserung benutzt man, wenn hohe Genauigkeit erwartet wird, möglichst Normalorte.

a) Bildung eines Normalortes. Für eine Gruppe von zeitlich nahe beieinander gelegenen Beobachtungen leitet man aus den im Sinne Beobachtung minus Rechnung gebildeten Abweichungen $\Delta\alpha_n$, $\Delta\delta_n$ die Mittel

$$\Delta\alpha_m=\frac{\Delta\alpha_1+\Delta\alpha_2+\cdots\Delta\alpha_n}{n}\qquad \Delta\delta_m=\frac{\Delta\delta_1+\Delta\delta_2+\cdots\Delta\delta_n}{n}$$

ab und setzt diese als Ephemeridenkorrektion für das Mittel der Zeiten

$$t=\frac{t_1+t_2+\cdots t_n}{n}$$

an. Der Bequemlichkeit halber empfiehlt es sich, diesen Moment t auf einen benachbarten Mittag oder Mitternacht zu legen. Bezeichnet man die Koordinaten der Ephemeride für diesen Moment mit α_E, δ_E, so sind die nach

$$\alpha = \alpha_E + \Delta\alpha_m \qquad \delta = \delta_E + \Delta\delta_m$$

berechneten Koordinaten die Beobachtungen des gesuchten Normalortes für diese Zeit t.

Bei der Bildung eines Normalortes wird vorausgesetzt, daß der Gang in den $\Delta\alpha_n$, $\Delta\delta_n$ der Zeit proportional verläuft. Je besser die vorläufigen Elemente sind, um so mehr Beobachtungen können in einen Normalort zusammengefaßt werden, also um so mehr kann die Zahl der Normalorte vermindert werden.

b) Die Bedingungsgleichungen für die Elemente μ, φ, ω_1, M. Die Formelsysteme (I) bis (IV) werden 6- oder 7stellig durchgerechnet. Zunächst verwandelt man die ekliptikalen Elemente ω, ☊, i nach

$$\begin{aligned}
\cos\tfrac{1}{2}i' \sin\tfrac{1}{2}(☊' + \sigma) &= \sin\tfrac{1}{2}☊ \cos\tfrac{1}{2}(i - \varepsilon)\\
\cos\tfrac{1}{2}i' \cos\tfrac{1}{2}(☊' + \sigma) &= \cos\tfrac{1}{2}☊ \cos\tfrac{1}{2}(i + \varepsilon)\\
\sin\tfrac{1}{2}i' \sin\tfrac{1}{2}(☊' - \sigma) &= \sin\tfrac{1}{2}☊ \sin\tfrac{1}{2}(i - \varepsilon)\\
\sin\tfrac{1}{2}i' \cos\tfrac{1}{2}(☊' - \sigma) &= \cos\tfrac{1}{2}☊ \sin\tfrac{1}{2}(i + \varepsilon)
\end{aligned} \qquad \text{(I)}$$

in äquatoriale Werte.

Die weitere Rechnung wird für alle Normalorte durchgeführt.

$$\begin{aligned}
n' \sin N' &= \sin\delta & \cos g \cos G_1 &= \cos\delta \cos(\alpha - ☊')\\
n' \cos N' &= \cos\delta \sin(\alpha - ☊') & \cos g \sin G_1 &= n' \cos(N' - i')\\
\sin g &= n' \sin(N' - i') & G_B &= G_1 - \sigma.
\end{aligned} \qquad \text{(II)}$$

Zur Berechnung von G_B können auch die Gl. (8) benutzt werden, denen man für die logarithmische Rechnung die den Gl. (II) entsprechende Form gibt.

$$\begin{aligned}
N_0 &= B''_\odot \operatorname{cosec}(L_\odot - ☊)\\
X_\odot &= R\cos(L_\odot - ☊)\\
Y_\odot &= R\sin(L_\odot - ☊)\cos(N_0 - i)\\
Z_\odot &= R\sin(L_\odot - ☊)\sin(N_0 - i).
\end{aligned} \qquad \text{(III)}$$

Mit den vorläufigen Elementen berechnet man nun nach bekannten Formeln (siehe Abschnitt 15) r, v, $u = v + \omega$ und damit nach

$$\begin{aligned}
\Delta \cos g \cos G &= r\cos u + X_\odot\\
\Delta \cos g \sin G &= r\sin u + Y_\odot
\end{aligned} \qquad \text{(IV)}$$

G_R, $(\Delta\cos g)_R$ und $f = dG = G_B - G_R$.

Die weitere Rechnung kann 4- oder 5stellig erfolgen.

$$\left.\begin{aligned}
A_1 \sin A_2 &= a \operatorname{tg}\varphi \sin v\, (t - t_0) - \frac{2r}{3\mu \sin 1''} \\
A_1 \cos A_2 &= a \cos\varphi \frac{a}{r} (t - t_0) \\
B_1 \sin B_2 &= - a \cos\varphi \cos v \\
B_1 \cos B_2 &= (p + r) \sin v \sec\varphi \\
D_1 \sin D_2 &= a \operatorname{tg}\varphi \sin v \\
D_1 \cos D_2 &= a \cos\varphi \frac{a}{r}
\end{aligned}\right\} \qquad \text{(V)}$$

$$\left.\begin{aligned}
l &= \frac{A_1 \cos (G - u + A_2)}{(\Delta \cos g)_R} \\
m &= \frac{B_1 \cos (G - u + B_2)}{(\Delta \cos g)_R} \\
n &= \frac{r \cos (G - u)}{(\Delta \cos g)_R} \\
o &= \frac{D_1 \cos (G - u + D_2)}{(\Delta \cos g)_R}
\end{aligned}\right\} \qquad \text{(VI)}$$

worin

$$p = a \cos\varphi^2 \qquad \lg \frac{2}{3 \sin 1''} = 5.13833$$

Kontrollen: $\operatorname{tg} D_2 = \dfrac{\operatorname{tg}\varphi\, r \sin v}{a \cos\varphi} = \operatorname{tg}\varphi \sin E$

$$l = o\,(t - t_0) + \frac{1}{(\Delta \cos g)_R} \frac{2r \sin (G - u)}{3\mu \sin 1''}$$

$$m\,(\Delta \cos g)_R = a \sin E \cos (G - u) + a \cos\varphi \sin (G - \omega)$$

Für jeden Normalort bildet man nun je eine Bedingungsgleichung

$$l\,d\mu + m\,d\varphi + n\,d\omega_1 + o\,dM = f = dG \qquad \text{(VII)}$$

und löst sie nach den Unbekannten $d\mu$, $d\varphi$, $d\omega_1$, dM nach der Methode der kleinsten Quadrate auf.

Der Koeffizient l überwiegt im allgemeinen wegen des Faktors $t - t_0$ an Größe alle übrigen Koeffizienten. Setzt man aber $\frac{l}{c} d(c\mu)$ statt $l\,d\mu$, so kann man die Konstante c, die für alle Gleichungen dieselbe sein muß, so wählen (etwa $c = 1000$), daß der größte Koeffizient von $d(c\mu)$ von derselben Größenordnung wie die übrigen Koeffizienten wird.

Die verbesserten Elemente μ, φ, ω_1, M erhält man, indem man die Verbesserungen $d\mu$, $d\varphi$, $d\omega_1$, dM zu den vorläufigen Elementen μ, φ, ω, M hinzufügt.

c) Die Bedingungsgleichungen für $d\Omega$ und di. Mit diesen verbesserten Elementen rechnet man in 6- oder 7stelliger Rechnung die Formelsysteme (VIII) und (IX) durch. Nach bekannten Formeln ermittelt man zunächst r, v, $u=v+\omega_1$ und damit

$$\begin{aligned} \Delta \cos g \cos G &= r \cos u + X_{\odot} \\ \Delta \cos g \sin G &= r \sin u + Y_{\odot}\,. \end{aligned} \tag{VIII}$$

Man überzeugt sich nun, daß die hieraus erhaltenen Werte von G mit den G übereinstimmen, die sich aus den G_R unter Hinzufügung der nach Gl. (VII) gewonnenen dG ergeben haben. Ist Übereinstimmung vorhanden, so berechnet man nach

$$\operatorname{tg} g_1 = \frac{Z_{\odot}}{\Delta \cos g} \tag{IX}$$

g_1 und bildet damit die Differenz gegen den aus Gl. (II) erhaltenen beobachteten Wert g_B und zwar $g_B - g_1 = h$.

In 4stelliger Rechnung berechnet man dann

$$P = -\frac{\cos g}{\Delta} r \cos u \qquad Q = \frac{\cos g}{\Delta} r \sin u\,. \tag{X}$$

Für jeden Normalort bildet man nun je eine Bedingungsgleichung

$$P(\sin i\, d\Omega) + Q\, di = h \tag{XI}$$

und löst sie nach den Unbekannten $\sin i\, d\Omega$ und di nach der Methode der kleinsten Quadrate auf.

Die verbesserten Elemente ω, Ω, i erhält man, indem man die Verbesserungen $d\omega = -\cos i\, d\Omega$, $d\Omega$, di an die Elemente ω_1, Ω, i anbringt.

Bezüglich der Auflösung der Gl. (VII) und (XI) siehe die Ausführungen auf S. 314. Für den Ausgleichungsprozeß ist die Rechenmaschine ganz besonders geeignet.

§ 100. Formelzusammenstellung für genäherte Rechnung.

Gegeben seien die zu verbessernden vorläufigen Elemente M, φ, μ, $\lg a$, ω, Ω, i (Ekliptik), die Beobachtungen α, δ und die zugehörigen Zeiten t.

a) Die Bedingungsgleichungen. Nach den Formeln der Ephemeridenrechnung berechnet man 4stellig α und δ und ihre Abweichungen gegen die Beobachtungen $\Delta\alpha \cos\delta$, $\Delta\delta$ im Sinne Beobachtung minus Rechnung in Bruchteilen des Grades.

Die weitere Rechnung wird 3stellig geführt.

$$\begin{aligned} \cos g \cos F &= \sin i' \sin\delta \sin(\alpha - \Omega') + \cos i' \cos\delta \qquad \cos g > 0 \\ \cos g \sin F &= \sin i' \cos(\alpha - \Omega')\,. \end{aligned} \tag{I}$$

Die Umwandlung der ekliptikalen Elemente Ω, i in äquatoriale Ω', i' kann mit Benutzung einer Hilfstafel oder nach Gl. (4) geschehen.

$$f = \cos F \cdot \cos\delta\, d\alpha + \sin F \cdot d\delta\,. \tag{II}$$

Der Unterschied zwischen den f und den $\cos\delta\, d\alpha$ ist bei den normalen Planetenbahnen so gering, daß man ohne Bedenken die $\cos\delta\, d\alpha$ statt der f verwenden kann.

Die Koeffizienten der Bedingungsgleichungen werden nach

$$\begin{aligned} l &= a \cos\varphi \frac{a}{r} \frac{t - t_0}{3600} \frac{1}{\varDelta} \\ m &= (p + r) \sin v \sec\varphi \frac{1}{\varDelta} \\ n &= r \frac{1}{\varDelta} \\ o &= a \cos\varphi \frac{a}{r} \frac{1}{\varDelta} \end{aligned} \qquad \text{(III)}$$

berechnet. Für jede Beobachtung α bildet man je eine Bedingungsgleichung

$$l\,d\mu + m\,d\varphi + n\,d\omega + o\,dM = f \qquad \text{(IV)}$$

und löst sie nach den unbekannten Verbesserungen nach der Methode der kleinsten Quadrate (siehe unter b) auf. Wegen des Faktors 1 : 3600 ergibt sich μ in Bogensekunden.

Man erhält die verbesserten Elemente, indem man $d\mu$, $d\varphi$, $d\omega$, dM an die vorläufigen Elemente μ, φ, ω, M anbringt.

Zur Kontrolle der ganzen Rechnung ermittelt man mit den verbesserten Elementen r, v, $u = v + \omega$ und damit α und δ. Werden die α befriedigend dargestellt, so werden es im allgemeinen auch die δ. Zeigen sich in den α noch zu große Abweichungen, so setzt man diese in die Bedingungsgleichungen ein und löst erneut auf.

Zeigen sich trotz befriedigender Darstellung der α unbefriedigende Abweichungen in den δ, so müssen auch die Elemente Ω und i verbessert werden (siehe die entsprechenden Formeln in § 99). Dieser Fall tritt in der Praxis nur sehr selten auf, da durch die erste Bahnbestimmung die Bahnlageelemente genügend gesichert werden. Wäre das nicht der Fall, so würde eine Beobachtung in 4 verschiedenen Oppositionen kaum erfolgt sein.

b) Die Auflösung der Bedingungsgleichungen. Um für die Auflösung eine rechnerische Kontrolle zu haben, sei

$$\begin{aligned} l_1 + m_1 + n_1 + o_1 + f_1 &= s_1 \\ l_2 + m_2 + n_2 + o_2 + f_2 &= s_2 \\ \cdots\cdots\cdots\cdots \end{aligned}$$

gesetzt. Bildet man die für die Auflösung notwendigen Werte

$$\begin{aligned} (ll) &= l_1 l_1 + l_2 l_2 + \cdots \\ (lm) &= l_1 m_1 + l_2 m_2 + \cdots \\ \cdots\cdots&\cdots\cdots\cdots \\ (ls) &= l_1 s_1 + l_2 s_2 + \cdots, \end{aligned} \qquad \text{(V)}$$

so erhält man zur Kontrolle

$$\begin{aligned} (ll) + (lm) + (ln) + (lo) + (lf) &= (ls) \\ (ml) + (mm) + (mn) + (mo) + (mf) &= (ms) \\ \cdots\cdots\cdots\cdots\cdots\cdots&\cdots \\ (ol) + (om) + (on) + (oo) + (of) &= (os). \end{aligned}$$

Nachdem die Produktsummen gebildet sind, erhält man die Koeffizienten der Normalgleichungen, die in folgender Weise angeordnet werden

$$\begin{array}{cccccc} (ll) & (lm) & (ln) & (lo) & (lf) & (ls) \\ & (mm) & (mn) & (mo) & (mf) & (ms) \\ & & (nn) & (no) & (nf) & (ns) \\ & & & (oo) & (of) & (os). \end{array} \qquad \text{(VI)}$$

Im Falle logarithmischer Rechnung werden diese Werte so weit voneinander entfernt geschrieben, daß zwischen ihnen je eine Zeile frei bleibt. Unter die 1. Zeile werden die Logarithmen lg (ll), lg(lm) usw. geschrieben. Unter die 2. Zeile kommen die Zahlen von

$$\frac{(lm)}{(ll)}(lm), \quad \frac{(lm)}{(ll)}(ln), \quad \frac{(lm)}{(ll)}(lo), \quad \frac{(lm)}{(ll)}(lf), \quad \frac{(lm)}{(ll)}(ls),$$

unter die 3. Zeile die Zahlen von

$$\frac{(ln)}{(ll)}(ln), \quad \frac{(ln)}{(ll)}(lo), \quad \frac{(ln)}{(ll)}(lf), \quad \frac{(ln)}{(ll)}(ls)$$

unter die 4. Zeile die Zahlen von

$$\frac{(lo)}{(ll)}(lo), \quad \frac{(lo)}{(ll)}(lf), \quad \frac{(lo)}{(ll)}(ls).$$

Subtrahiert man diese Zahlen von den unmittelbar darüber stehenden und setzt

$$(mm) - \frac{(lm)}{(ll)}(lm) = (mm)_1 \qquad (mn) - \frac{(lm)}{(ll)}(ln) = (mn)_1 \quad \text{usw.}$$

$$(nn) - \frac{(ln)}{(ll)}(ln) = (nn)_1 \qquad (no) - \frac{(ln)}{(ll)}(lo) = (no)_1 \quad \text{usw.}$$

usw.,

so erhält man ein 2. dem 1. ganz analoges Schema, das nun ebenso behandelt wird. Man bildet

$$(nn)_1 - \frac{(mn)_1}{(mm)_1}(mn)_1 = (nn)_2 \qquad (no)_1 - \frac{(mn)_1}{(mm)_1}(mo)_1 = (no)_2 \quad \text{usw.}$$

und erhält wieder ähnliche Gleichungen, usw.

Dabei ist stets

$$\begin{aligned} (mm)_1 + (mn)_1 + (mo)_1 + (mf)_1 &= (ms)_1 \\ (nm)_1 + (nn)_1 + (no)_1 + (nf)_1 &= (ns)_1 \\ (om)_1 + (on)_1 + (oo)_1 + (of)_1 &= (os)_1 \\ (nn)_2 + (no)_2 + (nf)_2 &= (ns)_2 \\ (on)_2 + (oo)_2 + (of)_2 &= (os)_2 \\ (oo)_3 + (of)_3 &= (os)_3. \end{aligned}$$

Die Endgleichung ist

$$(oo)_3 \cdot dM = (of)_3 \qquad \text{(VII)}$$

aus der dM bestimmt wird. Sodann wird

$$\begin{aligned} d\omega &\text{ aus } (nn)_2\, d\omega + (no)_2\, dM = (nf)_2 \\ d\varphi &\text{ aus } (mm)_1\, d\varphi + (mn)_1\, d\omega + (mo)_1\, dM = (mf)_1 \\ d\mu'' &\text{ aus } (ll)\, d\mu + (lm)\, d\varphi + (ln)\, d\omega + (lo)\, dM = (lf) \end{aligned} \qquad \text{(VII)}$$

ermittelt.

Als Kontrolle wendet man die Beziehung

$$(lo)\, d\mu'' + (mo)\, d\varphi + (no)\, d\omega + (oo)\, dM = (of)$$

an (Gesamtkontrolle siehe unter a).

§ 101. Beispiel

(Zur genäherten Bahnverbesserung für logarithmisches Rechnen.)

Mit Benutzung von 6 rohen Positionen aus 6 verschiedenen Oppositionen soll eine genäherte Bahnverbesserung mit Berücksichtigung von genäherten Jupiterstörungen für den Planeten 931 Whittemora ausgeführt werden.

Gegeben seien die Ausgangselemente (vgl. S. 121).

Epoche t_0 = 1920 Apr. 9.0 M. Z. Gr.

M	83°498	ω	307°792	Ekliptik
φ	14.196	☊	113.157	Mittl. Äquin.
μ	631″106	i	11.285	1925.0
lg a	0.49994			

und die Beobachtungen (Äquin. 1925.0)

	t		α	δ	α°	δ°
1920	März 19.5	M. Z. Gr.	11h 20m8	+18°41′	170°20	+18°68
1921	Mai 11.5	,,	14 56.2	− 2 1	224.05	− 2.02
1922	Juni 26.5	,,	17 56.5	−17 30	269.12	−17.50
1923	Sept. 8.5	,,	22 30.7	−21 58	337.68	−21.97
1927	Juni 2.0	Weltzeit	15 59.8	− 8 36	239.95	− 8.60
1928	Juli 27.0	,,	19 15.2	−22 2	288.80	+22.03

In § 93 wurden mit den vorstehenden Ausgangselementen genäherte Störungen berechnet und für die obigen Beobachtungszeiten gestörte Elemente erhalten (S. 292). Mit diesen Elementen werden in 4stelliger logarithmischer Rechnung α und δ nach den Formeln des Abschnitts 15 berechnet, um die Abweichung der Beobachtungen von der Rechnung festzustellen.

Die Gaußschen Konstanten werden hier zweckmäßig in folgender Weise ermittelt. Für 2 um 1°00 voneinander verschiedenen Werte von ☊, die alle vorkommenden gestörten Werte von ☊ einschließen, werden die Konstanten bei gleichbleibendem Mittelwert von i 5stellig berechnet. Man erhält (Beispiel S. 220)

☊	113°000	114°000
i	11.285	11.285
A'	203.405	204.418
B'	116.953	117.903
C'	85.776	86.725
lg sin a'	9.99284	9.99294
lg sin b'	9.97653	9.97696
lg sin c'	9.56502	9.56125

Für alle gestörten Werte von ☊ werden die Konstanten durch Interpolation ermittelt.

Die Sonnenkoordinaten werden dem B. J. entnommen.

Die Nachrechnung der Beobachtungen mit den gestörten Elementen kann wie folgt geschehen:

Nachrechnung der Beobachtungen.

M. Z. Gr. bzw. Weltzeit	1920 März 19.5	1921 Mai 11.5	1922 Juni 26.5	1923 Sept. 8.5	1927 Juni 2.0	1928 Juli 27.0
φ	14°11′.6	14°13′.1	14°13′.8	14°14′.3	14°17′.4	14°19′.4
M	79.87	153.47	225.74	302.90	182.10	256.05
$v - M$	+28.06	+ 9.80	−16.37	−27.27	− 0.79	−24.82
v	107.93	163.27	209.37	275.63	181.31	231.23
ω	307.83	307.61	307.54	307.47	307.26	307.31
u	55.76	110.88	156.91	223.10	128.57	178.54
r/a	0.0071	0.0894	0.0777	9.9626	0.0957	0.0457
a	0.5000	0.4996	0.4995	0.4996	0.4994	0.4992
r	0.5071	0.5890	0.5772	0.4622	0.5951	0.5449
$A' + u$	259°.33	314°.42	0°.45	66°.63	332°.09	22°.05
$B' + u$	172.86	227.96	273.99	340.17	245.63	295.59
$C' + u$	141.69	196.78	242.81	309.00	214.45	264.41
$r \sin a$	0.5000	0.5818	0.5700	0.4550	0.5879	0.5377
$\sin (A' + u)$	9.9924 *n*	9.8538 *n*	7.8951	9.9628	9.6703 *n*	9.5745
$r \sin a \sin (A' + u)$	0.4924 *n*	0.4356 *n*	8.4651	0.4178	0.2582 *n*	0.1122
x'	−3.1075	−2.7265	+0.0292	+2.6170	−1.8120	+1.2948
$X'_{\odot}$	+0.9960	+0.6390	−0.0814	−0.9743	+0.3394	−0.5628
$x' + X'_{\odot}$	−2.1115	−2.0875	−0.0522	+1.6427	−1.4726	+0.7320
$r \sin b$	0.4837	0.5656	0.5538	0.4388	0.5717	0.5215
$\sin (B' + u)$	9.0944	9.8708 *n*	9.9989 *n*	9.5305 *n*	9.9595 *n*	9.9551 *n*
$r \sin b \sin (B' + u)$	9.5781	0.4364 *n*	0.5527 *n*	9.9693 *n*	0.5312 *n*	0.4766 *n*
y'	+0.3785	−2.7315	−3.5700	−0.9318	−3.3980	−2.9965
$Y'_{\odot}$	−0.0134	+0.7181	+0.9297	+0.2343	+0.8768	+0.7754
$y' + Y'_{\odot}$	+0.3651	−2.0134	−2.6403	−0.6975	−2.5212	−2.2211
$r \sin c'$	0.0715	0.1535	0.1417	0.0267	0.1597	0.1095
$\sin (C' + u)$	9.7923	9.4604 *n*	9.9491 *n*	9.8905 *n*	9.7526 *n*	9.9979 *n*
$r \sin c' \sin (C' + u)$	9.8638	9.6139 *n*	0.0908 *n*	9.9172 *n*	9.9123 *n*	0.1074 *n*
z'	+0.7308	−0.4111	−1.2325	−0.8264	−0.8172	−1.2807
$Z'_{\odot}$	−0.0058	+0.3115	+0.4033	+0.1016	+0.3803	+0.3363
$z + Z'_{\odot}$	+0.7250	−0.0996	−0.8292	−0.7248	−0.4369	−0.9444
$\Delta \cos \delta \sin \alpha$	9.5624	0.3039 *n*	0.4217 *n*	9.8435 *n*	0.4016 *n*	0.3465 *n*
sin od. $\cos \alpha$	9.9936 *n*	9.8572 *n*	9.9999 *n*	9.9640	9.9363 *n*	9.9776
$\Delta \cos \delta \cos \alpha$	0.3246 *n*	0.3196 *n*	8.7177 *n*	0.2155	0.1681 *n*	9.8645
$\operatorname{tg} \alpha$	9.2378 *n*	9.9843	1.7040	9.6280 *n*	0.2335	0.4820 *n*
α	170°.18	223°.97	268°.87	337°.00	239°.72	288°.24
$\Delta \sin \delta$	9.8603	8.9983 *n*	9.9187 *n*	9.8602 *n*	9.6404 *n*	9.9752 *n*
$\cos \delta$	9.9764	9.9997	9.9796	9.9669	9.9952	9.9672
$\Delta \cos \delta$	0 3310	0.4624	0.4218	0.2515	0.4653	0.3689
$\operatorname{tg} \delta$	9.5293	8.5359 *n*	9.4969 *n*	9.6087 *n*	9.1751 *n*	9.6063 *n*
δ	+18°.70	−1°.97	−17°.43	−22°.10	−8°.52	−22°.00
Δ	0.355	0.463	0.442	0.285	0.470	0.402

Durch Vergleich der so erhaltenen Werte der α und δ mit den beobachteten Werten erhält man folgende Abweichungen $\cos\delta\, d\alpha$, $d\delta$ im Sinne Beobachtung minus Rechnung

$\cos\delta\, d\alpha$	+0°02	+0°08	+0°24	+0°63	+0°23	+0°52
$d\delta$	−0.02	−0.05	−0.07	+0.13	−0.08	−0.03

Diese Abweichungen sollen durch Verbesserung der Ausgangselemente nach der Methode der kleinsten Quadrate auf ein Minimum reduziert werden.

Aufstellung der Bedingungsgleichungen.

Berechnung der f mit konstanten äquatorialen Werten von ☊′ und i'.

☊′ = 29°6 i' = 21°5

δ	+18°7	− 2°0	−17°4	−22°1	− 8°5	−22°0	
α	170.2	224.0	269.1	337.7	240.0	288.8	
α − ☊′	140.6	194.4	239.5	308.1	210.4	259.2	
cos (α − ☊′)	9.888 *n*	9.986 *n*	9.705 *n*	9.790	9.936 *n*	9.273 *n*	(I)
$\cos\delta$	9.976	0.000	9.980	9.967	9.995	9.967	
sin (α − ☊′)	9.803	9.396 *n*	9.935 *n*	9.896 *n*	9.704 *n*	9.992 *n*	
$\sin\delta$	9.506	8.543 *n*	9.476 *n*	9.575 *n*	9.170 *n*	9.574 *n*	
$\sin i' \sin\delta$ sin (α − ☊′)	8.873	7.503	8.975	9.035	8.438	9.130	
$\cos i' \cos\delta$	9.945	9.969	9.949	9.936	9.964	9.936	
$\cos g \sin F$	9.452 *n*	9.550 *n*	9.269 *n*	9.354	9.500 *n*	8.837 *n*	
$\cos g \cos F$	9.980	9.971	9.993	9.987	9.977	9.999	
tg F	9.472 *n*	9.579 *n*	9.276 *n*	9.367	9.523 *n*	8.838 *n*	
$\sin F$	9.453 *n*	9.550 *n*	9.269 *n*	9.355	9.499 *n*	8.837 *n*	
$d\delta$	8.301 *n*	8.699 *n*	8.845 *n*	9.114	8.903 *n*	8.477 *n*	
$\cos F$	9.982	9.971	9.992	9.989	9.977	9.999	(II)
$\cos\delta\, d\alpha$	8.301	8.903	9.380	9.799	9.362	9.716	
$\cos F \cos\delta\, d\alpha$	8.283	8.874	9.372	9.788	9.339	9.715	
$\sin F\, d\delta$	7.754	8.249	8.114	8.469	8.402	7.314	
f	8.396	8.966	9.395	9.808	9.386	9.717	
	+0°02	+0°09	+0°25	+0°64	+0°24	+0°52	

Berechnung der Koeffizienten.

$a \cos\varphi$	0.487	0.487	0.487	0.487	0.485	0.485	
a/r	9.993	9.911	9.922	0.037	9.904	9.954	
$a \cos\varphi\, a/r$	0.480	0.398	0.409	0.524	0.389	0.439	
$(t-t_0):3600$	7.755 *n*	9.043	9.351	9.540	9.860	9.925	
$a \cos\varphi\, a/r \cdot (t-t_0):3600$	8.235 *n*	9.441	9.760	0.064	0.249	0.364	
r	0.507	0.589	0.577	0.462	0.595	0.545	
p	0.474	0.474	0.474	0.474	0.471	0.471	
$p+r$	0.792	0.836	0.830	0.769	0.838	0.811	(III)
$\sin v$	9.978	9.458	9.691 *n*	9.998 *n*	8.356 *n*	9.892 *n*	
$(p+r) \sin v \sec\varphi$	0.783	0.307	0.534 *n*	0.780 *n*	9.208 *n*	0.717 *n*	
Δ	0.355	0.463	0.442	0.285	0.470	0.402	
l	7.880 *n*	8.978	9.318	9.779	9.779	9.962	
m	0.428	9.844	0.092 *n*	0.495 *n*	8.738 *n*	0.315 *n*	
n	0.152	0.126	0.135	0.177	0.125	0.143	
o	0.125	9.935	9.967	0.239	9.919	0.037	

Die 6 Bedingungsgleichungen lauten also:

$$\begin{array}{rrrrl} -0.01\,d\mu & +2.68\,d\varphi & +1.42\,d\omega & +1.33\,dM & =+0.02+5^s.44 \\ +0.10\ ,, & +0.70\ ,, & +1.34\ ,, & +0.86\ ,, & =+0.09+3.09 \\ +0.21\ ,, & -1.24\ ,, & +1.36\ ,, & +0.93\ ,, & =+0.25+1.51 \\ +0.60\ ,, & -3.13\ ,, & +1.50\ ,, & +1.73\ ,, & =+0.64+1.34 \\ +0.60\ ,, & -0.05\ ,, & +1.33\ ,, & +0.83\ ,, & =+0.24+2.95 \\ +0.92\ ,, & -2.07\ ,, & +1.39\ ,, & +1.09\ ,, & =+0.52+1.85 \end{array} \qquad \text{(IV)}$$

Zur Kontrolle der weiteren Rechnung werden die rechts stehenden Summen aus den *l*, *m*, *n*, *o*, *f* für jede der 6 Gleichungen gebildet.

Bildung der Normalgleichungen.

	ll	*lm*	*ln*	*lo*	*lf*	*ls*
	0.00	−0.03	−0.01	−0.01	0.00	−0.05
	+0.01	+0.07	+0.13	+0.09	+0.01	+0.31
	+0.04	−0.26	+0.29	+0.20	+0.05	+0.32
	+0.36	−1.88	+0.90	+1.04	+0.38	+0.80
	+0.36	−0.03	+0.80	+0.50	+0.14	+1.77
	+0.85	−1.90	+1.28	+1.00	+0.48	+1.70
Σ	+1.62	−4.03	+3.39	+2.82	+1.06	+4.85

Kontrolle der Summen: +4.86

	mm	*mn*	*mo*	*mf*	*ms*
	+7.18	+3.81	+3.56	+0.05	+14.58
	+0.49	+0.94	+0.60	+0.06	+ 2.16
	+1.54	−1.69	−1.15	−0.31	− 1.87
	+9.80	−4.70	−5.41	−2.00	− 4.19
	0.00	−0.07	−0.04	−0.01	− 0.15
	+4.28	−2.88	−2.26	−1.08	− 3.83
Σ	+23.29	−4.59	−4.70	−3.29	+ 6.70

Kontrolle der Summen: + 6.68 (V)

	nn	*no*	*nf*	*ns*
	+2.02	+1.89	+0.03	+7.72
	+1.80	+1.15	+0.12	+4.14
	+1.85	+1.26	+0.34	+2.05
	+2.25	+2.60	+0.96	+2.01
	+1.77	+1.10	+0.32	+3.92
	+1.93	+1.52	+0.72	+2.57
Σ	+11.62	+9.52	+2.49	+22.41

Kontrolle der Summen: +22.43

	oo	*of*	*os*
	+1.77	+0.03	+7.24
	+0.74	+0.08	+2.66
	+0.86	+0.23	+1.40
	+2.99	+1.11	+2.32
	+0.69	+0.20	+2.45
	+1.19	+0.57	+2.02
Σ	+8.24	+2.22	+18.09

Kontrolle der Summen: +18.10

Auflösung der Normalgleichungen.

+1.62	−4.03	+3.39	+2.82	+1.06	+4.86	
0.2095	0.6053 *n*	0.5302	0.4502	0.0253	0.6866	
	+23.29	−4.59	−4.70	−3.29	+6.68	
	−10.02	+8.43	+7.02	+2.64	+12.09	
		+11.62	+9.52	+2.49	+22.43	
		−7.09	−5.90	−2.22	−10.17	
			+8.24	+2.22	+18.10	
			−4.91	−1.84	−8.46	
	+13.27	+3.84	+2.32	−0.65	+18.77	
	1.1229	0.5843	0.3655	9.8129 *n*	1.2735	(VI)
		+4.53	+3.62	+0.27	+12.26	
		−1.11	−0.67	+0.19	−5.43	
			+3.33	+0.38	+9.64	
			−0.41	+0.11	−3.28	
		+3.42	+2.95	+0.46	+6.83	
		0.5340	0.4698	9.6628	0.8344	
			+2.92	+0.49	+6.36	
			−2.54	−0.40	−5.89	
			+0.38	+0.09	+0.47	

$(of)_3$	8.9542
$(oo)_3$	9.5798
dM	9.3744
$(no)_2$	0.4698
$-(no)_2\,dM$	9.8442 *n*
	−0.70
$(nf)_2$	+0.46
Σ	−0.24
	9.3802 *n*
$(nn)_2$	0.5340
$d\omega$	8.8462 *n*

$(mo)_1$	0.3655
dM	9.3744
$-(mo)_1\,dM$	9.7399 *n*
$(mn)_1$	0.5843
$d\omega$	8.8462 *n*
$-(mn)_1\,d\omega$	9.4305
$(mf)_1$	−0.65
$-(mo)_1\,dM$	−0.55
$-(mn)_1\,d\omega$	+0.27
Σ	−0.93
	9.9685 *n*
$(mm)_1$	1.1229
$d\varphi$	8.8456 *n*

(lo)	0.4502	
dM	9.3744	
$-(lo)\,dM$	9.8246 *n*	
(ln)	0.5302	
$d\omega$	8.8462 *n*	
$-(ln)\,d\omega$	9.3764	
(lm)	0.6053 *n*	
$d\varphi$	8.8456 *n*	
$-(lm)\,d\varphi$	9.4509 *n*	(VII)
(lf)	+1.06	
$-(lo)\,dM$	−0.67	
$-(ln)\,d\omega$	+0.24	
$-(lm)\,d\varphi$	−0.28	
Σ	+0.35	
	9.5441	
(ll)	0.2095	
$d\mu''$	9.3346	

Die Elementenverbesserungen sind also

$$d\mu = +0''.216$$
$$d\varphi = -0^\circ.070$$
$$d\omega = -0.070$$
$$dM = +0.237$$

und die verbesserten Ausgangselemente

Epoche t_0 = 1920 Apr. 9.0 M. Z. Gr.

M	83°.735	ω	307°722	Ekliptik
φ	14.126	☊	113.157	Mittl. Äquin.
μ	631''.322	i	11.285	1925.0
lg a	0.49984			

Bringt man an diese die Störungen (vgl. S. 292) an, oder bringt man die Elementenverbesserungen $(t-t_0)\,d\mu$, $d\varphi$, $d\omega$, dM an die gestörten Elemente (vgl. S. 292) an und berechnet damit die neuen α und δ (Schema vgl. S. 317), so erhält man die neuen Abweichungen

$\cos\delta\, d\alpha$	$-0{,}^\circ02$	$+0{,}^\circ02$	$0{,}^\circ00$	$+0{,}^\circ02$	$+0{,}^\circ02$	$+0{,}^\circ02$
$d\delta$	0.00	-0.03	-0.02	$+0.01$	-0.02	-0.01

Die Geringfügigkeit dieser Abweichungen spricht für die Güte der verbesserten Elemente.

23. Abschnitt.

Die Variation elliptischer und parabolischer Elemente.

§ 102. Beziehungen zwischen Variationen der Beobachtungen und Elemente.

Das Koordinatensystem sei das des Äquators mit dem Sonnenmittelpunkt als Nullpunkt und der S. 39 gewählten Orientierung der Koordinatenachsen. Bezeichnet man in diesem System die rechtwinkligen Koordinaten eines Gestirns mit x', y', z', seine geozentrischen Polarkoordinaten mit $\varDelta$, α, δ, die rechtwinkligen Sonnenkoordinaten mit $X'_\odot, Y'_\odot, Z'_\odot$, so bestehen zwischen diesen Größen nach Gl. (3. 14) die Beziehungen

$$\begin{aligned} \varDelta\cos\delta\cos\alpha - X'_\odot &= x' \\ \varDelta\cos\delta\sin\alpha - Y'_\odot &= y' \\ \varDelta\sin\delta \qquad - Z'_\odot &= z'. \end{aligned} \tag{1}$$

Die Variationen der rechtwinkligen Koordinaten seien mit dx', dy', dz', die der Polarkoordinaten mit $d\varDelta$, $d\alpha$, $d\delta$ bezeichnet. Die Sonnenkoordinaten bleiben von der Variation der Gestirnskoordinaten unberührt.

Durch Differentiation der Gl. (1) erhält man

$$\begin{aligned} dx' &= \cos\delta\cos\alpha\, d\varDelta - \varDelta\cos\delta\sin\alpha\, d\alpha - \varDelta\sin\delta\cos\alpha\, d\delta \\ dy' &= \cos\delta\sin\alpha\, d\varDelta + \varDelta\cos\delta\cos\alpha\, d\alpha - \varDelta\sin\delta\sin\alpha\, d\delta \\ dz' &= \sin\delta\, d\varDelta + \varDelta\cos\delta\, d\delta. \end{aligned} \tag{2}$$

Die Größe $d\varDelta$ soll fernerhin unberücksichtigt bleiben, da sie nur in die Parallaxe und Aberration eingeht und hier praktisch bedeutungslos ist. Löst man die Gl. (2) nach $\cos\delta\, d\alpha$ und $d\delta$ auf, so erhält man die Beziehungen zwischen den Variationen $\cos\delta\, d\alpha$, $d\delta$ und dx', dy', dz'

$$\begin{aligned} \varDelta\cos\delta\, d\alpha &= \cos\alpha\, dy' - \sin\alpha\, dx' \\ \varDelta\, d\delta &= -\cos\alpha\sin\delta\, dx' - \sin\alpha\sin\delta\, dy' + \cos\delta\, dz'. \end{aligned} \tag{3}$$

Es sollen nun die dx', dy', dz' als Funktionen der Variationen der Elemente ausgedrückt werden. Die Knotenlänge sei wieder mit ☊′, die

Neigung mit i', die vom Knoten gezählte Perihellänge mit ω', die Durchgangszeit durchs Perihel mit T, die große Halbachse mit a, die Exzentrizität mit e, die Variationen dieser Elemente seien mit $d\Omega'$, di', $d\omega'$, dT, da, de bezeichnet. Man hat nun

$$ds' = \frac{\partial s'}{\partial \Omega'} d\Omega' + \frac{\partial s'}{\partial i'} di' + \frac{\partial s'}{\partial \omega'} d\omega' + \frac{\partial s'}{\partial T} dT + \frac{\partial s'}{\partial a} da + \frac{\partial s'}{\partial e} de \tag{4}$$
$$(s' = x',\ y',\ z').$$

Die hierin auftretenden partiellen Differentialquotienten lassen sich aus den den Gl. (1. 66) entsprechenden Gleichungen

$$\begin{aligned} x' &= r\cos(v+\omega')\cos\Omega' - r\sin(v+\omega')\sin\Omega'\cos i' \\ y' &= r\cos(v+\omega')\sin\Omega' + r\sin(v+\omega')\cos\Omega'\cos i' \\ z' &= r\sin(v+\omega')\sin i' \end{aligned} \tag{5}$$

ableiten. Hierin wird für das Argument der Breite u die Summe $v+\omega'$ eingeführt. v ist die wahre Anomalie, r der Radiusvektor.

Die in den Gl. (5) enthaltenen Elemente sind zweierlei Art. Die explizit auftretenden Elemente Ω', i', ω', die die Ebene der Bahn im Raum und die Lage der großen Achse in ihr festlegen, sind unabhängig von der Form der Bahn. Diese wird durch die Elemente T, a, e bestimmt, Größen, die implizite in r und v enthalten sind.

Bildet man nach Gl. (5) die partiellen Differentialquotienten der rechtwinkligen Koordinaten nach den Elementen, setzt sie in Gl. (4), diese ihrerseits in Gl. (3) ein, so gewinnt man die gewünschten Beziehungen zwischen den Variationen der Beobachtungen und denen der Elemente. Für jede beobachtete Koordinate gibt es eine solche Beziehung. Aus der Gesamtheit aller sind die unbekannten Elementenänderungen $d\Omega'$, di', ... nach den Regeln der Ausgleichungsrechnung zu ermitteln.

Es sind nun die partiellen Differentialquotienten zu bilden. Das soll zunächst für die Bahnlageelemente, dann für die übrigen Elemente getrennt für die elliptische, parabolische und parabelnahe Bahn geschehen.

§ 103. Die Differentialquotienten für die Bestimmung elliptischer Elemente.

a) Die Differentialquotienten nach Ω', i', ω'. Differenziert man die Gl. (5) nach den Elementen Ω', i', ω' partiell und setzt die Werte der Differentialquotienten in Gl. (3) ein, so erhält man

$$\begin{aligned} \Delta\cos\delta\frac{\partial\alpha}{\partial\Omega'} &= r[\cos u\cos(\alpha-\Omega') + \sin u\sin(\alpha-\Omega')\cos i'] \\ \Delta\frac{\partial\delta}{\partial\Omega'} &= r\sin\delta[\sin u\cos(\alpha-\Omega')\cos i' - \cos u\sin(\alpha-\Omega')] \\ \Delta\cos\delta\frac{\partial\alpha}{\partial i'} &= -r\sin u\cos(\alpha-\Omega')\sin i' \end{aligned} \tag{6}$$

$$
\begin{aligned}
\Delta \frac{\partial \delta}{\partial i'} &= r \sin\delta\,[\sin u \sin(\alpha - \Omega') \sin i' + \sin u \operatorname{ctg}\delta \cos i'] \\
\Delta \cos\delta \frac{\partial \alpha}{\partial \omega'} &= r\,[\sin u \sin(\alpha - \Omega') + \cos u \cos(\alpha - \Omega') \cos i'] \\
\Delta \frac{\partial \delta}{\partial \omega'} &= r \sin\delta\,[\sin u \cos(\alpha - \Omega') - \cos u \sin(\alpha - \Omega') \cos i' \\
&\qquad + \cos u \operatorname{ctg}\delta \sin i'] .
\end{aligned} \tag{6}
$$

Diese Ausdrücke lassen sich durch Einführung von Hilfsgrößen vereinfachen.

α) Für maschinelles Rechnen. Setzt man

$$
\begin{aligned}
&\cos u \cos(\alpha - \Omega') = A \quad && \sin u \cos(\alpha - \Omega') = C \quad && \cos u \operatorname{ctg}\delta = m \\
&\cos u \sin(\alpha - \Omega') = B && \sin u \sin(\alpha - \Omega') = D && \sin u \operatorname{ctg}\delta = n ,
\end{aligned} \tag{7a}
$$

so wird

$$
\begin{aligned}
&\Delta \cos\delta \frac{\partial \alpha}{\partial \Omega'} = r\,(A + D \cos i') \quad && \Delta \frac{\partial \delta}{\partial \Omega'} = r \sin\delta\,(-B + C \cos i') \\
&\Delta \cos\delta \frac{\partial \alpha}{\partial i'} = -r\,C \sin i' && \Delta \frac{\partial \delta}{\partial i'} = r \sin\delta\,(D \sin i' + n \cos i') \\
&\Delta \cos\delta \frac{\partial \alpha}{\partial \omega'} = r\,(A \cos i' + D) && \Delta \frac{\partial \delta}{\partial \omega'} = r \sin\delta\,(-B \cos i' + C + m \sin i').
\end{aligned} \tag{8a}
$$

β) Für logarithmisches Rechnen. Setzt man

$$
\begin{aligned}
&\cos(\alpha - \Omega') = m \cos M && \cos\delta = f \cos F \\
&\sin(\alpha - \Omega') \cos i' = m \sin M && \sin(\alpha - \Omega') \sin\delta = f \sin F \\
&\cos(\alpha - \Omega') \cos i' = n \cos N && \sin(\alpha - \Omega') \cos i' \sin\delta - \cos\delta \sin i' = g \sin G \\
&\sin(\alpha - \Omega') = n \sin N && \cos(\alpha - \Omega') \sin\delta = g \cos G ,
\end{aligned} \tag{7b}
$$

so wird

$$
\begin{aligned}
&\Delta \cos\delta \frac{\partial \alpha}{\partial \Omega'} = r\,m \cos(u - M) && \Delta \frac{\partial \delta}{\partial \Omega'} = r \sin\delta\, n \sin(u - N) \\
&\Delta \cos\delta \frac{\partial \alpha}{\partial i'} = -r \sin u \cos(\alpha - \Omega') \sin i' \quad && \Delta \frac{\partial \delta}{\partial i'} = r \sin u\, f \cos(F - i') \\
&\Delta \cos\delta \frac{\partial \alpha}{\partial \omega'} = r\,n \cos(u - N) && \Delta \frac{\partial \delta}{\partial \omega'} = r\,g \sin(u - G) .
\end{aligned} \tag{8b}
$$

b) Die Differentialquotienten nach T, a, e. Bezeichnet man mit η eines der Elemente T, a, e, so gilt die Beziehung

$$
\frac{\partial s'}{\partial \eta} = \frac{\partial s'}{\partial r} \frac{\partial r}{\partial \eta} + \frac{\partial s'}{\partial v} \frac{\partial v}{\partial \eta} \qquad (s' = x', y', z') . \tag{9}
$$

Die Differentialquotienten $\frac{\partial s'}{\partial r}$ und $\frac{\partial s'}{\partial v}$ erhält man durch Differentiation der Gl. (5) nach r und v. Es ergibt sich

$$
\begin{aligned}
\frac{\partial x'}{\partial r} &= \cos u \cos \Omega' - \sin u \sin \Omega' \cos i' \\
\frac{\partial y'}{\partial r} &= \cos u \sin \Omega' + \sin u \cos \Omega' \cos i' \\
\frac{\partial z'}{\partial r} &= \sin u \sin i' \\
\frac{\partial x'}{\partial v} &= - r (\sin u \cos \Omega' + \cos u \sin \Omega' \cos i') \\
\frac{\partial y'}{\partial v} &= - r (\sin u \sin \Omega' - \cos u \cos \Omega' \cos i') \\
\frac{\partial z'}{\partial v} &= r \cos u \sin i' .
\end{aligned} \tag{10}
$$

Die Differentialquotienten von r und v nach T, a, e bildet man in folgender Weise. Nach bekannten Gleichungen ist

$$
r = a(1 - e\cos E) \qquad E - e\sin E = \frac{k(t-T)}{a\sqrt{a}} \qquad \operatorname{tg}\tfrac{1}{2}v = \operatorname{tg}\tfrac{1}{2}E\sqrt{\frac{1+e}{1-e}}
$$

oder

$$
\lg\operatorname{tg}\tfrac{1}{2}v = \tfrac{1}{2}\lg(1+e) - \tfrac{1}{2}\lg(1-e) + \lg\operatorname{tg}\tfrac{1}{2}E \tag{11}
$$

$$
a\sin E = \frac{r\sin v}{\sqrt{1-e^2}} \qquad a\cos E = ae + r\cos v \qquad p = a(1-e^2).
$$

Differenziert man die ersten Gleichungen und macht von den übrigen Ausdrücken Gebrauch, so wird

$$
\begin{aligned}
&\frac{\partial r}{\partial T} = -\frac{k e \sin v}{\sqrt{p}} \qquad \frac{\partial r}{\partial a} = \frac{r}{a} - \frac{3}{2}\,\frac{e\sin v\, k(t-T)}{a\sqrt{p}} \qquad \frac{\partial r}{\partial e} = -a\cos v \\
&\frac{\partial v}{\partial T} = -\frac{k\sqrt{p}}{r^2} \qquad \frac{\partial v}{\partial a} = -\frac{3}{2}\,\frac{k(t-T)\sqrt{p}}{r^2 a} \qquad \frac{\partial v}{\partial e} = \frac{(2+e\cos v)\sin v}{1-e^2}.
\end{aligned} \tag{12}
$$

Setzt man die Ausdrücke für die Differentialquotienten nach Gl. (10) in Gl. (9) und das Resultat in Gl. (3) ein, so erhält man die gesuchten Differentialquotienten der Beobachtungen nach den Elementen T, a, e. Sie können durch Einführung von Hilfsgrößen vereinfacht werden.

α) Für maschinelles Rechnen. Bei Einführung der Hilfsgrößen der Gl. (7a) wird für $\eta = T, a, e$

$$
\begin{aligned}
\Delta\cos\delta\frac{\partial\alpha}{\partial\eta} &= (-B + C\cos i')\frac{\partial r}{\partial\eta} + (A\cos i' + D)\, r\frac{\partial v}{\partial\eta} \\
\Delta\frac{\partial\delta}{\partial\eta} &= \sin\delta(-A - D\cos i' + n\sin i')\frac{\partial r}{\partial\eta} \\
&\quad + \sin\delta(-B\cos i' + C + m\sin i')\, r\frac{\partial v}{\partial\eta}.
\end{aligned} \tag{13a}
$$

β) Für logarithmisches Rechnen. Setzt man

$$
h_\eta\cos H_\eta = \frac{\partial r}{\partial\eta} \qquad h_\eta\sin H_\eta = r\frac{\partial v}{\partial\eta} \tag{13b}
$$

und n, N, g, G nach Gl. (7b) ein, so wird

$$\Delta \cos\delta \frac{\partial \alpha}{\partial \eta} = h_\eta\, n \sin(u + H_\eta - N)$$
$$\Delta \frac{\partial \delta}{\partial \eta} = -h_\eta\, g \cos(u + H_\eta - G)\,.$$

Führt man nun noch die Ausdrücke für die Differentialquotienten von r und v nach den Elementen T, a, e nach den Gl. (12) ein, so erhält man die gesuchten Beziehungen zwischen den Variationen der beobachteten Koordinaten und denen der Elemente T, a, e (siehe Formelzusammenstellung).

§ 104. Die Differentialquotienten für die Bestimmung parabolischer Elemente.

Die Differentialquotienten für die Elemente ☊′, i', ω' sind dieselben wie bei der elliptischen Bahn. Außer diesen variiert man hier nur die Elemente T und die Periheldistanz q. Für die Variation von T kann die Formel der elliptischen Bewegung ungeändert benutzt werden, wenn man p durch $2q$ ersetzt.

Die Ermittlung der partiellen Differentialquotienten von r und v nach q kann in folgender Weise geschehen. Nach den Gl. (1.42) und (1.44) ist

$$r = q \sec \tfrac{1}{2}v^2 \qquad \frac{k\,(t-T)}{\sqrt{2}\,q\sqrt{q}} = \operatorname{tg}\tfrac{1}{2}v + \tfrac{1}{3}\operatorname{tg}\tfrac{1}{2}v^3\,. \tag{14}$$

Man erhält hieraus unmittelbar

$$\frac{\partial v}{\partial q} = -\frac{3}{\sqrt{2}}\frac{k\,(t-T)}{q^2\sqrt{q}}\cos\tfrac{1}{2}v^4 = -\frac{1}{q}\sin v\,(1 + \tfrac{1}{2}\cos v) \tag{15}$$

$$\frac{\partial r}{\partial q} = \cos v\,. \tag{16}$$

Diese Gleichungen treten an Stelle der Gleichungen für a und e in der elliptischen Bewegung.

§ 105. Die Differentialquotienten für die Bestimmung parabelnaher Elemente.

Die Differentialquotienten für die Elemente ☊′, i', ω' sind auch hier dieselben wie bei der elliptischen Bahn.

Zu verbessernde Ausgangselemente sind wie erwähnt, die parabolischen Elemente ☊′, i', ω', T, q und $e = 1$. Die Variationen von r und v nach q sind in den Gl. (15) und (16) gegeben. Abzuleiten sind noch die Differentialquotienten von r und v nach e.

Ausgangspunkt hierfür bildet die der Keplerschen Gleichung in der elliptischen Bewegung entsprechende Beziehung zwischen der Zeit und der wahren Anomalie. Man erhält sie in folgender Weise. Nach den Gl. (1.28), (1.26), (1.24) ist

$$r^2\,dv = k\sqrt{p}\,dt \qquad r = \frac{p}{1 + e\cos v} \qquad \frac{p}{q} = 1 + e\,. \tag{17}$$

Setzt man

$$\operatorname{tg}\tfrac{1}{2}v = \tau \qquad \frac{1-e}{1+e} = \zeta\,, \tag{18}$$

so wird

$$\cos v = \frac{1-\tau^2}{1+\tau^2} \qquad dv = \frac{2\,d\tau}{1+\tau^2}$$

$$r = p\,\frac{\cos\tfrac{1}{2}v^2 + \sin\tfrac{1}{2}v^2}{\cos\tfrac{1}{2}v^2 + \sin\tfrac{1}{2}v^2 + e\,(\cos\tfrac{1}{2}v^2 - \sin\tfrac{1}{2}v^2)} = q\,\frac{1+\tau^2}{1+\zeta\tau^2}\,.$$

Führt man die Ausdrücke für dv, r, $\sqrt{p}$ in Gl. (17) ein, so wird

$$\frac{k\sqrt{1+e}}{2q\sqrt{q}}\,dt = \frac{1+\tau^2}{(1+\zeta\tau^2)^2}\,d\tau\,.$$

Diese Gleichung ist zwar in geschlossener Form integrierbar. Der so gewonnene Ausdruck würde aber praktisch zu unbequem sein. Einen einfacheren Ausdruck erhält man, wenn man ihn, die Kleinheit der Größe ζ ausnutzend, in eine Reihe nach Potenzen von $\zeta\tau^2$ entwickelt. Man erhält zunächst

$$\frac{k\sqrt{1+e}}{2q\sqrt{q}}\,dt = d\tau\,(1+\tau^2)\,(1 - 2\,\zeta\tau^2 + 3\,\zeta^2\tau^4\ldots)\,,$$

und durch Integration bei Beschränkung auf die Anfangsglieder

$$\frac{k\sqrt{1+e}\,(t-T)}{2q\sqrt{q}} = \tau\,(1 - \tfrac{2}{3}\zeta\tau^2) + \tfrac{1}{3}\tau^3\,(1 - \tfrac{6}{5}\zeta\tau^2)\,. \tag{19}$$

Diese Gleichung soll nun zur Ableitung der Differentialquotienten verwendet werden. Die nur höhere Potenzen von ζ enthaltenen weiteren Glieder der Reihenentwicklung sind hier bedeutungslos, denn da nach der Differentiation nach e wegen der parabolischen Ausgangselemente $e = 1$ gesetzt werden muß, so fallen alle Glieder, die ζ als Faktor enthalten, weg. Läßt man diese von vornherein weg, so erhält man durch Differentiation der Gl. (19) nach e

$$\frac{k\,(t-T)}{4q\sqrt{q}\sqrt{1+e}} = \frac{\partial\tau}{\partial e}\,(1+\tau^2) - 2\,\tau^3\,(\tfrac{1}{3} + \tfrac{1}{5}\tau^2)\,\frac{\partial\zeta}{\partial e}\,.$$

Setzt man jetzt $e = 1$, so wird wegen $\dfrac{\partial\tau}{\partial e} = \dfrac{\partial v}{\partial e}\,\dfrac{1}{2\cos\frac{1}{2}v^2}\quad \dfrac{\partial\zeta}{\partial e} = -\,\dfrac{2}{(1+e)^2}$

$$\frac{k\,(t-T)}{4q\sqrt{q}\sqrt{2}} = \frac{\partial v}{\partial e}\,\frac{1}{2\cos\tfrac{1}{2}v^4} + \tau^3\,(\tfrac{1}{3} + \tfrac{1}{5}\tau^2)\,.$$

Nun besteht aber für die parabolischen Ausgangselemente die Gl. (14), die hier lautet

$$\frac{k\,(t-T)}{q\sqrt{q}\sqrt{2}} = \tau + \tfrac{1}{3}\tau^3.$$

Also wird

$$\frac{\partial v}{\partial e} = 2\cos\tfrac{1}{2}v^4\,(\tfrac{1}{4}\tau - \tfrac{1}{4}\tau^3 - \tfrac{1}{5}\tau^5) = \tfrac{1}{4}\sin v\cos\tfrac{1}{2}v^2\,(1 - \tau^2 - \tfrac{4}{5}\tau^4)\,. \tag{20}$$

Um $\frac{\partial r}{\partial e}$ zu erhalten, geht man von der Gleichung

$$r = \frac{p}{1 + e\cos v} = \frac{q(1+e)}{1 + e\cos v} \tag{21}$$

aus. Die Differentiation ergibt

$$\frac{\partial r}{\partial e} = \frac{q}{1 + e\cos v} - \frac{q(1+e)\cos v}{(1 + e\cos v)^2} + \frac{q(1+e)\,e\sin v\,\frac{\partial v}{\partial e}}{(1 + e\cos v)^2}\,. \tag{22}$$

Setzt man auch hier $e = 1$, so erhält man schließlich nach Einsetzen der Gl. (20)

$$\frac{\partial r}{\partial e} = \tfrac{1}{2} q \sin \tfrac{1}{2} v^2 \left(2 + \tau^2 + \tfrac{1}{5}\tau^4\right). \tag{23}$$

Die Gl. (15), (16), (20), (23) treten an Stelle der Gleichungen für $\frac{\partial r}{\partial a}, \frac{\partial v}{\partial a}, \frac{\partial r}{\partial e}, \frac{\partial v}{\partial e}$ in der elliptischen Bewegung. Auch in den Gleichungen für $\frac{\partial r}{\partial T}, \frac{\partial v}{\partial T}$ ist $e = 1$ zu setzen (siehe Formelzusammenstellung).

§ 106. Formelzusammenstellung für die Bestimmung elliptischer Elemente.

Gegeben seien die zu verbessernden vorläufigen Elemente Ω', i', ω' (Äquator), T, a, e, sowie n Beobachtungen α_n, δ_n und die zugehörigen Zeiten t_n. Elemente und Beobachtungen müssen auf das gleiche mittlere Äquinoktium bezogen sein. Sind die ekliptikalen Elemente Ω, i, ω gegeben, so müssen diese nach Gl. (22.4) in äquatoriale umgewandelt werden.

Zur Verbesserung benutzt man möglichst nicht einzelne Beobachtungen, sondern Normalorte. Über die Bildung der Normalorte siehe die Ausführungen auf S. 310.

a) Berechnung der Differentialquotienten.

α) Für maschinelles Rechnen.

$$\begin{aligned} A &= \cos u \cos(\alpha - \Omega') & C &= \sin u \cos(\alpha - \Omega') & m &= \cos u \operatorname{ctg}\delta \\ B &= \cos u \sin(\alpha - \Omega') & D &= \sin u \sin(\alpha - \Omega') & n &= \sin u \operatorname{ctg}\delta \end{aligned} \tag{I a}$$

$$\text{Kontrolle:}\quad A^2 + B^2 + C^2 + D^2 = 1$$

$$\begin{aligned} \cos\delta\frac{\partial\alpha}{\partial\Omega'} &= \frac{r}{\Delta}(A + D\cos i') & \frac{\partial\delta}{\partial\Omega'} &= \frac{r}{\Delta}\sin\delta(-B + C\cos i') \\ \cos\delta\frac{\partial\alpha}{\partial i'} &= -\frac{r}{\Delta}C\sin i' & \frac{\partial\delta}{\partial i'} &= \frac{r}{\Delta}\sin\delta(D\sin i' + n\cos i') \\ \cos\delta\frac{\partial\alpha}{\partial\omega'} &= \frac{r}{\Delta}(A\cos i' + D) & \frac{\partial\delta}{\partial\omega'} &= \frac{r}{\Delta}\sin\delta(-B\cos i' + C + m\sin i') \end{aligned} \tag{II a}$$

$$\begin{aligned} \frac{\partial r}{\partial e} &= -a\cos v & \frac{\partial v}{\partial e} &= \frac{(2 + e\cos v)\sin v}{1 - e^2} \\ \frac{\partial r}{\partial a} &= \frac{r}{a} - \frac{1.5\,k\,e\sin v\,(t - T)}{a\sqrt{p}} & \frac{\partial v}{\partial a} &= -\frac{1.5\,k\sqrt{p}\,(t - T)}{r^2 a} \\ \frac{\partial r}{\partial T} &= -\frac{k\,e\sin v}{\sqrt{p}} & \frac{\partial v}{\partial T} &= -\frac{k\sqrt{p}}{r^2} \end{aligned} \tag{III a}$$

r, v, $u = v + \omega'$ entnimmt man der Ephemeridenrechnung.

$$\eta = e\,,\ a\,,\ T$$

$$\cos\delta\frac{\partial\alpha}{\partial\eta} = \frac{1}{\Delta}(-B + C\cos i')\frac{\partial r}{\partial\eta} + \frac{r}{\Delta}(A\cos i' + D)\frac{\partial v}{\partial\eta}$$

$$\frac{\partial\delta}{\partial\eta} = \frac{\sin\delta}{\Delta}(-A - D\cos i' + n\sin i')\frac{\partial r}{\partial\eta} + \frac{r}{\Delta}\sin\delta(-B\cos i' + C + m\sin i')\frac{\partial v}{\partial\eta} \qquad \text{(IVa)}$$

β) Für logarithmisches Rechnen.

$$\begin{aligned} m\cos M &= \cos(\alpha - \Omega') & f\cos F &= \cos\delta \\ m\sin M &= \sin(\alpha - \Omega')\cos i' & f\sin F &= \sin(\alpha - \Omega')\sin\delta \\ n\cos N &= \cos(\alpha - \Omega')\cos i' & g\cos G &= \cos(\alpha - \Omega')\sin\delta \\ n\sin N &= \sin(\alpha - \Omega') & g\sin G &= \sin(\alpha - \Omega')\sin\delta\cos i' - \sin i'\cos\delta \end{aligned} \qquad \text{(Ib)}$$

Kontrolle: $g\sin G = f\sin(F - i')$

$$\begin{aligned} \cos\delta\frac{\partial\alpha}{\partial\Omega'} &= \frac{r}{\Delta}m\cos(u - M) & \frac{\partial\delta}{\partial\Omega'} &= \frac{r}{\Delta}\sin\delta\, n\sin(u - N) \\ \cos\delta\frac{\partial\alpha}{\partial i'} &= -\frac{r}{\Delta}\sin u\cos(\alpha - \Omega')\sin i' & \frac{\partial\delta}{\partial i'} &= \frac{r}{\Delta}\sin u\, f\cos(F - i') \\ \cos\delta\frac{\partial\alpha}{\partial\omega'} &= \frac{r}{\Delta}n\cos(u - N) & \frac{\partial\delta}{\partial\omega'} &= \frac{r}{\Delta}g\sin(u - G) \end{aligned} \qquad \text{(IIb)}$$

$$\begin{aligned} h_e\cos H_e &= -a\cos v & h_e\sin H_e &= \frac{(2 + e\cos v)\, r\sin v}{1 - e^2} \\ h_a\cos H_a &= \frac{r}{a} - \frac{1.5\, k\, e\sin v\,(t - T)}{a\sqrt{p}} & h_a\sin H_a &= -\frac{1.5\, k\sqrt{p}\,(t - T)}{r a} \\ h_T\cos H_T &= -\frac{k\, e\sin v}{\sqrt{p}} & h_T\sin H_T &= -\frac{k\sqrt{p}}{r} \end{aligned} \qquad \text{(IIIb)}$$

$r,\ v,\ u = v + \omega'$ entnimmt man der Ephemeridenrechnung.

$$\eta = e\,,\ a\,,\ T$$

$$\cos\delta\frac{\partial\alpha}{\partial\eta} = \frac{1}{\Delta}h_\eta\, n\sin(u + H_\eta - N) \qquad \frac{\partial\delta}{\partial\eta} = -\frac{1}{\Delta}h_\eta\, g\cos(u + H_\eta - G)\,. \qquad \text{(IVb)}$$

b) Die Bestimmung der Verbesserungen der Elemente. Die obigen Werte der Differentialquotienten setzt man nun in die Bedingungsgleichungen

$$\cos\delta\, d\alpha = \cos\delta\frac{\partial\alpha}{\partial\Omega'}d\Omega' + \cos\delta\frac{\partial\alpha}{\partial i'}di' + \cos\delta\frac{\partial\alpha}{\partial\omega'}d\omega' + \cos\delta\frac{\partial\alpha}{\partial e}de + \cos\delta\frac{\partial\alpha}{\partial a}da + \cos\delta\frac{\partial\alpha}{\partial T}dT$$

$$d\delta = \frac{\partial\delta}{\partial\Omega'}d\Omega' + \frac{\partial\delta}{\partial i'}di' + \frac{\partial\delta}{\partial\omega'}d\omega' + \frac{\partial\delta}{\partial e}de + \frac{\partial\delta}{\partial a}da + \frac{\partial\delta}{\partial T}dT \qquad \text{(V)}$$

ein und löst diese nach den Verbesserungen $d\Omega'$, di', $d\omega'$, de, da, dT nach der Methode der kleinsten Quadrate auf.

Setzt man die Abweichungen $\cos\delta\, d\alpha$ und $d\delta$ in Bogensekunden an, so ergeben sich auch die Verbesserungen in Bogensekunden. Will man da und de in Längenmaß haben, so multipliziert man sie mit $\sin 1''$. Bei dT kann diese Multiplikation unterbleiben, wenn man den Faktor in Bogensekunden ansetzt.

Es kommt vor, daß Normalgleichungen Vielfache einer anderen sind. Dieser Fall tritt fast immer ein, wenn die Normalorte einer nur kurze Zeit beobachteten Erscheinung angehören, oder wenn die Normalorte auf dieselbe Gegend der heliozentrischen Bahn fallen. Hat man genügend Auswahl, so empfiehlt es sich, Normalorte zu benutzen, die auf möglichst verschiedene Teile der Bahn fallen.

Hat man keine Auswahl, so ist in solchen Fällen eine sichere Bestimmung aller Unbekannten nicht möglich. Man setzt dann die unsicher bestimmten Unbekannten an das Ende der Normalgleichungen und löst sie so weit auf, bis die Unsicherheit eintritt. Mit Hilfe der Eliminationsgleichungen drückt man dann die ersten durch die unsicheren Unbekannten aus und kann dann in verschiedener Weise verfahren. Entweder verzichtet man auf die Bestimmung der unsicheren Unbekannten, indem man sie gleich Null setzt. Oder man macht verschiedene Annahmen über die unsicheren Unbekannten, untersucht für jede die Darstellung der Bedingungsgleichungen und verwendet diejenige Annahme, bei der die Darstellung am meisten befriedigt. Oder man setzt die sicheren Unbekannten als Funktionen der unsicheren in die Bedingungsgleichungen ein und löst sie nach der Methode der kleinsten Quadrate auf.

§ 107. Formelzusammenstellung für die Bestimmung parabolischer Elemente.

Bis auf die Gl. (III a) bzw. (III b) gelten dieselben Formeln wie für die Bestimmung verbesserter elliptischer Elemente. Es sind zu ersetzen Gl. (III a) durch

$$\frac{\partial r}{\partial q} = \cos v \qquad \frac{\partial v}{\partial q} = -\frac{1}{q}\sin v\,(1 + \tfrac{1}{2}\cos v)$$

$$\frac{\partial r}{\partial T} = -\frac{k \sin v}{\sqrt{2q}} \qquad \frac{\partial v}{\partial T} = -\frac{k\sqrt{2q}}{r^2}$$

bzw. Gl. (III b) durch

$$h_q \cos H_q = \cos v \qquad h_q \sin H_q = -\frac{r}{q}\sin v\,(1 + \tfrac{1}{2}\cos v)$$

$$h_T \cos H_T = -\frac{k \sin v}{\sqrt{2q}} \qquad h_T \sin H_T = -\frac{k\sqrt{2q}}{r}.$$

§ 108. Formelzusammenstellung für die Bestimmung parabelnaher Elemente.

Bis auf die Gl. (IIIa) bzw. (IIIb) gelten dieselben Formeln wie für die Bestimmung verbesserter elliptischer Elemente. Es sind zu ersetzen Gl. (IIIa) durch

$$\tau = \operatorname{tg} \tfrac{1}{2} v$$

$$\frac{\partial r}{\partial e} = \tfrac{1}{2} q \sin \tfrac{1}{2} v^2 \left(2 + \tau^2 + \tfrac{1}{5} \tau^4\right) \qquad \frac{\partial v}{\partial e} = \tfrac{1}{4} \sin v \cos \tfrac{1}{2} v^2 \left(1 - \tau^2 - \tfrac{4}{5} \tau^4\right)$$

$$\frac{\partial r}{\partial q} = \cos v \qquad \frac{\partial v}{\partial q} = -\frac{1}{q} \sin v \left(1 + \tfrac{1}{2} \cos v\right)$$

$$\frac{\partial r}{\partial T} = -\frac{k \sin v}{\sqrt{2q}} \qquad \frac{\partial v}{\partial T} = -\frac{k \sqrt{2q}}{r^2}$$

bzw. Gl. (IIIb) durch

$$h_e \cos H_e = \tfrac{1}{2} q \sin \tfrac{1}{2} v^2 \left(2 + \tau^2 + \tfrac{1}{5} \tau^4\right) \qquad h_e \sin H_e = \tfrac{1}{4} r \sin v \cos \tfrac{1}{2} v^2 \left(1 - \tau^2 - \tfrac{4}{5} \tau^4\right)$$

$$h_q \cos H_q = \cos v \qquad h_q \sin H_q = -\frac{r}{q} \sin v \left(1 + \tfrac{1}{2} \cos v\right)$$

$$h_T \cos H_T = -\frac{k \sin v}{\sqrt{2q}} \qquad h_T \sin H_T = -\frac{k \sqrt{2q}}{r}.$$

Fällt die Verbesserung de positiv aus, so hat man es mit hyperbolischen, fällt sie negativ aus, so hat man es mit elliptischen Elementen zu tun.

Anhang.

A. Tafeln.

Konstanten.

	Numeri	Logarithmen
Basis der natürlichen Logarithmen *e*	2.7182818	0.4342945
Modul der Briggs'schen Logarithmen Mod. .	0.4342945	9.6377843$_{-10}$
Umfang des Kreises in Graden	360°	2.5563025
Umfang des Kreises in Minuten.	21600′	4.3344538
Umfang des Kreises in Sekunden	1296000″	6.1126050
Radius des Kreises in Graden	57°.29578	1.7581226
Radius des Kreises in Minuten	3437′.7468	3.5362739
Radius des Kreises in Sekunden	206264″.806	5.3144251
sin 1°	0.01745241	8.2418553$_{-10}$
sin 1′	0.000290888	6.4637261$_{-10}$
sin 1″	0.000004848 14	4.6855749$_{-10}$
Lichtzeit { in Zeitsekunden	498^s.5	2.69767
Lichtzeit { in Tagen	0^d.005770	7.76118$_{-10}$
Gaußsche Konstante des Sonnensystems . { k	0.0172021	8.2355814$_{-10}$
Gaußsche Konstante des Sonnensystems . { k''	3548″.18761	3.5500066
Dauer des julianischen Jahres	325.25 mittl. Tage	2.5625902
Dauer des siderischen Jahres	365.2563604 ,,	2.5625978
Dauer des tropischen Jahres	365.2421988 ,,	2.5625809

Konstanten für die Störungsrechnung.

w in Tagen	10	20	40	80
lg (w^2k^2)	8.471163$_{-10}$	9.073223$_{-10}$	9.675283$_{-10}$	0.277343

w	in Tagen	Merkur	Venus	Erde + Mond	Mars	Jupiter	Saturn	Uranus	Neptun
10	lg $(w k'' m_1)$	7.7719$_{-10}$	8.9394$_{-10}$	9.0323$_{-10}$	8.0596$_{-10}$	1.52991	1.0058	0.1908	0.2556
	lg $(10^7 w^2 k^2 m_1)$	8.6930$_{-10}$	9.8605$_{-10}$	9.9534$_{-10}$	8.9807$_{-10}$	2.45107	1.9269	1.1119	1.1767
20	lg $(w k'' m_1)$	8.0729$_{-10}$	9.2404$_{-10}$	9.3333$_{-10}$	8.3606$_{-10}$	1.83094	1.3068	0.4918	0.5566
	lg $(10^7 w^2 k^2 m_1)$	9.2951$_{-10}$	0.4626	0.5555	9.5828$_{-10}$	3.05313	2.5290	1.7140	1.7788
40	lg $(w k'' m_1)$	8.3739$_{-10}$	9.5414$_{-10}$	9.6343$_{-10}$	8.6616$_{-10}$	2.13197	1.6078	0.7928	0.8576
	lg $(10^7 w^2 k^2 m_1)$	9.8972$_{-10}$	1.0646	1.1576	0.1848	3.65519	3.1310	2.3160	2.3808
80	lg $(w k'' m_1)$	8.6749$_{-10}$	9.8424$_{-10}$	9.9353$_{-10}$	8.9626$_{-10}$	2.43300	1.9088	1.0938	1.1586
	lg $(10^7 w^2 k^2 m_1)$	0.4993	1.6667	1.7597	0.7869	4.25725	3.7331	2.9181	2.9829

1. Sternwarten-Konstanten.

Observatorium in	Länge westl. Greenw.	Korr. der Sternzeit	In Einh. d. 7. Dez.		Logarithmen		
			C'	C''	$\frac{1}{15} \times \varrho_0 p_\odot \cos\varphi'$	$\varrho_0 p_\odot \sin\varphi'$	$\operatorname{tg}\varphi'$
Algier	$-0^h\ 12^m\ 8^s$	$0^m\!.0$	−342	−254	9.672	0.720	9.871
Arequipa	+4 46 12	+0.8	−410	+120	9.751	0.392 *n*	9.465 *n*
Babelsberg	−0 52 25	−0.1	−261	−336	9.555	0.841	0.111
Bamberg	−0 43 34	−0.1	−275	−325	9.578	0.826	0.071
Barcelona	−0 8 30	0.0	−320	−281	9.644	0.763	9.943
Bergedorf	−0 40 58	−0.1	−254	−341	9.544	0.848	0.128
Besançon	−0 23 57	−0.1	−290	−312	9.601	0.808	0.031
Bonn	−0 28 23	−0.1	−271	−329	9.571	0.831	0.085
Bordeaux	+0 2 6	0.0	−303	−299	9.620	0.791	9.995
Cambridge (Mass.)	+4 44 31	+0.8	−316	−286	9.638	0.771	9.957
Cape of good Hope	−1 13 55	−0.2	−354	+237	9.688	0.689 *n*	9.825 *n*
Düsseldorf	−0 27 3	−0.1	−268	−331	9.566	0.834	0.092
Frankfurt a. M.	−0 34 36	−0.1	−274	−326	9.576	0.827	0.075
Greenwich	0 0 0	0.0	−266	−332	9.564	0.836	0.096
Heidelberg (Kgst.)	−0 34 53	−0.1	−278	−322	9.583	0.823	0.064
Jena	−0 46 20	−0.1	−270	−330	9.569	0.832	0.088
Johannesburg (U.O.)	−1 52 18	−0.3	−383	+187	9.722	0.587 *n*	9.689 *n*
Kasan (Univ.)	−3 16 29	−0.5	−240	−351	9.519	0.860	0.165
Königsberg	−1 21 59	−0.2	−247	−347	9.531	0.854	0.147
Kopenhagen	−0 50 19	−0.1	−241	−351	9.520	0.860	0.163
Krakau	−1 19 50	−0.2	−275	−326	9.577	0.827	0.074
La Plata	+3 51 44	+0.6	−350	+243	9.683	0.700 *n*	9.841 *n*
Lissabon	+0 36 45	+0.1	−333	−265	9.661	0.738	9.901
Mailand	−0 36 46	−0.1	−300	−303	9.615	0.795	0.004
Marseille	−0 21 35	−0.1	−311	−291	9.631	0.778	9.971
Minneapolis	+6 12 57	+1.0	−302	−300	9.619	0.792	9.997
Moskau-Presnia	−2 30 17	−0.4	−241	−351	9.520	0.860	0.164
Mt. Hamilton	+8 6 35	+1.3	−340	−257	9.669	0.725	9.880
München	−0 46 26	−0.1	−285	−316	9.594	0.814	0.045
Nizza	−0 29 12	−0.1	−309	−293	9.628	0.782	9.978
Northfield (Minn.)	+6 12 36	+1.0	−305	−297	9.623	0.788	9.989
Paris (Obs.)	−0 9 21	0.0	−281	−320	9.588	0.819	0.055
Pulkowa	−2 1 19	−0.3	−215	−367	9.471	0.879	0.232
Rom (Coll. R.)	−0 49 56	−0.1	−318	−283	9.641	0.767	9.950
San Fernando	+0 24 49	+0.1	−344	−252	9.674	0.716	9.866
Santiago	+4 42 46	+0.8	−356	+235	9.690	0.685 *n*	9.819 *n*
Simeïs	−2 15 58	−0.4	−305	−297	9.623	0.787	9.988
Sonneberg	−0 44 46	−0.1	−273	−327	9.574	0.829	0.079
Stockholm	−1 12 14	−0.2	−218	−365	9.477	0.877	0.224
Straßburg	−0 31 4	−0.1	−283	−318	9.590	0.817	0.052
Turin	−0 31 6	−0.1	−302	−300	9.618	0.792	9.998
Uccle	−0 17 26	0.0	−270	−329	9.570	0.832	0.086
Utrecht	−0 20 31	−0.1	−263	−335	9.558	0.840	0.106
Washington (Nav.)	+5 8 16	+0.8	−332	−267	9.660	0.740	9.904
Wien (Univ.)	−1 5 21	−0.2	−285	−317	9.593	0.815	0.046
Williams Bay (Wis.)	+5 54 13	+1.0	−315	−287	9.636	0.773	9.960

2. Mittlere Schiefe der Ekliptik und Präzessionsgrößen.

Jahr	ε	ε	Jahr	ε	ε
1890	23° 27′ 12″.94	23°.45360	1920	23° 26′ 58″.89	23°.44969
91	27 12.48	.45347	21	26 58.42	.44956
92	27 12.01	.45334	22	26 57.96	.44943
93	27 11.54	.45321	23	26 57.49	.44930
94	27 11.07	.45308	24	26 57.02	.44917
1895	23 27 10.60	23.45295	1925	23 26 56.55	23.44904
96	27 10.13	.45281	26	26 56.08	.44891
97	27 9.67	.45268	27	26 55.61	.44878
98	27 9.20	.45255	28	26 55.14	.44865
99	27 8.73	.45242	29	26 54.68	.44852
1900	23 27 8.26	23.45229	1930	23 26 54.21	23.44839
01	27 7.79	.45216	31	26 53.74	.44826
02	27 7.32	.45203	32	26 53.27	.44813
03	27 6.85	.45190	33	26 52.80	.44800
04	27 6.39	.45177	34	26 52.33	.44787
1905	23 27 5.92	23.45164	1935	23 26 51.87	23.44774
06	27 5.45	.45151	36	26 51.40	.44761
07	27 4.98	.45138	37	26 50.93	.44748
08	27 4.51	.45125	38	26 50.46	.44735
09	27 4.04	.45112	39	26 49.99	.44722
1910	23 27 3.58	23.45099	1940	23 26 49.52	23.44709
11	27 3.11	.45086	41	26 49.06	.44696
12	27 2.64	.45073	42	26 48.59	.44683
13	27 2.17	.45060	43	26 48.12	.44670
14	27 1.70	.45047	44	26 47.65	.44657
1915	23 27 1.23	23.45034	1945	23 26 47.18	23.44644
16	27 0.77	.45021	46	26 46.71	.44631
17	27 0.30	.45008	47	26 46.25	.44618
18	26 59.83	.44995	48	26 45.78	.44605
19	26 59.36	.44982	49	26 45.31	.44592
1920	23 26 58.89	23.44969	1950	23 26 44.84	23.44579

Jahr	ψ	π	Π	m	n	m	n
1890	50″.254	0″.471	173°.86	$3^s.0722$	$1^s.3365$	46″.082	20″.048
1895	50.255	0.471	173.91	3.0722	1.3365	46.084	20.047
1900	50.256	0.471	173.95	3.0723	1.3365	46.085	20.047
1905	50.257	0.471	174.00	3.0724	1.3364	46.086	20.046
1910	50.259	0.471	174.04	3.0725	1.3364	46.088	20.046
1915	50.260	0.471	174.09	3.0726	1.3364	46.089	20.046
1920	50.261	0.471	174.13	3.0727	1.3363	46.091	20.045
1925	50.262	0.471	174.18	3.0728	1.3363	46.092	20.045
1930	50.263	0.471	174.22	3.0729	1.3363	46.093	20.044
1935	50.264	0.471	174.27	3.0730	1.3363	46.095	20.044
1940	50.265	0.471	174.32	3.0731	1.3362	46.096	20.043
1945	50.266	0.411	174.36	3.0732	1.3362	46.098	20.043
1950	50.267	0.471	174.41	3.0733	1.3362	46.099	20.043

3. Interpolation nach der Newtonschen Formel.

n	(II)	(III)	(IV)	n	(II)	(III)	(IV)
0.00	− 0.00000	+ 0.0000	− 0.0000	0.50	− 0.12500	+ 0.0625	− 0.0391
01	0.00495	0.0033	0.0024	51	0.12495	0.0621	0.0386
02	0.00980	0.0065	0.0048	52	0.12480	0.0616	0.0382
03	0.01455	0.0095	0.0071	53	0.12455	0.0610	0.0377
04	0.01920	0.0125	0.0093	54	0.12420	0.0604	0.0372
0.05	− 0.02375	+ 0.0154	− 0.0114	0.55	− 0.12375	+ 0.0598	− 0.0366
06	0.02820	0.0182	0.0134	56	0.12320	0.0591	0.0361
07	0.03255	0.0209	0.0153	57	0.12255	0.0584	0.0355
08	0.03680	0.0235	0.0172	58	0.12180	0.0576	0.0349
09	0.04095	0.0261	0.0190	59	0.12095	0.0568	0.0342
0.10	− 0.04500	+ 0.0285	− 0.0207	0.60	− 0.12000	+ 0.0560	− 0.0336
11	0.04895	0.0308	0.0223	61	0.11895	0.0551	0.0329
12	0.05280	0.0331	0.0238	62	0.11780	0.0542	0.0322
13	0.05655	0.0352	0.0253	63	0.11655	0.0532	0.0315
14	0.06020	0.0373	0.0267	64	0.11520	0.0522	0.0308
0.15	− 0.06375	+ 0.0393	− 0.0280	0.65	− 0.11375	+ 0.0512	− 0.0301
16	0.06720	0.0412	0.0293	66	0.11220	0.0501	0.0293
17	0.07055	0.0430	0.0304	67	0.11055	0.0490	0.0285
18	0.07380	0.0448	0.0316	68	0.10880	0.0479	0.0278
19	0.07695	0.0464	0.0326	69	0.10695	0.0467	0.0270
0.20	− 0.08000	+ 0.0480	− 0.0336	0.70	− 0.10500	+ 0.0455	− 0.0262
21	0.08295	0.0495	0.0345	71	0.10295	0.0443	0.0253
22	0.08580	0.0509	0.0354	72	0.10080	0.0430	0.0245
23	0.08855	0.0522	0.0362	73	0.09855	0.0417	0.0237
24	0.09120	0.0535	0.0369	74	0.09620	0.0404	0.0228
0.25	− 0.09375	+ 0.0547	− 0.0376	0.75	− 0.09375	+ 0.0391	− 0.0220
26	0.09620	0.0558	0.0382	76	0.09120	0.0377	0.0211
27	0.09855	0.0568	0.0388	77	0.08855	0.0363	0.0202
28	0.10080	0.0578	0.0393	78	0.08580	0.0349	0.0194
29	0.10295	0.0587	0.0398	79	0.08295	0.0335	0.0185
0.30	− 0.10500	+ 0.0595	− 0.0402	0.80	− 0.08000	+ 0.0320	− 0.0176
31	0.10695	0.0602	0.0405	81	0.07695	0.0305	0.0167
32	0.10880	0.0609	0.0408	82	0.07380	0.0290	0.0158
33	0.11055	0.0615	0.0411	83	0.07055	0.0275	0.0149
34	0.11220	0.0621	0.0413	84	0.06720	0.0260	0.0140
0.35	− 0.11375	+ 0.0626	− 0.0415	0.85	− 0.06375	+ 0.0244	− 0.0131
36	0.11520	0.0630	0.0416	86	0.06020	0.0229	0.0122
37	0.11655	0.0633	0.0416	87	0.05655	0.0213	0.0113
38	0.11780	0.0636	0.0417	88	0.05280	0.0197	0.0104
39	0.11895	0.0638	0.0416	89	0.04895	0.0181	0.0095
0.40	− 0.12000	+ 0.0640	− 0.0416	0.90	− 0.04500	+ 0.0165	− 0.0087
41	0.12095	0.0641	0.0415	91	0.04095	0.0149	0.0078
42	0.12180	0.0641	0.0414	92	0.03680	0.0132	0.0069
43	0.12255	0.0641	0.0412	93	0.03255	0.0116	0.0060
44	0.12320	0.0641	0.0410	94	0.02820	0.0100	0.0051
0.45	− 0.12375	+ 0.0639	− 0.0408	0.95	− 0.02375	+ 0.0083	− 0.0043
46	0.12420	0.0638	0.0405	96	0.01920	0.0067	0.0034
47	0.12455	0.0635	0.0402	97	0.01455	0.0050	0.0025
48	0.12480	0.0632	0.0398	98	0.00980	0.0033	0.0017
49	0.12495	0.0629	0.0395	99	0.00495	0.0017	0.0008
0.50	− 0.12500	+ 0.0625	− 0.0391	1.00	− 0.00000	+ 0.0000	− 0.0000

$$f(a \pm n w) = f(a) \pm n f^{I}(a \pm \tfrac{1}{2} w) + (\mathrm{II}) f^{II}(a \pm w) \pm (\mathrm{III}) f^{III}(a \pm \tfrac{3}{2} w) + (\mathrm{IV}) f^{IV}(a \pm 2 w) + \cdots$$

4. Zahl der Lösungen in der elliptischen Bahnbestimmung (Encke).

q	lg m'	lg m''	$m^0 \sin \zeta^4 = \sin(\zeta - q^0)$				$m^0 \sin \zeta^4 = \sin(\zeta + q^0)$			
			m'' I	m' II	m'' III	m' IV	m' I	m'' II	m' III	m'' IV
1°	4.2976	9.9999	1° 0′	1° 20′	89° 40′	177° 37′	2° 23′	90° 20′	178° 40′	179° 0′
2	3.3950	9.9996	2 0	2 40′	89 20	175 14	4 46	90 40	177 20	178 0
3	2.8675	9.9992	3 0	4 0	89 0	172 52	7 8	91 0	176 0	177 0
4	2.4938	9.9986	4 0	5 20	88 40	170 28	9 32	91 20	174 40	176 0
5	2.2044	9.9978	5 0	6 41	88 19	168 5	11 55	91 41	173 19	175 0
6	1.9686	9.9968	6 0	8 1	87 59	165 41	14 19	92 1	171 59	174 0
7	1.7698	9.9957	7 1	9 22	87 38	163 18	16 42	92 22	170 38	172 59
8	1.5981	9.9943	8 1	10 42	87 18	160 53	19 7	92 42	169 18	171 59
9	1.4473	9.9928	9 2	12 3	86 57	158 28	21 32	93 3	167 57	170 58
10	1.3130	9.9911	10 3	13 25	86 35	156 3	23 57	93 25	166 35	169 57
11	1.1922	9.9892	11 5	14 46	86 14	153 37	26 23	93 46	165 14	168 55
12	1.0824	9.9871	12 6	16 8	85 52	151 10	28 50	94 8	163 52	167 54
13	0.9821	9.9848	13 9	17 31	85 29	148 43	31 17	94 31	162 29	166 51
14	0.8898	9.9823	14 12	18 53	85 7	146 14	33 46	94 53	161 7	165 48
15	0.8045	9.9796	15 16	20 17	84 43	143 45	36 15	95 17	159 43	164 44
16	0.7254	9.9767	16 20	21 40	84 20	141 14	38 46	95 40	158 20	163 40
17	0.6518	9.9736	17 26	23 5	83 55	138 42	41 18	96 5	156 55	162 34
18	0.5830	9.9702	18 33	24 30	83 30	136 9	43 51	96 30	155 30	161 27
19	0.5185	9.9667	19 41	25 56	83 4	133 34	46 26	96 56	154 4	160 19
20	0.4581	9.9629	20 51	27 23	82 37	130 58	49 2	97 23	152 37	159 9
21	0.4013	9.9588	22 2	28 50	82 10	128 19	51 41	97 50	151 10	157 58
22	0.3479	9.9545	23 15	30 19	81 41	125 38	54 22	98 19	149 41	156 45
23	0.2976	9.9499	24 31	31 49	81 11	122 55	57 5	98 49	148 11	155 29
24	0.2501	9.9451	25 49	33 20	80 40	120 9	59 51	99 20	146 40	154 11
25	0.2053	9.9400	27 10	34 53	80 7	117 20	62 40	99 53	145 7	152 50
26	0.1631	9.9345	28 35	36 28	79 32	114 27	65 33	100 28	143 32	151 25
27	0.1232	9.9287	30 4	38 5	78 55	111 30	68 30	101 5	141 55	149 56
28	0.0857	9.9226	31 38	39 45	78 15	108 27	71 33	101 45	140 15	148 22
29	0.0503	9.9161	33 18	41 27	77 33	105 19	74 41	102 27	138 33	146 42
30	0.0170	9.9092	35 5	43 13	76 47	102 3	77 58	103 13	136 46	144 55
31	9.9857	9.9019	37 1	45 4	75 56	98 37	81 23	104 4	134 56	142 59
32	9.9565	9.8940	39 9	47 1	74 59	95 0	85 0	105 1	132 59	140 51
33	9.9292	9.8856	41 33	49 6	73 54	91 6	88 54	106 6	130 54	138 27
34	9.9040	9.8765	44 21	51 22	72 38	86 49	93 11	107 22	128 38	135 39
35	9.8808	9.8665	47 47	53 58	71 2	81 53	98 7	108 58	126 2	132 13
36	9.8600	9.8555	52 31	57 13	68 47	75 40	104 20	111 13	122 47	127 29
q'	9.8443	9.8443	63 26	63 26	63 26	63 26	116 34	116 34	116 34	116 34

m und *q* positiv.

5. Zur Bestimmung von Sektor: Dreieck.

in der Ellipse

a)

h	$\lg c$	h	$\lg c$
0.00	0.0021824	0.30	0.0020317
01	0.0021819	31	0.0020258
02	0.0021805	32	0.0020199
03	0.0021783	33	0.0020140
04	0.0021755	34	0.0020082
0.05	0.0021721	0.35	0.0020024
06	0.0021683	36	0.0019966
07	0.0021641	37	0.0019909
08	0.0021596	38	0.0019852
09	0.0021548	39	0.0019796
0.10	0.0021497	0.40	0.0019740
11	0.0021444	41	0.0019685
12	0.0021390	42	0.0019630
13	0.0021335	43	0.0019575
14	0.0021278	44	0.0019521
0.15	0.0021220	0.45	0.0019467
16	0.0021161	46	0.0019414
17	0.0021102	47	0.0019361
18	0.0021042	48	0.0019308
19	0.0020981	49	0.0019255
0.20	0.0020921	0.50	0.0019203
21	0.0020861	51	0.0019152
22	0.0020800	52	0.0019102
23	0.0020739	53	0.0019051
24	0.0020678	54	0.0019001
0.25	0.0020617	0.55	0.0018951
26	0.0020557	56	0.0018902
27	0.0020497	57	0.0018853
28	0.0020437	58	0.0018805
29	0.0020377	59	0.0018757
0.30	0.0020317	0.60	0.0018709

b)

w	$\lg d$	Diff.
0.00	8.75696	254
01	8.75950	254
02	8.76204	255
03	8.76459	257
04	8.76716	258
0.05	8.76974	260
06	8.77234	261
07	8.77495	263
08	8.77758	266
09	8.78024	268
0.10	8.78292	270
11	8.78562	272
12	8.78834	274
13	8.79108	276
14	8.79384	278
0.15	8.79662	280
16	8.79942	282
17	8.80224	285
18	8.80509	287
19	8.80796	289
0.20	8.81085	291
21	8.81376	294
22	8.81670	296
23	8.81966	299
24	8.82265	301
0.25	8.82566	303
26	8.82869	306
27	8.83175	308
28	8.83483	311
29	8.83794	315
0.30	8.84109	

in der Parabel

c)

μ	$\lg \bar{y}$	Diff.
0.00	0.000000	14
01	0.000014	44
02	0.000058	72
03	0.000130	102
04	0.000232	130
0.05	0.000362	160
06	0.000522	190
07	0.000712	218
08	0.000930	249
09	0.001179	278
0.10	0.001457	309
11	0.001766	339
12	0.002105	369
13	0.002474	401
14	0.002875	432
0.15	0.003307	464
16	0.003771	495
17	0.004266	528
18	0.004794	562
19	0.005356	594
0.20	0.005950	629
21	0.006579	663
22	0.007242	698
23	0.007940	734
24	0.008674	771
0.25	0.009445	808
26	0.010253	845
27	0.011098	885
28	0.011983	924
29	0.012907	965
0.30	0.013872	1007
31	0.014879	1049
32	0.015928	1092
33	0.017020	1138
34	0.018158	1184
0.35	0.019342	1232
36	0.020574	1280
37	0.021854	1331
38	0.023185	1383
39	0.024568	1436
0.40	0.026004	

6. Zur Auflösung der Eulerschen Gleichung.

μ	ζ		$\lg \zeta$		μ	ζ		$\lg \zeta$	
0.00	1.000000		0.000000		0.40	1.007029		0.003042	
		4		2			377		162
01	1.000004		0.000002		41	1.007406		0.003204	
		13		5			389		168
02	1.000017		0.000007		42	1.007795		0.003372	
		21		9			400		172
03	1.000038		0.000016		43	1.008195		0.003544	
		29		13			412		178
04	1.000067		0.000029		44	1.008607		0.003722	
		37		16			425		183
0.05	1.000104		0.000045		0.45	1.009032		0.003905	
		46		20			437		188
06	1.000150		0.000065		46	1.009469		0.004093	
		54		24			450		194
07	1.000204		0.000089		47	1.009919		0.004287	
		63		27			464		199
08	1.000267		0.000116		48	1.010383		0.004486	
		72		31			476		205
09	1.000339		0.000147		49	1.010859		0.004691	
		79		35			490		210
0.10	1.000418		0.000182		0.50	1.011349		0.004901	
		88		38			504		217
11	1.000506		0.000220		51	1.011853		0.005118	
		97		42			518		222
12	1.000603		0.000262		52	1.012371		0.005340	
		105		45			533		228
13	1.000708		0.000307		53	1.012904		0.005568	
		114		50			548		235
14	1.000822		0.000357		54	1.013452		0.005803	
		122		53			563		241
0.15	1.000944		0.000410		0.55	1.014015		0.006044	
		132		57			578		248
16	1.001076		0.000467		56	1.014593		0.006292	
		140		61			595		254
17	1.001216		0.000528		57	1.015188		0.006546	
		148		64			612		262
18	1.001364		0.000592		58	1.015800		0.006808	
		158		68			628		269
19	1.001522		0.000660		59	1.016428		0.007077	
		166		72			646		276
0.20	1.001688		0.000732		0.60	1.017074		0.007353	
		176		77			664		283
21	1.001864		0.000809		61	1.017738		0.007636	
		184		80			683		291
22	1.002048		0.000889		62	1.018421		0.007927	
		194		83			703		300
23	1.002242		0.000972		63	1.019124		0.008227	
		203		88			722		307
24	1.002445		0.001060		64	1.019846		0.008534	
		212		92			743		317
0.25	1.002657		0.001152		0.65	1.020589		0.008851	
		222		96			764		325
26	1.002879		0.001248		66	1.021353		0.009176	
		231		100			787		334
27	1.003110		0.001348		67	1.022140		0.009510	
		240		104			810		344
28	1.003350		0.001452		68	1.022950		0.009854	
		250		109			834		354
29	1.003600		0.001561		69	1.023784		0.010208	
		260		112			859		364
0.30	1.003860		0.001673		0.70	1.024643		0.010572	
		270		117			885		375
31	1.004130		0.001790		71	1.025528		0.010947	
		280		121			912		387
32	1.004410		0.001911		72	1.026440		0.011334	
		291		126			941		398
33	1.004701		0.002037		73	1.027381		0.011732	
		300		130			971		410
34	1.005001		0.002167		74	1.028352		0.012142	
		311		134			1003		423
0.35	1.005312		0.002301		0.75	1.029355		0.012565	
		322		139			1036		437
36	1.005634		0.002440		76	1.030391		0.013002	
		332		143			1072		452
37	1.005966		0.002583		77	1.031463		0.013454	
		343		149			1109		466
38	1.006309		0.002732		78	1.032572		0.013920	
		354		152			1148		483
39	1.006663		0.002884		79	1.033720		0.014403	
		366		158			1191		500
0.40	1.007029		0.003042		0.80	1.034911		0.014903	

7. Zur Bahnbestimmung von Wilkens.

$(\xi\sigma)$ \ r	0.2	0.3	0.4	0.5	0.6	0.7	0.8	0.9	1.0
				$(\xi\zeta)$					
0.1	−0.62	−0.19	−0.10	−0.09	−0.11	−0.14	−0.19	−0.26	−0.33
0.2	2.48	0.73	0.32	0.19	0.16	0.17	0.21	0.26	0.33
0.3	5.58	1.63	0.69	0.37	0.25	0.22	0.23	0.28	0.33
0.4	9.92	2.90	1.20	0.61	0.38	0.29	0.27	0.28	0.33
0.5	15.5	4.52	1.86	0.93	0.54	0.37	0.31	0.30	0.33
0.6	22.3	6.50	2.66	1.31	0.74	0.48	0.36	0.32	0.33
0.7	30.4	8.84	3.61	1.77	0.98	0.60	0.42	0.34	0.33
0.8	39.7	11.5	4.71	2.29	1.25	0.75	0.49	0.37	0.33
0.9	50.2	14.6	5.95	2.89	1.56	0.91	0.58	0.41	0.33
1.0	−62.0	−18.0	−7.34	−3.55	−1.90	−1.09	−0.66	−0.44	−0.33
1.1	75.0	21.8	8.88	4.29	2.28	1.29	0.77	0.48	0.33
1.2	89.3	26.0	10.6	5.09	2.70	1.51	0.88	0.52	0.33
1.3	105	30.5	12.4	5.97	3.16	1.75	0.99	0.57	0.33
1.4	122	35.3	14.4	6.91	3.64	2.01	1.12	0.62	0.33
1.5	140	40.6	16.5	7.93	4.17	2.29	1.26	0.67	0.33
1.6	159	46.2	18.8	9.01	4.73	2.58	1.41	0.73	0.33
1.7	179	52.1	21.2	10.2	5.33	2.90	1.57	0.79	0.33
1.8	201	58.4	23.7	11.4	5.97	3.24	1.73	0.86	0.33
1.9	224	65.1	26.4	12.7	6.64	3.59	1.91	0.93	0.33
2.0	−248	−72.1	−29.3	−14.0	−7.35	−3.96	−2.10	−1.00	−0.33
2.1	273	79.5	32.3	15.5	8.09	4.36	2.29	1.08	0.33
2.2	300	87.2	35.4	17.0	8.87	4.77	2.50	1.16	0.33
2.3	328	95.3	38.7	18.6	9.69	5.20	2.71	1.24	0.33
2.4	357	104	42.2	20.2	10.5	5.65	2.93	1.33	0.33
2.5	388	113	45.7	21.9	11.4	6.12	3.17	1.42	0.33
2.6	419	122	49.4	23.7	12.4	6.60	3.43	1.51	0.33
2.7	452	131	53.3	25.6	13.3	7.12	3.66	1.61	0.33
2.8	486	141	57.4	27.5	14.3	7.64	3.92	1.71	0.33
2.9	521	152	61.5	29.5	15.4	8.19	4.20	1.82	0.33
3.0	−558	−162	−65.8	−31.6	−16.4	−8.75	−4.48	−1.93	−0.33
3.1	596	173	70.3	33.7	17.5	9.34	4.77	2.04	0.33
3.2	635	184	74.9	35.9	18.7	9.94	5.07	2.16	0.33
3.3	675	196	79.6	38.2	19.8	10.6	5.38	2.28	0.33
3.4	717	208	84.6	40.5	21.1	11.2	5.70	2.41	0.33
3.5	760	221	89.6	42.9	22.3	11.9	6.03	2.53	0.33
3.6	804	234	94.8	45.4	23.6	12.5	6.36	2.66	0.33
3.7	849	247	100	48.0	24.9	13.2	6.71	2.80	0.33
3.8	895	260	106	50.6	26.3	14.0	7.07	2.94	0.33
3.9	943	274	111	53.3	27.7	14.7	7.43	3.08	0.33
4.0	−992	−288	−117	−56.0	−29.1	−15.5	−7.81	−3.23	−0.33

7. Zur Bahnbestimmung von WILKENS.

$(\xi\sigma)$ \ r	1.0	1.1	1.2	1.3	1.4	1.5	1.6	1.7	1.8	1.9	2.0
						$(\xi\zeta)$					
0.1	−0.33	−0.42	−0.52	−0.63	−0.75	−0.88	−1.03	−1.18	−1.35	−1.52	−1.71
0.2	0.33	0.42	0.51	0.62	0.74	0.87	1.02	1.17	1.34	1.51	1.70
0.3	0.33	0.41	0.50	0.61	0.73	0.86	1.00	1.15	1.31	1.49	1.68
0.4	0.33	0.40	0.49	0.59	0.70	0.83	0.97	1.12	1.29	1.46	1.64
0.5	0.33	0.39	0.47	0.56	0.68	0.80	0.94	1.09	1.25	1.42	1.60
0.6	0.33	0.39	0.45	0.54	0.64	0.76	0.90	1.04	1.20	1.37	1.56
0.7	0.33	0.36	0.42	0.50	0.60	0.72	0.85	0.99	1.15	1.32	1.50
0.8	0.33	0.34	0.39	0.46	0.55	0.66	0.79	0.93	1.09	1.25	1.43
0.9	0.33	0.32	0.35	0.41	0.50	0.60	0.73	0.86	1.02	1.18	1.36
1.0	−0.33	−0.30	−0.31	−0.36	−0.44	−0.54	−0.66	−0.79	−0.94	−1.10	−1.28
1.1	0.33	0.27	0.27	0.30	0.37	0.46	0.58	0.70	0.85	1.01	1.18
1.2	0.33	0.24	0.22	0.24	0.30	0.38	0.49	0.61	0.76	0.91	1.08
1.3	0.33	0.21	0.17	0.17	0.22	0.29	0.39	0.51	0.65	0.81	0.98
1.4	0.33	0.18	0.11	0.10	0.13	0.20	0.29	0.41	0.54	0.69	0.86
1.5	0.33	0.14	−0.05	−0.02	−0.04	−0.10	0.18	0.29	0.42	0.57	0.73
1.6	0.33	0.10	+0.02	+0.06	+0.06	+0.01	−0.06	0.17	0.29	0.43	0.59
1.7	0.33	0.06	0.09	0.15	0.16	0.13	+0.06	−0.04	0.16	0.29	0.45
1.8	0.33	−0.02	0.16	0.25	0.27	0.25	0.19	+0.11	−0.01	−0.14	0.30
1.9	0.33	+0.03	0.24	0.35	0.39	0.38	0.33	0.25	+0.14	+0.01	−0.14
2.0	−0.33	+0.08	+0.32	+0.46	+0.52	+0.52	+0.48	+0.41	+0.30	+0.18	+0.04
2.1	0.33	0.13	0.41	0.57	0.65	0.66	0.64	0.57	0.48	0.36	0.22
2.2	0.33	0.18	0.50	0.68	0.78	0.82	0.80	0.74	0.65	0.54	0.40
2.3	0.33	0.24	0.58	0.81	0.93	0.97	0.97	0.92	0.84	0.73	0.60
2.4	0.33	0.29	0.69	0.94	1.08	1.14	1.14	1.11	1.03	0.93	0.81
2.5	0.33	0.36	0.79	1.07	1.23	1.31	1.33	1.30	1.24	1.14	1.02
2.6	0.33	0.42	0.90	1.21	1.39	1.49	1.52	1.51	1.45	1.36	1.24
2.7	0.33	0.48	1.01	1.35	1.56	1.68	1.72	1.72	1.67	1.59	1.48
2.8	0.33	0.55	1.13	1.50	1.74	1.87	1.92	1.94	1.90	1.82	1.72
2.9	0.33	0.62	1.25	1.66	1.92	2.07	2.15	2.16	2.13	2.06	1.96
3.0	−0.33	+0.70	+1.37	+1.82	+2.10	+2.28	+2.38	+2.40	+2.38	+2.32	+2.22
3.1	0.33	0.77	1.50	1.98	2.30	2.49	2.60	2.64	2.63	2.58	2.49
3.2	0.33	0.85	1.64	2.16	2.50	2.72	2.84	2.89	2.90	2.85	2.77
3.3	0.33	0.93	1.77	2.33	2.70	2.94	3.08	3.15	3.16	3.12	3.05
3.4	0.33	1.02	1.91	2.52	2.92	3.18	3.34	3.42	3.44	3.41	3.34
3.5	0.33	1.10	2.06	2.70	3.14	3.42	3.60	3.69	3.72	3.70	3.64
3.6	0.33	1.19	2.21	2.90	3.36	3.67	3.87	3.98	4.02	4.01	3.96
3.7	0.33	1.28	2.36	3.10	3.60	3.93	4.14	4.26	4.32	4.32	4.28
3.8	0.33	1.37	2.52	3.30	3.83	4.19	4.43	4.56	4.63	4.64	4.60
3.9	0.33	1.47	2.68	3.51	4.08	4.46	4.72	4.87	4.95	4.97	4.94
4.0	−0.33	+1.57	+2.85	+3.72	+4.33	+4.74	+5.02	+5.19	+5.28	+5.31	+5.29

7. Zur Bahnbestimmung von Wilkens.

$(\xi\sigma)$ \ r	2.0	2.1	2.2	2.3	2.4	2.5	2.6	2.7	2.8	2.9	3.0
						$(\xi\zeta)$					
0.1	−1.71	−1.91	−2.11	−2.33	−2.56	−2.80	−3.05	−3.31	−3.58	−3.86	−4.15
0.2	1.70	1.89	2.10	2.32	2.55	2.79	3.03	3.29	3.56	3.84	4.13
0.3	1.68	1.87	2.08	2.30	2.52	2.76	3.01	3.27	3.54	3.82	4.11
0.4	1.64	1.84	2.05	2.26	2.49	2.73	2.98	3.24	3.51	3.79	4.08
0.5	1.60	1.80	2.01	2.22	2.45	2.69	2.94	3.20	3.46	3.74	4.03
0.6	1.56	1.75	1.96	2.17	2.40	2.64	2.88	3.14	3.41	3.69	3.98
0.7	1.50	1.69	1.90	2.11	2.34	2.58	2.82	3.08	3.35	3.63	3.92
0.8	1.43	1.63	1.83	2.04	2.27	2.50	2.75	3.01	3.28	3.56	3.85
0.9	1.36	1.55	1.75	1.96	2.19	2.42	2.67	2.93	3.20	3.48	3.76
1.0	−1.28	−1.46	−1.67	−1.88	−2.10	−2.34	−2.58	−2.83	−3.11	−3.38	−3.67
1.1	1.18	1.37	1.57	1.78	2.00	2.24	2.48	2.74	3.01	3.28	3.58
1.2	1.08	1.27	1.47	1.68	1.90	2.13	2.37	2.63	2.90	3.17	3.46
1.3	0.98	1.16	1.35	1.56	1.78	2.01	2.26	2.51	2.78	3.05	3.34
1.4	0.86	1.04	1.23	1.44	1.66	1.89	2.13	2.38	2.65	2.92	3.21
1.5	0.73	0.91	1.10	1.30	1.52	1.75	1.99	2.25	2.51	2.78	3.07
1.6	0.59	0.77	0.96	1.16	1.38	1.61	1.85	2.10	2.37	2.64	2.91
1.7	0.45	0.62	0.81	1.01	1.22	1.45	1.69	1.94	2.20	2.48	2.76
1.8	0.30	0.47	0.65	0.85	1.06	1.29	1.53	1.78	2.04	2.31	2.59
1.9	−0.14	0.30	0.48	0.68	0.89	1.12	1.35	1.60	1.86	2.13	2.42
2.0	+0.04	−0.13	−0.31	−0.50	−0.71	−0.93	−1.16	−1.42	−1.67	−1.94	−2.23
2.1	0.22	+0.06	−0.12	0.31	0.52	0.74	0.98	1.22	1.48	1.74	2.03
2.2	0.40	0.25	+0.08	−0.12	0.32	0.54	0.77	1.02	1.27	1.54	1.82
2.3	0.60	0.45	0.28	+0.09	−0.11	0.33	0.56	0.80	1.06	1.33	1.61
2.4	0.81	0.66	0.49	0.31	+0.11	−0.11	0.34	0.58	0.83	1.10	1.38
2.5	1.02	0.88	0.71	0.53	0.33	+0.12	−0.11	0.35	0.60	0.87	1.14
2.6	1.24	1.10	0.94	0.76	0.57	0.36	+0.13	−0.10	0.36	0.62	0.90
2.7	1.48	1.34	1.18	1.01	0.82	0.61	0.38	+0.15	−0.10	0.37	0.64
2.8	1.72	1.58	1.43	1.26	1.07	0.86	0.64	0.41	+0.16	−0.10	0.38
2.9	1.96	1.84	1.69	1.52	1.34	1.13	0.91	0.68	0.43	+0.17	−0.10
3.0	+2.22	+2.10	+1.96	+1.79	+1.61	+1.41	+1.19	+0.96	+0.71	+0.45	+0.18
3.1	2.49	2.38	2.24	2.07	1.89	1.69	1.47	1.25	1.00	0.74	0.47
3.2	2.77	2.66	2.52	2.36	2.18	1.99	1.77	1.55	1.30	1.05	0.78
3.3	3.05	2.95	2.81	2.66	2.49	2.29	2.08	1.86	1 61	1.36	1.09
3.4	3.34	3.24	3.12	2.97	2.80	2.61	2.39	2.17	1.93	1.68	1.41
3.5	3.64	3.55	3.43	3.28	3.12	2.93	2.72	2.50	2.26	2.01	1.74
3.6	3.96	3.87	3.75	3.61	3.45	3.26	3.06	2.84	2.60	2.35	2.09
3.7	4.28	4.20	4.08	3.94	3.78	3.60	3.39	3.18	2.95	2.70	2.44
3.8	4.60	4.53	4.42	4.29	4.13	3.95	3.75	3.54	3.31	3.06	2.80
3.9	4.94	4.87	4.77	4.64	4.49	4.31	4.11	3.90	3.68	3.43	3.17
4.0	+5.29	+5.22	+5.13	+5.00	+4.86	+4.68	+4.48	+4.28	+4.05	+3.81	+3.55

7. Zur Bahnbestimmung von Wilkens.

$(\xi\sigma)$ \ γ	3.0	3.1	3.2	3.3	3.4	3.5	3.6	3.7	3.8	3.9	4.0
						$(\xi\zeta)$					
0.1	−4.15	−4.45	−4.76	−5.08	−5.41	−5.75	−6.11	−6.47	−6.84	−7.22	−7.61
0.2	4.13	4.44	4.75	5.07	5.40	5.74	6.09	6.45	6.82	7.21	7.60
0.3	4.11	4.41	4.72	5.04	5.37	5.71	6.07	6.43	6.80	7.18	7.57
0.4	4.08	4.38	4.69	5.01	5.34	5.68	6.03	6.39	6.77	7.15	7.54
0.5	4.03	4.33	4.64	4.96	5.30	5.64	5.99	6.35	6.70	7.10	7.50
0.6	3.98	4.28	4.59	4.91	5.24	5.58	5.94	6.30	6.67	7.05	7.44
0.7	3.92	4.22	4.53	4.85	5.19	5.52	5.87	6.23	6.60	6.99	7.38
0.8	3.85	4.14	4.46	4.78	5.11	5.45	5.80	6.16	6.53	6.91	7.30
0.9	3.76	4.06	4.37	4.69	5.02	5.36	5.72	6.08	6.45	6.83	7.22
1.0	−3.67	−3.97	−4.28	−4.60	−4.93	−5.27	−5.62	−5.98	−6.35	−6.74	−7.13
1.1	3.58	3.87	4.18	4.50	4.83	5.17	5.52	5.88	6.25	6.63	7.02
1.2	3.46	3.76	4.07	4.39	4.72	5.06	5.42	5.77	6.14	6.52	6.91
1.3	3.34	3.64	3.95	4.26	4.59	4.93	5.28	5.64	6.02	6.40	6.79
1.4	3.21	3.51	3.82	4.13	4.46	4.80	5.15	5.51	5.88	6.26	6.65
1.5	3.07	3.37	3.68	3.99	4.32	4.66	5.01	5.37	5.74	6.12	6.51
1.6	2.91	3.22	3.52	3.84	4.18	4.51	4.86	5.22	5.59	5.97	6.36
1.7	2.76	3.06	3.36	3.68	4.01	4.35	4.70	5.06	5.43	5.81	6.20
1.8	2.59	2.89	3.20	3.51	3.84	4.18	4.53	4.88	5.25	5.63	6.02
1.9	2.42	2.71	3.02	3.33	3.66	4.00	4.34	4.70	5.07	5.45	5.84
2.0	−2.23	−2.52	−2.83	−3.14	−3.47	−3.81	−4.15	−4.52	−4.88	−5.26	−5.65
2.1	2.03	2.32	2.63	2.94	3.27	3.61	3.95	4.31	4.68	5.06	5.45
2.2	1.82	2.12	2.42	2.73	3.06	3.40	3.74	4.10	4.47	4.84	5.24
2.3	1.61	1.90	2.20	2.52	2.84	3.18	3.52	3.88	4.25	4.63	5.02
2.4	1.38	1.67	1.97	2.29	2.61	2.95	3.29	3.65	4.02	4.40	4.78
2.5	1.14	1.43	1.73	2.05	2.37	2.71	3.05	3.41	3.78	4.15	4.54
2.6	0.90	1.19	1.49	1.80	2.12	2.46	2.80	3.16	3.53	3.90	4.29
2.7	0.64	0.93	1.23	1.54	1.87	2.20	2.54	2.90	3.27	3.64	4.03
2.8	0.38	0.67	0.96	1.28	1.60	1.93	2.28	2.63	3.00	3.37	3.76
2.9	−0.10	0.39	0.69	1.00	1.32	1.65	2.00	2.35	2.72	3.09	3.48
3.0	+0.18	−0.10	−0.40	−0.71	−1.02	−1.36	−1.71	−2.06	−2.43	−2.80	−3.19
3.1	0.47	+0.19	−0.11	0.42	0.74	1.07	1.41	1.76	2.13	2.50	2.89
3.2	0.78	0.49	+0.20	−0.11	0.43	0.76	1.10	1.45	1.82	2.19	2.58
3.3	1.09	0.81	0.51	+0.21	−0.11	0.44	0.78	1.14	1.50	1.87	2.26
3.4	1.41	1.13	0.84	0.53	+0.22	−0.11	0.46	0.81	1.17	1.54	1.93
3.5	1.74	1.46	1.17	0.87	0.55	+0.22	−0.12	0.47	0.83	1.20	1.59
3.6	2.09	1.81	1.52	1.21	0.90	0.57	+0.23	−0.12	0.48	0.86	1.24
3.7	2.44	2.16	1.87	1.57	1.25	0.93	0.59	+0.24	−0.12	0.50	0.88
3.8	2.80	2.52	2.23	1.93	1.62	1.29	0.95	0.60	+0.24	−0.13	0.51
3.9	3.17	2.90	2.61	2.31	2.00	1.67	1.33	0.98	0.62	+0.25	−0.13
4.0	+3.55	+3.28	+2.99	+2.69	+2.38	+2.05	+1.72	+1.37	+1.01	+0.64	+0.26

8. Differenz exzentrische—mittlere Anomalie.

M \ e	0.1	0.2	0.3	0.4	0.5	0.6	0.7	0.8	0.9	1.0	e / M
0°	0°00	0°00	0°00	0°00	0°00	0°00	0°00	0°00	0°00	0°00	360°
1	0.11	0.25	0.43	0.67	1.00	1.50	2.33	3.97	8.60	26.11	359
2	0.22	0.50	0.86	1.33	2.00	2.99	4.63	7.81	15.54	32.23	358
3	0.33	0.75	1.28	2.00	2.99	4.47	6.89	11.40	20.85	36.26	357
4	0.44	1.00	1.71	2.66	3.97	5.93	9.07	14.68	25.00	39.28	356
5	0.55	1.25	2.14	3.31	4.95	7.36	11.17	17.66	28.34	41.69	355
6	0.66	1.49	2.56	3.97	5.91	8.76	13.17	20.33	31.12	43.69	354
7	0.77	1.74	2.98	4.61	6.86	10.12	15.07	22.73	33.47	45.39	353
8	0.88	1.99	3.40	5.26	7.80	11.44	16.86	24.89	35.49	46.84	352
9	0.99	2.23	3.81	5.89	8.72	12.72	18.55	26.84	37.25	48.11	351
10	1.10	2.47	4.22	6.52	9.62	13.96	20.14	28.59	38.80	49.23	350
11	1.21	2.72	4.63	7.13	10.50	15.15	21.62	30.18	40.17	50.22	349
12	1.32	2.96	5.04	7.74	11.36	16.30	23.01	31.62	41.40	51.09	348
13	1.43	3.20	5.44	8.34	12.20	17.39	24.31	32.94	42.49	51.87	347
14	1.53	3.43	5.83	8.93	13.01	18.44	25.52	34.14	43.48	52.57	346
15	1.64	3.67	6.22	9.51	13.80	19.44	26.66	35.23	44.37	53.20	345
16	1.75	3.90	6.61	10.07	14.57	20.40	27.72	36.24	45.18	53.76	344
17	1.85	4.13	6.99	10.63	15.31	21.31	28.71	37.16	45.91	54.26	343
18	1.95	4.36	7.36	11.17	16.03	22.18	29.63	38.00	46.57	54.70	342
19	2.06	4.58	7.73	11.70	16.73	23.01	30.50	38.78	47.17	55.10	341
20	2.16	4.81	8.10	12.22	17.40	23.79	31.30	39.49	47.71	55.46	340
21	2.26	5.03	8.45	12.72	18.05	24.53	32.05	40.15	48.21	55.78	339
22	2.36	5.25	8.80	13.22	18.67	25.24	32.76	40.75	48.65	56.06	338
23	2.46	5.46	9.15	13.69	19.27	25.91	33.41	41.30	49.06	56.30	337
24	2.56	5.67	9.48	14.16	19.84	26.54	34.02	41.81	49.42	56.51	336
25	2.66	5.88	9.81	14.61	20.40	27.14	34.59	42.28	49.75	56.69	335
26	2.76	6.09	10.14	15.05	20.93	27.71	35.12	42.71	50.04	56.85	334
27	2.85	6.29	10.45	15.48	21.43	28.24	35.61	43.10	50.31	56.98	333
28	2.95	6.49	10.76	15.89	21.92	28.75	36.07	43.46	50.54	57.08	332
29	3.04	6.68	11.06	16.29	22.38	29.22	36.49	43.78	50.74	57.17	331
30	3.13	6.88	11.36	16.67	22.83	29.67	36.89	44.08	50.92	57.23	330
31	3.22	7.06	11.64	17.04	23.25	30.09	37.25	44.35	51.07	57.27	329
32	3.31	7.25	11.92	17.40	23.65	30.49	37.59	44.59	51.20	57.29	328
33	3.40	7.43	12.20	17.75	24.04	30.86	37.90	44.80	51.31	57.29	327
34	3.49	7.61	12.46	18.08	24.40	31.21	38.18	44.99	51.40	57.28	326
35	3.57	7.78	12.72	18.40	24.75	31.53	38.44	45.16	51.47	57.25	325
36	3.66	7.95	12.97	18.71	25.07	31.84	38.68	45.31	51.52	57.21	324
37	3.74	8.12	13.21	19.00	25.38	32.12	38.90	45.44	51.55	57.15	323
38	3.82	8.28	13.44	19.28	25.68	32.38	39.09	45.55	51.56	57.07	322
39	3.90	8.44	13.67	19.55	25.95	32.62	39.27	45.64	51.56	56.98	321
40	3.98	8.60	13.89	19.81	26.22	32.85	39.43	45.71	51.55	56.88	320
41	4.06	8.75	14.10	20.06	26.46	33.06	39.56	45.76	51.52	56.77	319
42	4.13	8.89	14.30	20.29	26.69	33.24	39.68	45.80	51.47	56.64	318
43	4.20	9.03	14.50	20.51	26.90	33.42	39.79	45.83	51.41	56.51	317
44	4.28	9.17	14.69	20.72	27.10	33.57	39.88	45.84	51.34	56.36	316
45	4.35	9.31	14.87	20.92	27.29	33.71	39.95	45.83	51.26	56.20	315

Für Werte von M zwischen 180° und 360° wird der Tafelwert negativ.

8. Differenz exzentrische—mittlere Anomalie.

M \ e	0.1	0.2	0.3	0.4	0.5	0.6	0.7	0.8	0.9	1.0	e / M
45°	4°35	9°31	14°87	20°92	27°29	33°71	39°95	45°83	51°26	56°20	315°
46	4.42	9.44	15.04	21.11	27.46	33.84	40.01	45.81	51.16	56.04	314
47	4.48	9.56	15.21	21.29	27.62	33.95	40.05	45.78	51.06	55.86	313
48	4.55	9.68	15.37	21.46	27.77	34.05	40.08	45.74	50.94	55.67	312
49	4.61	9.80	15.52	21.62	27.90	34.13	40.10	45.68	50.81	55.48	311
50	4.68	9.91	15.66	21.77	28.02	34.20	40.11	45.62	50.67	55.27	310
51	4.74	10.02	15.80	21.91	28.13	34.26	40.10	45.54	50.53	55.06	309
52	4.79	10.13	15.93	22.03	28.23	34.31	40.08	45.45	50.37	54.84	308
53	4.85	10.23	16.05	22.15	28.32	34.34	40.05	45.35	50.20	54.61	307
54	4.91	10.33	16.17	22.26	28.40	34.36	40.01	45.24	50.03	54.37	306
55	4.96	10.42	16.28	22.36	28.46	34.38	39.96	45.12	49.85	54.13	305
56	5.01	10.51	16.38	22.45	28.52	34.38	39.90	44.99	49.65	53.88	304
57	5.06	10.59	16.48	22.54	28.56	34.37	39.82	44.86	49.45	53.62	303
58	5.11	10.67	16.57	22.61	28.60	34.35	39.74	44.71	49.25	53.36	302
59	5.16	10.75	16.65	22.68	28.62	34.32	39.65	44.56	49.03	53.09	301
60	5.20	10.82	16.73	22.73	28.64	34.28	39.55	44.40	48.81	52.81	300
61	5.24	10.89	16.80	22.78	28.65	34.23	39.44	44.23	48.58	52.53	299
62	5.28	10.95	16.87	22.83	28.65	34.18	39.33	44.05	48.35	52.24	298
63	5.32	11.02	16.92	22.86	28.64	34.11	39.20	43.86	48.11	51.95	297
64	5.36	11.07	16.98	22.88	28.62	34.04	39.07	43.67	47.86	51.65	296
65	5.40	11.12	17.02	22.90	28.59	33.96	38.93	43.47	47.60	51.34	295
66	5.43	11.17	17.06	22.91	28.56	33.87	38.78	43.27	47.34	51.03	294
67	5.46	11.22	17.10	22.92	28.51	33.77	38.62	43.06	47.08	50.72	293
68	5.49	11.26	17.13	22.91	28.47	33.67	38.46	42.84	46.81	50.40	292
69	5.52	11.29	17.15	22.90	28.41	33.56	38.29	42.61	46.53	50.08	291
70	5.55	11.33	17.17	22.89	28.34	33.44	38.12	42.38	46.25	49.75	290
71	5.57	11.36	17.18	22.87	28.27	33.31	37.94	42.15	45.96	49.41	289
72	5.60	11.38	17.19	22.84	28.20	33.18	37.75	41.90	45.67	49.07	288
73	5.62	11.40	17.19	22.80	28.11	33.04	37.55	41.66	45.37	48.73	287
74	5.64	11.42	17.19	22.76	28.02	32.89	37.35	41.40	45.07	48.38	286
75	5.65	11.44	17.18	22.71	27.92	32.74	37.15	41.15	44.76	48.03	285
76	5.67	11.45	17.16	22.66	27.82	32.58	36.94	40.88	44.45	47.68	284
77	5.68	11.45	17.14	22.60	27.71	32.42	36.72	40.61	44.14	47.32	283
78	5.69	11.46	17.12	22.53	27.59	32.25	36.50	40.34	43.82	46.96	282
79	5.70	11.46	17.09	22.46	27.47	32.08	36.27	40.06	43.49	46.59	281
80	5.71	11.46	17.06	22.39	27.34	31.90	36.04	39.78	43.17	46.22	280
81	5.72	11.45	17.02	22.30	27.21	31.71	35.80	39.50	42.83	45.85	279
82	5.72	11.44	16.98	22.22	27.07	31.52	35.56	39.20	42.50	45.47	278
83	5.73	11.42	16.93	22.12	26.93	31.33	35.31	38.91	42.16	45.09	277
84	5.73	11.41	16.88	22.03	26.78	31.12	35.06	38.61	41.81	44.71	276
85	5.73	11.39	16.82	21.93	26.63	30.92	34.80	38.31	41.47	44.32	275
86	5.73	11.36	16.76	21.82	26.47	30.71	34.54	38.00	41.12	43.93	274
87	5.72	11.34	16.70	21.71	26.31	30.49	34.28	37.69	40.76	43.54	273
88	5.72	11.31	16.63	21.59	26.14	30.28	34.01	37.37	40.41	43.15	272
89	5.71	11.27	16.56	21.47	25.97	30.05	33.74	37.06	40.05	42.75	271
90	5.70	11.24	16.48	21.35	25.79	29.82	33.46	36.73	39.68	42.35	270

Für Werte von M zwischen 180° und 360° wird der Tafelwert negativ.

8. Differenz exzentrische — mittlere Anomalie.

M \ e	0.1	0.2	0.3	0.4	0.5	0.6	0.7	0.8	0.9	1.0	e / M
90°	5°70	11°24	16°48	21°35	25°79	29°82	33°46	36°73	39°68	42°35	270°
91	5.69	11.20	16.40	21.22	25.61	29.59	33.18	36.41	39.32	41.94	269
92	5.68	11.16	16.32	21.08	25.43	29.36	32.90	36.08	38.95	41.54	268
93	5.66	11.11	16.23	20.95	25.24	29.12	32.61	35.75	38.58	41.13	267
94	5.65	11.06	16.14	20.80	25.05	28.87	32.32	35.41	38.20	40.72	266
95	5.63	11.01	16.04	20.66	24.85	28.62	32.02	35.07	37.82	40.30	265
96	5.61	10.96	15.94	20.51	24.65	28.37	31.72	34.73	37.44	39.88	264
97	5.59	10.90	15.84	20.35	24.44	28.12	31.42	34.39	37.06	39.46	263
98	5.57	10.84	15.73	20.20	24.23	27.86	31.12	34.04	36.67	39.04	262
99	5.55	10.78	15.63	20.04	24.02	27.60	30.81	33.69	36.28	38.62	261
100	5.52	10.72	15.51	19.87	23.80	27.33	30.50	33.34	35.89	38.19	260
101	5.49	10.65	15.40	19.70	23.59	27.07	30.18	32.98	35.50	37.77	259
102	5.46	10.58	15.28	19.53	23.36	26.79	29.87	32.62	35.10	37.34	258
103	5.43	10.51	15.15	19.36	23.14	26.52	29.55	32.26	34.70	36.90	257
104	5.40	10.43	15.03	19.18	22.91	26.24	29.22	31.90	34.30	36.47	256
105	5.37	10.36	14.90	19.00	22.67	25.96	28.90	31.53	33.90	36.03	255
106	5.34	10.28	14.77	18.82	22.44	25.68	28.57	31.16	33.49	35.59	254
107	5.30	10.19	14.63	18.63	22.20	25.39	28.24	30.79	33.09	35.15	253
108	5.26	10.11	14.50	18.44	21.96	25.10	27.91	30.42	32.68	34.71	252
109	5.23	10.02	14.36	18.24	21.71	24.81	27.57	30.04	32.26	34.27	251
110	5.19	9.93	14.21	18.05	21.47	24.51	27.23	29.67	31.85	33.82	250
111	5.14	9.84	14.07	17.85	21.22	24.22	26.89	29.29	31.44	33.37	249
112	5.10	9.74	13.92	17.65	20.96	23.92	26.55	28.90	31.02	32.92	248
113	5.06	9.65	13.77	17.44	20.71	23.61	26.20	28.52	30.60	32.47	247
114	5.01	9.55	13.61	17.23	20.45	23.31	25.86	28.13	30.18	32.02	246
115	4.96	9.45	13.46	17.02	20.19	23.00	25.51	27.75	29.76	31.57	245
116	4.92	9.35	13.30	16.81	19.93	22.69	25.16	27.36	29.33	31.11	244
117	4.87	9.24	13.14	16.60	19.66	22.38	24.80	26.96	28.91	30.65	243
118	4.81	9.13	12.98	16.38	19.39	22.07	24.45	26.57	28.48	30.20	242
119	4.76	9.03	12.81	16.16	19.12	21.75	24.09	26.17	28.05	29.74	241
120	4.71	8.92	12.64	15.94	18.85	21.43	23.73	25.78	27.62	29.27	240
121	4.66	8.80	12.47	15.71	18.58	21.11	23.37	25.38	27.18	28.81	239
122	4.60	8.69	12.30	15.49	18.30	20.79	23.00	24.98	26.75	28.35	238
123	4.54	8.57	12.13	15.26	18.02	20.47	22.64	24.58	26.31	27.88	237
124	4.49	8.45	11.95	15.03	17.74	20.14	22.27	24.17	25.88	27.41	236
125	4.43	8.33	11.77	14.79	17.46	19.81	21.90	23.77	25.44	26.95	235
126	4.37	8.21	11.59	14.56	17.17	19.48	21.53	23.36	25.00	26.48	234
127	4.30	8.09	11.41	14.32	16.88	19.15	21.16	22.95	24.56	26.01	233
128	4.24	7.97	11.23	14.08	16.60	18.82	20.79	22.54	24.12	25.53	232
129	4.18	7.84	11.04	13.84	16.31	18.48	20.41	22.13	23.67	25.06	231
130	4.11	7.71	10.85	13.60	16.01	18.14	20.03	21.72	23.23	24.59	230
131	4.05	7.58	10.66	13.35	15.72	17.81	19.65	21.30	22.78	24.11	229
132	3.98	7.45	10.47	13.11	15.42	17.47	19.27	20.89	22.33	23.64	228
133	3.91	7.32	10.28	12.86	15.13	17.12	18.89	20.47	21.89	23.16	227
134	3.84	7.18	10.08	12.61	14.83	16.78	18.51	20.05	21.43	22.68	226
135	3.77	7.05	9.89	12.36	14.53	16.44	18.13	19.63	20.99	22.20	225

Für Werte von M zwischen 180° und 360° wird der Tafelwert negativ.

8. Differenz exzentrische—mittlere Anomalie.

M \ e	0.1	0.2	0.3	0.4	0.5	0.6	0.7	0.8	0.9	1.0	e / M
135°	3°77	7°05	9°89	12°36	14°53	16°44	18°13	19°63	20°99	22°20	225°
136	3.70	6.91	9.69	12.11	14.23	16.09	17.74	19.21	20.53	21.72	224
137	3.63	6.77	9.49	11.85	13.92	15.74	17.36	18.79	20.08	21.24	223
138	3.56	6.63	9.29	11.60	13.62	15.40	16.97	18.37	19.63	20.76	222
139	3.49	6.49	9.09	11.34	13.31	15.05	16.58	17.95	19.17	20.27	221
140	3.42	6.35	8.88	11.08	13.00	14.70	16.19	17.52	18.72	19.79	220
141	3.34	6.21	8.68	10.82	12.69	14.34	15.80	17.10	18.26	19.31	219
142	3.27	6.06	8.47	10.56	12.38	13.99	15.41	16.67	17.80	18.82	218
143	3.19	5.92	8.26	10.30	12.07	13.63	15.01	16.24	17.35	18.34	217
144	3.11	5.77	8.05	10.03	11.76	13.28	14.62	15.82	16.89	17.85	216
145	3.03	5.62	7.85	9.77	11.45	12.92	14.23	15.39	16.43	17.36	215
146	2.96	5.47	7.63	9.50	11.13	12.56	13.83	14.96	15.97	16.87	214
147	2.88	5.32	7.42	9.24	10.82	12.20	13.43	14.52	15.50	16.38	213
148	2.80	5.17	7.21	8.97	10.50	11.84	13.03	14.09	15.04	15.89	212
149	2.72	5.02	6.99	8.70	10.18	11.48	12.64	13.66	14.58	15.40	211
150	2.64	4.87	6.78	8.43	9.86	11.12	12.24	13.23	14.11	14.91	210
151	2.55	4.71	6.56	8.16	9.54	10.76	11.84	12.79	13.65	14.42	209
152	2.47	4.56	6.34	7.88	9.22	10.40	11.43	12.36	13.18	13.93	208
153	2.39	4.40	6.12	7.61	8.90	10.03	11.03	11.92	12.72	13.44	207
154	2.30	4.25	5.91	7.34	8.58	9.67	10.63	11.49	12.25	12.94	206
155	2.22	4.09	5.69	7.06	8.25	9.30	10.23	11.05	11.79	12.45	205
156	2.13	3.93	5.46	6.78	7.93	8.93	9.82	10.61	11.32	11.96	204
157	2.05	3.77	5.24	6.51	7.61	8.57	9.42	10.17	10.85	11.46	203
158	1.96	3.61	5.02	6.23	7.28	8.20	9.01	9.74	10.38	10.97	202
159	1.88	3.45	4.80	5.95	6.95	7.83	8.61	9.30	9.91	10.47	201
160	1.79	3.29	4.57	5.67	6.63	7.46	8.20	8.86	9.45	9.97	200
161	1.70	3.13	4.35	5.39	6.30	7.09	7.79	8.42	8.98	9.48	199
162	1.62	2.97	4.12	5.11	5.97	6.72	7.39	7.98	8.51	8.98	198
163	1.53	2.81	3.90	4.83	5.64	6.35	6.98	7.54	8.04	8.48	197
164	1.44	2.65	3.67	4.55	5.31	5.98	6.57	7.09	7.56	7.99	196
165	1.35	2.48	3.44	4.27	4.98	5.61	6.16	6.65	7.09	7.49	195
166	1.26	2.32	3.22	3.98	4.65	5.24	5.75	6.21	6.62	6.99	194
167	1.17	2.16	2.99	3.70	4.32	4.86	5.34	5.77	6.15	6.49	193
168	1.08	1.99	2.76	3.42	3.99	4.49	4.93	5.33	5.68	5.99	192
169	1.00	1.83	2.53	3.14	3.66	4.12	4.52	4.88	5.21	5.50	191
170	0.91	1.66	2.30	2.85	3.33	3.75	4.11	4.44	4.73	5.00	190
171	0.82	1.50	2.07	2.57	3.00	3.37	3.70	4.00	4.26	4.50	189
172	0.73	1.33	1.84	2.28	2.66	3.00	3.29	3.55	3.79	4.00	188
173	0.64	1.16	1.61	2.00	2.33	2.62	2.88	3.11	3.31	3.50	187
174	0.54	1.00	1.38	1.71	2.00	2.25	2.47	2.67	2.84	3.00	186
175	0.45	0.83	1.15	1.43	1.67	1.87	2.06	2.22	2.37	2.50	185
176	0.36	0.67	0.92	1.14	1.33	1.50	1.65	1.78	1.90	2.00	184
177	0.27	0.50	0.69	0.86	1.00	1.12	1.24	1.33	1.42	1.50	183
178	0.18	0.33	0.46	0.57	0.67	0.75	0.82	0.89	0.95	1.00	182
179	0.08	0.17	0.23	0.29	0.33	0.37	0.41	0.44	0.47	0.50	181
180	0.00	0.00	0.00	0.00	0.00	0.00	0.00	0.00	0.00	0.00	180

Für Werte von M zwischen 180° und 360° wird der Tafelwert negativ.

9. Wahre Anomalie in der Parabel.

M	v	
0.0	0°0000	
		1.3937
1.0	1.3937	
		1.3929
2.0	2.7866	
		1.3913
3.0	4.1779	
		1.3888
4.0	5.5667	
		1.3855
5.0	6.9522	
		1.3815
6.0	8.3337	
		1.3766
7.0	9.7103	
		1.3710
8.0	11.0813	
		1.3647
9.0	12.4460	
		1.3577
10.0	13.8037	
		1.3499
11.0	15.1536	
		1.3415
12.0	16.4951	
		1.3325
13.0	17.8276	
		1.3228
14.0	19.1504	
		1.3126
15.0	20.4630	
		1.3018
16.0	21.7648	
		1.2905
17.0	23.0553	
		1.2788
18.0	24.3341	
		1.2666
19.0	25.6007	
		1.2541
20.0	26.8548	

lg M	v	
1.30	26°7957	
		0.5786
1.31	27.3743	
		0.5893
1.32	27.9636	
		0.5999
1.33	28.5635	
		0.6105
1.34	29.1740	
		0.6213
1.35	29.7953	
		0.6321
1.36	30.4274	
		0.6429
1.37	31.0703	
		0.6537
1.38	31.7240	
		0.6646
1.39	32.3886	
		0.6755
1.40	33.0641	
		0.6863
1.41	33.7504	
		0.6972
1.42	34.4476	
		0.7081
1.43	35.1557	
		0.7188
1.44	35.8745	
		0.7296
1.45	36.6041	

lg M	v	
1.45	36°6041	
		7403
1.46	37.3444	
		7509
1.47	38.0953	
		7614
1.48	38.8567	
		7718
1.49	39.6285	
		7822
1.50	40.4107	
		7923
1.51	41.2030	
		8023
1.52	42.0053	
		8121
1.53	42.8174	
		8218
1.54	43.6392	
		8313
1.55	44.4705	
		8406
1.56	45.3111	
		8497
1.57	46.1608	
		8584
1.58	47.0192	
		8670
1.59	47.8862	
		8753
1.60	48.7615	
		8834
1.61	49.6449	
		8910
1.62	50.5359	
		8985
1.63	51.4344	
		9055
1.64	52.3399	
		9123
1.65	53.2522	
		9187
1.66	54.1709	
		9248
1.67	55.0957	
		9305
1.68	56.0262	
		9357
1.69	56.9619	
		9407
1.70	57.9026	
		9452
1.71	58.8478	
		9494
1.72	59.7972	
		9532
1.73	60.7504	
		9564
1.74	61.7068	
		9594
1.75	62.6662	
		9619
1.76	63.6281	
		9640
1.77	64.5921	
		9656
1.78	65.5577	
		9670
1.79	66.5247	
		9677
1.80	67.4924	
		9682
1.81	68.4606	
		9682
1.82	69.4288	
		9679
1.83	70.3967	
		9671
1.84	71.3638	
		9659
1.85	72.3297	
		9644
1.86	73.2941	
		9624
1.87	74.2565	
		9602
1.88	75.2167	
		9575
1.89	76.1742	
		9545
1.90	77.1287	

lg M	v	
1.90	77°1287	
		9513
1.91	78.0800	
		9475
1.92	79.0275	
		9436
1.93	79.9711	
		9393
1.94	80.9104	
		9348
1.95	81.8452	
		9299
1.96	82.7751	
		9248
1.97	83.6999	
		9194
1.98	84.6193	
		9139
1.99	85.5332	
		9081
2.00	86.4413	
		9020
2.01	87.3433	
		8958
2.02	88.2391	
		8893
2.03	89.1284	
		8828
2.04	90.0112	
		8761
2.05	90.8873	
		8691
2.06	91.7564	
		8621
2.07	92.6185	
		8549
2.08	93.4734	
		8477
2.09	94.3211	
		8403
2.10	95.1614	
		8328
2.11	95.9942	
		8252
2.12	96.8194	
		8176
2.13	97.6370	
		8100
2.14	98.4470	
		8022
2.15	99.2492	
		7944
2.16	100.0436	
		7866
2.17	100.8302	
		7788
2.18	101.6090	
		7709
2.19	102.3799	
		7631
2.20	103.1430	
		7552
2.21	103.8982	
		7473
2.22	104.6455	
		7394
2.23	105.3849	
		7316
2.24	106.1165	
		7238
2.25	106.8403	
		7159
2.26	107.5562	
		7082
2.27	108.2644	
		7005
2.28	108.9649	
		6928
2.29	109.6577	
		6852
2.30	110.3429	
		6775
2.31	111.0204	
		6699
2.32	111.6903	
		6625
2.33	112.3528	
		6551
2.34	113.0079	
		6476
2.35	113.6555	

9. Wahre Anomalie in der Parabel.

lg M	v		lg M	v		lg M	v	
2.35	113°6555	6404	2.80	136°3238	3857	3.25	150°2884	2454
2.36	114.2959	6331	2.81	136.7095	3815	3.26	150.5338	2432
2.37	114.9290	6259	2.82	137.0910	3775	3.27	150.7770	2409
2.38	115.5549	6188	2.83	137.4685	3735	3.28	151.0179	2386
2.39	116.1737	6117	2.84	137.8420	3696	3.29	151.2565	2365
2.40	116.7854	6048	2.85	138.2116	3656	3.30	151.4930	2342
2.41	117.3902	5978	2.86	138.5772	3618	3.31	151.7272	2321
2.42	117.9880	5910	2.87	138.9390	3581	3.32	151.9593	2299
2.43	118.5790	5843	2.88	139.2971	3543	3.33	152.1892	2278
2.44	119.1633	5776	2.89	139.6514	3506	3.34	152.4170	2257
2.45	119.7409	5709	2.90	140.0020	3470	3.35	152.6427	2237
2.46	120.3118	5645	2.91	140.3490	3434	3.36	152.8664	2216
2.47	120.8763	5579	2.92	140.6924	3398	3.37	153.0880	2196
2.48	121.4342	5516	2.93	141.0322	3364	3.38	153.3076	2176
2.49	121.9858	5453	2.94	141.3686	3329	3.39	153.5252	2156
2.50	122.5311	5390	2.95	141.7015	3295	3.40	153.7408	2137
2.51	123.0701	5329	2.96	142.0310	3261	3.41	153.9545	2118
2.52	123.6030	5268	2.97	142.3571	3229	3.42	154.1663	2098
2.53	124.1298	5208	2.98	142.6800	3196	3.43	154.3761	2079
2.54	124.6506	5149	2.99	142.9996	3163	3.44	154.5840	2061
2.55	125.1655	5090	3.00	143.3159	3131	3.45	154.7901	2042
2.56	125.6745	5033	3.01	143.6290	3101	3.46	154.9943	2024
2.57	126.1778	4976	3.02	143.9391	3069	3.47	155.1967	2006
2.58	126.6754	4919	3.03	144.2460	3039	3.48	155.3973	1989
2.59	127.1673	4864	3.04	144.5499	3008	3.49	155.5962	1970
2.60	127.6537	4810	3.05	144.8507	2979	3.50	155.7932	1953
2.61	128.1347	4755	3.06	145.1486	2949	3.51	155.9885	1936
2.62	128.6102	4701	3.07	145.4435	2920	3.52	156.1821	1918
2.63	129.0803	4649	3.08	145.7355	2891	3.53	156.3739	1902
2.64	129.5452	4598	3.09	146.0246	2863	3.54	156.5641	1885
2.65	130.0050	4546	3.10	146.3109	2835	3.55	156.7526	1868
2.66	130.4596	4496	3.11	146.5944	2807	3.56	156.9394	1852
2.67	130.9092	4446	3.12	146.8751	2780	3.57	157.1246	1836
2.68	131.3538	4396	3.13	147.1531	2753	3.58	157.3082	1820
2.69	131.7934	4348	3.14	147.4284	2727	3.59	157.4902	1804
2.70	132.2282	4300	3.15	147.7011	2701	3.60	157.6706	1788
2.71	132.6582	4253	3.16	147.9712	2674	3.61	157.8494	1773
2.72	133.0835	4207	3.17	148.2386	2648	3.62	158.0267	1758
2.73	133.5042	4161	3.18	148.5034	2624	3.63	158.2025	1742
2.74	133.9203	4115	3.19	148.7658	2598	3.64	158.3767	1727
2.75	134.3318	4071	3.20	149.0256	2574	3.65	158.5494	1712
2.76	134.7389	4027	3.21	149.2830	2549	3.66	158.7206	1697
2.77	135.1416	3983	3.22	149.5379	2526	3.67	158.8903	1683
2.78	135.5399	3941	3.23	149.7905	2501	3.68	159.0586	1668
2.79	135.9340	3898	3.24	150.0406	2478	3.69	159.2254	1655
2.80	136.3238		3.25	150.2884		3.70	159.3909	

10. Zur Bestimmung der wahren Anomalie in parabelnahen Kegelschnitten.

a) Ellipse — b) Hyperbel

A	a) lg B		a) lg σ		a) lg ν		b) lg B		b) lg σ		b) T	
0.00	0.000000		0.000000		0.000000		0.000000		0.000000		0.00000	
		1		1743		2178		1		1731		992
01	0.000001		0.001743		0.002178		0.000001		9.998269		0.00992	
		2		1755		2191		2		1720		976
02	0.000003		0.003498		0.004369		0.000003		9.996549		0.01968	
		4		1768		2205		4		1708		962
03	0.000007		0.005266		0.006574		0.000007		9.994841		0.02930	
		5		1780		2218		5		1696		946
04	0.000012		0.007046		0.008792		0.000012		9.993145		0.03876	
		7		1792		2232		6		1685		931
0.05	0.000019		0.008838		0.011024		0.000018		9.991460		0.04807	
		8		1805		2245		8		1674		917
06	0.000027		0.010643		0.013269		0.000026		9.989786		0.05724	
		10		1818		2260		10		1663		903
07	0.000037		0.012461		0.015529		0.000036		9.988123		0.06627	
		12		1831		2274		11		1652		890
08	0.000049		0.014292		0.017803		0.000047		9.986471		0.07517	
		12		1845		2289		12		1641		876
09	0.000061		0.016137		0.020092		0.000059		9.984830		0.08393	
		15		1858		2303		14		1631		862
0.10	0.000076		0.017995		0.022395		0.000073		9.983199		0.09255	
		16		1871		2318		15		1620		850
11	0.000092		0.019866		0.024713		0.000088		9.981579		0.10105	
		18		1885		2333		16		1610		838
12	0.000110		0.021751		0.027046		0.000104		9.979969		0.10943	
		20		1899		2349		18		1599		824
13	0.000130		0.023650		0.029395		0.000122		9.978370		0.11767	
		21		1914		2364		20		1589		813
14	0.000151		0.025564		0.031759		0.000142		9.976781		0.12580	
		22		1928		2379		20		1580		801
0.15	0.000173		0.027492		0.034138		0.000162		9.975201		0.13381	
		25		1942		2396		22		1569		789
16	0.000198		0.029434		0.036534		0.000184		9.973632		0.14170	
		26		1957		2412		23		1560		778
17	0.000224		0.031391		0.038946		0.000207		9.972072		0.14948	
		27		1973		2428		25		1550		767
18	0.000251		0.033364		0.041374		0.000232		9.970522		0.15715	
		30		1987		2444		26		1541		756
19	0.000281		0.035351		0.043818		0.000258		9.968981		0.16471	
		31		2003		2462		27		1531		745
0.20	0.000312		0.037354		0.046280		0.000285		9.967450		0.17216	
		33		2019		2478		29		1522		734
21	0.000345		0.039373		0.048758		0.000314		9.965928		0.17950	
		34		2035		2496		30		1512		725
22	0.000379		0.041408		0.051254		0.000344		9.964416		0.18675	
		37		2051		2514		31		1504		714
23	0.000416		0.043459		0.053768		0.000375		9.962912		0.19389	
		38		2067		2531		33		1494		704
24	0.000454		0.045526		0.056299		0.000408		9.961418		0.20093	
		39		2084		2550		33		1486		695
0.25	0.000493		0.047610		0.058849		0.000441		9.959932		0.20788	
		42		2101		2568		35		1476		685
26	0.000535		0.049711		0.061417		0.000476		9.958456		0.21473	
		43		2118		2586		37		1468		675
27	0.000578		0.051829		0.064003		0.000513		9.956988		0.22148	
		46		2136		2606		37		1460		667
28	0.000624		0.053965		0.066609		0.000550		9.955528		0.22815	
		47		2153		2625		39		1451		657
29	0.000671		0.056118		0.069234		0.000589		9.954077		0.23472	
		49		2171		2644		40		1442		649
0.30	0.000720		0.058289		0.071878		0.000629		9.952635		0.24121	

11. Enckes f-Tafel.

q	f	Δ	lg f	Δ	q	f	Δ	lg f	Δ
−0.030	3.2419	87	0.51080	116	+0.000	3.0000	75	0.47712	108
.029	3.2332	86	0.50964	116	.001	2.9925	74	0.47604	109
.028	3.2246	85	0.50848	115	.002	2.9851	74	0.47495	108
.027	3.2161	85	0.50733	115	.003	2.9777	74	0.47387	107
.026	3.2076	85	0.50618	115	.004	2.9703	74	0.47280	108
−0.025	3.1991	84	0.50503	115	+0.005	2.9629	73	0.47172	107
.024	3.1907	84	0.50388	114	.006	2.9556	73	0.47065	107
.023	3.1823	84	0.50274	115	.007	2.9483	72	0.46958	107
.022	3.1739	83	0.50159	113	.008	2.9411	72	0.46851	107
.021	3.1656	83	0.50046	114	.009	2.9339	72	0.46744	106
−0.020	3.1573	82	0.49932	113	+0.010	2.9267	71	0.46638	106
.019	3.1491	82	0.49819	113	.011	2.9196	71	0.46532	106
.018	3.1409	81	0.49706	113	.012	2.9125	71	0.46426	106
.017	3.1328	81	0.49593	113	.013	2.9054	71	0.46320	105
.016	3.1247	81	0.49480	112	.014	2.8983	70	0.46215	106
−0.015	3.1166	81	0.49368	112	+0.015	2.8913	70	0.46109	105
.014	3.1085	80	0.49256	112	.016	2.8843	69	0.46004	104
.013	3.1005	79	0.49144	112	.017	2.8774	69	0.45900	105
.012	3.0926	79	0.49032	111	.018	2.8705	69	0.45795	104
.011	3.0847	79	0.48921	111	.019	2.8636	69	0.45691	105
−0.010	3.0768	79	0.48810	111	+0.020	2.8567	68	0.45586	104
.009	3.0689	78	0.48699	111	.021	2.8499	68	0.45482	103
.008	3.0611	77	0.48588	110	.022	2.8431	68	0.45379	104
.007	3.0534	78	0.48478	110	.023	2.8363	67	0.45275	103
.006	3.0456	77	0.48368	110	.024	2.8296	67	0.45172	103
−0.005	3.0379	76	0.48258	110	+0.025	2.8229	67	0.45069	103
.004	3.0303	76	0.48148	109	.026	2.8162	67	0.44966	103
.003	3.0227	76	0.48039	109	.027	2.8095	66	0.44863	102
.002	3.0151	76	0.47930	109	.028	2.8029	66	0.44761	102
.001	3.0075	75	0.47821	109	.029	2.7963	66	0.44659	102
−0.000	3.0000		0.47712		+0.030	2.7897		0.44557	

B. Verzeichnis von Tafeln.

a) Tafeln der trigonometrischen Funktionen, ihrer Logarithmen und der Logarithmen der Zahlen.

Dreistellig:

1. PETERS, J.: Dreistellige Tafeln für logarithmisches und numerisches Rechnen. Berlin: P. Stankiewicz, 1913 (Dezimale Unterteilung des Grades).

Vierstellig:

2. BREMIKER, C.: Tafeln vierstelliger Logarithmen. Berlin: Weidmann (Dezimale Unterteilung des Grades).

3. GAUSZ, F. G.: Vierstellige logarithmische und trigometrische Tafeln. Halle: E. Strien.

Fünfstellig:

4. GAUSZ, F. G.: Fünfstellige vollständige logarithmische und trigonometrische Tafeln. 101. bis 105. Aufl. Halle: E. Strien, 1900.

5. BECKER, E.: Logarithmisch-trigonometrisches Handbuch auf fünf Dezimalen. 3. Ausgabe. Leipzig: B. Tauchnitz, 1910.

6. BREMIKER, C.: Logarithmisch-trigonometrische Tafeln mit fünf Dezimalstellen. 16. Aufl. Berlin: Weidmann, 1925 (Dezimale Unterteilung des Grades).

7. ROHR, M. v.: Die Logarithmen der Sinus und Tangenten für 0° bis 5° von Tausendstel zu Tausendstel Grad. Berlin: Weidmann, 1900 (Ergänzung zur vorigen Tafel).

8. LOHSE, O.: Tafeln für numerisches Rechnen mit Maschinen. Leipzig: W. Engelmann, 1909.

Sechsstellig:

9. BREMIKER, C.: Logarithmisch-trigonometrische Tafeln mit sechs Dezimalstellen. Berlin: Nicolaische Verlagsbuchh. R. Stricker.

10. PETERS, J.: Sechsstellige Logarithmen der trigonometrischen Funktionen von 0° bis 90° für jedes Tausendstel des Grades. Berlin: Verlag der Preuß. Landesaufnahme, 1921.

11. — Sechsstellige Tafel der trigonometrischen Funktionen, enthaltend die Werte der sechs trigonometrischen Funktionen von 10 zu 10 Bogensekunden des in 90° geteilten Quadranten und die Werte der Kotangente und Kosekante für jede Bogensekunde von 0° 0′ bis 1° 20′. Berlin: F. Dümmler, 1929.

Siebenstellig:

12. ZECH, J.: Tafeln der Additions- und Subtraktionslogarithmen für sieben Stellen. 4. Aufl. Berlin: Weidmann, 1910.

13. PETERS, J.: Siebenstellige Logarithmentafel der trigonometrischen Funktionen für jede Bogensekunde des Quadranten. Leipzig: W. Engelmann, 1911.

14. — Siebenstellige Werte der trigonometrischen Funktionen von Tausendstel zu Tausendstel des Grades. Berlin-Friedenau: C. P. Goerz, 1918.

15. — Siebenstellige Logarithmen der trigonometrischen Funktionen von 0° bis 90° für jedes Tausendstel des Grades. Berlin: Verlag der Preuß. Landesaufnahme, 1921.

16. BRANDENBURG, H.: Siebenstellige trigonometrische Tafel für Berechnungen mit der Rechenmaschine. Berlin-Leipzig: A. Lorentz, 1923.

Vgl. auch die Verzeichnisse von Tafeln in M. N. **72**, 340 (H. C. PLUMMER), M. N. **85**, 386 und B. A. A. Handbook for 1929 (L. J. COMRIE).

b) Multiplikationstafeln.

17. PETRICK, C. L.: Multiplikations-Tabellen. Libau. 1875 (2 × 3 bzw. 2 × 4 Stellen).

18. CRELLE, A. L.: Rechentafeln. Neue Ausgabe. Berlin: G. Reimer, 1907 (3 × 3 Stellen).

19. ZIMMERMANN, H.: Rechentafel nebst Sammlung häufig gebrauchter Zahlenwerte. 9. Aufl. Berlin: W. Ernst, 1922 (2 × 3 Stellen).

c) Spezialtafeln.

20. ASTRAND, J. J.: Hülfstafeln zur leichten und genauen Auflösung des Keplerschen Problems. Leipzig: W. Engelmann, 1890.

21. TIETJEN, F.: Tafel zur Berechnung der wahren Anomalie für Exzentrizitätswinkel von 0° bis 20° 20′. Veröff. d. Astr. Recheninstituts Nr. 1. Berlin 1892.

22. BAUSCHINGER, J.: Tafeln zur theoretischen Astronomie. Leipzig: W. Engelmann, 1901 (Neue Aufl. in Vorbereitung).

23. PETERS, J.: Tafeln zur Berechnung der Mittelpunktsgleichung und des Radiusvektors in elliptischen Bahnen für Exzentrizitätswinkel von 0° bis 24°. Veröff. d. Astr. Recheninstituts Nr. 41. Berlin 1912 (Vergriffen).

24. SCHLESINGER, F. and S. UDICK: Tables for the true anomaly in elliptic orbits. Publ. of the Allegheny Obs. Nr. 17, 2.

25. BANACHIEWICZ, TH.: Tables auxiliaires pour la résolution de l'équation de Gauß $\sin(z-q) = m \sin^4 z$ dans la determination d'une orbite planétaire. Paris: Gauthier-Villars, 1916.

26. WIRTZ, C.: Tafeln und Formeln aus Astronomie und Geodäsie. Berlin: Julius Springer, 1918.

27. BOQUET, F.: Tables du mouvement képlérien. Première partie. Paris: A. Hermann, 1920.

28. STRÖMGREN, B.: Tables giving $\tan\frac{v}{2}$ and $\tan^2\frac{v}{2}$ in parabolic motion, with argument $M = (t-T)q^{-\frac{3}{2}}$, to facilitate the computation of ephemeris from parabolic elements. Publ. og mindre Medd. fra Kobenhavns Obs. No. 58. 1926.

29. NUMEROW, B.: Hilfstafeln zur Bahnbestimmung und gestörten Ephemeridenrechnung nach der Extrapolationsmethode. Bull. de l'Institut astron. Nr. 13 Leningrad. 1926.

30. (INNES, R. T. A.): Tables of X and Y. Elliptic rectangular coordinates. App. to Union Obs. Circ. No. 71. 1927.

31. STRACKE, G.: Tafeln der elliptischen Koordinaten $C = \frac{r}{a}\cos v$ und $S = \frac{r}{a}\sin v$ für Exzentrizitätswinkel von 0° bis 25°. Veröff. d. Astr. Recheninstituts Nr. 46. Berlin 1928.

Vgl. auch die Tafelsammlungen in den Werken über Bahnbestimmung von W. OLBERS, J. C. WATSON, KLINKERFUES-BUCHHOLZ, TH. v. OPPOLZER.

C. Literaturverzeichnis.

Bezüglich der *älteren* Literatur sei auf folgende Literaturverzeichnisse verwiesen:

J. C. HOUZEAU-A. LANCASTER, Bibliographie générale de l'Astronomie Tome I, Bruxelles: Hayez, 1887. — Tome II, Bruxelles: Havermans, 1882.

ZELBR, K.: Die Bahnbestimmung der Planeten und Kometen (Handwörterbuch der Astronomie von W. Valentiner, Bd. I).

RADAU, R.: Bibliographie relative au calcul des orbites. Bull. astr. XVI. Paris 1899.

In diesen 3 Verzeichnissen ist die wichtigste bis etwa 1900 erschienene Literatur aufgeführt.

Von *neueren* seit 1900 erschienenen Arbeiten seien in chronologischer Reihenfolge folgende erwähnt[1]:

1. Moulton, F. R.: Theory of the determination of the elements of a parabolic orbit from two observations of apparent position, and one of the motion in the line of sight. Ap. J. **10**, 14.

2. — A graphical method of finding the elements of a parabolic orbit. Pop. Astr. **7**, 193.

3. **Neugebauer, P. V.:** Ein Beitrag zur Theorie der speziellen Störungen mit Anwendung auf eine Verbesserung der Bahn des Planeten (196) Philomela. Diss. Breslau 1901.

4. **Harzer, P.:** Über die Bestimmung und Verbesserung der Bahnen von Himmelskörpern nach drei Beobachtungen. Kiel. Publ. 11 (1901).

5. Neugebauer, P. V.: Über die Differentialformeln zur Verbesserung der Elemente schwach exzentrischer Planetenbahnen. A. N. **157**, 22.

6. Moulton, F. R.: A general method of determining the elements of orbits of all eccentricities from three observations. A. J. **22**, 43.

7. Salet: Détermination des orbites au moyen d'oservations éloignées. B. A. **18**, 96.

8. Kowalczyk, I.: Über die Art und Weise der Berechnung der Störungen der Himmelskörper. In Komm. E. Wende & Co. Warschau 1901 (Polnisch).

9. Boccardi, J.: Guide du calculateur (Astronomie, Géodésie, Navigation, etc.). Paris, A. Hermann, Catania, J. Pastore. 1902.

10. Ristenpart, F.: Über Differentialreduktion vom scheinbaren auf den mittleren Ort mit besonderer Berücksichtigung der Kometen- und Planetenbeobachtungen. A. N. **160**, 274.

11. Callandreau, O.: Aperçu des méthodes pour la détermination des orbites des comètes et des planètes. Ann. Paris. Mem. **23** G.

12. **Berberich, A.:** Abgekürzte Berechnung einer elliptischen Planetenbahn aus vier Beobachtungen. Veröff. d. Astr. Recheninstituts Nr. 20.

13. **Leuschner, A. O.:** A short method of determining orbits from three observations. Lick Publ. **7** part. I.

14. Bohlin, K.: Differentialformeln zur Bahnverbesserung bei kleinen Exzentrizitäten und Neigungen. A. N. **159**, 166.

15. Hirayama, S.: On the mean distance of a planet, as a function of three heliocentric distances and the observed times. M. N. **62**, 620.

16. Charlier, C. L.: Die Mechanik des Himmels, I. u. II. Bd. Leipzig: Veit & Co., 1902 und 1905.

17. Moulton, F. R.: An introduction to celestical mechanics. New York: The Mcmillan Co, 1902.

18. Zimmermann, W.: Eine Methode zur Berechnung spezieller Störungen durch Variation der kanonischen Elemente. Diss. Breslau, 1902.

19. Frischauf, J.: Grundriß der theoretischen Astronomie und der Geschichte der Planetentheorien. 2. Aufl. Leipzig: W. Engelmann, 1903.

20. Bauschinger, J.: Über das Problem der Bahnverbesserung. Veröff. d. Astr. Recheninstituts Nr. 23.

21. Hamilton, W. A.: On the convergency of the series used in the determination of the elements of parabolic orbits. A. J. **23**, 49.

22. Moulton, F. R.: The true radii of convergence of the expressions for the ratios of the triangles when developed as power-series in the time-intervals. A. J. **23**, 93.

23. Leuschner, A. O.: Notes on the short method of determining orbits from three observations. Science N. S. **17**, 331.

24. — A method of computing orbits in rectangular coordinates. Science N. S. **17**, 331.

[1] Arbeiten, die auf S. 1 bis 330 erwähnt werden, sind durch fetten Druck der Namen der Autoren gekennzeichnet.

25. LEUSCHNER. A. O.: The solution of an orbit, irrespective of parallax and aberration. Science N. S. **17**, 332.
26. PLUMMER, H. C.: Note on the use of Mr. Aldis' tables of the function $\frac{1}{2}(\Theta + \cos\Theta)$ in determining the elements of an orbit. M. N. **63**, 147.
27. — An approximation to the value of $\varepsilon - \sin\varepsilon$. A. N. **162**, 299.
28. MASCART, J.: Perturbations indépendantes l'excentricité. C. R. 136, 443.
29. — Perturbations qui ne dépendent que de l'élongation. C. R. 136, 543.
30. SITTER, W. DE: Über eine kleine Modifikation der Formeln zur Berechnung der speziellen Störungen der Elemente für kleine Exzentrizitäten und Neigungen. A. N. **163**, 106.
31. PIO, D. A.: Short method for the calculation of the orbits of celestial bodies. M. N. **64**, 134.
32. RADAU, R.: Réflexions sur les méthodes de correction des orbites. B. A. **21**, 401.
33. GRUSS, G.: Beitrag zur algebraischen Behandlung des Bahnbestimmungsproblems aus drei Örtern des Planeten. Roz. **13**, Nr. 5 (Böhmisch).
34. FABRY, L.: Sur la véritable valeur du grand axe d'une orbite cométaire lorsque l'astre est très éloigné du soleil, et le charactère supposé hyperbolique de la comète 1890 II. C. R. **138**, 335.
35. ANDING, E.: Über die Schönfeldschen Hilfsgrößen im Problem der Bahnverbesserung. A. N. **165**, 30.
36. WEINEK, L.: Graphische Nachweise zur Olbersschen Methode der Kometenbahnbestimmung, zum Satze der konstanten Flächengeschwindigkeit und zur Ephemeridenrechnung. Wien. Ber. **113**, 987.
37. BAUSCHINGER, J.: Die Bahnbestimmung der Himmelskörper. Leipzig: W. Engelmann, 1906.
38. FRISCHAUF, J.: Die Gauß-Gibbs'sche Methode der Bahnbestimmung eines Himmelskörpers aus drei Beobachtungen. Leipzig: W. Engelmann, 1905.
39. ORLOFF, A.: Sur le détermination des corrections des éléments d'une orbite. B. A. **22**, 291.
40. WEEDER, J.: Approximate formulae of a high degree of accuracy for the relations of the triangles in the termination of an elliptic orbit from three observations; I and II. Versl. Akad. Amst. **13**, 811; **14**, 160.
41. CERULLI, V.: Sulla correzione delle orbite dei pianetini. Mem. Spett. It. **34**, 175.
42. STRÖMGREN, E.: Ein Satz über Kometenstörungen. A. N. **170**, 17.
43. EBERT, W.: Eine einfache Methode zur Bestimmung elliptischer Bahnen aus drei Beobachtungen. Wien. Denkschr. Math. Kl. **78**, 645.
44. POINCARÉ, H.: Sur la détermination des orbites par la méthode de Laplace. B. A. **23**, 161.
45. ORLOW, A.: Über die Bestimmung der Korrektionen der Elemente der Planeten- und Kometenbahnen. R. A. G. **11**, 139 (Russisch).
46. HIRAYAMA, S.: On the ratios in the triangles in the determination of the elliptic orbit from three observations. M. N. **66**, 420.
47. SOTOME, K.: Eine Bemerkung über die Bestimmung der Kreisbahn eines kleinen Planeten. A. N. **170**, 295.
48. BOURGET, H.: Remarque sur la détermination des orbites circulaires. B. A. **23**, 81.
49. WITT, G.: Zur numerischen Auflösung zweier Gleichungen in der Planetentheorie. A. N. **172**, 129.
50. PLUMMER, H. C.: On some points connected with the determination of orbits. M. N. **66**, 491.
51. RAMBAUT, A. A.: A simple method of obtaining an approximate solution of Keplers equation. M. N. **66**, 519.
52. PLUMMER, H. C.: On a mechanical solution of Keplers equation. M. N. **67**, 67.

53. Rice, H. L.: Given the elements of an asteroid, to compute, differentially, its daily motion in geocentric Right Ascension. Pop. Astr. **14**, 287.
54. Crawford, R. T.: A convenient method for computing from elements the daily motion in geocentric Right Ascension and Declination. Pop. Astr. **14**, 397.
55. Weiss, E.: Über die Berechnung einer Ellipse aus zwei Radien und dem eingeschlossenen Winkel. Wien. Ber. **116**, IIa, 345.
56. Terkan, L.: Beitrag zur Bestimmung von Kreisbahnen der Himmelskörper. Math. Phys. L. **16**, 207 (Ungarisch).
57. Tscherny, S.: Zur Frage über die Anzahl von Lösungen der Aufgabe über die Bestimmung der Bahn eines Himmelskörpers ohne Beschränkung hinsichtlich der Exzentrizität. A. N. **175**, 233.
58. — Mehrfache Lösungen des Kometenproblems. A. N. **176**, 365.
59. Ebell, M.: Notiz zur Bahnbestimmung der Kometen. A. N. **176**, 325.
60. Crawford, R. T.: A comparative test of methods for computing comet orbits. A. N. **173**, 317.
61. Herz, N.: Bahnbestimmung durch direkte Ermittlung der heliozentrischen Distanzen. A. N. **177**, 385; V. J. S. **43**, 345.
62. Leuschner, A. O.: Versuch der Bahnbestimmung mit sofortiger Berücksichtigung der Störungen. V. J. S. **43**, 330.
63. Tscherny, S.: Auflösung der Eulerschen Gleichung. A. N. **179**, 117.
64. — Geometrische Illustration der Gleichungen Lamberts und Eulers. A. N. **178**, 89.
65. Chrétien, H.: Nouvel abaque du problème de Kepler. A. F. A. d. S. **36**, 83.
66. Hillebrand, C.: Eine Methode der Ephemeridenrechnung mittels numerischer Integration. Wien. Denkschr. Math.-Nat. Kl. **84**, 15.
67. Duport, H.: Détermination de l'orbite d'une planète ou d'une comète par quatre observations. B. A. **26**, 150.
68. Plummer, H. C.: Some remarks on Lamberts Theorem. M. N. **69**, 181.
69. Doolittle, E.: A simple method devised by F. C. Penrose for finding the orbit of a heavenly body by a graphical process. Pop. Astr. **17**.
70. Hillebrand, C.: Über die Berechnung der rechtwinkligen heliozentrischen Koordinaten eines Planeten mittels numerischer Integration und eine darauf gegründete Differenzenmethode für Ephemeridenrechnungen. Wien. Denkschr. **85**. Math.-nat. Kl. 61.
71. Struve, G.: Die Darstellung der Pallasbahn durch die Gaußsche Theorie für den Zeitraum 1803 bis 1910. Diss. Berlin 1910.
72. **Herglotz, G.:** Bahnbestimmung der Planeten und Kometen. Encykl. d. math. Wiss. 6_2, **9**, 379.
73. Harzer, P.: Über die geometrische Methode zur Bestimmung der Bahnen von Himmelskörpern nach fünf Beobachtungen. Kiel. Publ. **12**. Leipzig 1910; A. N. **185**, 9.
74. Stoyanoff, N.: Sur une méthode de Le Verrier pour la correction des orbites. B. A. **27**, 5.
75. Tscherny, S.: Ein paradoxer Fall bei der Bahnberechnung des Kometen 1910a nach der Methode von Gauss. Kiew 1910 (Russisch).
76. — Drei Arten der parabolischen Bahnen des Kometen 1910a. A. N. **184**, 205.
77. **Charlier, C. V. L.:** On multiple solutions in the determination of orbits from three observations. M. N. **71**, 120.
78. Pizzetti, P.: Tabelle grafiche per la risoluzione approssimata di una equazione di Gauss che si incontra nel calcolo delle orbite. Pisa 1910.
79. Mache, H.: Über die Anwendung des logarithmischen Rechenschiebers zur Lösung der Keplerschen Gleichung. A. N. **186**, 357.
80. Boda, K.: Über die Berechnung der rechtwinkligen heliozentrischen Koordinaten. A. N. **185**, 207.

81. STRÖMGREN, E.: Theorie der Störungen sonnennaher Kometen, angewandt auf den Kometen 1882 II. A. N. **189**, 261.
82. **CHARLIER, C. V. L.**: Die analytische Lösung des Bahnbestimmungsproblems. I, II. Lunds Medd. **45**, **46**.
83. — Die Lagrangesche Gleichung im Bahnbestimmungsproblem. Lunds Medd. Serie II, Nr. **7**.
84. — Second note on multiple solutions in the determination of orbits from three observations. M. N. **71**, 454.
85. SEARLE, G. M.: A method of computing a parabolic orbit. A. J. **27**, 29.
86. TSCHERNY, S.: Berechnung der parabolischen Bahnen der Kometen nach drei Beobachtungen. Warschau 1911 (Russisch).
87. — Klassifikation der kleinen Größen, die bei der Bahnbestimmung der Himmelskörper vorkommen. A. N. **189**, 135.
88. LEUSCHNER, A. O.: Note on the multiple orbit solutions of comet 1910a. Lick Bull. **6**, 136.
89. VOGEL, R.: Über die Unmöglichkeit dreier Lösungen bei einer theoretisch vollständigen Bestimmung einer parabolischen Bahn. A. N. **188**, 105.
90. POPOVICI, C.: Sur les corrections abrégées des orbites. B. A. **28**, 76.
91. TROUSSET, J.: Sur l'équation de Kepler. B. A. **28**, 389.
92. LAMBERT, A.: Note sur le passage des anomalies excentriques aux anomalies vraies. B. A. **28**, 337.
93. KLINKERFUES, W.: Theoretische Astronomie. Neubearb. von H. BUCHHOLZ. 3. Ausg. Braunschweig: F. Vieweg & Sohn, 1912.
94. **CHARLIER, C. V. L.**: Die analytische Lösung des Bahnbestimmungsproblems. Ark. Mat. Astr. Fys. **7**, Nr. 18.
95. BAUSCHINGER, J.: Über die Laplacesche Methode der Bahnbestimmung im Vergleich zur Gaußschen. (Festschr. H. WEBER.) Leipzig: B. G. Teubner, 1912.
96. SEARLE, G. M.: A short process for computing an elliptic orbit. A. J. **27**, 152.
97. ÅKESSON, O. A.: Über eine symmetrische Form der analytischen Lösung des Bahnbestimmungsproblems. Ark. Mat. Astr. Fys. **7**, Nr. 18.
98. **COWELL, P. H.** and **CROMMELIN, A. C. D.**: Essay on the return of Halleys comet. Publ. d. A. G. Nr. 23, 1910.
99. PICART, L.: Sur une équation du calcul des orbites. B. A. **29**, 161.
100. SCHARBE, S.: Oppolzer-Kühnertsche Methode zur Bestimmung der Bahnelemente. A. N. **192**, 129.
101. TSCHERNY, S.: Berechnung von parabolischen Kometenbahnen aus drei Beobachtungen. Warschau 1911 (Russisch).
102. MELLO, E., SIMAS, M. S.: Sur les solutions multiples du problème des orbites cométaires. A. N. **192**, 382.
103. KASAKOW, S.: Über die Verbesserung von parabelnahen Bahnen. A. N. **193**, 199.
104. HEPPERGER, J. v.: Zur Ableitung der Eulerschen Gleichung. A. N. **191**, 371.
105. **VEITHEN, C.**: Über die Verwendung der Rechenmaschine bei der Bahnbestimmung von Planeten. Diss. Göttingen, Leipzig 1912.
106. WILKENS, A.: Über die praktische Verwendung der Poincaréschen periodischen Bahnen im Sonnensystem. A. N. **195**, 385.
107. GYLLENBERG, W. und WICKSELL, S.: Die analytische Lösung des Bahnbestimmungsproblems in ihren numerischen Anwendungen. Ark. Mat. Astr. Fys. **8**, Nr. 29.
108. PICART, L.: Calcul des orbites et des éphémérides. Paris, O. Doin et fils.
109. **HARZER, P.**: Über eine kurze Methode der Bahnbestimmung einer Planetenbahn nach drei Beobachtungen bei den gewöhnlichen kleinen und mäßigen Zwischenzeiten. A. N. **195**, 345, 361. 1913.

110. Buchholz, H.: Über die Berechnung einer Kreisbahn nach der Laplace-Leuschnerschen Methode. A. N. **195**, 461.

111. Picart, L.: Sur le calcul d'une orbite circulaire à l'aide d'une seule observation photographique. C. R. **157**, 1503.

112. Tscherny, S.: Ist wirklich die Olberssche Methode theoretisch unvollständig begründet? A. N. **194**, 191.

113. Vogel, R.: Über die Olberssche Methode. A. N. **194**, 411.

114. — Zur Frage über die Anzahl der Lösungen bei der Bestimmung einer parabolischen Bahn. A. N. **196**, 13.

115. Gama, V.: Algunas observaciones sobre el metodo de Laplace para la determinación da las órbitas de los cometas. Mem. y Rev. „Antonio Alzate", Mem. **31**, 341.

116. Banachiewicz, T.: Bemerkungen über die Arbeit von C. Popovici. Wiad. mat. **16**, 211 (Polnisch).

117. Moulton, F. R.: An introduction to celestial mechanics. 2nd ed. London. New York, Macmillan. 1914.

118. Haponowicz, N.: Tafel zur Berechnung der Gibbsschen Ausdrücke. A. N. **194**, 363.

119. Kopff, A.: Bemerkung zur Diskussion der Gaußschen Gleichung der Bahnbestimmung. A. N. **195**, 5.

120. Moulton, F. R.: Memoir on the theory of determining orbits. A. J. **28**, 103.

121. Vahlen, Th.: Über den Lambertschen Satz und die Planetenbahnbestimmung aus drei Beobachtungen. Sitzgsber. d. preuß. Akad. d. Wiss., Physik.-math. Kl. 1914, 782.

122. Scharbe, S.: Besondere Fälle bei definitiven Bahnbestimmungen aus einer Erscheinung. A. N. **199**, 315.

123. **Leuschner, A. O.:** On the Laplacean orbit methods. International Congress of Math. Cambridge. 1912.

124. — Short methods of determining orbits. Second Paper. Publ. of the Lick Obs. **7**, part **7**, 217. 1913.

125. Crawford, R. T.: Applications of Leuschners short methods of determining orbits. Publ. of the Lick Obs. **7**, part **8**, 377. 1913.

126. **Leuschner, A. O.:** Short methods of determining orbits. Third Paper: The direct solution of orbits of disturbed bodies. Publ. of the Lick Obs. **7**, part. **9**, 455. 1913.

127. Fayet, G.: Déterminations d'orbites cométaires par la méthode de M. Leuschner. Sep.-Abdr. aus Ann. de l'obs. de Nice **15**.

128. Fabry, L.: Étude sur la rectification des orbites de planètes par la méthode de la variation des éléments. B. A. **31**, 68.

129. Witt, G.: Nomogramme der Gaußschen Gleichung. A. N. **199**, 257.

130. Láska, V.: Ein Nomogramm zur Auflösung der Keplerschen Gleichung. A. N. **199**, 295.

131. **Banachiewicz, T.:** Sur la méthode de Olbers et ses solution multiples. C. R. **161**, 122.

132. Picart, L.: Sur l'utilisation des observations photographiques des petites planètes pour le calcul de leurs orbites. B. A. **32**, 289.

133. Kasakow, S.: Sur la rectification des orbites cométaires. B. A. **31**, 328.

134. Jönsson, A.: Über Bahnbestimmungen von Planeten und Kometen in der Nähe der singulären Fläche. Ark. Mat. Astr. Fys. **10**, Nr. 31.

135. Jekhowsky, B.: Applications d'une méthode nouvelle pour le calcul des perturbations d'une petite planète ou d'une comète et pour la détermination de de l'orbite d'une comète. B. A. **33**, 65.

136. DEMETRESCU, G.: Sur la méthode de Laplace pour le calcul des orbites. Introduction du mouvement héliocentrique vrai de la Terre. Calcul de l'abérration planétaire. Bull. de la section scient. de l'ac. roumaine **5**, 13.

137. TÉODOSIU, A.: Sur la méthode de GAUSS-GIBBS pour la détermination des orbites des corps célestes. Belg. Bull. 1913, 226.

138. RODRIGUEZ, C.: Nuovo metodo para el determinacion y correccion de las orbitas basado en les ideas de Laplace. Tacubaya Bol. **5**, 185.

139. KRAMER, J.: Umformung der Differentialformeln der Schönfeldschen Bahnverbesserungsmethode für den Fall schwachexzentrischer Ellipsen. A. N. **202**, 73.

140. CROMMELIN, A. C. D.: The computation of an ephemeris of a body moving in an ellipse. J. B. A. A. **26**, 150.

141. FRY, TH. C.: Graphical solution of the position of a body in an elliptic orbit. A. J. **29**, 141.

142. PLUMMER, H. C.: An introductory treatise on dynamical astronomy. Cambridge. Univ. Press. 1918.

143. BANAÇHIEWICZ, TH.: Sur l'équation de GAUSS $\sin(z-q) = m \sin^4 z$ pour z voisin de q. Études d'astronomie théoretique No. 1. Dorpat Publ. $\mathbf{24}_2$.

144. ORLOFF, A. J.: Réduction de la question sur la détermination de l'orbite elliptique à la résolution d'une équation du 4-me ordre $y - y^4 = a$. St. Pétersburg. Acad. Bull. (6). 1915.

145. ANDOYER, H.: Sur la détermination d'une orbite képlérienne par trois observations rapprochées. B. A. **34**, 36.

146. PICART, L.: Sur l'application de la méthode de LAGRANGE-CAUCHY au calcul d'une orbite définitive. B. A. **34**, 135.

147. GLANCY, A. E.: On the preparation of observations for the determination of a preliminary orbit by the method of LEUSCHNER. A. J. **31**, 20.

148. WILKENS, A.: Über die Integration der Differentialgleichungen der Koordinatenstörungen der Planeten der Jupitergruppe. A. N. **206**, 149.

149. COHN, F.: Neue Methoden der Bahnbestimmung. V. J. S. **53**, 27.

150. ANDOYER, H.: Formules et tables nouvelles relatives à l'étude du mouvement des comètes et à differents problèmes de la théorie des orbites. B. A. **35**, 5.

151. WIRTZ, C. und HÜGELER, P.: Wahre Anomalie in der parabolischen Bewegung. Siriuskalender für 1919, 61.

152. LAGRULA, J. PH.: Procédé de calcul rapide de l'orientation du grand cercle de recherche des astéroides. B. A. **35**, 228.

153. HARTMANN, J.: Zur Auflösung der Keplerschen Gleichung. A. N. **205**, 309.

154. WILKENS, A.: Zur Auflösung der Keplerschen Gleichung. A. N. **206**, 21.

155. WEDEMEYER, A.: Zur Auflösung der Keplerschen Gleichung. A. N. **206**, 147.

156. GAYTHORPE, S. B.: An approximate solution of KEPLERS equation. J. B. A. A. **30**, 94.

157. **HARZER, P.:** Zusatz zu meinem Artikel „Über eine kurze Methode der Bestimmung einer Planetenbahn nach drei Beobachtungen bei den gewöhnlichen kleinen und mäßigen Zwischenzeiten". A. N. **208**, 153.

158. HOWE, H. A.: A desideratum in solving KEPLERS problem. Pop. Astr. **27**, 659.

159. MEADOWCROFT, L. V.: A discussion of the theorems of LAMBERT and ADAMS on motion in elliptic and hyperbolic orbits. Manchester Lit. and Phil. Soc. Sitz. 1918.

160. PETTER, G. B.: Graphic solution of the equation of the seventh degree. J. B. A. A. **29**, 140.

161. **WILKENS, A.:** Eine Methode der Bahnbestimmung für alle Exzentrizitäten. A. N. **210**, 81, 127.

162. VIARO, B.: Sulla risoluzione della equazione di KEPLERO. R. Ist. Veneto Atti 79.

163. Wilkens, A.: Die geometrische Deutung der Charlierschen singulären Fläche des Bahnbestimmungsproblems. A. N. **212**, 37.
164. Iwanoff, A. A.: Grundzüge der theoretischen Astronomie. 2. Aufl. Berlin-Petrograd, Grshebin. 1921 (Russisch).
165. Adams, C. E.: Ephemeris of a comet. Hector Bull. 37 (New Zealand J. of. Sc. and Techn. **4**, 191).
166. Brendel, M.: Arbeiten des Planeteninstituts. 1. Einleitung und Arbeitsplan. Anleitung zur Bestimmung einer mittleren Ellipse aus den Beobachtungen ohne Rücksicht auf die Störungen. Frankfurt 1919.
167. Drucker, W.: Anwendung der Wilkensschen Methode A. N. 4906 auf den Planeten 617 Patroclus. A. N. **214**, 17.
168. Fabry, L.: Nouvelles formules pour le calcul de la ligne de recherche d'une planète. C. R. **173**, 892.
169. Viljeff, M.: Zur Theorie einer Bahnbestimmung aus drei vollständigen geozentrischen Beobachtungen. M. J. L. **1**, 52 (Russisch).
170. Frischauf, J.: Grundriß der theoretischen Astronomie und der Geschichte der Planetentheorien. 3. Aufl. Leipzig: W. Engelmann, 1922.
171. Runge, C.: Graphische Methoden der Bahnbestimmung eines Planeten oder Kometen aus drei Beobachtungen. Göttinger Nachr. von d. Ges. der Math.-physik. Kl. 1922, 56.
172. Subbotin, M.: Determination of the elements of the orbit of a planet or comet by means of the variation of two geocentric distances. M. N. **82**, 383.
173. — On the application of Lamberts theorem to the determination of orbits. M. N. **82**, 419.
174. Jakowkin, A.: Über die vielfachen Lösungen und die Genauigkeit der Berechnung einer parabolischen Bahn. M. A. A. **1**, 115 (Russisch).
175. Iljinsky, J.: Graphische Methode, die Entfernung der Himmelskörper von der Erde zu bestimmen bei Berechnung der parabolischen Bahn. N. R. A. G. **24**, 56 (Russisch).
176. Bower, E. C.: On aberration and parallax in orbit computation. A. J. **34**, 29.
177. **Adams, C. E., Comrie, L. J.:** Calculation of a comets coordinates. J. B. A. A. **32**, 231, 234.
178. Crommelin, A. C. D.: Simplification of the computation of an ephemeris of a comet moving in a parabola. J. B. A. A. **32**, 305.
179. Levin, A. E.: The slide-rule as an auxiliary to the solution of Keplers equation. M. N. **82**, 177.
180. Howe, H. A.: Keplers problem for high planetary eccentricities. Pop. Astr. **30**, 161.
181. **Numeroff, B.:** Méthode nouvelle de la détermination des orbites et le calcul des éphémérides en tenant compte des perturbations. Petrograd 1922 (Russisch).
182. Zweiling, K.: Über die Anwendung graphischer Methoden bei der Bahnbestimmung der Himmelskörper. Jb. d. Math. Nat. Fak. Göttingen, 1923 (nur im Manuskript).
183. Bohlin, K.: Über einige neuere Formeln zur Bahnbestimmung aus drei Beobachtungen. A. N. **219**, 317.
184. Viljiev, M.: Untersuchungen über die Theorie der Gaußschen Gleichung $m \sin^4 z = \sin(z - q)$. M. A. A. **3**. 1923 (Russisch).
185. Numeroff, B.: Numerische Integration der Gleichungen der ungestörten Bewegung in Polarkoordinaten. B. J. A. **2** (Russisch).
186. — Eine Methode für die Extrapolation der Störungen der speziellen Koordinaten. B. I. A. **3** (Russisch).
187. Iljinsky, J.: Umformung der allgemeinen (Gaußschen) Bahnbestimmungsmethode für parabolische Bahnen. A. N. J. **223**, 179; R. A. **1** (3—4), 21.

188. SCIOBERETI, R. H.: On the number of solutions in LEUSCHNERS direct method for determining the orbit of disturbed bodies. Publ. A. S. P. **36**, 216; L. O. B. 362, **12**, 17.

189. SUBBOTIN, T.: A new form of LAMBERTS theorem and its application to the determination of the orbits. R. A. J. **1**, 1.

190. VÄISÄLÄ, Y.: Über die Laplacesche Methode der Bahnbestimmung. Ann. Univ. Fennicae Aboensis **2**, Nr. 2.

191. BANACHIEWICZ, TH.: On a certain mathematical notion and its astronomical applications. Bull. de l'Acad. Pol. des Sc. et des Lettres 1923; Cracovie 1924.

192. — Sur un théorème de Legendre relatif à la détermination des orbites cométaires. Bull. de l'Ac. Pol. des Sc. et des Lettres. Cracovie 1924.

193. KRILOFF, A. N.: On a theorem of Sir ISAAC NEWTON. M. N. **84**, 392.

194. **STRACKE, G.:** Genäherte Störungsrechnung und Bahnverbesserung. Veröff. d. Astr. Recheninstituts, Nr. 44, 1924.

195. NUMEROW, B.: An approximate method of improvement of elements of planets on basis of observations during four oppositions. B. I. A. **6**.

196. — Neue Form der Bedingungsgleichungen für Bestimmung der Korrektionen der Elemente. B. I. A. **4** (Russisch.)

197. — Calcul des éphémérides pour une excentricité arbitraire. J. O. **7**, 125.

198. JACKSON, J., Note on the numerical integration of $\frac{d^2x}{dt^2} = f(x, t)$. M. N. **84**, 602.

199. HUDSON, T. C.: Concerning ephemerides of small planets. M. N. **84**, 585.

200. **NOUMEROV, B.:** Méthode d'extrapolation des perturbations. R. A. J. **1** (3—4), 1. M. N. **84**, 592.

201. — The systematical influence of higher order terms in the process of numerical integration in special coordinates. R. A. J. **2**, No. 1, 7.

202. — Sur la détermination des éléments. B. I. A. **8**.

203. — Bahnbestimmung nach der Methode der Variation der heliozentrischen Koordinaten. B. I. A. **10**.

204. **MERTON, G.:** A modification of Gauss's method for the determination of orbits. M. N. **85**, 693.

205. ILJINSKY, J.: Graphische Methode zur Bestimmung der heliozentrischen Distanzen bei der Berechnung der parabolischen Bahn. R. A. J. **1** (3—4), 14.

206. — Über die Eindeutigkeit der Bestimmung einer parabolischen Bahn. A. N. **226**, 109.

207. **BANACHIEWICZ, T.:** Über drei Lösungen bei einer parabolischen Bahnbestimmung. A. N. **223**, 295.

208. COX, J. F.: Le nombre des solutions qui se présentent dans la détermination d'une orbite elliptique. M. N. **86**, 59.

209. KRILOFF, A. N.: On Sir ISAAC NEWTONS method for determining the parabolic orbit of a comet. M. N. **85**, 640.

210. JEKHOWSKY, B.: Application de la méthode LAGRANGE-ANDOYER au calcul d'une orbite képlérienne avec quatre observations. J. O. **8**, 1.

211. STRÖMGREN, B.: Die Bestimmung erster parabolischer Bahnen unter Anwendung der Rechenmaschine. A. N. **224**, 341.

212. **BANACHIEWICZ, TH.:** Quelques remarques sur un mémoire de VILJEV concernant la théorie des orbites. Acta astr. Krakau, Ser. c. **1**, 1.

213. — Formules de nouveau genre appliquées a la détermination d'une orbite. Circ. de l'obs. de Cracovie. **16**.

214. — Sur le calcul arithmométrique des orbites. Circ. de l'obs. de Cracovie. **20**.

215. COMRIE, L. J.: Telegraphic and published positions of comets and asteroids. Pop. Astr. **33**, Nr. 6.

216. MERTON, G.: The reduction and publication of observations of minor planets and comets. M. N. **85**, 513.

217. Numeroff, B.: Eine angenäherte Methode zur Korrektion der Bahnelemente aus Beobachtungen während vier Oppositionen. B. I. A. **6**.

218. — Exact formulae for the improvement of elements on basis of four oppositions. B. I. A. 7.

219. **Banachiewicz, Th.:** L'orbite corrigée de la comète Orkisz (1925 c). Formules de nouveau genre appliquées à la correction d'une orbite parabolique. Circ. de l'obs. de Cracovie **17**.

220. Greenhill, G.: Geometry of orbital motion in a hyperbola. Obs. **48**, 311.

Kępiński, F.: Sur l'époque de l'opposition d'une petite planète. Acta astr. Ser. c. **1**, 5.

221. Noumeroff, B.: Calcul, des éphémérides pour une excentricité arbitraire. R. A. J. **1**, No. 2, 87.

222. Rak, B.: Geometrischer Beweis des Satzes von Eulert-Lambert. A. N. **224**, 381.

223. Boccardi, J.: Calcul de la vitesse angulaire dans le mouvement elliptique. Assoc. franç. p. avanc. d. sciences. Lièges, 1924.

224. **Andoyer, H.:** Cours de mécanique céleste. Tome I, II. Paris: Gauthier-Villars et Cie., 1923, 1926.

225. Rénaux, J.: Méthode des perturbations spéciales. C. R. **181** (1925), 1051.

226. Caubet, P.: Sur l'étude des petites planètes par le calcul des perturbations spéciales. J. O. **9**, 109, 167.

227. Crawford, R. T.: Note on Mertons method for the détermination of orbits. M. N. **86**, 148.

228. Merton, G.: A reply to Professor Crawfords note. M. N. **86**, 150.

229. Kromm, F.: Résumé des formules nécessaires pour le calcul d'une orbite képlérienne d'après la méthode de Lagrange, exposée par H. Andoyer. Application numérique. Ann. de l'obs. de Bordeaux, **16**, 7.

230. Numerov, B.: Bahnbestimmung nach der Methode der Variation der heliozentrischen Koordinaten. B. I. A. **10**.

231. Jekhowsky, B.: Sur une méthode permettant d'abréger les approximations dans le calcul de la distance géocentrique ou de la distance héliocentriques d'une petite planète. J. O. **9**, 82.

232. Cox, J.: Utilisation des observations photographiques pour les calculs d'orbites et d'éphémérides. Lyon Bull. **8**, 33.

233. Jekhowsky, B.: Sur une méthode de calcul d'une orbite circulaire. J. O. **9**, 137.

234. Kaiser, F.: Eine rasch fördernde Variante der Gaußschen Gleichung in der Bahnbestimmung. A. N. **228**, 123.

235. Angelitti, F.: Alcune considerazioni sull'impiego dell'equazioni di Gauss nella determinazione delle orbite dei corpi celesti che girano attorno al Sole. A. N. **229**, 93.

236. Banachiewicz, T.: Méthode arithmométrique de la détermination d'une orbite parabolique d'après deux positions héliocentriques. Sur la solution triple dans le problème cométaire. C. R. Acad. Pol. **31**, 1.

237. **Merton, G.:** The periodic comet Grigg (1902 II) — Skjellerup (1922 I) (1902 to 1927). Mem. R. Astron. Soc. **64**. London 1927.

238. Comrie, L. J.: The use of a standard equinox in astronomy. M. N. **86**, 618.

239. Wood, H. E. und Merton, G.: A rapid method of extending an ephemeris. J. B. A. A. **36**, 149, 151.

240. Innes, R. T. A. und Wood, H. E.: On Cowells method of applying the Newtonian law. A. N. **228**, 265, 290.

241. Numerow, B.: Berechnung der gestörten Ephemeriden nach der Extrapolationsmethode. B. I. A. **12**.

242. KEPIŃSKY, F.: Formules logarithmiques concernant l'amélioration des orbites. Publ. of the astr. obs. of the Warsaw Univ. **2**, 51.
243. BANACHIEWICZ, TH.: Zur angenäherten Bahnverbesserung. Acta astr. (C) **1**, 13.
244. DOUBROVSKY, K.: Applications des formules de Gibbs à la méthode de la variation des distances géocentriques. R. A. J. 2, Nr. 12.
245. RENAUX, J.: Méthode nouvelle de perturbations spéciales. B. A. (2), I, **5**, 327.
246. **BAUSCHINGER, J.:** Die Bahnbestimmung der Himmelskörper. 2. Aufl. Leipzig: W. Engelmann, 1928.
247. ANGELITTI, F.: Ancora sull'impiego dell'equazione di GAUSS nella determinazione delle orbite dei corpi celesti che girano attorno al Sole. A. N. **231**, 233.
248. COX, J. F.: Sur le théorème de LAMBERT rélatif à la courbure de l'orbite apparante des planètes et des comètes. Lyon Bull. **9**, 91.
249. CROMMELIN, A. C. D.: The orbit of comet 1927f (Gale): An interseting case of double solution. M. N. **88**, 85.
250. **KOMENDANTOFF, N.:** O praktičeskom ulučšenii orbit malych planet po metodu NUMEROVA. R. A. J. 4, Nr. 2, 102 (Russisch).
251. **COMMENDANTOFF, N.:** Sur l'emploi de la méthode d'extrapolation de B. NOUMEROFF pour le calcul des éphémérides. J. O. **10**, 8.
252. YAKOVKIN, A.: Novaja forma pribora dlja opredelenija rasstojanij komet ot zemli. R. A. J. **4**, 154 (Russisch).
253. UETA, Y.: A mechanical solution of KEPLERS equation. M. N. **87**, 207.
254. ASPLIND, B.: Identitäten, Wiederauffindung und Bahn des Planeten 658 Asteria. Ak. Abh. Stockholm, 1927.
255. BANACHIEWICZ, TH.: Über die Behandlung mehrfacher Lösungen des Kometenproblems bei BAUSCHINGER. Acta astr. (c) **1**, 17.
256. SMILEY, CH. H.: On the number of solutions in LEUSCHNERS direct method of determining parabolic orbits. Lick. Obs. Bull. 405, **14**, 10.
257. **NOUMEROV, B.:** Sur l'interpolation numérique de l'équation du mouvement troublé en coordinées spéciales. B. I. A. **19** (Russisch).
258. **LAVES, K.:** Zur Ephemeridenrechnung und Bahnverbesserung. A. N. **233**, 345.
259. **NUMEROV, B.:** On the subject numerical integration of the equations of perturbated motion in special coordinates. A. N. **234**, 1.
260. STRACKE, G.: Zur Ephemeridenrechnung der kleinen Planeten. A. N. **234**, 95.
261. SUBBOTIN, M. T.: Sur le calcul des cordonnées héliocentriques des comètes. A. N. **234**, 287.
262. BELFROID, J.: Essai d'adaptation de la méthode de Laplace au calcul d'une première orbite d'un astre. Mém. de la Soc. des Sc. de Liège. (3), **14**.
263. **WILKENS, A.:** Über die Multiplizität der Lösungen der Bahnbestimmung der Kometen. Sitz.-Ber. der Bayr. Ak. d. Wiss. Math.-Naturw. Abt. 1928, **113**.
264. **BANACHIEWICZ, T.:** Determination of the constants of the position of an orbit from its elliptic elements. M. N. **89**, 215.

Sachverzeichnis.

(Die Zahlen sind Seitenzahlen.)

GPSR Compliance

The European Union's (EU) General Product Safety Regulation (GPSR) is a set of rules that requires consumer products to be safe and our obligations to ensure this.

If you have any concerns about our products, you can contact us on ProductSafety@springernature.com

In case Publisher is established outside the EU, the EU authorized representative is:

Springer Nature Customer Service Center GmbH
Europaplatz 3
69115 Heidelberg, Germany

Batch number: 10682323

Printed by Printforce, the Netherlands